国家科学技术学术著作出版基金资助出版

生物共生学
BIOLOGICAL SYMBIOTICS

刘润进　王　琳　著

科学出版社
北 京

内 容 简 介

生物共生学是一门崭新的学科。本书内容不仅包含生物共生学的基础知识，同时力求反映当前该研究领域的最新进展，突出新理论、新技术和有关生产实践上的问题。全书共分 10 章，包括生物共生学概述、人类与其他生物的共生、动物与其他生物的共生、植物与真菌的共生、植物与细菌的共生、真菌与细菌的共生、生物复合共生体系、生物共生生态学、生物共生学技术的应用与发展和生物共生学研究方法。

本书可作为生物学、农林牧渔专业科技工作者的研究参考资料，又可作为高等院校生物及其相关专业研究生和本科生的学习参考书。

图书在版编目（CIP）数据

生物共生学 / 刘润进，王琳著. —北京：科学出版社，2018.7
ISBN 978-7-03-058050-4

Ⅰ.①生… Ⅱ.①刘… ②王… Ⅲ.①生物-共生-研究 Ⅳ.①Q143

中国版本图书馆 CIP 数据核字（2018）第 132905 号

责任编辑：李　悦　刘　晶／责任校对：郑金红
责任印制：赵　博／封面设计：刘新新

科学出版社出版
北京东黄城根北街 16 号
邮政编码：100717
http://www.sciencep.com

北京凌奇印刷有限责任公司印刷
科学出版社发行　各地新华书店经销
*
2018 年 7 月第　一　版　开本：787×1092　1/16
2019 年 1 月第二次印刷　印张：24 3/4
字数：584 000

定价：180.00 元
（如有印装质量问题，我社负责调换）

序　言

　　共生（symbiosis）是指不同生物之间的共同生活，属于生态系统范畴。在共同生活的生态系统中，要么各方从中受益，即互惠共生（mutualism）；要么一方从中受益，另一方从中并不受害，即偏惠共生（commensalism）；要么一方从中受益，另一方从中受害，即相克共生（antagonism），亦即寄生（parasitism）。然而，拟寄生（parasitoidism）中寄生物的生命活动是以消耗寄主机体导致其死亡的生物学现象，如冬虫夏草 *Ophiocordyceps sinensis*，因而并不属于共（同）生（活）范畴。

　　基因离开了生物体是没有生存价值的。生物体是生物物种的组成部分。因此，生物多样性就是生命有机体及其借以生存的生态复合体的多样性和变异性，包括所有的植物、动物、菌物、微生物物种，以及所有的生态系统及其形成的生态过程，即地球上所有的生物物种及其环境形成的生态复合体及与此相关的各种生态过程和物种变异性的多样化。作为生态系统组成部分的共生生态系统，其多样性及广泛性是地球生物圈内普遍存在的生物学现象。

　　菌根菌与植物根系的共生、地衣型真菌与相应藻类或蓝细菌的共生均属于互惠共生范畴，是生物演化历程中的生命自我支撑系统，也是对非生物环境适应的结果。在寒冷的南极乔治王岛，维管束植物仅有禾本科的南极发草 *Deschampsia antarctica* 和石竹科的南极漆姑 *Colobanthus quitensis* 两种，而菌藻共生的地衣却为绝对优势种；在温带干旱半干旱荒漠中，覆盖度为 15%~25% 的人工植被 40 年后则会衰减至 6%~9%，而以菌藻共生的地衣为主的荒漠微型生物结皮层的覆盖度则由 0 逐年生长发育达 90%。荒漠地衣石果衣 *Endocarpon pusillum* 真菌在干旱、饥饿双胁迫下能存活 7 个月。

　　与动物和人类共同生活的肠道菌群，在人类和动物健康与疾病方面发挥着重要作用，肠道菌群与人类健康的关系日益受到重视。

　　由于共生生物在生物演化中的作用，以及在物种水平和基因水平上对极端环境的适应与对人类健康的影响具有巨大的资源潜力，因而对共生生物学进行系统而深入的研究势在必行。

　　本书作者刘润进从事真菌与植物共生生物学研究 30 余年，对共生真菌和共生细菌的多样性及其形态特征、分离培养、生理生态与资源生物学进行了比较全面、系统的研究。王琳对人体、动物，特别是昆虫等与微生物的共生生物学具有丰富的科研成果。他们联合完成的这部专著，全面、系统地介绍了近 30 年来国内外共生生物学研究概况和进展，以及存在的问题与发展方向，为共生生物学的深入研究提供了重要的参考。

该专著的出版对该领域的科研工作者具有重要的参考价值，有利于推动共生生物学的发展。特此作序，与读者共勉。

中国科学院院士 魏江春

中国科学院大学 中国科学院微生物研究所

2018 年 1 月 6 日于北京

前　言

　　自然界中，无论是单细胞生物还是多细胞生物、低等生物还是高等生物，包括我们人类在内的所有生物都广泛存在着与其他生物的共生关系（symbiosis）。早在 1879 年德国人 Heinrich Anton de Bary 就提出了广义的不同生物"共生"的概念。事实上，共生是自然界所有生物群体包括人类在内的密切联合、需求互补、共同发展、协同进化的能力；共生理论不仅是生命科学领域的基本理论，涉及许多应用问题，也是一种生物哲学。不同生物种群之间所建立的共生关系及其形成的共生体，连同其生态环境，共同构成地球共生体，属于自然界的命运共同体。随着共生科学研究的深入，生物共生学这一崭新的边缘学科已经建立。

　　进入 21 世纪以来，人们已认识到生物共生的普遍性和重要性。2005 年 Nowak 将生物共生列为生命界最重大的十项顶级创造之一。2012 年在波兰召开的第 7 届国际共生大会（ISS）以"地球是一个巨大的共生圈"为主题，2015 年在葡萄牙召开的第 8 届国际共生大会以"共生的生活方式"为主题，共生在地球上发挥着重大作用。随着科学技术的发展，生物共生研究取得了令人瞩目的成果。总结和评价该领域所取得的成果，以期为生物学发展、人才培养及生产实践方面提供新思想和新途径是十分必要的。国外已有生物共生方面的专著，而国内尚未见"生物共生学"类图书。2000 年，作者就开始着手积累有关资料、准备书稿；2004~2005 年在青岛农业大学开设了"共生学"全校选修课程。经过 10 余年的努力，本书得以完成。在撰写本书时，关于内容的取舍，一方面尽量包括生物共生学的基础知识；另一方面力求反映当前该研究领域的最新进展，突出新理论、新技术和有关生产实践上的问题。全书共分 10 章，包括生物共生学概述、人类与其他生物的共生、动物与其他生物的共生、植物与真菌的共生、植物与细菌的共生、真菌与细菌的共生、生物复合共生体系、生物共生生态学、生物共生学技术的应用与发展和生物共生学研究方法。

　　作为一门崭新的学科，生物共生学的很多研究领域尚待深入研究和探索，有关该领域的内容、知识、理论、方法和技术等必将得到进一步的补充和完善。由于作者水平有限，疏漏在所难免，请广大读者批评指正。

　　本书得到国家科学技术学术著作出版基金的资助。在本书编写过程中，作者得到青岛农业大学和中国农业科学院蜜蜂研究所领导的大力支持与鼓励，同时还得到中国科学院微生物研究所真菌学国家重点实验室主任刘杏忠研究员、中国科学院农业虫害鼠害综

iv   >>   生物共生学

合治理研究国家重点实验室主任戈锋研究员、北京林业大学戴玉成教授和山东师范大学生命科学学院院长王宝山教授等国内外同行的大力支持和帮助。作者特别感谢中国科学院魏江春院士在百忙之中为本书作序，感谢澳大利亚西澳大学陈应龙博士和上海市绿化管理指导站王本耀工程师提供部分封面照片，感谢宁楚涵同学为本书绘图，并对在编写本书的过程中胡玉金、高春梅、刘东岳、李文彬、刘贵猛、杜慧民、刘浩、于小娟和秦瑞华等同志的大力协助表示感谢。书中所涉及的部分科研成果由国家自然科学基金项目（31470101 和 31272210）、山东省重点研究计划项目（2016GNC110021）、山东省科技发展计划（2012GNC11010）、青岛市科技计划基础研究项目 [12-1-4-5-(14)-jch] 和青岛市民生科技计划项目 [17-3-3-57-nsh] 等资助。科学出版社的编辑为本书的出版付出了辛勤的劳动，在此表示诚挚的感谢。

刘润进　　王琳
2017 年 9 月 1 日

目 录

CONTENTS

第一章　生物共生学概述

　　自然界中，无论是单细胞还是多细胞生物、低等生物还是高等生物，包括我们人类在内的所有生物都广泛存在着与其他生物的共生关系（symbiosis）。早在 1879 年德国的 Heinrich Anton de Bary 就提出了广义的不同生物"共生"（the living together of unlike organism）概念，而生物共生这一最普遍、最基本的现象却往往被人们所忽略。事实上，共生是自然界包括人类在内所有生物类群的密切联合、需求互补、共同发展、协同进化的能力；共生理论不仅是生命科学领域的基本理论，涉及许多应用问题，还是一种生物哲学。不同生物种群之间所建立的共生关系及其形成的共生体（symbiont），如常见的豆科植物与固氮细菌形成的根瘤共生体、植物与土壤真菌之间形成的菌根共生体、昆虫或其他动物与微生物所建立的共生体等都属于自然界的命运共同体（community of destiny）。随着共生科学研究的深入，生物共生学（biological symbiotics）这一崭新的边缘学科已经建立。本章主要介绍和探讨生物共生学的基本概念、基本理论、研究意义、发展历史、研究现状、研究动向与发展前景等，以期为该领域研究提供新思路。

第一节　生物共生学的概念和理论

　　生物共生学的产生和发展是建立在生物物种关系，特别是种间关系基础之上的，生物共生的概念和理论是生物共生学的理论基础。

一、生物共生的基本概念和理论

　　1859 年达尔文就深刻地指出：生物之间的相互关系是一切关系中最重要的，生物的进化主要是在生物的相互关系之中。从生物之间的相互依存，到生物与生物之间的分工合作，再到动物与其他生物之间、植物与真菌之间、植物与细菌之间、真菌与细菌之间独特的相互关系，无不体现着自然界与人类发展中共生的重要意义。

（一）共生概念

　　早期的原核生物细菌的发生发展奠定了生命起源的基本过程。细菌不仅可以运动、聚集和吞噬，还产生了对生命至关重要的化学技能——从阳光中获取能源、利用氧气及从空气中吸取氮。合作与共生究竟是怎样发生的还不清楚。大多数生物学家现已接受的观点是，通过氧化过程产生能量的部分真核生物的线粒体和利用阳光的质体原本均是细菌。线粒体起源于好氧性细菌，该类细菌很可能是接近于立克次体的变形菌门的类群，而叶绿体源于内共生的光合自养原核生物蓝细菌。该学说的证据非常完整，目前已经被广泛接受。显而易见，线粒体和叶绿体中 DNA 的发现，促进了人们对"共生"在真核细胞演化中所产生的重要作用的理解。同时，在对现有生物结构的研究中获得了从原核生物进化成真核生物的线索。1982 年 Golf 证明了如何把一些红藻类的遗传物质注入另一些红藻类的细胞核中，使之与原有遗传物质整合，并因此而局部控制它们。这有助于解释那些不依赖通常生物繁殖途径的物种所产生的遗传多样性和表型。

事实上，自地球上生物起源以来，生物共生现象就已存在，如同一物种不同个体（individual）之间以种群（population）方式聚集在一起生活，不同物种（species）之间如动物与植物、动物与真菌、植物与真菌、植物与细菌等所建立的共生关系更为复杂多样，并随处可见，在进化过程中不断发展。无论是细菌与细菌、细菌与真菌、细菌与植物、真菌与真菌、真菌与藻类、真菌与植物，还是植物与微生物、植物与植物、植物与动物、动物与微生物、动物与动物、人与微生物、人与动物，以及人与人，它们之间的共生关系及其显著作用，都记录着共生的发展历程和不断进化的作用机制。生物共生是生物适应自然环境的一种必然现象。试验表明，一群鱼比一条鱼更能忍受水中的有毒物质；一箱蜂产生和保持的热量能够使全部个体在较低的温度下存活。数千米深的海底热液口温度高达 300~400℃，并且其喷出的富含硫化物的热液形成了生物无法生存的剧毒环境。然而，体长 3m 的管栖蠕虫 *Ridgeia* spp. 体内有数以亿计的细菌共生，其重量约占虫体重量的 60%，这些细菌从海底热液中喷出的 H_2S 和 H_2 中获取能量、从海水中获取 O_2 合成有机物，为蠕虫提供养分。这是地球早期生物体获取能量及养分的方式。热液口周围白瓜蛤属的 *Calyptogena magnifiea* 和偏顶蛤 *Modiolus modiolus* 都是体长为 30~40cm 的巨型贝类，它们体内均有细菌共生并依靠其提供养分（刘昕明等，2013）。这正是生命起源时早期生物的生存途径和法则。真菌与蓝细菌共生形成的共生体地衣就是有力的证据之一。由此可见，地球上自生物起源以来生物共生就已存在，生物之间通过它们的密切联合、共同生活、协同作用促进了整个生物界的进化、发展及多样性的形成。其中最主要、最核心和最关键的种间关系就是共生关系。生物界进化是以共生合作为主导的，其次才是竞争拮抗。这是对达尔文生物进化论的重要补充。

生物的进化发展是不断合作与竞争的过程。纵观两个世纪以来生物共生概念的提出和不断发展，可将其划分为广义共生和狭义共生。随着认识的扩展和深化，人们逐渐认识到，广义共生概念应该包括：①寄生共生（parasitic symbiosis），即参入共生成员之一危害另一成员；②互惠共生（mutual symbiosis），即参入共生的双方均受益；③共栖（commensalism），即参入共栖的一方或双方受益。而狭义共生（narrow symbiosis）概念应该包括：①生物学领域生物之间的组合状况和利害程度的关系，由于生存的需要，两种或多种生物之间必然按照一定模式相互作用、共同生活，形成共同生存、协同进化的共生关系；②生物之间互惠共生和偏惠共生关系。经过 130 余年的争论，当代生物学和生态学教科书普遍使用 Heinrich Anton de Bary 的共生定义或范围更加广泛的定义，而不再局限仅仅是互惠共生（Martin and Schwab，2013）。

（二）共生理论

发展到今天，所谓广义的共生概念也今非昔比了。微生物学家 Woodward 等（2012）甚至使用了一个新词"共生基因学"（symbiogenics）或称为"共生改变基因表达"（symbiosis-altered genetic expression）来形象地描述共生与基因的关系。从 1935 年 Tansley 首次提出将生物间相互关系和环境条件通过物质的循环、能量的转换与流动联系起来作为核心的生态系统理论至今，经过长期不断的发展与完善，当今的共生理论已经建立：共生是自然界与人类社会的普遍现象，共生的本质是协作，协作是自然界与人类社会发展的基本动力之一，互惠共生是自然界与人类社会共生发展的基本法则。共生是自然界所有生物群体包括人类在内的密切联合、需求互补、共同发展、协同进化的能力和普遍法则。不同生物种群之间所建立的共生关系及其形成的共生体，如常见的豆科植物与固氮细菌形成的根瘤共生体、植物与土壤真菌之间形成的菌根共生体、昆虫或其他动物与微生物建立的共生体等都属于自然界的命运共同体。事实上，整个地球就是一个共生体。在该共生体内，各类生物之间以及与外界环境之间通过能量转换和物质循环密切联系起来，形成共生系统，即命运共同体。当今共生概念和共生理论早已超出生物学等自然科学的范围，而广泛深入到人文与社会、经济与政治、艺术与产业等领域。这同时也证明了习近平主席所倡导的"人类命运共同体"理论具有坚实的生物科学基础。因此，共生是常态、是法则、是真理、是命运共同体的生物学基础和理论基础。这是当今对广义共生概念和理论的新认识。

二、生物共生学的基本属性

生物共生学是多学科相互交叉渗透形成的一门综合学科，不仅广泛涉及整个生命科学的基本概念和基础理论，而且广泛涉及人类医学领域、医药科技与生产领域、动物医学科技与生产领域、农林牧渔科技与生产领域、食品科学与工程领域、资源与环境科学领域，以及人文与社会科学领域、工业与商业等领域的研究、开发与应用。因此，生物共生学具有明确的研究目的和研究意义。

（一）生物共生学的定义、性质及其与其他学科的关系

生物共生学是研究地球上所有生物物种间构建的共生体系的形态结构特征、共生成员的物种多样性与分布特点、生物之间的共生机制、共生体系的生理生态功能、共生效应及其作用机制、影响共生体系发生发展与功能的生态因子及其调控途径、生物共生学研究方法、生物共生技术的研发和应用等的一门综合性生物学，即生物共生学是研究物种间共生特征、效应与机制、发生发展规律与应用的交叉学科。该学科是生物学的基础学科与应用学科的桥梁，是共生学的重要组成部分，具有专业基础性、学科交叉性、理论实践性，以及集基础生物学与医、农、林、牧、渔应用科学为一体的综合性。可见，生物共生学属于生物学的分支学科，是未来建立共生生物学的基础，也是共生学的分支学科。生物共生学与其自身的分支学科如生物共生生物分类学、生物共生生态学、生物共生生理学、菌根学等紧密相关，与医学、农学、林学、动物科学、菌物学、微生物

学、病毒学、线虫学、植物学、动物学、昆虫学、植物生理学、生物化学、遗传学、生态学、病理学、栽培学、土壤学、气象学、分子生物学及其他分支学科密切相关。

（二）生物共生学的研究对象、研究方法和研究内容

几乎地球上所有生物物种包括我们人类在内均是生物共生学研究的主体对象。除此之外，生物共生学的研究对象还包括这些生物所处的环境条件，即生态因子，如地理因素、气候因素、土壤因素、大气因素、时空因素、人为因素和宇宙空间因素等。

生物共生学研究方法主要包括自身建立的研究法、实验室内体外试验法、仪器分析法、显微技术、分子生物学技术、组学方法、温室与田间试验法，以及其他学科如数学、物理、化学、生理学、医学、生态学、土壤学、微生物学、菌物学、病毒学、线虫学、免疫学、作物栽培学、园林园艺学等特有的相关方法和手段等。部分方法将在第十章进行简要介绍。

生物共生学的研究内容主要包括物种间构建的共生体系的形态与结构特征、共生生物的物种多样性与分布特点、生物共生互作与共生机制、共生效应与作用机制、影响共生体系发生发展和功能的生态因子与调控、共生生物技术研发与应用等。其中，生物的共生机制，以及生物共生的互作特点、效应及其作用机制是研究的核心内容。

（三）生物共生学的研究目的和意义

生物共生学的研究旨在阐明生物共生发生发展的规律、物种互作与共生机制、共生效应与作用机制，以丰富生物学领域的概念、理论和方法技术等内容，为促进人类文明以及医、农、林、牧、渔和食品可持续安全生产与发展，保持生态系统可持续生产力提供理论依据和技术基础；探索共生生物技术，为确保医药、食品、环境与生物安全及生态系统可持续发展创造条件、提供途径和技术。因此，生物共生学研究具有重大的全球化、产业化和商品化等经济意义、生态意义、社会意义、科学意义和学科意义。

第二节　生物共生体系的类型

对于生物间共生关系紧密、形成一定共生结构的，以"共生体"这一术语来描述；对于生物间共生关系紧密、不形成共生结构的，以"共生关系"来描述。这里，我们将以上不同生物之间能形成共生体或能构建共生关系的，统称为生物"共生体系"来描述和分析讨论。根据生物种类、共生体系、共生部位或共生体结构等，可将生物共生体系作如下分类。

一、按生物物种区分的共生体系

地球上的生物物种多样性丰富，无论是低等生物还是高等生物、原核生物还是真核生物、海洋生物还是陆地生物，包括我们人类，这些生物之间总是按一定方式构建各种各样的共生体系，发挥关键的生理生态功能，造就了丰富多彩的生态系统与和谐稳定的

自然环境。

（一）人类与其他生物的共生

作为食物链的顶级生物和具备控制食物网发生发展能力的人类，与动物、植物、微生物的共生是常见的、正常的、重要的和必需的。人类的生存和发展离不开与其他生物的共生。

1. 人类与动物的共生

人类与动物的共生司空见惯。人类与家养宠物（如猫、狗）和其他诸多家养动物（如牛和羊）的共生，体现了人类与动物和谐相处、各取所需、共生共赢的生态局面。例如，导盲犬、搜救犬、缉毒犬和军犬等为人类社会乃至人类文明的发展都做出了巨大贡献。人类与很多鸟类共生于同一屋檐下，如家燕 *Hirundo rustica* 以捕食害虫回报人类为其提供栖息家园。

2. 人类与植物的共生

人类生活和工作的周边环境，如公园、街道、院落、办公室、客厅、卧室和阳台等场所的植物与人类朝夕相处、亲密接触、共生共荣。

3. 人类与微生物的共生

人体肠道中定殖[①]着正常的微生物群落，它们与人类之间构建了互惠共生关系，这可能是宿主与肠道微生物之间长期协同进化过程中相互选择和相互适应的结果。肠道微生物群落通过与肠道黏膜免疫系统互作，调节肠道上皮与黏膜系统的生长存活并控制炎症的产生。肠道向肠道微生物提供优越的栖息和繁殖环境，其中包括厌氧条件、丰富的营养物质、适宜的温度和 pH 等；肠道微生物及其代谢产物则影响人体的营养物质加工、能量平衡、免疫功能、胃肠道发育和成熟及其他多种重要的生理活动。它们以巨大数量排阻和抑制外来肠道致病菌的入侵，帮助人类消化糖和纤维等食物成分，合成人类自身无法合成的维生素，提供维生素 B_1、维生素 B_2、维生素 B_{12}、维生素 K 和叶酸等维生素类物质。人体内如缺少共生的微生物，免疫系统将受到破坏，失去正常工作的能力。如果长期服用或滥用抗生素则会导致肠道中正常微生物群落结构与功能失调，人体就会出现维生素缺乏症，甚至会影响人类的肥胖症、精神疾病和癌症等疾病的发病率（Sivan et al.，2015）。人类的全身从外表的皮肤到各器官组织的细胞间隙均定殖着超过人类自身细胞数量 10 倍的细菌（Lida et al.，2013），正是这些微生物深刻影响和调控着人类的健康。生活在不同地区的人们健康状况和寿命差异显著，同样，生活在不同地区的人的肠道微生物群落结构与功能差异显著。与其说是"一方水土养一方人"，还不如说是"一方水土养一方体内微生物"。与我们人类共生的这些微生物为我们的健康发展做出了巨大的、不可替代的重要贡献。

（二）动物与动物共生

从原生动物、节肢动物、爬行动物到脊椎动物，它们之间均存在共生关系。研究发现白蚁和西方蜜蜂 *Apis mellifera* 之间存在一种偏惠共生关系：一些种类的蜜蜂，其暴露在

---

① 本书中使用定殖，是指微生物侵染其他生物，在后者体内形成侵染体扩展。

露天的巢体容易受到雨水潮湿的干扰，而躲进白蚁巢中建巢就可避免该问题；对于白蚁而言，最大的不利就是蜂巢占据了蚁巢的空间，但当蜜蜂羽化并飞出蚁巢后，白蚁会将其据为己有，还有部分攻击性较强的蜜蜂可帮助白蚁抵御天敌。白蚁与其肠道内的鞭毛虫也构建互利共生关系：白蚁取食木材，需要依靠肠道内的鞭毛虫分泌的纤维素酶分解纤维素，分解后的产物供双方利用。蚂蚁 Pheidole megacephala 与农业害虫蚜虫之间也构成一种共生体系：蚜虫分泌蜜露供蚂蚁取食，蚂蚁保护蚜虫不受瓢虫捕食，并帮助其越冬。尼罗鳄 Crocodylus niloticus 和埃及燕鸻 Pluvianus aegyptius 之间的互惠互利的共生关系极为有趣：埃及燕鸻不仅啄食尼罗鳄身上的寄生虫，还能进入尼罗鳄的口腔啄食鱼、蚌、虾、蛙等肉屑和寄生于口腔内的水蛭，为尼罗鳄清理口腔卫生；埃及燕鸻还在尼罗鳄栖居地垒窝筑巢繁育后代，同时可为尼罗鳄预警。犀牛与牛背鹭 Bubulcus ibis 同来同往，朝夕相处：牛背鹭啄食犀牛皮肤上的寄生虫及其周围的昆虫，清洁犀牛的身躯，使之免于病患，保持健康；犀牛视力差，当遇到敌害时牛背鹭最先受惊，发出警报，牛背鹭先是跳到犀牛背上，然后飞起来，大声啼叫并在上空盘旋，使犀牛免受敌害的突然袭击。可见，动物与动物之间很多是互惠互利、互相依赖、和睦相处的关系，它们共同栖息和进化。

（三）动物与植物共生

自然界中动物与植物的共生也是常见的。山地树鼩 Tupaia montana 舔食挂于空中的劳氏猪笼草 Nepenthes lowii 的花蜜，其间山地树鼩将粪便排进笼中，成为劳氏猪笼草所需要的养分。稳定放射性核素分析表明，空中的劳氏猪笼草从山地树鼩的粪便中汲取57%~100% 的氮（Clarke et al.，2009）。该研究发现了哺乳动物与食肉植物之间的首个共生关系。而传粉动物与有花植物之间的共生是典型的动物与植物的共生关系。榕小蜂与榕树 Ficus spp. 之间相互依赖、互惠共生和协同进化：榕树依赖榕小蜂传粉获得有性繁殖，而榕小蜂必须依赖榕树果实内的小花子房繁殖后代。有一些植物花的构造极为特化，只有少数具有特殊口器的昆虫才能采到花粉，如不同种类的蜂鸟具有不同形态的喙以专门采食相应形态的花。这些特化植物和传粉动物之间是固定配对的共生关系，以至于两者不能各自独立生活。种子散布与传粉者之间的关系专一化，使得只能有少数动物以某种特定植物执行这一功能，不仅能提高花粉的传粉效率，还能增加种内远系杂交的繁殖机会。鹗榕小蜂 Blastophaga psenes 与无花果树 Ficus carica 的共生体系中，后者只有在前者为其授粉时才能结出果实，前者需要 3 种无花果树才能完成生活史，即必须在第 1 种无花果树上越冬，至生长季转移到第 2 种无花果树上完成发育，待成虫羽化后再飞去为食用无花果传粉。没有无花果树，鹗榕小蜂就失去唯一的越冬和发育场所。事实上，更多的动物与植物共生是动物在取食植物果实的同时传播植物种子，有利于植物的传播与分布。正是基于动物与植物的共生，才奠定了生态系统的基础。在农业生态系统中，很多动物生活在水稻田中，于稻田中养殖鱼、蟹、鸡和鸭等则是动物与植物实现共生双赢和利用生物间互惠共生关系开发的最好的实践应用案例。关于这一点将在第九章中进一步介绍。

（四）动物与真菌共生

动物与真菌的共生神秘而有趣，在生态系统的食物网（food net）中意义非凡，具有重要的生理生态功能。在 4000 万 ~6000 万年前，白蚁、蚂蚁及食菌甲虫独立进化了培植真菌的能力，"种植"的生活方式对于这类昆虫占据重要生态位具有非常重要的意义（王琳等，2015）。白蚁与肠道内的真菌互惠共生，前者依赖后者分泌的酶类分解其肠道内木质类食物中的纤维素和半纤维素；同时，白蚁可与其他真菌在体外构建共生体系，如白蚁能调节蚁巢的温度和湿度，给这些外共生真菌的生长提供适宜的环境，并提供给这些真菌能降解的木头、干草和叶片等植物基质。这类外共生真菌绝大多数为蚁巢伞属的 *Termitomyces tylerianus*，通过与白蚁的相互作用共同构筑了硬而脆的多孔结构，即菌圃。菌圃上的蚁巢伞菌所形成的菌丝瘤是白蚁养分、能量和维生素的主要来源。鸡枞菌 *Collybia albuminosa* 的整个生长周期都需要依靠土栖性的白蚁；而蚁巢伞菌能够产生高活性的水解酶，将纤维素降解为白蚁可利用的糖类。白蚁通过觅食为鸡枞菌的生长提供有机质；鸡枞菌则对白蚁觅食草料进行发酵、降解，以利于白蚁的消化吸收。高等白蚁中的大白蚁亚科黑翅土白蚁 *Odontotermes formosanus* 能够特异性地培植真菌作为食物（朱娜，2015）。可见，动物开展农业栽培生产的历史比人类更加久远。

（五）动物与细菌/放线菌共生

动物与原核微生物之间的共生现象充满神秘色彩。牛、羊和骆驼等反刍动物与瘤胃微生物共生是最普遍的例子。反刍动物瘤胃的温度恒定、pH 保持在 5.8~6.8，瘤胃中的 CO_2、CH_4 等气体造成无氧环境，大量的草料经过口腔后与唾液混合进入瘤胃中，为其中的微生物提供了丰富的营养物质。瘤胃微生物分解纤维素，为反刍动物提供糖类、氨基酸和维生素等养分，两者相互依赖、互惠共生。切叶蚁 *Atta* spp. 体表的共生放线菌受切叶蚁特殊的外分泌腺及表皮小囊的调控，保持在体表与切叶蚁营共生关系。试验结果表明，清除或杀死白蚁肠道内的共生细菌后，白蚁会在数周内死亡，这间接证实了白蚁和肠道细菌之间的互利共生关系。昆虫肠道系统是伴随取食、消化、吸收和排泄等活动而多变的环境，其中定殖的共生微生物与昆虫的营养生理活动存在密切关系，一方面其群落结构、代谢活动受到昆虫肠道微环境影响，另一方面它们也影响着昆虫的生理代谢与生命活动。异小杆线虫 *Heterorhabditis megidis* 体内定殖的共生细菌发光杆菌 *Photosbacterium phosphoreum*，是线虫侵染昆虫后使其发病的关键致病因子。当线虫感染了一种昆虫后，它便会释放出发光杆菌，后者以指数级的速度生长，从而最终杀死昆虫，并将其组织转化成线虫所需的营养物质。当细菌达到指数生长阶段后，它们便开始形成化合物，如抗生素、色素和发光素，其功能在于向线虫发出信号，导致线虫成熟，随后线虫便会迁移出昆虫的尸体，进而寻找下一个侵染目标。也有一些方式的共生更加灵活。例如，蟑螂的脂肪体中共生着许多细菌，它们通过母体传递，最初集中在卵母细胞周围，然后进入卵原生质内，这种互利共生是"遗传"的。如果没有这些共生细菌，蟑螂生长速率迟缓，但在食物中添加多肽就能恢复。用抗生素能去除宿主体内的这些共生细菌，宿主因此而出现症状，表明共生细菌可能为宿主提供一些需要的物质或其他更重要的次生代谢物质。这有待于进行系统、深入的研究。

（六）植物与植物共生

热带和亚热带的一些高大乔木如榕树 *Ficus microcarpa* 和苏铁 *Cycas revoluta* 的树干

上常常附生着一些兰科植物（图1-1）。有一种蕨类植物附在油棕 *Elaeis guineensis* 树上，靠油棕分泌物质来刺激自己的生长，而对油棕不会产生有害影响。一般情况下，附生植物对被附生的植物没有不利影响；但若附生植物太多，也会妨碍被附生植物的生长，说明物种间相互关系的类型和性质不是绝对的或固定不变的。葡萄 *Vitis vinifera* 与紫罗兰 *Matthiola incana*，洋葱 *Allium cepa* 与胡萝卜 *Daucus carota*，大豆 *Glycine max* 与蓖麻 *Ricinus communis*，两色蜀黍（高粱）*Sorghum bicolor* 与烟草 *Nicotiana tabacum*，小麦 *Triticum aestivum* 与豌豆 *Pisum sativum*，玉米 *Zea mays* 与豌豆、大豆、红豆 *Adenanthera microsperma*、绿豆 *Vigna radiata*，马铃薯 *Solanum tuberosum* 与菜豆 *Phaseolus vulgaris*，黄瓜和胡萝卜与甜菜 *Beta vulgaris*，大葱 *Allium fistulosum* 与棉花 *Gossypium hirsutum*，豇豆 *Vigna unguiculata*、莳萝 *Anethum graveolens* 与黄瓜，洋葱与大麦 *Hordeum vulgare*，花椰菜 *Brassica oleracea* 与韭菜 *Allium tuberosum* 等的共生，即混合栽培或间作时可相互促进、共同受益，或至少一方受益，却对另一方无害。大豆、花生 *Arachis hypogaea* 与玉米间作，大豆、花生的根瘤菌可固氮供给玉米，而玉米则可为大豆、花生提供碳水化合物。玉米与大豆或花生间作的共生体系、冬小麦与豌豆或黄花苜蓿 *Medicago falcata* 间作的共生体系中，共生的双方或多方可相互促进，不仅能充分利用土地、光能，还能在一定程度上抑制病虫草害发生，有利于它们正常生长发育。

图1-1　榕树（A）和苏铁（B）分别与兰科植物共生

（七）植物与真菌共生

　　生态系统中，植物与真菌关系极为密切，普遍存在着共生关系，特别是植物的根系与一类土壤真菌形成的互惠共生体即菌根（mycorrhiza）是植物与真菌典型的互惠共生关系中的代表。寄主植物为菌根真菌（mycorrhizal fungi）提供光合碳素同化物，菌根真菌则为植物提供磷、锌、铜、钙、硫等矿质养分，更为重要的是后者能够诱导植物产生抗性，提高植物抗逆性，促进植物生长发育，提高产量和改善品质。其中，丛枝菌根（arbuscular mycorrhiza，AM）真菌、外生菌根（ectomycorrhiza，ECM）真菌和兰科菌根（orchid mycorrhiza，OM）真菌等最为重要，在维持和改善生态系统平衡与可持续生产力、农林牧业生产、环境安全与食品安全过程中发挥不可替代的作用。

除此之外，植物的根系、茎叶、花果、种子表面和内部、木质部、韧皮部及其细胞内均定殖着大量内生真菌（endophytic fungi）。绝大多数植物均能与这些内生真菌建立紧密的共生关系。尽管大部分内生真菌的分类地位、生理生态功能与作用机制等尚未确定，但通常它们对植物是无害的，并且很多是有益的，这与植物病原真菌有本质的区别（张晓婧和刘润进，2014）。因此，将这些植物内生真菌及菌根真菌定义为植物共生真菌（plant symbiotic fungi，PSF）。而那些生物学特性与功能类似于菌根真菌的内生真菌，如深色有隔内生真菌（dark septate endophytic fungi，DSE）是与植物根系共生典型的植物共生真菌之一。DSE 侵染定殖根系形成颜色较深且具明显隔膜的游走菌丝、厚垣孢子和微菌核等结构，这些结构通常定殖于根系细胞间隙或细胞内。DSE 同样具有促进植物生长和提高抗逆性的作用。土壤中丰富的绿僵菌 Metarhizium spp. 是广泛分布的植物内生真菌，即共生真菌，同时也是诸多昆虫的病原菌，可以通过寄生昆虫将其氮素转移到植物体内（Behie et al.，2012）。可见，植物与绿僵菌及其昆虫构建的共生互作体系可能在土壤氮循环中对活性氮的获取方面发挥更大的作用。此外，印度梨形孢 Piriformospora indica 与植物根系共生形成互惠共生体；麝香霉 Muscodor spp. 则与植物茎共生形成共生体。关于这些共生体的发生发展、功能效应、作用机制与共生机制等方面的内容将在第四章进一步介绍和讨论。

（八）植物与细菌 / 放线菌共生

植物与细菌常常形成互惠共生体，其中，以豆科植物与根瘤细菌共生形成根瘤共生体是最常见、最紧密、最典型的植物与细菌的互惠共生关系。豆科植物供给根瘤细菌碳水化合物，根瘤细菌则供给植物氮素，两者互惠互利。一些非豆科木本双子叶植物则能与固氮放线菌弗兰克氏菌 Frankia sp. 共生形成根瘤固氮。另外，弗兰克氏菌通过产生固氮酶加速植物体对氮元素的吸收和利用。植物根围还定殖着称为根围促生细菌（plant growth-promoting rhizobacteria，PGPR）的一类有益细菌，具有活化土壤养分、分解有毒有机物、促进植物生长、拮抗土传病原物、提高植物抗病性等作用。从热带雨林土壤分离筛选到对拟南芥 Arabidopsis thaliana 具有促生效应的 4 个菌株（枯草芽孢杆菌 Bacillus subtilis 1 株、萎缩芽孢杆菌 Bacillus atrophaeus 2 株和短小芽孢杆菌 Bacillus pumilus 1 株）能显著促进温室条件下玉米 Zea mays 和番茄的生长（Huang et al.，2015）。除此之外，还有专一性的和非专一性的植物内生细菌（plant endophytic bacteria），这里可统称为植物共生细菌（plant symbiotic bacteria，PSB）。前者只定殖分布于一种植物体内，如重氮营养醋杆菌 Acetobacter diazotrophicus 只存在于甘蔗 Saccharum officinarum 中；后者则定殖分布于多种植物体内，如荧光假单胞菌 Pseudomonas fluorescens 可以分布于菜豆、小麦、番茄、柠檬、甜菜和玉米等植株体内，均已经分离出来。还有部分植物共生细菌则是兼性的，如假单胞菌属 Pseudomonas、肠杆菌属 Enterobacter、沙雷氏菌属 Serratia、产碱菌属 Alcaligenes、志贺氏杆菌属

Shigella、柠檬酸菌属 *Citrobacter* 及革兰氏阳性一些属的细菌等，它们既可生活在植物组织内，也常常分布于土壤中。植物能选择性地与内生放线菌共生。同理，本书也将所谓的"内生放线菌"统称为"共生放线菌"。事实上，植物与共生放线菌之间是相互选择的，其相互作用还受到环境因子的影响。植物与共生放线菌之间存在复杂的微生态关系，具有重要的生态学作用。

（九）真菌与真菌的共生

自然条件下，某些种类的真菌与真菌之间也能建立某些共生关系。通过不同时间接种黑木耳菌棒发现，接种毛色二孢属的可可毛色二孢 *Lasiodiplodia theobromae* 与黑木耳 *Auricularia auricula* 间存在偏性共生关系，它对于黑木耳是偏惠共生还是偏害共生取决于黑木耳菌丝在菌棒中是否具有先占优势，然后进一步试验确定属于哪种类型（宋婷婷等，2014）。银耳 *Tremella fuciformis* 的菌丝几乎不具备利用木质素、纤维素和淀粉的能力，与其伴生的香灰菌即阿切尔炭团菌 *Hypoxyton archeri* 分解纤维素的能力较强，试验表明这两种真菌生活在一起时，它们的胞外纤维素酶由于酶系作用的互补与协同，增大了分解纤维素的效果。因此，银耳菌与香灰菌是营养上的共生关系。关于真菌与真菌的共生研究目前尚不多见，有待加强该方面的试验与系统研究。

（十）真菌与细菌 / 放线菌共生

真菌与细菌的共生不是偶然的一种生物学现象，而是经历了漫长的协同共进化，最终两者能够相互适应、相互依存和共同生活。自然界里最典型的真菌与细菌共生就是子囊酵母菌和担子酵母菌与蓝细菌（蓝藻）三者互惠共生而形成的地衣（Spribille et al., 2016）。这三者长期紧密地结合在一起而成为一类特殊的、单独的固定复合有机体，其既不同于一般真菌，也不同于一般藻类，而是具有独特的形态、结构、生理和遗传等特征。地衣中，蓝细菌进行光合作用合成有机物，作为真菌生长繁殖所需的碳源，而真菌则起保护光合微生物的作用。某些情况下真菌还以其产生的有机酸分解岩石，从而为蓝细菌提供矿质元素。虫霉目真菌新生牙虫疠霉 *Pandora neoaphidis* 菌丝体内定殖着醋酸钙不动杆菌 *Acinetobacter calcoaceticus*（陈相波，2014）。这一发现，为深入研究虫霉目真菌生物学功能的内生机制提供了依据。

（十一）细菌 / 放线菌与细菌 / 放线菌共生

细菌与细菌间也存在奇特的共生关系。例如，一种名为"水蜡虫"的昆虫体内存在的两种细菌间的奇特相互关系，这也是所观察记录到的第一个现代细菌定殖于另一个细菌中的例子。据推测，这两种细菌间可能是一种互补关系，这种关系允许边缘基因转移，以减慢基因退化的速度（Husnik et al., 2013）。另外，土壤中当分解纤维素的细菌与好氧的自生固氮菌生活在一起时，后者可将固定的有机氮化合物供给前者需要，而纤维素分解菌也可将产生的有机酸作为后者的碳源和能源物质，从而促进各自的增殖和扩展。然而，关于细菌与细菌或细菌与放线菌共生的研究内容较少，今后有待开展此方面的工作。

二、按构建共生体系的生物物种数量区分的共生体系

典型的生物共生体通常是由两种不同生物共生形成的具有一定结构和功能的有机体。事实上，自然条件下生物共生体的构建者往往更多，形成所谓的复合共生体（dual symbiont）。这里，我们把由 3 种或 3 种以上不同生物构成的共生体，称为三重共生体（tripartite symbiont）或多重共生体（multiple symbiont）或复合共生体。生物界最常见的、意义最大的复合共生体是由寄主植物、菌根真菌与其他生物构成的（刘润进等，2014）。1896 年 Janse 首次描述了猴耳环 *Archidendron clypearia* 中的三重共生体，而三重共生关系的正式研究始于 1944 年，Asai 研究表明在灭活土壤中一些豆科植物只有在 AM 真菌存在的条件下才能够产生根瘤。进入 21 世纪，特别是近年来，植物＋菌根真菌＋其他菌根真菌、真菌或细菌已成为一个很有意义的研究方向。

（一）动物＋植物＋昆虫构建的复合共生体系

森林中的动物、植物和昆虫三者构建的共生体系是十分常见的。刺鼠是热带雨林中的啮齿类动物，其坚固的牙齿能够打开巴西坚果树 *Bertholletia excelsa* 种子的坚硬种荚，使后者的种子得以传播和萌发；而巴西坚果树还必须依赖于兰花蜜蜂为其授粉，否则巴西坚果树无法繁殖（Santos and Absy，2010），即只有这三种生物共生建立三重共生体系才能使巴西坚果树完成生活史。

（二）动物＋植物＋真菌构建的复合共生体系

一些动物可与植物及真菌共生构成更为复杂而有趣的复合共生体系。切叶蚁在"培育蘑菇"过程中，需要与植物和真菌构建良好的共生体系。首先，切叶蚁需要在土壤中挖掘容积达 2~3m³ 的坑即菌圃，然后从附近的植物切下叶片铺在所挖的菌圃里以培植真菌。整群蚁完全以自己培育的真菌为食物，而真菌从共生中获得的益处是由切叶蚁"喂养"和传播。同时，这些植物的根、茎、叶中均有内生生物，如内生细菌或／和内生真菌等与植物共生。这就构建了一个更为复杂的复合共生体系。这在自然界是十分普遍的和有效的。

（三）动物＋真菌＋放线菌构建的复合共生体系

以种植真菌的切叶蚁及甲虫为例，动物通过种植真菌来获取养分，同时，这些昆虫虫体会携带特定类群的放线菌，产生抗生素来抑制菌圃中病原微生物的生长。切叶蚁通过在巢穴中建立菌圃，种植"真菌作物"来作为蚁群的养分来源。蚂蚁的幼虫完全依赖于菌圃中的真菌生存，而成虫则通过取食"真菌作物"菌体来获得其生长所需的氨基酸及脂类。切叶蚁菌圃易被丝状病原真菌 *Escovopsis* spp. 感染（de Man et al.，2016），蚂蚁的外骨骼上覆盖一类放线菌，能够产生抗生素来抑制 *Escovopsis* spp. 的生长。切叶蚁上的放线菌产生的抗生素包括环状缩酚酸肽抗生素（dentigerumycin）和白地霉抗生素（candicidin）等（Sit et al.，2015）。而蚂蚁虫体的表面同时存在一类黑酵母菌能够直接利用放线菌作为养分，从而抑制了放线菌对菌圃的保护。在一些切叶蚁的菌圃中存在的伯克氏属 *Burkholderia* 的细菌，其产生的抗生素不仅抑制"真菌作物"的寄生真菌

Escovopsis spp.，同时能够拮抗植菌蚂蚁的病原菌（Barke et al.，2010）。可见，自然条件下生物之间的竞争与合作无时不在。

（四）植物＋菌根真菌＋其他菌根真菌构建的复合共生体系

一种植物的根系可同时被两类不同的菌根真菌，如 ECM 真菌和 AM 真菌侵染形成混合菌根（ecto-and endomycorrhiza 或 dual mycorrhiza），即复合共生体。自然条件下，桉属 *Eucalyptus*、柳属 *Salix*、杨属 *Populus*、金合欢属 *Acacia*、柏木属 *Cupressus*、榆属 *Ulmus*、术麻黄属 *Casuaria*，以及杜鹃花科植物和其他针叶树种等，可与两种不同的菌根真菌共生；植物根系被 ECM 真菌与欧石南菌根（ERM）真菌侵染形成复合共生体；笃斯越橘 *Vaccinium uliginosum* 可被 AM 真菌与 ERM 真菌侵染根系形成复合共生体（苗迎秋等，2013）。

（五）植物＋菌根真菌＋其他真菌构建的复合共生体系

更多种类的植物根系可被菌根真菌与 DSE 同时侵染形成复合共生体（Vohník and Albrechtová，2011；高春梅等，2016）。油松 *Pinus tabuliformis* 能与 ECM 真菌铆钉菇 *Gomphidius viscidus*，以及 4 种菌根伴生真菌哈茨木霉 *Trichoderma harzianum* HDTP-1、*T. harzianum* HDTP-3、冻土毛霉 *Mucor hiemalis* SA10-6 HDTP-4 和 *M. hiemalis* XSD-98 HDTP-5 共生而发挥生理生态作用（陈桂梅，2009）。关于植物与菌根真菌和其他真菌，如印度梨形孢等之间形成的复合共生体特征、功能与作用机制，则是当今和未来的一个崭新的研究领域。

（六）植物＋菌根真菌＋细菌／放线菌构建的复合共生体系

自然条件下，除了上述复合共生体外，植物与菌根真菌和细菌／放线菌三者之间形成的复合共生体更为普遍。例如，植物与菌根真菌和植物共生细菌（包括 PGPR、共生固氮细菌、游离固氮细菌和根瘤放线菌等）之间具有共生关系。豆科植物根系常常定殖着 AM 真菌和根瘤细菌，可形成豆科植物＋AM 真菌＋结瘤的原核生物三重共生体，甚至在根瘤中定殖着 AM 真菌的厚垣孢子；一些木本植物与 AM 真菌和根瘤放线菌也能形成 AM 和根瘤复合共生体，表明自然条件下复合共生体类型具有丰富的多样性，这也必然与其形态解剖结构及其生理功能密切相关。另外，植物与 DSE 和细菌／放线菌的共生所形成的复合共生体也值得深入探究。

（七）植物＋真菌＋真菌病毒构建的复合共生体系

耐高温植物稗草 *Dichanthelium lanuginosum* 与感染了弯孢耐热病毒（CThTV）的管突弯孢霉 *Curvularia protuberata* 构建的三重共生体能促进植物的生长，可耐受根区 65℃的高温。正是由于该病毒的存在能够清除植物体内因高温产生的活性氧，才能确保该三重共生系统正常地生活在高温环境中，尽管对于耐高温特性来说，植物＋真菌＋病毒三者都是必需的。试验发现，对番茄接种带有 CThTV 的管突弯孢霉所构建的三重共生体同样能增强番茄的耐热性，提高成活率（Márquez et al.，2007）。这项研究结果具有极大的理论价值和实际意义。

（八）真菌＋真菌＋细菌／放线菌构建的复合共生体系

自然条件下，子囊酵母菌和担子酵母菌与蓝细菌（蓝藻）三者互惠共生可形成地衣（Spribille et al.，2016）。

正如上所述，自然界三重共生体和多重共生体是十分普遍的、正常的和多样的。随着研究的不断深入，将发现越来越多的多重共生体。关于生物复合共生体系将在第七章进行介绍。

三、按共生体系的能量流动关系区分的共生体系

依据生物代谢互补、能量流动模式，可以将生物共生体系划分为以下几个类型。

（一）光合类生物与光合类生物的共生

广义来说，一种植物附生在另一种植物上属于光合类生物与光合类生物的共生关系。例如，热带森林中许多高等附生植物附生在被附生植物表面，以支撑自己获得比定植在地面上更多的阳光。光合类生物与光合类生物的共生往往还体现在：绿色植物与蓝藻的共生，如蕨类满江红和鱼腥藻；苔类植物与藻类的共生，如角苔、壶苞苔等的配子体的叶状体下表面有胶质腔，其中含有共生的圆球念珠藻；裸子植物与藻类的共生，如苏铁与蓝藻共生固氮体系（苏铁中念珠藻或鱼腥藻与苏铁形成珊瑚状根瘤共生）；被子植物与藻类的共生，如小二仙草科根乃拉草属 *Gunnera* 的 40 种草本植物可与点形念珠藻 *Nostoc punctiforme* 共生，以及小麦与固氮蓝细菌（聚球藻、念珠藻和鱼腥藻等）的共生（吴忠兴，2003），即小麦与所谓光合细菌的共生是当前生物共生学领域研究热点内容之一。

（二）光合类生物与非光合类生物的共生

最典型的光合类生物与非光合类生物的共生就是蓝细菌与真菌互惠共生建立的地衣共生体，前者白天光晚上固氮，为后者提供营养物质和能量；后者则为前者提供支撑和保护，并提供光合所需的水分和无机盐等。光合微生物作为初级生产者在与动物构建的共生体系中，光合微生物为非光合类动物提供有机养分，而动物为光合微生物提供生理上和营养上的适宜生境。绿色植物与人类或动物的共生，以及绿色植物与真菌、非光合细菌、放线菌等的共生均属于光合类生物与非光合类生物的共生体系，如植物与菌根真菌的共生、豆科植物与固氮细菌的共生，以及植物与其他真菌的共生等。这类光合类生物与非光合类生物的共生体能更高效地促进生态系统中物质的转化与循环、信号的传递、能量的流动和遗传信息的转移等，增加物种丰富度，对保护和保存物种丰富度也发挥着重要作用。

（三）非光合类生物与非光合类生物的共生

广义来说，非光合类生物与非光合类生物的共生主要存在于人类与动物之间、人类与非光合微生物之间、动物与动物之间、动物与真菌之间、动物与非光合细菌之间等。很多动物可以形成所谓的互养关系（syntrophism），即两种或更多的生物种相互提供养分的一种共生关系。玫瑰海葵 *Actinia cari* 附着于寄居蟹 *Paguridae* sp. 匿居的贝壳上，

其刺丝胞可保护寄居蟹，寄居蟹的活动又扩大了海葵的觅食范围。非光合类生物与非光合类生物的共生体系可提高生态系统中物质和能量的利用效率，在食物网中对增强种群的竞争、维持稳定的群落结构具有重要意义。

四、按生物共生关系的性质区分的共生体系

按生物之间构建的共生关系的不同性质，可将生物共生体系划分为以下几种类型。

（一）互惠共生

互惠共生（mutual symbiosis）是指两种生物生活在一起，彼此互惠互利。例如，鼓虾 *Alpheus* sp. 与丝鳍吻虾虎鱼 *Rhinogobius filamentosus* 之间的共生就属于互利共生关系。鼓虾营穴居生活，丝鳍吻虾虎鱼利用前者的洞穴作为隐蔽场所，鼓虾眼盲，当其离开洞穴时，以其细长的触角保持与鱼的接触，代替眼睛起到报警系统的作用。这种互惠共生关系多见于生物学特性极不相同的生物物种之间。根据共生生物双方或多方之间相互依赖的紧密程度，又可将互惠共生分为以下几种类型。

1. 专性互惠共生

专性互惠共生（obligative mutual symbiosis）是指共生物双方之间达到相互依存、相依而生的共生境界，以共生体作为生存的必要条件。根据专性程度不同，又可将其划分为双方专性互惠共生（dual obligate mutual symbiosis）和单方专性互惠共生（unilateral obligate mutual symbiosis）。双方专性互惠共生即共生的双方对彼此的依赖程度都很大，双方均具有很强的专一性，二者固定搭配，合作非常紧密。例如，造礁珊瑚（hermatypic coral）是珊瑚虫和具有光合作用的沟鞭藻 *Symbiodinium* sp. 形成的互惠共生体。一般来说，共生藻会聚集在珊瑚两层细胞的内层，细胞密度约为 10^6 个 $/cm^2$。沟鞭藻通过光合作用为珊瑚虫提供糖类，珊瑚虫是肉食性的滤食动物，但是浮游动物所提供的食物只占珊瑚虫能量总需求的 10%，其余大部分均由其合作方提供（李振基等，2007）。头细蛾 *Epicephala* spp. 与大戟科部分植物之间通过传粉建立了专性互惠共生体系，该体系为研究物种间协同进化的动力及维持互惠共生体系稳定的机制提供了一个全新的理想模式体系（胡冰冰等，2011）。单方专性互惠共生，即共生的双方必须处于共生状态下其中的一方才可生存，也即其中的一方对另一方共生关系依赖性强，而另一方对其没有特殊依赖要求。AM 真菌与寄主植物之间所建立的互惠共生体就属于单方专性互惠共生体，因为 AM 真菌只有与寄主植物根系建立共生体即形成丛枝菌根后，AM 真菌才能完成其生活史，保持繁殖和遗传，而寄主植物对 AM 真菌没有特殊依赖性。

2. 非专性互惠共生

非专性互惠共生（non-obligative mutual symbiosis）应该包括所谓兼性互惠共生（facultative mutual symbiosis）和原始协作（original collaboration）。兼性互惠共生是指共生物双方之间的合作共生并非固定搭配，通常是松散的，随生态条件的不同，双方的关系会发生转变。生物界大多数的互惠共生属于兼性互惠共生体系。例如，豆科植物根系与根瘤细菌共生形成的根瘤即共生固氮体系，寄主植物为根瘤细菌生长发育和固氮作用提供光合碳素养分和水分等；而后者能固定空气中的 N_2，为植物提供可利用的氮素

养分，从而保证缺氮土壤中豆科植物的正常生长发育。在含氮量较高的土壤中，根瘤细菌则无固氮活性，豆科植物无须依赖根瘤细菌，可以正常独立生长发育。

原始协作又称为原始合作，是两种能独立生存的生物间的协作关系，协作比较松散，对双方都没有不利影响，或对双方均有利，双方之间不存在依赖关系，分离后双方均能独立生活。寄居蟹与海葵的共生常常被作为原始协作的经典例子：海葵固着在寄居蟹所寄居的螺壳上，通过寄居蟹运动而扩大其取食范围，而寄居蟹则以海葵的刺细胞来防御敌害。又如，鸵鸟 *Struthio camelus* 视觉敏锐，斑马 *Equus burchellii* 嗅觉灵敏，它们常生活在一起，对发现天敌有利。

（二）偏惠共生

偏惠共生（commensalism）是指双方或多方均能独立生存的生物之间构成的一类共生体系，其中对一方有利，对另一方则无利无害。例如，一种色彩鲜艳的双锯鱼 *Amphiprion* sp. 常在海葵的触手间游动，受到海葵的保护，而其他种类的小鱼若靠近海葵，就会被其触手抓住并被吃掉。兰科植物在与 OM 真菌共生形成共生体的过程中，兰科植物的种子萌发和植株生长发育均需要 OM 真菌提供养分，而此时寄主植物对 OM 真菌无害无利。

五、按共生部位或共生体结构区分的共生体系

通常将生物共生部位划分为内共生（endosymbiotes）和外共生（ecto-symbiotes），但对这两者的概念学术界有不同理解。一些学者认为，外共生仅指体表外的共生，其他均属内共生，可进一步分为体内共生和胞内共生。另一些学者则明确了以细胞膜为界的外共生与内共生的细胞学水平上的含义。这里，我们采用法国巴斯德研究所有关共生体系的划分方法。

（一）内共生

生物间的内共生即胞内共生是指定殖于细胞内的共生体，该共生体可称为内共生体。其共生方式有多种：有的内共生体可定殖生活于胞质中，如蓝载藻 *Cyanophora paradoxa* 的内共生体和僧帽斜管虫 *Chilodonella cucullulus* 的内共生体；有的定殖生活于核质中，如具瘤点纹陀螺藻虫 *Strombomonas verrucosa* var. *conspersa* 和旋纹眼虫 *Euglena spirogira* 等的内共生体；有的定殖生活在核周腔中，如跳侧滴虫 *Pleuromonas jaculans* 等的内共生体；有的则生活在宿主细胞的线粒体或叶绿体这样的细胞器中。还有一些更加灵活的共生方式。例如，蟑螂的脂肪体中定殖着许多共生细菌，最初集中在卵母细胞周围，然后进入卵原生质内。研究表明，绿草履虫 *Paramecium bursaria* 与小球藻 *Chlorella* sp. 形成的内共生体对两者的自身生存均有重要影响。严格说来，依据以细胞膜为界的外共生与内共生的细胞学水平上的定义，AM 真菌与植物的共生并不是典型的内共生，因为前者侵入植物根系皮层细胞内所形成的丛枝结构、菌丝体或 / 和泡囊结构等均定殖在植物细胞膜之外的所谓胞内质外体空间内，而非植物细胞质内。若按照外共生仅指体表外的共生，其他均属内共生的定义，则 AM 真菌的侵染定殖则属于所谓内共生。因此，当研究和观察 OM

真菌、其他所谓内生菌根真菌和其他能够定殖植物细胞内部的共生真菌的定殖特点时，应给予严格的区分和说明。而关于该类共生真菌的侵染、定殖与扩展等方面的共生机制、生理生态功能和作用机制等有待进行深入系统的研究。

（二）外共生

生物之间的外共生一般是指一种生物生活在另一种生物体外表面或者体内表面（包括消化道的内表面或是外分泌腺体的导管）的共生关系。例如，反刍动物与其多室胃中定殖的共生细菌和原生动物。反刍动物瘤胃定殖着高密度的共生细菌（10^{10}~10^{11} 个 /ml）和原生动物（10^{5}~10^{6} 个 /ml）。这些个共生微生物从反刍动物多室胃中获取纤维素和无机盐等养分，在合适的水分、温度、pH 及无氧环境中，将纤维素分解成有机酸以供瘤胃吸收，同时由此产生的大量菌体蛋白通过皱胃的消化而向反刍动物提供充足的蛋白质养料（占动物蛋白质需要量的 40%~90%）。ECM 真菌通常定殖于植物根系表面形成菌套、在皮层细胞间隙形成哈蒂氏网（Hartig net）等菌根结构，而不进入寄主细胞内。此外，植物与附生植物的关系也属于外共生。

（三）内外共生

所谓内外共生，是指共生生物之间一种生物既可定殖于另一种生物细胞内，又可在细胞间形成共生体。例如，内外生菌根（ectoendomycorrhizae，EEM）是典型的植物与真菌形成的内外共生体。EEM 兼有内生菌根和 ECM 的一些结构特征，主要发生在松树类植物上，它不同于 ECM 和一些杜鹃花目植物上发现的菌根，有细胞内菌丝侵染现象，即菌丝既可进入根系皮层细胞内部，亦可在根表和细胞间隙生长发育。成熟根部组织细胞内通常可充满形状不同的有隔菌丝的菌丝圈。EEM 的许多特点与 ECM 相似，但其细胞内菌丝已在多种树木根系中观察到有很强的侵染能力。EEM 的结构与 ECM 有明显的不同，仅有少数细胞可被真菌侵染，老的皮层细胞可完全被菌丝侵染。EEM 也不同于DSE，后者的侵染不形成菌套和哈蒂网。

整个生物界几乎所有生物，包括我们人类在内都是与其他生物以共生的方式进行生命活动的，尽管部分生物有时可以营独立生活。共生生活、协同进化、合作发展永远是生物界的主旋律。区分生物共生体的类型与共生方式等是生物共生学探讨的基本内容之一，系统地了解生物共生体的类型及其共生方式等，将有助于开展更加广泛和深入的研究。

第三节　生物共生学的发展历史

自生命起源到生物个体和种群的原初发育过程中，生物共生可能就已存在。包括化石证据在内的各种科学依据均已表明，生物共生现象是十分古老的、常规的、多样的、有效的和永恒的生物学特征和规律。但人类开始观察、识别、描述和科学研究生物共生现象的历史却十分短暂，至今尚不足 150 年。而且自 1950 年以来，该领域的研究才有较快速的发展。

一、国际生物共生学研究发展历程

　　追溯生物共生学研究的历史，早在 Heinrich Anton de Bary 提出广义的共生概念之前，即 1877 年 Albert Bernhard Frank 就已使用曾经用于描写共同生活在社区里的民众的词语 "symbiosis" 来描述地衣中的互惠共生关系。Heinrich Anton de Bary 提出的广义生物共生定义在生物科学领域具有一个里程碑式的意义。由此，开创了生物学领域长期以来为世人所忽视、所争论的命题。很长时间里，欧洲学术界曾把共生的概念限于两个有机体互利的范围。因此，将寄生（parasitism）与共生严格区别和对立起来。例如，著名寄生蠕虫学家 К.И.Скрябин 反对把 "寄生" 和 "共生" 的概念混为一谈，特别强调寄生 "给宿主带来危害" 这一点。1884 年，Heinrich Anton de Bary 进一步论述了共生、寄生和腐生（saprophytism）的关系，提出了生物间的多样共存方式，并分析了共生和非共生的区别、寄生与共生的区别。十分有意义的是，1885 年和 1887 年 Feank 及 Pfeffer 先后分别观察到了森林根系与真菌形成的共生体，当时称为 "fungus-roots"，即菌根。但这些真菌与植物根系究竟是共生关系还是寄生关系，引起了长期激烈的争论。

　　自 19 世纪末到 20 世纪 50 年代，学术界一直围绕着生物间的 "寄生" 与 "共生" 展开争论。其中，最著名的植物与真菌建立的菌根共生体中，菌根真菌侵染植物根系到底是寄生的一种 "病态" 还是 "互惠共生" 的常态，最终以大量试验证实了菌根的互惠共生特性并在国际上展开了学术研究和讨论。值得注意的是，学科的传统和学派的倾向使得对学术概念的理解并不完全相同。人畜的寄生虫，特别是蠕虫对宿主带来的危害是比较清楚的。在寄生虫学领域把寄生与共生严格区别和对立起来。关于共生概念包括的范围，一直以来多分支学科的学者各持见解，不同学者对共生的定义有不同的理解。一些学者认为共生应该只限定生物间持久的互惠共生，而另一些学者则认为共生包括所有生物间持久的互惠共生、共栖和寄生的相互作用。特别是对寄生和共栖两者的判别更是充满分歧，并且在昆虫或无脊椎动物体内或细胞内，较多的是共生物，有的很难判别它们是共生物还是寄生物。但后来较多的寄生虫学家倾向共生包括寄生和共栖。1952 年 Maure Callery 在《寄生与共生》（*Parasitism and Symbiosis*）一书中比较深刻地分析了寄生与共生的普通生物学原理。他搜集了许多寄生和共生的实例，并将其中一些说不清是寄生还是共生的现象归于共栖（messmatesim）。1965 年 Buchner 所著的《动物与植物及其微生物的内共生》（*Endosymbiosis of Animals with Plant Microorganisms*）一书中，包括许多动物与动物、动物与植物、植物与植物之间共生联合的实例。到 1969 年，Scott 提出生物共生是由两个或多个生物，在生理上相互依存程度达到平衡的状态。同年，Smith 通过糖代谢途径转移能量的研究，阐明了光合生物与非光合生物间的共生关系。从光合生物与非光合生物间的共生的营养关系来看，寄生与共生的区别在于代谢产物的交流，寄生是单向运转，共生是双向运转交换。由此可见，寄生是一定条件下寄主（植物学及其相关领域）/ 宿主（动物学及其相关领域）与寄生物之间尚未达到平衡状态的共生；共生则是一定条件下寄主 / 宿主与寄生物达到平衡的寄生。简言之，共生是限定范围和程度的寄生，而寄生则是尚未达到平衡的共生。两种或多种生物在空间、物质与能量交换和利用上达到一个相对稳定的平衡状态的寄生即是共生；反之，尚未达到平衡状态的共生就是寄生。尽管英文均为 host，上述"寄主"与"宿主"区分的部分理由也正是基于这一点，这与"有益的"或"有害的"微生物本身无关，而与 host 自身是属于植物、藻类和真菌等还是属于动物有关。涉及动物的，则中文用"宿主"，其他的则均用"寄主"。这是我们在今后论著中应该注意的一点。

在整个生物界，人类与其他生物、动物与植物、动物与真菌、动物与细菌、植物与真菌、植物与细菌、真菌与细菌之间等，实际上是很多过渡性质的共生。所以，生命活动的共生动态关系，不可能简单地区别为寄生还是共生，而是一个互相联系、不可分割的连续统一体。例如，生物学中公认的典型共生代表，植物根系与菌根真菌建立的互惠共生体（菌根）、豆科植物的根系与固氮细菌共生形成的共生体（根瘤）、满江红与鱼腥藻形成的共生体、真菌与藻类形成的地衣等，从结构、功能和联系紧密程度的关系上看，实际上还是从寄主获取的养分数量、定殖和扩展的寄主部位等有控制的一定程度上的寄生。可见，共生与寄生是相互包含的，是相对的，是辩证的，是统一的。因而，生物间相互利害关系是十分复杂的、微妙的、多样的、动态的和变化的。而兰科植物与其共生真菌之间的共生体系及其营养关系的转变即是最有力的证明。此外，参预共生过程的真菌、细菌和放线菌等的代谢过程及其次生代谢物质的种类和性质也会影响到生物之间的这种寄生与共生的平衡状态，而值得深入和系统探究。

1970 年美国生物学家 Margulis 强调了大量的进化新生物共生的重要性，认为由于有些细菌已开始了共生，真核生物才得以发展。高等生命有机体的细胞的各部分是早期细菌的残留物。该理论曾被认为是"异端邪说"。1981 年，Margulis 在她的《细胞进化中的共生》专著中认为，真核细胞起源于相互作用的个体组成的群落，也包括内共生的螺旋体形成了真核生物的鞭毛和纤毛。后一种假说没有被广泛接受，因为鞭毛缺乏 DNA，在结构之外与原核生物也没有明显相似性。1996 年，Margulis 和 Sagan 进一步指出"生物并不是通过战斗，而是通过协作占据整个全球的"，他们以及其他学者认为达尔文关于物种进化是由竞争驱动的学说是不完善的。达尔文的进化论强调生物物种之间通过拮抗竞争优化而进化，而忽视了生物之间更多的是依靠共生互助来有效适应更多的环境而协同进化，即使是病原物与其寄主植物或宿主动物之间也是协同进化的。恰恰是后者弥补了达尔文进化论的部分缺陷，合理地解析了自然界植被中存在的由诸多不同物种的单一个体组成的植物群落的现象。可见，生物的进化需要拮抗竞争，更需要共生互助。生物之间的组合状况和利害程度的关系，由于生存的需要，两种或多种生物之间必然按照一定模式相互作用、共同生活，形成共同生存、协同进化的共生关系。生物的进化发展是不断竞争与合作的过程。

所以针对上述情况，20 世纪 70 年代，Steinhaus 提出把寄生和共栖都归于共生的概念。1981 年 Margulis 从生态学动态角度说明"共生是不同生物种类成员在不同生活周期中重要组成部分的联合"。1982 年 Golf 指出"共生包括各种不同程度的寄生、共生和共栖"。原生动物学家 Dale Weis 1982 年将"共生"定义为几对合作者之间的稳定、持久、亲密的组合关系，即生物细胞或个体内外生物之间的共生联合（symbiotic association）。随着技术的进步、科学的发展与研究的不断深入，学术界逐渐形成了由寄生发展到共生的主流学派。

　　从 20 世纪 50 年代开始围绕着生物共生为主题的国际学术会议频繁相继举行，如在德国召开了首届"内共生细胞学"的学术会议。关于内共生体的起源与建立，1905 年 Konstantin Mereschkowsky 最先提出叶绿体是由原先的内共生体形成的假说。随后 20 年代 Ivan Wallin 提出了对线粒体的相同观点。随着人们发现植物细胞内的线粒体和叶绿体含有 DNA，这些想法被 Henry Ris 重新提出。线粒体和叶绿体起源于古代细菌内共生的证据如下：线粒体和叶绿体都含有与细胞核中不同的而类似于细菌的环状及其大小的 DNA。线粒体具有和真核寄主细胞不同的遗传密码，这些遗传密码与细菌和古菌中的遗传密码很类似。它们被两层或更多的膜所包被，其中最里面一层的成分与细胞中其他膜的成分都不同，而更接近于原核生物的细胞膜。新的线粒体和叶绿体只能通过类似二分分裂的过程形成。一些藻类中，如眼虫 *Euglena* spp.，可以用药物或长时间缺乏光照来破坏叶绿体而同时不影响细胞。这种情况下，叶绿体不能够再生。叶绿体的很多内部结构和生物化学特征，如类囊体的存在和某些叶绿素与蓝藻很接近。对细菌、叶绿体和真核生物基因组构件的系统发生树的分析结果同样支持了叶绿体与蓝藻更接近。DNA 序列分析和系统发生学研究表明核 DNA 包含了一些可能来源于叶绿体的基因。一些核中编码的蛋白质被转运到细胞器中，而线粒体和叶绿体的基因组相对于其他生物来说都小得多。这与内共生生物形成后越来越依赖真核生物寄主相一致。叶绿体存在于很多完全不同的原生生物中，这些生物普遍与不包含叶绿体的原生生物更接近。

　　1970 年 Margulis 提出了"细胞共生学"的概念。1978 年英国伦敦皇家学会讨论了"细胞作为栖息地"的问题。1979 年在美国俄亥俄州讨论了"寄生物或共生物细胞的相互关系"，同年又在纽约举行关于"真核细胞器的起源和演化"的国际学术会议。1980 年召开了细胞生物学综合性的讨论会，集中讨论了真核细胞的起源问题、鞭毛的起源与发展，即原核细胞通过哪种方式发展为真核细胞。1983 年第二届国际内共生细胞生物学会议上，将细胞生物学与共生问题结合起来加以探讨，从而加强了病毒作为外源 DNA 在细胞演化过程中所起重大作用的认识。会议上提出"基因组与病毒"、"基因与细胞质"、"细胞内共生物与宿主之间的相互关系"等论题，均涉及"协同演化"的研讨；提出了"细胞内空间作为寡遗传性的生态系统"的概念，并且在新的科学水平上对"系列性内共生说"（serial endosymbiosis theory，SET）进行了解释，即真核细胞的演化是通过作为细胞内生态系统逐渐发展为中心调节控制的系统。1986 年在美国纽约召开了第三届国际内共生会议，会上开拓了无脊椎动物免疫生物学的新领域。这与原生动物和另一些无脊椎动物的细胞取材最方便，同时易于操作的活的试验材料，对研究内共生问题和真核细胞起源十分有利不无关系。特别是原生动物既是一个细胞，又是一个生命的整体，它们可以是其他动物的寄生物或共生物，同时其自身又可作为藻类、细菌和病毒的宿主。可见，生物共生概念的发展大大提高了原生动物学的科学研究价值。1991 年首届国际共生大会（International Symbiosis Society Congress，ISS）上来自 27 个国家的 250 名参会代表围绕共生生物之间的营养互作、识别与专化性、共生与发展、新结构与功能、生态适应性和运转机制等方面展开研讨。该次会议针对不同共生类型的研究工作，开展了比以往任何一次会议的入会者更加紧密的联系和广泛的合作。来自欧洲、美洲、澳洲、苏联和东欧的知名学者作了大会主旨报告演讲，出版发行了达 500 页的会议论文集，汇集了当时共生体系研究最高水平的资料。该次会议如此成功，直接导致召开了 1994 年的第二届国际共生大会。之后决定每 3 年召开一次。

进入 21 世纪以来，人们已认识到生物共生的普遍性、多样性和重要性。2005 年 Nowak 将生物共生列为生命界最重大的十项顶级创造之一。2009 年第 6 届国际共生大会上入会者分析比较了不同的共生系统，揭示了较一致的共生关系发展趋势，提出了运用何种工具与理论在更广泛的共生领域发展研究，如何使共生研究在解决全球问题上发挥作用，如新型抗生素的耐药性、对替代能源的需求，以及对农业与自然资源可持续发展的追求等，都是当前及以后所要面对和解决的问题。此次会议中，Ruth Ley 和 Justin Sonnenburg 提出共生模型和人类微生物组的概念。2012 年在波兰召开的第 7 届国际共生大会的主题就是"地球是一个巨大的共生圈"，而 2015 年 7 月在葡萄牙召开的第 8 届国际共生大会的主题和精神则是"共生的生活方式"。这均说明在共生学说的发展中，人们越来越意识到共生的重要性及其在地球上所发挥的重大作用。2018 年 7 月 15~20 日在美国俄勒冈州立大学将召开第 9 届国际共生大会。有理由期待这将是生物共生学领域的一次空前的盛会，我们将拭目以待。

二、中国生物共生学研究发展历程

中国虽然没有成立专门的生物共生学学术组织并组织召开专门的学术会议，但从中华人民共和国成立以来，自 20 世纪 50 年代就开始了与生物共生有关的初步研究。例如，1954 年胡济生等就研究了细菌肥料的固氮作用，同年报道了满江红的绿肥作用；60 年代开展了农作物间混作、菌根、固氮蓝藻和红萍等方面的工作；80 年代开始中国进入了科技研究发展的黄金时期。以生物共生固氮、地衣和菌根为代表的生物共生学研究取得了辉煌成就。特别是在生物共生固氮领域，在国际上处于领先地位。例如，著名土壤微生物学家、农业教育家、中国科学院院士陈华癸教授对水旱两作稻田的微生物区系和营养物质的生物循环进行了开拓性的研究，首次揭示了紫云英 *Astragalus sinicus* 根瘤菌是一个独立的互接种族，对紫云英根瘤菌剂的生产和大面积推广应用发挥了开创性的作用。

上海生命科学研究院植物生理生态研究所的沈善炯院士在固氮基因的结构和调节研究中获得重大突破。从 1974 年起他就研究自生固氮细菌的结构、表达和调控等一系列遗传学问题，在研究肺炎克氏杆菌的固氮 *nif* 基因组的精细结构中，证实 *nif* 基因呈一簇排列，不存在所谓"静止区"。在 *nif* 基因的分析方面，他们与美国威斯康星大学 Brill 教授的实验室合作，根据一个突变点 *nifC* 的位点以及它的互补现象，指出 nifJ 蛋白是由相同的二聚体组成。他们通过对 *nifH* 上游区的核苷酸序列分析及基因融合试验，最终确定 *nifJ* 的启动子的转录方向与 *nifF* 相同，但与其他 *nif* 基因相反。在研究 *nif* 基因的调节方面，沈善炯最早应用克隆技术，证明 nifA 蛋白对 *nif* 基因的调节作用，他们还就氧和温度等因素对 *nif* 基因的调节进行了系统和较深入的分析。他的学生在 1980 年首先发现 *nif* 基因受温度的阻遏主要是由于 nifA 蛋白对温度敏感，提出了较完整的以 nifA 为中心的 *nif* 基因调节模式。1985 年他们利用突变，以 ntrC 依赖性的 nifH 突变型做试验，证实氧对负调节基因 *nifL* 的作用在于它使 nifA 蛋白失活，从而使 *nif* 基因不能激活。在研究调节的分子机制方面，沈善炯和其助手等采用结构基因 *nifH* 启动子区的定点突变，发现共同性顺序的某些核苷酸置换可以改变 *nifH* 启动子对 nifA 蛋白的依赖性为对 ntrC

蛋白的依赖性。1985 年的第六届国际固氮会议上沈善炯应邀将这项成果做报告，此项工作被评为进展最快的工作之一，得到国际同行的高度评价，他的实验室被认为是研究固氮基因分子遗传学的国际研究中心之一。此外，该实验室还着重研究了根瘤菌和寄主植物间相互作用的遗传学关系，发现寄主植物与苜蓿根瘤菌建立的共生固氮系统中，结瘤基因和共生固氮基因的顺序性表达。在 1988 年召开的第 16 届国际遗传学会上，沈善炯应邀就这项工作做了专题报告。

在植物与微生物共生固氮研究领域，中国农业大学陈文新院士领导的团队参加并组织完成对全国 32 个省份 700 个县的豆科植物结瘤情况调查，采集根瘤标本 7000 多份，新发现可以结瘤的豆科植物 300 多种，分离并保藏根瘤 5000 多株，在数量上和所属寄主种类上占重要地位；发现了一批耐酸、碱、盐、高温、低温的珍贵根瘤菌种质资源，并对近 2000 株具代表性的根瘤菌进行分类和系统发育研究，描述并发表根瘤菌的 2 个新属、8 个新种；已建成目前国际上菌株数量最大、性状信息最丰富的根瘤菌数据库。李季伦院士在固氮酶催化机制研究中，论证了伴随固氮酶催化还原 N_2 生成 NH_3 的同时，有两个主要的放 H_2 反应，首次提出固氮酶的双位点放 H_2 理论；在固氮螺菌分子遗传学研究中，建立了中国巴西固氮螺菌 Yu62 菌株的基因文库，克隆和测序了该菌的 *ntrBC*、*draTG*、*nifA*、*glnB*、*glnZ* 和 *flbD* 等基因，并分析了它们的功能；构建了能节约玉米氮肥 20% 的耐铵固氮基因工程菌株；启动了中国豆科植物根瘤菌资源调查和分类研究；建立了中国根瘤菌资源数据库，系统地研究了生物固氮问题。

中国科学院微生物研究所魏江春院士对中国地衣分类与区系进行了广泛研究。自 1962 年留学回国后，他一直从事地衣型真菌生物多样性及其系统与演化生物学研究，对于中国地衣区系与分类，尤其是袋衣属 *Hypogymnia*、黄梅属 *Xanthoparmeli*、肺衣属 *Lobari*、地卷属 *Peltigera*、脐鳞属 *Rhizoplaca*、石蕊科及叶生地衣等类群进行了专门研究，发现并描述了大量新种、新属及 1 新科；对珠穆朗玛峰地区及南极乔治王岛地衣区系进行了实地考察和专门研究，为构建抗逆种质资源库提供材料；对世界范围石耳科地衣分类从形态学、结构学、化学、地理学到分子系统学等方面均进行了系统而深入的整体性综合研究，从单属系统、旧二属系统、三属系统、四属系统和五属系统中总结出新的二属系统，并通过对石耳科地衣真菌核 rDNA 的序列分析进一步支持了新二属系统，得到国际学术界的承认并被收入 1993 年《世界子囊菌系统大纲》及 1995 年《世界真菌辞典》，为东亚北美石耳地理替代种的同祖分化提供了分子证据；撰写了《亚洲石耳科》《西藏地衣》和《中国地衣综览》等专著。地衣分子生物发育地理学、真菌与藻类共生与地衣保育生物学方面正在研究之中。

植物与真菌共生，特别是植物与菌根真菌共生研究方面，中国林业科学院的郭秀珍研究员带领的团队和弓明钦研究员带领的团队在林木外生菌根研究与应用方面，中国科学院南京土壤所郝文英研究员带领的团队、中国农业科学院农业资源与农业区划研究所汪洪刚研究员带领的团队、北京市农林科学院植物营养与资源研究所张美庆研究员带领的团队在 AM 真菌分类、生理生态效应与作用机制研究等方面取得重要成果。

在研究机构建设方面，以中国科学院微生物研究所真菌学国家重点实验室、中国科学院南京土壤研究所土壤与农业可持续发展国家重点实验室、中国农业大学资源与环境学院等最为著名。国内其他科研院所和高等学校也建有与生物共生有关的实验室、研究室或研究所。例如，1985 年山东农业大学成立了中国首个菌根实验室；1988 年青岛农业大学成立了菌根生物技术研究室，于此基础上 1993 年经山东省教育厅批准成立了中国首个菌根生物技术研究所。在生物共生学教学方面，青岛农业大学于 1993 年开始为本科生开设"菌根学"，2004~2005 年开设"共生学"全校公共选修课；1995 年开始为研究生开设"菌根学"课程。

综上所述，中国在生物共生学领域的研究与发展可谓独具特色，但在研究内容、范围、系统性和深度等方面仍有待进一步加强，学术组织机构建设和学术会议交流方面还有待继续努力。

第四节　生物共生学研究主要进展

目前，国内外生物共生学研究的重点主要集中在生物之间的共生机制、共生效应及其作用机制等方面。

一、生物的共生机制

生物间的共生关系随生物的数量、生物性状的进化与生态因子等条件不断发生变化。共生关系的确立是以整体的存在、发展和稳定为基础的，整体的生存才能获得整体中个体的更高质量的生存。共生关系在代代相传中会随着生物的进化而不断变化。生物间共生关系的发展和共生体构建的原则是全局优先、简单高效和整体和谐。由于是来自两个不同属、不同科、不同门或不同界的生物建立的共生体，共生成员之间关系最为密切，它们相互依存、需求互补、共同发展。无论是其各自的生理代谢需求，还是适应生境的必然，命运共同体法则都是通过生物学、生物化学、生理学、生态学和遗传学等机制将各生物联结在一起，发挥生理生态作用。因此，参入共生的两种生物必须经过相互识别和相互选择，通过生物化学机制、生理学机制、生态学机制和遗传学机制，才能形成有效的共生体系。

生物之间首先要通过信号物质的"分子对话"相互识别的生物化学机制，才能为构建共生体系奠定基础。研究表明，植物与菌根真菌之间的识别和豆科植物与根瘤细菌之间的识别具有类似的信号识别物质和信号传递路径。来自植物的原初的信号物质可能是相同或相近的，很多情况下是黄酮类物质、独脚金内酯（strigolactones，SL）和角质单体等与其他生物的信号物质如 AM 真菌或根瘤细菌释放的脂质几丁寡糖共生信号分子进行识别（Genre et al.，2013）。豆科植物根系分泌的黄酮类物质能激活根瘤细菌分泌的结瘤因子（nod factor），而 SL 则可以激活 AM 真菌分泌的菌根因子（myc factor）（Oldroyd，2013）。根瘤细菌和 AM 真菌释放的共生信号分子均是同一类脂质几丁寡糖（LCO）的修饰物，即结瘤因子与菌根因子的结构十分相似。豆科植物与微生物的共生信号识别过程中，植物识别结瘤因子的信号通路也参预 [①] 植物识别菌根因子（Maillet et al.，2011；Oldroyd，2013），表明植物用相同的信号通路识别根瘤细菌和 AM 真菌，但植物利用不同的受体蛋白质与结瘤因子和菌根因子结合。结瘤因子和菌根因子通过不同的受体蛋白

---

① 本书中使用参预，不用参与，表示只是直接或间接介导影响共生关系及其功能，而不属于共生成员。

激活植物细胞核内钙离子浓度的变化，钙离子信号被 DMI3 解析以后，通过根瘤共生或菌根共生特异的转录因子激活下游共生基因的表达，根瘤细菌或 AM 真菌侵入植物细胞，启动两者的共生，建立植物与微生物的共生体。可见，根瘤共生和菌根共生共用了同一条信号途径，并且这条信号途径在非豆科植物中高度保守。通过深入研究根瘤共生与菌根共生的特性，特别是两者在上游共生信号的识别激活和下游共生信号的特异性转录激活，有助于在非豆科植物根系上建立根瘤固氮共生体。

上述研究不仅有趣，而且具有重大理论价值和生产实践意义。更为有趣的是，既然地衣是由三个物种共生形成的共生体，那么，在三者之间的相互识别、信号传递与共生体发育过程中，其共生机制是什么目前知之甚少，有待深入探究。

生物之间成功构建共生体系并发挥生理生态效应尚需要通过共生的生理生化机制才能实现。白蚁体内的共生真菌分泌的木聚糖酶和纤维素酶，与白蚁自身分泌的酶协同作用，以确保白蚁对食物的消化代谢。然而，从白蚁肠道中分离到的共生真菌种类较少，目前尚未确定这些真菌酶类分解纤维素的效率。动物肠道微生物群落结构的建立是一个复杂的过程，需要宿主与微生物之间以及微生物与微生物之间进行复杂的互作与调控。微生物群落通过与黏膜免疫系统互作，调节肠道上皮与黏膜系统的生长存活以及炎症控制（高侃等，2013）。

植物与真菌共生形成共生体的过程中，植物组织通过某种方式限制真菌菌丝无限制生长，并阻止菌丝进入维管原始细胞，推测可能是有某种信号导致菌丝停止生长，从而阻止菌丝对维管组织的入侵，以构建平衡稳定的共生关系。菌丝在成熟组织中停止生长并不影响它的代谢活性，这保证了真菌能够持续地提供利益给植物。水稻与稻镰状瓶霉 *Harpophora oryzae* 的共生互作既表现出和其他共生真菌与植物互作的普遍特性，又表现出其特殊性。植物与真菌共生互作是一个复杂的过程，互作引起的形态、生理、分子水平上的变化涉及许多复杂因子的共同调控。从基因组、转录组和代谢组水平对共生真菌和系统发育上同源的模式病原真菌开展比较研究，将有助于在分子水平上揭示植物与真菌共生的生理生化调控机制。

生物共生体系中双方或多方之间相辅相成、相互促进和协同发挥作用，以适应更多的环境和生态因子的变化，这就需要依赖共生的生态学机制。白蚁能不断地清除菌圃上的其他杂菌，并且能通过控制代谢产生高 CO_2 浓度和低 pH 的环境来抑制其他真菌的生长以保障蚁巢伞菌丝在竞争中占据有利地位（韦戈等，2014）。丝兰蛾 *Tegeticula sp.* 的幼虫只能在凤尾丝兰 *Yucca gloriosa* 花朵和果实中生长，而丝兰只有唯一的昆虫——丝兰蛾为其传粉。为了适应该生境，丝兰与丝兰蛾之间必须构建专性共生体系。作为对丝兰蛾为其花朵传粉的回报，丝兰则忍受蛾幼虫取食种子，但这造成的损失一般不超过其种子产量的 30%。雌蛾可约束自己在每朵花内的产卵数量。从短期来看，产较多的卵对提高个体生殖成功率和进化适合度有利，但从长期来看这种行为可能导致丝兰灭绝。事实上，调节每朵花内产卵数量的正是丝兰本身，当丝兰蛾在某一朵花内产下的卵太多时，大部分发育中的种子都会被吃掉，造成花朵败育和丝兰蛾幼虫死亡，用于支持败育花朵种子生产的资源就会转而用于其他花朵。

从植物的起源开始，植物就与真菌同处于相同的生态位。植物的传播、分布与定植，需要真菌的协助。事实上它们两者均面临相同的生态选择压力，需要协同抵抗不良的生境，以适应更多环境条件。随着食草动物在地球上的出现与发展，对草本植物的生存与扩张造成一定威胁。与能够产生对动物致病的一定种类毒素的真菌共生，可能是最初禾草与真菌共生的生态学机制之一。寄主植物为共生真菌提供了更有效地保护和传播；共生真菌则产生更多的次生代谢物质，增强植物的抗逆性，减轻有害生物对其的危害，提高其竞争力和生境的适应能力。因此，植物和真菌必须维持这种互惠共生以抵抗不良环境，这表明了两者共生的生态学内在机制。

目前生物共生学研究不断发展，尤其是在植物与共生真菌研究方面形成了较为完善的体系。加强生物共生机制理论的研究，特别是共生体遗传背景、基因与环境互作效应及其机制的阐明，将有助于诠释生物的共生机制。特别是近年来植物与DSE、印度梨形孢和其他共生真菌等的互作机制研究不断突破，为生物共生机制研究注入了新的活力。

二、生物的共生效应

生物之间构建共生体系后能产生一系列生理生态效应，或产生一些新的功能，且共生效应或功能往往大于和强于任何单一生物所产生的效应或功能。

（一）人类与其他生物的共生效应

微生物群落遍布于人体全身，在漫长的进化过程中，人体微生物与人类形成了密切的关系，对人体的营养、代谢、免疫和健康都起到了至关重要的作用。人类肠道共生的多种多样的微生物会影响宿主的健康。2005年Baekhed等研究表明，"肥胖微生物群"能更有效地从食物中提取能量而成为"精益微生物群"，在食物相对缺乏时，多形类杆菌 *Bacteroides thetaiotaomicron* 会分泌更多的糖苷水解酶，提高该种群利用食物的能力，防止发生较大规模的群落结构的改变。因此，肠道微生物群落的建立可加强微生物利用营养物质的能力，使微生物能有效地利用群体优势来应对营养的变化（高权新等，2010）。

许多疾病的发生与肠道微生物紊乱密切相关。动物实验发现，肠道菌群的缺失与大脑的异常发育有关；一些研究认为，肠道微生物紊乱与肥胖，以及与肥胖相关的疾病存在一定的联系。肠道里"爱吃糖"的微生物能够导致结肠癌，高糖饮食会促进结肠癌的发生。大约1/3抑郁症患者有"肠漏症"，导致微生物从消化道进入血管内。孤独症的发生往往伴随着肠道问题。例如，肠漏症、肠易激综合征和帕金森病患者的肠道菌群与健康人群存在差异；在克罗恩病发生的时候，一些肠道菌群的水平会异常升高；肠道菌群失衡可能是溃疡性结肠炎发病的一个重要因素；肠易激综合征与小肠细菌的过度增长之间有明确的联系。

（二）动物与其他生物的共生效应

动物与其他动物之间的共生关系对于动物开拓新的生境、抵御捕食者的侵害和阻止病原微生物的感染至关重要。与植物的共生使得动物能够获取庇护场所，占领更广阔、更多样的生态位，其中较为特殊的是植真菌昆虫，通过主动培育真菌作为昆虫的营养及抗生素来源，最大限度地提升了动物的种群数量和存活率。根围土壤中动物与微生物共生对植物生长和重金属吸收有很大的影响。赤子爱胜蚓 *Eisenia foetida* 能传播菌根真菌和PGPR，并能增加这些生物的活性和数量，进而促进菌根真菌侵染植物根系形成菌根共生体，从而增强植物吸收重金属和分解有毒有机物的能力，因而具有无公害修复有毒金属和有毒有机物污染土壤环境的效应。蚯蚓与 AM 真菌共生互作可改善植物营养和生长，并协同修复重金属污染土壤。由黑麦草＋蚯蚓＋AM 真菌三者构建的三重共生体系能高效分解土壤中的多聚联苯。蚯蚓与 AM 真菌共生还能有效降解土壤中的多环芳烃。

（三）植物与真菌的共生效应

植物与菌根真菌共生形成的共生体能够促进磷、钾、氮、钙、锌、铜和锰等元素的吸收与利用，提高叶绿素含量和光合强度，促进植株生长发育，增加产量和改善品质。植物与菌根真菌共生能抑制病原物、提高植物抗病性和减轻病虫危害；还能够活化土壤养分、改善土壤理化特性、分解有毒有机物、修复有毒金属和有机物污染的土壤。ECM 真菌的菌丝体对重金属元素具有积累作用，有效地调节生长微环境以降低植物根围重金属的生物有效性，增强植物对重金属铜、镉的耐性。油松 Pinus tabuliformis 与 ECM 真菌共生并在 PGPR 协同下，可高效降解土壤中的有毒有机物。AM 真菌可丰富植物群落多样性，提高植被对氮的利用率，减缓氮沉降、盐胁迫和酸雨对植物造成的不良影响。植物与菌根真菌共生形成的共生体能促进富集重金属离子，起到转移土壤重金属污染物、加快土壤中重金属元素的生物提取速率的作用。植物与 AM 真菌共生可降解多环芳烃。多花黑麦草 Lolium multiflorum 接种 AM 真菌显著降低了番茄叶、茎和根中的镉含量；减少了茎镉积累量和植株全镉量；降低了 2 个番茄品种果实中镉提取总量和各形态镉含量；减轻了镉对番茄根尖细胞的毒害作用（江玲，2015）。刺槐＋红车轴草＋紫花苜蓿＋AM 真菌构建的共生体系能够在一定程度上提高土壤重金属污染的修复效率。美人蕉 Canna indica 与 AM 真菌形成的共生体可显著提高对阿特拉津的降解率（董静等，2017）。

植物＋菌根真菌＋其他真菌构建的三重共生体，如番茄接种 AM 真菌根内根孢囊霉和腐生真菌烟管菌 Bjerkandera adusta 能协同改善重金属污染土壤的生化活性，双接种减少番茄植株叶内丙二醛（MDA）含量，以及增加天然抗性相关巨噬细胞蛋白家族（NRAMP）转运蛋白、谷胱甘肽还原酶（GR）、编码金属硫蛋白、植物螯合素和热激蛋白基因的转录，表明这两类真菌的共生有助于通过改善防御机制和体内平衡而降低植物胁迫（Fuentes et al.，2016）。AM 真菌和 DSE 组合能促进'津优 35 号'黄瓜植株的生长、提高产量和增强抗病性。以摩西斗管囊霉 Funneliformis mosseae ＋ Phoma leveillei 组合抑制南方根结线虫 Meloidogyne incognita 的发育，以及降低线虫繁殖数量、根内定殖数量、发病率和根结指数的效果最好。

植物与 DSE 共生形成的共生体能够降低重金属对植物的毒害。植物与印度梨形孢共生也能促进植物生长，增加作物产量。水稻与印度梨形孢共生后显著提高了水稻植株高度、地上部干鲜质量、分蘖数、叶绿素含量、硝酸还原酶活性和根系活力；抽穗期提前 4~6d（吴金丹等，2015）。定殖芦苇 Festuca arundinacea 和黑麦草中的枝顶孢 Acrmonium spp. 真菌可减轻蚜虫的危害。体外培养条件下，枝顶孢 Acremonium coenophilum 能抑制多种植物病原真菌。与三尖杉 Cephalotaxus fortunei、西藏红豆杉 Taxus wallichiana 及香榧 Torreya grandis 共生的部分真菌对多种作物病原真菌，如红色面孢霉 Neurospora sp. 和镰刀菌 Fusarium sp. 等具有拮抗作用。

豆科植物＋AM 真菌＋根瘤固氮细菌形成的三重共生体能提高固氮数量，改善土壤肥力状况，减轻土壤的退化程度，促进作物生产。

（四）植物与细菌/放线菌的共生效应

豆科植物与根瘤细菌共生、非豆科木本植物与固氮放线菌共生、其他植物与游离自生固氮细菌共生联合固氮对维持大气平衡的作用举足轻重。据估计，根瘤共生体固定的氮约占生物固氮的 40%。植物与细菌共生不仅能促进植物对环境的适应性，而且具有促生和防病作用。从马铃薯茎组织中分离的一些共生细菌能降低密执安棒形杆菌环腐亚种 *Clavibacter michiganens* subsp. *sepedonicum* 引起的马铃薯环腐病。用定殖水稻苗期根内的阴沟肠杆菌 *Enterobacter cloacae* 发酵液浸种或喷雾可以提高水稻抗病性。定殖番茄根内的部分共生细菌具有拮抗青枯雷尔氏菌 *Ralstonia solanacearum* 的作用。部分共生细菌还能够减轻作物根结线虫的危害，荧光假单胞菌 89B-61、泡囊假单胞菌 N884、黏质沙雷氏菌 90-43 和枯草芽孢杆菌等共生细菌的代谢物均能抑制南方根结线虫和降低病害。定殖杜鹃花中的链霉菌产生的抗真菌活性物质能抑制甘蓝黑斑交链孢霉 *Alternaria circinans*，与卫矛科植物共生的链霉菌产生的抗生素能拮抗多种耐药性细菌和分枝杆菌。可见，从定殖植物体内的放线菌中分离具有抗菌和杀虫活性的菌株及活性物质可能成为增加微生物源杀菌剂和杀虫剂研究的新领域。

（五）真菌与细菌共生的效应

菌根真菌通常与菌根助手细菌如 *Bacillus* spp.、*Pseudomonas* spp. 和 *Burkholderia* spp. 等共生以促进菌根真菌的生长、菌根共生体的形成和增强共生体的生理生态功能。ECM 真菌与菌根助手细菌共生可增强降解土壤中有毒有机物如柴油等的效应。菌根真菌与 PGPR 适当搭配的共生组合能相互促进对方的定殖并协同发挥生理生态作用。AM 真菌与 PGPR 共生协同促生防病作用更为显著。摩西斗管囊霉和变形球囊霉 *Glomus versiforme* 与多黏芽孢杆菌 *Bacillus polymyxa* 和 *Bacillus* sp. 构建的不同共生组合显著提高了 AM 真菌的侵染率，其中摩西斗管囊霉 +*Bacillus* sp. 共生组合对根结线虫病的防治效果达到 78%，并促进了番茄的生长发育。温室条件下，根内根孢囊霉与 *Pseudomonas jessenii* R62 和 / 或 *Pseudomonas synxantha* R81 的共生组合均显著促进了番茄（品种 'PT-3'）植株的生长，降低了根结线虫的侵染（Sharma and Sharma，2017）。AM 真菌与 PGPR 共生还能协同降解有毒有机物，分解土壤中的残留农药。AM 真菌 +PGPR 共生组合处理均能显著降低番茄体内和土壤中甲胺磷的浓度。甲胺磷 50~100μg/g 水平下，摩西斗管囊霉 + 荧光假单胞菌 *Pseudomonas fluorescens* 可显著降低根区土壤中甲胺磷残留量，矿化率达 52%~61%。AM 真菌与 PGPR 共生组合显著提高了根区土壤中甲胺脱氢酶活性，表明 AM 真菌与 PGPR 共生组合能促进土壤中残留甲胺磷的降解。

三、生物共生效应的作用机制

生物之间构建共生体系后，参入共生的双方或多方的生长发育受到促进，生理生态功能得到加强，这可能与改善共生体形态结构、生理生化代谢及其相关基因的调控有关。植物与真菌共生形成共生体后，可改善根围微生物群落组成、结构和土壤理化特性，调节植物形态结构与种间关系，介导植物与其他生物的关系，促进植物水分和养分吸收利用，提高植物生理代谢酶、防御性酶和抗氧化酶的活性，诱导信号物质和次生物质产生、相关蛋白合成和调控基因表达。

庞大的菌根网络可以为土壤提供约相当于掉落物 40% 的碳，这些有机质成为土壤微生物的主要碳源，直接影响土壤微生物的组成和数量。ECM 真菌的菌丝围酯酶、磷酸酶、几丁质酶和海藻糖酶等土壤酶水平显著升高，促进动植物残体中复杂有机碳、氮和磷的分解。植物与共生真菌形成共生体后，真菌菌丝的发育能够改变植物根细胞膜的通透性，改变根系分泌物的组分和数量；菌根及其根外菌丝可贯穿于土壤颗粒间极小的孔隙，其分泌物如球囊霉素相关蛋白（GRSP）、有机酸和多胺等可作为土壤颗粒间黏着的吸附剂，促进土壤团粒结构形成，改善土壤的理化特性，促进植株正常生长。植物与链霉菌属 *Streptomyces*、马杜拉放线菌属 *Actinomadura*、小单胞菌属 *Micromonospora*、诺卡氏菌属 *Nocardia* 等植物根围放线菌共生的作用机制是通过分泌生长激素类物质增加玉米、黄瓜和番茄等植物的干重。

植物与菌根真菌形成的菌根共生体能够调节植物生理代谢过程中次生代谢产物的种类和数量，这是共生真菌诱导植株抗病性、减少生物量损耗的一个重要机制；还可促进植株分泌或其本身可直接分泌植保素、胼胝质、生物碱和酚类等化学物质，这些次生代谢产物有利于植株抵御逆境。植物与共生真菌共生可在寄主植物体内产生毒素，如吲哚双萜生物碱、双吡咯烷类生物碱和麦角碱等，从而增强寄主植物对病虫害的抵抗力。西瓜与 AM 真菌共生形成的菌根能激活西瓜自根苗和嫁接苗与抗逆性有关的防御性酶反应，使根系对逆境产生快速反应，从而提高其抗连作障碍的能力。番茄与根内根孢囊霉和球孢白僵菌 *Beauveria bassiana* 共生形成的共生体能提高番茄植株体内单萜和倍半萜烯，并诱导合成了不接种对照植株中所没有的新单萜，显著降低了食用形成共生体的番茄的甜菜夜蛾幼虫的质量，从而减轻了虫害（Shrivastava et al.，2015）。

而这些与菌根真菌的基因调节密不可分。反转录 - 聚合酶链反应（RT-PCR）分析表明印度梨形孢定殖的水稻植株叶片中生长素相关调控基因 *OsIAA13* 和 *YUCCA* 的上调表达，表达量分别为对照的 1.5 倍和 1.3 倍；负调控水稻生长的营养响应和根生长基因（*NRR*）表达量为对照的 58%（吴金丹等，2015）。低温条件下，根内根孢囊霉可能主要影响了黄瓜幼苗根系中黄瓜氧化还原代谢和离子吸收与运输的生物学过程相关基因的表达。根内根孢囊霉可以通过调节刺槐 *RpAQP* 基因的表达，并通过改善植株生长、组织水状态和叶片光合作用，调控活性氧代谢；通过促进刺槐水孔蛋白基因的表达来增强植物抗旱性。基因芯片分析表明，干旱胁迫下摩西斗管囊霉增强植物的逆境相关基因表达，从而更快地响应干旱胁迫信号并调动保护性的生物分子积极抵御干旱带来的渗透及氧化胁迫，从而提高干旱胁迫下的耐受性。

第五节　生物共生学的研究意义与发展前景

无论是生物共生的概念和理论研究，还是由此基础上研发的共生生物技术及其应用，几乎涉及整个生命科学、医学、农业科学、环境科学、食品科学及其技术领域，甚至共生的理念、共生理论与共生哲学可延伸至人文与社会科学、商业与工业生产和管理领域。因此，开展生物共生学研究具有重大的理论价值、实际意义和广阔的应用前景。

一、生物共生学的研究意义

生物共生学研究不仅具有重要的现实意义，即生态意义、经济意义和社会意义，而且具有深远的科学意义和学科意义等。

（一）生态意义

如果没有生物间的共生，地球上生物的生命活动会与当今的根本不同。正因为如此，"共生圈"（symbiospere）概念反映了生物共生具有全球重要性。20世纪80年代，人们在开展自然保护的实践中逐渐认识到，自然界各物种之间、生物与周围环境之间都存在着十分密切的联系。诚然，生物之间的"竞争拮抗"具有深刻的生物学意义，其最终目的也是为了繁荣发展。最近，中国科学院昆明植物研究所吴建强研究组的试验表明，在寄生植物菟丝子拮抗寄主植物的过程中，可以通过传递系统信号帮助不同寄主之间建立起抗虫防御的"联盟"。可见，包括我们人类在内的生物均知道何时竞争，更懂得"合作共生"才是人类社会与生物界最基本、最长久、最关键和最核心的主导者及驱动力。共生是自然界所有生物群体包括人类在内的密切联合、需求互补、共同发展、协同进化的能力和普遍法则，是增加和维持生物多样性的主要机制。生物的生存能力是强大的，而且任何生命都是顽强的。生物之间构建的共生体系则是更高效和更强大的命运共同体，我们应该敬畏生命、珍爱生命和呵护生命。这也许是我们从生物共生研究中获得的启示和受到的教育之一。

因此，针对生物多样性的保护仅仅着眼于对物种本身进行保护是远远不够的，往往也是难以取得理想效果的。要拯救珍稀濒危物种，不仅要对所涉及的物种的野生种群进行重点保护，而且还要保护好与它们共生的生物及其栖息地。可见，生物共生关系具有非常重要的生态意义。例如，植物与真菌共生形成的共生体在陆地各生态系统中能直接、间接或/和与其他生物协同发挥作用，在促进全球土圈内养分转化、吸收、利用、循环，维持大气成分平衡、增加生物多样性、促进生物演化与分布，以及水土保持等方面有举足轻重的作用，对稳定全球生态系统具有重要意义。

现代农业的发展是以生态破坏为代价的，而且这些对环境和生态造成的破坏作用与日俱增，甚至会危及人类赖以生存的生态环境。当前，工业"三废"（废水、废气、废渣）、城市污水不断向农村蔓延，农业污染仍较严重。生态环境的持续恶化、环境安全性问题日益突出。业已表明，利用多种生物共生培养建立的共生体系开展生产与环境治理是十分有效的一项生物共生技术。例如，将丝蚯蚓、农作物、绒毛蟹、牛蛙、尼罗罗非鱼进行共生、共培、共养复合生产，其特征是在农田整畦开沟，畦上栽培农作物，沟中施放粪便、有机垃圾，淹水1~5cm浸泡，促使土壤微生物和藻类大量繁殖，形成活性污泥并构成藻菌共生的浅水环境，放进丝蚯蚓扩大培养，用藻菌共生浅水环境中的微生物和生长过盛的藻类，以及粪便、有机垃圾中有营养的物质提供丝蚯蚓饲料，利用藻菌共生浅水环境中大量存在的土壤微生物、藻类和作物去除对丝蚯蚓生长不利的泥土中的有害气体和无机盐，进行止水式、高密度、大规模、连续性生产丝蚯蚓，采收出售，或在藻菌共生的浅水环境中复合生产丝蚯蚓、福寿螺、水蚤等饵料生物，供绒毛蟹、牛蛙、尼罗罗非鱼摄食，构成一个能综合利用大量有机废弃物，产出无化学药物污染的农产品、饵料生物、水产经济动物多种产品的良性循环的人工生态系统，能增加农田的收获量，提高自然耕种法的生态效益和经济效益。

（二）经济意义

任何科学研究的最终目的都是要将科学技术变成生产力，实现经济价值。生物共生学也不例外。如上所述，无论是动物与动物共生、动物与植物共生、动物与微生物共生，还是植物与真菌共生、植物与细菌/放线菌共生，均可获得较大的经济效益。例如，豆科植物与根瘤菌的共生，利用根瘤菌作为生产菌种制成微生物制剂产品，根瘤菌能够固定空气中大量的氮元素，为寄主植物提供氮，能够有效地降低化肥的使用量，从而达到增产的目的。随着人类与肠道微生物共生关系研究的不断深入，人类越来越清晰地认识到肠道微生物的保健甚至治疗作用，从而驱动了大健康时代的发展。目前，全球益生菌产业规模已达 400 亿美元，并且每年以超过 15% 的速率增长，市场细分程度逐渐提高。

开发靶向微生物药物治疗炎症性肠病（IBD）、肠易激综合征（IBS）、大肠癌等肠道疾病的研发也大量涌现，目前，微生态干预已正式应用于临床治疗。临床医学与营养学也已经围绕着重建人体肠道微生态环境开展了一系列创新，微生态干预在临床治疗中发挥着越来越重要的作用。

许多专注于肠道微生物药物研发的创业公司也已经不断涌现，并且受到了全球的广泛关注。例如，美国的 Seres Therapeutics 公司，旨在利用人体微生物组的研究来开发肠道微生态药物。Seres 公司于 2010 年成立，2015 年 6 月在美国纳斯达克上市，最高峰时公司市值超过 15 亿美元。Seres 公司的产品获得美国食品药品监督管理局（FDA）突破性药物资格，SER-109 由来自健康人群粪便中约 50 种细菌组成，通过调节肠道微生物平衡，用于治疗复发性艰难梭菌 Clostridium difficile 感染。SER-109 可以调节肠道微生物平衡。尽管在二期临床试验中，SER-109 的效果远远不如预期。但是，通过调整肠道微生态平衡来治疗人体肠道相关性疾病，已经成为科学界及产业界的一致共识。

（三）社会意义

同其他科学领域一样，生物共生学的研究和发展不仅具有经济价值与生态价值，也具有社会价值。人们常常关注的是人与自然的和谐共生、人与动物的和谐共生。生物共生学的研究成果及其技术的应用，可为人类社会的发展创造新的机遇和条件，为社会和谐安定和进步发挥重要作用。和谐共生是自然界长期遵循的基本原则，也是人类社会发展的基础。生物共生理论与方法在社会科学、人文与经济领域得到应用和延伸扩展，就会使人们更加科学合理地分析和解决人类社会在政治、经济、文化、教育发展中存在的各种难题，从而实现人类社会与文明的可持续发展。

从社会角度看，和谐共生就是不同的社会成员同处在一个空间之下，形成彼此协调的相互关系。当前，全球的经济、政治、文化等都处于剧烈的变动当中，如何在差异中寻求社会的和谐稳定显得越来越迫切。在中国，随着经济转轨、社会转型、企业转制，城市功能转化、社会多元化的格局逐步形成，社会结构发生转变，不同利益群体开始出现，一些新社会冲突和矛盾开始出现。国际上，和平、发展、合作是形势的主流，但不稳定、不确定的因素也在增加。国内外的新形势、新变化，要求我们必须将构建社会主义和谐社会作为重要的治国之策。以共生理论为指导、以共生学方法与技术为保障，以各方力量齐心协力、共同进步的正能量为核心，我们这个地球村就会形成良性循环、兴旺发达的命运共同体。

（四）科学意义

进入 21 世纪之前，人们并未高度关注"共生"这一个极为普遍的生理、生态现象的意义和价值。直到最近 10 年，国内外对共生的研究越来越活跃，不但生物学家、医学家和农林牧渔业科技工作者，其他行业的专家学者也纷纷加入这个行列，研究范围日益扩大，研究方法不断完善，研究成果系统深入。

生物共生学研究和发展可以丰富生物科技领域的内容，尤其是所研究的共生微生物的分离培养与分类、物种多样性与资源分布、生理代谢、生态学、共生机制、共生效应与作用机制等方面的进展，有助于丰富该方面的理论知识。生物共生学所建立起来的试验体系、研究方法和技术不仅能促进本学科的发展，而且可以应用到相关的科学领域。

共生不仅是一种生物学机制，也是一种社会科学方法。生物共生学说与理论同样适用于社会科学、人文与经济领域。人们可以运用共生现象具有普遍性的观点来看待人类社会中的政治、经济、文化、教育等的关系，从而更加深刻地理解和把握这些关系存在的客观性，并按照共生原理不断推进其向优化转变，实现社会的可持续发展。所以，共生在社会系统中的定义应为双方或多方之间有合作关系，彼此可从合作中获得某种利益，以此可在社会环境中生存。因此，共生概念的延伸，大多体现在社会经济领域。反过来，难道生物共生学领域不能借鉴这些在社会科学领域共生的研究方法、指标参数、研究成果、形成的共生理念、理论和技术吗？这从另一个角度说明生物学与经济学、自然科学与社会科学、自然生态系统和社会生态系统同样存在相互依存、相互促进、共同发展的共生关系。正是基于各领域人们的合作研究与探讨，共同促进了共生学的不断扩展和深化。而且，由此可以不断产生对自然界和人类社会认识的新境界、新思维和新方法，进而促进整个科学与技术的发展。

（五）学科意义

在美国，*Parasitism and Symbiosis* 一书把寄生现象同共生联系了起来，是一本概念性的教科书。而 *Foundations of Parasitology* 一书很有特色，把寄生性的甲壳类写进书中，其生物学观点比较突出。涉及讨论寄生定义时，该书采用 Heinrich Anton de Bary 经典的广义共生定义，把生物与生物的联合关系，如捕食（predation）、携播（phoresy）、互惠共生（mutualism）、共栖（commensalism）和寄生（parasitism）统统归于共生之内。

普通微生物学教科书中，如法国巴斯德研究所以 Rogery 和 Stanier 为首合作编著的《微生物世界》各版本及 *Gerneral Microbiology* 各版本中，都有"共生"专题章节，着重于两共生物作为伙伴或搭档间的代谢互补和能量转换关系，并且明确了以细胞膜为界的外共生与内共生的细胞水平的含义。我们知道动物、人类和植物的很多病原物与其寄主／宿主有机体之间的共生联合是不持久的。这就是为什么在微生物学中对寄生或寄生物的概念常常是不突出的，而在医学微生物中把寄生蠕虫作为病原物时，寄生与寄生物的概念自然突出。这表明生物科学中应用学科在理论上的局限性，没有提高到共生概念的高度。再如，从大量昆虫到众多种类的其他无脊椎动物，其体内外存在的或感染的病原物能引起各种疾病，对其研究则导致昆虫病理学的建立。然而，昆虫或无脊椎动物体内或细胞内有很多内生细菌和真菌，有时难以区分它们是共生物还是寄生物。因此，美国加利福尼亚大学昆虫病理学泰斗 E. A.Steinhaus 在 20 世纪 70 年代建议把寄生、共栖都归于共生，这是很有远见的。通过对共生概念与理论的探讨，我们不难探知普通生物学各分支学科之间的纵向深入和横向联系的网络。

　　生物共生学是建立在共生学或普通共生学基础之上的，既是后者的分支学科，也是普通生物学的一个新兴的、综合的、重要的交叉学科。生物共生学的研究和发展不仅能丰富生物学和共生学领域的知识、理论与技术，促进生物学的壮大发展，而且其自身也将不断发展壮大和系统完善，生物共生学的分支学科，如共生生物学、生物共生生态学和生物共生生理学等也将不断形成和涌现。新的学科群，如生物共生学、工业共生学、商业共生学、社会共生学、艺术共生学、文化共生学、教育共生学、共生生物学、共生生理学、共生生态学、共生生物分类学、共生化学、共生物理学、共生数学等将得到建立和不断完善。同时，生物共生学的研究成果也将推动与之密切相关学科的发展。随着各学科的学者和技术专家之间"共生"合作、交相辉映、协同实干和共同创新，各学科之间能更高效地交叉渗透、共同发展和日益强大。

二、生物共生学的发展前景

　　生物之间的相互作用是生物起源、生存、活动与进化过程中的基本行为过程。从生物之间的相互依存与制约，到生物与生物之间的分工与合作，再到动物与其他生物之间、植物与真菌之间、植物与细菌之间、真菌与细菌之间独特的互作关系，无不体现着自然界与人类发展中共生的重要作用。达尔文的进化论强调生物物种之间通过拮抗竞争优化而进化，而忽视了生物之间更多的是依靠共生互助来有效适应更多的环境而协同进化。即使是病原物与其寄主植物或宿主动物之间也是协同进化的。恰恰是后者弥补了达尔文进化论的部分缺陷，合理地解释了自然界植被中存在的由诸多不同物种的单一个体组成的植物群落的现象。可见，生物的进化需要拮抗竞争，更需要共生互助。由于生存的需要，两种或多种生物之间必然按照一定模式相互作用、共同生活，形成共同生存、协同进化的共生关系。生物的进化发展是不断竞争与合作的过程。而真菌与植物的共生是自然界最普遍、最紧密和最有效的共生体系。菌物界与植物界所有物种之间均存在一定的共生关系。事实上，整个地球就是一个共生体，即命运共同体。当今的共生概念和共生理论早已超出生物学等自然科学的范围，而广泛深入到人文与社会、经济与政治、艺术与产业等领域和哲学的范畴。

　　中国地域广阔，生态环境复杂多样，共生生物特别是共生微生物资源十分丰富，开展共生微生物多样性研究具有独特的优势。然而，中国生物共生学的研究工作与欧美等国相比无论在研究内容、研究水平上，还是研究队伍规模、学术组织、学术期刊与专著出版上都有很大差距。例如，1991 年在耶路撒冷就召开了第一届国际共生大会，与此相应的国际共生联合会也宣告成立。而在此之前的 1963 年、1974 年、1978 年和 1981 年相关学会已分别召开了有关生物共生的国际会议。这促使 1986 年国际期刊 *Symbiosis* 在以色列创刊发行。1997 年成立国际共生学会这一国际学术组织。与此同行的北美菌根会议，以及后来的欧洲菌根会议和亚洲菌根会议共同合并成国际菌根学大会（ICOM），截止到 2015 年共召开了 8 届。中国尚未成立生物共生学会等学术组织，除了菌根学术会议外，也未召开专门的生物共生学术会议，学术期刊和专著则更少见。因此，加强中国生物共生学研究，对于促进中国自然科学与社会科学的研究和发展具有重要的理论价值及现实意义。

近年来，虽然生物共生的研究得到重视，并在其共生机制、共生效应、作用机制、共生生态学和共生生物资源调查等方面开展了一系列研究工作，但仍有很多问题缺乏全面、系统、深入的研究。例如，绝大多数动物、植物和真菌体内定殖的共生生物还没有被发现。迄今研究过的植物也不过数百种，许多研究对农作物中的共生细菌了解较多，对于树木中的共生生物知之甚少，仅对被子植物和裸子植物中的部分无病状树木中的共生生物进行了研究，相对于数百万的昆虫和其他动物、25 万种植物和 100 万种真菌来讲是微不足道的，有关海洋生物的共生生物研究才刚刚起步（Debbab et al.，2012），还有大量的工作需要开展。生物共生生态学研究比较零散，今后有待开展系统性、定位性和多因子生态研究。例如，已知生长在热带、亚热带的植物，其共生细菌的种类与数量比生长在寒冷、干燥地区的要多（Compant et al.，2011），酸雨较多地区植物叶中共生细菌数量可能随之而发生变化，对其生态与生理机制缺乏研究。分离鉴定与检测共生生物的技术需要进一步完善与创新。例如，共生细菌分离与鉴定方法一般都依赖于传统的平板培养方法，而无法分离到不可培养的共生细菌，因而不能准确判断该类群的数量与种类。虽然以 16S rRNA 基因作为系统发育标记为基础，克服了传统培养法的缺陷，为检测共生细菌种群多样性提供了更有效的手段。但实际研究与应用过程中，尚有很多技术问题有待解决。共生体次生代谢活性物质分离、鉴定与生理效应，共生生物对动物、和植物的促生防病效应、对土壤的改良效应及其对污染环境的修复效应，以及共生生物的商品化和产业化等方面均需要开展大量工作。可以预见不远的将来，植物共生生物将为人类健康与文明、经济与生产、生态系统稳定与可持续发展发挥应有的作用。

当前，中国自然资源的匮乏与浪费、生物多样性破坏的现象十分严重。如何保护现有资源和生物多样性并加以合理利用的问题，已提到议事日程。解决这一问题是摆在科技工作者面前的一项紧迫任务。可以探索在不同森林、不同作物、不同牧草、不同土壤、不同的栽培条件和模式、不同层次、不同规模下，广泛应用生物共生技术及其相关的配套技术的有效途径，以充分利用时空、光、热、水资源，建立高产高效的生物共生互利模式；按照生态系统能量流动和物质循环规律，合理配比组分结构，维持生物多样性、开发利用废弃资源，以形成优化配套的物质良性循环模式。可以预见，在了解各子生态系统中生物之间、生物和环境之间物质交换，能量、信息与基因的传递规律的基础上，研究共生生物多样性在农业生态系统中的演化特点，保持农业生态系统可持续发展，促进农、林、牧、渔业生产，为开发相关的配套技术奠定基础是十分有意义的。总之，生物共生学建立发展的相关技术，可作为重要生物技术的发展方向之一，具有极大的应用潜力和广阔的发展前景。

第二章 人类与其他生物的共生

现今地球上的全人类有一个共同的名称——智人 *Homo sapiens*。智人是人属中的一个种，大约 20 万年前，起源于东非，在短短的 20 万年内，智人达到了空前的繁荣。从热带到南北两极，全世界凡是有陆地的地方基本上都有智人居住。在各大河流域，智人建筑城市，发展文明。

从人类诞生之日起，就与地球上的其他物种形成紧密的互作关系。而人类与其他生物的互惠共生，更是对人类生息繁衍、发展文明与可持续发展至关重要。人类通过饲养动物、栽培植物、培养真菌和细菌来发展农业文明，以获得稳定的营养来源及生存保障；而定殖在人体皮肤、口腔及肠道内的微生物，对于人体适应外部环境、消化吸收食物和维持人体健康举足轻重。

第一节 人类与动植物的共生

人类的农业活动起源于约 1 万年前的进化事件，从此，人类社会开始了从狩猎与采集的生活方式向驯养与栽培的农业生产方式的转变，人类通过与动植物建立共生关系，对特定物种的动物和植物进行驯养与培养，能够获取稳定的营养来源、纤维、生物燃料及其他的产物，维持自身生存。

农业活动对人类文明的形成发展具有重要的意义，这种从捕猎、采集到农耕的转变，为现代智人人口规模的显著增加奠定了坚实的基础，并引起了人类健康、生活质量及生活方式的根本性变化。人类与动植物共生并驯养动植物，是一个涉及区域经济、社会和环境的复杂过程，农业生态系统提供了最切实的证明——物种进化中人类的影响是种间及种内互作的最主要决定因素之一。

一、人体与动植物的共生体系

在长达约 300 万年内人类的祖先都以狩猎及采集为生。公元前 9500～前 8500 年，人类社会开始了不断地驯养一些动物作为家禽和家畜，以及选育和栽培部分植物这一原始的农耕活动。目前普遍认为，土耳其东南部、伊朗西部和地中海东部的丘陵地带是人类农业的发源地。

驯养是人与动物之间的共同演化形式。人类将具有特定行为特征的动物捕获和驯服，将其从自然的生活区域和繁殖区域移出，使其在受控的条件下维持与人类的互利共生。驯养的过程使得动物最终受益于人类的驯养。人类对动物的驯养同时增加了人和动物的适合度，使得被驯养的动物比它们野生祖先具有更大的种群数量及更多样的栖息地。此外，这种"人类选择"使得动物依赖于人类生存和繁殖。同时，人类依赖于这些动物获得食物、生产力、陪伴和保护。

人类与犬科动物的互惠共生是人类与动物共生的经典案例。目前，犬类已经成为人类生活必不可少的伙伴，一般犬类能够为人类提供陪伴、警卫等；而一些特殊的犬种，如狩猎犬、导盲犬、牧羊犬、缉毒犬和搜救犬等在人类社会中也发挥了重要的功能。作为回报，犬类从人类这里也获得了诸多益处，如人类能够为犬类提供营养丰富的食物、庇护所、生育条件与医疗保护等。从物种的水平上，与人类的共生使得犬类的种群数量快速上升。

马的驯化对整个人类历史上的运输、农业、交流和战争产生了重大的影响。马的力量、敏捷性、优美感和速度深受人类喜爱，赛马是人类历史上最悠久的运动之一。遗传学研究表明，马匹首先在公元前 6000~ 前 5500 年的哈萨克斯坦被驯化，随后遍布整个欧洲和亚洲（Vera et al., 2012）。

自人类起源至今，人们就一直与植物共生，人类的衣食住行和繁衍离不开物种丰富多样的植物。现代栽培的小麦品种的祖先就是大约 1.1 万年前生活在中东的人们栽培的野生小麦中的优良株系。早期的农民保存表型优良的植物种子，并在下一个生长季节播种。通过这一长期的"人工选择"的过程，他们创造了适合大面积人工栽培的各种特色作物。在接下来的几千年里，世界各地的人们采用类似的进化改良过程，将许多其他野生植物转化为今天所依赖的农作物。近年来，植物科学家将小麦与中东地区的野生型小麦杂交，培育了抗干旱、高温和害虫能力更强的小麦品系。而转基因技术甚至能够将来源于不同作物的基因整合，以产生适合人类种植的作物品系（Hatice et al., 2016）；另外，人们依据植物的生物学习性，通过建立栽培设施，为植物提供更适宜的生存环境，从而实现人类与植物互利共生的双赢。

二、人体与动植物的共生机制

自然界中，仅仅有少数动物和植物的物种能够被人类驯养。长期的圈养过程使得动物的形态、行为和生理代谢发生了根本改变；而定向选育往往只是改变植物对人类有更大利用价值的经济性状，如更高产量和更优品质等方面，尽管其外部形态与生理代谢会有部分变化。全世界范围内，体形较大、体重超过 45kg 的陆地食草哺乳动物有 148 种，其中，只有 14 种能够被人类驯养，成为家畜。同样，约 25 万高等植物野生物种中，仅有约 100 种能够被驯养为农作物。这间接表明，人类与动植物的共生机制更多的是取决于动植物的生物学特性（Zeder，2015）。

野生动物被驯养成为家禽家畜后，性格更加温顺，对自然环境的适应性及灵敏性下降，使得这些动物的颅脑结构也发生了根本性变化。而人类的驯养过程通常是不可逆的，即被驯养的动物即使离开人类，也很难回到类似于其野生祖先的状态。

适宜与人类共生的动植物物种通常具有以下生物学特性：营养需求能够得到满足；人类能够模拟被驯养动植物物种的生存环境；成熟周期短；易于繁殖，产生可育后代；

遗传稳定、变异率低。一些动物对于人类的活动过于敏感恐慌，或攻击性较强；而一些植物在培育的过程中，容易发生突变，这些动植物则不适合与人类共生。长期的驯养与共生过程中，动物的形态学、行为学和生理学都发生了显著的变化，目前研究认为，这种变化的原因是由基因的多效性造成的。基因多效性是指，当一种基因影响两种或更多种看似无关的表型性状时，就会出现多效性。长期的驯养与共生使得动物变得更加温顺，同时，在形态上也会出现很多变化。例如，被驯养的动物头部容易出现白色的标记，耳部更加柔软，尾巴变得卷曲。目前，造成这些改变的基因仍然未知，或许某些基因的改变能够下调与肾上腺激素分泌相关的信号通路，来减少动物的恐惧和压力反应。

基于基因的多效性假设目前有两种理论，即神经嵴假说和单一遗传调节网络假说。神经嵴细胞（NCC）是脊椎动物的胚胎干细胞，在早期胚胎发育期间，NCC直接或间接参预了许多组织的形成。NCC假说认为肾上腺功能的改变与神经嵴细胞发育过程中的缺陷有关。神经嵴细胞发育的缺陷可能会导致许多圈养哺乳动物的变化，如柔软的耳朵（兔、狗、狐、猪、羊、山羊、牛和驴）及卷尾（猪、狐狸和狗）。虽然它们不直接影响肾上腺皮质的发育，但神经嵴细胞通过与上游胚胎相互作用而发挥功能。

单一遗传调节网络假说认为，上游调节因子的遗传改变会影响下游的系统。上游关键调节基因的突变导致下游基因的表达模式发生变化，从而使动物产生易被驯养的特性，即共生的特性。例如，动物皮毛的花斑或斑点可能是由于涉及皮肤着色的黑色素生物化学途径发生改变，而驯养动物的性格更加温顺，或许与帮助形成行为和认知的神经递质（如多巴胺）的合成与释放相关。

驯养过程对动物产生的遗传改变是不可逆的。一些被人类驯养与共生的动物，在与人类分离回归大自然后，经过数千年的繁衍，其大脑尺寸和沟壑并未回到其驯养前野生祖先的水平。甚至一些返回自然的圈养动物仍然依赖于人类的生境才能获得生存，并没有恢复到其祖先的自我维持行为。关于人类与动植物的共生机制有待深入系统的探究。

三、人体与动植物的共生效应

农业和畜牧业的形成与发展标志着人类对自然界认识的一个飞跃，现代农业革命从根本上改变了人类的生活方式。从此，在生活、生产资料和社会发展等方面，人类从完全依靠与适应自然转变为利用和改造自然，从原本的迁徙生活转为定居生活。

农业革命为以后一系列的社会变革创造了物质基础。狩猎采集经济下，人们难以获得及储存超过维持劳动力所需的食物。从事农耕和畜牧后，我们的祖先能够稳定地获得丰富的食物来源，生产超过维持劳动力所需的食物并将其储存。这促使人口有较大的增长，从而使一部分人从事维持生存以外的活动，产生新的社会分工和物品交换。

（一）人体与动植物共生扩大了动植物的种群数量与栖息生境

从生存和繁衍这两个最基本的标准着眼，人类的驯养使得被驯养的动植物种群数量能够大幅度提高，并占领新的生境。

以人类对野生小麦的驯养为例，1万年前的小麦 *Triticum* spp. 仅仅是分布在中东很小区域的一类禾本科植物。在被人类驯养的短短1000年间，小麦在全世界广泛分布。

人类开垦荒芜的土地，通过施肥、灌溉和土壤耕作等创造肥沃的田野用于小麦的种植，通过除草、驱虫和防病为小麦提供最适的生长环境。当今，小麦作为世界的主要粮食作物，具有 25 000 个不同的品系，占据全球约 255 万 km^2 地表面积，约为英国领土的 10 倍（Hebelstrup，2017）。

人类的驯养使得家畜的栖息地得到了最大限度的开拓。野生羊 Caprini 多生存于山丘地带，人类的驯养使得绵羊 Ovis spp. 进一步从原始栖息地扩展到欧洲和东亚。今天，由于人类的养殖，绵羊已经适应了各种各样的气候，即从热带地区到寒冷地区的多种生态环境中广泛存在（Walsh et al.，2017）。

（二）人体与动植物共生改善了人类身心健康与生活质量

人类与动物建立起的复杂的共生关系能显著改善人们的身心健康。宠物的相伴能够增强人体免疫力，改善心血管机能。研究表明，宠物的相伴能够将人类患非霍奇金淋巴瘤的风险降低 33%（Songsasen et al.，2012）。家犬经过训练，甚至可以通过嗅觉识别患者的早期肺癌及乳腺癌，准确率高达 88%~97%（Simpson and Custovic，2005）。

绿色植物的生长需要光合作用。在进行光合作用时，植物吸收大量 CO_2，释放 O_2，同时产生大量的负离子。据计算，$1hm^2$ 阔叶林每天能够吸收 1t CO_2，释放 730kg O_2，而一个健康成年男子每日需要约 0.75kg O_2，呼出 1kg CO_2，大约需要约 $10m^2$ 的绿地提供 O_2（Berman et al.，2008）。

绿色植物释放的 O_2 及负离子能够调节人体中枢神经系统的兴奋过程，提高肺部机能，促进人体新陈代谢，使人产生舒适感及满足感，有益于人的身心健康。植物的不同色彩给人不同的感知，对人体的呼吸、脉搏及脑电波等有一定的影响。红色、橙色、黄色为暖色，让人感到温暖，而紫色和蓝色给人寒冷的感觉。红色系的植物使人感觉到热烈、兴奋和喜庆；而绿色系的植物让人感受到平和、充实和希望。

（三）人体与动植物共生促进了人类文明和社会的发展

人类与动植物的共生关系是人类文明的基础。自公元前 8500 年开始，从狩猎采集的生活方式向粮食生产的转变使得人们能够在农场、果园和牧场附近定居，而不需要随季节变化不断迁徙，以获得食物来源。人类从每公顷土地中收获的能量极为有限，甚至不能满足一个成年人的生存需求，而种植作物及豢养动物后，单位土地上可获得的能量增加了大约 3000 倍。相比动植物的野生栖息地，人类在农场、果园和牧场中能够更高密度地种植和养殖所驯养的植物和动物物种，从而使粮食生产规模大幅度提高。

种植作物和豢养动物后，人类的营养来源不再完全依赖于大自然的恩赐。在农业生产满足人类生存繁衍的基础上，人类社会产生了科学技术革命及社会分化，使得人类社会组成发生了根本性变化。种植和豢养的出现，使人类真正摆脱了自然对人类的食物制约，使人类大脑快速进化成为可能。

但值得关注的是，自从人类与动植物亲密接触、共同生活、共同发展以来，开始出现大规模流行性疾病。分子生物学研究表明，人类流行病起源于我们的祖先 1 万年前密切接触及驯养的家畜所携带的类似病原物。因此，人类流行病的进化依赖于人类驯养的两个独立作用：创造高密度的人口群体；与家养动物的密切接触。例如，麻疹和结核病是由牛等家畜的病毒变异而来，而流感是由鸡、鸭、猪等家禽及家畜病毒变异而来。在14种被驯养的大型哺乳动物中，有13种是欧亚物种，欧亚大陆是人类流行病演化的主要场所，因而欧亚人种对流行病的免疫力较高。随着人类与动物更加的亲密接触和共生，目前人畜共患疾病种类和病害程度已开始呈现上升趋势，值得引起广泛的重视。

第二节　人类与微生物的共生

人类自出生之日起就与微生物建立了紧密的互作关系。人类微生物组是指生活在人体内的所有微生物的总和，包括真核生物、古菌、细菌及病毒。人体并非是一个单纯的个体，而是由体内的微生物细胞和人体细胞共同构成的"超级生物体"。其中，微生物细胞总数约 10^{14} 个，其数量是人体自身细胞的 10 倍左右，其编码的基因数量至少是人体自身基因数量的 100 倍。

人体微生物占到了我们体重的 1%~3%。正常情况下，这些微生物对人体健康至关重要，能够合成人体自身基因不能编码的必需维生素，帮助人类消化吸收食物中的养分，驯化免疫系统识别病原物，甚至协助人类产生一些抗炎症的物质。

传统微生物学着眼于对特定微生物物种的研究，特别是对于能培养的微生物的研究。然而，大多数物种的微生物尚不能被分离培养。对于这些众多的难培养微生物的物种多样性、定殖特征、分布特点、生理生态功能、遗传演化，以及这些微生物与人类的共生机制等了解甚少。随着 DNA 测序技术与宏基因组学技术的发展，我们对肠道微生物的物种多样性与分布、群落结构与功能、效应与作用机制等方面开始有了更为深刻的认识。有理由相信，人体微生物组会持续为更多疾病的治疗提供新的解决方案。2017年12月20日，中国科学院启动了"人体与环境健康的微生物组共性技术研究"暨"中国科学院微生物组计划"。微生物组是指一个特定环境或者生态体系中全部微生物及其遗传信息的总和，本次计划分别聚焦研究人体肠道微生物组、家养动物肠道微生物组及其与微生物组相关的技术研究。相关研究蕴含着解决健康、环境等问题的关键技术，具有重大科学和应用意义。

一、人体与微生物的共生体系

2005 年，"人类基因组计划"的测序工作完成，科学家曾经乐观地认为人类 2.5 万个基因功能图谱的绘制将揭开人体生老病死之谜。然而，越来越多的研究表明，人体的生长发育、生理代谢不仅仅受到自身基因的控制，与人体共生的微生物也发挥着重要的作用，已成为人类从后天获得的一个重要"器官"。微生物在我们生活的世界中无处不在。

（一）人体与微生物的共生部位

人体是一个复杂的微生态系统。在我们的身体里居住着数以万亿计的微生物，分布在我们的皮肤、口腔、鼻腔、生殖器及肠道等部位。人体微生物组甚至被称为人类的第二基因组。

肠道中的微生物数量最多、多样性最高，约 80% 的人体正常微生物都集中在肠道，大多是厌氧细菌；人的皮肤微生物由真菌及细菌组成，皮肤表面的微生物代谢较快，虽然易被水洗脱，但短期内可以重建皮肤正常菌群；口腔微生物也由细菌及真菌组成，同时鼻腔、咽喉及女性的泌尿生殖道也定殖着多种微生物；由于人体胃液的 pH 较低，不适宜微生物生长，因而只有少量的耐酸细菌及酵母能够附着在胃壁上生长。

1. 人体胃肠道与微生物的共生

定殖于健康人胃肠道内种类繁多的微生物，或称为肠道菌群，是人体最庞大的正常菌群，以其与人体构建的复杂微生态系统发挥作用。由于人体胃部的胃酸环境 pH 较低，并且含有大量消化酶类，不适合细菌生长，所以胃内菌群数量很少，总菌数为 $0~10^3$ 个，主要是革兰氏阳性好氧菌（Nardone and Compare., 2015）。在小肠区，肠道菌群的数量在胃与结肠间逐渐增多。虽然 pH 有所升高，但小肠蠕动强烈，并且也含有大量消化酶类，流量较大的肠液将细菌菌体冲洗到远端的回肠及结肠。空肠中肠道菌群的数量为 10^5 个，以好氧菌为主；回肠的总菌数为 $10^3~10^7$ 个，以拟杆菌属 *Bacteroides* 及双歧杆菌属 *Bifidobacteria* 等厌氧菌为主；结肠中的肠道菌群数量最高，多达 $10^{11}~10^{12}$ 个，以厌氧菌为优势菌群，占总菌量的 98% 以上。虽然肠道菌群受卫生习惯、地理环境、饮食、内分泌和年龄等条件的影响而变动，但肠道菌群的种类及数量相对稳定。肠道正常菌群失衡会导致一系列疾病的发生，而疾病又进一步破坏人体肠道正常菌群，形成恶性循环。

婴儿出生前，其肠道为无菌状态。不同的分娩方式决定了婴儿肠道微生物的来源（Nagpal et al., 2016）。剖宫产的婴儿，其肠道菌群与母亲的皮肤菌群高度相似，双歧杆菌和拟杆菌数量较自然分娩的少，艰难梭菌 *Clostridium difficile* 较多；顺产婴儿的肠道菌群与母亲阴道菌群相似。在新生儿肠道最早定殖的微生物为兼性厌氧菌，如链球菌 *Streptococci* spp. 和大肠杆菌 *Escherichia coli*。随着婴儿的生长发育、肠道形态改变及饮食结构变化，婴儿肠道菌群组成也发生了巨大的改变，兼性厌氧微生物数量下降，而严格厌氧菌的数量逐渐增多（Schei et al., 2017）。母乳通过影响婴儿肠道微生物组成促进婴幼儿健康成长。成年后，肠道微生物继续参预着人体的一系列生理过程，如免疫细胞成熟与稳态、宿主细胞增殖、血管生成、神经信号传递、病原菌载量、肠道内分泌功能调节和人体能量代谢等。许多疾病与肠道菌群相关，如神经系统疾病、精神疾病、呼吸系统疾病、心血管疾病、胃肠道疾病、肝脏疾病、自身免疫性疾病、代谢性疾病甚至肿瘤等（Charbonneau et al., 2016）。

2. 人体皮肤与微生物的共生

人体皮肤上定殖着病毒、细菌、真菌及原生动物等。过去普遍认为，皮肤上的微生物多为病原菌或条件致病菌。然而，随着二代测序技术的发展，大量的研究表明，人体皮肤微生物组远比想象中的复杂。新近的检测发现，人体皮肤微生物组成是多样但松散排列的，并且在皮肤不同的位置微生物组成不同。皮肤微生物组研究对于我们理解皮肤上定殖微生物的功能重要性，以及对探究皮肤的正常生理与疾病的发生发展具有重要的启迪作用。

人体皮肤表面生活着许多微生物，汗液中的无机离子和有机物为这些微生物提供养分。皮肤表面微生物容易被水洗脱，淋浴可除掉绝大部分皮肤表面微生物，但 8h 内皮肤上的微生物可以迅速再生。正常生理状态下的皮肤生态系统中，微生物组及宿主间处于动态平衡状态。人体皮肤微生物组成在同一个体不同部位及不同个体间有很大不同。因此，维持皮肤微生物与宿主间平衡状态的机制很大程度上仍然未知。此外，由于人类皮肤时刻与外部环境接触，定义皮肤微生态系统的相关互作也并不仅仅局限在微生物与宿主的相互作用上。微生物种间及种内的竞争作用对于维持正常的微生物组也至关重要。

附着于皮肤上的微生物占据不同的生态位，易受到多变的生态环境压力，如湿度、pH 及抗菌物质等。此外，皮肤特有的结构，如毛囊、皮脂腺、汗腺和大汗腺等，构成了皮肤表面不同的微生境，并且附着独特的微生物。16S rDNA 分析表明，这些不同的微生境对微生物的组成具有显著的影响。

然而，某些情况下传统分离培养方法与二代测序技术的试验结果并非完全一致。许多微生物的序列，可以用测序技术检测到，但并不能分离到纯培养物。造成这种局限性的原因可能是许多皮肤表面的微生物已经被皮肤的抗菌功能杀死，因此只能检测到 DNA 序列。事实上，能被两种分析方法检测到的许多微生物物种都对表皮环境的抗菌性具有抗性。采集 129 位男性及 113 位女性身体不同部位的样品，利用高通量测序技术进行微生物组分析，结果表明，同一个体不同皮肤微环境中的微生物多样性远远高于不同个体同一皮肤微环境中的微生物多样性（Huttenhower et al.，2012）。因此，人体皮肤微生物组成会随着时间的推移趋于稳定，但由于皮肤不同部位微环境的差异性，以及不同人群护理皮肤方式的差异性，使得很难将特定的微生物与特定的皮肤功能关联起来。

大多数人类微生物组研究专注于细菌的组成。然而，人类皮肤上定殖的微生物并不仅仅为细菌。病毒、真菌及节肢动物是皮肤微生物组的重要组成部分，值得进一步探究。

3. 人体鼻腔和口腔与微生物的共生

在人体的鼻腔中生活着复杂的细菌群落；口腔为微生物提供了良好的生存环境，唾液为微生物的生存提供了丰富的养分和水分，高低不平的口腔表面是许多微生物的栖息地。鼻腔和口腔正常微生物组成对维持人体健康发挥着重要的作用。

肺炎链球菌 *Streptococcus pneumoniae* 及金黄色葡萄球菌 *Staphylococcus aureus* 也作为正常菌群广泛存在于儿童及成人鼻腔中。然而，当人体抵抗力下降时，肺炎链球菌及金黄色葡萄球菌会从共栖转变为致病状态，成为人体的病原菌。正常情况下鼻腔中的正常菌群能够抑制肺炎链球菌及金黄色葡萄球菌的生长。拥挤棒杆菌 *Corynebacterium accolens* 是人体鼻腔及皮肤微生物组的有益细菌，在添加三油酸甘油酯的培养基上，能够抑制肺炎球菌的生长。三油酸甘油酯与人体鼻腔皮肤的天然三酰基甘油类似，棒状杆菌能够产生脂肪酶 LipS1 水解三油酸甘油酯，释放油酸，抑制肺炎球菌的生长。可见，人类与正常菌群构建稳定和良好的共生系统是人类保持健康的基石。

4. 人体泌尿生殖道与微生物的共生

阴道菌群是指定殖于人体阴道的微生物，由德国妇科医生 Albert Döderlein 在 1892 年发现，是人体正常菌群的一部分。阴道中细菌的数量及组成对女性身体健康具有重要的作用，健康女性阴道主要定殖的细菌是乳酸杆菌 *Lactobacillus* spp.，如卷曲乳酸杆菌 *L. crispatus*。这些细菌产生的乳酸能够保护人体免受病原菌的感染（Dominguez-Bello et al.，2016）。

正常情况下，人体阴道与定殖的细菌群落维持在平衡状态，人体阴道的腺体分泌物为阴道菌群的生长提供所需的营养物质。乳酸杆菌等人体阴道益生菌对于育龄女性的阴道健康非常重要，乳酸杆菌产生的乳酸能够将阴道 pH 降低到 3.5~4.5，保护机体免受病原物感染而引发的细菌性感染、酵母菌感染、性传播感染及尿路感染。

然而，与肠道微生物的深入研究不同，目前阴道正常菌群的研究仍然处于起步阶段。什么是"正常"、"健康"的阴道微生物群？这些微生物与人类宿主间如何相互作用与协同进化？仍然需要进一步的研究与证实。

（二）人体共生微生物的种类

人类的胃中定殖着大约 25 种微生物，如幽门螺杆菌 *Helicobacter pylori* 和嗜热链球菌 *Streptococcus thermophilus* 等；口腔、咽喉及呼吸系统定殖着 600 多种微生物，如草绿色链球菌 *Strptococcus viridans* 等；皮肤上定殖着 1000 种微生物，如卵圆皮屑芽胞菌 *Pityrosporum ovale* 等；肠道内定殖着大约 1000 种微生物，如干酪乳酸杆菌 *Lactobacillus casei* 等；泌尿生殖系统中定殖着 60 种微生物，如微小脲原体 *Ureplasma parvum* 等。这些微生物对人体的营养、代谢、免疫和健康都起着至关重要的作用，为我们提供了更加深入理解及治疗疾病的新视角。

1. 定殖人体胃肠道的微生物

定殖在人体肠道的微生物由细菌、真菌及古菌组成。在人体肠道中生活的细菌主要分为 4 个门：厚壁菌门 Firmicutes、拟杆菌门 Bacteroidetes、放线菌门 Actinobacteria 和变形菌门 Proteobacteria。大多数肠道细菌属于拟杆菌 *Bacteroides* spp.、梭菌 *Clostridium* spp.、*Faecalibacterium* spp.、真杆菌 *Eubacterium* spp.、瘤胃球菌 *Ruminococcus* spp.、消化球菌 *Peptococcus* spp.、消化链球菌 *Peptostreptococcus* spp. 和双歧杆菌 *Bifidobacterium* spp.。同时，肠道中还存在着大肠杆菌 *Escherichia* spp. 及乳酸杆菌 *Lactobacillus* spp. 的细菌。拟杆菌属的细菌占据了肠道微生物总数的约 30%，对维持人体肠道的健康发挥重要作用。

肠道中的真菌群落包括假丝酵母 *Candida* spp.、酿酒酵母 *Saccharomyces* spp.、曲霉 *Aspergillus* spp.、青霉 *Penicillium* spp.、红酵母 *Rhodotorula* spp.、栓菌 *Trametes* spp.、格孢腔菌（多胞菌）*Pleospora* spp.、核盘菌 *Sclerotinia* spp.、布勒掷孢酵母 *Bullera* spp. 和半乳糖霉菌 *Galactomyces* spp.。

人体的胃液由于 pH 较低，胃酸对很多微生物具有杀灭作用，因而人体胃部的微生物种类较少，物种多样性较低，多为螺杆菌 *Helicobacter* spp. 及链球菌 *Streptococcus* spp. 的微生物（Carmody et al., 2015）。

2. 定殖人体皮肤的微生物

定殖在人体皮肤的微生物包括细菌、真菌及螨虫等少量节肢动物。目前已知人类皮肤微生物组至少包括放线菌门、硬壁菌门、变形菌门及拟杆菌门等 19 个门的细菌。其中的主要类群为棒杆菌属 *Corynebacterium*、丙酸杆菌属 *Propionibacterium* 及葡萄球菌属 *Staphylococcus*。每个类群的丰度由皮肤表面特定的微环境决定。例如，面部皮脂腺部位的微生物主要由丙酸杆菌属及葡萄球菌属的微生物组成。腋下等潮湿的部位，尽管葡萄球菌属的微生物也存在，但棒状杆菌属的细菌为优势菌群（Lacey et al., 2011）。与之相反，干燥部位的优势菌群为 β- 变形菌属及黄杆菌属 *Flavobacteriales* 的细菌。早期研究报道不同个体携带金黄色葡萄球菌的概率为 4%，而人体皮肤中表皮葡萄球

菌 *Staphylococcus epidermidis* 更为常见。二代测序分析也证实了该结论（Kong et al., 2012）。18S rRNA 等分子标记分析表明，人体皮肤微生物的真菌优势菌群为马拉色霉属 *Malassezia* 真菌，其中球形马拉色霉 *M. globosa*、限制马拉色霉 *M. restricta* 及合轴马拉色霉 *M. sympodialis* 的分离频度（isolation frequency）最高。马拉色霉属的真菌为亲脂性微生物，通常分布在皮肤皮脂丰富的区域。与皮肤上细菌的分布类似，马拉色霉属真菌的分布依赖于皮肤的微环境。例如，球形马拉色霉是人体背部、枕部及腹股沟折痕的优势菌群，而限制马拉色霉是头部皮肤、外耳道区域、耳后折痕及眉间的优势菌群。皮肤微生物种间的差异可能反映了对脂质的不同需求，而足部的微生物组具有更高的多样性，如曲霉属 *Aspergillus*、红酵母属 *Rhodotorula*、隐球菌属 *Cryptococcus* 及附球菌属 *Epicoccum* 等（Findley et al., 2013）。

此外，真菌及螨虫等也在人的皮肤上定殖，如同马拉色霉属的真菌，蠕形螨属 *Demodex* 的螨虫喜欢在富含脂类的皮脂处定殖。已有的研究表明，两个种的 0.2~0.4mm 长的螨虫定殖在人体皮肤上。在人体头部的毛囊中定殖着毛囊蠕形螨 *Demodex folliculorum*，相比之下，皮脂蠕形螨 *Demodex brevis* 的体形更小，定殖在眼睑边缘的皮脂腺四周（Casas et al., 2012）。

目前，对人体皮肤病毒组的研究较少。基于宏基因组的测序技术仅仅局限在对总 DNA 的水平检测，因而不能检测到 RNA 病毒。另外，病毒较小的基因组使得其很难被宏基因组的方法检测到。尽管存在以上技术难题，利用高通量测序技术对 5 位健康人及一位默克尔细胞癌患者的皮肤微生物组进行分析，仍然能在人类的皮肤上发现较高多样性的 DNA 病毒。有趣的是，被认为是人体致病性病毒的人乳头瘤病毒（human papillomavirus）也是人体皮肤微生物组的正常组成部分。

3. 定殖人体鼻腔的微生物

人体鼻腔中的微生物多由细菌组成。利用 16S rDNA 的高通量测序对鼻腔微生物群落的研究表明，儿童鼻腔中的微生物群落主要为厚壁菌门、拟杆菌门和变形菌门的细菌，以及极少量的棒杆菌 *Corynebacterium* spp. 和丙酸杆菌。然而，棒状杆菌属及丙酸杆菌属的放线菌，以及厚壁菌门和葡萄球菌属等的细菌是定殖成人鼻腔内的优势微生物种类。

4. 定殖人体泌尿生殖道的微生物

健康女性阴道主要定殖的微生物为细菌，其中的优势菌为乳酸杆菌属细菌，如卷曲乳酸杆菌。其他细菌物种也经常在阴道中发现，如革兰氏阳性菌阴道弧菌 *Atopobium vaginae*、阴道加德纳菌 *Gardnerella vaginalis*、动弯杆菌 *Mobiluncus* spp.，以及消化链球菌属、葡萄球菌属、链球菌属、拟杆菌属、梭菌属 *Clostridium* 和普雷沃菌属 *Prevotella* 的细菌，还有革兰氏阴性菌如大肠杆菌。

二、人体与微生物的共生机制

随着二代测序技术的发展，人们发现人体微生物组成远比基于分离培养方法得到的结果更为复杂。人类宿主与携带的微生物如何互作？人体与微生物到底是通过哪些途径或机制建立共生关系的？这些均是研究者所关注的和正在研究探讨的问题。基于很多个体都携带了相似组成的微生物，因此，人体微生物与其宿主间很有可能处于协同进化状态。人体为微生物提供了赖以生存的营养及稳定的生长环境，而微生物能够快速进化，协助人类应对周围环境的变化。

（一）人体与微生物共生的生理生化机制

正常菌群在生物体特定部位定殖，与黏膜上皮细胞紧密结合占据生态位，以发挥对其他菌群的生物拮抗作用。由于正常菌群数量很大，在营养竞争中处于优势，能够通过自身代谢改变环境的 pH，或释放抗生素和细菌素（bacterocin）抑制外来菌的生长，如大肠杆菌产生的大肠菌素能抑杀志贺菌、乳酸杆菌能杀死伤寒杆菌（Jandhyala et al.，2015）、双歧杆菌能够抑制致病大肠杆菌菌株的生长。动物实验发现，类杆菌和梭菌属细菌能够产生某些致癌物质，增加结肠癌的发病率，而乳酸杆菌和双歧杆菌却能够阻止癌症的发生。某些肠道菌通过产生杂环胺而破坏结肠细胞中的 DNA，从而导致癌症；而另外一些肠道菌则可以吸收这类致癌剂并将其无毒化。

肠屏障是一个肠道上皮细胞组成的单细胞层，这些细胞紧密地排列在一起，表面由黏液层包裹，对肠腔内毒素、抗原及肠道菌群具有屏蔽作用（Groschwitz and Hogan，2009）。肠屏障一方面作为物理屏障发挥作用，将肠腔内环境与外部环境隔离；另一方面具有生化屏障作用，能够分泌抗菌蛋白等物质。肠屏障具有选择通透性，允许营养物质、电解质和水分子通过（Spadoni et al.，2015）。肠上皮细胞分泌的免疫球蛋白，与肠黏膜的淋巴细胞组成免疫系统抵御外源病原物；肠道内定殖的共生菌通过与病原菌竞争肠上皮的黏附位点而抵制病原菌侵入。一些细菌如双歧杆菌能够产生抑菌物质——细菌素，抑制机会致病菌的生长。肠上皮的通透性也是影响肠屏障功能的重要因素，肠通透性受多种因素的共同影响，如黏膜接触的不扰动水层（unstirred water layer）、黏膜层、肠上皮细胞等，而肠道内定殖的细菌对调节肠上皮的通透性也发挥了重要的作用。人体免疫力低下时容易引起肠内菌群从远端结肠向上、向体内移位。向上移位使得肠道细菌易位，进入胃、小肠上段逆向繁殖，甚至会引起肺炎；而向体内移位，会引起肠源感染和内毒素血症，甚至多系统器官功能衰竭。因此，将数万亿的肠道微生物限制在肠道中对维持健康十分必要。健康人体被肠道屏障保护，阻止肠道微生物从肠道渗漏到血液中（Frank et al.，2007）。

肠道屏障损伤会引发严重的感染，损伤健康组织，甚至导致多器官功能衰竭（Alvarez et al.，2016）。肠道益生菌能够通过降低肠道上皮细胞通透性或增强肠上皮细胞间的连接来调节肠屏障的完整性。大肠杆菌 Escherichia coli Nissle 1917（EcN）能够很好地定殖在人体肠道中，对溃疡性结肠炎有较好的治疗效果。EcN 能够上调紧密连接蛋白 ZO-1、ZO-2 及 claudin-14 的表达，促进这些蛋白质的再分布，增强肠上皮屏障的完整性（Sassone-Corsi et al.，2016）。爱丁堡大学医学研究委员会炎症研究中心的研究者发现了一些重要介质，能够与免疫细胞互相作用，维持肠道屏障的完整性（Duffin et al.，2016）。其中，前列腺素 E2（PGE2）非常重要，通过结合受体 EP4，激活体内的 3 型天然淋巴细胞（type 3 innate lymphoid cell，ILC）分泌 IL-22，以维持机体肠道屏障的正常功能，阻止炎症发生。如果 PGE2 或 EP4 受阻，ILC 将不能被正常激活，肠道屏障瓦解，使得细菌能够渗透到血液中。

人体共生微生物可协助宿主消化不能被消化的食物，促进人体对短链脂肪酸、单糖等营养物质的吸收及储存。人的饮食是影响肠道菌群组成和代谢的重要因素之一，食物中营养成分的类型、数量及均衡状态会影响肠道微生物的组成和数量；同样，微生物会影响食物消化效率，并根据膳食底物产生特定的代谢产物，从而影响其他微生物及宿主健康。

由于人体不能编码降解植物多糖的酶类，因而一些植物来源的多糖类物质依赖于肠道微生物进行有效降解。结肠中，*Ruminococcus champanellensis* 能够高效分解纤维素，而布氏瘤胃球菌 *Ruminococcus bromii* 能够高效降解抗性淀粉，同时产生乙酸、丙酸、丁酸等短链脂肪酸。其中，乙酸能够用于宿主脂肪的合成，丙酸被运送到肝脏中参预糖异生途径，而丁酸是肠道微生物的主要来源。肠道正常菌群参预人体物质代谢与转化。双歧杆菌能够参预人体蛋白质、碳水化合物的合成，以及胆汁和胆固醇代谢（Bunesova et al.，2016）。乳酸杆菌能够参预合成多种维生素及非必需氨基酸，并参预糖类和蛋白质的代谢，同时还能促进许多矿物元素的吸收（Noble et al.，2017）。婴儿时期肠道正常菌群的建立至关重要。一些非正常肠道微生物的感染会使 1 个月左右大的婴儿出现过敏反应，而有过这种病史的婴儿，在 2 岁时，患过敏的概率是健康婴儿的 3 倍（Fujimura et al.，2016）。在这些孩子体内双歧杆菌属、乳酸杆菌属、*Faecalibacterium* 和阿克曼氏菌属 *Akkermansia* 4 个类群的肠道细菌数量较低，而假丝酵母菌属 *Candida* 等真菌的数量水平较高。进一步的试验证明，肠道微生物相关性代谢物，如抗过敏性脂肪酸（anti-inflammatory fatty acid）、母乳来源的低聚糖（breast milk-derived oligosaccharide）短缺，并且脂类 12, 13- 二羟基 -92- 十八碳烯酸（12, 13-DiHOME）的增加导致了免疫细胞功能障碍，从而增加婴幼儿患过敏及哮喘的风险（Fujimura et al.，2016）。可见，人体与微生物的共生离不开两者生理生化代谢与功能的互补机制。

（二）人体与微生物共生的生态学机制

一般情况下，人们普遍认为，微生物群落多样性越高，微生态系统越稳定。肠道微生物组研究表明，人类的哺乳方式、卫生条件、分娩方式和抗生素的使用等一系列因素显著地影响了人体微生物的组成。

正常情况下肠道微生物或皮肤微生物互相依存、相互制约，保持一定的数量和比例，以维持肠道或皮肤微生态平衡。然而，在抵抗力较弱的人群，如长期大量使用广谱抗生素、免疫抑制剂、肾上腺皮质激素和抗肿瘤药物等药物的患者中，这种平衡很容易被打破，使得肠道菌群在数量、种类、比例及生物学特性上发生变化，造成肠道菌群失调（Falony et al.，2016）。

当肠道或皮肤的微生态平衡被打破后，会导致一系列疾病的发生。正常情况下，肠道中的有害细菌无法与正常菌群竞争而难以致病。然而，长期大量使用广谱抗生素，能够同时抑制或杀死致病菌及对抗生素敏感的正常菌群。而正常菌群受到抑制可导致金黄色葡萄球菌、革兰氏阴性杆菌、白色念珠菌等条件致病菌或耐药菌大量增殖，造成机体二重感染。应激状态也可引起肠道菌群失调。肠道是机体应激反应的中心器官，肠黏膜上皮在遭到缺血、缺氧，以及由此带来的细胞因子和炎性介质的攻击后受损，肠道微环境发生变化后，会导致正常菌群的生长受到抑制，种群间拮抗减弱，大肠杆菌等革兰氏阴性菌大量繁殖。同时，由于胃肠功能受到抑制，使得肠蠕动带来的净化作用明显减弱，过路菌滞留于肠道的时间延长而增加了繁殖的机会。

皮肤表面微生物组成的改变可能与皮肤屏障的功能性障碍有关。这些功能性障碍包括编码微丝蛋白的基因突变，这种蛋白质与皮肤角质化相关。过敏性皮炎是一种慢性、炎症性的皮肤疾病，在工业化国家的发病率具有上升趋势。过敏性皮炎的重要标志是患者的皮肤容易被金黄色葡萄球菌、疱疹病毒和牛痘病毒等微生物感染，这可能与过敏性皮炎患者皮肤中抗菌蛋白表达量下降有关。一旦皮肤屏障受损，宿主及微生物间的平衡被打破，皮肤中抗菌蛋白的表达量就会下降。

最新研究表明，与健康的志愿者相比，过敏性皮炎患者的皮肤微生物群落结构具有显著的变化。结合糖皮质激素及特定抗生素治疗过敏性皮炎患者能获得短期的效果。但是过度地使用抗生素会对皮肤微生物组产生负面影响，从而影响皮肤微生物组的正常功能，在疾病发生的偏好部位，微生物群落的多样性会降低。在治疗过敏性皮炎的过程中，马拉色霉菌属，以及棒状杆菌属、链球菌属和丙酸杆菌属的微生物显著增加，提高皮肤细菌多样性是有效治疗过敏性皮炎的手段之一（Saunder et al.，2012）。这同时表明人体与微生物的共生同样依赖其生态学的内在机制。

（三）免疫学机制

70% 的人体免疫细胞生活在肠道附近。肠黏膜是人体内最大的免疫器官，也是宿主与肠道微生物相互接触的中介。肠黏膜生理性屏障结构和肠上皮分泌的抗微生物分子构成了肠道的先天性免疫系统。因此肠道细菌与潘氏细胞（Paneth cell）间的互作对肠道先天性免疫系统的建立至关重要。双歧杆菌属的细菌占优势时，免疫器官内淋巴细胞密集，浆细胞、中枢免疫器官的淋巴细胞、上皮网状细胞数量增多，向外周免疫器官及全身各处免疫组织源源不断地输送 T、B 淋巴细胞，成熟的 T 淋巴细胞接收抗原刺激后，激活、增殖和分化为效应 T 细胞，执行细胞免疫功能。益生菌能明显激活巨噬细胞活性并增加细胞因子介导素的分泌，增强免疫功能，提高宿主的抗病能力。这些因子在某些情况下可以代替免疫调节剂，因为它们不仅能刺激造血活性，而且能增强成熟细胞的功能。

肠道内的益生菌能促进机体免疫器官的生长、发育和成熟，增加 T、B 淋巴细胞的数量，启动免疫应答反应。黏膜免疫的主要效应因子是分泌性球蛋白（SIgA）。该蛋白质可有效中和、捕捉黏膜上皮内的病原物，形成免疫复合物，将病原物排出体外，在局部的抗感染过程中起到关键性作用。人们希望通过研究发现基因、环境因素及肠道菌群如何影响免疫系统，如何影响人体对疾病的易感性，以及免疫系统对不同病原物的应答。研究者分析了 500 名健康参入者的血液和粪便样本，以进行肠道菌群与免疫应答的相互作用机制研究。每个参入者的免疫细胞都暴露于 3 种细菌刺激物（共生细菌脆弱拟杆菌 *Bacteroides fragilis*、常见病原物金黄色葡萄球菌和大肠杆菌产生的一种毒性物质）及 2 种念珠菌属真菌中。通过细胞因子的产生来反映免疫细胞的应答情况，发现了微生物群落及其功能与免疫应答互作的清晰模式，其中一些相互作用依赖于特定病原物，也有一些相互作用依赖于细胞因子，还有的相互作用同时依赖于两者。研究已经表明肠道菌群的差异会改变代谢物的产生，而代谢物的变化会进一步引导或影响免疫细胞导致免疫细胞在暴露于不同感染的时候产生不同的结果。例如，色氨酸降解产生的代谢物色醇能够抑制细胞因子 TNF-α 的产生，而棕榈酸能够影响细胞因子 IFN-γ 的合成。基于以上研究，或许能够发现一些因素帮助解释每个患者的疾病易感性，找到更好的靶向治疗方法。

皮肤上定殖的一些细菌对宿主发挥着有益的作用。人上皮细胞 Toll 样受体（TLR）能够检测到微生物的存在。TLR 激活能够引发一系列特有的基因表达，从而引起多种免疫应答。通常情况下，这些免疫反应被认为是专门促进炎症反应以抵御微生物引起的感染。表皮葡萄球菌能够通过触发 TLR2 介导的信号通路抑制炎症反应，从而调节 TLR-3 依赖的炎症反应。同时，表皮葡萄球菌通过激活 TLR2 信号通路引起角质细胞表达内源的抗菌肽（AMP）（Lai et al., 2009）。此外，表皮葡萄球菌能够自发控制和调节 T 淋巴细胞功能。更进一步，通过比较无菌小鼠（GF mice）及无特定病原菌小鼠（SPF mice）T 细胞引起的炎症分子的产生，无菌小鼠的 T 细胞能够产生低水平炎症分子，如干扰素 -γ（IFN-γ）及白细胞介素 -17A（IL-17A）。将无菌小鼠皮肤接种表皮葡萄球菌后，T 细胞的功能得到恢复，能够产生正常水平的 IL-17A，然而，在无菌小鼠肠道中接种表皮葡萄球菌则没有类似现象。更有趣的是，当健康皮肤被原生动物硕大利什曼原虫 *Leishmania major* 感染后，会激活保护性的 Th1 信号通路，但只有被表皮葡萄球菌定殖后的无菌小鼠才能够产生针对寄生物的特定免疫应答（Lai et al., 2009）。

（四）遗传学机制

宿主的遗传背景对肠道微生物的影响十分重要，不同物种的肠道微生物组成具有显著性差异；同一物种的不同个体中，肠道微生物组成也会有明显区别。

肠道微生物具有"可传导性"，将肥胖动物的肠道菌群移植到无菌小鼠肠道中，会使小鼠出现相同的肥胖症状。Ridaura 等将成年、肥胖症女性双胞胎患者的肠道菌群移植到无菌小鼠的体内，并对小鼠喂以低脂肪的食物，小鼠表现了肥胖症的表型。而将身材较为纤瘦的女性双胞胎肠道菌群移植到小鼠体内，小鼠的体形也较为纤瘦（Ridaura et al., 2013）。

肠道菌群能够从亲代传递给子代。Ruth 等分析了肥胖 *ob/ob* 小鼠、瘦型 *ob/+* 小鼠、野生型小鼠，以及其亲代 *ob/+* 母鼠的 5088 个细菌 rRNA 序列，对这些小鼠均喂以同样的含有丰富多糖的食物。结果表明，小鼠肠道中的微生物组成与其亲代母鼠高度相似（Ruth et al., 2005）。关于人体与微生物共生的遗传学机制尚待深入广泛的探究。

三、人体与微生物的共生效应

人体与微生物的共生互作对人体器官的发育、免疫机能与抗病性等方面能产生一系列重要的影响。

（一）促进肠道发育

人体与微生物共生除了能够帮助宿主消化吸收食物中不能代谢的物质，提供养分和能量外，肠道菌群还能促进肠道发育。无菌动物的肠道形态结构，以及肠上皮细胞的生长和增殖都处于非健康状态。由于肠道内黏液不能被细菌降解而大量累积,导致无菌大鼠的盲肠比正常大鼠明显扩大,接种肠道内微小消化链球菌 *Peptostreptococcus micros* 后,黏液降解,该症状可改善。无菌小鼠的小肠绒毛毛细血管网发育受限,但接种多形拟杆菌后,绒毛的微血管网络恢复发育(Ghoneim et al., 2016),表明肠道细菌能够促进小肠血管新生。

植物多糖经肠道细菌发酵后,可产生短链脂肪酸,能够为肠上皮细胞提供能量,刺激其分化增殖。与正常大鼠相比,无菌大鼠小肠绒毛异常增生,结肠隐窝细胞数目减少、细胞周期时间延长、增殖活性降低。肠道菌群对于宿主免疫系统的建立和发育也具有重要的营养作用。小肠上皮中的潘氏细胞是肠道先天性防御系统的重要影响因子,它能够产生抗生素——血管生成素(angiogenin-4,Ang4)。正常小鼠断奶后 Ang4 表达急剧增多,迅速达到成年小鼠的水平,而无菌小鼠 Ang4 表达并未发生变化;多形拟杆菌具有刺激成年小鼠 Ang4 表达的作用,接种成年小鼠的正常菌群后,无菌小鼠 Ang4 表达趋于正常。

肠道菌群与宿主在肠黏膜表面不断接触,对宿主的获得性免疫系统的建立和发展具有"教育"作用。无菌环境饲养的动物肠黏膜免疫系统发育不完全,肠黏膜淋巴细胞数量少,特化性淋巴滤泡(specialized lymphoid follicles)较小,血液中免疫球蛋白浓度低。将正常菌群接种至无菌动物体内能够影响肠淋巴组织的结构,上皮内淋巴细胞数目大大增加,肠黏膜淋巴滤泡和固有层内分泌免疫球蛋白细胞的生发中心产生,血液中免疫球蛋白含量增加。肠黏膜及其定殖的微生物是机体抵御病原物入侵的最重要的屏障之一。

为了在体外研究肠道微生物对肠黏膜的影响,Hyun 等发明了 gut-on-a-chip 的微型装置。该装置可以将肠道菌群与人类肠道上皮活细胞体外共培养一周以上,来分析肠道微生物、炎症细胞,以及与蠕动相关的机械变形如何独立作用于肠道细菌增殖及炎症发生(Kim et al., 2016)。该体外模型能够重复过去动物及人类研究已经证实的结果,包括证明益生菌及抗生素治疗能够抑制由病原菌侵染导致的肠绒毛损伤。在维持正常血液循环的前提下,肠上皮变形缺乏以及蠕动停止能够引起细菌过度生长,而这些现象与肠梗阻及炎症性肠病患者的症状较为相似。肠道炎症芯片分析显示,免疫细胞与肠道微生物相关的脂多糖内毒素能够同时刺激肠上皮细胞产生 4 类炎性细胞因子(IL-8、IL-6、IL-β 和 TNF-α),这 4 类炎性细胞因子是引发肠道绒毛损伤及肠屏障功能性障碍的充分必要条件(Hyun et al., 2008)。

(二)提高人体免疫机能

人体肠道中的正常菌群不仅帮助人体消化食物、抵抗其他致病菌侵染和维护肠道微生态稳定,还能增强宿主黏膜反应、促进机体免疫系统发育成熟、提高机体的特异性和非特异性免疫。

肠道微生物能够诱导调节性 T 细胞的产生及增殖。CD4$^+$ T 细胞包括调节性 T 细胞、Th1 细胞及 Th17 细胞,调节性 T 细胞稳定存在于肠道的黏膜组织及相关淋巴组织中,这些免疫细胞对维持肠道内环境的免疫稳态、调节肠道炎性反应至关重要。无菌小鼠体内,调节性 T 细胞 Th1、Th17 的数量非常少;而携带正常肠道菌群的小鼠中,Th1 及 Th17 等调节性 T 细胞的细胞数量显著上升(Ivanov et al., 2009)。

单个细菌也可诱导调节性 T 细胞反应，一些分节丝状菌 *Clostridia* spp. 菌种能够诱导 Th17 细胞的免疫反应，对比无菌小鼠与标准菌群系（altered schaedler flora，ASF）小鼠（接种了 2 株乳酸杆菌 *Lactobacillus* spp.、1 株拟杆菌 *Bacteroides* sp.、1 株螺旋细菌 *Flexistipes* sp. 及 4 株梭菌 *Clostridium* spp.）的免疫细胞活性，结果表明，ASF 小鼠的结肠黏膜层免疫调节性 T 细胞的活性显著增加（Ivanov et al.，2009）。

抗菌肽（antimicrobial peptide，AMP）普遍存在于动物及植物体内，哺乳动物的免疫细胞在炎症反应时会表达抗菌肽。抗菌肽 cathelicidins 对于系统性红白狼疮等自身免疫病具有重要作用。一些肠道微生物能够通过控制短链脂肪酸的合成来调控小鼠内分泌细胞产生抗菌肽，诱导调节性 T 细胞，发挥免疫调节作用（Diana et al.，2013）。

（三）增强人体抗病性

肠道微生物还可调节帕金森病的发病过程（Malkki et al.，2017）。最新的科学研究表明，帕金森病的发生并非起始于大脑，而是由肠道蔓延到大脑区域，帕金森病患者的肠道菌群结构与正常人群存在显著差别。人类的神经元包裹在纤维束中，如果纤维束存在"毒性"，大脑神经将会受到影响。研究者利用"α-synuclein"蛋白构建了"毒性纤维束"，在正常的神经细胞中，"α-synuclein"蛋白可以溶解，但是在帕金森病患者中，"α-synuclein"蛋白发生沉积，影响大脑神经元的功能。将帕金森病小鼠模型分别在正常或无菌的环境中进行培养，无菌环境中成长的小鼠症状较轻，"α-synuclein"蛋白含量较低；而正常环境中的成长小鼠症状较重，"α-synuclein"蛋白含量较高，给这类小鼠饲喂抗生素后，帕金森病症状减轻。通过粪便移植的方法向小鼠肠道内注射源于帕金森病患者的肠道微生物菌群后，小鼠能够快速患帕金森病，而来自正常人群的粪便并不能使小鼠患病。该研究表明，肠道微生物或许能够通过释放化学信号，导致大脑损伤（Perry et al.，2016；Sampson et al.，2016）。

肠道菌群的变化有可能导致肥胖。美国耶鲁大学医学院和丹麦哥本哈根大学的研究者发现，糖尿病、胰岛素抵抗及其他的代谢综合征可能都与肠道微生物菌群的变化相关（Proctor et al.，2014）。通过在啮齿动物的肠道内植入能够产生大量乙酸的微生物菌群，会导致小鼠模型的副交感神经系统被激活，从而促进葡萄糖刺激的胰岛素分泌，进而增加生长素的分泌，使小鼠产生贪食、肥胖及相关后遗症。肠道微生物菌群—乙酸—副交感神经—肥胖症之间的因果关系，为治疗肥胖症提供了一个新视角。

抗生素的滥用容易引起人体微生物群落结构失调，并进一步对人体的健康产生较大的负面影响，而重建正常的人体微生物组又是一个艰难的过程。许多用于急性治疗的药物可能导致人体正常菌群失调，从而进一步加剧人体对某些疾病的易感性。

幽门螺杆菌在西方人群中越来越少。这类细菌长期以来被视为是一种致病菌，但最新的研究表明，幽门螺杆菌也具有一些保护功能（Magen and Delgado，2014）。此外，人体皮肤上定殖的很多微生物，它们的生物学以及与宿主的互作关系并没有完全被理解，其中一些微生物与疾病相关，但如果不清楚这些微生物是否属于人体的正常菌群，以及它们的综合功能，彻底消灭它们或许不是最好的选择。现代的生活方式会导致皮肤微生物菌群发生变化，因此也是研究皮肤微生物组的重要方面。合理地控制微生物群落以提高有益物种的丰度是人类治疗研究的热点内容之一。一些操作或许可以直接提高有益菌群的数量，降低有害病原物的存在。虽然尚未应用于人体，但在青蛙 *Rana muscosa* 蛙皮上添加一些抗真菌或细菌的菌种能够成功降低由病原菌蛙壶菌 *Batrachochytrium dendrobatidis* 感染引起的发病率和死亡率。蛙壶菌是能够引起壶菌病的一类真菌，蛙壶菌的感染导致许多两栖动物的种群数量急剧下降。

肠道益生菌研究或许能够为治疗肥胖症、Ⅱ型糖尿病及心血管疾病的新疗法提供希望。肥胖症与Ⅱ型糖尿病伴随着低度感染与肠道微生物组变化。Plovier 等（2017）发现肠道细菌嗜黏蛋白阿克曼氏菌 *Akkermansia muciniphila* 或有望治疗肥胖症和糖尿病。甚至在巴氏灭菌后，该菌依然会保持活性，在初始阶段抑制疾病的发生及发展。进一步研究表明，嗜黏蛋白阿克曼氏菌的功能性膜蛋白 Amuc_1100 在加热后依然保持正常功能，通过改善肠屏障发挥作用。

越来越多的研究表明，饮食能够改变肠道微生物组和肠道菌群，继而影响脑部。益生菌对神经发育障碍具有一定影响。流行病学研究证明，高脂肪膳食的母鼠，其后代肠道不平衡的微生态环境会导致幼鼠产生社交行为障碍。同样，人类中，妊娠期孕妇肥胖会增加胎儿患神经发育障碍（autism spectrum disorder，ASD）的风险，ASD 患者也会表现出胃肠功能紊乱的症状。Buffington 等（2016）的研究发现，一种或多种肠道益生菌可能在动物的正常社交行为中发挥重要作用，缺乏特定的肠道细菌会导致小鼠产生与人类 ASD 类似的社交障碍（social dificit），而将这类细菌回接到社交障碍小鼠肠道中，小鼠的社交行为障碍会得到一定程度的改善，对无菌小鼠进行粪便移植试验也提供了这种因果关系证据。经过全基因组测序及微生物组分析，一种罗伊氏乳酸杆菌 *Lactobacillus reuteri* 数量在高脂肪膳食的母鼠产下的幼鼠肠道微生物组中下降为 1/9。将来自于人类乳汁中的罗伊氏乳酸杆菌菌株添加到这些患病幼鼠中，这株细菌菌株能够改善幼鼠的社交障碍行为。有趣的是，罗伊氏乳酸杆菌能够促进催产素的产生，催产素在动物社交行为中发挥着关键性作用，并且与人类自闭症相关（Caglar et al.，2015）。这些研究成果，为人类利用益生菌治疗神经发育障碍奠定了基础。

第三章 动物与其他生物的共生

生态系统中生命体以复杂的互作形式存在。生物个体之间彼此互作形成种群，种群彼此互作形成群落。这种相互作用驱动了遗传变异、自然选择与物种进化。物种间的互作既简单又复杂，侵害、捕食、竞争、合作与共生等关系同时存在，既互相交叉，又纵横交错，于一系列相互选择条件下产生更好的物种适合度。动物、植物和真菌是真核生物的重要生物类群。其中，动物在进化上更为高等。大多数动物能够自由移动，独立探索，只有极少数如珊瑚类的动物是固着的。生态系统中，作为消费者的动物自身不能进行光合作用，必须依赖消耗其他生物体作为养分和能量来源。这就奠定了动物与其他生物之间构建共生体系的基础。动物与其他生物之间存在着密切的互作关系，包括动物与动物的共生、动物与植物的共生、动物与真菌的共生、动物与细菌的共生等。本章分别介绍这些共生关系的生物学特性、共生机制、共生的效应与作用机制等方面的基础知识和研究进展。

第一节　动物与动物的共生

在漫长的生物演化过程中，动物与动物之间形成了复杂的共生关系，以抵御捕食者、寄生者及病原物的侵害。这种紧密的共生关系使得动物能够趋利避害，获取更多来源的养分，开辟新的生存环境，占据更加有利的生态位。这种互作关系对于我们发现新物种及保护野生动物多样性具有重要的意义。同时启迪人类，在饲养动物时，通过合理利用动物的共生关系，产生更大的经济效益、生态效益和社会效益。

一、动物与动物的共生体系

动物与动物的共生体系普遍存在于海洋和陆地的各种生态环境中。根据动物间相互依赖的紧密程度，将动物与动物的共生体系分为专性互惠共生、兼性互惠共生和原始协作。在专性互惠共生关系中，共生双方如失去一方，另一方则难以生存和发展，如海葵与小丑鱼之间的共生，以及白蚁与原生动物的内共生体系。而兼性互惠共生关系中共生双方的合作较为松散，而且随环境条件不同变化较大，如蚂蚁与产蜜露昆虫之间构建的共生关系即属于兼性共生关系。原始协作的共生关系也较为常见，如海洋生态系统中鱼类与清洁虾 *Lysmata amboinensis* 的共生（图 3-1），以及草原生态系统中鳄类与鸟类的共生。

图 3-1　海洋中鱼类与清洁虾的共生（引自Mann，2016）

A. 清洁虾正在清理鱼身体上的杂物；B. 清洁虾

（一）海洋动物与海洋动物之间的共生关系

海洋占地球表面积的 70%，是地球上综合生产力最大的一个生态系统。海洋是生物进化的发源地，蕴藏着极其丰富的生物资源。据统计，已知的海洋生物约 30 万种。2014 年新发现及描述的海洋新物种有 1451 种，仍然有 50 万~200 万种多细胞海洋生物尚待描述。经过千百万年的演化，各种各样的海洋动物发展演化出不同形式的共生关系，以适应不同生境。海洋动物形形色色的共生关系，为研究物种相互关系提供了典型案例和试验材料。

珊瑚礁生态系统具有较高的生产力，其物种多样性仅次于热带雨林生态系统中的物种多样性。珊瑚礁中栖息的海洋动物之间具有复杂多样的共生关系（Stamoulis et al.，2017）。太平洋清洁虾是珊瑚礁生态系统的一个重要组成部分，广泛分布在热带地区海洋约 5m 深的海水中。它们是一类杂食性虾类，体长 5~6cm，能够清洁许多海洋鱼类身体上的死细胞和寄生物，而清洁虾能够从中获得食物（Bohnenstiehl et al.，2016）。钝额曲毛蟹 *Lybia tesselata* 可与海绵动物或海葵等生物建立共生体系（图 3-2）。钝额曲毛蟹在海中游动时，能够收集并在身体上放置海绵动物或海葵而发挥"伪装"作用，保护其不被捕食者发现；同时钝额曲毛蟹的运动使海绵动物或海葵能够获得更多的食物来源，并为其提供了稳定的栖息地（Bohnenstiehl et al.，2016）。可见，这种互利共生关系为双方带来了益处。拳头蟹 *Lybia leptochelis* 长期与非红海葵属 *Adamsia*、美丽海葵属 *Calliactis* 和 *Neoaiptasia* 属的海葵共生，海葵定殖在拳头蟹的前螯上，保护蟹类的前螯并取食食物残渣；同时海葵的毒肢能够协助拳头蟹吓退攻击者。晚近的研究表明，拳头蟹的行为能够增强海葵的无性繁殖，因为拳头蟹经常会将海葵一分为二，而分开的海葵会各自形成一个新的"克隆"（图 3-3）；拳头蟹的移动使得海葵能够获得新的栖息地，为其开辟了新的生境。

图 3-2　钝额曲毛蟹与海绵动物及海葵的共生（引自Bierman，2014；Tse，2012）

A.钝额曲毛蟹与海绵动物的共生；B.钝额曲毛蟹与海葵的共生

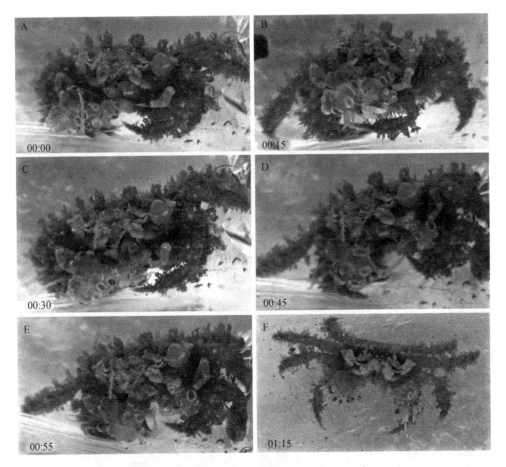

图 3-3　拳头蟹与海葵的共生（引自Schnytzer，2017）

A~C.拳头蟹抱着一只海葵，口部朝下，伸出另一只蟹爪抓住海葵；

D~F.拳头蟹将海葵一分为二，形成两个新的海葵"克隆"

印度洋及太平洋的部分海域，小丑鱼与公主海葵属 *Heteractis*、地毯海葵属 *Stichodactyla* 及拳头海葵属 *Entacmaea* 的海葵具有专性互惠共生关系（Rhyne et al.，2017）。海葵为小丑鱼和鱼卵提供栖息地及庇护地，离开海葵的庇护，大部分小丑鱼被捕食，无法生存。小丑鱼与海葵间进行频繁的养分互换，海葵取食后的食物残渣及偶尔死亡的触手能够为小丑鱼提供养分；小丑鱼排泄物中的氮元素有利于海葵组织内虫黄藻的繁殖，从而使海葵处于健康的生长状态。虫黄藻与海葵是内共生关系，前者定殖于海葵的触手及口道组织细胞内，利用太阳光进行光合作用，产生的糖类一部分作为自身新陈代谢的能量，但大部分提供给海葵（Cleveland et al., 2011）（图3-4）。长期的共生关系中，小丑鱼发生了行为学进化。小丑鱼利用其明亮的颜色将小鱼引诱到海葵附近，以便于海葵捕食猎物。同时，小丑鱼在海葵触角周围"泳舞"，以改变海葵附近的水流，这种行为能够改善海葵的呼吸作用，促进二者的代谢。小丑鱼与海葵共同防御捕食者，消除海葵的寄生物。海葵的体内及触手四周密集分布着具有毒性的刺丝胞，用于抵抗外敌、捕捉猎物和消化食物。当海葵防御或捕食时，触手的刺丝胞会将刺丝放射，缠住侵袭者或猎物，并且将毒素注入对方体内。小丑鱼的体表黏液层经过进化，含有大量的大分子糖蛋白，即使此类蛋白质变性，也不会引起刺细胞的射出（Buston et al., 2012）。海葵双锯鱼 *Amphiprion percula* 获得了对来自于其宿主公主海葵 *Heteractis magnifica* 刺丝胞毒液的后天免疫。

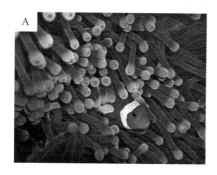
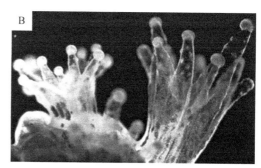

图 3-4　海葵+小丑鱼+虫黄藻的共生（引自Gerlach，2013）
A. 海葵为小丑鱼提供栖息地；B. 海葵与虫黄藻

　　海底中一些未进化出视力的动物选择与其他动物共生，以充当自己的"眼睛"。虾虎鱼与鼓虾 *Alpheus* spp. 共同生活在小洞里，二者分工明确，鼓虾负责挖洞，而虾虎鱼负责安全保卫。由于鼓虾几乎是全盲的，很容易暴露，而虾虎鱼具有很强的警觉性，当捕食者接近鼓虾时，虾虎鱼会迅速用尾巴轻弹鼓虾，进行预警；作为回报，盲虾通过建造洞穴，为虾虎鱼提供了一个远离捕食者的安全的避风港（图3-5）。

图 3-5　虾虎鱼与鼓虾的共生（引自Gerlach，2013）
A. 洞口外虾虎鱼与其尾部的鼓虾；B. 虾虎鱼和其身旁的鼓虾

（二）陆地动物之间的共生关系

陆生生物与其所处环境相互作用，构成了地球陆地生态系统。陆地生态系统以地理、气候和土壤为介质，生境复杂，土壤气候带类型众多。与水生生态系统相比，陆地生态系统具有昼夜及季节尺度更大的温度波动。按生境特点和植物群落生长类型，陆地生态系统可分为森林生态系统、草原生态系统、荒漠生态系统、湿地生态系统及受人工干预的农田生态系统。众多的陆地动物之间及其与其他生物之间相互作用，构成了陆地生态系统的多样性。陆地动物之间形成的共生关系中，通常一方能够从另一方获得食物或隐蔽场所，或为对方增加对捕食或寄生生物的防御能力，使其免受捕食者和寄生动物的攻击等。

许多草原的大型动物通过与鸟类共生（图3-6）以抵抗捕食者。例如，尼罗鳄 *Crocodylus niloticus* 与埃及燕鸻、水牛 *Bubalus bubalis* 与红嘴牛椋鸟 *Buphagus* spp.，以及羚羊与红嘴牛椋鸟之间形成了紧密的共生关系。尼罗鳄是世界上现存的第二大爬行动物，埃及燕鸻通常飞入尼罗鳄的口中，取食尼罗鳄齿缝中的食物残渣及寄生虫；经过埃及燕鸻的清理，尼罗鳄可以免受寄生虫的侵染。尼罗鳄完成进食后，会主动张开口等待埃及燕鸻的帮助（图3-6A）。红嘴牛椋鸟是一类中等体形的鸟类，与许多有蹄哺乳动物形成共生关系。水牛、羚羊等哺乳动物容易受到蜱虫寄生，蜱虫以这些动物的血液为食，可传播疾病，导致贫血。红嘴牛椋鸟以蜱虫为食，能够帮助哺乳动物消灭寄生虫、清洁皮肤（图3-6B、C）。

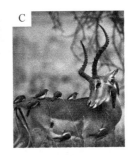

图3-6 大型动物与鸟类的共生（引自Ecoist，2016）

A. 尼罗鳄与埃及鸻的共生；B、C. 水牛、羚羊与红嘴牛椋鸟的共生

沙漠环境大部分时间处于缺水状态，是维持生命最艰难的生境之一。然而，许多物种通过与其他生物共生，在行为学上已经高度适应了这种干旱的环境，以寻求在沙漠的恶劣环境中蓬勃发展。沙漠生态系统中针尾蜥蝎 *Androctonus bicolor* 通过建造洞穴来抵御高温造成的身体内水分流失，但这种习性使得其很容易被捕食。针尾蜥蝎能够主动与爬行动物共享巢穴，共同驱赶捕食者。

从温带到热带地区的森林及农田生态系统中，蚂蚁与同翅目蜜露昆虫的互利共生是十分常见的（图3-7）。蜜露是富含糖类的黏稠液体，蚜虫、蚧壳虫等蜜露昆虫取食时，口器会穿透植物的韧皮部，在吸取植物汁液的同时，含糖丰富的黏稠液体会从这些昆虫的肛门处排出。蜜露昆虫的蜜源植物十分广泛，包括草本植物、藤本植物、灌木和乔木。蜜露为蚂蚁提供了营养丰富的食物，而同时，蚂蚁能够主动地照顾这类产蜜露昆虫，保护它们免受捕食者及寄生物的侵害（Sagata and Gibb，2016）。蚂蚁与产蜜同翅目昆虫间的共生在节肢动物食物网中极为广泛和丰富。产蜜同翅目昆虫包括胸喙亚目 Sternorrhyncha 的蚜虫、烟粉虱 *Bemisia tabaci*、介壳虫和粉蚧等（Pringle and Moreau，2017）。

图 3-7　蚂蚁与蜜露昆虫的共生

根据白蚁与原生动物间的共生关系，可将白蚁分为低等白蚁和高等白蚁，低等白蚁的后肠中定殖着大量原生动物（图 3-8），而高等白蚁与原生动物间不存在共生关系。白蚁是一类社会性昆虫，共有 7 科 3000 余种。其中，低等白蚁占白蚁总数量的 25%，包括草白蚁科 Hodotemitidae、木白蚁科 Kalotermitidae、鼻白蚁科 Rhinotermitidae、原白蚁科 Termopsidae、齿白蚁科 Serritermitidae 和澳白蚁科 Mastotermitidae。高等白蚁占白蚁总数量的 75%，只有白蚁科 Termitidae（Su et al.，2016）。

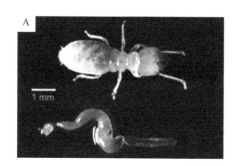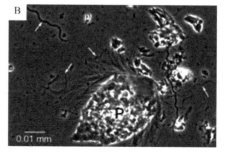

图 3-8　白蚁与原生动物的共生（引自http: //undsci. berkeley. edu）

A. 白蚁与白蚁的后肠；B. 白蚁后肠中的原生动物

　　低等白蚁以富含木质素和纤维素的木头及干草为食，对房屋建筑、森林果园和农田作物等造成严重危害。低等白蚁肠道中丰富的原生动物为白蚁提供消化木材的酶类。这些共生原生动物属于副基体门 Parabasalia 或锐滴虫目 Oxymonadida。白蚁与原生动物间的共生关系经历了长期的进化历程，亲代白蚁的排泄物中含有大量的原生动物，而白蚁后代从亲代的粪便中获得原生动物，实现了原生动物在白蚁世代间的纵向传播。

二、动物与动物的共生机制

　　动物与动物的互利共生关系中，化学物质介导的化学信息传导普遍存在。在个体水平上，激素类的化学信号调控细胞和器官的相互作用，控制着动物的发育和繁殖；在物种水平上，信息素类的化学信号调控动物种间及种内的相互关系，这些化学信号可以用于抵御捕食者的入侵，或发现及识别食物资源。共生动物通过改变形态特征及生理代谢特点以彼此适应，共同应对逆境。

（一）动物与动物共生的化学机制

　　不同生物之间首先需要依靠化学和生物化学识别机制来区分"敌友"或选择适宜的"伙伴"来进一步构建共生体系。例如，小丑鱼与海葵构建共生体系的初期，小丑鱼在胚胎期即能够识别来自于海葵宿主的化学信息，在幼鱼阶段，小丑鱼会凭借这些化学信息找到海葵来定居，开始小心地接近，用其腹鳍触碰海葵的触手，随后是整个腹部。最后，经过几分钟到几个小时的被称为"泳舞"的行为后，海葵的黏液涂满小丑鱼的整个身体（Buston et al.，2012）。所有昆虫的外壳上都存在防水功能的烃类化合物（CHC），这类化合物还是重要的信号识别物质。研究表明，津岛铺道蚁 Tetramorium tsushimae 能够识别豆蚜 Aphis craccivora 表皮的 CHC 来区分共生及非共生种类的蚜虫。当用非共生蚜虫表面的 CHC 来诱导蚂蚁时，蚂蚁表现出了较强的攻击性；而用来自共生蚜虫体表的 CHC 来诱导时，蚂蚁并未表现攻击行为（Lang and Menzel，2011）。对蚂蚁识别这种化合物能力的形成机制尚待研究。

（二）动物与动物共生的生理学机制

　　生物之间形成紧密共生关系，尚需要进一步依靠彼此之间的生理代谢协同变化。小丑鱼与海葵长期的协同进化中，在生理和发育上发生了一系列进化来适应彼此。低等白蚁取食木材后，唾液腺分泌葡聚糖内切酶，对食物进行初步消化。随着食物进入中肠，被中肠中所富含的磷酸葡糖苷酶进一步消化之后进入后肠。白蚁的后肠出现了膨大的囊形区域，来适应木质纤维素的消化，并且后肠中的氧分压呈现了明显的梯度变化。与高等白蚁细致、分隔更多的肠道不同，低等白蚁的后肠区域基本为一条线性管道。若没有肠道内鞭毛虫的帮助，这种规模的肠道面积使得富含木质纤维素的植物组织在白蚁后肠中不能得到充分的消化（Berlanga，2015），将白蚁后肠中的共生原生动物杀死后，白蚁会迅速死亡。大量原生动物的存在增加了后肠的物理分隔，也增加了白蚁后肠与木质颗粒接触的表面积，从而延长了纤维素和纤维素酶的接触时间（de Sousa et al.，2017；

Kuwahara et al.，2017）。白蚁肠道内的绝大多数鞭毛虫能够产生纤维素酶，将部分消化的木质纤维素进一步高效地水解，在为白蚁提供养分的同时，释放出氢气及二氧化碳。肠道中原生动物绝大多数不可培养（Su et al.，2016），这些原生动物无线粒体结构，但具有氢氧化物酶体等典型细胞器，通过底物水平磷酸化产生 ATP，同时释放乙酸，为白蚁生命活动提供需要的能量（Kumara et al.，2015）。为维持共生关系，粉蚧 *Pseudococcus* spp. 等昆虫的肛门出现了一圈硬毛，用于挂住蜜露，直至蚂蚁取食（Feng et al.，2015）。

（三）动物与动物共生的生态学机制

互惠共生关系在很大程度上决定着生物多样性的形成与生态分布。生态适应性是一个进化的过程，某个物种的祖先产生了具有遗传多样性的后代，来适应及开发更广阔范围的栖息地。自然界中，不同物种的动物利用自然资源的能力各异。物种间的互利共生使得双方能够获取更多的自然资源，占据更多的生态位，从而更进一步提高物种的多样性。与海葵的专性共生使得小丑鱼能够快速适应从印度洋到西太平洋的珊瑚礁生态系统。小丑鱼的形态学与宿主珊瑚所占据的生态位紧密相关。与珊瑚礁非共生的近缘鱼类相比，小丑鱼表现出更高的形态学进化速率及更高的物种进化速率。与陆地生态系统相比，海洋生态系统由于缺乏扩散障碍，地理隔离对物种的影响是微弱的。而小丑鱼与珊瑚的互利共生关系对于小丑鱼快速的物种分化具有积极的作用（Glenn et al.，2012）。

（四）动物与动物共生的遗传学机制

进化上，长期与蚂蚁的共生，使得同翅目昆虫产生了较高的遗传多样性。对毛蚜属 *Chaitophorus* 蚜虫的 15 个物种的线粒体细胞色素氧化酶 Ⅰ（CO Ⅰ）及线粒体细胞色素氧化酶 Ⅱ（CO Ⅱ）序列构建系统发育树，结果表明，在毛蚜属的进化过程中，毛蚜属蚜虫与蚂蚁共生关系并非单一起源；毛蚜属蚜虫与蚂蚁共生关系的建立或解除至少出现了 5 次。此外，毛蚜属的蚜虫发生了至少 2 次植物寄主转移（即从杨树 *Populus* spp. 到柳树 *Salix* spp.）及 4 次植物取食部位的变化（即从取食植物的叶部转换到取食茎部）（Shingleton et al.，2003）。

专性的互惠共生关系中，物种间通过基因的水平转移获得新的功能性基因。鞭毛虫是白蚁肠道中最主要的共生原生动物，可产生丰富的纤维素水解酶。鞭毛虫的种类及数量与宿主白蚁的种类显著相关。台湾乳白蚁 *Coptotermes formosanus* 的肠道中仅含有 3 种鞭毛虫，山茶原白蚁 *Hodotermopsis japonica* 的肠道内则含有 19 种鞭毛虫，分别行使不同功能。白蚁肠道中大型鞭毛虫和中型鞭毛虫具有纤维素及木聚糖降解能力，而许多小型鞭毛虫不能水解木质素或纤维素，它们通过直接从肠液中吸取可溶性物质维持生存（Tsukagoshi et al.，2014）。鞭毛虫自身基因组中已经具有编码纤维素水解酶 GH7 的基因，与白蚁发生互利共生关系后，通过基因水平转移，鞭毛虫从白蚁肠道共生微生物处获得 GH10 和 GH5 等纤维素酶编码基因（Munir et al.，2016）。

可见，关于动物与动物之间的共生机制是复杂多样的，有待深入系统探究，以丰富生物共生学的理论和内容。同时，因这些种间及种内相互作用涉及的化学信号物质的研究，可为利用化学物质进行害虫防治提供物质基础，因而具有重要的生产实际意义。

三、动物与动物的共生效应

动物与动物共生关系对动物个体、种群及整个生态系统产生了深远的影响。共生关系对共生体系的双方产生了可遗传的基因水平的改变；能够促进动物的个体发育，提高繁殖能力；使动物免受天敌攻击，提高种群数量。从更大的尺度来看，动物与动物共生体系对栖息地的群落结构产生了一定的影响，对维护物种多样性具有重要的意义。

（一）促进动物个体发育，提高繁殖能力

动物选择与其他动物共生，能够最大限度地促进个体发育，提高繁殖能力，从而提高种群丰度，以获得更多的自然资源。

蚂蚁有规律地取食蚜虫的蜜露，能够促进同翅目昆虫的个体发育及繁殖能力。被蚂蚁照顾的同时，同翅目昆虫体内积累大量磷元素，快速生长；角蝉 *Publilia concava* 产卵量及存活率与距蚁巢的距离呈负相关，离蚁巢越远，角蝉的产卵量及存活率越低（Hayashi et al.，2016），而在蚂蚁的照顾下角蝉的产卵量提高了 1.7 倍（Morales，2011）。

小丑鱼对特定区域的海葵具有高度的忠实度，幼鱼离开其出生的海葵寻找自己的共生海葵时，会选择原海葵附近的海葵个体，建立新巢穴。研究表明，同种小丑鱼共栖在同一珊瑚三角区内的现象非常普遍，从而最大限度地促进了小丑鱼的交配行为，提高种群的繁殖能力（Gainsford et al.，2015）。同时，在珊瑚资源有限的情况下，这种共栖对于保护小丑鱼的物种多样性具有重要的意义（Camp et al.，2016）。

（二）保护动物免受天敌攻击，提高种群数量

自然界中，动物经常会面临天敌的捕食，可通过与其他动物共生，帮助其最大限度地躲避捕食。这种共生关系通常表现在行为学方面，共生的一方为另一方提供栖息地或预警机制。在失去了其共生伙伴后，很多动物会因天敌捕食或寄生物感染而导致种群数量大幅度下降。小丑鱼与海葵共生使得双方互相保护，免受捕猎者的侵袭。在大堡礁及巴布亚新几内亚环礁，将栖息在海葵触手里的小丑鱼移走，由于缺乏共生者的保护，海葵 24h 内就会沦为蝴蝶鱼的猎物（Lim et al.，2016）；同样，没有海葵的庇护，小丑鱼也会迅速沦为天敌的猎物。

蚂蚁会协助同翅目昆虫免受天敌的伤害。当遇到天敌攻击时，角蝉发出报警信号，召唤更多的共生蚂蚁来驱赶其天敌（Hojo et al.，2015）；同时，蚂蚁能够干扰产蜜露昆虫的天敌产卵，或直接取食共生伙伴天敌的卵、幼虫及成虫，降低天敌数量（Hayashi and Nomura，2014）。蚂蚁取食同翅目昆虫肛门附近的蜜露，还能够使同翅目昆虫免受真菌感染。红火蚁 *Solenopsis invicta* 在与棉蚜 *Aphis gossypii* 共生时，能够使捕食棉蚜的

甲虫和草蛉 Chrysopa pallens 的存活率分别降低 93% 和 83%，使棉蚜的存活率提高 2 倍（Chen et al.，2014）。

（三）影响生物栖息地的群落结构和其他生物的物种多样性

维持生物共生关系有利于物种占领新的栖息地。在蚂蚁与产蜜露昆虫的共生关系中，树栖蚂蚁的种群密度、捕食能力和空间分布均受到同翅目昆虫排泄的蜜露的影响。同时，动物与动物共生体系中的相互作用能改变这些共生物种栖息地的群落结构。

与产蜜露昆虫共生的蚂蚁的存在和活动降低了其他蚂蚁的种群密度及多样性，形成了树栖蚂蚁优势种和次优势种的斑块分布。当寄主植物上有粉蚧 Pseudococcus spp. 存在时，木蚁 Camponotus brutus 能有效地排除其他蚂蚁种群，成为优势种群；若寄主植物上没有粉蚧时，木蚁 C. brutus 会成为次优势种（Nogueira et al.，2015）。

蚂蚁与同翅目昆虫的相互作用对寄主植物上的其他节肢动物的群落结构也有重要影响。当蚂蚁与同翅目昆虫同时存在时，蚂蚁增加了其共生伙伴——排泄蜜露的同翅目昆虫的多度，却使其他不排泄蜜露的同翅目昆虫的存活率和多度有所下降；同样，其他食草节肢动物的种群多度也有所下降。将普罗文卡蚁 Formica propinqua 及其共生的杨毛蚜 Chaitophorus populicola 从寄主植物上剥离，植株上整个节肢动物群落的种群数量和种丰度会分别增加 80% 和 57%（Marquis et al.，2014）；棉蚜与红火蚁的互利共生关系能够增加宿主其他节肢动物食物网的复杂性（Wu et al.，2014）。然而，并不是所有能排泄蜜露的同翅目昆虫都能受到蚂蚁的照顾，当豆蚜 Aphis craccivora 和野豌豆蚜 Megoura crassicauda 同时存在时，蚂蚁只照顾黑豆蚜，而野豌豆蚜由于受到蚂蚁的攻击，种群数量减少（Kozłowski et al.，2016）。

此外，小丑鱼与海葵的共生关系，对促进其所在群落中鱼类、软体动物、浮游动物、浮游植物等生物的多样性具有一定的意义。

第二节　动物与植物的共生

绝大多数动物与植物关系密切，其中，一些物种的动物与植物建立了彼此互利的共生关系。动物与植物共生可使前者能够从后者获得营养物质、栖息地及繁殖地；作为回报，动物能够帮助植物传粉，携带传播植物种子，并提供植物生长所需的部分矿物养分（如氮、磷、钾和微量元素）及最有利的环境。从地球物质循环的尺度来看，动物与植物的共生至关重要，植物光合作用产生的氧气对于动物的呼吸及生长是必需的，而动物生命活动产生的 CO_2、NH_3、CH_4 和有机质等也对植物生长及生存极为重要。

一、动物与植物的共生体系

动物与植物构建的共生体系以营养、繁殖和栖息作为纽带，存在于多种多样的生态系统中。海洋生态系统中，造礁珊瑚与虫黄藻的互利共生对维持珊瑚礁生态系统的稳定性必不可少，这种共生关系的破裂，将导致整个珊瑚礁的物种大灭绝；陆地生态系统中，作为该系统的主要消费者，动物与主要生产者植物之间的关系至关重要。其中，传粉昆虫与植物构建的共生体系是最常见、最有效的生物共生体系之一。

（一）海洋动物与植物的共生

珊瑚为许多海洋生物提供了栖息地，形成了物种丰富的生物群落。珊瑚的死亡通常会导致珊瑚及其周围栖息地的生物多样性剧烈下降，从而引发珊瑚礁生态系统的物种灭绝。与珊瑚共生的藻类统称为虫黄藻 Zooxanthellae，为单细胞甲藻类，是一个非分类学名称。目前已知的大部分虫黄藻属于共生甲藻属 Symbiodinium 和前沟藻属 Amphidinium 2 属。珊瑚与虫黄藻共生形成典型的内共生体系（图 3-9）。一般来说，共生藻会聚集在珊瑚两层细胞的内层。虫黄藻细胞内含有叶绿素 a、叶绿素 c、多甲藻黄素及硅甲藻黄素，这些色素使许多宿主珊瑚呈现微黄色或褐色。共生藻类为珊瑚提供营养物质，通过光合作用合成葡萄糖，并将甘油和氨基酸等物质转移给宿主；而宿主珊瑚则为虫黄藻提供更安全的栖息地，并为其提供氨、磷酸盐和 CO_2 等光合作用与物质合成的原料。海洋中除造礁珊瑚外，虫黄藻还能够与许多原生动物、海绵及软体动物等多种海洋生物共生。珊瑚与虫黄藻的紧密共生关系形成了热带海水环境中高效的养分循环（Thornhill et al., 2017）。

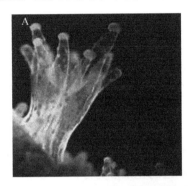
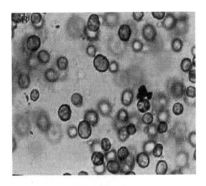

图 3-9　珊瑚与虫黄藻的共生（引自 Smithsonian Institution, 2017）

A. 与虫黄藻共生的珊瑚；B. 虫黄藻；C. 失去虫黄藻后白化的珊瑚

（二）陆地动物与植物的共生

陆地生态系统中，各种蜂类、蝶类、蛾类、蚂蚁、甲虫、蝙蝠、鸟类、鼠类及灵长类动物等都能帮助植物传粉（图 3-10）。其中，传粉昆虫与植物的互惠共生体系对于植物花粉的传播及其对传粉昆虫与植物的生育和演化的影响举足轻重。

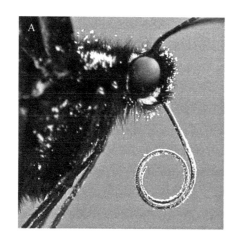

图 3-10　为植物传粉的部分动物（引自Smith，2009；Shinn，2012）
A. 蝴蝶 *Papilio* spp. 的吻上沾满了植物的花粉；B. 西方蜜蜂 *Apis mellifera* 在花丛中采集花蜜；
C. 烟草天蛾 *Manduca sexta* 在夜间传粉；D. 澳洲无花果蝠 *Syconycteris australis* 为植物传粉；
E. 吸蜜蜂鸟 *Mellisuga helenae* 为植物传粉

1. 传粉昆虫和植物的共生

大多数昆虫和植物的共生体系与授粉相关，80% 的种子植物依赖于传粉昆虫将花粉从花药传播到雌蕊柱头，使雌性配子受精并最终形成种子。这种紧密的互作关系使得传粉昆虫与植物不断互相适应彼此，昆虫传粉器官与虫媒植物花朵的进化始终平行进行，形成了生物界中最紧密的协同进化关系。

花朵的颜色与昆虫对颜色的辨别能力相关。例如，靠近温带或寒带地区，由于传粉昆虫对红色的辨别力差，因而这里的植物花朵多为黄色或白色；而在亚热带及热带地区，传粉蝶类及蜂鸟能够识别鲜红色，因而该地区的花朵多为红色。夜晚开花的植物由于依赖蝶类传粉，因而多为白色，并且能够释放强烈的气味，而一些植物的花朵能够散发腐烂的气味以吸引蝇类传粉。

许多植物的花朵构造有利于昆虫采蜜及传粉，唇形科植物的花冠为唇状，雄蕊结构精致，呈丁字形，像杠杆状排列在花筒入口，昆虫采蜜传粉时，丁字形雄蕊的下端被昆虫的头部内推，雄蕊的上端在杠杆作用下将花药打在昆虫的背部，同时将花粉散扑。当昆虫飞到另一朵花上采蜜时，通过与雌蕊的柱头接触，完成传粉过程。有些植物花冠的大小与传粉昆虫的体形大小密切相关，金鱼草 *Antirrhinum majus* 花冠的唇形花瓣紧密闭合，雌雄蕊及花蜜都封锁在花筒里，只有如蜜蜂体形大小的昆虫才能打开唇形花瓣，进入花筒，吸取蜜汁并传粉。有时，某种昆虫只采集特定植物的花蜜，如一些蜂类昆虫只采集春美草 *Claytonia caroliniana* 的花蜜，而另一种蜂类只采集海寿花 *Pontederia cordata* 的花蜜。

昆虫与植物间密切的共生关系，使得许多植物与其传粉昆虫在地理分布上具有高度的一致性。红车轴草 *Trifolium pratense* 最早引入新西兰栽培时，只能开花却不能形成种子，直到引进其传粉昆虫丸花蜂 *Bombus ruderatus* 才能结出种子。分布于马达加斯加群岛的大彗星兰 *Angraecum sesquipedale* 的花筒长达 30cm，花蜜深藏在花筒的基部，而马岛长喙天蛾具有较长的喙，能够帮助大彗星兰传粉（图 3-11）。

图 3-11　大慧星兰*Angraecum sesquipedale*的花筒长度与其传粉昆虫马岛长喙天蛾
Xanthopan morganii 喙的长度极为吻合(引自Ardetti et al.,2012)

　　传粉榕小蜂与榕属植物之间的互惠共生关系被认为是动物与植物互作关系中最为特化的互惠共生体系，为研究物种形成及物种间协同进化提供了完美的案例。两者通过传粉繁殖和提供繁殖生育场所紧密地联系在一起，互惠共生，缺一不可，任何一方的缺失都将导致系统的瓦解（Wachi et al., 2016）（图 3-12）。目前，全世界已知的榕属 *Ficus* 植物 770 多种，隶属于尊麻目 Urticales 桑科 Morcaceae，主要分布于热带地区，部分种类延伸至温带地区。绝大部分榕属植物的有性繁殖依靠种类专一的榕小蜂，而榕小蜂依赖榕属植物隐头果作为自身的繁殖场所。

图 3-12　榕小蜂与榕树的共生(http://Pre-tend.com)

沾满花粉的雌性榕小蜂钻入未成熟的无花果隐头果花序中，对花朵进行传粉同时产卵。隐头果中含有榕小蜂幼虫的花形成虫瘿，而其他的花产生种子。当榕小蜂幼虫发育为成虫后，虫瘿中的雄性榕小蜂与雌性榕小蜂交配后死去。雌性榕小蜂交配后离开虫瘿，并收集隐头果中已成熟雄花的雄蕊上的花粉，随后通过特定的通道离开无花果并寻找新植株上的未成熟隐头果，并产卵，开始生活史的循环。某些情况下，隐头果中的雌性榕小蜂未能成功收集花粉，当它进入下一个未成熟的隐头果并产卵后，由于雌性榕小蜂未携带花粉，导致隐头果不能受精、不能产生种子而败育，其中的榕小蜂后代也会随掉落的果实而死去。

尤卡塞拉丝兰蛾 *Tegeticulla yuccasella* 与白背丝兰 *Yucca glauca* 的专性共生关系起源于 4000 万年前。丝兰是百合科 Asparagaceae 常绿木本植物，多年生，花期为夏秋季之间，花乳白色。丝兰蛾在丝兰花朵采集花粉的同时，利用产卵器刺穿花的子房壁并产卵。丝兰蛾将花粉从丝兰花的花药上剥离，并将花粉带到雌蕊的柱头上，完成传粉。丝兰蛾的卵孵化的幼虫通过取食丝兰果实中的小部分种子来获取营养。随后，丝兰蛾幼虫离开丝兰果实，钻入地下并化蛹，直至来年春天，成虫破蛹而出，完成其生活史。丝兰与丝兰蛾是专性的互惠共生关系，丝兰依靠丝兰蛾的传粉产生种子，繁殖后代；丝兰的子房为丝兰蛾的卵、幼虫提供发育场所，种子为幼虫提供营养（Althoff，2016）（图 3-13）。

图 3-13　丝兰蛾与丝兰的共生（引自 Helzer，2013）
A. 丝兰；B. 丝兰蛾与丝兰的共生

蚂蚁与植物间的共生关系在森林生态系统中较为普遍。在这些共生体系中，蚂蚁能够为植物提供多方面的益处。例如，将植食性昆虫或虫卵从植物上去除，保护植物免受取食；通过抑制竞争性植物的生长，避免植物的生态位被占领。一些热带植物甚至能够提供特殊的空腔，作为蚂蚁的巢穴，以确保其长期稳定生活在植物上。婆罗洲位于东南亚马来群岛中部，在婆罗洲的沼泽森林中，弓背蚁 *Camponotus schmitzi* 与猪笼草 *Nepenthes bicalcarata* 形成了互惠共生的关系（图 3-14）。猪笼草几乎能够捕获和消化任何昆虫，然而，对于弓背蚁，不仅不捕食，反而形成了密切的互惠共生关系。弓背蚁取食超过猪笼草消化能力的猎物，并帮助猪笼草清理捕虫笼；猪笼草则为蚂蚁提供食物来源，以及利用其中空的卷须为蚂蚁提供庇护（Scharmann et al.，2013）。

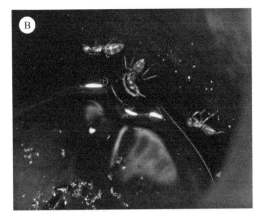

图 3-14 弓背蚁与猪笼草的共生（引自Scharmann et al., 2013）

A. 猪笼草；B. 弓背蚁

2. 哺乳动物与植物的共生

植物的生长需要空间，为了占据更多的生态位，植物的种子必须离开母体，以便传播到适宜生境、生长、繁殖和最终实现定居。由于植物的固着性，种子的传播依赖于气流、水流及动物等特定的媒介。许多脊椎动物尤其是哺乳动物能够帮助植物传播种子，而作为回报，植物为这些动物提供了栖息场所和食物。为了方便被动物携带并扩散传播，许多植物的种子产生了一系列适应性进化，如种子被黏液包被，或种子外壳产生了各种钩、刺及倒刺。狭叶车轴草 *Trifolium angustifolium* 的种子表面覆盖有硬毛，有利于附着在哺乳动物的皮毛上便于携带和扩散。一些植物的种子包裹在汁液甜美、养分丰富的果实中，这些果实被哺乳动物及鸟类取食后，种子随之进入动物的胃肠道随其排泄粪便而得到扩散传播。试验表明，动物胃酸对种皮的刺激更利于种子的萌发。热带雨林中大约 90% 的植物种子都是以这种方式扩散的，而动物与植物的共生关系被认为是塑造脊椎动物和植物种群进化的重要驱动。

亚马孙热带雨林中巴西坚果树 *Bertholletia excelsa* 依赖于兰花蜜蜂授粉，兰花蜜蜂体形较大，没有兰花蜜蜂的授粉，巴西坚果树无法繁殖（Santos and Absy，2010）；而巴西坚果树产生葡萄柚大小的巨大种子，只有刺鼠 *Dasyprocta* spp. 坚固的牙齿能够打开种子的坚硬种荚。在刺鼠取食巴西坚果树种子的时候，也将种子扩散到热带雨林中新的生境，这些种子随后萌发，并长出新的植株。可见，动物＋植物＋昆虫三者能构建更为复杂的三重共生体系。

二、动物与植物的共生机制

与其他物种间的共生体系类似，动物与植物的共生机制同样涉及动物与植物物种间化学信号物质的传递与识别、物种间的内在生态学机制，以及二者在长期进化过程中形成的协同进化的遗传学机制。

（一）动物与植物共生的化学机制

化学信号物质是昆虫与其他生物之间识别、沟通和交流的主要形式。许多昆虫进化了高度复杂和特定的化学信号，与种群中的其他个体或群落中的其他物种进行沟通。植物正是利用昆虫这种化学信号系统进行"分子对话"，以识别"敌友"，与适宜者构建互惠共生体系，吸引昆虫为其授粉。同时，动物个体间能够利用信息素进行交流，以维持动物与植物共生体系的稳定性。在榕小蜂与榕属植物构建的共生体系中，当榕果发育至雌花期时会释放挥发性化学物质，使传粉榕小蜂能够在挥发物质的吸引下正确地找到处于雌花期的榕果（Wang et al.，2014）。东南亚的热带雨林中，石豆兰属的 *Bulbophyllum cheiri* 通过产生花青素丁香酚（methyl eugenol）来吸引果实蝇属 *Bactrocera* 的雄性果蝇。兰花进化了特有的带有锯齿的、可开合的、唇状结构，可短时间困住果蝇，将植物的花粉沾满果蝇的胸部；同时，果蝇能够利用兰花释放的花青素丁香酚作为合成防御性物质和信息素的前体。丝兰蛾与丝兰构建的共生体系中，当雌性丝兰蛾在丝兰的子房中产卵，离开丝兰花朵前，会用其他丝兰蛾可以识别的信息素来标记花朵。丝兰花被标记的次数越多，表示该花朵内有越多的丝兰蛾产卵，从而使其他丝兰蛾减少对这朵花的"拜访"。这种行为有助于平衡每朵丝兰花中孵化的幼虫的数量，具有重要的进化学意义，如果丝兰的花朵中孵化的幼虫过多，会终止植物开花，从而对丝兰蛾卵和幼虫的生存具有负面的影响。这种信息素介导的种内交流，对于维持丝兰蛾与丝兰共生系统的稳定性具有重要的意义。因此，化学信号物质介导了动物与植物共生体系的建立及维持机制。

（二）动物与植物共生的内在生态学机制

过去几个世纪中，全球平均气温升高，导致海水表层温度增加；而大气中 CO_2 含量的增加，使得海水的酸碱平衡遭到破坏；同时大量污染物的排放使得海洋生态系统遭受了前所未有的破坏。珊瑚对海洋生态环境的变化非常敏感，即使微小的变化也可能导致珊瑚与虫黄藻共生体系的破坏。当外界环境极端恶化，珊瑚体内的共生虫黄藻大范围死亡，或共生藻类失去色素，会导致虫黄藻与珊瑚间的互利共生遭到破坏，整个珊瑚组织失去色彩，直接且清晰地暴露出白色的钙质骨骼，该过程称为珊瑚的白化（图 3-9C）（Hughes et al.，2017）。

白化适应学说认为，在珊瑚白化现象发生的过程中，珊瑚内共生虫黄藻会发生适应性变化，从而使珊瑚更好地适应不断恶化的环境。宿主珊瑚与共生藻共生关系并非一成不变，而是拥有一定的可塑性。在珊瑚与虫黄藻的共生体系中，宿主珊瑚体内的共生藻具有一定的多样性。环境胁迫条件下，宿主珊瑚体内的共生藻的种群会发生重组或替换，一种情况下，宿主珊瑚改变体内已有共生藻的相对数量，从而改变共生藻的种群组成；另一种情况下，宿主珊瑚驱逐了体内原有的虫黄藻，而从体外获得新型的共生藻类。通过与不同生理生态功能的虫黄藻共生，使珊瑚与虫黄藻组成的共生体能够动态地适应外部环境的变化（Amid et al.，2017）。这种机制在珊瑚抗白化及恢复过程中起着非常关键的作用（Pisapia et al.，2016）。

（三）动物与植物共生的遗传学机制

长期协同进化使得动物与植物发生了可遗传的进化，以适应彼此的共生关系。榕小蜂与榕树共生体系和丝兰蛾与丝兰共生体系是研究自然选择驱动物种进化的经典案例。

传粉榕小蜂与榕属植物的互惠共生关系可以追溯到 1000 万年前的白垩纪，双方产生了许多适应性特征。双方的生活史在物候上高度匹配，以保证彼此繁衍。双方产生了一系列遗传学及形态学特征，以适应彼此的共生关系。榕小蜂头部特征与榕果苞口的形态结构，以及榕果内雌花花柱的长度、形态结构与榕小蜂的产卵器长度、功能高度适应，以利于榕小蜂传粉及产卵（Tian et al.，2015）。

花柱道是雌性丝兰蛾产卵时产卵器进入的通道。雌性丝兰蛾的产卵器必须通过花柱道，成功到达胚珠，才能将卵成功产在子房中。与此同时，这种产卵行为不能对发育中的花造成重大损伤。在短叶丝兰 Yucca brevifolia 的生境内，一部分植株与森色迪卡丝兰蛾 T. synthetic 形成共生关系，而另一部分植株与 T. antithetica 形成互惠共生。T. synthetic 的体形及产卵器比 T. antithetica 大 70% 左右，与此相对应，被这两种丝兰蛾传粉的丝兰的花柱道、植株特征及花朵形态有显著差别，花柱道的长度与雌性丝兰蛾产卵器的长度高度匹配。而为何短叶丝兰两种表型的植株分别与两种丝兰蛾形成共生关系，有待进一步研究。

三、动物与植物的共生效应

生物学及系统发育学证据表明，动物与植物通过其生理学、生态学和遗传学机制而构建的互惠共生体系，可产生一系列生理生态学效应，特别是对于塑造地球物种多样性、生态系统多样性与可持续生产力具有至关重要的作用。

（一）参预物种形成，增加生物多样性

宏观进化学理论认为，昆虫与植物共生产生的协同进化效应塑造了地球的生命进化。昆虫的传粉行为能够通过介导植物间基因流动，从而提高植物的物种多样性；反之，植食性的生活方式对于增加昆虫的物种多样性也至关重要。

以榕小蜂与榕属植物的专性共生为例，榕属植物较高的生物多样性与榕小蜂 Agaonidae sp. 的专性传粉行为密不可分。某些榕属植物依靠特定的榕小蜂进行传粉，植物间共用传粉昆虫的现象也较为普遍。共同的传粉者使得植物种群内遗传信息频繁交换。不同类群的榕属植物能够释放相似的挥发性花香物质，吸引共同的传粉小蜂，而在传粉的过程中，基因交换在这些植物类群间频繁发生（Farache et al.，2017）。对新几内亚群岛 6 个同域的雌雄异株榕属植物的微卫星基因分型及贝叶斯聚类分析表明，这 6 个植物物种间存在明显的生殖隔离，而通过榕小蜂传粉产生的杂交后代占整个植物种群数量的 1%~2%（Moe and Weiblen，2012）。

自然杂交是物种主要形成途径，对植物进化至关重要。自然杂交主要是通过种间的基因交流完成的，而花粉传递则是不同物种间基因交流的主要途径。2007 年张敬丽等对分布于我国云南省的马缨花 Rhododendron delavayi、大白花杜鹃 R. decorum、迷人杜鹃 R. agastum 及露珠杜鹃 R. irroratum 进行的研究表明，迷人杜鹃与露珠杜鹃在形态上基本介于马缨花与大白花杜鹃之间，是二者的杂交种。通过对传粉昆虫的观察，这 4 种杜鹃花除了各自专有的传粉昆虫之外，还共有传粉昆虫中华蜜蜂 Apis cerana，表明它们

之间存在发生自然杂交的可能性；同时，两个可能杂交种迷人杜鹃与露珠杜鹃专有的分舌蜂 *Colletes sp.* 却并没有在亲本马缨花与大白花杜鹃上发现，这为杂交种与亲本的隔离创造了条件。以上表明，杂交种的形成可能与昆虫的传粉行为有关。

（二）维护地球生态系统多样性

珊瑚与虫黄藻构建的共生体系对珊瑚礁生态系统的建立与维持，进而丰富海洋生态系统发挥了不可替代的作用，珊瑚与虫黄藻的互利共生，在珊瑚礁生态系统的生态修复过程中具有举足轻重的作用，移植的珊瑚可通过改变体内共生虫黄藻系群的组成以增加对新环境的适应。珊瑚礁是由珊瑚、鱼类、底栖生物、藻类及微生物等多种生命共生形成的命运共同体。珊瑚礁拥有极高的初级生产力和生产效率，被誉为"海底热带雨林"。珊瑚礁的存在和分布具有重要的生态学意义：能够保护海岸线免受波浪及热带风暴的破坏性影响；为许多海洋生物提供栖息地；是海洋食物链中氮源和其他必需营养物质的来源；是海洋营养物质循环的重要环节。动物与植物的共生丰富了陆地生态系统的多样性，其中，哺乳动物与植物的共生，将植物种子最大范围地传播，稳定了森林、草原生态系统；植物与传粉昆虫的互利共生稳定了热带林生态系统，保护地或设施栽培中的传粉昆虫如蜜蜂为草莓、樱桃和葡萄传粉，最大限度地提升了农田生态系统的生产力。

（三）促进植物演化

绝大多数的昆虫以植物为食，而昆虫可为植物传授花粉。大部分种子植物是由昆虫传授花粉的，采集花粉和花蜜的昆虫的分化极大地促进了被子植物的演化。传粉对被子植物生存繁殖至关重要，在进化的历程中，被子植物的传粉机制与其所处的环境高度适应。花粉发育成熟后，会借助环境中的不同媒介，将花粉传播到柱头上，根据被子植物传粉过程所借助媒介的类型将它们的花称为风媒花、水媒花、虫媒花和鸟媒花等。传粉动物与被子植物的共生使得被子植物演化出现了各种适于传粉的花的形态。为了吸引传粉动物，被子植物花的开放时间、颜色、气味及花蜜的化学组成都在随着环境的变化而不断进化。动物的传粉一方面使被子植物完成生活史，完成世代繁殖；另一方面，传粉带来的基因流动对被子植物形成高度的物种多样性是十分关键的。传粉动物与被子植物共生关系的研究，是研究动物与植物协同进化的基础，同时，可为解释被子植物如何在进化中取代裸子植物，成为当今地球上最繁盛的植物群落提供重要的进化证据。

第三节　动物与真菌的共生

昆虫与真菌是自然界存在的两个最大生物类群，长期协同进化形成了共生、拮抗与捕食等复杂的互作关系。其中，互惠的共生关系是研究较为深入的领域，互利共生使昆虫和真菌双方得以更好地利用资源、适应环境和占领新的生境。植菌昆虫与真菌的共生体系，为人们应对全球粮食短缺和农业持续高产具有重要的参考价值，而昆虫与其肠道真菌构建的共生体系，提供了研究动物与肠道微生物共生关系的经典案例。

一、动物与真菌的共生体系

作为动物瘤胃微生物的重要组成，反刍动物与壶菌门 Chytridiomycota *Spizellomyces* 属真菌构建的互利共生体系具有重要的理论意义和实际价值。植菌昆虫与真菌的共生体系，以及昆虫与其肠道真菌构建的共生体系是动物与真菌共生的两种主要模式。植菌昆虫培植真菌作为食物，具有明确的人类农业的特点，昆虫适应不同的功能而进行分工合作，同时精心管理菌圃。切叶蚁（attine ant）与共生真菌、食菌甲虫与共生真菌、白蚁（termite）与共生蚁巢伞菌 *Termytomycetes* spp.，以及卷叶象甲 *Euops chinensis* 与储菌器真菌的共生体系均是典型的、被广泛研究的昆虫与真菌的共生体系。

（一）反刍动物与瘤胃真菌的共生

反刍动物是偶蹄目中的一个亚目，多为食草类动物。取食过程中，反刍动物直接将采食的植物组织吞咽进瘤胃，食物在瘤胃中初步降解，经逆呕重新回到口腔，经过再咀嚼、混入唾液、再次吞咽进瘤胃，这个过程称为反刍。

瘤胃是反刍动物的"第一胃"，是目前已知降解纤维素能力最强的微生态体系。瘤胃是食物进入反刍动物胃肠道内第一个接触的"暗室"，是食物消化的主要场所。瘤胃中栖息着细菌、真菌和原生动物等多种微生物，主要发挥消化降解食物的功能。通常，1ml 瘤胃胃液中含有 160 亿~400 亿个细菌、20 万个纤毛虫及大量的真菌。

反刍动物瘤胃高效的纤维素降解能力依赖于由细菌、真菌及原生动物组成的多样的微生物群落。当食物到达瘤胃后，大量微生物快速附着在食物表面，同时分泌纤维素酶、半纤维素酶及 β-糖苷酶等消化酶类，将食物中的纤维素、半纤维素和果胶等多糖降解为动物能够吸收利用的单糖、挥发性脂肪酸及 CO_2 等气体，为反刍动物提供大量的能量来源。

在绵羊、黄牛和山羊等反刍动物的瘤胃中，共计发现新美鞭菌属 *Neocallimastix*、瘤胃壶菌属 *Piromyces*、盲肠鞭菌属 *Caecomyces*、根囊鞭菌属 *Orpinomyces* 及壤霉菌属 *Aaeromyces* 5 属的真菌，这些真菌能够高效地降解食物中结构复杂的纤维素多聚体晶体，同时具有高效的降解蛋白质及淀粉的能力。

（二）植菌昆虫与真菌的共生

切叶蚁、白蚁和 Ambrosia 甲虫等昆虫能够主动培育真菌，作为营养物质的来源。而狭额卷象属 *Euops* 卷叶象甲利用青霉属 *Penicillium* 的共生真菌产生抗生素来保护菌圃。

目前发现并描述的 220 个种的植真菌蚂蚁属于切叶蚁部落，是由一个单一的世系组成的（Norman et al.，2017），起源于赤道附近的南非，在热带雨林生态系统中多样性最高。切叶蚁培养的真菌是蚂蚁幼虫的唯一食物来源，同时是成虫的重要营养物质来源。当没有其他食物时，培植的真菌能够满足切叶蚁成虫最基本的养分需求（Shik et al.，2016）。真菌培养物同时能够产生多种酶类帮助昆虫降解难以被利用的多聚物（DeMilto et al.，2017）（图 3-15）。

图 3-15　切叶蚁与真菌的共生体系(引自Nash,2011)

大白蚁亚科 Macrotermitinae 的 330 个种的白蚁能够培育蚁巢伞属 *Termitomyces* 真菌作为其食物。一对具有繁殖能力的蚁王和蚁后建造白蚁的巢穴，第一代工蚁孵化后从成熟的其他白蚁菌圃中寻找蚁巢伞菌的孢子来建立一个新的菌圃，以落叶、枯草、朽木或干枯的叶片等植物组织作为基质。蚁巢伞菌被白蚁取食后，真菌孢子与肠道排泄物一同被白蚁添加到新鲜的基质上，完成接种。接种后，真菌的菌丝迅速地渗透新的基质。几周后，菌圃产生能被白蚁取食的无性小瘤状菌丝复合体。这些瘤状菌块富含丰富的氮源、糖类及酶类（Sapountzis et al.，2016）（图 3-16）。

图 3-16　白蚁与真菌的共生体系(引自Izawa,2013)

Ambrosia 甲虫属于小蠹亚科 Scolytinae，在树干中钻蛀虫道，培植的真菌为甲虫提供维生素、氨基酸及脂类等养分。真菌孢子储存在雌性甲虫的储菌器中，交配完成后，雌性甲虫飞往新的植株树干，钻蛀虫道，将携带在储菌器中的真菌孢子接种并产卵（Gohli et al.，2017）（图 3-17）。小蠹虫的菌圃由一系列丝状真菌、酵母及细菌构成，小蠹虫则能够利用木材等营养贫瘠的基质（Biedermann et al.，2013）。如果雌性小蠹虫死去，真菌菌圃很快被其他真菌或细菌污染，引发小蠹虫的卵及幼虫死亡。

长期以来，人们对植菌昆虫的研究侧重于植菌蚂蚁、白蚁和 Ambrosia 甲虫等。然而，*Euops* 属卷叶象甲也具备其特有的培育真菌的生活方式。与地下土壤中的蚂蚁和菌圃真菌、树干内小蠹虫和蛀道真菌构建的共生体系不同，叶片上 *Euops* 属卷叶象甲和其共生真菌则是另一种典型的共生关系。*Euops* 属卷叶象甲属于象甲总科 Curculionoidea 超家族、卷象科 Attelabidae。目前，卷象科的卷叶象甲已经描述了 2000 多种。在这个类群中，雌性昆虫将叶片卷起，并在叶苞上接种共生真菌青霉菌 *Penicillium* spp.。卷象亚科的卷叶象甲具有特有的亲代养育的生活习性。雌性卷叶象甲将叶片卷成叶苞状并在

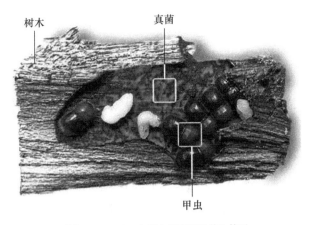

图 3-17 Ambrosia甲虫与真菌的共生体系

（引自Hulcr and Mccoy, 2013）

其中产卵。幼虫取食叶苞中的叶片组织，并且只能在叶苞中生长并化蛹（图 3-18）。深海青霉菌 *Penicillium herquei* 能够产生抗生素（＋）-scleroderolide。（＋）-scleroderolide 能够抑制卷叶象甲菌圃中的有害微生物，为卷叶象甲的菌圃提供保护。

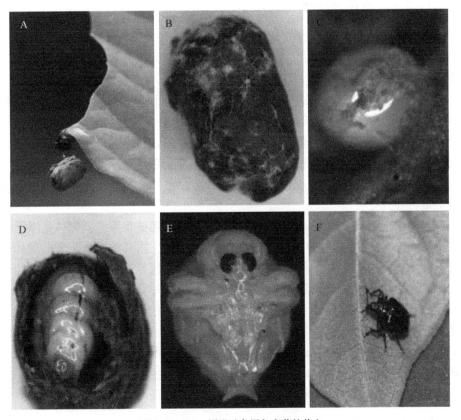

图 3-18 *Euops*属卷叶象甲与真菌的共生

A. 雌性卷叶象甲将叶苞咬落；B. 叶苞掉落土壤中后，在土壤的湿润环境中大量生长繁殖；

C. 叶苞中的卵；D. 幼虫；E. 蛹；F. 成虫

（三）带菌昆虫与真菌的共生

森林生态系统中，鞘翅目等带菌昆虫普遍与真菌形成了广泛的互惠共生关系。鞘翅目昆虫中很多种类取食并寄生在树木组织中，昆虫与真菌共生体能够协同作用，更有效地克服寄主树木抗性、利用树木营养和空间资源。真菌以昆虫为传播媒介入侵寄主树木，入侵后，真菌克服木本植物的抗性体系，改善寄生性昆虫在寄主树木内的生存条件。同时，真菌能够降解植物中不易被昆虫吸收的木质素及纤维素，改善昆虫的营养条件。在小蠹虫 Dendroctonus sp. 与蓝变真菌 Leptographium qinlingensis 的共生体系中，小蠹虫将蓝变真菌携带进入寄主树木组织，蓝变真菌的入侵使得树干内树脂的流动性减少，湿度迅速下降，通透性增强，使小蠹虫能够更好地入侵植物，并成功繁殖。

二、动物与真菌的共生机制

动物与真菌通过生理生化机制、生态学内在机制与遗传学机制等诸多机制才能实现共生，构建互惠共生体系。

（一）动物与真菌共生的生理学机制

昆虫与真菌的互惠共生关系使得双方能够获得更多、更有效的营养资源。昆虫从培育的真菌处获得丰厚的营养来源，作为回报，昆虫通过采集叶片、花瓣等植物组织，作为真菌生长的营养来源。

在高等植菌蚂蚁的菌圃中，真菌作物的菌丝顶端会膨胀形成名为菌丝球"gongylidia"的结构，同时在植菌白蚁中，也存在类似的形成结节状的菌丝体。这类特殊的菌丝体富含氨基酸及大量微量元素，营养丰富，更加适合植菌昆虫收获、消化，同时更适合昆虫的幼虫取食。而白蚁的菌圃中，白蚁取食菌丝扭结形成的未发育成熟的蚁巢伞菌子实体原基（nodules），富含丰富的碳水化合物、蛋白质及脂类物质，能够为白蚁提供丰富的养分。

昆虫与真菌互惠共生的基础在于昆虫能够利用一系列抗生素来抑制体系中杂菌的生长，维持共生关系的稳定。切叶蚁在将基质加入菌圃前，用其腹部及下颚的腺体分泌物清理基质，将菌圃中的杂菌及病原菌清除。除了有分泌抗生素的腺体外，切叶蚁还携带一类共生放线菌产抗生素来抑制杂菌的生长。切叶蚁的外骨骼上覆盖一类放线菌，这类放线菌能够抑制菌圃病原菌 Escovopsis sp. 的生长，将该类放线菌去除会导致切叶蚁菌圃更易被 Escovopsis sp. 感染。目前研究表明，切叶蚁上的放线菌产生的抗生素包括环状缩酚酸肽 dentigerumycin 和 candicidin 等。Ambrosia 甲虫的储菌器及菌圃存在一类放线菌热糖链球菌 Streptomyces thermosacchari，能够产生抗生素 mycangimycin，抑制有害真菌小长喙霉 Ophiostoma minus 的生长。

（二）动物与真菌共生的生态学机制

许多生物能够通过直接或间接改变其生存环境来调节资源的时空可用性。在与真菌形成共生关系的同时，昆虫对其栖息地的环境也造成了巨大的影响。昆虫与真菌的共生使得昆虫能够最大限度地抵御生物因子及非生物因子的胁迫。切叶蚁与真菌构建的共生体系中，由于切叶蚁将菌圃建立在地下的巢穴中，而地下环境呈现低 O_2 及高 CO_2 等条件，对共生体产生负面的影响。切叶蚁 Acromyrmex lundii 以 CO_2 浓度作为空间指示，将共生真菌的菌圃构建在 CO_2 浓度为 1%~3% 的土壤深处，创造最有利于共生真菌生长的生态条件（Römer et al.，2017）。切叶蚁的巨大巢穴由多达 8000 个地下相连的房间组成，其深度达到地下 7~8m，形成了一个广泛的觅食系统和精密的通风管道。为了建造及维护这种巨大而复杂的巢穴，切叶蚁搬运超过 40t 的大量土壤，并且将大量植物叶片及有机碎屑输送至蚂蚁地下巢穴中，从而改变了土壤的物理及结构性质，以及有机质的空间分布。巨大而复杂的蚂蚁巢穴的地下网络增加了土壤的孔隙度、通气性、水分的渗透性及排水性，同时提高了土壤中有机质的含量，以及氮、磷等营养物质的含量，在一定程度上提高了所在栖息地植物的多样性（Inara et al.，2014）。

（三）动物与真菌共生的遗传学机制

为了适应长期互惠共生产生的协同进化关系，昆虫及真菌发生了可遗传的改变。小蠹虫、切叶蚁进化了储菌器、袋装口下囊等特化的结构来适应培育真菌的生活方式，甲虫和蚂蚁幼虫的下颚及肠道发生了适应于取食真菌的改变（Ješovnik et al.，2013）。长期的协同进化使得切叶蚁及白蚁培育的真菌作物的菌丝顶端膨胀形成结节状的菌丝体。这类特殊的菌丝体营养丰富，更加适合植菌昆虫收获、消化，同时更适合昆虫的幼虫取食（Kooij et al.，2016）。

真菌作物在植菌昆虫世代间的垂直传播使得二者在系统发育及拓扑结构上高度一致。在植菌昆虫与真菌的共生体系中，特定类群的昆虫严格地培养特定类群的真菌，这种高度的对应关系是由长期的协同进化形成的，植菌昆虫依赖培育真菌获得营养，而真菌也依赖于植菌昆虫的精心培育（Mehdiabadi et al.，2012）。

大多数植菌昆虫仅仅种植特定种或菌株的真菌。例如，大多数切叶蚁仅仅培养一个种的特定真菌，在物种水平上严格对应（Birnbaum and Gerardo，2016）。大多数 Ambrosia 甲虫与其真菌作物间存在种间的专化性，特定地理区域内的 Ambrosia 甲虫也培育特定种的真菌。但不同的地理区域内，同一种 Ambrosia 甲虫种植不同种真菌的现象也同时存在（Li et al.，2015）。植菌白蚁类群中，有些物种的白蚁仅种植特定物种的真菌作物；而有些白蚁培植的真菌作物多样性很高，通常植菌白蚁还会与其近源的其他白蚁物种间互换真菌作物（Poulsen，2015）。

共生真菌在切叶蚁及甲虫的世代间垂直传播。雌性植菌蚂蚁或甲虫在离开原始巢穴前，将真菌菌块携带在携菌器官中。开垦出新的巢穴后，将来自于原始巢穴的共生真菌菌株接种在新的菌圃中，完成新老菌圃中菌株的传递（Małagocka et al.，2015）。

大白蚁亚科中的两个特殊白蚁类群中，共生真菌的传播为垂直传播模式，白蚁在其肠道中携带蚁巢伞的无性孢子，将其从亲代菌圃传递到下一代菌圃。大多数白蚁菌圃中的共生真菌是依靠水平传播方式获得的，当雌性和雄性亲代建立蚁群后，第一窝卵孵化成功的工蚁便会离开巢穴寻找共生真菌的分生孢子，采集基质并开垦菌圃，这种水平传播的方式使每一代的植菌昆虫与真菌作物间都可能存在新的组合。

三、动物与真菌的共生效应

昆虫与真菌间的互惠共生关系可改变昆虫的行为并改善共生体的生存环境。切叶蚁通过一系列 "清扫" 行为,密切地监控菌圃,使其最大限度地远离病害及食菌者的侵害。昆虫进化了培育真菌的能力后,可使昆虫获得更稳定的营养来源及生存保护,从而发挥更大的生态学作用。或许,昆虫管理菌圃的方式,值得人们借鉴。

(一)增加共生体系中动物的存活率

长期的协同进化,使得动物与真菌形成了缺一不可的专性共生关系。瘤胃共生真菌能够协助动物降解食物中难以吸收利用的物质,提高动物对营养物质的摄入。对于与真菌共生的昆虫而言,共生真菌作为昆虫的营养来源,对昆虫的生长发育是十分重要的。

反刍动物瘤胃微生物协助动物对植物中的粗纤维、淀粉及蛋白质进行高效地降解,对反刍动物消化及吸收食物中的营养物质必不可少。在植物组织进入瘤胃后,真菌的孢子及菌丝首先渗透进植物纤维组织中,为细菌的发酵创造有利的条件;反刍动物瘤胃中微生物群落失调会引起动物由于消化不良而死亡。

当切叶蚁及白蚁的菌圃由于大量杂菌或病原微生物污染而导致共生真菌大量死亡后,与之共生的切叶蚁、白蚁等昆虫的成虫及幼虫就会因缺乏营养物质而大量死亡。同样,*Euops* 属卷叶象甲与青霉的共生体系中,将 *P. herquei* 从卷叶象甲的叶苞中去除后,叶苞很快被环境中的杂菌覆盖,使卷叶象甲幼虫由于被病原微生物感染而死亡率大大增加(Wang et al., 2015a)。

(二)扩大共生体系中动物的生态位

自然界中,除人类以外,只有为数不多的几类生物具有培植作物作为营养来源的能力,其中就包括培植真菌的昆虫。人类在 1 万年前完成了从古老的收集、捕获到主动种植农作物的生活方式的转变,而昆虫在 40 万~60 万年前就进化了培育共生真菌的能力。

培育真菌的生活方式使切叶蚁、白蚁和甲虫能够获得稳定的营养来源,从而能够更有效地应对环境变化,以提高种群的存活率,在各自的生境中占有最大的生态位。切叶蚁和白蚁在地下构建巢穴及菌圃,具有庞大的种群数量,对热带雨林及草原生态系统的稳定性影响较大;*Euops* 属的卷叶象甲营 "独居" 生活,共生真菌的接种为卷叶象甲的幼虫提供了 "相对安全" 的外部环境,使昆虫幼虫能够最大限度地克服逆境,开辟新的生境。

(三)提高生态系统的可持续生产力

在面对数以百万年的自然选择时,昆虫与真菌的农业系统也面临诸多挑战。昆虫从已有的菌圃中携带共生真菌菌种,将其接种在新开垦的基质中。然而,土壤中复杂的生态环境使得昆虫的菌圃极易被环境中的杂菌及病原微生物污染,从而使昆虫的营养来源受到威胁。

在昆虫与真菌的共生体系中，昆虫采取多种策略解决了真菌作物的疾病问题，保证了昆虫菌圃这一微生态系统的最高生产力。例如，昆虫将共生真菌种植在密闭的空间里，这种物理隔离使得其对共生真菌的生长更易于管理；在将新鲜叶片、花瓣等基质添加进菌圃前，昆虫通过舔舐对基质进行"消毒"；昆虫对菌圃潜在的病原物进行及时的清理，降低了菌圃被感染的概率；昆虫利用抗生素抑制菌圃中有害病原物的生长，进而提高其生产力和真菌作物的产量。

第四节　动物与细菌的共生

动物与细菌形成了紧密的共生关系。共生细菌的存在对动物的生长发育具有积极的作用，能够帮助宿主动物更好地消化食物、吸收营养成分，一些细菌还可通过分泌次生代谢产物来介导与宿主的相互关系。同时，动物为细菌提供了最适宜的生长环境及充足的养分，动物与细菌共生关系的建立，对生物共生学的研究提供了重要的内容。

一、动物与细菌的共生体系

动物与细菌的共生多数为紧密的内共生体系，由于动物体内独特的生理环境，导致许多动物的内共生微生物不能用传统的培养方法分离得到。然而二代测序技术及荧光原位杂交（FISH）等现代生物学技术的迅速发展为我们提供了了解这种共生关系的途径。动物与细菌的共生体系广泛存在于海洋、陆地等多种生态环境中，对海洋、陆地动物应对自然选择压力具有重要的意义。

（一）反刍动物与其肠道微生物的共生

反刍动物的瘤胃中存在着细菌、古菌和原生动物等多种微生物，是名副其实的菌种资源库。瘤胃中的特殊内环境为微生物提供了适宜的栖息场所：瘤胃内的温度为38~42℃，适宜大多数微生物生存。牛瘤胃与肠道中的微生物对宿主的营养和健康具有重要的影响。微生物帮助宿主降解不能被动物体直接利用的纤维素、半纤维素和木质素等；瘤胃及肠道微生物还能够为宿主降解代谢中产生的有毒物质。瘤胃中的细菌能够降解食物中的纤维素、淀粉、半纤维素、蛋白质和脂肪等。根据细菌的功能，将其主要分为以下几类：①纤维素降解菌，主要包括白色瘤胃球菌 *Ruminococcus albus* 和黄色瘤胃球菌 *Ruminococcus flavefaciens* 等严格厌氧性革兰氏阳性菌，以及产琥珀酸丝状杆菌 *Fibrobacter succinogenes* 及溶纤维丁酸弧菌 *Butyrivibrio fibrisolvens*。瘤胃中的纤维素降解菌能够分泌大量的半纤维素酶和纤维素酶，同时，产生甲酸、乙酸、琥珀酸、乳酸、乙醇及氢气（H_2）等发酵产物。低氢气压环境对瘤胃中动物饲料的顺利发酵至关重要。②淀粉降解菌，主要包括牛链球菌 *Streptococcus bovis*、嗜淀粉瘤胃杆菌 *Ruminobacter amylophilus* 及普雷沃菌 *Prevotella* spp.。牛链球菌在瘤胃中广泛存在，能降解淀粉，发酵产物为乳酸，但不能降解纤维素。一般情况下，嗜淀粉瘤胃杆菌在瘤胃中的数量较少，主要的发酵底物为淀粉。普雷沃菌的发酵底物为淀粉和植物细胞壁多糖（木聚糖和果胶）。③蛋白质降解细菌，主要为瘤胃雷沃菌 *P. ruminicola*、溶纤维丁酸弧菌及嗜淀粉瘤胃杆菌。嗜淀粉瘤胃杆菌同时具有较高的淀粉降解活性及蛋白质降解活性，对淀粉日粮的降解作用至关重要。④脂肪降解细菌，瘤胃中的厌氧弧菌 *Anaerovibrio lipolytica*，能够将甘油发酵为琥珀酸和丙酸，同时产生少量乳酸及 H_2。⑤乳酸降解菌，如埃氏巨球菌 *Megasphaera elsdenii* 能够以乳酸为底物，产生微量的己酸、丙酸、丁酸、戊酸、CO_2 及 H_2。*Selenomonas ruminantium* 能够发酵乳酸，产生乙酸及丙酸等发酵产物（Henderson et al.，2015）。

（二）海洋无脊椎动物与细菌的共生

许多海洋无脊椎动物与一种或几种化能自养细菌长期进化，形成密切的互惠共生关系。满月蛤科贝类栖息富含硫化物沉积物的浅海海岸环境中，贝类的鳃部特化细胞能够携带特定的硫氧化细菌。这种贝类将富含硫化物的海水吸入，经鳃部过滤，从而为共生细菌提供硫元素和 O_2。硫化细菌为化能自养微生物，能够利用环境中的化学能合成碳水化合物，为贝类提供糖类等营养物质（图 3-19）。

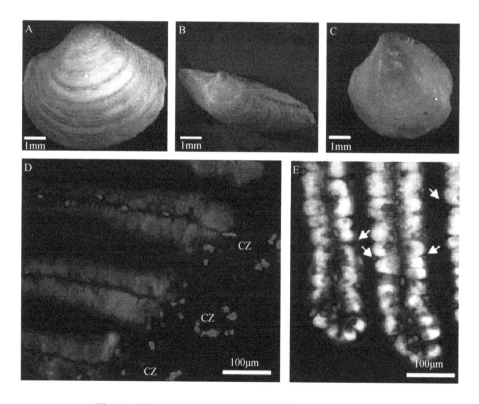

图 3-19　满月蛤类与硫氧化细菌的共生（引自 Brissac et al.，2011）

A、B. 满月蛤 *Myrtea* sp.；C. 索足蛤 *Thyasira* sp.；D、E. Gam42a 探针的 FISH 结果显示
满月蛤的鳃丝中定殖的共生细菌；CZ：满月蛤 *Myrtea* sp. 的鳃丝

夏威夷四盘耳乌贼 *Euprymna scolopes* 与费氏弧菌 *Vibrio fischeri* 的互惠共生体系，即在夏威夷四盘耳乌贼及鱼类等海洋动物的发光器官中定居着弧菌。白天，夏威夷四盘

耳乌贼将身体埋在海底的沙滩里；夜晚，夏威夷四盘耳乌贼依赖发光器官中费氏弧菌产生的光源寻找猎物及躲避捕食者。夏威夷四盘耳乌贼与发光费氏弧菌共生体系的建立是通过水平转移获得的，即小夏威夷四盘耳乌贼孵化后，会从环境中寻找发光费氏弧菌，并与之建立共生关系，尽管费氏弧菌的生物量仅占海洋微生物总数的不到 0.1%，但在小夏威夷四盘耳乌贼被孵化的几个小时内，发光器官就会被费氏弧菌定居，如果海水中没有发光费氏弧菌的出现，其他类群的细菌也不能进入夏威夷四盘耳乌贼的发光器官中（McFall-Ngai，2014）（图 3-20）。

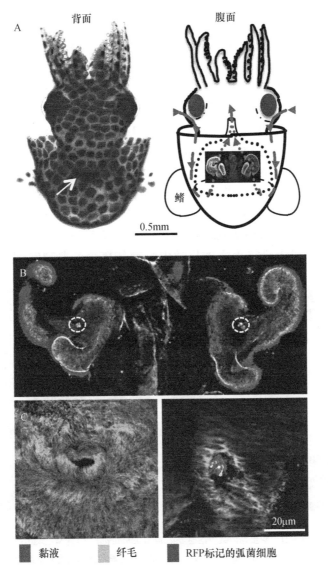

图 3-20　夏威夷四盘耳乌贼与发光费氏弧菌的共生（引自 McFall-Ngai，2014）（彩图请扫描封底二维码）

A. 夏威夷四盘耳乌贼及夏威夷四盘耳乌贼的发光器官；B、C. FISH 探针杂交结果显示

夏威夷四盘耳乌贼发光器官中的费氏弧菌

（紫色部分）

（三）陆地无脊椎动物与细菌的共生

作为目前地球上最大的生物类群昆虫不仅广泛的与其他动物、植物和真菌等建立共生关系，而且还能与细菌构建多种多样的共生体系。有人将昆虫体内的这些共生细菌区分成两大类，即初生内共生细菌（primary endosymbiotic bacteria，PEB）和次生内共生细菌（secondary endosymbiotic bacteria，SEB）；亦有人将其划分为：专性内共生细菌（obligate endosymbiotic bactera，OEB）和兼性内共生细菌（facultative endosymbiotic bacteria，FEB）。OEB 主要定殖于昆虫特化的器官——含菌体（bacteriomes）内，这些含菌体通常由多个含菌细胞 (bacteriocytes) 组成。宿主昆虫与 OEB 长期协同进化，经垂直传播从母代遗传至子代；FEB 在昆虫体内的定殖部位多样，还可分散于血淋巴中，经垂直传播和水平传播。

食叶甲虫、白蚁、蚜虫、蝗虫、烟粉虱、叶蝉、粉蚧和木虱等植食性昆虫体内均定殖着大量的细菌。蚜虫在漫长的进化过程中与细菌建立了互利共生的关系。蚜虫能够侵害许多植物物种，吸食植物的汁液。虽然来自植物韧皮部的液体含有高浓度的碳水化合物，但它们缺乏含氮营养物质，如特定氨基酸。为了克服这种不平衡饮食的营养缺乏，Aphidoidea 总科内的蚜虫物种与专性细胞内共生菌 *Buchnera aphidicola* 建立了互惠关系（图 3-21）。*B. aphidicola* 定殖在蚜虫体内，产生不能被昆虫合成或从植物中获得的必需氨基酸。作为回报，蚜虫为 *B. aphidicola* 提供了生存所需的其他养分。由于与宿主蚜虫长期的内共生关系，导致 *B. aphidicola* 的基因组丢失了大量的基因，而蚜虫与 *B. aphidicola* 的共生体系，已经成为研究生物进化学中物种新概念的典型案例（Jonathan，2010）。

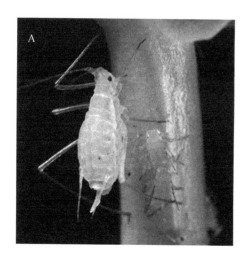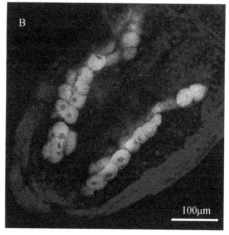

图 3-21　蚜虫与内共生细菌 *Buchnera aphidicola*（引自 Wu，2010）
A. 豆蚜 *Acyrthosiphon pisum*；B. FISH 标记显示的蚜虫内共生细菌

白蚁肠道种内栖息的微生物使得白蚁能够更好地消化食物中的木质素及纤维素。基于 DNA 序列的非培养研究，从系统发育的角度，可将白蚁肠道微生物组成分为鞭毛原生动物（单细胞真核生物）及原核细菌。白蚁肠道中的微生物很多是不能被传统的分离方法分离得到的，而白蚁肠道中，很多微生物能够与肠道中的原生动物形成内共生关系，肠道中的原生动物本身就能作为原核微生物的宿主。事实上，原生动物与微生物的共生体是肠道微生物群落的重要组成部分。拟杆菌属 *Bacteroides* 的细菌是白蚁 *Coptotermes formosanus* 后肠原生动物鞭毛虫 *Pseudotrichonympha grassii* 的共生细菌，占整个白蚁后肠细菌总量的 70%（图 3-22）。

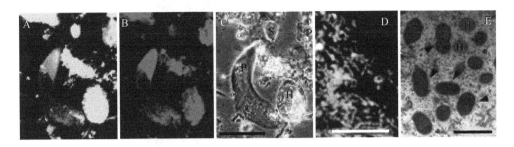

图 3-22　原生动物鞭毛虫*Pseudotrichonympha grassii*中共生细菌的原位检测与形态特征（引自Noda et al., 2005）同时使用了标记为 6-FAM 的特异性探针 CfPt-729（A 和 D）和带有德克萨斯红（B）的真细菌共用探针。C 示同一样品的相差显微镜照片。原生动物被标记为 P（*P. grassii*）、S（*Spirotrichonympha leidyi*）和 H（*Holomastigotes mirabile*）。D 是一个用 CfPt-729 探针检测的 *P. grassii* 内共生细菌的放大图。发自标记为 6-FAM 探针的绿色荧光可使我们从肠道内自发荧光的无定形黄色背景或木质颗粒中区分阳性信号。E 示 *P. grassii* 细胞内的内共生体（箭头）的透射电子显微镜照片。原生动物宿主可能的氢化酶体标记为 H。C、D 和 E 中的标尺分别为 100μm、10μm 和 1μm。

家蝇、蚊子、蟑螂和臭虫等城市昆虫体内定殖众多的细菌。家蝇卵期末、幼虫期、蛹期和成蝇的肠道中均定殖着可培养的多属种的共生细菌，这些细菌在家蝇发育过程中可能发挥重要作用。臭虫必须与一种寄生细菌共生，才能正常生长和繁殖。臭虫的精巢或卵巢附近有一种特殊细胞群，其细胞内定殖着大量细菌。这些细菌为宿主提供所必需的 B 族维生素，从而确保臭虫卵的孵化和幼虫生长发育为成虫。

膜翅目蜜蜂科昆虫是自然界最主要的传粉昆虫类群，蜜蜂肠道中定殖着大量的共生细菌，这些共生菌能增强宿主蜂对病虫害的抵抗能力，参与宿主蜂对花粉的消化吸收，甚至对一些蜂的生殖也有影响。蜂群中，个体之间的交流，如孵育行为、梳理行为和食物交换行为可能更有利于细菌的传播，形成了稳定的共生菌群，进而发生了宿主蜂与共生细菌的协同进化。蜜蜂和熊蜂的消化道是共生细菌的主要聚集区。西方蜜蜂和熊蜂的蜜囊中同样定殖着乳酸杆菌属和双岐杆菌属的乳酸菌组成的共生菌群（lactic acid bacteria，LAB），而蜜囊也是乳酸杆菌和双岐杆菌的主要聚集区。在西方蜜蜂的生殖组织中定殖着世界上分布最为广泛的共生细菌——沃尔巴克氏菌 *Wolbachia* spp.，它们影响着寄主蜂的生殖和发育。

药用水蛭 *Hirudo verbana* 与气单胞菌 *Aeromonas veronii* 建立了密切的共生关系（图 3-23）。药用水蛭是生活在淡水中的无脊椎动物，以吸食其他动物的血液为食，吸血时，药用水蛭的肌肉有节奏地收缩，将血液吸入嗉中储存。药用水蛭一次可取食超过自己身体重量 5 倍的血液，水蛭吸血时，会释放抗凝血素，防止宿主伤口的血液凝固。目前的研究表明，共生细菌气单胞菌参预了水蛭体内营养物质再循环过程，在含氮废物的降解和解毒中起着积极的作用（Nelson and Graf, 2012）。

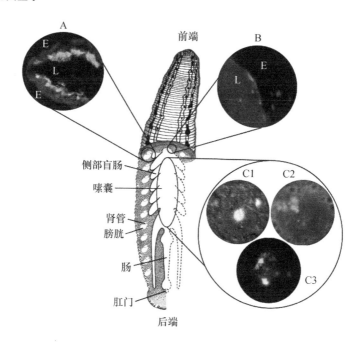

图 3-23　水蛭的身体结构及共生细菌*A. veroni*在水蛭体内的分布（引自Nelson and Graf, 2012）

（彩图请扫封底二维码）

A. 水蛭膀胱内微生物的分布，其中 E 表示膀胱的组织上皮，L 表示中心腔；B. 沿嗉囊上皮分布的里肯氏菌样细菌 Rikenella-like bacteria（红色荧光标记）的 FISH 图像、用 DAPI 染色的上皮细胞细胞核；C1. 水蛭血细胞表面细菌与气单胞菌（红色荧光标记）复合图像，细胞核有 DAPI 染色；C2. 混合微菌落的 FISH 图像，气单胞菌 Aeromonas（绿色荧光标记）和里肯氏样细菌 Rikenella-like bacteria（红色荧光标记），血液中的红细胞自发荧光为绿色；C3. 琥珀酰化小麦胚芽凝集素（WGA-S，RED）和 DAPI 对细菌菌落进行凝集素染色的荧光图像

二、动物与细菌的共生机制

如同其他共生体系，动物与细菌共生关系的建立也是一个复杂的生物学过程，至少需要以下 4 个方面的共生机制，才能建立共生体系并发挥生理生态作用。

（一）动物与细菌共生的化学机制

动物与细菌共生关系的建立是由双方释放的化学物质介导的。以鱿鱼与弧菌的共生体系为例，环境中的化学物质诱导鱿鱼体内生理环境的变化，从而使鱿鱼有效地识别环境中的共生细菌。新孵化的小鱿鱼需要从环境中捕获弧菌来建立共生关系，研究表明，在鱿鱼的生境中，虽然弧菌有所富集，但其生物量仅占环境微生物总数的很小部分。因此，这种共生关系建立的基础是：小鱿鱼必须采集足够多的海水来增加捕获弧菌的概率，并且能够准确地在环境微生物中获得共生弧菌菌株。富含浮游生物的海水与发光器官的表面接触后，海水中的细菌释放细胞壁肽聚糖（PGN）片段，非特异性地诱导鱿鱼唾液酸化黏液的脱落。黏蛋白的酸性糖基化产生 pH 约为 6.3 的基质，使海水中的浮游生物被截留，而鱿鱼体内的抗菌物质，如 II 型肽聚糖识别蛋白（PGRP2）、酚氧化酶、血蓝蛋白等，能够选择性地抑制非共生细菌在发光器官内的定殖。在这些因素的协同作用下，弧菌细胞能够附着在发光器官表面纤毛的黏液上。随后，在一系列化学信号分子的作用下，弧菌细胞从发光器官表面纤毛的黏液层进一步发生驱化运动，最终进入发光器官。发光器官表面纤毛的黏液层富含 NO 及 β-1, 4-N- 乙酰葡糖胺（GlcNAc），这些物质不利于共生细菌的生长，而发光器官内部环境的 NO 及 GlcNAc 的浓度较低，这种浓度差诱导了 *V. fischeri* 从发光器官表面到发光器官内部的趋化运动（Schwartzman et al., 2015）。

（二）动物与细菌共生的生理学机制

动物与细菌的共生多数为紧密的内共生体系，动物与细菌的内共生关系的构建首先需要双方的生理学发生适应性变化。宿主的组织细胞与细菌共生过程中发生了生物学性状的变化，以更有利于共生细菌的生存；而共生细菌则通过与宿主细胞的养分及物质交换，产生了一些特有的生理变化。

在鱿鱼与弧菌共生体系中，生物发光及共生细菌种群的增长改变了鱿鱼宿主的生理学及形态学特征，如上皮细胞肿胀，以及与共生体接触的上表面微绒毛密度增加等。这些生理变化或许与宿主向共生细菌提供营养物质有关，鱿鱼的上皮隐窝细胞为共生细菌提供氨基酸、甘油磷脂及几丁质衍生的糖类。鱿鱼的隐窝基质中含有微克级别的几种氨基酸及肽类，用于维持共生细菌的生长。然而，氨基酸合成缺陷型共生菌弧菌不能在鱿鱼发光器官隐窝中正常生长。因此，宿主细胞并未提供弧菌生长所需的全部氨基酸。共生细菌的细胞膜等膜结构中富含真核生物才有的长链不饱和脂肪酸，这是由于共生细菌大量地吸收来源于宿主的脂类，使其能更好地应对来源于宿主的环境胁迫。

（三）动物与细菌共生的生态学机制

自然选择中，动物与细菌同时面临生态选择压力，需要抵御不良的生境，同时开辟新的生态位来获得种群的生长与繁殖。与动物形成共生关系后，细菌能够更好地被保护及传播，而动物能够利用共生细菌的次生代谢产物，提高竞争力以及对环境的适应能力。

温度对昆虫的分布影响显著。共生细菌能够影响宿主昆虫对温度等环境因素的耐受性。对于处于高温等环境胁迫条件下的昆虫，共生细菌与宿主昆虫形成的共生体具有在逆境条件下的进化优势。蚜虫的最适生长温度为 20℃，蚜虫与共生细菌布赫纳氏菌 *Buchenera* spp. 的共生显著地提高了蚜虫对高温的耐受性，提高了高温条件下蚜虫的繁殖能力，在高温条件下，细菌分子伴侣基因高效表达，有效地保护了宿主体内的蛋白质分子，使其免受降解（Oliver et al., 2010）。温度越高，烟粉虱体内的共生细菌 *Rickettsia* spp. 的数量越多，由于 *Rickettsia* spp. 能够诱导宿主体内耐热基因的高效表达，*Rickettsia* spp. 的共生大大降低了烟粉虱在高温条件下的死亡率，提高了昆虫的耐热能力（Brumin et al., 2011）。家蚕追寄蝇 *Exorista sorbillans* 经过高温处理，体内沃尔巴克体属 *Wolbachia* 的共生细菌被清除，雌蝇的产卵量及卵的成活率显著下降（Guruprasad et al., 2011）。

（四）动物与细菌共生的遗传学机制

共生细菌在动物的世代间传播主要有两种方式：水平传播及垂直传播。在水平传播模式中，每一代宿主动物都从环境中获得共生细菌来建立共生关系；而在垂直传播模式中，共生细菌直接由亲代宿主动物传递给子代宿主动物。

一些共生细菌生活在宿主特化的组织中，这种组织通常被称为"共生菌胞"，大约15%的昆虫体内存在这种特殊结构，一般具有"共生菌胞"的动物中，共生细菌在宿主世代间的传播方式为垂直传播。几乎所有蚜虫都与 *Buchnera* 属的细菌形成了内共生关系，*Buchnera* spp. 能够提供蚜虫生长发育所必需的氨基酸及营养物质，对其营养代谢和生长发育必不可少。*Buchnera* spp. 在蚜虫亲代和子代之间垂直传播，离开蚜虫宿主后不能自由存活（Ramsey et al.，2010）。烟粉虱 *Bemisia tabaci* 与 *Rickettisa* 属的细菌形成了共生关系，*Rickettisa* spp. 可以由昆虫宿主携带到棉花上，通过水平传播，再传递到不含有此类共生菌的昆虫体内（Zhu et al.，2017）。

三、动物与细菌的共生效应

动物与细菌构建的多种共生体系可对共生成员产生诸多有益的生理生态效应。

动物为共生细菌提供稳定的生境并享特定的代谢途径，共生细菌则协助宿主营养代谢，提供宿主食物中缺乏的营养物质；双方进行必要的营养物质交换；增强宿主对不利生物因子的抵抗性，降低宿主被寄生性天敌寄生的风险，协助宿主抵御原微生物的侵染；调节宿主对非生物因子的抗逆性，提高宿主的环境适应度，扩大宿主的生态位。共生细菌存在于动物宿主特定的器官中，最为常见的是共生细菌生活在宿主动物的肠道中，协助宿主利用营养物质。例如，药用水蛭与细菌共生体系、蚜虫与细菌共生体系、白蚁＋原生动物＋细菌共生体系；在满月蛤与细菌的共生体系中，细菌生活在满月蛤的鳃部，协助宿主降解环境中的有毒物质；在鱿鱼与发光细菌的共生体系中，发光细菌使鱿鱼能够在夜晚捕食，获得更多的食物来源。

对原生动物 *Pseudotrichonympha grassii* 的内共生细菌的基因组测序结果表明，原生动物与共生细菌共生体能够将游离的 N_2 固着为有机氮源，同时回收宿主的含氮废物，以合成多种氨基酸和辅因子，并吸收葡萄糖和木糖作为能量及碳源来源。白蚁 *Coptotermes formosanus* 能够以木材作为唯一食物来源，白蚁后肠共生细菌高度演变的共生系统使得固氮和纤维素分解这两种重要的生物学功能在原生动物细胞中同时实现，极大地增加了白蚁消耗木材的能力，从而对生态环境造成巨大的危害。

纤维素是自然界中储备量最大、可再生的生物质，主要由高等植物及藻类合成。由于纤维素本身的结构特点，使得在自然界及人工环境中，降解纤维素非常困难。然而，瘤胃微生物对纤维素具有独特的降解机制。在瘤胃微生物中，虽然瘤胃真菌的纤维素降解酶活性远高于瘤胃细菌，但是由于瘤胃真菌在数量上远低于瘤胃细菌，对纤维素起主要降解作用的是瘤胃细菌。瘤胃细菌的含量丰富，种类繁多。主要有白色瘤胃球菌 *Ruminococcus albus*、产琥珀酸拟杆菌 *Bacteroides succinogenes*、黄色瘤胃球菌 *Ruminococcus flavefaciens* 等。这3种细菌对瘤胃中纤维素的降解起重要作用。瘤胃微生物能够产生内切纤维素酶及外切纤维素酶，内切纤维素酶能够将瘤胃中的纤维素聚合体随机降解为纤维二糖、纤维糊精及葡萄糖等物质，而外切纤维素酶能够高效降解晶体纤维素，此外，瘤胃中还存在 β - 葡萄糖苷酶，能够水解芳基 - β - 葡萄糖苷酸，产生葡萄糖。然而，由于瘤胃微生物很多不能够被培养，随着高通量测序技术及分子生物学技术的发展，通过构建牛瘤胃环境样品的宏基因组文库，通过构建表达载体，越来越多编码纤维素酶的基因得到克隆、鉴定及表达（van Kuijk et al., 2015）。

第五节　动物与其他生物共生效应的作用机制

动物与其他生物的共生使得双方能够更好地适应自然选择的压力。从营养物质的获取方面，通过与动物的共生，微生物获得了稳定的生长环境及营养来源，同时，动物宿主也从微生物的代谢产物中得到了其食物中缺乏的营养物质，从而使共生体最大限度地满足自身的营养需要；与其他生物的共生使动物能够更有效地应对环境中有害的生物因子及非生物因子的影响；紧密的共生关系使动物与共生生物间发生了一系列的基因交流，从而在遗传学的角度影响了双方的进化。

一、改善共生生物的营养

许多动物与其他生物共生关系的基础是共生关系使双方能够更好地改善营养。同时，宿主能够提供适宜共生微生物生长的生理环境，以及微生物赖以生存的营养物质。动物与其他生物的外共生体系中，通常共生伙伴的排泄物、菌体、组织能够作为动物的营养来源。在海葵与小丑鱼的共生体系中，小丑鱼的排泄物能够为海葵提供氮源；植菌昆虫与真菌的外共生体系中，真菌作物的菌体能够为昆虫成虫或幼虫提供营养。

许多取食植物木质部或韧皮部的动物，依赖共生细菌产生一系列酶类，消化纤维素等难以被降解的物质，如反刍动物与瘤胃微生物、白蚁与肠道微生物，以及取食纤维素的昆虫与其共生微生物等共生体系。共生细菌的代谢产物包括氨基酸、维生素等宿主动物食物中较为匮乏的营养物质，在共生微生物的辅助下，共生昆虫能够在不均衡的营养条件下生存。

以蚜虫与 *Buchnera* spp. 的共生体系为例，共生细菌 *Buchnera* spp. 能够为蚜虫的生长发育提供多种必需氨基酸。去除豌豆蚜 *Acyrthosiphon pisum* 的共生细菌后，蚜虫胚胎由于缺乏多种氨基酸而无法正常发育。对 *Buchnera* spp. 的代谢产物的定量分析表明，甜菜蚜 *Aphis fabae* 生长发育所需的蛋白质是以内共生细菌合成的氨基酸为底物合成的。

二、合成次生代谢物质

共生真菌和共生细菌能够通过合成次生代谢物质提高动物宿主对环境中不利因子的

抗性。卷叶象甲的共生真菌能够产生抗生素,抑制环境中的病原生物因子。而一些昆虫在共生细菌的协助下,能够有效地对抗高温等非生物因子的胁迫。

例如,草原上的大型动物依赖鸟类等去除口腔或皮肤内的寄生物,而这种松散的共生关系,更多地体现了种间协作。另外一些动物与其他生物建立共生关系的基础是利用其他生物产生的化学物质来维护共生关系。例如,卷叶象甲 *Euops chinensis* 与青霉属真菌的共生。青霉菌是已知能够产生多种抗生素的青霉类群;而卷叶象甲与青霉属真菌共生的基础,是基于青霉菌能够产生抗生素,如(+)-scleroderolide 来保护卷叶象甲的幼虫免受病原物的侵害。同样,在切叶蚁+共生放线菌,以及 Ambrosia 甲虫+放线菌的共生关系中,昆虫正是利用了放线菌能产生抗生素这一生物学特征,来保护昆虫的营养来源(共生真菌作物)不被环境中的病原微生物所侵害。

Rickettsia 菌能够协助昆虫宿主抵御寄生物的侵害。*Rickettsia* 菌能产生一系列有毒物质,协助豌豆蚜对蒙氏浆角蚜小蜂 *Eretmocerus mundus* 的抗性。除了增强宿主对天敌的防御外,*Rickettsia* 菌还能够改善宿主对有害微生物的抵御。例如,*Rickettsia* 菌能够降低有害细菌丁香假单胞菌 *Pseudomonas syringae* 对昆虫宿主的侵染(Hendry et al.,2014)。

三、调控基因表达

从演化的起源来看,内共生细菌来源于自由生活的个体。与宿主形成内共生关系后,在宿主的内环境中,一些基因可能变为冗余基因,如编码应对外部非生物胁迫因子(如紫外线辐射)的基因。

内共生细菌基因组的大小与宿主关系的紧密程度密切相关。研究表明,与宿主相关的微生物谱系通常含有比自由生活个体更小的基因组:兼性共生细菌比自由生活细菌的基因组更小,专性细菌共生体比兼性细菌共生体的基因组更小(Hoang et al.,2016)。在动物与细菌的内共生体系中,长期的相互作用使二者产生了协同进化效应。共生细菌在漫长的进化中适应了宿主体内的生理生化环境,呈现了较慢的进化速率及较低的遗传多样性,因而普遍认为,内共生细菌在进化上是稳定的。然而,最新研究表明,共生细菌在宿主体内依然具有基因重组及快速进化现象。

内共生微生物在宿主世代间的传播会遭遇"瓶颈效应",在"瓶颈效应"的共同作用下,内共生微生物失去了自由生活状态下所需的必需基因,导致内共生微生物的基因组减小,遗传变异减少。而长期与宿主的相互作用使二者的基因产生"互补",即二者缺失的功能都能够从对方获得补偿(Hoang et al.,2016)。这种"补偿效应"驱使宿主占领新的生态位,以满足共生体的需要。同时,共生微生物的基因通过基因水平转移的方式整合在宿主基因组中,这种方式对真核生物的物种进化至关重要。

第四章 植物与真菌的共生

　　全球 25 万种绿色植物是地球生物圈生态系统中最重要的生产者，而 150 万种真菌则是最主要的分解者。生物进化的早期阶段，植物与真菌就结下了不解之缘。于长期演化过程中，这两大类生物逐渐建立了共生关系。Plett 等（2012）在其以"解构共生体：模式共生真菌的分子蓝图是怎样改变我们对共生关系的认识"为标题的论述中，一开头就指出"没有人会是一座孤岛：植物依赖互惠共生关系而生活"。事实上的确是这样的，自然界中植物与真菌的关系最为密切，它们相互依存、需求互补、共同发展和协同进化，无论是从它们各自的生理代谢需求还是从生态因子的协调，命运共同体的法则正是通过其生理学机制与生态学内在机制紧紧地将来自两个不同界的生物联合在一起，发挥生理生态作用。

　　植物与真菌之间的共生是一种非常重要并且非常复杂的互作关系，属于生物共生学的主要研究内容之一。其中，植物根系与菌根真菌（mycorrhizal fungi）共生所形成的共生体即菌根（mycorrhizas）是典型的互惠共生，经过数亿年进化，菌根已成为当今生物圈内分布最广、功能最强、作用最大的互惠共生体，是生物共生中的关键核心。互惠共生关系，在生态系统中发挥不可替代的、占据主导地位的生理生态作用。以菌根真菌为代表的植物共生真菌自始至终与植物共生，休戚与共，这一强 - 强共生联合在增加和保持生物多样性、维持生态系统平衡与稳定、保持生态系统可持续生产力与生态系统综合服务功能体系中，因其分布之广、作用之多、功能之强和贡献之大，可谓名副其实的生物共生体系中的主导者。而以深色有隔内生真菌（dark septate endophytic fungi, DSE）、印度梨形孢 *Piriformospora indica* 和木霉 *Trichoderma* spp. 等为代表的大量的植物内生真菌（plant endophytic fungi）可与更广范围的寄主植物建立共生关系。这些植物内生真菌中，除了定殖植物根系的 DSE 和印度梨形孢等具有类似丛枝菌根（arbuscular mycorrhiza, AM）真菌的生理生态作用之外，其他大量定殖植物茎叶的如红豆杉共生真菌、麝香霉 *Muscodor* spp. 及禾草共生真菌等内生真菌的生理生态功能，特别是对寄主植物的影响及其与寄主植物的共生关系等方面有待进一步深入系统研究。这里，不妨将能与植物建立共生关系的真菌统称为植物共生真菌（plant symbiosis fungi）。本章主要介绍和论述植物共生真菌定殖植物形成的共生体系、植物共生真菌、植物与真菌的共生机制、植物与真菌共生的生理生态效应及其作用机制等方面的内容。

第一节 植物与真菌的共生体

　　植物界从低等的苔藓、蕨类和裸子植物，到高等的被子植物，所有类群的植物均与真菌界众多类群的真菌共生。其中，以菌根真菌、DSE 和印度梨形孢等为代表的植物共生真菌定殖根系形成具有一定形态结构特征的互惠共生体，是自然界分布最广、作用最大的一类共生体；而其他大量的植物共生真菌则通过定殖植物茎干、叶片、花朵、果实和种子等部位与植物构建具有一定特性的共生体系。

一、植物与真菌的共生部位

1885 年 Frank 观察到一些森林树木根系表面及其皮层细胞间隙定殖着真菌的菌丝组织，认为这些真菌与根系是正常的共生结合，并拟创了 "fungus-root" 即 "mycorrhiza" 一词来描述植物根系与土壤中的一类真菌所建立的互惠共生体。两年后他又发现许多植物尤其是兰科和杜鹃花科植物的根系与真菌以另一种方式即真菌组织进入细胞内部形成所谓 "内生菌根"（endomycorrhiza）的方式共生。1886 年 Heinrich Anton de Bary 提出 "内生生物"（endophyte）的概念。1898 年 Vogel 从黑麦草 Lolium perenne 种子糊粉层与种皮间观察到真菌菌丝层。同年，Guérin 认为种子内的菌丝层不是侵害性的，而是共生性的。可见，19 世纪末拉开了研究植物与真菌共生的序幕。现已证实，地球上全部植物均与一定种类的真菌共生，其共生发生的部位主要是植物的地下部分根系，其次是地上部茎叶组织，植物的花朵、果实、种子、叶围和根围等也定殖着众多真菌。

（一）植物地下部

植物地下部根系是植物吸收养分和水分、合成有机物和激素的重要器官，可同时与多种真菌共生。这些共生真菌包括菌根真菌、DSE、印度梨形孢、绿僵菌 Metarhizium spp. 或 / 和木霉 Trichoderma spp. 等，根围内则定殖着数量更多的共生真菌。

1. 菌根真菌

作为最典型的植物共生真菌，AM 真菌（图 4-1）、兰科菌根（OM）真菌、欧石南菌根（ERM）真菌、浆果鹃类菌根（ARM）真菌和水晶兰类菌根（MM）真菌等菌根真菌，侵染定殖植物根系形成菌根共生体。上述的这些真菌通常定殖根系表皮细胞、皮层和内皮层组织，在细胞内部或 / 和细胞间隙形成特殊的、具有一定形态结构特征的共生体；真菌组织不进入根系的中柱组织。外生菌根（ECM）真菌则只能侵染根系表皮组织和

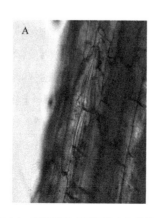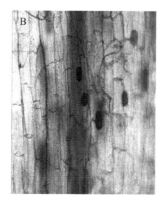

图 4-1　番茄根系皮层细胞内定殖的 AM 真菌丛枝结构（A）、菌丝和泡囊（B）

皮层细胞间隙，而不进入细胞内部；内外兼生菌根（EEM）真菌则既可侵染根系表皮、皮层细胞间隙，又可进入细胞内部。

2. DSE

DSE侵染定殖植物根系，于根系表皮细胞、皮层细胞内或/和细胞间隙形成菌丝体组织、孢子状结构和微菌核等，一般不进入根系的中柱区域（图4-2）。

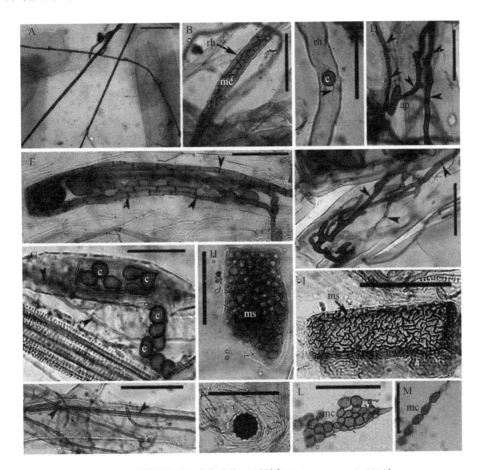

图4-2 蕨类植物根系内定殖的DSE(引自Muthukumar et al.,2014)

A. 在肾蕨中的DSE的根外菌丝体；B. 星蕨根毛中DSE的念珠状细胞（mc）；C. 黑心蕨根毛中的厚垣孢子（c）和菌丝（箭头）；D. 在肾蕨根系中的DSE附着胞（ap）和深色有隔菌丝（箭头）；E. 肾蕨内DSE真菌的菌丝卷中的隔（箭头）；F. 栎叶槲蕨中胞内DSE菌丝的分隔（箭头）；G. 在黑心蕨内的厚垣孢子状结构（c）；H、I. 柔软石韦和碎米蕨中的微菌核；J. 黑心蕨中的胞内棕色有隔菌丝（箭头）；K. 星蕨中的根肿菌；L、M. 铁线蕨和柔软石韦中的念珠状细胞。ap，附着泡；c，厚垣孢子状结构；ms，微菌核；mc，念珠状细胞；rh，根毛；箭头，有隔菌丝；标尺=50μm

3. 印度梨形孢

印度梨形孢与菌根真菌和DSE的侵染定殖部位相同，也是侵染定殖植物根系表皮和皮层组织。接种印度梨形孢的番茄根系上可观察到菌丝组织在根系表面、根系表皮细胞之间和根系表皮细胞内部扩展，而不侵染定殖根系的中柱。根系上的根毛细胞和根的表皮细胞中定殖着典型的梨形厚垣孢子（王凤让等，2011）。实验室条件下，在 PNM 培养基上与印度梨形孢共培养 14d 的水稻根系成熟区的细胞内和细胞间定殖着厚垣孢子（图 4-3）（吴金丹等，2015）。

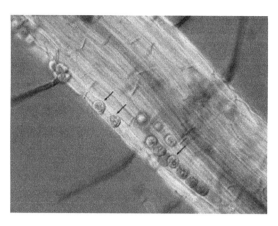

图 4-3　水稻根系皮层细胞内定殖的印度梨形孢的厚垣孢子(箭头)(引自吴金丹等,2015)

4. 白僵菌和绿僵菌

白僵菌 Beauveria spp. 和绿僵菌不仅是昆虫的病原物，而且还能定殖植物根系和根围。研究表明，土壤栖居昆虫的致病真菌绿僵菌不是随机分布在土壤中的，而是定殖在植物根系的共生真菌（图 4-4，图 4-5）。Bing 和 Lewis 1991~1992 年发现球孢白僵菌 Beauveria bassiana 能定殖在玉米植株的绿色组织中；2008 年 Ownley 等观察到球孢白僵菌 11-98 菌株的分生孢子能侵染定殖番茄、食荚菜豆和棉花幼苗的根部、茎秆及叶片；一年后 Powell 等用球孢白僵菌 11-98 菌株分生孢子拌种处理番茄种子，播种后 18 周的植株的叶片、茎秆和根部组织中均定殖着球孢白僵菌。球孢白僵菌还可定殖于紫松果菊 Echinacea purpurea、菜豆 Phaseolus vulgaris、大豆 Glycine max 和柳枝稷 Panicum virgatum 等很多植物组织中（Ownley et al.，2010）。绿僵菌与植物之间具有专化性或相互选择性，即一定种类的绿僵菌只能定殖一种或几种寄主植物的根围和根内。接种试验表明，草类植物根系只与罗伯茨绿僵菌 Metarhizium robertsii 共生，不与棕色绿僵菌 Metarhizium brunneum 和贵州绿僵菌 Metarhizium guizhouense 共生。体外试验也表明，罗伯茨绿僵菌的分生孢子在柳枝稷根分泌物中的萌发率高于棕色绿僵菌和贵州绿僵菌，后两者也只定殖野花类植物根围，而前者则不定殖。贵州绿僵菌只定殖树木根围，尤其是定殖糖槭 Acer saccharum 的根围；而棕色绿僵菌仅定殖灌木和树木的根围（Sasan and Bidochka，2012）。

5. 木霉

尽管曾经认为木霉属 Trichoderma 真菌是土壤习居菌，然而，基于专化分类宏基因组方法进行的原位多样性研究，Friedl 和 Druzhinina（2012）认为只有少数种类的木霉是土壤习居菌适应土壤环境。很多种类的木霉已被鉴定为植物共生真菌，其定殖植物根系形成"木霉 - 根共生体系"（Trichoderma-root symbiosis）（Harman et al.，2012）。

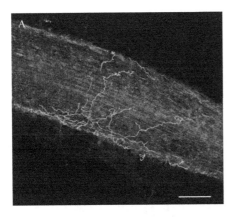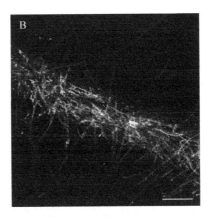

图 4-4 菜豆*Phaseolus vulgaris*根（A）和柳枝稷*Panicum virgatum*根（B）上定殖的
绿色荧光蛋白标记的绿僵菌*Metarhizium* sp.（ARSEF 2575）（引自Wyrebek et al., 2011）
激光共聚焦图像标尺 =200mm

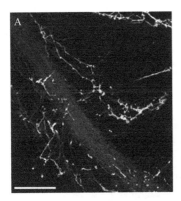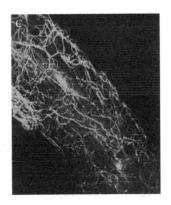

图 4-5 绿色荧光蛋白标记的绿僵菌（引自Sasan and Bidochka, 2012）
A. 柳枝稷 *Panicum virgatum* 根上定殖的罗伯茨绿僵菌 *M. robertsii*，根毛发达；B. 柳枝稷对照根；
C. 菜豆根上定殖生长的罗伯茨绿僵菌

6. 其他的定殖植物根系的共生真菌

除了上述典型和比较典型的植物共生真菌定殖植物根系以外，尚有很多其他的植物共生真菌可侵染定殖植物根系和根围，但不一定形成一定结构的共生体，它们与植物之间构建的共生体系特点、共生机制、与其他典型共生真菌之间的互作关系、共生的生理生态效应及其作用机制等尚待进一步观察和试验研究。

（二）植物地上部

植物地上部的枝干、茎叶、花器、果实和种子等也定殖着一定种类的共生真菌。不同植物的地上部与其共生真菌之间具有较强的专化性。一定种类植物的地上部只与一定种类的真菌共生。

1. 禾草共生真菌

禾草共生真菌麦角菌类主要侵染定殖于禾草植物的茎秆、叶鞘、种子、花序和叶片等组织中，不侵入这些器官和组织的细胞内部（图4-6）。禾草共生真菌具有一定的组织专一性，即菌丝体只存在于植株的一定部位，并且不同部位的菌丝体的形状也有一定差异。禾草的营养器官中，近地面的茎基部的分生组织内的菌丝体密度最高，其次是叶鞘，而叶片和根内的菌丝体极少；禾草的生殖器官中，种子内的共生真菌菌丝体密度最高，主要分布在糊粉层。茎秆内菌丝多存在于中心的髓质，叶鞘内则多存在于气腔或维管束，叶片内菌丝体多存在于叶肉组织。菌丝体分布于细胞间隙，沿叶脉平行排列，分生组织和幼嫩部分的菌丝密度高于成熟组织，随着组织逐渐成熟，菌丝密度明显降低。部分种类的共生真菌在某种禾草或某个部位分离频度较高，有的可能是该植株或该组织的专性共生真菌。例如，高羊茅 *Festuca elata* 和多年生黑麦草 *Lolium perenne* 种子内的共生真菌大多定殖于种子的糊粉层中；而醉马草种子的共生真菌主要定殖于种子的内表皮下，糊粉层中则极少（Li et al., 2004）。醉马草、中华羊茅、野大麦和披碱草的香柱菌属 *Epichloë* 共生真菌菌丝体主要定殖于茎节、叶鞘、叶片和种子等组织中。

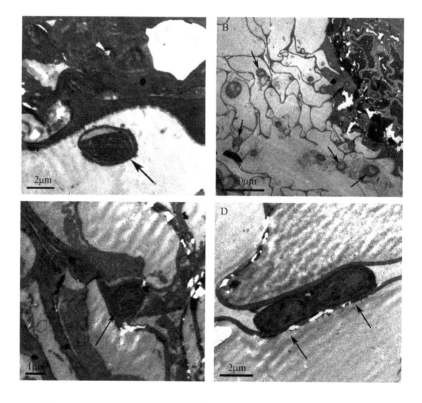

图4-6 透射电子显微镜下香柱菌属 *Epichloë* 共生真菌在醉马草、中华羊茅、野大麦和披碱草种皮上的分布特征（引自赵晓静等，2015）

A. 醉马草 *Achnatherum inebrians*；B. 中华羊茅 *Festuca sinensis*；

C. 野大麦 *Hordeum brevisubulatum*；D. 披碱草 *Elymus dahuricus*

2. 红豆杉共生真菌

安德氏紫杉霉 *Taxomyces andreanae* 定殖于短叶红豆杉 *Taxus brevifolia* 的茎韧皮部，

是能产紫杉醇的植物共生真菌。产紫杉醇的植物共生真菌主要定殖于红豆杉属植物如云南红豆杉 *Taxus yunnanensis*、西藏红豆杉 *Taxus wallachiana*、红豆杉 *Taxus chinehsis*、南方红豆杉 *Taxus chinensis* var. *mairei* 和东北红豆杉 *Taxus cuspidata*，以及少数非红豆杉属的落羽杉 *Taxodium distichum* 和榛子 *Corylus heterophylla* 等的地上部。

3. 麝香霉

麝香霉属 *Muscodor* 真菌主要定殖于树木地上部的枝条中，该属真菌能产生挥发性有机化合物（VOC），可抑制或杀灭一些病原物和昆虫。

4. 其他的定殖植物地上部的共生真菌

其他的一些植物共生真菌可侵染定殖植物枝干、茎叶、花器、果实、种子、叶围和种围等，但不一定形成一定结构的共生体，它们与植物之间构建的共生体系特点、共生机制、与其他共生真菌尤其是根系共生真菌的互作关系、共生效应与作用机制等，特别是在生物共生网络中的地位与作用尚待进一步探究。

作为生物共生学研究的基础内容之一，植物共生真菌侵染定殖的共生部位、在植物体内的分布与扩展特点、形成的共生体系特征、多种共生真菌之间的互作关系，特别是地下部共生体与地上部共生体之间的相互作用及其生理生态功能等均受到人们的关注，也是生物共生学十分有趣的研究课题之一。

二、植物与真菌的共生类型

植物与真菌共生可形成多种多样的共生体系。依据植物共生真菌定殖植物后形成的共生体结构，可将植物与真菌构建的共生体系区分成三种类型。

（一）形成特殊共生结构的共生体

菌根真菌侵染植物根系后，可形成典型的、纯培养下不能形成的、具有特殊共生结构的互惠共生体，例如，AM 真菌与根系形成 AM，OM 真菌形成 OM，ERM 真菌形成 ERM，ARM 真菌形成 ARM，MM 真菌形成 MM，ECM 真菌形成 ECM，EEM真菌形成 EEM。关于这些共生体的具体结构特征见本节"三、植物与真菌的共生结构"部分。

（二）形成一定真菌结构的共生体

DSE 真菌侵染植物的根系后，主要在根内皮层细胞间隙和细胞内部形成深色有隔菌丝体和微菌核等真菌组织；印度梨形孢则于根内形成厚垣孢子等真菌组织。

（三）不形成一定结构的共生体

广泛分布于植物茎、叶、花、果、种子和根系等器官及组织内的其他大量植物共生真菌，以及仅定殖于根围、茎围、叶围、花围和果围等部位的其他植物共生真菌则保持原有的组织或器官形态，即菌丝体和孢子等，不形成一定形态结构的共生体。

三、植物与真菌的共生结构

植物与真菌共生构建的共生体结构比较复杂，且其形态解剖学特征各不相同。了解和掌握这些共生体的形态解剖学特点，对于识别和研究植物与真菌的共生特点是非常必要的。

（一）植物与菌根真菌形成的共生结构

1. 植物根系与 AM 真菌共生形成的 AM

AM 真菌侵染植物根系，首先形成附着泡和侵入点结构，随后侵染菌丝进入根内，扩展成胞间菌丝和胞内菌丝（图 4-7A）。其中一部分根内菌丝与根外真菌结构相连，另一部分根内菌丝则顶端膨大形成具有储藏养分和繁殖功能的泡囊（vesicle）结构（图 4-7B），或 / 和菌丝二分叉式生长形成植物与真菌双方养分交换功能的枝状或花椰菜状丛枝（arbuscule）结构（图 4-8）。AM 真菌可形成不同形态结构的丛枝，其中疆南星（*Arum*，A）型和重楼（*Paris*，P）型丛枝最为典型（Szymon et al.，2012）。一些种类的植物根内可能存在 A 型 +P 型，即混合型丛枝结构；也有的形成中间型丛枝结构。例如，Szymon 等（2012）观察的 15 种药用植物中，发现大多数只形成 A 型，少数只形成 P 型，部分是中间型。晚近的研究表明，丛枝可

图 4-7 黄瓜根系与AM真菌共生形成的根内菌丝（A）和泡囊结构（B）

能具有诱导植物抗病性的新功能（李俊喜等，2010）。如果得到进一步的试验证实，则

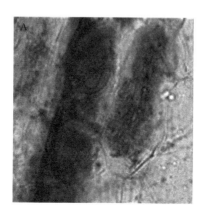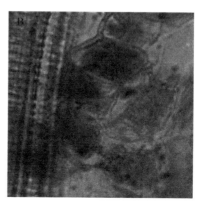

图 4-8 黄瓜根系与AM真菌共生形成的疆南星型（A）和重楼型（B）丛枝结构

AM 真菌丛枝结构将具备与以往认识所不同的功能，而具有重要理论意义和实用价值。AM 真菌 A 型、P 型丛枝及其 P 型 /A 型值可能关系到共生体的生理生态功能（田蜜等，2015；高春梅等，2016）。深入系统地探讨这些问题，有助于诠释 AM 真菌丛枝结构（如诱导植物抗病性等）的作用机制，对建立高效的菌种评价体系和指导高效菌种的筛选与应用具有一定的理论价值和实际意义。

发育良好的 AM 可以观察到根系表面着生的附着泡、侵入点、根表菌丝（图 4-9A）、根外菌丝（图 4-9B）和根外孢子（图 4-9C）等结构。根表菌丝一般缠绕在根系表面或沿着根表面似匍匐茎状生长、扩展，多处发生分枝，形成多个侵入点或 / 和进入土壤后继续扩展；在一定发育阶段，菌丝顶端可形成厚垣孢子。缠绕于根上的菌丝网络对根系具有机械保护作用，从而避免一些病原物及原生动物对根系的伤害。根上菌丝可向土壤中扩展以发育成为根外菌丝，根内菌丝或组织同样也能长出根外进入土壤形成根外菌丝。另外，土壤中的菌根真菌在生长发育形成一定菌丝网络时也会有一部分侵入根系。根表菌丝、根内菌丝与根外菌丝相互联结而不能截然分开。实际上，它们构成一个大网络系统。在测定根外菌丝数量上也应包括根表菌丝，这样更符合实际情况。根表菌丝及其根外菌丝还能以菌丝桥（图 4-9D）形式将两株或多株相同或不同种类植物的根系联结起来，进行养分、水分和其他代谢物质的传递。因此，根表菌丝数量与分布状况可作为评价 AM 真菌有效性的指标之一。

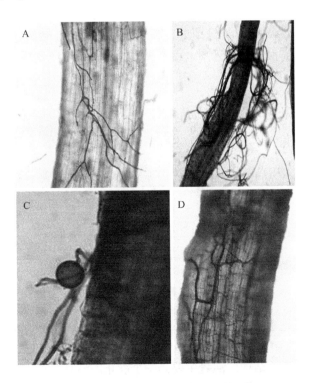

图 4-9　花生根与AM真菌共生形成的根表菌丝（A）、根外菌丝（B）、
根外孢子（C），以及根内菌丝体和菌丝桥结构（D）

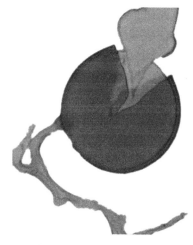

图4-10 AM真菌压破的厚垣孢子

AM真菌通常形成厚垣孢子或/和孢子果，是该类真菌的主要繁殖体，着生于与根系连接的、分布在土壤中的外生菌丝上。因此，通常土壤中分布着各种各样的AM真菌孢子和菌丝体。孢子大小、形状、颜色及孢壁结构等因菌种不同而异，是该类真菌分类的重要依据（见本章第二节）。在菌种形态鉴定时常常需要将孢子压破（图4-10），以观察孢子内含物的形态特征。孢子一般为圆形、近圆形或卵形，内含油滴，直径为50~500μm。有些菌种还可形成孢子果，孢子果中的孢子呈串珠状排列或辐射状排列，孢子果直径达1mm甚至1cm。孢子在土壤中存活的时间随菌种不同而异，一般来说，孢子在土壤中的寿命约1年。此外，连孢菌丝的数目、颜色、形状、宽度甚至菌丝壁的结构等也都是AM真菌分类的重要依据（见本章第二节）。

植物生长发育到一定阶段或其生长季后期，植物根系皮层细胞内或细胞间隙中的部分AM真菌的菌丝顶端开始膨大，发育成泡囊。发育初期的泡囊原生质含有许多细胞核、糖原颗粒和含有电子密集体的小泡囊；发育完全的泡囊含有大的类脂液滴，而细胞器则不再能够辨认。泡囊通常可在根系皮层细胞内或胞间生长发育，是由菌丝顶端膨大而成的，通常为圆球形、椭圆形、圆柱形或不规则形结构，直径为30~50μm至80~100μm（图4-11）。泡囊外表光滑。泡囊壁有3层，由电子密度不同的层所构成，类似于厚垣孢子壁的结构。

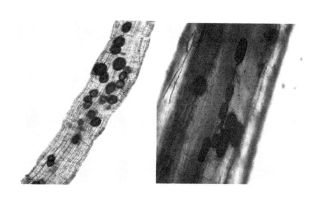

图4-11 AM真菌在花生根内形成的泡囊

AM真菌只有巨孢囊霉科Gigasporaceae中巨孢囊霉属*Gigaspora*和盾巨孢囊霉属*Scutellospora*等属的真菌不在根内产生泡囊，而是在土壤中由卷曲的根外菌丝顶端形成单个或成簇的类似泡囊的结构。泡囊主要是一个静止的器官，可以长期保持活力，在不同阶段、不同条件下可能发挥不同功能。

丛枝结构的形成是确定AM真菌侵染根系形成菌根的必要条件。所有的AM真菌侵染植物根系都能形成丛枝结构。形态学上丛枝的细胞壁清晰可辨，具有喜锇性。自丛枝主干开始细胞壁逐渐变薄，最后只有20nm厚。组织化学测定表明其细胞壁中存在蛋白质和多糖。然而，这些多糖大多是碱溶性的而不同于根外菌丝和圈形菌丝内的多糖。在细胞壁上还有几丁质单体即 N- 乙酰葡萄糖胺残基。丛枝结构在细胞内不断形成，并不断消解（图 4-12）。以往认为丛枝消解时才释放养分给寄主植物，而事实上丛枝器官是一边输入碳素养分，一边输出矿质养分（Bonfante and Genre，2010）。这与植物的幼叶一边输入植物储藏的有机养分、一边生长并合成新的碳素养分并输出十分相似。丛枝发育完全时，丛枝几乎占据整个植物根系的皮层细胞。

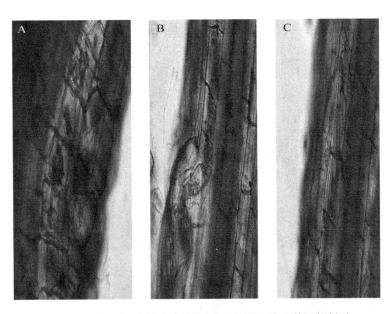

图 4-12　番茄根内不同发育阶段的丛枝结构（从A到C丛枝逐渐消解）

通过透射电子显微镜可看到丛枝菌丝（arbuscular hyphae）含有大量细胞核、线粒体、糖原颗粒和类脂颗粒，在小液泡内含有多泡囊体和电子密集颗粒。X 射线分析表明在电子密集颗粒内含有很多磷和钙，进一步分析认为它们富含多聚磷酸盐，并且具有碱性磷酸酶和 ATP 酶活性。在丛枝细的分枝中液泡变得更为发达，而电子密集体则消失。电子密集体一般分布在圈状菌丝、胞间菌丝、泡囊和丛枝主干内及大的丛枝分枝中，在高度发达的液泡和衰老菌丝中则不存在。真菌能从土壤中吸收磷，积累成多聚磷酸盐颗粒，并以该形式沿着胞间菌丝通过细胞质流动运转到活跃丛枝，在这里多聚磷酸盐颗粒被降解，释放出磷给植物。菌根共生体内真菌菌丝中存在的多聚磷酸酶对这种磷的释放是必需的。

在丛枝衰老消解过程中，真菌的染色体变浓，细胞核降解，发生了丛枝消解的植物细胞可以再次被侵染，形成新的菌根结构。寄主植物细胞似乎与丛枝消解过程无关。正是由于丛枝结构的不断形成和快速消解，才保证了寄主植物与植物共生真菌之间的物质交换的连续性和长期性，从而也就保持了这种互惠共生关系的持久性、功能的有效性和长期性。由于丛枝消解过程中产生大量的几丁质水解酶，增强了寄主细胞防止和抑制病原物入侵扩展的能力。而丛枝结构与土传病原物的亲密接触的拮抗作用，有待利用激光共聚焦显微镜等手段进行观察研究，目前此方面正在试验之中，可望在 AM 真菌诱导植物抗病性研究方面取得一定突破。

2. 兰科植物与 OM 真菌形成的 OM

OM 是一种比较特殊类型的菌根，其独特之处在于它们只分布于兰科植物中，而且兰科植物与 OM 真菌之间关系独特，同其他类型的菌根真菌与寄主植物的关系有明显的不同：兰科植物在种子萌发和生长初期寄生在 OM 真菌上，即自然条件下 OM 真菌的共生对于兰科植物种子萌芽和植株生长是必不可少的。自然界中几乎所有活的兰科植物都有菌根，即使在萌芽期的种子内也有共生的真菌，但菌根共生体只形成在兰花植物的吸收根上，储藏根上没有 OM 真菌的感染，气生根上也很少形成菌根。OM 真菌最主要的特征是在寄主根皮层细胞内形成结状或螺旋状的菌丝圈或菌丝团（peloton）（图4-13），这是形成OM的标志。

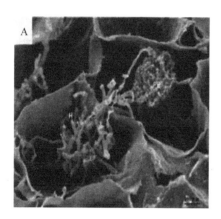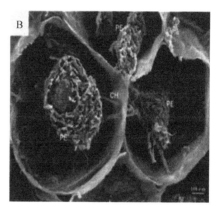

图4-13　OM真菌在兜兰根系内形成的菌丝团及菌丝(引自孙晓颖，2014)

3. 植物根系与 ERM 真菌形成的 ERM

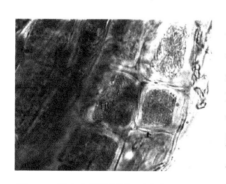

图 4-14　长白山笃斯越橘根系内定殖的ERM
真菌菌丝复合体(引自苗迎秋等，2013)
HC，菌丝团结构

ERM 是局限于被子植物杜鹃花目 Ericales 中数个科的植物所形成的特殊菌根类型。形成 ERM 植物的共同特征是形成非常特殊的侧根，即毛根（hair root）。这些毛根直径很细，结构简单，生长有限，不能进行第二次生长。每条根系都有一条狭小的导管，具 1~2 层皮层细胞（包括内皮层），外表皮是膨大的细胞，ERM 真菌侵染首先是真菌菌丝进入表皮细胞，侵入到细胞的菌丝然后进行分枝，在细胞内形成复杂浓密菌丝群，即菌丝团（图 4-14）。毛根表面菌丝发育程度不同，有的情况下形成菌套状结构。毛根表面上的菌丝多数是游走菌丝（runner hyphae），从其发育出一些侧生分枝而进入表皮细胞。ERM 中根外菌丝的延伸有限，这可能是由于毛根系统在扩大土壤吸收范围时发挥了主要作用所致。

4. 植物根系与 ARM 真菌形成的 ARM

杜鹃花目杜鹃花科 Ericaceae 草莓树属 *Arbutus*、熊果属 *Arctostaphylos*，以及鹿蹄草科 Pyrolaceae 中的几个属如鹿蹄草属 *Pyrola* 形成典型的 ARM。对草莓树属及熊果属的一些植物菌根类型的调查证明，这些植物除了有 EEM 结构外，还有较多植物是属于无胞内菌丝圈的 ECM，也有一些植物只具菌套（mantle）而无哈蒂氏网（Hartig net），或者缺少胞内菌丝感染。用 28 种森林中常见的 ECM 真菌对优材草莓树 *Arbutus menziesii* 和熊果 *Arctostaphylos uvaursi* 进行人工接种，有 25 种真菌可形成 EEM，表明草莓树类可以形成 EEM，其菌根结构和真菌种类与该目其他科植物不同。草莓树类灌木上的 EEM 形态变化比较大，其灌木的根系有长根与短根之分，在长根上形成与松树一样的 ECM，其根表面有疏松而呈网状的外生菌丝，皮层细胞也有完整的哈蒂氏网；在短根上则形成厚薄不一的菌套，外皮层的细胞间具有哈蒂氏网，而胞内有明显的菌丝圈。这表明 ARM 与内生菌根（endomycorrhiza，EM）和 EEM 有很多相似之处。从结构上说，ARM 有菌套、哈蒂氏网，且根内菌丝形成菌丝复合体。

5. 水晶兰属植物与 MM 真菌形成的 MM

水晶兰属 *Monotropa* 是水晶兰科的耐阴草本植物，是一种无叶绿素、全靠菌根真菌提供养分的真菌异养型植物，它们依赖寄生真菌共生体结构与周围的自养树木、灌木连接，获得所需的碳源，中国东北及西南林区中均有分布。虽然形成 MM 的植物也归为杜鹃花目，但 MM 的结构特征与 ERM 和 ARM 的不同。MM 和 ARM 都具有 ECM 和 EEM 的特征。MM 具菌套、哈蒂氏网和胞内菌丝圈，毛花松下兰 *Monotropa hypopitys*、水晶兰 *M. uniflora*，以及水晶兰科的 *Pterospora andromedea* 和 *Sarcodes sanpuinea* 的菌根均属 EM。MM 有菌套，有时菌套很厚，一般是多层的，内部结构紧密。哈蒂氏网仅存在于表皮组织。由哈蒂氏网和菌套长出的短菌丝能侵染表皮细胞，形成独特的"真菌钩"（fungal peg）结构。

6. 植物根系与 ECM 真菌形成的 ECM

ECM 具有菌套、哈蒂氏网、外延菌丝（extraradical hyphae）、菌索（rhizomorph）及菌核（sclerotium）等结构（图 4-15），并具有特殊的形状和颜色，顶端不具根冠，也没有根毛，所以肉眼容易观察 ECM。菌根颜色主要取决于 ECM 真菌种类的颜色，如土生空团菌 *Cenococcum geophilum* 形成的菌根，从幼嫩期到老熟期都不发生变化，始终是黑色；而粗质乳菇 *Lactarius deterrimus* 的菌根从幼嫩期到老熟期，颜色可由黄绿色变成深绿色；彩色豆马勃 *Pisolithus tinctorius* 形成的菌根基本上是黄褐色；多根硬皮马勃 *Scleroderma polyrhizum* 形成的菌根也是黄褐色；陆生卧孔菌 *Poria terrestris* 形成的菌根有蓝色、橘黄色或玫瑰色；而毒红菇 *Russula emetica* 形成的菌根则是粉红色。ECM 的颜色有时会因不同的寄主植物种类和环境而变化，在识别和区分时应当注意。

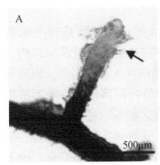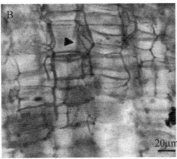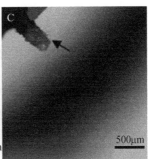

图 4-15　油松 Pinus tabuliformis 根系皮层细胞间定殖的 ECM 真菌（引自徐凤美，2014）

A 和 B. 网纹马勃 *Lycoperdon perlatum* 在根表形成的菌套（箭头）和胞间菌丝体（黑三角）；

C. 撕裂蜡孔菌 *Ceriporia lacerata* 形成的菌套（黑三角）

ECM 的分支与形状因寄主植物种类和 ECM 真菌的不同差异很大，有单轴状（或称棒状）、二叉分枝状、羽状、珊瑚状、塔状、块状、疣状或不规则状等。根据这些形态解剖特征，可以判断和辨别菌根的种类。

菌套是 ECM 的重要结构特征之一（图 4-16），菌丝体及孢子聚集在根系周围繁殖，层叠交织，紧紧地包围着吸收根，形成一层或厚或薄的菌丝层，即菌套。菌套重量可占细根重量的 25%~40%。因此，它不仅是吸收养分的器官，也是储藏养分的器官。菌套层的厚度变化较大，薄的仅几层松散的菌丝，厚的则有数十层菌丝，厚度可达 60~100μm，而有的很薄甚至几乎观测不到菌套。大多数菌套厚度为 30~40μm。菌套表面形状、颜色、质地也有很大变化，有的较光滑，有的呈絮状、网状或颗粒状。例如，粗质乳菇和沥青色乳菇 *Lactarius picinus* 在云杉上形成的菌根具有乳汁分泌物，这是识别乳菇属 *Lactarius* 真菌形成菌根的重要特征。菌套的特征随寄主和 ECM 真菌种类不同而变化。利用菌套的各种特征，可对某些菌根进行分类。例如，利用菌套的切面特征，如囊状体的类型、外延菌丝的颜色、壁的厚度与结构、菌丝体索状联合的有无及菌丝直径等，可建立专门的菌根分类系统。

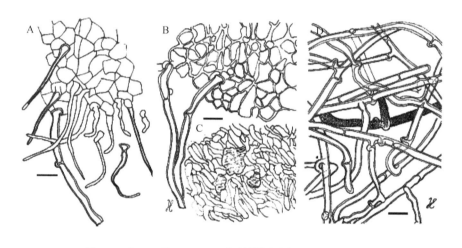

图 4-16　*Tomentella lapida* ECM解剖结构（引自Jakucs et al.，2015）

A. 未松开的、厚壁与薄壁的囊状体和松开的放射菌丝菌套表面；B. 具厚壁的多角细胞与松散放射菌丝的菌套外层；C. 密丝组织的菌套内层；D. 带菌丝尖端、表面疣状、钳夹和接合的放射菌丝。标尺 = 20μm

哈蒂氏网结构是 ECM 的重要结构特征，标志着 ECM 的形成，既是寄主植物与 ECM 真菌之间进行营养物质交换的场所，又是确定是否存在共生关系的重要结构。哈蒂氏网菌丝不进入细胞内部，而仅限于细胞间隙；如果有菌丝深入细胞内部，那就属于 EEM，而非 ECM，在实际观测中应注意辨别。幼嫩菌根哈蒂氏网菌丝体一般不扩展至内皮层，特别是被子植物；而裸子植物中，哈蒂氏网与菌套之间有时还可见到一层深色的细胞层，即单宁层，它是菌套将根冠细胞包围后形成的。这种单宁层由一层死亡的细胞组成，其中沉积着许多内含物。哈蒂氏网不会引起皮层组织细胞的形态变化，也不会把寄主细胞壁分开。电子显微镜观察证明，其胞间连丝仍保持着质体连续的特性。

外延菌丝是 ECM 的一个重要特征，如 *Dermocybe cinnamomea* 在挪威云杉 *Picea*

abies 上形成的 ECM 具有丰富的外延菌丝。菌套表面通常有各种形状的附属物，它们是由菌套表层菌丝延伸而形成，不同菌根外延菌丝的形状各不相同，有的呈毛状，有的呈絮状、珠网状、短刺状、长刺状或颗粒状等。外延菌丝的一些微观特征，如菌丝体类型、粗细、壁的特征、分隔及分枝方式等，有时也作为分类的依据。

根状菌索一般和菌套同色，从菌套表面伸出或贴着菌套生长，ECM 形成根状菌索的数量各不相同。红鳞口蘑 *Tricholoma vaccinum* 在挪威云杉上形成很多根状菌索。菌索表面往往有一些外延菌丝，它们在菌索表面的着生方式差别很大。有的菌索表面光滑，外延菌丝很少；有的外延菌丝则呈纤毛状着生在菌索四周；有的外延菌丝又同附近菌索的外延菌丝相结合，形成菌索之间的联结网。菌索与菌套联结部位也不同，有的ECM 真菌的菌索末端散开，形成松散的菌丝并与菌套呈一定夹角相连；有的菌索末端呈扇形散开与菌套相连；而有的菌索末端不散开，成束的与菌套多点相连；等等。菌索一般生于树皮下或地下，多由菌套表面菌丝体延伸而成，在土壤中可延伸很远的距离，有时可达数米之长。它不仅是养分运输和吸收的组织结构，而且具有繁殖作用，也可抵抗不良的环境条件。可见，菌索在菌根生理学上具有重要的意义，对水分及营养物质输送起着重要作用。

菌核通常是由子囊菌、担子菌及一些不产孢的有丝分裂孢真菌（mitosporic fungi）形成的繁殖器官，如土生空团菌形成菌根时往往在菌根之间或菌根周围的土壤中产生丰富的菌核。这些菌核表面有刚硬的菌丝伸出，其与菌套表面一样呈星状排列，对这类菌根仅凭菌核特征就可以确认。

7. 植物根系与 EEM 真菌形成的 EEM

EEM 的许多特点与 ECM 相似，但其细胞内菌丝已在多种树木根系中观察到有很强的侵染能力。EEM 兼有 EM 和 ECM 的一些结构特征，其主要发生在松树类植物上。不同于 ECM 和一些杜鹃花目植物上发现的菌根，EEM 有细胞内菌丝侵染现象，即菌丝既可进入根系皮层细胞内部，亦可在根表和细胞间隙生长发育。

另外，混合菌根属于复合共生体，在第七章给予讨论。

（二）植物与 DSE 形成的共生结构

深色有隔菌丝和微菌核是 DSE 在植物根内的两种典型的真菌结构。菌丝包括胞间菌丝和胞内菌丝，分布于植物根的表皮和皮层不进入维管束中，颜色深浅不一，常见为深棕色至浅棕色，且随着菌丝的延伸，颜色可逐渐变浅。菌丝壁较厚，具明显的横隔。菌丝直或曲，常伴有树枝状随意隆起的分枝。在深度定殖的根段中，菌丝常沿根的纵轴方向延伸，形成菌丝网络，密布于根的表皮和皮层内。偶见菌丝在细胞内沿细胞壁盘曲形成菌丝圈。部分菌丝末端膨大，形成类似于厚垣孢子的圆形细胞。除有色菌丝外，DSE 亦有浅色及透明菌丝，显微镜下这些菌丝易被忽视，用苏丹Ⅳ染色可见根内透明菌丝中的油滴。

微菌核通常呈"脑状""佩洛通玻璃状""迷宫状"等，由细胞壁加厚膨大的细胞紧密堆积形成，形状大小不一，颜色多为深棕色，偶见较浅的颜色，且同一微菌核团块的颜色并不均一，有深浅变化；分布于表皮、皮层细胞中或细胞间隙，少见于维管组织内，有时可见与其相连的菌丝。

（三）植物与印度梨形孢形成的共生结构

印度梨形孢通常在根系表皮细胞和根系附近的土壤中形成厚垣孢子，于根表形成菌丝网络，菌丝穿透根部表皮细胞壁或通过细胞间隙进入根组织内部形成不具有特征性的锁状结构和菌丝结的菌丝体。

（四）植物与其他共生真菌形成的共生结构

除了上述植物共生真菌之外，其他大量的共生真菌，无论是系统性的共生真菌还是局部侵染定殖的共生真菌，特别是系统性的共生真菌与植物共生通常不形成共生结构；绝大多数的其他共生真菌仅在植物组织表面、细胞间或 / 和细胞内形成一定数量的菌丝体或孢子等繁殖体。例如，罗伯茨绿僵菌可定殖菜豆根系皮层细胞间和细胞内形成菌丝体（图 4-17）。

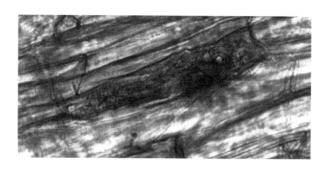

图 4-17　菜豆根皮层细胞内定殖的罗伯茨绿僵菌菌丝体（引自 Sasan and Bidochka，2012）

用球孢白僵菌 11-98 菌株的分生孢子对番茄、食荚菜豆和棉花等的种子进行处理后播种，通过选择性培养基和平板培养技术在番茄、食荚菜豆和棉花幼苗的根部、茎秆和叶片上均能分离到该菌，并且分离的比例与种子上分生孢子的浓度相关，分生孢子浓度越大，从植物组织上分离到的比例越大。最近已证明绿僵菌如金龟子绿僵菌 *Metarhizium anisopliae*、罗伯茨绿僵菌、棕色绿僵菌和贵州绿僵菌同时也是植物的共生真菌（刘少芳，2015）。另外，中国多篇论文报道虫生真菌如拟青霉属 *Paecilomyces* 的真菌可定殖植物根围。2004 年祝明亮等报道的盆栽试验结果表明，淡紫拟青霉 *Paecilomyces lilacinus* IPC 菌株可以定殖于烤烟根围、根表和根内。而关于这些植物共生真菌形成的共生结构特征有待进一步研究。

第二节　植物共生真菌

真菌可能由原始鞭毛生物进化而来，即鞭毛生物→壶菌→ 接合菌→子囊菌→担子菌；其营养与生活上的进化路线则可能是腐生→兼性寄生→专性寄生→共生。通常，每种植物上定殖有 4~6 种真菌。据此，1991 年 Hawksworth 估计地球上至少分布着 100 万 ~150 万种真菌。考虑到很多真菌尚难以分离培养，结合分子生物学技术的分类鉴定，全世界也许存在 160 万种真菌。真菌界所有门，特别是球囊菌门、接合菌门、子囊菌门和担子菌门的真菌均能以各种方式与植物共生。

一、植物共生真菌的种类

植物共生真菌种类繁多，涉及真菌界的大多数物种，具有丰富的物种多样性。由于不同类群的植物共生真菌形态特征与生物学特性各异，特别是与植物构建共生体系后会呈现更大的差别，因此，在植物共生真菌，尤其是菌根真菌的分类鉴定过程中有时需要考虑到植物与真菌构建的共生体特征。

（一）菌根真菌

所谓菌根真菌是指习居土壤，并能侵染定殖植物根系形成互惠共生体即菌根的所有真菌的统称。真菌界中，菌根真菌隶属于球囊菌门、担子菌门、子囊菌门、接合菌门和有丝分裂孢真菌等，几乎涉及真菌界所有门类。业已证实，菌根真菌与植物根系建立的共生体类型多样，所涉及的菌根真菌的生物学特性、形态特征和系统发育各异，导致在其分类上存在一定难度。进入 21 世纪，随着科技的进步与分类手段的完善，菌根真菌的分类特别是 AM 真菌的分类近年来有了快速的发展。

1. AM 真菌

AM 真菌是一类起源、演化相对独立的真菌，是专性活体营养的植物共生真菌，目前尚不能纯培养，只有侵染定殖活体植物根系形成共生体后才能产生孢子，完成生活史。这在一定程度上限制了该类真菌分类学的发展。AM 真菌的分类地位和分类系统从 Link 在 1809 年建立的内囊霉属 *Endogone* 至今经历了复杂多变的过程。现代分子生物学和生化技术在分类学中的广泛应用，使得 AM 真菌分类概念、分类方法和分类系统均有了长足的发展。特别是近十余年来，球囊菌门 AM 真菌分类学进展迅速，其分类系统不断更新，Stürmer 等（2013）以时间（从 1845 年至今）为主线，将其划分为 4 个阶段。他认为晚近的系统发育综合阶段（从 2001 年至今）进入了采用表型特征与多拷贝 rRNA 基因序列的基因特性相结合的新分类阶段。AM 真菌分类系统在 2001~2013 年进行了 4 次更新：2001 年，Schüßler 等在菌物界（Kingdom Fungi）新建球囊菌门 Glomeromycota，下设 1 纲 4 目 7 科 9 属；于此基础上，2010 年 Walker 和 Schüßler 又新增 4 科 9 属；Oehl 等（2011）根据 AM 真菌 DNA 序列与形态学特征的综合分析，进一步调整了球囊菌门分类系统，下设 3 纲 5 目 14 科 26 属。而目前最新 AM 真菌分类系统为 1 纲 4 目 11 科 29 属（Redecker et al., 2013）（表 4-1）。其中，物种数最多的仍是球囊霉属 *Glomus*，其次为无梗囊霉属 *Acaulospora*。

表 4-1　菌物界球囊菌门 AM 真菌最新分类系统

球囊菌门 Glomeromycota 球囊菌纲 Glomeromycetes 目（4）	科（11）	属（29）
球囊霉目 Glomerales	球囊霉科 Glomeraceae	多氏囊霉属 *Dominikia*
		斗管囊霉属 *Funneliformis*

续表

球囊菌门 Glomeromycota 球囊菌纲 Glomeromycetes 目（4）	科（11）	属（29）
多样孢囊霉目 Diversisporales	近明球囊霉科 Claroideoglomeraceae	球囊霉属 *Glomus*
		卡氏囊霉属 *Kamienskia*
		根孢囊霉属 *Rhizophagus*
		硬囊霉属 *Sclerocystis*
		隔球囊霉属 *Septoglomus*
		近明球囊霉属 *Claroideoglomus*
	巨孢囊霉科 Gigasporaceae	葱状囊霉属 *Bulbospora**
		盾孢囊霉属 *Cetraspora*
		齿盾囊霉属 *Dentiscutata*
		巨孢囊霉属 *Gigaspora*
		内饰孢囊霉属 *Intraornatospora***
		类齿盾囊霉属 *Paradentiscutata***
		裂盾囊霉属 *Racocetra*
		盾巨孢囊霉属 *Scutellospora*
	无梗囊霉科 Acaulosporaceae	无梗囊霉属 *Acaulospora*
	和平囊霉科 Pacisporaceae	和平囊霉属 *Pacispora*
	多样孢囊霉科 Diversisporaceae	伞房球囊霉属 *Corymbiglomus***
		多样孢囊霉属 *Diversispora*
		耳孢囊霉属 *Otospora***
		雷德克囊霉属 *Redeckera*
		三孢囊霉属 *Tricispora***
	囊孢囊霉科 Sacculosporaceae	囊孢囊霉属 *Sacculospora***
类球囊霉目 Paraglomerales	类球囊霉科 Paraglomeraceae	类球囊霉属 *Paraglomus*
原囊霉目 Archaeosporales	地管囊霉科 Geosiphonaceae	地管囊霉属 *Geosiphon*
	双型囊霉科 Ambisporaceae	双型囊霉属 *Ambispora*
	原囊霉科 Archaeosporaceae	原囊霉属 *Archaeospora*
未确定分类地位		内养囊霉属 *Entrophospora*

注：带 * 者为证据不足的属；带 ** 者为证据不足且无正式认可的属。

在 AM 真菌系统发育分类重建的基础上，结合当前国际上 AM 真菌分类的权威学者及相关网站（国际 AM 真菌保藏中心 INVAM http：//invam. caf. wvu. edu/，2017.3；Arthur Schüßler 教授 http：//www. amf-phylogeny. com/，2017.3；波兰农业大学 Janusz Blaszkowski 教授 http：//www. zor. zut. edu. pl/Glomeromycota，2017.3）上公布的详细 AM 真菌分类列表与权威发布的全球所有公开发表的 AM 真菌菌种名称的情况，王幼珊和刘润进（2017）全面、系统和规范地给出了全球范围内全部已知和公认的 AM 真菌的拉丁文学名和中文学名，从而规范了 AM 真菌的中文命名，大大方便和促进了中国学者的研究与学术交流。

AM 真菌属于功能生物，是土壤生物主要功能组分，广泛分布于各陆地生态系统中，对促进生物间物质交换、能量流动、信息传递，以及保护生物多样性、保持生态系统可持续生产力、提高环境安全性有不可替代的重大作用。因此，从 20 世纪开始人们就一直在收集 AM 真菌的种质资源，并不断有新种报道。例如，Błaszkowskia 等（2015）报道了新种四层球囊霉 *Glomus tetrastratosum*。据 2006 年 Borstler 等学者的估计，全球可能共有 1250 种 AM 真菌，而目前全世界仅分离鉴定了约 300 种。可见，AM 真菌资源分布与分离鉴定的工作任重而道远。

土壤中分布着众多属种的菌根真菌。利用分子生物学技术，人们广泛开展了土壤中 AM 真菌群落结构研究。这在一定程度上反映了土壤中 AM 真菌群落结构特征。中国在 AM 真菌多样性、资源分布和群落结构等方面开展了大量研究工作。2004 年盖京苹等从河北、山东农田土壤中分离到 AM 真菌 5 属 22 种，其中以球囊霉属频度最高，其次为无梗囊霉属，优势种为幼套近明球囊霉 *Claroideoglomus etunicatum* 和摩西斗管囊霉；2009 年 Wang 等从四川农田鉴定出 6 属 30 种 AM 真菌，表明农田土壤具有丰富的 AM 真菌物种多样性。随着研究的深入，研究者开始关注土壤中 AM 真菌群落结构特征。分子生物学技术的发展和完善为菌根真菌的分类鉴定及研究菌根真菌群落特性提供了可行的方法。

中国 AM 真菌物种多样性十分丰富，并具有一定地域独特性，已分离鉴定获得 9 属（无梗囊霉属、原囊霉属 *Archaeospora*、多样孢囊霉属 *Diversispora*、内养囊霉属 *Entrophospora*、巨孢囊霉属、球囊霉属、和平囊霉属 *Pacispora*、类球囊霉属 *Paraglomus* 和盾巨孢囊霉属）13 新种和 150 余个新记录种，约占全球已报道球囊菌门 AM 真菌种数的一半，说明中国 AM 真菌物种资源十分丰富，在全面了解我国 AM 真菌的属种分布特点、物种多样性状况及其促进相关研究等方面发挥了重要作用，展现出中国生物多样性研究的巨大优势、资源收集与保藏的巨大潜力。目前中国已保藏 AM 真菌种质资源 23 种。这些种是从中国的 45 个地区 50 余种寄主植物根区土壤中，以高粱为寄主植物，采用诱集培养、单孢培养、扩繁培养和形态学鉴定到种，共分离得到 AM 真菌 135 株（王幼珊等，2012；2016），保藏在北京市农林科学院植物营养与资源研究所的"丛枝菌根真菌种质资源库"（Bank of Glomeromycota in China，BGC），并通过"国家微生物资源平台"实现共享服务。

晚近研究者更加关注植物根内 AM 真菌群落结构。因为事实上只有部分 AM 真菌能侵染植物根系（Liu et al.，2009），形成菌根而发挥作用。也正是能够侵染根系的菌根真菌群落才可能发挥着更大、更直接的生理生态功能。2002~2010 年发表的有关 AM 真菌群落研究报告中，报道根内群落的占 71%，土壤中的占 22%，土壤和根内的占 7%。例如，Öpik 等（2013）测定了全球不同生态系统中植物根内 AM 真菌群落组成，52 种植物根内共定殖 95 个 AM 真菌的分类单位（taxa）。Sasvári 等（2011）研究了生长在单作 50 年土壤中的玉米根内的 AM 真菌群落结构，从免耕不施肥小区玉米根内鉴定出 16 个假定分类单元（OTU），施无机肥小区 9 个 OTU，秸秆还田小区 13 个 OTU；系统发育分析表明，22 个 OTU 属于球菌门原囊霉科、球囊霉科和类球囊霉科；*Glomus* group A 真菌是玉米根内 AM 真菌群落的优势组分。红树林生境的不同潮间带均分布的 3 种红树其根内检测到 23 个 AM 真菌分类单位（Wang et al.，2011c）。因此，植物根内的菌根真菌群落结构特征是当前生物共生学基础研究的重要内容之一。

AM 真菌目前尚未获得纯培养。这也有待从研究该类真菌孢子发育特点入手，以逐步揭开纯培养的神秘面纱。最近，我们在试验中观察到一种 AM 真菌的厚垣孢子内形成很多新孢子（图 4-18）。这是否意味着 AM 真菌产孢可能具有不同的机制与养分需求？这一现象是偶然的还是必然的？这是否暗示了 AM 真菌具有一定的可培养性？这些问题值得进一步关注。

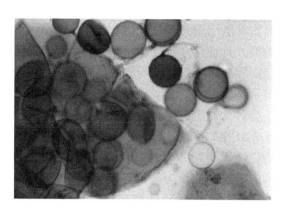

图 4-18　一种 AM 真菌（*Glomus* sp.）在厚垣孢子内的产孢情况

2. ECM 真菌

ECM 真菌隶属于担子菌门、子囊菌门、少数有丝分裂孢真菌和接合菌，其中以担子菌门中的高等真菌为主，并集中于：牛肝菌科牛肝菌属 *Boletus*、乳牛肝菌属 *Suillus* 和疣柄牛肝菌属 *Leccinum*，红菇科乳菇属 *Lactarius*、红菇属 *Russula*，丝膜菌科丝膜菌属 *Cortinarius*，白蘑科口蘑属 *Tricholoma*，鹅膏科鹅膏菌属 *Amanita*，铆钉菇科铆钉菇属 *Gomphidus*，喇叭菌科鸡油菌属 *Cantharellus*、喇叭菌属 *Craterellus*，豆马勃菌科豆马勃属 *Pisolithus*，硬皮马勃科硬皮马勃属 *Scleroderma*，蜡伞科蜡伞属 *Hygrophorus*，珊瑚菌科枝瑚菌属 *Ramaria* 等。ECM 真菌在子囊菌门中主要分布在块菌科块菌属 *Tuber* 和须腹菌科须腹菌属 *Rhizopogon*。

ECM 真菌物种丰富。全球约 40 科 100 属 6000 种真菌可与植物形成 ECM，其中，中国共发现 40 科 80 属近 600 种 ECM 真菌，包括网盖金牛肝菌 *Aureoboletus reticuloceps*、甘肃牛肝菌、黑牛肝菌 *Boletus nigricans*、贵州华牛肝菌 *Sinoboletus guizhouensis*、广东大团囊菌、突癌大团囊菌、粗壮蜡伞菌 *Hygrophorus robustus*、屑状块菌 *Tuber furfuraceum*、井冈块菌、阔孢块菌 *Tuber latisporum*、刘氏块菌 *Tuber liui*、脐凹块菌 *Tuber umbilicatum*、西藏块菌 *Tuber xizangense*、中甸块菌 *Tuber zhongdianense* 等新菌种，而优势属为鹅膏属、牛肝菌属、丝膜菌属、乳菇属、红菇属和口蘑属等。它们中的 3/4 与不同针叶树木共生（其中 1/3 与松树共生），而其他与桦树、栲树、木麻黄、桉树、栎树和杨树等共生（Lian et al.，2007；栾庆书等，2008）。

块菌属真菌是重要的 ECM 真菌，全球约 180 种（Bonito et al.，2010），中国 40 余种（戴玉成和庄剑云，2010），主要分布在欧洲、美洲、亚洲的北温带和寒带地区，中国块菌资源主要分布在四川和云南。2007年陈娟结合形态学和基于mDNA-LSU、ITS及β-tubulin三个序列的单独与联合分析发现，块菌属下各类群的系统关系与子囊果表面特征（如颜色、疣突、绒毛、粗糙或光滑）及子囊孢子的特征（如大小、形状和表面纹饰等）有显著相关性；将块菌属划分为4个新组，即勃氏块菌组 Tuber sect. Borchii、块菌组 Tuber sect. Tuber、刺-网孢块菌组 Tuber sect. Spinoreticulatum 和夏块菌组 Tuber sect. Aestivum；因此，在确定重要分类特征的变异范围和定义种的分类界限时应综合形态及分子生物学的证据。

3. OM 真菌

OM真菌菌丝分隔，有些可形成子实体，可纯培养。种类涉及4门7纲14目50属，其中，主要属于有丝分裂孢真菌和担子菌门，有丝分裂孢真菌中的无孢科和丛梗孢科的种类最多，子囊菌门和接合菌门有少量的报道。担子菌门主要集中于银耳亚纲 Tremellomycetidae 和伞菌亚纲 Agaricomycetidae。已报道的OM真菌绝大部分属于有丝分裂孢真菌和担子菌，如伏革菌属 Corticium、小皮伞属 Marasmius、角担菌属 Ceratobasidium、密环菌属 Armillaria、假密环菌属 Armillariella、层孔菌属 Fomes、蜡壳菌属 Sebacina 等。中国共分离到大约100种OM真菌新类群或新种，如开唇兰小菇 Mycena anoectochila、石斛小菇 Mycena dendrobii 和兰小菇 Mycena orchidicola 等，其中多为担子菌和有丝分裂孢真菌。例如，从香港黄花美冠兰、叶兰、鹭兰和香港绶草根系分离到21株丝核菌状菌株，rDNA片段分析为角菌根菌属 Ceratorhiza 和瘤菌根菌属 Epulorhiza。

4. 其他菌根真菌

ARM真菌大多数都为针叶树上的ECM真菌，如赞氏丝膜菌 Cortinarius zakii、西方黄丝膜菌 Cortinarius aureifaliius var. hesperus、大毒黏滑菇 Hemebeloma crustulinforme、漆蜡蘑 Laccaria laccata、血红乳菇 Lactarius sanguifluus、黄色陆生卧孔菌 Poria terrestris var. subluteus、蓝色陆生卧孔菌 P. terrestris var. cyaneus、疣革菌 Thelephora terrestris、葡萄紫色须腹菌 Rhizopogon vinicolor、彩色豆马勃 Pisolithus tinctorius、硫磺伏革菌 Corticcium bicolor 和土生空团菌等。

从杜鹃花科 Ericaceae 和尖苞树科 Epacridaceae 的许多属植物毛根中已分离出各种不同的真菌。这些真菌在各种培养基上一般生长慢，许多种类生成黑色菌丝。Hymenoscyphus ericae 能与杜鹃花科的许多植物形成ERM。根据节孢子的特点，将该真菌归为节格孢属 Scytalidium。该真菌在培养过程中还能产生有性繁殖结构，分子证据证实至少节格孢属的一个分离物是有性型的变形，即 H. ericae。从尖苞树科植物的毛根上也分离到一些真菌，多数真菌的菌丝在培养基上呈丛霉状，但颜色从白色到粉色甚至黑色均有。尖苞树科上的真菌分离物锤舌菌属 Hymenoscuphus、树粉孢属 Oidiodendron 和杜鹃花科上的分离物在基因型上很相似，而且有事实表明一些属于担子菌的真菌种类也能与植物形成ERM。

5. DSE

DSE是定殖于植物根内、菌丝深色、有黑色素沉淀并有隔膜、能够纯培养的、具有严格的根部定殖模式的一类植物共生真菌。DSE绝大多数属于子囊菌，其中数目较多的是柔膜菌目类真菌和座壳菌目中的巨座壳科真菌。已发现的DSE在形态学分类上约13属近30种，分别归属于 *Cadophora*、暗梗单孢霉属 *Chloridium*、拟隐孢壳属 *Cryptosporiopsis*、外瓶霉属 *Exophiala*、异参孢属 *Heteroconium*、*Leptodontidium*、树粉孢属 *Oidiodendron*、瓶霉属 *Phialophora*、节格孢属和短梗蠕孢属 *Trichocladium* 等。DSE 寄主范围广，超过110科329属600种植物的根系中均发现DSE（Jumpponen and Trappe，1998）。例如，袁志林（2010）自疣粒野生稻 *Oryza granulata* 分离的共生真菌稻镰状瓶霉 *Harpophora oryzae*。

　　DSE 真菌定殖于植物的根部和土壤中，寄生在植物根组织活的细胞内，直接从寄主体内吸取营养物质，不能自养，属于活体营养方式。其以水平传播的方式传播菌丝片段及散落的分生孢子。绝大多数的 DSE 真菌有性态与无性态（anamorphic）之间的联系还不清楚，但有性生殖的可能性不应忽略。虽然一些 DSE 真菌容易分离和进行纯

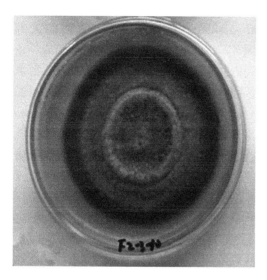

图4-19　PDA平板上培养2周的DSE
真菌*Phoma leveillei*

培养（图4-19），但大多数 DSE 真菌无论是在自然条件下还是人工培养条件下均以无性态存在，给鉴定带来了困难。所以诱导产孢或有性阶段成为解决 DSE 真菌形态学分类的难点。作为真菌传统形态学分类鉴定中的重要指标的真菌产孢结构和方式、孢子形态特征等分类依据的缺乏，使得大多数不产孢的 DSE 真菌很难通过形态学进行鉴定。因此，借助分子生物学手段进行 DSE 真菌分类鉴定是十分必要和有价值的（图4-20）。此外，DSE 真菌的分类地位尚未确定，有待继续开展研究以取得分类学上的突破。这对于探明和收集自然界中丰富的 DSE 真菌资源，以及高效菌种筛选与应用具有重要意义。

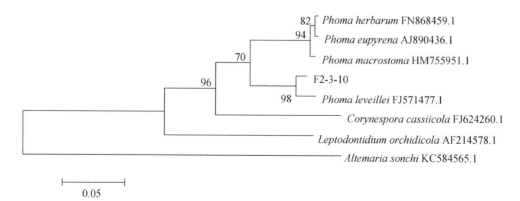

图4-20　为了鉴定黄瓜根样中DSE真菌的种类，根据ITS1-5.8S-ITS2序列做的邻接进化树。分支上的数字是从1000引导重复生成的值。引导值的50%表示在分支节点上（引自：Hu et al.，2017）

6. 印度梨形孢

印度梨形孢为担子菌门层菌纲腊壳耳目 Sebacinales 梨形孢属 *Piriformospora* 的一种丝状定殖植物根部的共生真菌，从 AM 真菌的厚垣孢子中分离获得。该真菌与丝核菌 *Rhizoctonia* spp. 具有较近的亲缘关系。孢子是鉴别该真菌最重要的特征（图 4-21）。印度梨形孢可以纯培养，主要依靠无性繁殖，只形成厚垣孢子，未见有性阶段，但可以快速地形成菌丝融合。典型的厚垣孢子梨形，长（14）16~25（33）μm、宽（9）10~17（20）μm；成熟孢子壁双层，光滑，淡黄色，厚 1.5μm，含有 8~25 个细胞核。细胞结构比较简单，其细胞核内至少有 6 条染色体，基因组大小为 15.4~24Mb（毛克克，2011）。

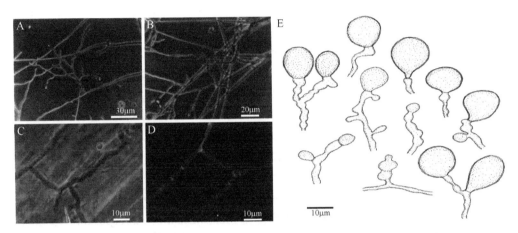

图 4-21　印度梨形孢*Piriformospora indica*的形态特征(引自Verma et al., 1998)

A. MM 培养基；B. Moser B 培养基；C. 玉米根系表面；D. MM2 培养基。A 和 B 为不染色的菌丝体，C 为台盼蓝染色的菌丝体，D 为荧光染色的菌丝体，E 为梨形厚垣孢子

7. 木霉

2004 年 Harman 等报道了一些木霉菌是植物的共生真菌。现已证实一些种类如哈茨木霉、绿色木霉 *Trichoderma viride* 和绿木霉 *Trichoderma virens* 等能侵染定殖植物根系形成互惠共生体。木霉属 *Trichoderma* Pers. 真菌的有性阶段隶属于子囊菌门 Ascomycota 粪壳菌纲 Sordariomycetes 肉座菌目 Hypocreales 肉座菌科 Hypocreaceae 肉座菌属 *Hypocrea*，是子囊菌的重要类群之一；无性阶段则隶属于有丝分裂孢真菌丝孢目木霉属。常见的木霉菌落开始时为白色、致密、圆形，向四周扩展，后从菌落中央产生绿色孢子，中央变成绿色，菌落周围有白色菌丝的生长带，最后整个菌落全部变成绿色。绿色木霉菌丝白色，纤细，产生分生孢子。分生孢子梗垂直对称分枝，分生孢子单生或簇生，圆形，绿色；菌落外观深绿色或蓝绿色；绿色木霉分生孢子梗有隔膜，垂直对生分枝；产孢瓶体端部尖削，微弯，尖端生分生孢子团，含孢子 4~12 个，分生孢子无色，球形至卵形；适应性很强，孢子在 PDA 培养基平板上 24℃时萌发，菌落迅速扩展，特别在高温、高湿条件下几天内木霉菌落可遍布整个料面；pH 为 4~5 的条件下生长最快；25~30℃菌丝生长最快，15~30℃孢子萌发率最高，高温对菌丝生长和萌发有利。木霉具有较强分解纤维素的能力，绿色木霉通常能够产生高度活性的纤维素酶，对

纤维素的分解能力很强。

8. 白僵菌和绿僵菌

在真菌分类体系中白僵菌一直属于有丝分裂孢真菌门丝孢纲 Hyphomycetes 丛梗孢目 Moniliales 丛梗孢科 Moniliaceae 白僵菌属 Beauveria。白僵菌属是 1912 年 Vuillemin 在前人研究的基础上最终命名的。但随着对白僵菌分子进化和系统发育的研究，又将白僵菌重新进行了归类组合。2001 年李增智等首次发现了球孢白僵菌的有性型，故将白僵菌归属于子囊菌门 Ascomycota 盘菌亚门 Pezizomycotina 粪壳菌纲 Sordariomycetes 肉座菌亚纲 Hypocreomycetidae 肉座菌目 Hypocreales 虫草菌科 Cordycipitaceae 虫草属 Cordyceps，包括布氏白僵菌 Beauveria brongniartii、多形白僵菌 Beauveria amorpha、苏格兰白僵菌 Beauveria caledonica、黏孢白僵菌 Beauveria velata、蠕孢白僵菌 Beauveria vermiconia。中国已分离球孢白僵菌、布氏白僵菌、多形白僵菌和苏格兰白僵菌 4 种，其中前两者比较常见（高红等，2011）。

1883 年 Sorokin 建立了绿僵菌属，但直到 1991 年 Liang 等才首次报道了戴氏虫草，诱发虫草次生子囊孢子进行微循环产孢观察，获得并确定这种虫草的无性型为戴氏绿僵菌，Liu 等从 C. brittlebankisodes 虫草中发现了其无性型绿僵菌后更进一步证实了绿僵菌和虫草之间有无性型和有性型的联系。根据有性型优先的原则，其系统分类地位应为子囊菌门核菌纲球壳菌目麦角菌科。绿僵菌属目前有 13 种，分别是金龟子绿僵菌 Metarhizium anisopliae、黄绿绿僵菌 Metarhizium flavoviride、白色绿僵菌 Metarhizium ablum、棕色绿僵菌 Metarhizium brunneum、贵州绿僵菌 Metarhizium guizhouense、平沙绿僵菌 Metarhizium pingshaense、柱孢绿僵菌 Metarhizium cylindrosporum、翠绿绿僵菌 Metarhizium iadini、大孢绿僵菌 Metarhizium majus、蝗绿僵菌 Metarhizium acridum、Metarhizium frigidum、鳞腮绿僵菌 Metarhizium lepidiotae 和 Metarhizium globosum。其中，黄绿绿僵菌包括 4 个变种。中国已分离到贵州绿僵菌、平沙绿僵菌、柱孢绿僵菌和翠绿绿僵菌 4 种（全宇等，2011）。

9. 禾草共生真菌

广义的禾草共生真菌包括隶属于子囊菌门核菌纲肉座菌目麦角菌科 Clavicipitaceae 的香柱菌属 Epichloë 及其无性态 Neotyphodium 属的真菌，以及其他包括侵染定殖根系的如菌根真菌、DSE 和印度梨形孢等共生真菌，还有侵染地上部的除了香柱菌属 Epichloë 及其无性态 Neotyphodium 属以外的其他共生真菌。本部分的禾草共生真菌特指香柱菌属及其无性态属的真菌。Leuchtmann 等（2014）通过基因序列、形态特征和真菌命名法则，将已发表鉴定的 18 种有性世代香柱菌属和 25 种无性世代 Neotyphodium 真菌均划分为香柱菌属共生真菌，Neotyphodium 属因暂时没有发现其有性世代，也被冠以香柱菌属。

当前，全世界已报道的香柱菌属共生真菌 14 种，其中，中国 2 种。这些共生真菌与燕麦族、短颖草族、短柄草族、雀麦族、臭草族、早熟禾族和小麦族 7 族至少 20 属的禾本科早熟禾亚科 Poöideae 植物共生。Neotyphodium 属 23 种 5 变种，其中，中国 5 种。该属真菌与剪股颖族、燕麦族、雀麦族、臭草族、早熟禾族、针茅族和小麦族 7 族至少 19 属的禾本科植物共生（Leuchtmann et al., 2014）。从甘肃的醉马草 Achnatherum inebrians 中分离得到共生真菌 Epichloë gansuense（Li et al., 2004），从新疆的醉马草分离得到

Epichloë gansuense var. *inebrians*；从鹅观草属 *Roegneria*、拂子茅属 *Calamagrostis*、羊茅属 *Festuca*、早熟禾属 *Poa* 植物及羽茅 *Achnatherum sibiricum* 上相继发现了 8 种香柱菌属共生真菌（Chen et al., 2009；Ji et al., 2009；Kang et al., 2011）。表 4-2 是已知的香柱菌属及其无性态 *Neotyphodium* 属的共生真菌种类及其寄主植物（金文进等，2015）。

表 4-2 除菌根真菌、DSE 真菌和印度梨形孢等以外的禾草共生真菌及其共生禾草

共生真菌		共生禾草	分布
种名	异名		
Epichloë amarillan		楔鳞茅属 *Sphenopholis*	北美洲
		剪股颖属 *Agrostis*	
		拂子茅属 *Calamagrostis*	
E. baconii		剪股颖属	欧洲、英国
		拂子茅属	
E. brachyelytri		短颖草属 *Brachyelytrum*	北美洲
E. bromicola	*E. yangzii*	雀麦属 *Bromus*	
		赖草属 *Leymus*	
		三柄麦属 *Hordelymus*	瑞士
		鹅观草属 *Roegneria*	欧洲
		冰草属 Agropyron	中国
		披碱草属 *Elymus*	
		赖草属 *Leymus*	
E. elymi		披碱草属	北美洲
		雀麦属	美国密苏里州
		猬草属 *Hystrix*	美国得克萨斯州
			美国肯塔基州
E. festucae		羊茅属 *Festuca*	北美洲、亚洲
			欧洲、瑞士
			大洋洲、澳大利亚
			新西兰、欧洲
E. festucae var. *lolii*	*N. lolii*	黑麦草属 *Lolium*	法国、荷兰
			西班牙、北美洲
			亚洲、北非
E. glyceriae		甜茅属 *Glyceria*	北美洲、纽约
			美国印第安纳州
E. liyangensis		早熟禾属 *Poa*	亚洲、中国
E. sylvatica		短柄草属 *Brachypodium*	欧洲、瑞士
		三柄麦属 *Hordelymus*	亚洲、中国
			日本

续表

共生真菌		共生禾草	分布
种名	异名		
E. sylvatica subsp. pollinensis		三柄麦属 黄花茅属 Anthoxanthum	欧洲、瑞士
E. typhina		短柄草属 鸭茅属 Dactylis 黑麦草属 梯牧草属 Phleum 早熟禾属 碱茅属 Puccinellia	欧洲、瑞士 法国、北美洲 亚洲、中国 日本
E. typhina subsp. clarkii	E. clarkii	绒毛草属 Holcus	欧洲、瑞士 欧洲、加拿大
E. typhina subsp. poae	E. poae	早熟禾属	北美洲、美国新泽西州、美国阿拉斯加州
E. typhina var. aonikenk		雀麦属	南美洲、阿根廷
E. typhina var. ammophilae	N. typhinum var. ammophilae	固沙草属 Ammophila	北美洲
E. typhina var. canariensi	N. typhinum var. canariense	黑麦草属	非洲、卡纳里岛
E. typhina var. huerfana	N. huerfanum	羊茅属	北美洲
E. cabralii		梯牧草属	南美洲、阿根廷
E. canadensis		披碱草属	北美洲
E. danica			
E. disjuncta		三柄麦属	欧洲
E. hordelymi			
E. aotearoae	N. aotearoae	刺猬草属	欧洲、新英格兰 大洋洲、新西兰 澳大利亚
E. australiensis	N. australiense	刺猬草属	欧洲、大洋洲 澳大利亚 澳大利亚新南威尔士州
E. coenophiala	N. coenophialum	黑麦草属 羊茅属	欧洲 西班牙、波兰 葡萄牙、北美洲
E. chisosa	N. chisosum	针茅属 Stipa 芨芨草属 Achnatherum	北美洲

共生真菌		共生禾草	分布
种名	异名		
E. funkii	N. funkii	芨芨草属	北美洲
E. gansuensis	N. gansuense	芨芨草属	亚洲、中国
E. gansuensis var. inebrians	N. gansuense var. inebrians		
E. guerinii	N. guerinii	臭草属 Melica	欧洲
E. melicicola	N. melicicola	臭草属	非洲、南非
E. mollis	N. typhinum	绒毛草属 Holcus	欧洲
E. occultans	N. occultans	黑麦草属	欧洲、北非 大洋洲、新西兰
E. pampeana	N. pampeanum	雀麦属	南美洲
E. schardlii	N. schardlii	单蕊草属 Cinna	北美洲 美国印第安纳州
E. siegelii	N. siegeli	羊茅属、黑麦草属	欧洲、德国
E. sibiric	N. sibiricum	芨芨草属	亚洲、中国
E. sinica	N. sinicum	鹅观草属	亚洲、中国 日本
E. sinofestucae	N. sinofestucae	羊茅属	亚洲、中国
E. stromatolonga	N. stromatolongum	拂子茅属	亚洲、中国
E. tembladerae	N. tembladerae	早熟禾属、羊茅属 雀麦属、臭草属 梯牧草属	南美洲、阿根廷
E. uncinata	N. uncinatum	羊茅属、黑麦草属	欧洲、西班牙

10. 红豆杉共生真菌

1993 年 Stierle 等从短叶红豆杉 *Taxus brevifolia* 的茎韧皮部分离到一株产紫杉醇（taxol）的植物共生真菌——安德氏紫杉霉 *Taxomyces andreanae*。该共生真菌在培养中能产生紫杉醇和其他紫杉烷类抗肿瘤化合物。已从短叶红豆杉、西藏红豆杉 *Taxus wallichiana*、欧洲红豆杉 *Taxus baccata*、红豆杉 *Taxus chinensis*、南方红豆杉 *Taxus chinensis* var. *mairei*、云南红豆杉 *Taxus yunnanensis* 和东北红豆杉 *Taxus cuspidata* 等红豆杉属，以及非红豆杉属的落羽杉 *Taxodium distichum*、榧树 *Torreya grandifolia*、榛子 *Corylus heterophylla* 和瓦勒迈杉 *Wollemia nobilis* 中分离到多种能产生紫杉醇及其衍生物的共生真菌。从曼地亚红豆杉 *Taxus media* 中分离得到 6 株能够产生紫杉醇的曼地亚红豆杉共生真菌，分别属于黑孢 *Nigrospora* sp.、青霉 *Penicillium* sp.、曲霉 *Aspergillus* sp.、头孢霉 *Cephalosporium* sp.、枝孢 *Cladosporium* sp. 和拟茎点霉 *Phomopsis* sp.（郭

俊柯，2012）。已从紫杉属中分离出 22 种 29 株产紫杉醇的共生真菌，如树状多节孢 *Nodulisporium sylviforme*、链格孢菌 *Alternaria* spp. 和头孢霉 *Cephalosporium* spp.。从各种红豆杉中最常分离到的共生真菌是拟盘多毛孢属真菌 *Pestalotiopsis* spp.，最多见的一种是小孢拟盘多毛孢 *Pestalotiopsis microspora*；从东北红豆杉、三尖杉、南方红豆杉、香榧、云南桃儿七、川八角莲和南方山荷叶中也分离到具有产生抗肿瘤活性物质能力的共生真菌菌株。这表明，产生紫杉醇的共生真菌具有丰富的物种多样性。

11. 麝香霉

2001 年 Worapong 等从位于洪都拉斯植物园的樟树 *Cinnamomum* sp. 枝条中首次分离获得白色麝香霉 *Muscodor albus*，为植物共生真菌。该真菌在 PDA 培养基或其他培养介质上产生白色毛毡状菌丝体，其粗细不一，绳索状相互缠绕交织生长，从而形成更加复杂的组织；菌丝体不形成有性或无性孢子，也不形成厚垣孢子或菌核等繁殖结构，但产生具有抗菌活性的 VOC，由此建立了麝香霉属。可采用分子生物学方法对其进行分类鉴定，通过 ITS 分析其核糖体 5.8S 和 18S rDNA 序列，发现该真菌与炭角菌科真菌有 96%~98% 的同源性，但与该科内其他已发现的真菌 rDNA 序列没有完全相同的，故将其确定为子囊菌门核菌纲炭角菌目 Xylariales 炭角菌科 Xylariaceae 麝香霉属 *Muscodor* 白色麝香霉。麝香霉属广泛分布于中美洲、南美洲、东南亚和澳大利亚的热带木本植物、藤本植物和草本植物中。全球已分离获得 12 种麝香霉：白色麝香霉（图 4-22）、粉红麝香霉 *Muscodor roseus*、保力藤麝香霉 *Muscodor vitigenus*、波浪麝香霉 *Muscodor crispans*、尤卡旦麝香霉 *Muscodor yucatanensis*、凤阳麝香霉 *Muscodor fengyangensis*、肉桂麝香霉 *Muscodor cinnamomi*、卡莎麝香霉 *Muscodor kashayum*、大吉岭麝香霉 *Muscodor darjeelingensis*、斯特罗贝尔麝香霉 *Muscodor strobelii*（图 4-23）、虎麝香霉 *Muscodor tigerii* 和云南产气霉 *Muscodor yunnanense* 等（Zhang et al.，2010a；Suwannarach et al.，2010；Meshram et al.，2013；2014；Saxena et al.，2014；2015）。

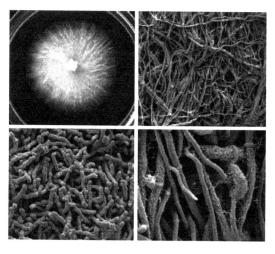

图 4-22 生长在PDA上的白色麝香霉（引自Atmosukarto et al.，2005）

白色麝香霉 I-41 菌株扫描电子显微镜图片示绳状菌丝体

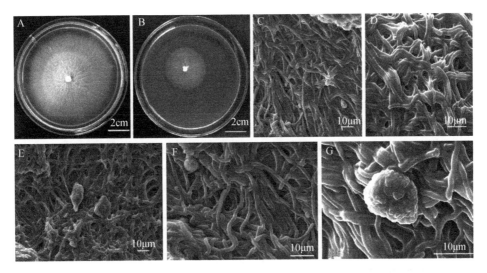

图 4-23 生长在 PDA 上的斯特罗贝尔麝香霉（引自 Meshram et al.，2014）

A. 培养 30d 的菌落；B. MEA 培养基上培养 6d 后出现绳状菌丝；C. 培养 10d 的菌丝；

D. 渔网状结构；E、F. 培养 10d 后的百日菊花和芽状结构；G. 放大的百日菊花状结构（SEM）

    白色麝香霉菌落呈白色，白色麝香霉菌株 I-41.3s 白色、白色麝香霉菌株 E-6 白色、白色麝香霉菌株 KN-27 褐色、白色麝香霉菌株 GP-100 粉色；粉红麝香霉菌落呈粉色；凤阳麝香霉菌落呈白色或粉红色（Zhang et al.，2010a）；卡莎麝香霉菌落呈乳白色。白色麝香霉菌株 CZ620、菌株 I-41.3s 菌丝蓬松，菌株 E-6 菌丝沿着菌落中心向外逐渐老龄化；白色麝香霉菌株 GBA 的形态与菌株 E-6 类似，黏稠并密切交织；波浪麝香霉菌丝呈波浪状；凤阳麝香霉菌落菌丝透明；卡莎麝香霉菌落形成絮状菌丝体。白色麝香霉有不愉快的气味，凤阳麝香霉有霉味，卡莎麝香霉有刺鼻味。同一种麝香霉的不同菌株在外观及菌丝结构上也会表现出很大的差异。例如，凤阳麝香霉的 4 个不同菌株在相同的培养条件下表现出不同程度的差异。其中有些麝香霉，如粉红麝香霉、波浪麝香霉、肉桂麝香霉与白色麝香霉只在菌落特征、菌丝形态或抗菌活性组分上有差异。目前已经证明麝香霉在菌落特征、菌丝形态、抗菌活性或气体组分中存在较大的种内差异，因此仅根据这些性状命名的粉红麝香霉、波浪麝香霉及肉桂麝香霉的分类地位需要重新评估，而基于核糖体 RNA 转录间隔区（ITS rRNA）、RNA 聚合酶 Ⅱ（RNA polymerase Ⅱ，rpb2）、β - 维管蛋白（beta-tubulin，tub1）基因的多基因系统发育分析适用于对麝香霉的分类鉴定（Zhang et al.，2010a）。谱系一致性系统发育种识别（genealogical concordance phylogenetic species recognition，GCPSR），可以更好地解释和识别物种的系统发育关系。基于 GCPSR 标准，Zhang 等（2010a）研究提出凤阳麝香霉，并证明在麝香霉的同种不同菌株中存在着菌落特征、菌丝形态、VOC 抗菌活性和组分的种内差异。粉红麝香霉、波浪麝香霉、肉桂麝香霉与白色麝香霉的 ITS 序列相似性非常高，仅因为某些菌落特征、菌丝形态、抗菌活性或 VOC 组分的差异不足以将粉红麝香霉、波浪麝香霉、肉桂麝香霉区分为与白色麝香霉不同的种。另外，ZJQY709 可以在 30℃下生长，能耐受较高的温度，而从同一地域分离的凤阳麝香霉不能在 30℃条件下生长，表明不同的麝香霉可能对温度具有不同的适应性。因此，*ITS*、*rpb2*、*tub1* 等多基因系统发育关系是麝香霉分类鉴定的可靠证据，对温度的适应性也可以作为辅助证据，而色素等菌落特征、菌丝结构等形态特征、抗菌活性或 VOC 组分不能作为分类鉴定的依据。

另外，已经报道从洪都拉斯、澳大利亚、印度尼西亚苏门答腊岛、泰国、厄瓜多尔、澳大利亚、玻利维亚亚马孙盆地、中国云南和浙江的锡兰肉桂 *Cinnamomum zeylanicum*、使君子科植物 *Terminalia prostrata*、*Kennedia nigriscans*、山龙眼科植物 *Grevillea pterifolia*、肉豆蔻 *Myristica fragrans*、榆叶梧桐 *Guazuma ulmifolia*、南美凤梨 *Ananas ananassoides*、疣粒野生稻 *Oryza granulata* 中分离到许多白色麝香霉（Atmosukarto et al.，2005；Yuan et al.，2011），表明白色麝香霉的地理分布较广，而且寄主范围广泛。这种不产生无性孢子或有性孢子的共生真菌为什么具有如此广泛的地理分布及寄主范围，值得进一步研究。

12. 其他植物共生真菌

除了上述典型的和比较特殊的植物共生真菌之外，植物还可以与其他众多的共生真菌建立共生体系。这些共生真菌隶属于子囊菌、担子菌、接合菌、卵菌、有丝分裂孢子真菌及无孢菌类（mycelia sterile）等类群（表 4-3），也是植物共生真菌中的重要组成部分，其种类繁多，分布广泛，无论是低等的苔藓植物、藻类植物、蕨类植物，还是高等的裸子植物、被子植物，各类的水生陆生植物的组织中都定殖着该类共生真菌。根据保守估计，该类群植物共生真菌的总数可能超过 100 万种（王聪艳等，2015）。

表 4-3 其他常见的植物共生真菌（改自胡桂萍等，2010）

寄主植物	植物共生真菌	寄主植物	植物共生真菌
银杏	*Chaetomium* sp.		*Geotrichum* sp.
Ginkgo biloba	*Fusarium solani*		*Gibberella* sp.
高羊茅	*Neotyphodium coenophialum*		*Gliocladium* sp.
Festuca elata			*Lasiodiplodia* sp.
甘草	*Penicillium* sp.		*Monilochoetes* sp.
Glycyrrhiza uralensis	*Fusarium* sp.		*Nectria* sp.
臂形草	*Acremonium* sp.		*Pestalotiopsis* sp.
Brachiaria erucaeformis			*Phomopsis* sp.
可可树	*Acremonium blastomyces*		*Pleurotus* sp.
Theobroma cacao	*Botryosphaeria* sp.		*Pseudofusarium* sp.
	Cladosporium sp.		*Rhizopycnis* sp.
	Colletotrichum sp.		*Syncephalastrum* sp.
	Cordyceps sp.		*Trichoderma* sp.
	Diaporthe sp.		*Verticillium* sp.
	Fusarium sp.		*Xylaria* sp.
沙棘	*Alternaria* sp.		*Fusarium* sp.
Hippophae rhamnoides	*Penicillium* sp.		*Verticillium* sp.

续表

寄主植物	植物共生真菌	寄主植物	植物共生真菌
	Rhizopus sp.		*Phacodium* sp.
	Cladosporium sp.		*Paecilornyces* sp.
	Chaetomiam sp.		*Colletotrichum* sp.
	Aspergillus sp.	云南美登木	*Mycelia sterilia*
	Pestalotia sp.	*Maytenus hookeri*	*Chaetomium* sp.
	Basipetospom sp.		*Ovulariopsis* sp.
	Acremonium sp.		*Monilia* sp.
	Cephalosporium sp.	龙血树属	*Fusarium* sp.
白木香	*Acremonium* sp.	*Dracaena*	
Aquilaria sinensis		白木香	*Mycelia sterilia*
滑桃树	*Fusarium* sp.	*Aquilaria sinensis*	*Ovulariopsis* sp.
Trewia nudiflora			*Penicillium* sp.
芸香科	*Fusarium* sp.		*Cladosporium edgeworthrae*
Rutaceae	*Aspergillus* sp.		*Colletotrichum* sp.
	Alternaria sp.		*Epicoccum* sp.
	Drechslera sp.		*Fusarium oxysporum*
	Rhizoctonia sp.		*Pleospora* sp.
	Curvularia sp.		*Rhinocladiella* sp.
	Nigrospora sp.	甘肃棘豆	*Embellisia* sp.
	Stenella sp.	*Oxytropis kansuensis*	
兰科	*Trichosporiella* sp.	小花棘豆	*Embellisia* sp.
Orchidaceae	*Gliomastixmurorum* sp.	*Oxyt ropisms glabra*	
	Catenularia piceae	药用植物	*Rhizoctonia* sp.
胡桃木	*Coniothyrium vitivora*		*Sclerotium* sp.
Juglans regia			*Pestalotiopsis* sp.
小连翘	*Cephalosporium* sp.		*Acremoniell* sp.
Hypericum erectum	*Rhizoctonia* sp.		*Chaetomium* sp.
蛇足石杉	*Alternaria* sp.		*Coniothyrium* sp.
Huperzia serrata	*Cephalosporium* sp.		*Coryneum* sp.
	Guignardia sp.		*Alternaria* sp.
	Penicillium sp.	麦冬	*Fusarium* sp.
	Diaporthe sp.	*Ophiopogon japonicus*	
	Trichoderma sp.	柑橘	*Colletotrichum* sp.
	Phoma sp.	*Citrus reticulata*	*Alternaria* sp.
	Aspergillus sp.		*Penicillium* sp.

寄主植物	植物共生真菌	寄主植物	植物共生真菌
	Aspergillus sp.		*Sclerotium* sp.
喜树	*Mycelia sterilia*		*Bipolaris* sp.
Camptotheca acuminata	*Phomopsis* sp.		*Beauveria* sp.
枣树	*Fusarium semitectum*		*Aspergillus* sp.
Ziziphus jujuba	*Fusarium oxysporum*		*Fusrium* sp.
	Fusarium proliferatum		*Alternaria* sp.
	Fusarium solani	短叶红豆杉	*Taxomyces andreanae*
	Cercospora penzigii	*Taxus brevifolia*	
	Pseudocercospora elaeodendri	山核桃	*Alternaria* sp
	Phyllosticta capitalensis	*Carya cathayensis*	*Chaetomella* sp.
	Colletotrichum gloeosporioides		*Aspergillus* sp.
	Phoma glomerata	多穗金粟兰	*Fusarium* sp.
	Bipolaris spicifera	*Chloranthus multistachys*	*Cephalosporium* sp.
	Alternaria alternata		*Gliocladium* sp.
	Alternaria yaliinficiens		*Cordana* sp.
	Alternaria tenuissima		*Rhizoctonia* sp.
	Diaporthe henanense		*Coryneum* sp.
	Diaporthe nobilis		*Colletotrichum* sp.
	Diaporthe infecunda		*Phomopsis* sp.
柽柳	*Chromosporium* sp.		*Cryptosporiopsis* sp.
Tamarix chinensis	*Stemphylium* sp.		*Pestalotiopsis* sp.
	Oospora sp.	麦草	*Neotyphodium uncinatum*
	Rhizoctonia sp.	*Psathyrostachys juncea*	
	Paepalopsis sp.	无花果	*Fusrium* sp.
	Phacodium sp.	*Ficus carica*	*Penicillium* sp.
	Fusidium sp.		*Aspergillus* sp.
三叶鬼针草	*Botryosphaeria rhodina*	南方红豆杉	*Alternaria alternata*
Bidens pilosa		*Taxus chinensis* var.	*Amphiporthe* sp.
鱼腥草	*Pestalotiopsis microspore*	*mairei*	*Fungal* sp.
Houttuynia cordata	*Chaetomium globosum*		*Ascobolus* sp.
	Fusarium nematophilum		*Ascochyta pinodes*
杜仲	*Microsphaeropsis conielloides*		*Aspergillus niger*
Eucommia ulmoides	*Coniothyrium* sp.		*Aspergillus versicolor*
	Neurosporacrassa sp.		*Aureobasidium pullulans*
	Aspergillus sp.		*Botryosphaeria dothidea*

续表

寄主植物	植物共生真菌	寄主植物	植物共生真菌
	Colletotrichum acutatum		Alternaria alternata
	Colletotrichum boninense	山胡椒	Alternaria tenuissima
	Colletotrichum gloeosporioides	Lindera glauca	Chaetomium murorum
	Creosphaeria sassafras		Cladosporium cladosporioides
	Epicoccum nigrum		Colletotrichum coffeanum
	Fusarium avenaceum		Colletotrichum crassipes
	Fusarium equiseti		Cosmospora sp.
	Fusarium lateritium		Creosphaeria sassafras
	Gibberella avenacea		Diaporthe sp.
	Gibberella sp.		Dicarpella dryina
	Glomerella acutata		Fusarium solani
	Glomerella cingulate		Gibberella sp.
	Glomerella fioriniae		Helminthosporium velutinum
	Guignardia mangiferae		Massarinaceae sp.
	Heydenia alpine		Microdiplodia hawaiiensis
	Leptostroma sp.		Paraconiothyrium brasiliense
	Magnaporthales sp.		Paraconiothyrium sp.
	Microdiplodia hawaiiensis		Pestalotiopsis clavispora
	Myrothecium verrucaria		Pestalotiopsis cocculi
	Nigrospora oryzae		Pezicula spec
	Paraconiothyrium brasiliense		Phaeosphaeriopsis sp.
	Pestalotiopsis cocculi		Phoma bellidis
	Pestalotiopsis maculiformans		Phoma rhei
	Pestalotiopsis microspore		Phoma senecionis
	Pestalotiopsis vismiae		Phoma sp.
	Peyronellaea glomerata		Phomopsis sp.
	Phoma glomerata		Plectosphaerella sp.
	Phomopsis mali		Plesporales sp.
	Phomopsis sp.		Pyrenochaeta sp.
	Seiridium ceratosporum		Sarcosomataceae sp.
	Seiridium phylicae		Trichoderma atroviride
	Seiridium sp.		Irpex lacteus.
	Xylaria sp.		Peniophora sp.
小花棘豆	Fusarium proliferatum		Schizophyllum commune
Oxytropis glabra			Trametes versicolor
油菜	Fusarium tricinctum		
Brassica campestris	Alternaria mali		

从研究报道可以看出，药用植物、羊茅属植物、热带树木中的植物共生真菌是研究的重点。所分离的植物共生真菌主要为子囊菌及其无性型，包括核菌纲、盘菌纲和腔菌纲等。1993 年 Fisher 等从亮果桉 *Eucalyptus nitens* 上分离到 60 多种，1997 年 Hyde 等从澳大利亚热带地区每种棕榈树内分离到约 100 种植物共生真菌。我国学者在植物共生真菌物种多样性、生态分布与功能及活性物质筛选等方面取得了重要进展。2007 年 Wei 等从浙江、广西和云南等地的罗汉松科、山茶科和红豆杉科常见植物中分离到 24 种拟盘多毛孢属 *Pestalotiopsis* 真菌，其中包括 3 个新种、1 个新记录种。2007 年 Liu 等从广东、广西和海南的红树林植株体内分离到 40 种拟盘多毛孢属真菌，并从海南岛的罗汉松科、棕榈科和山榄科等植物中鉴定出 32 种拟盘多毛孢属植物共生真菌。建立了不产孢植物共生真菌的分子鉴定和从植物体内直接检测植物共生真菌多样性的分子方法，将传统的分离培养方法与分子生物学技术结合是当前植物共生真菌多样性研究的有效方法（Sun et al.，2011）。

菌物界的真核生物是仅次于昆虫的第二大物种。据不完全统计，目前全世界已分离获得植物共生真菌近 1 万种。其中，球囊菌门 AM 真菌 300 种；担子菌门和子囊菌门等的 ECM 真菌约 6000 种；OM 真菌 4 门 7 纲 14 目 50 属，中国分离约 100 种；子囊菌门 DSE 真菌 13 属约 30 种；担子菌门梨形孢属印度梨形孢 1 种；禾草共生真菌近 50 种；红豆杉共生真菌 30 余种；麝香霉属 12 种；白僵菌属 5 种；绿僵菌属 13 种；等等。

进入 21 世纪以来，生物学迈入组学时代，现代分子生物学技术、其他学科的方法不断拓宽研究领域，新技术、新思路和新机制构建新的真菌分类学的发展可谓突飞猛进、日新月异和令人振奋。随着时间的推移，新种会不断报道，而要完全分离培养获得所有植物共生真菌则尚需时日和更大的努力。可以预见，随着植物共生真菌分类学的不断进展，将有效促进共生真菌多样性特点与资源分布、群落结构特征与生理生态功能、生物共生机制与作用机制等方面的深入研究，以及植物共生真菌纯培养与应用技术的研发。

二、植物共生真菌的分离培养

植物共生真菌种类繁多，广泛分布，分离方法与培养特性各异。很多分离培养方法与技术尚在不断发展和完善中。

（一）AM 真菌的分离培养

AM 真菌为植物活体营养专性植物共生真菌，必须依靠侵染植物根系并从植物中获取碳水化合物才能完成从孢子到孢子的生活史。离体条件下，至今尚未获得其纯培养。以往，国内外开展了大量有关 AM 真菌培养方面的研究。其中，最具有代表性的研究应该是孙学广（2014）所完成的博士学位论文，反映了当前该领域中国的研究水平与研究进展。他以 AM 真菌球状巨孢囊霉 *Gigaspora margarita*、摩西斗管囊霉、根内根孢囊霉 *Rhizophagus intraradices*，以及寄主植物日本百脉根 *Lotus japonicus*、胡萝卜 *Daucus carota*、菊苣 *Cichorium intybus*、拟南芥 *Arabidopsis thaliana*、两色蜀黍 *Sorghum bicolor* 和白车轴草 *Trifolium repens* 等为材料，探索了 AM 真菌的培养特性，发现新生孢子不能萌发是限制摩西斗管囊霉应用于双重培养体系的关键因素；根系分泌物对

AM 真菌孢子萌发和菌丝生长没有明显促进作用，植物的水提物能够显著促进孢子萌发、菌丝生长和分枝，其中茎叶水提物对孢子萌发率的促进作用最大，萌发率是对照的 2.3 倍；离体根系水提物对菌丝生长和分枝的促进作用最大，菌丝长度和分枝数分别是对照的 2.5 倍和 5.2 倍。另外，植物水提物能够促进次生孢子的形成。通过 AM 真菌和胡萝卜发根隔离共培养，验证了 AM 真菌和植物根系能够通过挥发物相互识别：接收到 AM 真菌释放的挥发物后，根系分枝显著增加，摩西斗管囊霉和根内根孢囊霉处理的分枝数分别是对照的 1.9 倍和 1.7 倍；根毛数量显著减少，根毛出现频度分别为对照的 77% 和 68%。AM 真菌在接收到植物根系释放的挥发物后，菌丝调整生长方向朝向根系生长。将球状巨孢囊霉的孢子与植物通过玻璃纸（cellophane）隔离或者接种在彼此分隔的不同培养基上共同培养，结果发现，球状巨孢囊霉孢子萌发所产生的分泌物（GSE）和挥发性有机物（GVC）均能促进日本百脉根根系分枝，且根系分枝数分别从共培养的第 6 天的 GSE 和第 7 天的 GVC 开始与对照差异显著；使用 *LjCATOR* 突变体进一步发现，与 GSE 不同，GVC 对根系分枝的促进作用不依赖于 *LjCASTOR* 基因。对 7 个 AM 共生相关基因转录水平的分析发现，LjCCD7 可能参预 GVC 对植物根系发育的调控。GVC 同样能够促进非寄主植物拟南芥的根系分枝，而 GSE 则抑制根系分枝。

对 AM 真菌的扩繁培养，以及对寄主植物的选择利用、培养基质的种类与配方、培养条件的优化等，国内外也有大量的文献报道。例如，沙：土 =1：1 混合物对摩西斗管囊霉 BGC91 是其良好的扩繁基质。2001 年王幼珊等认为沙：土 = 3：1 的混合物对摩西斗管囊霉 BGC93 的生长最为有利。以单一蛭石为基质时，寄主根系发达，菌根着生数量和产孢数量多，菌剂接种势最高（龙良鲲等，2007）。江龙等（2010）曾以烟草为寄主植物，在不同基质条件下对 AM 侵染情况进行了研究，发现其中以泥炭：珍珠岩：蛭石 = 6：2：2 的比例为佳。

（二）ECM 真菌的分离培养

ECM 真菌的分离培养是 ECM 研究和应用的前提与基础，纯菌种的获得也是实现菌根合成的基础及简便的方法。通过分离、培养成功获得菌丝体纯培养物对保藏与应用 ECM 菌种资源是十分必要的。不同的 ECM 真菌对培养基的要求差异较大，需根据菌种自身习性选择最适的培养基。PDA 和 MMN 是最常采用的培养基，或是对它们作适当改进。例如，松茸菌丝体在改良的 MMN 培养基、改良的菌根真菌分离用培养基、改良的 PDA 培养基中，菌丝生长速率最快。ECM 真菌分离的成功与否与所取部位菌丝组织的结构和类型有关。一般伞菌类的子实体，分离菌盖和菌柄连接处的菌肉组织较好；马勃目和硬皮马勃目真菌很容易分离成功，能在大多数培养基上进行分离、培养，蘑菇科、牛肝菌科、鹅膏菌科、口蘑科和革菌科等真菌分离成功也不困难；而红菇科和丝膜菌科真菌的分离具有一定的难度；铆钉菇科和鸡油菌科的真菌则很难分离成功。2005 年姚庆智和闫伟于实验室纯培养条件下，对油松菌根分离获得的 11 种 ECM 真菌进行了营养生理代谢的研究，确定了最佳培养条件：麦芽汁和 Pachlewski 培养基上的适宜生长温度为 22.5~25℃，pH 以 6.0~7.0 为宜，碳源以麦芽汁和葡萄糖为好，氮源则以氨态氮和有机态氮中的蛋白胨为佳。与菌种单独纯培养相比，利用愈伤组织和 ECM 真菌共同培养，能有效促进真菌菌丝萌发和生长。

（三）其他菌根真菌的分离培养

从兰科植物的根系中能很简单地分离到真菌，大多数真菌在不同的培养基中都能生长良好。具体方法是：从侵染的根表皮细胞中分离出菌丝螺旋团，在贫瘠的培养基中培养，将长出的菌丝接种到新的培养基上再继续培养，这种方法避免了根表面真菌和根内组织真菌的污染，至少很难从发芽的种子原球体（protocorm）中分离到真菌。但是可以用盛有种子的网囊作为诱饵来诱集真菌。

ERM 真菌的分离主要采用组织单细胞的分离方法：从寄主植物根上采集幼嫩的细根，用砂布包好，放在自来水下冲洗 2~4h 后，用 0.1% 升汞（或 H_2O_2、漂白粉等消毒剂）对根系进行表面消毒、用灭菌水清洗数次。将消毒后的根段放入盛有灭菌水的小容器内，用玻璃棒搅碎，制成细胞悬浮液。取一滴细胞悬浮液放入无菌培养皿中，再倒入灭菌、冷却的 0.5% 琼脂（WA）培养基，缓慢地摇动培养皿，使根细胞均匀地分散在WA 培养基中。置 20℃条件下培养，直待长出菌丝。挑取菌丝尖端可以继续纯化培养。该法也适用于分离 OM 真菌。

对于 ARM 真菌和 MM 真菌，一般可采用 ECM 真菌分离培养方法来分离培养获得。

（四）DSE 真菌的分离培养

DSE 真菌定殖于植物根内组织，故可从植株根段分离培养获得 DSE 菌株，而且通常需要较低的培养温度与黑暗条件。具体方法和步骤参见第十章有关内容。

（五）印度梨形孢的分离培养

由于印度梨形孢在不同培养基上形态特征与菌落生长量表现差异较大，因此，应针对不同目的选择适当的培养基培养该共生真菌。具体分离培养方法可参见第十章相关内容。

（六）禾草共生真菌的分离培养

采用常规的分离培养方法即可有效地从植物组织上获得纯化的禾草共生真菌。然而，由于存在植物材料表面消毒技术和培养条件的限制，以及一些生长较慢的目标真菌种类可能被生长快速的菌落覆盖，导致在分离培养过程中很容易丢失禾草共生真菌，传统的分离方法影响获得的共生真菌的种类多少，也影响菌株的产孢。因此，许多诱导产孢的方法可以加以利用。尽管以分离培养为基础的这类传统技术在操作上比较复杂耗力，但依然是必需的，其是结合分子生物学技术及其共生真菌的接种试验与应用的基础。禾草共生真菌的分离培养可采用 PDA、麦秆煎液琼脂（WSA）、玉米粉琼脂（CMA）或 WA 4 种培养基（柳莉等，2015）。特别是 PDA 和 CMA 最常用，其上的菌落生长较快，而有的菌株可能在 WA 和 WSA 培养基上产孢较多。因此，在具体分离、纯化和培养过程中，应根据不同目的有选择性地采用不同培养基。

（七）白僵菌和绿僵菌的分离培养

白僵菌和绿僵菌的分离培养基本上可按照常规土壤真菌的分离培养方法进行，通常采用选择性培养基。可将根围土壤、植物茎叶或根系等材料用于分离与植物共生的白僵菌和绿僵菌。适宜金龟子绿僵菌产孢的培养基为 PPDA（PDA 培养基加 1% 蛋白胨），其中葡萄糖 2%、蛋白胨 0.5%；最适产孢温度 30℃，最适产孢 pH 为 6.0；最适光照条件为前 6d 黑暗、后 8d 光照（张建伟等，2012）。

（八）麝香霉的分离培养

由于麝香霉通常定殖于植物地上部的枝干和茎叶内，因此，可采集健康成熟的细枝经表面消毒后切成小段，放入含有已培养 7d 的白色麝香霉的 PDA 培养皿中培养，因为白色麝香霉产生的挥发性物质能抑制非目标真菌的生长，而允许只有产生挥发性物质的真菌的生长，以提高分离新的麝香霉菌株的成功率。具体分离培养方法见第十章有关内容。

（九）其他植物共生真菌的分离培养

关于其他植物共生真菌的分离与培养，可采用常规真菌分离培养的方法进行。在分离培养植物内生真菌时，为了防止污染，植株各组织、器官需经消毒剂长时间、高浓度处理，极易造成消毒剂对菌株内部有机体的损害，不仅会减少分离获得的菌种，也会降低分离获得的植物内生真菌的质量，所以在分离培养植物共生真菌的过程中，器官的消毒剂和消毒过程是研究的重点。

特别应该注意的是，由于一些植物共生真菌可能不能在人工培养基上生长，因此无法保证生活在植物体内的真菌全部被分离出来；一些真菌生长缓慢，分离时很可能常被生长快的菌物覆盖，导致无法检测其存在；一些菌种的退化导致其转接后，在数量、种类上有所减少，并且其代谢产物也有类似减少的趋势。有的菌株在人工培养基上不产生有性或无性孢子，据文献统计，不产孢菌株数的比例高达 41%，其无法用经典形态学方法鉴定；对于一些在培养基上难以产生孢子的植物共生真菌，应不断地改进分离培养技术，尤其是诱导产孢技术，并在常规鉴定的基础上，结合分子生物学鉴定方法，以助于对该类真菌资源和多样性的认识。

三、植物共生真菌的生长发育

与植物共生的真菌具有极为丰富的物种多样性，这也必然造成各个类群不同的生活史、生长发育特点与培养特性。其中，绝大多数真菌能够在人工培养基上生长，也有少部分真菌至今尚未获得纯培养，即必须与植物建立共生体后才能完成生活史，即使在某一阶段具有一定的腐生性。因此，针对不同类群的共生真菌，应该采用不同的策略开展试验研究。

（一）AM真菌的生长发育

AM真菌的生长发育需要经历三个主要阶段：①寄主植物与AM真菌识别与共生体的建立，包括AM繁殖体的激活、寄主识别、附着胞形成、根系侵染和丛枝形成；②营养生长；③生殖生长（产孢）。AM真菌能够持续产孢（没有有性生殖），不存在营养生长与生殖生长的明显界限，所以通常第二阶段和第三阶段同时发生。也有研究者把AM真菌的生活史分为非共生阶段、预共生阶段和共生阶段3个阶段。越来越多的研究者认为双重培养体系是目前获得大量、纯净、单克隆、无污染的AM真菌材料的唯一方法。根内根孢囊霉DAOM 197198非常适宜双重培养体系，能够稳定继代并获得大量真菌材料。正是由于这些原因，这株菌被视为AM真菌研究中的模式真菌。大多数有已知的AM真菌都被尝试过建立双重培养体系，然而只有少数AM真菌能够稳定侵染传代。被测试的180余种AM真菌中仅有8%的真菌能够实现双重培养，而能够稳定传代的仅有6%（Cano et al.，2008）。由于绝大部分AM真菌尚不能进行双重培养，推测该系统过于人工化，通过该方法获得的AM真菌材料与自然条件下得到的AM真菌材料存在差异。然而，双重培养体系仍在应用之中，且不断有AM真菌实现了双重培养。国际上成立了一个专门的菌种保藏中心GINCO（Glomeromycota *in vitro* Collection）用于保存能够成功实现双重培养和稳定传代的AM真菌资源。目前GINCO保藏中心保藏有来自世界各地大约20种AM真菌。

AM真菌在孢子萌发和芽管生长过程中能够合成细胞质蛋白质、某些形式的RNA及线粒体DNA。mRNA的合成对孢子发芽不是必需的。孢子发芽中，蛋白质的合成是按孢子中储存的mRNA进行的，而新合成的RNA对菌丝的生长是必需的。AM真菌萌发孢子中也具有谷氨酸脱氢酶、琥珀酸脱氢酶和甘油醛-3-磷酸脱氢酶活性。前面两个酶显示有三羧酸循环存在，后者表明有糖酵解途径在运作，只要提供简单的物理化学条件，如适宜的湿度、温度和pH，AM真菌所具有的相应遗传信息和生物合成能力就能够使孢子萌发。AM真菌在培养基中能吸收标记碳和磷，甚至产孢，表明AM真菌在纯培养条件下有可能进行合成代谢。

AM真菌虽然是专性活体营养共生真菌，但在适宜条件下具有一定的腐生性。散落在土壤或以前曾经被侵染过的植物根段内的AM真菌的孢子、泡囊和菌丝等都是AM真菌的繁殖体，当它们遇到适宜的水分和温度等条件时能够萌发产生芽管菌丝，菌丝长度可达20~30mm/孢子，菌丝与寄主植物根系接触并侵染植物。如果萌发孢子未遇到根系，菌丝的生长就会停止而死亡。成熟的孢子在土壤中可存活数年而不被土壤微生物分解。AM真菌孢子存在休眠期，当孢子储存一定时期后，其休眠可以被打破。因此在土壤中储存一定时期或经低温处理都会增加孢子的发芽率，但这些特性因AM真菌的种属和原产地不同而异。土壤中AM真菌的孢子可在没有寄主植物存在的条件下萌发，并进行一定的生长活动。萌发的孢子能长出一至数个芽管，每个芽管内长出单个菌丝。芽管和一定量菌丝的生长不需要根的存在或根分泌物的刺激，有的AM真菌如摩西斗管囊霉和极大巨孢囊霉 *Gigaspora gigantean* 的孢子，当前一个芽管去掉后能再连续长出新的芽管。由于孢子的萌发具有一定的独立性，发芽孢子在土壤中的侵染能力可保持4个月。芽管不必朝向根系生长并能越过根系而不侵染根系。孢子萌发后生长的菌丝在土壤中具有一定的腐生性，可随机扩展蔓延，而根系分泌物的刺激可加速其生长。当菌丝延伸到离根表面几毫米，最多十几毫米的地方才产生趋根性，这时菌丝呈扇形向根表面生长，最后与根系完全接触。

不同的 AM 真菌孢子萌发特征有明显的差异，具有三种孢子萌发方式：一是从孢子盾片上长出菌丝，如无梗囊霉属和盾巨孢囊霉属；二是直接从孢子壁上长出芽管菌丝，如巨孢囊霉属和球囊霉属的部分种，它们可以同时从孢子周身向外呈辐射状长出许多萌发芽管；三是从连胞菌丝中长出芽管菌丝，多数球囊霉属均是如此。孢子萌发后，菌丝在生长过程中不断分枝，呈扇形分布，这可能是 AM 真菌为了扩大与植物接触的概率而进化出的一种特性。芽管菌丝上分枝的分化作用与根分泌物存在密切的联系，用寄主植物根系刺激或滴加根分泌物可以使菌丝很快产生分枝。AM 真菌孢子萌发的芽管菌丝具有向化性。早期的研究者曾经观察到芽管菌丝朝着寄主植物根系定向生长的现象。而极大巨孢囊霉气生菌丝具有对寄主植物根系定位的能力。AM 真菌的菌丝分枝分化和生长的向化性反映出在真菌和植物根系紧密接触之前就开始了信号的交流。

寄主植物与 AM 真菌之间的信号物质首先是来自根系分泌物的组成成分，这类化合物诱导菌丝伸长和分枝。当寄主缺磷时，其分泌物数量会大大增加。AM 真菌菌丝的生长速率与孢子大小无关，根外菌丝在土壤中的长度、密度随距离根表的距离增加而减少，不同 AM 真菌的菌丝分布特征存在差别。如果土壤中速效养分（尤其是磷、氮、锌和锰等）含量过高，会抑制孢子的萌发、芽管和菌丝的生长；pH 除直接影响孢子的发芽和菌丝的生长外，还可能影响土壤中主要物质和毒素的可溶性，从而对菌根发育产生间接的影响；对光壁无梗孢囊霉、苏格兰球囊霉和单孢球囊霉的孢子，当温度超过 40℃时就会抑制它们的萌芽。在琼脂培养基上，珊瑚状巨孢囊霉和异配巨孢囊霉孢子发芽的最适温度为 34℃，而摩西斗管囊霉的孢子发芽的最适温度为 20℃。根据孢子萌发和菌丝生长的最适温度，用摩西斗管囊霉接种三叶草和苜蓿时，控制温度在 20℃（白昼）和 15℃（夜间）之内，则接种效果最好，这比接种巨孢囊霉的控制温度要低得多。因此，了解不同 AM 真菌孢子萌发和菌丝生长的最适温度，就可以提高人工接种的效率，加速 AM 真菌的繁殖速率。

根外菌丝的生长先于根内丛枝的形成，这说明植物与 AM 真菌之间的物质交换可以通过植物细胞向生长在细胞间的菌丝传递，并不一定非要通过丛枝传递。这一观点被豌豆突变体试验证实。根外菌丝在不断生长过程中遇到同一植株或不同植株的根系时可以再次侵染，将同一植株根系的不同部位和不同植株连接在一起；根外菌丝在土壤中还会不断分叉，从而形成纵横交错的网络结构。活性 AM 真菌孢子即使在离体条件下的水琼脂培养基中，菌丝的生长速率也是相当快的，有时可观察到孢子萌发后菌丝很快延伸布满培养基，更甚者菌丝分枝密集，卷曲缠绕菌丝增多。

AM 真菌侵染植物 1 个月以后，孢子或孢子果就开始在根外菌丝顶端形成，一般在植物生长季后期或常绿植物接种后 3 个月左右便可形成大量根内或根外孢子。根内孢子与根内泡囊产生的过程可能相同，主要是在根系外皮层或 / 和根表皮细胞间及细胞内的菌丝顶端膨大，形成根内孢子。根外孢子着生在根外菌丝上，当根外菌丝发育到一定程度及一定环境条件下，就会在其菌丝间生或顶端膨大发育成厚垣孢子或 / 和孢子果。孢子从产孢菌丝上脱落、连孢菌丝与母体菌丝断开分布于土壤中。孢子从萌发、侵入根内、根外菌丝发育，到新一代孢子的形成，便完成了 AM 真菌的生活史。另外，巨孢囊霉属和盾巨孢囊霉属的真菌除孢子在根外菌丝上发育之外，土生辅助细胞也是由根外菌丝发育而来的。

AM 真菌的产孢数量主要取决于真菌本身产孢的生物学特性和寄主植物的生物学特性。在三叶草、苜蓿或玉米等须根类植物上的孢子发育数量要比在棉花、番茄或黄瓜等主根系植物上的孢子发育数量多。这主要是由于不同植物根系形态结构、根分泌物的数量和种类等的差异造成的。这在选择寄主植物用于菌种繁殖或加富培养方面是十分重要的。此外，根外菌丝和孢子的生长发育状况受环境因素影响较大。土壤理化特性是影响 AM 真菌孢子发育的重要因子。土壤速效养分含量低、pH 中性偏酸、透气性良好则有利于 AM 真菌产孢，反之则抑制孢子发育。光照强度、施磷水平会影响菌根菌丝的分布和孢子的数量。低辐射或落叶等降低光合作用的因素会降低孢子数量和菌根侵染率。

AM 共生体的建立过程中存在 AM 真菌与植物根系间相互识别的过程。AM 真菌能够识别植物根系释放的信号物质，诱导 AM 真菌孢子萌发和菌丝分枝。同样的，在孢子萌发过程中，AM 真菌能够释放信号物质促进根系中共生信号代谢途径的激活和根系生长模式的改变（Bonfante and Requena，2011），为 AM 真菌的侵染做好准备。AM 真菌孢子萌发后的菌丝在生长过程中能够对不同的植物活性物质做出反应，从非共生阶段的生长转变为更为活跃的预共生阶段生长。从胡萝卜发根提取到的酚类化合物能够诱导极大巨孢囊霉和球状巨孢囊霉的芽管定向生长。玉米根器官和豌豆 *Pisum sativum* 突变体释放的挥发性物质能够吸引极大巨孢囊霉和球状巨孢囊霉的芽管向根系生长。寄主根系释放的挥发物特别是 CO_2 和根系分泌物都能在一定程度上促进 AM 真菌菌丝的生长。其中，根系分泌物对 AM 真菌的效应可以分为诱导菌丝定向生长和诱导菌丝产生分枝两种。然而，究竟是哪类物质诱导了 AM 真菌菌丝的特异性反应成为困扰菌根学家的难题。类黄酮家族的成员对 AM 真菌菌丝的生长有多种不同效应，从促进生长、没有促进效果到抑制菌丝生长。胡萝卜发根作为 AM 真菌的优良寄主本身并不能产生类黄酮物质，这说明类黄酮物质不是植物释放的促进 AM 真菌生长的最关键物质（Mathesius，2012）。

另外，植物产生的倍半萜类内酯类植物激素独脚金内酯（SL）可能与 AM 真菌菌丝的"分枝因子"（branching factor）有关。在磷匮乏的环境条件下，包括 SL 在内的许多植物激素参预到磷酸盐缺乏的胁迫反应中，因为 SL 是启动 AM 共生和促进侧根生长的第一信使（Ruyter et al.，2013）。SL 可以促进巨孢囊霉科 Gigasporaceae 真菌的菌丝分枝和球囊霉科 Glomeraceae 真菌的孢子萌发。AM 真菌玫瑰红巨孢囊霉对 SL 信号的识别非常灵敏，10nmol/L 的浓度就可以诱导细胞核分裂和增加线粒体活性，最终诱发菌丝分枝（Besserer et al.，2008）。然而，SL 对于 AM 的形成却不是必需的，SL 合成代谢途径中关键基因的突变体仍然能被 AM 真菌侵染。当矮牵牛 *Petunia hybrida* 中负责 SL 转运的 *PhPDR1* 基因被敲除后，根内根孢囊霉仍然能够侵染根系，但侵染率降低（Kretzschmar et al.，2012）。Liu 等（2013）发现，当日本百脉根 *Lotus japonicus* 中 SL 合成代谢的关键基因 *LjCCD7* 被沉默后，AM 真菌球状巨孢囊霉的侵染率和丛枝形态都没有发生变化。另外，从胡萝卜中提出的羟基脂肪酸（2-hydroxydodecanoic acid 和 2-hydroxytetradecanoic acid）也能够促进极大巨孢囊霉的菌丝分枝（Nagahashi and Douds，2011）。尚不清楚孢子萌发后对根系分泌物的反应是由一种物质引发的还是由多种物质协同引发的。胡萝卜根系分泌物对 AM 真菌根内根孢囊霉分解代谢的影响并没有伴随 AM 真菌中相关基因表达水平的显著变化而变化，这说明 AM 真菌对某些信号物质的反应是基因转录后的调控而不是转录水平的变化。

AM 真菌的一般生长发育规律可参见《菌根学》（刘润进和陈应龙，2007）等资料。关于生态因子对 AM 真菌生长发育的影响见第八章。

（二）ECM 真菌的生长发育

ECM 真菌的担孢子是进行生活史循环的第一个器官，生长于菌伞的褶片中，形成孢子的组织称为担子，通常每个担子可产生 4 个担孢子。但若将刚开伞的菌盖放于一张有色纸上，几小时候后即发现纸上有呈放射状的白色粉状物，这就是担孢子成堆时所形成的"孢子印"。例如，松茸子实体从菌盖下方内菌幕破裂开始，担孢子也同时开始向下放射，放射可持续到子实体腐败为止，可连续放射 13~20d，每天放射下落到土中的担孢子最多可达 43 亿个。如果松茸生长地及松茸个体不同，担孢子的数量也不同。一般来说，菌盖越大，下落担孢子数量就越多，菌盖直径为 9.6~13.3cm 的子实体，担孢子的下落量可达 100 亿~300 亿个；菌盖直径达 21cm 的子实体，下落担孢子的数量可高达 346 亿个。

大量的担孢子落入土中后于适合条件下萌发长出菌丝体，菌丝体在土中开始生长、繁殖和分化，开始和循环新的生活史。可见，担孢子实际上相当于植物的种子。担孢子落入土中，只要条件合适，1d 后 10% 的担孢子发芽，以后逐渐增加，至第 6 天为最高，发芽率可达 35%，但第 7 天后发芽率开始下降，在室内条件下，担孢子经 5h 就可发芽，若在培养基中加入少量酪酸，有促进孢子发芽的作用，特别在已经培养 45h 后、孢子发芽率较低的情况下有较好的促进效果。但是，不同子实体及不同来源的松茸，其孢子发芽情况也可能不同。此外，担孢子发芽率的高低还受温度等因素的影响，通常 15~20℃条件下发芽率较高，低于 15℃或高于 20℃的条件下发芽率较低。

一般认为，孢子作为繁殖体的意义并不大，况且孢子发芽率又很低。在培养菌丝的普通培养基上进行的研究表明，其发芽率仍非常低。丁酸可诱导孢子发芽。目前，经丁酸诱导孢子发芽率可达百分之几十。通常孢子在发芽之前先膨大、长出芽管，并以一根芽管伸长。孢子发芽所形成的芽管如继续生长便形成一级菌丝。一级菌丝的每个细胞中只有 1 个核，也称单核菌丝。异性菌丝间相互融合便形成二级菌丝。二级菌丝的每个细胞中有 2 个核，也称双核菌丝。当双核菌丝遇到寄主根系，菌丝便侵入根部组织中形成菌根。

ECM 真菌种类繁多，不同真菌子实体的形成过程差异显著。松茸生活史中的双核菌丝体与树木根系结合形成菌根后，双核菌丝生长并达到生理成熟时，再经过子实体原基分化直到子实体成熟。这是一个相当复杂的生理代谢过程，能否进行或顺利完成，或需要多长时间，受 ECM 真菌自身的生物学特性和立地条件（生态因素）两个方面制约。

担子菌子实体的形成一般可分为 4 个阶段，即原基形成阶段、子实体分化阶段、子实体生长阶段和子实体成熟阶段。例如，松茸子实体完成其生长和核配并达到生理阶段成熟时，适合条件下，包括各种养分、湿度（60%~70% 或土壤含水率为 15%~30%）和温度（24℃）等，菌丝体开始聚集并相互扭结而形成子实体原基。菌丝体不断向原基输送各种营养物质，包括各种碳源、氮源及水分等，这些营养物质除来自于菌丝体本身的储藏外，也通过与树木根系形成的菌根，从树木根系中吸收。除一般养分外，还需一定的生长物质，如维生素 B_1 或叶酸、烟酸等。此阶段对温度要求严格，要求土表下 10cm 处的土温为 13~19℃，并维持 4~5d 后子实体原基才开始进一步分化；若条件不能满足，或土温连续 3 天 23℃以上，子实体原基则消亡。

子实体原基得到充足养分及其他必需条件后继续进行子实体的分化，通过其内部的输送渠道将所需养分送到各个部位，开始进行菌盖及菌柄的分化，这个阶段的碳及碳素营养物质必须来自于菌丝体内部的储存，从菌丝体中储存的葡萄糖不断分解并释放出各种单糖，以满足形成菌盖的需要，当菌盖分化时，菌柄也同时进行分化。一旦菌丝体中储存的养分不足，往往可以从附近其他生长不良的原基或子实体处吸收营养，并导致这些原基或子实体消亡，从而保证其主要子实体分化需要。子实体完成分化阶段后就开始进入子实体的生长阶段。该阶段实际上是从原基分化成的幼小子实体内许多细胞迅速扩张的结果，特别是菌盖下部那一段菌柄生长最快，这个时期也是整个子实体体积、重量增长最大的时期。该时期需要大量的养分和水分，除了部分来源于菌丝体外，还必须从树木或土壤中获取。此期的土壤温度要求 15~19℃，湿度要求保持在 85% 左右。此外，该阶段有时子实体已经或即将长出地面，会受到外界环境的影响，包括适当的光照及 CO_2 和 O_2 的浓度等。

松茸子实体成熟阶段是指子实体长出土面后从开伞至衰败的阶段。该阶段菌褶上产生的担孢子纷纷成熟并落入土中，待孢子发芽后长出菌丝，开始第二次生长循环。此阶段除部分菌柄仍埋于土中外，菌体的大部分均暴露于土壤表面，受外界环境的影响比较大。松茸子实体完成全部生长过程所需要的时间，随各地菌丝体生长发育程度的不同而异。从形成原基到子实体完成分化，需 5~6d；从子实体分化到幼茸长出地表，需 5~6d；子实体生长的第 4~7 天生长量最大。

（三）DSE 真菌的生长发育

在离体纯培养条件下，DSE 真菌生长特别缓慢，而且需要较低的培养温度（24~27℃）和黑暗条件下才能生长发育。随着分离培养时间的增加，菌落和菌丝黑化。有研究表明，DSE 真菌与寄主植物根系形成共生体后，DSE 黑色素增加能提高植物的抗逆性（Ban et al.，2012）。

第三节　植物与真菌的共生体发育

植物与真菌共生关系的建立需要经历一系列复杂而又精细的识别与侵染定殖过程，包括真菌孢子或菌丝体与寄主的识别、菌丝穿透及组织内部的侵染定殖 3 个过程。植物共生真菌与植物之间存在着信号交流,早在未直接物理接触前,两者之间的互作就已开始了。侵染初期,未接触的互作双方通过释放信息素类物质或信号分子进行相互识别,这对成功侵染十分重要。植物与真菌共生形成共生体的发育过程和特点,是由寄主植物和共生真菌各自的生物学习性共同决定的。寄主植物与共生真菌之间的共生有的不具有专化性,如几乎所有植物均能与一定种类的共生真菌共生;有的具有较强的专化性,如部分木本植物与 ECM 真菌之间的共生;有的则具有相互选择性,如寄主植物与 AM 真菌之间的共生。

一、菌根真菌定殖特征

研究表明,90% 以上的植物都能与菌根真菌共生形成菌根共生体,但植物界不同门、科和属与真菌界不同门(如球囊菌门、接合菌门、子囊菌门和担子菌门)的真菌形成不同类型的菌根共生体,这是由双方的生物学特性共同决定的。而在共生体结构特征方面,菌根真菌可能发挥主导作用。

(一)植物与 AM 真菌的共生体

在植物与 AM 真菌的最初识别过程中,植物根系可以分泌倍半萜类、萜类、类黄酮及黄酮类等信号物质,刺激 AM 真菌孢子萌发,产生芽管,从而进一步侵染,植物所释放的 SL 能够吸引和激活共生真菌,促进菌丝的分枝;AM 真菌则能够准确地识别寄主植物根系的位置,对其具有非常强的定位能力,并分泌木聚糖酶(xylanase)、纤蛋白酶(protease)、纤维素酶(cellulases)和漆酶(laccase)等酶类物质,降解植物角质层及细胞壁,从而侵入到植物细胞内。AM 真菌孢子萌发形成侵染菌丝与根表皮或根毛接触时,形成附着胞,然后进入根内。由于受到根细胞的阻力,侵入的菌丝通常变粗。侵入点部位的菌丝一般染色都比较深,在细胞内或间隙呈"之"字形,或出现卷曲现象。侵入点的数量为 1~25 个 /mm 根系长度,其多少主要取决于植物、AM 真菌和土壤条件。

AM 真菌对植物的侵染包括初级侵染和次级侵染两个阶段。初级侵染阶段是指由 AM 真菌原初繁殖体产生的菌丝侵染寄主植物的过程;次级侵染是指形成菌根后,由新长出的根外菌丝、新产生的繁殖体再次侵染植物的过程。AM 真菌侵入植物根系扩展形成菌根,显微镜下可以观察到 AM 表面着生根外(表)菌丝、根外孢子和侵入点等结构;根内菌丝由根细胞间的胞间菌丝和根细胞内的胞内菌丝组成,AM 真菌可以从幼嫩根系的任何部位侵染,大多数情况下是从根系成熟区侵入的,也可从根尖的根冠、分生区和伸长区侵入,形成丛枝、泡囊和根内菌丝等典型的菌根结构。分枝级次越高的根尖,菌根侵染率也越高。舒玉芳等(2011)观察到 AM 真菌侵染的桑树根尖,单条根系侵染率在 0%~100%,82% 的根尖形成了 AM,包括典型的泡囊、丛枝和根内孢子等 AM 结构,该结果支持了早期的研究结论。AM 真菌侵染根尖的特性为该真菌的生理功能创造了得天独厚的条件。例如,由于该真菌的生态位与土传病原物相同,这就为拮抗病原物奠定了坚实的生物学和生态学基础。

根内 AM 真菌的菌丝可以纵向和横向生长扩展。根系外皮层细胞内定殖的 AM 真菌菌丝，即所谓胞内菌丝常呈直线状单条或数条排在一起，这些菌丝无隔，很少分叉，从一个细胞直接长进另一个细胞，沿着根系纵向生长。在其最初侵入的细胞内及周围几个细胞内能形成圈状菌丝，这在一些 AM 真菌侵染植物根系时经常能够观察到。胞内菌丝的数量和生长方式可能是由该真菌自身和其所侵染的寄主植物决定的。在皮层薄壁管胞中间层则可看到由圈状菌丝或由侵入菌丝分叉直接形成的胞间菌丝，其直径为 $2\sim6\mu m$，而由细型 AM 真菌产生的胞间菌丝直径通常小于 $2\mu m$。这些菌丝可分枝，于胞间膨大，有时呈 $3\sim4$ 束，当胞间菌丝衰老呈空腔或处于产孢阶段则形成横隔。但在活跃菌丝中很少有横隔。

AM 真菌在根皮层中形成大量的胞间菌丝，侧生的二分叉状丛枝直接穿透皮层的细胞壁，形成典型的丛枝结构；胞间菌丝是沿着根系伸长生长的方向在胞间纵向生长形成的 A 型丛枝；而 AM 真菌在根内的侵染结构主要为菌丝圈，从一个细胞直接进入另一个细胞，丛枝从菌丝圈上产生而发育成 P 型丛枝。例如，菊科、豆科和锦葵科植物形成 A 型丛枝，槭树科和龙胆科则形成 P 型丛枝，菊科和豆科也存在 A 型 +P 型丛枝。越来越多的迹象表明，AM 真菌 A 型丛枝和 P 型丛枝结构关系到植物的生长型和演替。养分、水分贫乏的自然植被区植物和外来入侵植物多形成 P 型丛枝（Shah and Damase，2009）。大部分的先锋植物形成 A 型丛枝，而大部分的晚期演替植物形成 P 型丛枝。植物演替过程中 A 型 /P 型值依次降低：一年生＞多年生＞落叶性树种＞常绿性树种，先锋组＞早期演替组＞晚期演替组。A 型 /P 型值下降的事实暗示了 A 型丛枝和 P 型丛枝的功能存在差异。假如 P 型丛枝菌根中菌丝和菌丝圈的作用不同，那么二者比率的不同能够反映功能的不同。而且，A 型丛枝和 P 型丛枝具备不同的发育特点：P 型丛枝菌根的发育较 A 型丛枝慢，二者吸收养分的能力、促进植物生长的效应，以及防御相关基因表达和介导的防御反应可能不同（Dickson，2004），越来越多的证据表明，丛枝具有提高植物抗病性的新功能。可见，菌根形态解剖结构与功能研究大有可为，值得深入观察和研究。

植物种类、AM 真菌种类和生态条件决定着丛枝发育特点。例如，设施栽培的黄瓜 Cucumis sativus 根系中可观察到典型的泡囊、A 型与 P 型丛枝结构。不同发育期黄瓜以盛果期根系 AM 真菌侵染率最高为 57%，苗期最低为 18%；初花期的丛枝为 P 型，苗期和结果中期则为 A 型 +P 型。连作＜ 7 年和连作 7~10 年的黄瓜根系丛枝为 A 型 +P 型，连作＞ 10 年的丛枝为 A 型。不同土层黄瓜根系以 0~15cm 土层中 AM 真菌的侵染率最高（29%），丛枝为 P 型；以＞ 30cm 的侵染率最低（12%），丛枝为 A 型；15~30cm 土层的丛枝为 A 型 +P 型（田蜜等，2015）。

AM 真菌的菌丝在根内进行双向扩展的同时，真菌组织不断分化和发育，形成丛枝和泡囊等器官。采用光学和电子显微镜可以清晰地观察到丛枝的形成、发育和衰老过程。菌丝穿过细胞壁后在胞内的质外体中不断分叉形成丛枝，它可以占据细胞内质外体的大部分空间，但不管丛枝如何扩展，植物根系细胞的原生质膜并不受到损伤，而是仍紧紧地包围在丛枝周围，并保持着细胞的活性。

胞间菌丝通过拉开植物细胞壁并使其质膜缩陷而进入植物细胞，丛枝的扩展便从进入植物细胞的胞间菌丝分出的侧枝开始生长发育。最初的胞间菌丝成为丛枝的主干，丛枝主干侵入的先端部位被植物细胞壁物质并列地连续包围成一个厚层。菌丝穿过细胞壁后，细胞的原生质膜立即将进入的菌丝包围起来。这时，进入细胞内的先端菌丝开始二分叉式生长。形成丛枝的菌丝一般非常细，其端部直径仅 0.5~1.0μm，但分枝数很多，产生越来越多、越来越细小的分枝，其直径从 1μm 减少到 0.3~0.5μm。因此，在细胞内与细胞质的接触面可增加 1~2 倍。经过连续的二分叉就形成丛枝状吸器，最后充满细胞腔内的大部分空间。有时，在外皮层细胞内的菌丝并不分叉形成丛枝，而是呈线圈状卷绕在细胞腔内，只在皮层的中部和内层细胞内才形成丛枝。发育完全时，丛枝几乎占据整个细胞。随着丛枝的生长扩大，植物细胞的原生质增加，细胞核增大，分散在细胞质内的细胞器也相应增多，表明寄主植物细胞的生理活性增强。细胞质总是包围在丛枝周围而不破裂，保持细胞的生命活动。十分有趣的是，在豆科模式植物日本百脉根中，AM 特异性磷酸转运蛋白 LjPT3 可以影响 AM 的发育，在 *LjPT3* 被沉默后丛枝数量明显下降。然而不同于 MtPT4，LjPT3 对于丛枝的发育并不是不可或缺的（Takeda et al.，2009；Kobae and Hata，2010）。可见，关于丛枝发育都受哪些基因调控值得深入探索。

　　不同植物根内丛枝结构着生的数量随真菌种类不同而异。这与 AM 真菌和寄主植物生长发育的生物学特性有关。丛枝在细胞内生活 1~3 周，随后便开始衰老退化、消解；最细小的丛枝分枝成为无结构的细胞质组分，膜的完整性消失，无可辨的细胞器，最后成为无一定形状的物质。有时在丛枝退化过程中一些真菌能形成隔膜，把变成空腔的部分与活的、有功能的丛枝分隔开来。随着丛枝结构的崩解，寄主细胞又恢复到原来状态，又可能被另一菌丝再次侵入，又形成丛枝或其他器官。有的植物其细胞内的丛枝刚退化，新的丛枝又可以再发育。一个细胞可以同时发育几个丛枝结构。因此，一个皮层细胞中可能有多个丛枝分解后留下的残屑。在丛枝基部细胞的原生质中有许多还原糖粒和油滴，而液泡中则发现有磷酸盐颗粒。此外，还可能有许多可溶性化合物，当丛枝消解后，它们仍可留在根细胞内继续供植物利用。

　　泡囊的生长发育一般比丛枝晚。将摩西斗管囊霉接种到向日葵上 42h 内便形成丛枝，而泡囊的形成比这要晚得多。可通过两条途径形成泡囊：一是在细胞内的菌丝顶端可发育成泡囊；二是在菌根发育时间较长的根段皮层组织的胞间菌丝顶端，其体内液泡体积变大，菌丝开始萎缩，并产生隔膜与较新的菌丝分隔开，然后在细胞间形成泡囊。不同属的 AM 真菌在根中产生泡囊的形状、位置和数量等有一定差异。光壁无梗囊霉 *Acaulospora laevis* 和崔氏原囊霉 *Archaeospora trappei* 在根细胞内产生泡囊；单孢球囊霉 *Glomus monosporum* 仅在靠近侵入点的部位形成泡囊；而聚生根孢囊霉 *Rhizophagus fasciculatus* 在所侵染根段中各部位的细胞内或间隙都能形成泡囊。通常是在植物生长季后期或至少接种后 2~3 个月才大量形成泡囊。同一属的真菌其单位根长形成的泡囊数量依菌种不同而异。例如，聚生根孢囊霉形成的泡囊数量显著多于单孢球囊霉。另外，泡囊数量与其寄主植物的种类也可能有关。AM 发育过程中一部分根内菌丝可长出根外或 / 和根表面上菌丝伸向土壤，具有很强的穿透力和吸收养分与水分的能力，能穿透土壤中有机物的颗粒。这些分布于土壤中的根外菌丝与根系相联结。根外菌丝的长度和密度存在差异，长度可达数十厘米，不断开辟新的吸收领域，发挥其生理生态功能。具薄壁的根外菌丝，当养分被吸尽后其内的细胞质就向厚壁菌丝内回缩，薄壁菌丝出现横隔，菌丝凋萎。土壤中薄壁菌丝存活的寿命短于厚壁菌丝。根外菌丝对损伤的愈合能力较强。较粗的根外菌丝上往往产生大的休眠孢子。

（二）植物与 ECM 真菌的共生体

通常菌根真菌的侵染要经过 4 个阶段，即接触（识别）、侵入、扩展和出现。土壤中 ECM 真菌能产生消化植物细胞壁的酶；在所分泌的纤维素酶、果胶酶、淀粉酶、脂肪酶及其他糖酶等水解酶的酶促作用下，通过侵染点由寄主植物的根尖及根毛区进入到皮层细胞间隙进行生长繁殖，ECM 真菌的上述侵染过程是建立在真菌与根细胞的识别系统之上的。研究证实，ECM 真菌酶促作用产生的 2-1 羟基环丙基 - α -D- 半乳糖吡喃苷结构物，可与寄主植物根细胞膜上存在的糖蛋白结合。ECM 结构中真菌次生菌丝体不会蔓延至根的中柱鞘内，这是因为中柱鞘细胞产生木栓化的凯氏带增厚层，阻碍了植物细胞膜上糖蛋白的形成，同时真菌菌丝体缺乏分解木栓的酶类等生理特征的限制造成的。由此可知，细胞识别系统是 ECM 的一个生理特征。

在研究彩色豆马勃侵染桉树时发现，真菌一接触寄主根表，彩色豆马勃就积累大量的下篦刺桐碱。这个机制是桉树根表的膜诱导真菌分泌大量的下篦刺桐碱，这种物质被特殊的衍生根扩散的分子所控制。这个过程是一个菌根合成前的信号交换过程。对一种分泌色氨酸和吲哚乙酸（IAA）的黏滑菇的调查发现，IAA 控制桉树主要的 ECM 的解剖学特征，IAA 的过量产生诱导一种细胞内的菌丝网的不正常增殖，从而引起根的改变，它增加了皮层细胞的表层，也增加了维管束的数量。在菌根的个体发生过程中，不同根组织中植物激素的浓度可能被真菌所调节，这个规律暗示了被选为目标的植物激素或激素的结合物定位了根内源激素的新陈代谢的规律。

当植物根系在土壤中生长发育、形成侧根时，其根系的分泌物可以诱导土壤中菌根真菌孢子的萌发、长出芽管和侵染菌丝；或者吸引土壤中的菌丝体朝着根系生长、与根系直接接触。菌丝体与植物根系接触后，由于根系分泌物的刺激作用，促使菌丝体迅速生长，很快将根端部分包围起来，并加速繁殖，在根端表层形成菌套。至此完成第一个接触和识别过程。

在这个过程中，吸收根的根尖停止伸长生长，而使根尖受侵部分变得粗短而肥大。有时当菌套后部的幼根在长出新的吸收根分枝时，菌套菌丝迅速生长，再次将新长出的幼根包围并形成新的菌套，而新生幼根又可形成不同的分叉状。与此同时，菌套内皮层的菌丝由电子透明的胞间物质相互连接形成假薄壁组织，菌套菌丝可通过多个接触点穿透吸收根表皮层细胞进入根的内部而完成侵入阶段。ECM 真菌的菌丝体侵入植物根部皮层后，迅速在皮层细胞间向纵横方向扩展和延伸，很少分隔，它不侵入细胞内，在细胞间隙扩展呈迷宫状，不会导致组织及形态的变化。这个过程有时非常短暂，与侵入及出现阶段几乎同时进行，不同菌种和植物之间完成这个过程所需的时间也可能各不相同。ECM 真菌的菌丝体在皮层细胞间迅速发展，形成了细胞间的网状结构，即哈蒂氏网。哈蒂氏网的形成既是菌丝体在皮层组织内扩展的结果，也是 ECM 完成侵染程序进入侵入阶段的重要标志之一。这种分布于从外皮层至内皮层范围内细胞间隙的真菌菌丝体就称为哈蒂氏网；与此同时，分布于根表皮外表面的次生菌丝体也繁殖形成菌套将根尖包裹，从而完成 ECM 真菌对根的侵染，形成 ECM。

　　从菌丝体与寄主根系接触到菌套和哈蒂氏网等形成应是菌根真菌完成侵染的全过程，也就是菌根"出现"的过程，这个过程的完成有时仅需非常短的时间。在松树幼苗上的接种试验表明，一般接种后两周内就可完成侵染全过程。有些菌种，如彩色豆马勃、桩菇 *Paxillus* sp. 和革菌 *Thelephora* sp. 等只需 5d 就可完成整个侵染过程并形成菌根。因此，菌根真菌的侵染过程有时很难分为几个不同阶段，它们往往是交错进行或同时完成的。

（三）植物与其他菌根真菌的共生体

　　EEM 真菌在长白松 *Pinus sylvestris* var. *sylvestriformis* 幼苗上侵染的最初现象是形成哈蒂氏网，随着根系生长，真菌侵染根系顶端分生组织，成熟根部组织细胞内菌丝侵染增加，细胞内充满了有隔菌丝的菌丝圈。细胞内菌丝不会破坏皮层细胞，EEM 真菌侵染植物后植物细胞和细胞内菌丝均可存活一年以上，高度侵染的皮层细胞经染色后，细胞核仍清晰可见。在 *Wilcoxina mikolae* var. *mikolae* 与北美短叶松 *Pinus banksiana* 形成 EEM 的结构和发育过程中，新生的比较短的根系被菌丝包裹，菌套首先在靠近根尖的根毛区形成，并仅有一些直径较小的菌丝穿过根尖。成熟组织中，除非侧根生长很快，否则根尖全部被菌套包裹。根尖后部形成哈蒂氏网，首先侵染表皮和外皮层细胞，而后侵染内皮层细胞。细胞内菌丝可侵染靠近最初观测到哈蒂氏网细胞的 1~2 个细胞，菌丝进入细胞后就会不断分枝。

　　除了有胞内菌丝的侵染外，EEM 的结构和发育过程与 ECM 相似。同一种真菌接种到黑杉 *Picea mariana* 和加拿大黄桦 *Betula alleghaniensis*（这两种植物可以与其他真菌形成典型的 ECM），观察到两种植物根系中都形成哈蒂氏网，但无胞内菌丝侵染定殖。这表明那些认为 EEM 皮层细胞是死的，且缺乏原生质的观点是不正确的。EEM 是 E-type 真菌与幼龄（1~3 年）松属 *Pinus* 植物形成的菌根，它对苗床土壤的要求是肥沃、酸性、腐殖质含量多。EEM 的形成密度不依赖于光强度。这种菌根的寿命与典型的 ECM 寿命相当，但比同一生长地的无菌根根系寿命长。

　　关于兰科植物胚侵染的过程大多来自离体培养试验的观察。将盛有种子的网囊置于土壤中，种子能被 OM 真菌菌丝侵染，真菌接触到萌发的种子，从种子的种脐或种子萌发形成的假根侵入种子，使种子壳破裂，一旦侵入种子胚中，OM 真菌就形成螺旋菌丝分布在胚细胞中。除了来自顶端分生组织的细胞外，大多数细胞都可被侵染。菌丝螺旋团与原生质由真菌包被（perifungal）细胞膜隔离。这种膜来自原生质膜的变形。OM 真菌菌丝的侵入增大了细胞核，伴随着合成 DNA 和改变细胞骨架。

　　OM 真菌能产生水解酶，破坏寄主细胞的细胞壁，使菌丝从一个细胞侵入另一个细胞。侵入的菌丝直径与原菌丝相比细得多。细胞的不断分裂，使胚不断增大，发育为原胚体。一旦产生芽顶端分生组织，叶片便随之形成，初生根也被刺激产生。许多兰科种类的整个生长周期都是在地下度过的，它们依靠真菌来获得生长所需的碳水化合物。含叶绿素的兰科植物，一旦叶片长出地面，它们就能制造自己所需的糖类。根在土壤中生长，OM 真菌不断侵染，根皮层细胞出现菌丝螺旋团。根可以被土壤中的真菌繁殖体侵染，而不仅仅是来自原胚体中的真菌菌丝，因此，不同的真菌种类都可侵染根和原胚体。

OM 的形成可分为两种情况：一是对兰科植物种子的侵染，二是对新根的侵染。兰科植物种子吸水后膨胀，种皮破裂生出胚根，真菌菌丝体穿过胚根的细胞壁，侵入根细胞腔内生长。对于以块茎越冬的兰科植物，越冬后发出的新根也会经历相同的过程，受真菌侵染形成菌根。OM 真菌侵入兰科植物的吸收根后，在皮层细胞内形成螺旋状的菌丝圈，或者与寄主的根细胞形成不规则的菌丝附着物，这种结构称为胞内菌丝团。胞内菌丝团的寿命不长，几天之内就会被寄主根细胞消解，消解的菌丝残体逐渐被根细胞溶解和吸收，最后消失。Dactylorhiza majalis 的种子萌发和菌根真菌的定殖需要 14d。从第 9 天开始，胚内蛋白质颗粒开始水解、淀粉颗粒开始积累；第 11 天表皮细胞的细胞核增大并产生根状突起，此时菌根真菌菌丝侵入，形成胞内菌丝团，胞内菌丝与膨大的细胞核建立起密切的关系；第 12 天即菌丝侵入后仅 1d 便可以观察到消解的胞内菌丝团残体。天麻 Gastrodia elata 种子萌发早期胚细胞中出现的菌丝团是兰花与 OM 真菌共生形成共生体的最初标志，此时种子开始萌发。稳定同位素细胞成像实验表明兰科植物原球茎不仅可以通过消化菌丝获取碳、氮等营养物质，真菌还可以将营养物质经形成的菌丝团与植物细胞的界面传递给原球茎（Kuga et al., 2014）。菌丝以不同形态存在于原球茎的柄状细胞、外皮层细胞和内皮层细胞。菌丝首先侵入柄状细胞，但不形成菌丝团，在外皮层中形成菌丝团，而内皮层中的菌丝被消化。含有衰败菌丝的原球茎细胞常被菌丝重新定殖，这种菌丝被消化又重新定殖的现象在整个原球茎发育过程中可不断重复。

试验表明真菌基因组可影响寄主植物，包括优材草莓树 Arbutus menziesii 和熊果 Arctostaphylos uvaursi 根尖的分枝。ECM 真菌彩色豆马勃可诱导草莓树 Arbutus unedo 侧根的形成而使根系呈簇状，但 Piloderma bicolor 仅能诱导一部分侧根的形成，而不使根系呈簇状。因真菌种类不同，熊果植株上或形成少量侧根的根系，或形成侧根丛生的根系。大田采集的草莓树根系有不同的分枝方式，这可能与它们形成菌根的真菌种类不同有关。

在草莓树属 Arbutus 和熊果属 Arctostaphylos 中，因真菌种类不同，菌套或结构紧密，由多层细胞组成；或结构松散，仅有几层细胞。在簇生根系形成的整个过程中菌套都存在。如果有菌丝束存在，它可从菌套表面进入根系组织。十分有意义的是，一种类似于固氮螺菌属 Azospirillum 的细菌已在草莓树形成的菌根上分离得到，透射电子显微镜观察发现这些细菌存在于菌套中和根外菌丝上。这表明该细菌可与菌根真菌共生，其共生机制、生理生态效应与作用机制有待深入探究。

MM 生长发育过程是在地下越冬的水晶兰长出新根时，即与土中菌丝接触感染并逐渐形成菌套及哈蒂氏网，菌套菌丝开始积累和储存大量营养物质；当水晶兰根上的不定芽抽出花莛时，菌套菌丝储存的营养物质开始向皮层中的菌丝体顶端聚集，使顶端膨大形成吸器并穿过细胞壁在细胞内形成菌丝圈。当水晶兰的花莛成熟时，细胞内的菌丝圈消失，其残留物被水晶兰吸收，作为生长和繁殖的养料。

ERM 在含有成熟表皮层的毛根区，菌丝形成一个疏松的网，随着根不断生长，表皮细胞不断分化，菌丝又侵染新的表皮细胞。该菌丝网通常生长在根的顶端，但是在正常的根顶端分生组织区后面有一段分化了的细胞区不存在真菌菌丝。虽然在分子基础上，对 ERM 真菌菌网的形成过程还不清楚，但已经通过超微结构及细胞化学法观察，

用子囊菌 *Hymenoscyphus ericae* 作研究菌株，开始对这方面进行了研究。一些 *H. ericae* 菌株生成富有多聚糖成分的细胞外纤维状保护套，这种保护套在侵染性的真菌菌株中更易形成。

菌根形成时，保护套的形成作为第一步将真菌固定在植物中。用标记的伴刀豆球蛋白 A 凝集素作为细胞合成的物质来检测甘露糖和葡萄糖，真菌与植物形成的共生体中，这些化合物很多，保护套的形成有助于侵染，它是侵染发生的前提。但这一观点仍有怀疑，因为真菌能够侵染含保护套的寄主植物，也能侵染非寄主红车轴草 *Trifolium pratense*。不同之处在于：菌丝侵染到寄主植物细胞内，植物细胞纤维素物质消失；侵染到非寄主植物细胞内，菌丝保存一段时间后，被侵染的细胞破裂。菌丝从菌网表面侵入表皮细胞，一般一个细胞只有一个侵入点，但有些细胞也有多个侵入点。每次侵入形成一个附着胞，但这一结构，并未发现它不是真菌侵染的前提。一旦菌丝侵入细胞壁中后，多聚糖纤丝就从菌丝中消失。在电子透射区，真菌侵入细胞壁很明显。这可能是由于真菌产生分解酶将植物细胞壁融解所致。

用扫描电镜和透射电镜技术研究已经证实，真菌侵染穿透表皮细胞的细胞壁，所以每个细胞即是一个侵染单元。因此即使是相邻的细胞，它们所含有的菌丝群所处的发育阶段也不同。当菌丝群成熟时，细胞的空间几乎被真菌菌丝完全占有，几乎或无空余。在电子透明区外，包围菌丝的细胞质中有线粒体、内质网，这表明此阶段是重要的生理活动期。根毛尖端覆有一层黏液，这里聚集着大量微生物，而这些共生微生物在 ERM 发育过程中的作用值得研究。

二、深色有隔内生真菌（DSE）定殖特征

DSE 定殖在不同植物根系时，其定殖模式大致相同。作为 DSE 的典型代表，*P. fortinii* 的根部定殖开始于根系表面的游走菌丝；随后菌丝沿着根表皮细胞之间的凹陷处顺着根系主轴的方向生长。然后菌丝逐渐编织在一起形成菌丝网缠绕在根系表面，进而菌丝可侵染到外皮层。有时菌丝也会先侵染根毛，通过根毛进入皮层再进入到表皮层后，菌丝沿着根系主轴的方向从一个细胞扩展到另一个细胞，在穿过相邻的细胞壁时菌丝会产生类似附着胞的膨大结构和窄细的侵入管（缢缩现象）。菌丝可以在细胞间和细胞内蔓延生长，在定殖后期，大量菌丝可以在皮层细胞内形成颜色较深、排列紧密、胞壁加厚的微菌核结构。稻镰状瓶霉 *Harpophora oryzae* 主要集中定殖在水稻根系的根毛区。菌丝先进入根毛，逐渐由表皮层扩展到皮层，直至内皮层，不侵染中柱及维管组织，只局限定殖于根部，并不会通过维管组织系统扩展到地上部。侵染过程中形成多种真菌结构，如厚垣孢子、附着枝和微菌核结构等。菌丝侵染定殖根尖的模式及其定殖的生物量与根系组织的成熟度有关。根冠表面有少量的菌丝附着侵染，根尖分生区几乎没有菌丝定殖，伸长区表皮层有少量菌丝侵染，成熟区被大量的细胞内/外菌丝及厚垣孢子侵染定殖（苏珍珠，2012）。

生态系统中 DSE 分布极其广泛，无论是沿海、平原、低地，还是高山、亚高山地区，从热带地区到温带地区，由低纬度到高纬度，即使在高纬度的极地与高山地区都有 DSE 分布。DSE 主要侵染植物根系表面、表皮层、皮层和内皮层。定殖于植物根部后，

DSE 于皮层中产生典型的深色具隔菌丝，常见为深棕色、棕黑色、灰色、棕灰色、橄榄色和灰黄色等。DSE 菌丝壁较厚，具隔，菌丝形态或曲或直，有些形成树枝状的分枝。初始侵染 DSE 会在植物根系表面形成表面菌丝，随着菌丝在根部表皮和皮层细胞间纵向延伸，根内形成菌丝网络。另外，DSE 侵染过程中形成一些特殊结构。例如，有隔菌丝有时沿细胞壁盘曲在细胞内形成菌丝圈。DSE 侵入细胞，常常在皮层细胞内形成微菌核。微菌核是由膨大的、圆形的、细胞壁加厚的细胞紧密堆积而成的细胞团，其形状大小不一，颜色常极深，多为深棕色、棕黑色，但也有较浅的颜色。

通过对英国不同草原样地调查，发现 DSE 在所有样地中均是最丰富的群体，其多样性不受样地的影响。中国广西钦州湾的 4 种优势红树根系中均发现 DSE 定殖。哥斯达黎加热带雨林中几乎所有被调查的植物中都有 DSE 的定殖。2006 年 Li 和 Guan 在云南大理、丽江、香格里拉等地研究野生马先蒿属植物时发现，相对于 ECM 真菌和 AM 真菌来说，DSE 是这些野生植物根中更常见的定殖者。印度西南部山区 107 种药用和芳香植物根部有 AM 真菌和 DSE 定殖，其中 38 种植物有 DSE 定殖（Muthukumar et al.，2006）。在美国新墨西哥州半干旱牧场土著四翅滨藜 *Atriplex canescens* 根内定殖的 DSE 比菌根真菌更多。2005 年 Li 等对中国云南干热河谷中很多植物的根系上 DSE 的定殖情况进行了调查，结果表明，干热河谷的不同生境中 50%~83% 的草本植物和小灌木具有 DSE，同时定殖 AM 真菌和 DSE 的植物占被调查植物的 45%~80%。亚热带地区的草本植物 DSE 定殖的比例也很高，一些水生植物和国外报道的一些湿地植物也有 DSE 定殖。

田蜜等（2015）调查了设施蔬菜主产区不同连作年限、生育期和土层深度的黄瓜根系 DSE 定殖状况，观察到典型的 DSE 菌丝和微菌核（图 4-24）。不同发育期黄瓜以盛果期根系 DSE 侵染率最高（为 28%），苗期最低（为 8%），表明 DSE 也能侵染定殖栽培作物。关于更大范围的栽培植物 DSE 的生殖状况，值得调查研究。

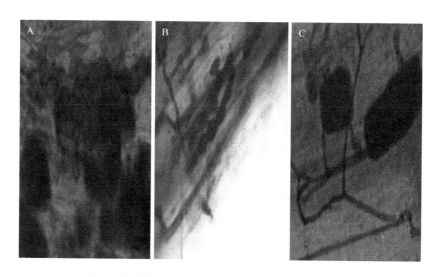

图 4-24　设施栽培黄瓜根样中 DSE 微菌核与菌丝的着生情况
A. 微菌核；B. DSE 形成的念珠状细胞和菌丝；C. 微菌核与菌丝体

DSE 在不同生境的不同植物中的定殖，表明它们很少或没有寄主专化性。迄今为止，越来越多的研究表明大多数植物都能被 DSE 定殖，包括绝大多数的农作物、牧草等。DSE 分布如此广泛，表明它们在生态系统中应该是不容忽视的一大生物类群，并暗示了它们在自然生态系统中的重要性。

三、印度梨形孢定殖特征

为了阐明印度梨形孢定殖的分子基础，2009 年 Schafer 等结合整体的基因表达分析、代谢分析和遗传性分析研究了印度梨形孢与大麦的互作。印度梨形孢通常定殖于根系成熟区，在根伸长区主要定殖于细胞间；相反，大麦根分生区的细胞间和细胞内被大量菌丝和厚垣孢子定殖，大量菌丝存在于死亡根细胞中，皮层细胞完全被厚垣孢子填满，有的菌丝穿破细胞并且在质壁分离的原生质体中形成网状结构，表明印度梨形孢激活了细胞的程序性死亡。接种印度梨形孢后的第 7 天，大麦中 *HvBI-1* 基因（该基因具有抑制细胞程序性死亡的功能）的表达量减少；类似的，在 GFP 的 *HvBI-1* 基因高表达的大麦突变体中，印度梨形孢的繁殖被强烈抑制，这表明印度梨形孢在大麦根系分生区的繁殖需要寄主植物死亡的细胞。印度梨形孢定殖后根系的一些生理生化指标发生变化，如输往根尖部位的自由糖及氨基酸减少。这可能是由于印度梨形孢与植物根系之间的养分竞争所致。印度梨形孢与植物的互作过程中，植物根系内保持充足的还原态抗坏血酸非常重要，因为印度梨形孢不能有效定殖抗坏血酸还原酶突变体植株（Vadassery et al., 2009）。印度梨形孢定殖后植物体内赤霉素、生长素等激素水平也有不同程度的增加；植株体内赤霉素、生长素等激素含量的减少导致印度梨形孢定殖量显著下降（Chäfer et al., 2009）。印度梨形孢不能促进，甚至抑制乙烯信号途径突变体（如 *etr1*、*ein2* 和 *ein3/eil1*）植株的生长，而在过量表达乙烯应答转录因子 ERF1 的转基因植株上则不能定殖，表明乙烯在印度梨形孢定殖中起重要作用（Camehl et al., 2010）。但印度梨形孢定殖后不会或轻微引起防御反应基因的上调表达；相反，却能抑制水杨酸信号途径相关基因的表达。茉莉酸不影响印度梨形孢在植物上的定殖（Camehl et al., 2010）。

在代谢水平上，印度梨形孢的定殖降低了游离糖和氨基酸在根尖的利用率。此外，还发现了特有的阶段性的植物激素代谢相关基因的上调表达，主要包括赤霉素、生长素和脱落酸代谢相关基因，但是水杨酸合成相关基因的表达受到抑制。遗传研究表明，在赤霉素合成和感知缺陷型突变体中，印度梨形孢在根部的定殖降低，表明赤霉素充当了根部基础防御的调节器，赤霉素信号可能是真菌成功定殖的靶标。印度梨形孢在定殖拟南芥根系时，面临拟南芥根系免疫系统的抵御，印度梨形孢不是回避该抵御，而是通过各种分子途径抑制这种抵御。这种抑制寄主免疫系统的能力对拟南芥茉莉酸不敏感型突变体 1-1 和茉莉酸抗性突变体 1-1 是无效的。在细胞凋亡阶段，印度梨形孢在赤霉素信号通路关键负调控因子 DELLA 蛋白功能缺失突变体和赤霉素合成基因突变体 gal-6 根细胞中定殖率分别提高和降低，这表明赤霉素信号参预细胞凋亡阶段根细胞印度梨形孢的定殖（Jacobs et al., 2011）。这一研究证明了植物共生真菌同病原微生物一样，在侵染植物时需要面临根系中有效的先天免疫系统压力，成功定殖的关键取决于免疫抑制策略的形成。

印度梨形孢的侵染和定殖方式受多个因素的影响，其中寄主差异可显著影响该真菌的生活史。当印度梨形孢与拟南芥互作时，该真菌能在活的寄主根系表皮细胞中营活体生活，但当其与大麦共生时，该真菌的营养方式发生了转变，在死亡的皮层细胞中形成次级薄壁侵染菌丝（Lahrmann et al., 2013）。推测其原因，可能与寄主的营养代谢相关，尤其是氮元素的补给量和代谢活动。

印度梨形孢侵染植物根系的定殖过程大致是当菌丝接触到根系时，便形成附着胞并定殖于根的细胞间或细胞内。在皮层细胞内定殖时，印度梨形孢可形成特殊结构，如菌丝圈、分枝或圆形体（Verma et al., 1998）。在根系分生区组织中，印度梨形孢先填充满单个细胞，然后向邻近细胞扩展，但在根毛区即成熟区则采取一种近似网状的定殖方式。印度梨形孢在根毛区的定殖量要高于在分生区的定殖量，且不会侵染地上部分，但在根围中可形成菌丝和厚垣孢子。印度梨形孢能以菌丝体和厚垣孢子的形式在烟草根的表皮细胞间与细胞内定殖，其厚垣孢子形态多样，有梨形、圆形和椭圆形。另外，油菜幼苗根系细胞内和细胞间也可以明显观察到印度梨形孢厚垣孢子，且主要定殖于根成熟区，分生区和伸长区少有定殖（Lahrmann et al., 2013）。印度梨形孢主要定殖于植物根系的表皮细胞，在细胞内或细胞间形成致密菌丝组织，这些组织一般不穿透根系中柱部分。定殖过程中，首先由附着在植物根系表皮的厚垣孢子萌发产生菌丝，紧接着萌发自不同孢子的菌丝迅速连接起来，在根表形成菌丝网络，孢子萌发7d后菌丝的生长速率最快。定殖后24~36h菌丝穿透根系表皮细胞壁或通过细胞间隙进入根组织内部。其在根细胞内部的定殖模式与细胞的成熟程度有很大的关系。大多数情况下通过根毛细胞首先在幼嫩的分生区域定殖。通过PCR定量分析发现，随着根组织的成熟，该真菌的定殖量也呈上升趋势。印度梨形孢优先在较老的根系皮层、表皮细胞、根毛细胞内产生孢子，孢子独自或呈簇状存在，可自发荧光（Deshmukh et al., 2006）。

印度梨形孢与寄主植物共生关系的建立是一个动态的过程，包括厚垣孢子萌发阶段、活体营养定殖阶段、细胞死亡定殖阶段及植物细胞内外孢子形成阶段（Jacobs et al., 2013）。厚垣孢子萌发形成分枝的芽管，芽管进一步分化为附着胞与植物根系接触，接着附着胞产生的侵入钉穿透根被皮和皮层细胞，这是定殖的最初阶段。而此时根系分生组织和伸长区附近的菌丝仍然保持游离状态（Jacobs et al., 2013）。印度梨形孢一旦进入根皮层细胞，便沿着细胞内根纵轴形成高度分枝丛枝样结构，最后在成熟区胞内和胞间的菌丝产生厚垣孢子。在这一活体营养定殖阶段后便进入细胞死亡定殖阶段。研究发现，印度梨形孢的根系定殖与侵入点的成熟状态有直接关系，这表明真菌已经进化出一种定殖策略，即专一性地侵染一些更加成熟的根系位点，而不是侵染根系快速增殖的分生组织区域（Jacobs et al., 2013; Unnikumar et al., 2013）。在印度梨形孢与根系的相互识别阶段，一种富含亮氨酸的受体激酶基因 *PII-2* 迅速上调表达，而且发现 *PII-2* 是印度梨形孢促进拟南芥生长和种子产量所必需的（Shahollari et al., 2007）。*PYK-10* 基因是拟南芥根系响应印度梨形孢的靶标基因之一，*PYK-10* 能抑制拟南芥根系中印度梨形孢的定殖（Sherameti et al., 2008）。

印度梨形孢定殖时附着在根系表皮的厚垣孢子最先萌发产生菌丝，进而萌发自不同孢子的菌丝快速地形成菌丝融合，在根表形成菌丝网络，定殖后的 24~36h 菌丝穿透根系表皮细胞壁或通过细胞间隙进入根组织内部形成不具有特征性的锁状结构和菌丝结的菌丝体。印度梨形孢与植物共生以后，菌丝组织不侵入根系中柱区域，仅在根系表面、根系表皮细胞之间、根系表皮细胞内部扩展，定殖过程中在根系表皮细胞和根系附近的土壤中形成厚垣孢子。

　　印度梨形孢寄主范围比 AM 真菌更为广泛，可以在单子叶和双子叶植物上定殖。已知印度梨形孢能定殖数百种植物，如番茄、小麦、玉米、水稻和烟草等，还能在 AM 真菌不能定殖的十字花科植物上定殖。而且，人工培养基上可培养该真菌，这使其商品化开发成为可能，因而具有广阔的应用前景。

四、禾草共生真菌定殖特征

　　根据禾草共生真菌的生活周期和对寄主的影响，这些共生真菌具有三种定殖特点：①真菌在寄主体内度过大部分生活周期，但当寄主开花时，真菌沿着花序生长并在其基部形成子座，子座产生的有性孢子借助昆虫、风和雨水进行水平传播；②真菌在寄主少数分蘖上形成子座，其他分蘖仍无症状，共生真菌可以通过无症状分蘖产生的种子垂直传播给下一代，也可以通过子座产生的有性孢子进行水平传播；③共生真菌在寄主外不形成任何营养体和繁殖体，整个生活史中营养体均无有子座的有性世代，属于禾草共生真菌的无性世代类型，仅依靠种子进行垂直传播。但叶片内有时定殖着可产生分生孢子的菌丝体，由此推测可能存在水平传播的潜势，大多数禾草共生真菌均属于该定殖特性。

　　禾草共生真菌通常以菌丝体形式定殖于禾草叶鞘、茎秆和根状茎等的细胞间隙，有时也可定殖叶表。共生真菌菌丝与寄主协同生长。在禾草分生组织区，包括茎尖分生组织区、叶片和叶鞘分化区，共生真菌通过顶端生长在叶原基和腋芽进行分化的细胞间形成浓密的菌丝网；在叶鞘和叶片部位，菌丝受寄主细胞机械拉伸，与寄主保持同步生长，当禾草器官成熟，菌丝也停止生长。这一独特的生长方式可分成三个阶段。①胚乳内的共生真菌菌丝随着种子萌发于寄主分生组织内扩繁，在细胞间进行顶端生长，于叶原基和腋芽部位生长并产生分枝，在分生组织区形成菌丝网。②叶鞘和叶片部位的共生真菌菌丝受严格控制，仅在寄主细胞外生长，菌丝在未知成分的胞外基质作用下紧紧黏附于寄主细胞壁上，从胞外质体空间中获得养分，随寄主组织生长而生长。菌丝与长叶轴平行，很少分枝，偶然有垂直菌丝融合，使菌丝形成内部网络，促进细胞间信号和营养物质交换。菌丝在叶鞘部位与叶肉细胞壁紧密相连，在叶片部位与活细胞壁相连，菌丝构成叶片组织的一部分，植物细胞不受菌丝的任何影响，被黏附的细胞细胞质变得浓密，没有液泡，没有菌丝黏附的细胞有大液泡，说明共生真菌与寄主间发生了物质交换。当寄主细胞分化和扩展时，随着寄主细胞增大，黏附在细胞壁上的菌丝细胞得到拉伸。禾草生殖发育过程中当花序原基从分蘖基部分生组织分化时，菌丝与花序同步生长，菌丝继续侵染子房和花药，随着寄主的进一步生长和种子成熟，菌丝侵染种子的盾片和珠心层，然后继续侵染胚珠和心皮等，胚形成以后，菌丝广泛分布在胚及周围（包括胚芽尖、胚轴、糊粉层、胚乳和盾片），侵入叶原基和胚芽鞘原基，但不侵入根原基和胚根鞘原基。这些菌丝随着种子的萌发在新的植株中重复其第一、二阶段的生长。③寄主成熟细胞间菌丝停止生长，但仍保持较高的代谢活性，产生生物碱。菌丝体数目不随叶龄增加而增加，但菌丝的直径随叶龄增加而增加，细胞质成分变得复杂。例如，延伸叶片的叶基部以下，共生真菌细胞质相似且简单，包括核糖体，线粒体和细胞核。叶基部以上，由于代谢活动的持续，菌丝浓密，缺少液泡，共生真菌细胞质比较复杂，多了脂质体、蛋白质晶体和管状体。这种协同生长的方式确保了共生真菌在寄主整个地上部分分布而不对寄主带来副作用，并且完成垂直传播的过程。有时 E. festucae 菌丝也在禾草叶片表面无症状地分布，并不形成菌丝浓密的子座和香柱病（Eaton et al., 2010; Scott et al., 2012）。共生真菌与叶片协同生长的过程中，叶片表皮细胞间的菌丝生长时产生类似附着胞的结构，该结构产生轻微压力使共生真菌菌丝从表皮细胞间穿透叶片角质层于胞外生长，这些植物体表面生长的菌丝仍与寄主体内精密分布的共生真菌菌丝相连，叶片停止生长后菌丝也停止生长，表明共生真菌与病原真菌生长方式不同。这些独特的生长方式使得共生真菌生活在植物特定组织内，从不侵染植物细胞，因而寄主缺乏防御反应。已经确认共生真菌和寄主之间通过信号交流以启动和维持这种互惠共生关系，通过基因工程技术已经证实了多种信号途径参预控制菌丝的协同生长。

　　禾草共生真菌定殖植株不同部位菌丝体的形态也有差异。醉马草、中华羊茅、野大麦和披碱草的茎节、叶鞘和叶片中共生真菌的菌丝体比种子内表皮和糊粉层中的菌丝体粗短。菌丝体多分布于细胞间隙，分生组织及植株幼嫩部位的菌丝密度显著高于成熟组织，随着植物组织趋于成熟，菌丝体的密度逐渐降低。2008 年 Christensen 等在对多年生黑麦草和高羊茅共生真菌的观察中发现，香柱菌属的真菌菌丝体在黑麦草叶鞘中与纵向叶轴平行，在叶片中则定殖于叶肉细胞间隙，透射电子显微镜下菌丝体与寄主禾草细胞紧密地连在一起，菌丝体有椭圆形的、楔形的或拉伸形的，有的甚至被寄主细胞细胞壁挤压而扭曲，菌丝体粗细均匀，微弯曲、少分叉、有隔膜，且菌丝体未穿透细胞。高羊茅叶鞘中的共生真菌菌丝体定殖于维管束韧皮部组织中，叶片中菌丝体则定殖于叶肉细胞的间隙。赵晓静等（2015）观察到禾草茎髓中的共生真菌菌丝体分布于排列紧密的茎组织细胞的间隙，呈不规则排列，菌丝体细长，粗细均匀，微带弯曲，分布密集，很少分叉；与高羊茅不同，叶鞘中的共生真菌菌丝体定殖在厚壁细胞和气孔及维管束的附近，菌丝体比较弯曲，多数不分叉，且维管束中未见真菌的定殖；叶片中的菌丝体则定殖于叶肉细胞的间隙，比较稀疏。醉马草、中华羊茅、野大麦和披碱草种子的种皮内表皮定殖率较高，菌丝多定殖于细胞间隙，分布较为密集，菌丝体呈线形不规则分布，平行或网状排列，菌丝体分枝极少。中华羊茅和野大麦种子的糊粉层中也定殖着较多的共生真菌菌丝体，菌丝围绕着淀粉粒分布，高度弯曲，分叉少，直径均匀。部分种类的共生真菌在某种禾草或某个部位定殖概率较高，有些可能是该种禾草或该组织的专性共生真菌。醉马草共生真菌菌丝体主要定殖于种子内表皮下，仅有少数的菌丝体定殖于种子的糊粉层中（李春杰等，2008）。这一特点明显不同于共生真菌菌丝体在其他禾本科植物种子中的定殖特征。例如，高羊茅和多年生黑麦草，大多数共生真菌菌丝体定殖于种子的糊粉层。醉马草的糊粉层中则无菌丝体的定殖，种子的胚中定殖着菌丝体，这一定殖机制有待进一步研究。绝大多数共生真菌是以种子垂直传播为主的，其菌丝能够穿透种子早期的胚胎，形成系统性侵染的种子。同时，共生真菌也可以通过禾草叶片表面产生分生孢子而进行横向传播。种子萌发过程中，胚芽的顶端分生组织细胞间的菌丝停止休眠，延伸到叶原基、腋芽，以及生长成嫩枝的分生组织细胞。顶端分生组织膨胀，菌丝进入叶片，当叶片成熟停止生长后，菌丝也不再延伸。可见，醉马草通过种子胚中的菌丝体传播的过程与机制值得深入探究。

关于生态因子对植物与真菌共生体发育和生理生态功能的影响，将在第八章给予讨论。

第四节　植物与真菌的共生机制

植物与真菌共生是一种非常普遍、复杂和重要的生物学现象。植物与真菌共生部位、共生类型和共生结构的多样性，以及参预共生的植物和真菌多样性奠定了植物与真菌共生的生物学基础。植物与真菌首先通过"分子对话"的生化机制相互识别构建共生体，进而由植物和真菌双方生理机制调控共生体发育及其生理功能，以构建稳定有效的共生体。植物和真菌的空间、营养及功能生态位很多是相近的，双方均面临相同的生态选择压力，需要共同抵抗不良生境，以适应更多环境。因此，植物和真菌通过两者共生的生态学机制增强植物抗逆性，减轻有害生物危害，提高其竞争力和生境的适应能力。植物和真菌在长期协同演化过程中，种群间的基因交流及其差异导致的不同基因组合奠定了共生体多样性的基础与资源。正是此遗传学机制形成的多种遗传组合的共生体才使植物和真菌得以在各环境压力下共存，而且可以不断进化发展。

一、植物与真菌共生的生物化学机制

植物与真菌在建立共生过程中首先要进行"分子对话"识别。植物向环境释放 SL 和角质单体与真菌释放的脂质几丁寡糖（chitooligosaccharides, LCOS）进行共生信号分子识别。经双方识别，信号转导至核内激发双方的共生基因表达。根系分泌的萜类及黄酮类等物质可刺激真菌孢子萌发，引导菌丝趋向根系生长、形成分枝与根表皮细胞接触、产生芽管和附着胞，进而侵染、诱导真菌定殖根内；与此同时，共生真菌孢子萌发后同样能释放信号物质，这些信号物质能够被植物根系识别，诱导根系产生一系列的变化，如黄酮类物质浓度升高、Ca^{2+} 浓度激增即 Ca^{2+} 振荡、根系中淀粉的积累和促进侧根发育。共生真菌分泌的木聚糖酶、纤维素酶和漆酶等能降解植物组织表面的角质层及细胞壁，从而有利于侵入植物细胞构建共生体。AM 真菌能产生可扩散的共生信号物质，如根内根孢囊霉分泌的硫酸化和非硫酸化的 LCOS，通过共生 DMI 信号通路能增加蒺藜苜蓿 Medicago truncatula 根系分枝和生长，促进豆科、菊科和伞形科等不同科的植物形成丛枝菌根（Maillet et al., 2011）。

当根内根孢囊霉的菌丝或者孢子在根系周围生长时，能够诱导紫苜蓿 Medicago sativa 根系内黄酮类物质浓度的升高。2003 年 Kosuta 等分别将 4 种 AM 真菌玫瑰红巨孢囊霉、极大巨孢囊霉、球状巨孢囊霉和根内根孢囊霉的孢子与蒺藜苜蓿通过半透膜隔离后共培养，发现 AM 真菌特异性诱导了根系中一个 AM 共生初期的响应基因

MtENOD11 的表达，相比之下，3 种病原真菌苜蓿疫霉 *Phytophthora medicaginis*、苜蓿茎点霉 *Phoma medicaginis* 和腐皮镰刀菌 *Fusarium solani* 均没有引起 *MtENOD11* 转录水平的变化。采用相同的方法，2005 年 Olah 等发现 AM 真菌球状巨孢囊霉、玫瑰红巨孢囊霉和根内根孢囊霉孢子萌发产生的分泌物能够促进蒺藜苜蓿根系分枝，并且这种效应依赖于"共同共生信号途径"（common symbiosis signaling pathway，CSSP）中的 DMI1 和 DMI2。同样的，病原菌丝囊霉 *Aphanomyces euteiches*、尖孢镰刀菌 *Fusarium oxysporum* 和腐皮镰刀菌不能诱导根系分枝。然而，在水稻 *Oryza sativa* 中，根内根孢囊霉对根系分枝的促进作用却完全独立于 CSSP 途径（Gutjahr et al.，2009）。Mukherjee 和 Ane（2011）比较了根内根孢囊霉孢子萌发的 GSE 对单子叶植物玉米和水稻，以及双子叶植物蒺藜苜蓿根系分枝的影响，得到了类似结果，即 GSE 对单子叶植物根系分枝的促进作用独立于 CSSP 途径，且乙烯能够抑制 GSE 的效应。球状巨孢囊霉孢子萌发产生的分泌物同样能够诱发胡萝卜和蒺藜苜蓿根器官中 Ca^{2+} 浓度激增，并且这种效应同样需要 DMI1 和 DMI2 的参预（Chabaud et al.，2011）。从根内根孢囊霉的 GSE 中检测到称为"菌根因子"（myc factor）的 LCOS（Maillet et al.，2011），包括短链几丁质寡聚物（short-chain chitin oligomer）CO4 和 CO5（Genre et al.，2013）。其中，LCO 可以独立诱导蒺藜苜蓿根系分枝，这种效应依赖于 *DMI1*、*DMI2* 和 *DMI3* 三个 CSSP 基因的参预（Maillet et al.，2011）；而 CO4 和 CO5 则主要诱导寄主植物蒺藜苜蓿根系中 Ca^{2+} 浓度激增（Genre et al.，2013）。

印度梨形孢菌与大麦根系建立互惠共生关系时需要寄主的死亡细胞，它也有可能通过干扰大麦根系的细胞程序化死亡建立互惠共生关系，但在拟南芥根部印度梨形孢却要进行活体营养型生长，需要生活在寄主活的表皮细胞内，寄主的新陈代谢信号影响印度梨形孢的营养类型。在印度梨形孢与拟南芥互作系统中，来自拟南芥的一种定位于内质网上的 β-葡萄糖苷酶（PYK-10）对建立互惠共生关系十分重要。也有研究发现寄主的乙烯信号通路对限制印度梨形孢的生长和建立互惠共生至关重要。

禾草与共生真菌通过信号交流和调控共生相关基因建立并维持互惠共生关系。共生菌和寄主信号交流包括多种已知的途径，其中确定的有活性氧（reactive oxygen species，ROS）调控途径、有丝分裂原活化蛋白（mitogen-activated protein，MAP）激酶级联信号途径、cAMP 和 Ca^{2+} 作为第二信使的信号途径。这些信号通路分别或者协同启动细胞各种信号传递途径，构成一个复杂的信号网络系统。在这三种信号途径中，虽然 Ca^{2+} 途径以 Ca^{2+} 为第二信使、cAMP 途径以 cAMP 为第二信使、MAPK 级联信号途径以 MAPKKK-MAPKK-MAPK 三级激酶为模式，但是这三种信号途径最终都需要蛋白激酶和蛋白磷酸酶的催化作用调节下游靶蛋白活性，从而调节细胞活性和功能。

2006 年 Tanaka 等利用质粒和 T-DNA 插入突变技术筛选与寄主失去互惠共生关系的突变菌株，首次揭示了烟酰胺腺嘌呤二核苷酸磷酸（nicotinamide adenine dinucleotide phosphate，NADPH）氧化酶基因 *noxA* 的缺失使共生真菌失去与寄主的互惠共生作用，从而发现了 ROS 对维持互惠共生的关键作用。通过一系列正向和反向基因筛选，陆续发现了多种蛋白质或多肽在控制共生真菌生长和维持互惠共生中发挥关键作用。除了 *noxA* 基因外，其他调控 NADPH 氧化酶复合体（Nox）活性的基因如 *noxR* 和 *racA*、压力激活有丝分裂蛋白激酶（MAPK）*sakA* 基因、P21 激活激酶 *pakA* 基因、进行 Ca^{2+} 通道调控的 cnaA 基因、cAMP 信号通路基因 acyA、细胞完整性（CWI）MAPK 激酶基因 mkkA 和 mpkA 等的缺失，都会导致共生真菌与寄主从互惠共生变为拮抗作用，表现为寄主矮化、细小分蘖增多、过早衰老，而共生真菌在共生体中生长不受限制，菌丝分枝增多，不再与叶轴平行，维管束也被菌丝感染，真菌生物量显著提高。共生真菌菌丝紧密黏合在植物细胞壁上与寄主进行养分和信号交流，真菌与寄主接触的质膜上的蛋白质和化合物可能包含一系列响应植物信号的受体和转运体，利用转录组和代谢组学技术仅分析该部位的化合物就能更好地解释共生真菌与寄主之间的信号通路。同时，利用放射性同位素示踪技术追踪共生真菌和寄主间的离子交换过程，将有助于解释二者信号交流如何调控代谢物的交换。

二、植物与真菌共生的生理学机制

植物与真菌建立共生体并长期稳定地发生发展还需要依赖双方生理机制以调控共生体发育及其生理功能。当真菌菌丝侵入植物表皮细胞后，还需双方生理及形态协调才能建立稳定有效的共生体。共生体内真菌产生 ROS 系统是麦角菌类的香柱菌 *Epichloë festucae* 与黑麦草 *Lolium perenne* 维持共生互作的关键（Tanaka et al.，2006）。植物和真菌互作中基因表达谱发生变化，表达谱的差异则依赖于所接种真菌的种类及其数量。植物与真菌共生体中，植物转录组中许多与次生代谢物合成分解相关的基因表达下调，凡是参预病原物防御反应和转位子激活的基因表达均呈上调趋势，与激素的合成反应相关基因的表达也发生了明显的变化（Eaton et al.，2011）。共生真菌携带的低毒力因子尚不能导致寄主植物强烈的防御反应，其菌丝分泌的糖蛋白能改变植物细胞壁结构，以削弱植物对其强烈的防御反应，从而实现侵染定殖。共生体中的这些变化，尤其是对植物防御反应的控制与调节的生理学机制有利于共生体的发生、发展及其效能的正常发挥。当共生真菌菌丝刺穿植物表皮细胞侵入到植物细胞后，继续与寄主植物在生理代谢、基因调控水平上互作并在形态各方面协同调整，才能建立稳定有效的共生体。随着共生体中调控各种基因表达的转录因子的分析研究，植物与共生真菌共生体建立的分子机制已逐渐被揭开。

植物与真菌共生中需依赖双方养分交换与水分利用等生理代谢互补机制。植物与真菌共生体中存在着植物与真菌之间营养物质的互惠交换。利用抑制差减杂交 cDNA 文库法研究铁皮石斛 *Dendrobium officinale* 共生萌发原球茎中的基因表达，发现氨基酸类代谢调控相关基因、Ca^{2+} 信号途径的基因及跨膜蛋白基因可能在铁皮石斛种子接菌共生萌发过程中起作用，并且细胞壁降解酶类基因在种子接菌共生萌发过程中特异性表达，暗示寄主植物可能通过分解真菌细胞壁，以摄取营养物质推动萌发（Zhao et al.，2013）。Valadares 等（2014）通过同位素标记相对和绝对定量（iTRAQ）标记联合双向液相色谱与串联质谱联用技术（2D-LC-MS/MS）分析鉴定并定量了文心兰 *Oncidium sphacelatum* 种子与角担菌属 *Ceratobasidium* 真菌共生萌发时，原球茎在早期完全真菌异养阶段和绿色原球茎阶段的 88 个蛋白质分子，功能涉及能量代谢、细胞自愈与防御、分子信号和次生代谢。定量蛋白质组学分析证实了原球茎营养方式转变中碳代谢的改变。对兰科植物 *Serapias vomeracea* 和美孢胶膜菌 *Tulasnella calospora* 体外进行种子共生萌发研究发现，共生原球茎中结瘤素相关基因上调，从基因水平上再次证明兰科植物和 OM 真菌间的互利共生关系，并且糖转运蛋白基因和甘露糖结合凝集素基因也上调，可能参预两者之间的营养物质流动（Perotto et al., 2014）。菌根真菌侵入兰科植物并不会引发强烈的防御反应。OM 真菌亡革菌 Thanatephorus sp. RG26 明显促进文心兰原球茎的生长和分化，蛋白质组学分析显示真菌中与糖类生物合成相关的 UDP-3-O- 葡萄糖胺 N- 酰基转移酶及蛋白质生物合成相关的钼辅因子硫化酶表达增加，这与真菌为原球茎提供营养物质的作用相一致（López-Chávez et al., 2016）。

AM 真菌从植物中获取自身生长发育所需的碳水化合物，相应地，植物从 AM 真菌得到磷、氮、锌、铜、钙和铁等矿质养分。这是植物与真菌共生的主要生理学机制之一。已有证据表明共生真菌可以为植物提供磷、氮、锌和铜等多种矿质营养元素，其中磷元素的转运量是最大的，大多数的 AM 真菌都可以为植物提供磷元素。磷元素是影响植物生长和代谢的最重要的大量元素之一，通常植物可以从土壤中获取水溶性的磷（Schroeder et al., 2013）。土壤中绝大部分磷元素以聚合形态储存在复杂的有机和无机化合物中，植物本身并不能吸收利用，土壤中实际能被植物利用的有效磷浓度一般低于 10μmol/L（Teng et al., 2013）。另外，土壤中磷的扩散速率非常慢，这导致植物根系周围往往形成磷匮乏区。AM 共生体的根外菌丝可以吸收根系以外土壤中的磷，并转运到植物细胞，为植物提供充足的磷（Schroeder et al., 2013）。更为重要的是，AM 真菌可以从土壤中吸收多聚磷酸盐，并通过多聚磷酸酶转化为植物可利用的正磷酸盐（Recorbet et al., 2013），这极大缓解了根围的磷匮乏现象。AM 真菌摩西斗管囊霉提高了垂穗披碱草对有机氮的吸收，显著增加了叶绿素 a、叶绿素 b、总叶绿素、类胡萝卜素、总氮、总游离氨基酸、可溶性蛋白含量和硝酸还原酶活性（孙永芳等，2015）；能高效地从土壤中转移磷供给植物，提高磷利用率（Wahbi et al., 2016）；显著提高玉米生物量和磷含量（贾广军等，2015）。AM 真菌根外菌丝吸收磷并运回植物细胞。从植物与真菌共生体中鉴定到磷酸转运蛋白，该蛋白质大多在根外菌丝中表达，但尚未直接证实其参预磷元素从 AM 真菌到植物细胞的跨膜运输。高亲和力的磷转运蛋白基因的表达谱分析表明，AM 真菌异形根孢囊霉 Rhizophagus irregularis 和苜蓿共生的特异磷转运蛋白基因的 mRNA 丰度取决于共生体发育状况和磷的有效性（Fiorilli et al., 2013）。菌根共生体系中存在一类磷素转运受体，同时调控磷酸盐运转蛋白 PHO 与蛋白激酶 PKA 途径，主要发挥菌根共生体的磷代谢与营养平衡的作用（Daghinol et al., 2016）。

寄主植物大白菜与 DSE Heteroconium chaetospira 形成的共生体中，后者从大白菜获取蔗糖，并给前者提供氮源促进其生长。DSE 增强植物吸收养分，分解难溶性磷。对南极发草 Deschampsia antarctica 施加有机氮时 DSE 增加了地上部及根内氮和磷的含量，其干重增加了 51%~247%，表明 DSE 能够矿化根围的肽和氨基酸，为植物提供可利用的氮。利用激光共聚焦技术观察了绿色荧光蛋白（GFP）标记的哈茨木霉菌株侵染番茄根系时菌丝形态水平的变化，结果发现共培养 2d 后菌丝顶端呈现酵母状的乳突型细胞，推测这种特异性的形态变化有助于双方养分的交换（Chacón et al., 2007）。

植物与真菌共生能显著提高植物的抗逆性，如增强植物的抗旱性、耐盐性和抗病性。接种 AM 真菌异形根孢囊霉显著提高了刺槐 Robinia pseudoacacia 根系 8 种质膜水孔蛋白基因的表达，并且 AM 真菌菌丝中水孔蛋白基因 GintAQP1 的表达也显著增强。

异形根孢囊霉通过调节 *RP AQP* 基因的表达提高刺槐抗旱性，增加其生物量，改善植株组织水分状况和光合作用（He et al.，2016）。接种 AM 真菌可促进紫花苜蓿累积细胞渗透调节物质，降低超氧自由基产生，从而减缓干旱对植物的伤害，以适应干旱环境（孔静等，2014）。

印度梨形孢可能是通过调控干旱相关基因的表达、提高油菜抗氧化能力、维持细胞膜系统的完整性及降低膜脂过氧化水平，从而增强油菜植株抗旱性（陈佑源等，2013）。植物共生真菌通过增强植物抗氧化反应，降低氧化胁迫伤害，减缓 Na^+ 和 Cl^- 毒害，改善养分吸收与渗透调节作用，维持激素平衡等增强植物的耐盐性。RT-PCR 分析表明，高盐条件下接种印度梨形孢处理的烟草叶片中盐胁迫相关基因 *OPBP1*，以及病程相关蛋白基因 *PR-1a*、*PR2*、*PR3* 和 *PR5* 的上调表达量显著高于未接种的，植株也表现出较强的抗盐能力（惠非琼等，2014）。菌根真菌可显著提高杜鹃对重金属的耐受性（Daghinol et al.，2016）。根内根孢囊霉分泌一种可与细胞核中病程相关蛋白转录因子 ERFl9 互作的防御蛋白 sp7，其表达能减轻稻瘟病（Kloppholz et al.，2011）。DSE 稻镰状瓶霉在定殖于水稻根系的过程中，寄主细胞内 H_2O_2 逐渐积累，*OsWRICY9S* 表达显著上调，并诱导水稻产生局部和系统抗病性，拮抗病原物，增强水稻抗病性（苏珍珠等，2012）。因此，印度梨形孢的定殖并未诱发植物强烈的过敏性反应。可见，共生真菌与植物双方协同的生理调控机制能确保双方共生关系和生理功能健康的发展。

禾草共生真菌起源于植物致病真菌的一个分支，即生活史具有高度可塑性的有性型 *Epichloë* 属真菌。经过种间杂交、失去有性生殖能力后的 *Neotyphodium* 属真菌与禾本科植物形成了专一性、互惠共生程度很高的共生形式。*Neotyphodium* 属真菌获得了寄主植物更有效地保护和传播，同时产生更多的生物碱，使植物抗性增加，竞争能力更强；植物共生真菌可作为一种生物异源物质在植物体内诱导某种胁迫预警机制，使植物在环境胁迫来临时能更快、更有效地进行气孔开闭和渗透调节，同时真菌释放产生的激素和生物碱可使植物保持较高的水分利用效率、维持根系生长，从而保证植物正常生长。

禾草共生真菌仅在寄主胞间生存，并且不形成其他共生真菌类似吸器或丛枝结构从寄主获取养分，其必须从质体外空间直接吸收养分，或者通过菌丝与其黏附细胞进行养分转运。质体外空间条件及离子变化对共生真菌的生长至关重要。铁离子是质体外空间中一种最关键的成分，是所有真核生物进行 DNA 合成和呼吸作用等一系列代谢反应必不可少的微量元素，而且自由铁离子能调控产生具有细胞毒害作用的 ROS。微生物通过精密的铁离子吸收系统可以获得自身所需铁离子，调控铁离子的稳态平衡。禾草共生真菌利用铁通透酶介导的还原性铁吸收系统（reductive iron assimilation，RIA）或直接通过嗜铁蛋白进行铁离子吸收。利用嗜铁蛋白进行铁离子吸收需要分泌嗜铁蛋白（可螯合三价铁离子的低分子质量蛋白质）。禾草共生真菌产生两种不同功能的嗜铁蛋白或称为嗜铁素——铁色素型的 Epichloënin A 和铁菌素（ferricrocin），在细胞间进行铁离子的储存和转运。Epichloënin A 是具有独特结构的铁色素型嗜铁素，在细胞内和细胞外同时存在，而铁菌素只在细胞内存在。寄主质体外空间在调控植物细胞营养、离子平衡和激素水平等方面发挥着重要作用，胞间 pH 变化受环境条件的调控会影响细胞功能。禾草共生真菌在胞间生存，必须能感应并响应胞间 pH 变化。而对已失去互惠共生关系的 *noxA*、*proA* 和 *sakA* 基因缺失菌株转录组研究发现，感应 pH 变化的 Pal 通道中的锌指

（zinc finger）蛋白转录因子 PacC 的调控基因 *pacC* 上调，表明 PacC 对维持互惠共生关系非常重要。但是 *pacC* 基因缺失菌株仅提高了菌株对盐胁迫的敏感，并不影响菌株与寄主的互惠共生；而该基因过量表达的菌株在寄主中形成畸形卷曲的菌丝结构，菌丝多被破坏，寄主分蘖数增多。这表明 *pacC* 过量表达影响了共生真菌与寄主间信号通路，造成植物表型改变。

通过菌丝结合或营养菌丝的融合可构建菌丝网络。禾草共生真菌在寄主细胞间协同生长构成菌丝网络，其中菌丝融合相关基因 *soft*（*so*）发挥了重要作用，例如，*Epichloë festucae* 中 *so* 基因的缺失使该菌株菌丝不能结合，与寄主形成共生体时使寄主细胞变性、解体，进而造成寄主死亡（Charlton et al.，2012）。而上述提到的使互惠共生关系丧失的 *noxA*、*noxR* 和 *proA* 基因缺失菌株也同时丧失了菌丝结合能力，这就说明菌丝结合对互惠共生的维持具有重要作用。*so* 基因的缺失并不引起菌丝过度增殖，但是对寄主生长更具破坏作用，这可能是 *so* 基因除了控制菌丝结合，在维持互惠共生中还具有非常重要的其他未知作用。

除了上述基因，还发现 *ezhB* 和 *clrD* 基因分别编码组蛋白 H3K27 和 H3K9 甲基转移酶，从而催化组蛋白 H3K27 和 H3K9 甲基化，参预异染色质形成及基因转录调控。*proA* 基因编码锌指蛋白转录调控因子，调控 *esdC*（编码肝糖原结合蛋白）和 *esdC* 基因的反方向转录基因 *EF*320。这些基因缺失也造成真菌与寄主互惠共生关系的丧失，说明在染色体水平调节共生真菌在寄主中基因转录的变化对维持互惠共生非常重要（Chujo and Scott，2014）。另外，禾草共生真菌在寄主细胞胞间生长还需要真菌进行细胞骨架的重组，包括微管和肌动蛋白丝的重组及囊泡转运重定向，而诠释这些变化发生的分子和细胞学机制值得深入探究。

Dupont 等（2015）利用高通量 RNA 测序技术比较共生真菌定殖的和无定殖的植株之间转录组的差异，禾草共生真菌定殖的植株有 1/3 以上的基因表达发生变化，这与寄主同病原真菌的反应类似，其中一半是初级代谢产物、次生代谢物及胁迫相关基因。初级代谢产物基因下调而次生代谢物基因上调，说明禾草共生真菌感染改变了寄主植物代谢物合成，改变了植物的代谢进程，使更多底物向次生代谢物合成方向发生转变，以此为代价，寄主植物发育变缓。细胞壁合成受到影响，虽然细胞壁合成基因上调，但是寄主细胞壁变薄，而真菌菌丝黏附部位加厚。胁迫相关基因表达发生不同程度的变化，如抗旱相关基因下调、渗透调节物质基因和毛状体合成上调，说明共生真菌感染调控寄主通过渗透调节避旱，并增加毛状体和气孔闭合以维持湿度，通过这些方式增加寄主的抗旱能力。

利用类似方法比较 *noxA*、*proA* 和 *sakA* 基因缺失的 3 个菌株和野生型菌株之间转录组的表达，发现 3 个突变菌株中有 182 个基因表达变化一致，说明 *E. festucae* 菌株这182 个基因维系共生关系。这些基因与营养饥饿反应相关，包括编码降解酶类、转运蛋白、初级代谢产物等基因表达上调，而包括编码特定的小分子分泌蛋白和次生代谢相关酶类的相关基因表达下调。这些调控基因的变化表明失去互惠共生作用的突变体导致了寄主植物营养物质和细胞壁等降解，突变菌株从植物中获得大量的营养物质，向致病菌转化，由互惠共生转变为寄生（Eaton et al.，2015）。可见，禾草共生真菌和寄主相互调控基因表达，发生变化的基因数目较多，阐明这些基因间的关联及如何受到信号调控值得继续探究。确定激活 ROS 表达和次生代谢物合成的信号转导途径，以及进行信号转导的相关载体和植物代谢物，对更好地控制菌丝协同生长和调控次生代谢物的合成以维持共生真菌与寄主的互惠共生关系非常重要。禾草共生真菌仅定殖分布于植物细胞外，利用蛋白质组学和基因组学仅比较共生真菌定殖的和无定殖的植株细胞外化合物的差异将有助于确定共生真菌与寄主信号途径中的化合物和蛋白质。分析质体外蛋白质和代谢物将会更好地理解共生真菌的营养需求及细胞信号转导机制。例如，通过比较禾草共生真菌定殖的和无定殖的植株之间、细胞质和分泌成分之间蛋白质组学的差异，发现了真菌 Cu/Zn 超氧化物歧化酶（superoxide dismutase，SOD）可能保护共生真菌免受氧胁迫。而共生真菌定殖的植株中较高含量的病原相关蛋白 PR10 则表明共生真菌激发寄主准备防御反应（Zhang et al.，2011）。

不同的共生真菌，特别是一些非典型的植物共生真菌与植物的共生可能具有相同的、不同的、多种多样的生理生化机制。例如，木霉中一些富含半胱氨酸的小分子分泌蛋白受到了玉米的负调控，把它们敲除后处理玉米，可以诱导出更强的诱导系统抗性（ISR）反应。这些小分子蛋白可能会降低植物的抗病反应，从而使木霉可以在玉米根系生长和定殖。研究表明，绿木霉分泌的 Sm1 蛋白激发子对诱导抗性至关重要，而另外一个类似于 Sm1 蛋白的分泌蛋白 Sm2 则与绿木霉在玉米根部定殖有关，敲除 *Sm2* 的绿木霉转化子丧失了在根系定殖的能力，导致 *Sm1* 大量表达，诱导寄主的 ISR 反应（Crutcher et al.，2015）。

植物与真菌共生是一个十分复杂多样的系统，而实现该共生系统的成功构建与持续有效的运行，除了以上这些共生机制外，植物与真菌共生还需要其他的共生机制。

三、植物与真菌共生的生态学机制

从植物的起源开始，植物就与真菌同处于相近的空间、营养和功能生态位。植物的传播、分布与定植需要真菌的协助；共生真菌则需要植物更有效的保护和传播，同时产生更多的次生代谢物质，以增强植物抗逆性，减轻有害生物的危害，提高其竞争力和生境的适应能力。事实上，它们两者均面临相同的生态选择压力，需要协同抵抗不良的生境，以适应更多的环境。因此，植物和真菌必须维持这种互惠共生以抵抗不良环境，这表明了两者共生的生态学内在机制。土壤中 AM 真菌占据的生态位及其庞大的生物量（Öpik et al.，2013），为其发挥生理生态功能奠定了坚实的基础。通过土壤中的菌丝网络，AM 真菌可将植物地上部光合同化的碳快速均匀地运输到土壤中。盆栽白车轴草接种摩西斗管囊霉和根内根孢囊霉显著提高了球囊霉素相关土壤蛋白质含量和土壤水稳性大团聚体数量（罗珍等，2012）。AM 真菌不仅改善土壤理化性状，还能通过促进土壤中的其他微生物繁殖，使这些微生物参预降解植物残体。菌丝可储存有机物分解过程中产生的铵态氮，避免土壤中氮过多而毒害根系，同时也减轻了其他腐生菌的代谢压力，关于这一点值得深入研究。

DSE 能增强植物吸收养分的能力，这种高度多样化的真菌群落可以通过赋予非生物和生物胁迫的耐受性、增加生物量、减少水消耗或通过改变资源分配增加其适应性，从而对植物群落产生深远的影响。自然条件下，植物与真菌常常遇到干旱、水涝、高温、低温、盐碱危害、重金属毒害和有毒污染物的侵害等，植物与真菌共生就可在一定程度上抵抗这些不良环境，特别是建立共生体后植物的抗逆性大大增强，以保证其正常生长；反过来，又为共生真菌提供了适宜的生态位，促进共生真菌的发生发展。通过在各级互作水平上进行调控，可以发挥最大的共生体效应。

四、植物与真菌共生的遗传学机制

从植物共生真菌的遗传演化途径可知，物种多样性丰富的共生真菌可能来自不同类群的真菌。共生真菌的种间杂交、植物与真菌之间的协同进化、种群间的基因交流及其差异导致的众多不同的基因组合奠定了共生体多样化的基础和资源，而多种遗传组合的共生体得以让共生真菌及其寄主植物在不同的环境压力下生存。全球不同生境禾草共生真菌起源种不多，却依靠杂交重组产生了新的遗传特性，进而适应了不同的环境，产生了丰富的遗传多样性，出现了许多新的种、亚种及变种（Leuchtmann et al., 2014）。共生真菌进化的多样性加上寄主的不断进化，增强了共生体的遗传多样性。同一寄主植物共生真菌，不同菌株所产生的次生代谢成分并不相同，这就意味着寄主植物与共生真菌可能进行遗传物质的交换，从而导致它们遗传性状的多样化。

分离自野生稻上的稻镰状瓶霉在分类上与稻瘟病菌具有较近的亲缘关系，Xu 等（2014）分析了该共生真菌的基因组，推定稻镰状瓶霉可能是由病原真菌演化成为与野生稻互惠共生的真菌。炭疽菌属 *Colletotrichum* 真菌是一类半活体营养型病原真菌，其中 *Colletotrichum magna* 引发葫芦科植物的炭疽病。然而，*C. magna* 菌株单个基因的破坏促使其由病原真菌转变为与寄主互惠共生的真菌，丧失了致病性，不能引起病害，但是可以在植物体内生长，接种该突变体后可以诱导植物产生对炭疽菌和镰刀菌的抗性。通过限制性内切核酸酶介导的基因整合（REMI）技术插入破坏 *C. magna* 的某特定基因，也使得 *C. magna* 由致病菌转变成与寄主建立互惠关系的共生真菌。2008 年 Wei 和 Gao 认为禾草共生真菌中的香柱菌属的起源有三种途径：直接起源于香柱菌属的某个种；香柱菌属的种间杂交；香柱菌属与其无性态 *Neotyphodium* 杂交。其兼性生活史可能是一种更灵活、有效的生活策略。

苇状羊茅和多花黑麦草在与共生真菌构建共生关系过程中涉及多个基因识别位点及互作（Eaton et al., 2010；Takemoto et al., 2011）。绝大多数禾草共生真菌主要通过寄主种子垂直传播到下一代，因此寄主种子自身的遗传率问题也应受到重视，这直接关系到共生真菌的生存环境和带菌种子稳定遗传的寿命。分子标记技术揭示禾草共生真菌的种数不多，但种群的遗传多样性却很丰富。2003 年 De Jong 等利用 SSR 标记评价了禾草共生真菌的遗传多样性，结果表明香柱菌属之间的多态标记超过了 85%。2009 年 Saha 等利用 SSR 标记发现羊草共生真菌的多样性很丰富。Oberhofer 和 Leuchtmann（2012）研究发现，*Hordelymus europaeus* 是目前香柱菌属中多样性最丰富的草种，已报道可以和香柱菌属的 4 个种共生；分离自中国不同生态区的醉马草共生真菌具有一定的遗传多样性（Zhou et al., 2012）。2006 年魏宇昆等对 4 个样地所含的 27 个羽茅共生菌菌株的遗传多样性进行了研究，结果表明，羽茅共生真菌在形态和基因水平上均表现出较高的遗传多样性；同年李伟等对分离自中国的 22 株香柱菌遗传多样性分析显示菌株间存在一定的遗传多样性。2007 年张欣等研究发现不同地理种群共生真菌菌株由于其地理分布广、气候差异大、群落类型差别也较大，从而造成不同地理种群共生真菌形态上的分化、种群间明显的遗传分化和较高的遗传多样性。国际上完成了 *E. festucae*、*E. festucae* var. *lolii* 和 *E. coenophiala* 等 20 余株禾草共生真菌的全基因组测序，其序列在 http : // www. endophyte. uky. edu/ 上公布。澳大利亚维多利亚农业生物研究中心也完成了 16 株与羊茅属植物共生的真菌和 19 株与黑麦草共生的香柱菌的全基因组测序（Ekanayake et al., 2013；Hettiarachchige et al., 2015）。这些全基因组序列的获得为研究共生真菌的系统进化，深入分析生物碱合成相关基因，寻找真菌与寄主相互作用的基因奠定了重要的基础。而全基因组序列的获得，可以用更多的长片段基因如线粒体基因进行共生真菌系统发育的研究，更清楚地阐明基因的结构变异、拷贝数目、碱基缺失等与共生真菌生态功能的关系，加速分子标记的开发，更准确地追溯共生真菌起源，对以前分类模糊的种进行精确的定性，有助于全球科学家共同开展基因图谱构建等工作。

值得注意的是，少数植物共生真菌在一定条件下可能成为个别植物或作物的某个品种的病原真菌。葡萄孢属真菌如 *B. deweyae*，是观赏萱草上的共生真菌，但却成为兼性病原真菌，逐渐造成经济损失。van Kan 等（2014）认为这与种植的作物品种有关，植物共生真菌转变为病原真菌与作物杂交品系及其降低作物遗传多样性不无关系。

综上所述，植物与真菌首先通过生化机制相互识别构建共生体，进而由植物与真菌双方生理机制调控共生体发育及其生理功能，以构建稳定有效的共生体。植物与真菌通过两者共生的生态学机制增强植物抗逆性，减轻有害生物危害，提高其竞争力和生境的适应能力。植物与真菌长期的协同演化过程中，种群间的基因交流及其差异导致不同的基因组合则奠定了共生体多样化的基础与资源。正是此遗传学机制形成的多种遗传组合的共生体，不仅使真菌和植物得以在各环境压力下共存，而且可以不断进化发展。今后可首先关注植物与真菌共生体的遗传背景与环境互作关系研究，以深入认识植物与真菌共生关系的本质、生物学原理与共生机制。

第五节 植物与真菌共生的生理生态功能

生物界中植物与真菌两者关系最为密切，它们相互依存、需求互补、共同发展，无论是其各自的生理代谢需求还是适应生境的必然，命运共同体法则正是通过生物学、生物化学、生理学、生态学和遗传学等机制将各生物联结在一起，发挥生理生态作用。国内外大量研究表明，植物与真菌共生具有丰富多样的生理生态功能。从极端环境到正常生态位、从地下网络到地上网络、从内共生到外共生、从分解到修复、从合成到生产（如菌根食用菌）、从低等到高等、从远古生物起源到现代生物进化至今，植物共生真菌都体现了超强的生物学和生态学的核心效应与机制。该共生体系将地下与地上两个共生网络联结成一个巨大的、完整的、统一的共生网络，更加有效地发挥生理生态效能，直接或间接增加、维持及介导地上和地下的物种多样性。植物共生真菌还能参预其他生物共生体系，如植菌昆虫、豆科植物共生固氮体系等，可形成三重或多重互惠共生体，通过直接和间接影响植食性昆虫与食草动物的取食行为、改变食物网结构特征与能量流动模式，更加有效地活化土壤养分、增加土壤肥力、改善土壤条件、修复退化与污染土壤、拮抗病原物、诱导植物抗逆性、促进生物的发展与协同进化、增加生物群落多样性，进而影响整个生物群落的演替、生态系统的稳定与演化。这是任何其他共生体系所不能超越和替代的，从而确定了植物共生真菌主导其他共生体系和非共生体系发生发展的地位。植物与真菌共生是地球共生体中的核心，在促进农林牧业生产、提高植物抗逆性、修复污染生境、保护生物多样性、保持生态系统稳定与可持续生产力等方面发挥关键主导作用。

一、促进农、林、牧业生产

植物多样性是农、林、牧业生产的基础，特别是粮食作物、蔬菜作物、果树作物、纤维植物、林木、药草和牧草与真菌共生形成的共生体，在促进农、林、牧业生产与可持续发展方面发挥着不可替代的作用。

（一）促进植物养分吸收与利用

植物与真菌共生可以显著促进植物对矿质养分的吸收和利用，特别是对于植物生长必需元素磷、钙、锌、铜等的吸收利用更是有非常显著的促进作用，可改善植物的矿质营养（Xie et al., 2014）。接种 AM 真菌可显著提高垂穗披碱草对有机氮的吸收，提高牧草的品质和产量（孙永芳等，2015）；接种变形球囊霉 Glomus versiforme 处理对枳实生苗干重及磷吸收量有最强的促进作用（舒波，2013）；摩西斗管囊霉能提高玉米根长、地上部和根系生物量，以及地上部和根系磷含量和磷吸收量；解磷真菌能促进竹柳扦插苗对磷、氮、钙、钾等元素的吸收；菌根真菌处理可以有效提高板栗根系对磷、钾、氮、镁、钠、铁、锌、铜、锰、镍和硒等植物必需矿质元素的吸收能力，并能显著抑制板栗对有害重金属元素的吸收（陈双双等，2015），这为在板栗生产中接种高效菌根真菌，生产绿色、有机果品提供了重要依据，同时对板栗育苗的生产也具有重要实践意义。DSE 能够促进寄主植物对矿质养分和有机养分的吸收，甚至可以为寄主植物分解不溶性的磷元素。DSE 具有漆酶、脂肪酶、淀粉酶和多酚氧化酶活性。DSE 能在植物的根围矿化多肽类物质和一些氨基酸，从而使植物根围更好地利用它们作为氮源。印度梨型孢能改善作物（如大麦、甘蔗和油菜等）矿质元素（如 Fe、Cu、N、P、S、Zn 和 Mg 等）的营养状况。可见，合理利用植物与真菌共生体优势来将土壤中大量存在的不溶性有机矿质进行转化，使植物得以充分高效利用，促进农、林、牧业生产，可有效减少化肥使用量，在生态农业生产领域极具研究价值。

植物＋植食性昆虫＋生防真菌构建的共生互作体系中，生防真菌可以将昆虫体内的氮素运转给植物，以改善植物营养状况。罗伯茨绿僵菌既是植物的共生真菌，同时又是昆虫的病原菌，它可以寄生昆虫并将昆虫体内的氮素直接转运到与菜豆和柳枝稷根系所建立的共生体中，供给植物利用（Behie et al., 2012）。而植物病害的生防真菌不仅可以抑制和拮抗植物病原物，同时还能改善植物营养并促进植株生长。田间接种试验表明，玉米种子用哈茨木霉 T22 处理后其植株在低土壤氮条件下生长量大，叶片深绿色，达到最高产量的氮肥用量可减少 40%~50%。木霉菌能促进植物吸收可溶性和可利用的养分，也可溶解土壤中难溶性和不可利用的养分，如磷、铁、铜、锌和锰；提高光合速率和水分利用效率。另外，木霉菌可能降解纤维素，水稻根围纤维素降解可以释放大量的氮，而高氮浓度摄取与光合速率呈正相关（Yadav et al.，2015）。黄瓜根与 *Trichoderma asperellum* 构建共生体后能促进水培条件下的黄瓜吸收各种养分。因此，这些共生体可能既能溶解不能溶解的植物养分，又能诱导植物吸收更多的可溶性营养物质。

（二）改善植物水分代谢

植物与真菌共生体可以显著增强植物对水分的吸收能力，并且能够通过诱导植物多种生理生态反应，显著提高寄主植物对干旱胁迫的耐受性，改善植物水分状况。接种 AM 真菌的玉米显著提高了植株水分利用效率，水分胁迫和正常供水条件下，水分利用效率比对照分别提高 117% 和 25%，表明 AM 真菌能够促进玉米的生长、缓解干旱胁迫对玉米生长造成的不利影响，提高了玉米的抗旱性（张延旭等，2015）。接种 AM 真菌可促进紫花苜蓿细胞渗透调节物质的累积，降低超氧自由基的产生，减缓水分胁迫对植物带来的伤害，促使植物更好地适应矿区干旱环境（孔静，2014）。干旱条件下，印度梨形孢真菌能够显著促进紫花苜蓿幼苗根系生长、侧根形成和地上部干物质积累，表明印度梨形孢真菌能够提高紫花苜蓿幼苗抗旱能力，保证其在干旱条件下可以正常生长（武美燕等，2013）。将印度梨形孢接种芝麻幼苗根系，分别在大田及温室条件下测定该真菌对芝麻生长和抗旱性的效应。大田试验主要调查产量性状；温室试验在芝麻初花期进行 15d 的持续干旱处理。结果表明，干旱条件下接种印度梨形孢后，芝麻植株能维持较高的过氧化氢酶（CAT）活性和较高含量的脯氨酸（Pro），降低丙二醛（MDA）含量，从而减轻干旱胁迫伤害。接种印度梨形孢不仅能促进芝麻的生长，而且干旱条件使芝麻表现出较强的抗性，显著提高芝麻产量（张文英等，2014）。球毛壳 ND35 促进小麦干旱诱导相关基因的表达量，进而提高抗旱相关蛋白的表达，从而提高两种冬小麦耐脱水性和对干旱的适应性（丛国强等，2015）。

（三）提高植物的抗盐性

植物与真菌共生体可显著改善植物对高盐胁迫的抗性，盐胁迫下可促进磷和钾的吸收，提高抗氧化酶的含量，减轻盐害，增加根系生长和植株生物量；降低植株对钠的吸收，增加植株磷、氮和钾的吸收；增加植株抗氧化酶活性、植株总重、芽数和根生长量。于 0~100mmol/L NaCl 处理下对两种基因型 Paras 和 Pusa 2002 的木豆 *Cajanus cajan* 植株接种从盐渍土分离的一种土著 AM 真菌及两种外来菌株（摩西斗管囊霉和异形根孢囊霉。）接种 AM 真菌减少了盐胁迫的负面影响，而单接种或双接种混合异形根孢囊霉和摩西斗管囊霉显著增加了植株的生物量及产量，提高了养分吸收利用率，增加了植株中 K^+/Na^+ 和 Ca^{2+}/Na^+ 的比例，提高了膜的稳定性（Garg and Pandey，2015）。以 300mmol/L NaCl 处理后，接种印度梨形孢显著降低烟草 *Nicotiana tabacum* 叶片中 MDA 含量和相对电导率（$P < 0.05$），而提高 Pro 含量（惠非琼等，2014）；提高大麦的耐盐性（毛

克克，2011）；还能促进藜藜苜蓿植株的生长发育，降低盐害（李亮，2015）。高盐水平下黄色镰刀菌 *Fusarium culmorum* 生长迟缓，沿海沙丘草 *Levmus mollzs* 则不能存活，但当两者形成共生体时，可以在 NaCl 浓度达到 300~500mmol/L 的高盐条件下继续生长（Rodriguez et al.，2008）。诸多试验证明，真菌的定殖能够避免或降低盐对植物的不利影响，促进盐胁迫下植物的生长发育，并能够显著提高寄主对高盐环境的耐受性。由此可以利用共生体耐盐性优势，实现盐碱土壤下植物的正常生长发育，提高一些不耐盐碱的作物经济产量，实现盐碱土壤的间接改良。

（四）提高植物抗病性与耐虫性

共生真菌能够提高植物抵抗病原真菌、病原细菌、病毒和线虫病害及昆虫危害的能力。AM 真菌侵染根尖的特性，表明该真菌的生态位与土传病原物相同，这就奠定了其拮抗病原物、诱导植物抗病性的生理基础，并为抑制病原物创造了条件。更为重要的是，由根内伸展至根外于土壤中形成的巨大 AM 菌丝网络，以及由此形成的菌根网络为其发挥生理生态功能（如水分、养分吸收等）奠定了坚实的生物学和生态学基础。接种摩西斗管囊霉后，番茄与 AM 真菌建立的共生体表现出显著的抗病性。AM 真菌 +PGPR 组合菌剂处理能不同程度的增加黄瓜根系 AM 真菌侵染率和根围细菌的定殖数量，促进黄瓜生长发育和降低枯萎病危害程度。其中，以摩西斗管囊霉 +PGPR PS3-2 和变形球囊霉 +PGPR PS2-6 组合促进生长、增产和防病效果最好，可使黄瓜枯萎病病情指数分别下降 50% 和 58%，防效达到 55% 和 64%（刘东岳等，2016）。将体外试验具有拮抗腐皮镰刀霉的龟裂秃马勃 *Handkea utriformis*、乳黄乳牛肝菌 *Suillus lactifluus* 和绒乳牛肝菌 *S. tomentosus* 接种油松 *Pinus tabuliformis* 幼苗，对油松立枯病均有防治作用。其中，龟裂秃马勃的防治效果（60%）最好，其次是绒乳牛肝菌（53%），乳黄乳牛肝菌则为 44%。ECM 真菌防治油松立枯病的效果与菌根侵染率呈极显著正相关，与地上和地下及总干物重也均显著正相关（余红霞，2014）。接种摩西斗管囊霉、聚丛根孢囊霉 *Rhizophagus aggregatus* 能降低烟草在团棵期和旺长期青枯病的发病率及病情指数。AM 真菌 +PGPR 组合不同程度降低了青枯雷尔氏菌的危害，其中以摩西斗管囊霉 + 芽孢杆菌 M3-4 和变形球囊霉 +M3-4 的组合防治效果最佳，防效分别为 65% 和 70%。摩西斗管囊霉 +PGPR M3-4 以及变形球囊霉 +PGPR M3-4 的组合能够协同作用，大幅度促进马铃薯生长，诱导其防御反应而降低马铃薯青枯病危害（谭树朋等，2015）。Lax 等（2011）观察到接种 AM 真菌根内根孢囊霉能有效地减轻南方根结线虫对番茄根系的伤害，并能降低线虫的繁殖数量。接种 AM 真菌各处理均能降低小麦胞囊线虫（CCN）侵染率、土壤中胞囊数和根内 J2 数量，其中球状巨孢囊霉处理抑制效果最大；CCN 不同程度减少 AM 真菌侵入点数和产孢数量，表明 AM 真菌对根结线虫有一定的拮抗使用和降低其危害的作用（Affokpon and He，2011；陈书霞等，2012）。Vos 等（2012）发现 AM 真菌可以通过诱导提高番茄植株系统抗性来显著降低线虫的危害程度，分别使南方根结线虫和穿刺短体线虫的危害程度降低 45% 和 87%。由此可见，共生体在减轻寄主植物线虫危害方面发挥着独特的作用，但是目前针对共生体对于线虫病害具体特殊的抗病机制还有待深入研究。

DSE 能提高植物抗病性，增强抵御不良环境条件的能力（Wu et al.，2010，

Andrade-Linares et al., 2011）。从茄子、甜瓜、大麦和大白菜等植物根中分离到的 300 多株 DSE 中筛选出 2 株生防菌 *Phialoce phalafortinii* 和 *Heteroconium chaetospira*，试验研究发现两株菌在实验室和田间均能有效地防治由轮枝孢属真菌 *Verticilium* spp. 引起的大白菜轮枝枝孢黄萎病（Narisawa et al., 2004）。稻镰状瓶霉根系定殖过程中，寄主细胞内 H$_2$O$_2$ 逐渐积累，*OsWRKY45* 表达显著上调，并诱导水稻产生局部和系统抗病性，抵抗稻瘟病菌的侵袭（苏珍珠，2012）。张雯龙等（2013）针对香蕉枯萎病病原菌 4 号生理小种，构建了 DSE 抗香蕉枯萎病室内评价体系，并通过该评价体系筛选获得了 2 株具显著拮抗枯萎病的 DSE 菌株，防效均达到 70% 以上。此外，发现它们还能显著提高香蕉的株高、根系干重和叶片数量，根冠比明显，表现出较好的促进生长作用，通过形态学特征观察和 DNA ITS 核苷酸序列分析，将这 2 个菌株分别鉴定为 *Capnodiales* sp. 和 *Cladophialophora chaetospira*，该研究结果为开发具高产和抗病功能的新型 DSE 菌剂奠定了基础。共生体对植物内部特殊生理生化反应具有调节作用，保护植物免受真菌病害侵扰，并且在植物土传真菌病害防治中起到重要作用，这为未来土传病害防治的无害化提供了理论基础。

印度梨形孢可诱导植物产生系统诱导抗性。印度梨形孢能增强白菜对黑斑病的抗性，提高拟南芥对线虫的抗病性，降低黄萎病菌对拟南芥的侵染。作为生防真菌，哈茨木霉、绿色木霉和绿木霉等木霉具有重寄生病原真菌、产生拮抗物质和活性物质、抑制植物病害发生和发展的作用，同时可以定殖植物根系，分泌活性物质，促进植物生长和诱导植物产生抗病性（Shoresh et al., 2010）。1991 年 Lynch 等对土壤接种哈茨木霉，有效地防治了腐霉 *Pythium* 所致病害，同时莴苣的发芽率和植株干重也显著增加。哈茨木霉与玉米共生后改变玉米的转录组和蛋白质组，推测玉米几丁质酶类与抗病有关（Shoresh and Harman, 2010）。绿木霉与玉米根系共培养时产生的分泌蛋白比在培养液中单独培养绿木霉产生的分泌蛋白更能够诱导玉米产生诱导系统抗性（Lamdan et al., 2015）。

白僵菌和绿僵菌定殖植物体内不仅能提高植物抗虫性，还能提高植物抗病性。1996 年 Chul 等报道绿僵菌可有效控制尖孢镰刀菌、灰葡萄孢 *Botrytis cinerea* 和茄链格孢 *Alternaria solani* 引起的病害。2006 年 Clark 等用白僵菌处理番茄和棉花种子可以显著减轻立枯丝核菌 *Rhizoctonia solani* 和群结腐霉 *Pythium myriotylum* 对幼苗的损害。2007 年 Griffin 把白僵菌接种到棉花植株根上，可以有效减轻地毯草黄单胞菌 *Xanthomonas axonopodis* 对棉花叶片的危害。20 世纪 90 年代初，Bing 等发现定殖于玉米植株绿色组织中的球孢白僵菌菌株能有效地控制欧洲玉米螟 *Ostrinia nubilalis* 的危害；Renwick 等通过室内生测和小麦盆栽试验，发现分离自小麦根围的球孢白僵菌能够持续有效地控制小麦全蚀病 *Gaeumannomyces graminis* var. *tritici*；在温室和大田试验中，Flori 和 Roberti 用球孢白僵菌处理洋葱鳞茎，发现被处理的洋葱鳞茎受尖孢镰刀菌洋葱专化型 *F. oxysporum* f. sp. *cepae* 感染明显降低。20 世纪末开始研究用金龟子绿僵菌和球孢白僵菌防治甜菜黑胫病。Bark 等发现球孢白僵菌培养滤液对尖孢镰刀菌 *F. oxysporum* f. sp. *lycopersici* 的菌丝生长具有抑制作用，对灰葡萄孢 *Botrytis cinerea* 的分生孢子萌发具有抑制作用和延缓作用；Reisenzein 和 Tiefenbrunner 通过室内生测发现球孢白僵菌 5 个不同的菌株对尖孢镰刀菌的菌丝生长均具有抑制作用。21 世纪初，Ownley 等和 Clark 等用球孢白僵菌 Bb11-98 菌株的分生孢子混在甲基纤维素溶液中，对番茄种子进行包衣处理后播种，能保护番茄幼苗抵抗立枯丝核菌 *Rhizoctonia solani* 和群结腐霉菌的侵染，提高幼苗在含有立枯丝核菌和群结腐霉菌的土壤中的存活率，降低番茄幼苗倒伏。在球孢白僵菌与群结腐霉菌对峙培养试验中，发现球孢白僵菌的菌丝对群结腐霉菌具有重寄生作用。2008 年 Kapongo 等研究发现，利用授粉熊蜂作为媒介在温室中传播白僵菌和粉红黏帚，在控制温室白粉虱和草盲蝽的同时，也能够有效地防治番茄和甜椒的灰霉病。2008 年和 2010 年徐良雄等从绿僵菌 SC0924 固体发酵物中分离得到 8 个酚酸类化合物和 12 个含氮杂环类化合物，以滤纸片琼脂扩散法对上述分离物进行了抗荔枝霜疫霉菌活性试验，结果表明其中的 6 种酚酸类化合物对荔枝霜疫霉菌均有抑制活性，12 个含氮杂环类化合物中只有两个环二肽，即环（脯氨酸 - 酪氨酸）和环（缬氨酸 - 亮氨酸）具有抗荔枝霜疫霉菌活性。这表明虫生真菌不仅是害虫生物防治的重要资源，也有潜力成为植物病害生物防治的重要材料。

20 世纪 90 年代，大量以高羊茅 +*Epichloë coenophiala* 和多年生黑麦草 +*Epichloë festucae* var. *lolii* 共生体为代表的研究形成了禾草与香柱菌属真菌形成互惠共生体，提高共生体对环境适应性的结论。已证实禾草共生真菌可以提高寄主禾草的生长，增强寄主禾草对食草动物、植食性昆虫、病原线虫、病原真菌、病原细菌和竞争性植物、干旱和养分亏缺胁迫等的抗性。禾草共生真菌能够提高寄主禾草的抗病性。离体条件下，禾草共生真菌主要通过释放抗生素或降低酶活性物质拮抗病原真菌。2008 年谢凤行等通过平板对峙试验研究表明，从羽茅 *Achnatherum sibiricum* 中分离出的共生真菌 *Neotyphodium* sp. 对枝孢霉属 *Cladosporium*、弯孢霉属 *Curvularia* 和拟茎点霉属 *Phomopsis* 的真菌抑制效果显著。在平板对峙试验中，高羊茅共生真菌 *N. coenophialum* 对玉蜀黍丝核菌 *Rhizoctonia zeae* 及链格孢 *Alternaria alternata*、平脐蠕孢 *Bipolaris sorokiniana*、枝状枝孢霉 *Cladosporium cladosporioides* 等病原真菌也表现出一定的抗病性。醉马草共生真菌 *N. gansuense* 的一些菌株对根腐离孺孢、新月弯孢 *Curvularia lunata*、锐顶镰刀菌 *F. acuminatum* 和链格孢的生长都有不同程度的抑制作用，其中对根腐离孺孢的抑制效果最为明显。黑麦草共生真菌 *N. lolii* 对枝孢霉属 *Cladosporium* sp.、弯孢霉属和拟茎点霉属等均表现出一定的抗病性且抑制效果明显，同时黑麦草共生真菌 *N. lolii* 在马铃薯葡萄糖液体培养基中的提取液可抑制或延迟黄色镰刀菌的孢子萌发。马敏芝和南志标（2011）从 4 个黑麦草品种中分离出的 4 个 *Neotyphodium* 属共生真菌菌株，对链格孢、根腐离蠕孢、新月弯孢霉和德氏霉 4 种病原菌进行抑菌试验，结果表明，N-F1 菌株对根腐离蠕孢菌落生长和孢子萌发表现出显著的抑制作用。禾草共生真菌对病原菌的平板对峙试验结果较为一致，除个别共生真菌菌系差异不显著外，其余均表现出较强的拮抗作用。2010 年南志标和李春杰以链格孢 *Alternaria alternata*、燕麦镰刀菌 *Fusarium avenaceum*、黄色镰刀菌、木贼镰刀菌 *Fusarium equiseti* 和尖孢镰刀菌 *Fusarium oxysporum* 的孢子悬浮液对圆柱披碱草 *Elymus cylindricus* 离体叶片进行喷洒接种，发现共生真菌定殖的植株病斑数和病斑长度显著地低于无共生真菌定殖植株的。离体接种条件下，醉马草叶片对 9 种参试真菌中除锐顶镰刀菌和燕麦镰刀菌在共生真菌定殖的无定殖的叶片产生的病斑数无明显差异外，其他各菌在共生真菌定殖的叶片上产生的病斑数在接种后一定时期内，均显著少于不接种的叶片上的病斑数。

一些田间试验结果证实，禾草共生真菌可提高多种寄主禾草的抗病性，部分研究结果与离体试验结果一致。*Epichloë festucae* 对田间紫羊茅、硬羊茅 *F. brevipila* 及羊茅 *F. ovina* 币斑病 *Sclerotinia homoeocarpa* 产生较强拮抗作用。部分共生真菌的侵染可诱导寄主禾草产生系统抗病性。相对于未定殖共生真菌的冰草 *Agropyron cristatum*、紫羊茅及圆柱披碱草 *Elymus cylindricus*，定殖有共生真菌的寄主叶片上链格孢、枝孢及镰刀菌病斑数相对较少。

禾草共生真菌提高寄主抗病方面研究较多的病原真菌主要有链格孢、小孢壳二孢 *Ascochyta leptospora*、离蠕孢、镰刀菌和德氏霉等。香柱菌属真菌 *Epichloë gansuensis* 可以抑制醉马草上白粉病菌 *Blumeria graminis* 的定殖（Xia et al.，2015）。共生真菌的侵染能有效地降低大麦黄萎病 *Barley yellow dwarf virus* 的发生，这可能是由于其对蚜虫较强的抗取食能力间接降低了蚜虫对黄萎病毒传播的媒介作用。定殖于禾本科羊茅属、黑麦草属和芨芨草属等冷季型禾草中的 *Epichloë* 共生真菌至少对 22 种病原真菌有拮抗作用，为禾草共生真菌作为潜在生防因子提供了有力的理论依据（李秀璋等，2015b）。

然而，有研究表明部分禾草共生真菌对少数病原菌的生长具有促进作用，如高羊茅共生真菌 *N. coenophialum* 和黑麦草共生真菌 *N. lolii* 对链格孢及新月弯孢的菌落生长均有促进作用。对于同一禾草与真菌构建的共生体，寄主对不同病害的反应也会有所不同。这可能与共生体产生的次生代谢物种类有关，某种特定的代谢产物可能只对某一种或某一类病害起作用，但与其他病害的发生无关或者起到促进作用。定殖禾草的共生真菌产生的倍半萜类、吲哚类化合物和其他一些尚未被确定具体成分的挥发性物质可能与香柱菌提高梯牧草 *Phleum pratense* 抗枝孢菌和柄锈菌等有关。

其他植物共生真菌也可增强寄主对病虫害的抵抗力。1983 年 Funk 等首次报道植物共生真菌可控制害虫的危害，发现长圆形拟茎点霉 *Phomopsis oblonga* 可以保护榆属 *Ulmus* 树木免受美洲榆皮天牛 *Physocnemum brevilineum* 的危害，并因此降低天牛传播荷兰榆树病。从苇状芦苇 *Festuca arundinacea* 和黑麦草中分离的枝顶孢属 *Acremonium* 真菌可控制蚜虫的危害。共生真菌定殖的作物对病原线虫和一些病原真菌具有一定抗性。枝顶孢属的 *Acremonium coenophilum* 对多种体外培养的病原真菌有抑制作用。从黑云杉 *Picea mariana* 中分离的 *Conopleae legantala* 发酵液中的两个新的苯并吡咯类活性成分对由丝核菌 *Rhizoctonia* spp. 和镰刀菌 *Fusarium* spp. 引起的病害有极高防效，应用于水稻可防治水稻立枯病、恶苗病和徒长病等病害。

李桂玲等（2001）从三尖杉、南方红豆杉及香榧中分离出 172 株植物共生真菌，抗菌活性检测表明其中 90 株对多种作物病原真菌，如红色面孢霉 *Neurospora* sp. 和镰刀菌等有抑制作用。通过植物共生真菌 Sn 1216 发酵液处理番茄根系和包衣种子，研究番茄抗南方根结线虫的组织病理学变化和作用方式。处理番茄根系 15d 后，根内根结线虫的数量减少 48%，且巨细胞出现空泡；包衣接种番茄种子 4d、8 d 和 12d 后，根系内 2 龄幼虫分别减少 54%、3% 和 42%；接种 10d、20d 和 30d，根系内 2 龄、3 龄、4 龄幼虫和雌虫的数量也均比对照显著减少，表明 Sn 1216 发酵液诱导了番茄对南方根结线虫的抗性（么巧君等，2014）。申光辉等（2015）根据菌落培养与扫描电子显微镜形态特征及 rDNA-ITS 序列对生防真菌进行鉴定；生长速率法测定菌株无菌发酵滤液的拮抗活性；盖玻片对峙培养法观察生防真菌对草莓根腐病原菌菌丝形态的影响；室内发芽试验法测定真菌无菌发酵滤液促种子萌发活性；采用盆栽试验研究生防真菌对草莓根腐病的促生防病作用；土壤稀释平皿分离法测定生防真菌的定殖能力及对草莓根区域微生物群落的影响。2 株生防真菌 HF3 和 HF7 分别为灰黄青霉 *Penicillium griseofulvum* 和土曲霉 *Aspergillus terreus*，其无菌发酵滤液对 7 种供试病原真菌有较强的拮抗作用，培养 96h 的 HF3 对立枯丝核菌 *Rhizoctonia solani* 和大丽轮枝菌 *Verticillium dahliae* 菌丝生长抑菌率均为 100%。HF3 菌丝对大双孢柱孢 *Cylindrocarpon macrodidyma* CF9 菌丝具有溶解作用，使病菌菌丝出现扭曲、变细、断裂及原生质浓缩等畸变现象；HF3 和 HF7 10^3 倍和 10^4 倍稀释无菌发酵滤液可促进甜瓜种子萌发及胚根、胚芽生长。HF7 10^4 倍稀释液对西瓜种子萌发及胚芽、胚根生长具有促进作用；HF3 和 HF7 对盆栽草莓根腐病的防效分别达 53% 和 47%，同时可促进盆栽草莓植株生长，提高果实产量；HF3 和 HF7 在草莓根表的定殖数量分别为 2.23×10^5CFU/g 干土、1.02×10^5CFU/g 干土，同时减少了大双孢柱孢数量；接种 HF3 和 HF7 可有效调整草莓根区微生物群落，促进土壤微生态恢复平衡。通过植物病、健株根区土壤微生物群落比较可以快速筛选到高效广谱且有实际防病促生作用的生防真菌；HF3 和 HF7 对草莓根腐病防治具有较高的潜在应用价值。

白色麝香霉最显著的特性是能代谢产生极具生物活性的 VOC。利用气相色谱 / 质谱分析（GC/MS）对麝香霉产生的挥发性混合物进行分析发现，该真菌产生的挥发性有机物质主要由各种醇类、酸类、酯类、酮类和脂类组成。该类 VOC 能抑制或杀灭多种病原真菌、病原细菌、植物寄生线虫和部分植食性昆虫。混合物中的醇类、酸类、酯类、酮类和脂类单独对一些真菌和细菌的生长均产生抑制作用，但不会杀死这些微生物，然而这些有机物共同作用能杀灭多种植物和人类病原真菌及细菌。

对杜仲 *Eucommia ulmoides* 植株中的植物共生真菌进行分离纯化，共得到 32 个菌株。通过离体平板对峙培养检测、光学显微镜观察，以及测定在活体果实上的拮抗活性，研究杜仲共生真菌与病原菌及其寄主苹果之间的相互作用。对峙培养显示杜仲共生真菌 DZGS07 对苹果炭疽菌有较强拮抗作用，具有较强的营养和空间竞争能力，显微观察表明其能造成病原菌菌丝畸形等现象。杜仲共生真菌 DZGS07 对苹果炭疽病具有较好的生防潜力，处理后的第 7 天防效达 84%；对该菌株的 ITS 序列进行测定分析，初步鉴定 DZGS07 为炭疽菌属 *Colletotrichum* 的真菌（孙微微和丁婷，2013）。为了获得对猕猴桃灰霉病具有较高拮抗活性的生防菌株，采用系列稀释法和平板涂布法从猕猴桃果园土壤和健康的猕猴桃果皮表面初步分离筛选到真菌 20 株；以导致灰霉病的灰霉菌为靶标菌，经平板对峙试验复筛，发现 5 株真菌对灰霉病有一定拮抗作用，其中 1 株编号为 HuW1 的菌株抑菌直径最宽，对灰霉病的抑制率最高，达 80% 左右，形态观察和 ITS rDNA、26S rDNA D1/D2 区域序列分析表明该菌株为葡萄汁有孢汉逊酵母 *Hanseniaspora uvarum*（毕金丽等，2014）。

菌根真菌可以通过诱导植物形态、生理、生化，甚至基因表达等方面发生变化，改变植食性昆虫及其天敌昆虫的食物质量，影响植食性昆虫的取食倾向、生长、繁殖及其危害性，从而对植食性昆虫产生显著作用。AM 真菌的定殖会引起寄主植物不同的分子和生化反应，包括植物防御反应相关基因的差异表达和多种化感物质产生变化，改变大多数植物的防御系统，进而介导植食性昆虫的取食等行为，最终影响昆虫种群密度和植物受到植食性昆虫的危害程度。AM 真菌侵染可以影响取食寄主植物的昆虫生长和发育。例如，甜菜夜蛾幼虫更喜欢取食接种了 AM 真菌植株上的叶片组织，接种根内根孢囊霉降低了叶片氮含量，但昆虫取食并未影响叶片氮含量，其取食差异是由于 AM 真菌诱导的植物防御化学物质发生了改变（Barber，2013）。Cosme 等（2011）研究了接种根内根孢囊霉对稻水象甲 Lissorhoptrus oryzophilus 产卵的影响，发现稻水象甲明显偏爱产卵于菌根植物，并认为主要原因在于根内根孢囊霉侵染改善了水稻叶片氮、磷和根系磷营养及植株长势，害虫能够辨别植株的生活力，进而优先选择长势优良的菌根植物产卵，而成虫的危害并未增加。饲放二斑叶螨 Tetranychus urticae 30h 后，其就会优先选择摩西斗管球囊霉侵染的菜豆植株生活并产卵于菌根化植株上，菌根化植株能够显著降低虫卵胚胎的发育时间，显著增加雌虫产卵量，改变叶螨生活史。

甜菜夜蛾取食花生菌根化植株后，摩西斗管囊霉 BEG167、根内根孢囊霉 BEG141 和变形球囊霉的侵染率显著增加，分别是未取食的 1.2 倍、1.1 倍和 1.1 倍；摩西斗管囊霉侵染的根内泡囊数显著增高，是未被甜菜夜蛾取食的 1.3 倍；取食番茄菌根植株后，摩西斗管囊霉和变形球囊霉的侵染率显著增加，分别是未取食的 1.2 倍和 1.9 倍；取食接种 AM 真菌处理的植株后甜菜夜蛾幼虫存活率下降，幼虫历期和蛹期明显延长，其中取食接种摩西斗管囊霉的植株对其影响最大，在花生菌根植株上的存活率、幼虫历期和蛹期分别为 27%、27d 和 11d，番茄菌根植株上的存活率、幼虫历期和蛹期分别为 36%、24d 和 10d（何磊等，2017）。甜菜夜蛾能在一定程度上促进 AM 真菌的侵染和定殖，而 AM 真菌通过影响植物生理代谢抑制甜菜夜蛾的生长和发育，其抑制效应因 AM 真菌种类不同而异。同理，接种珠状巨孢球囊霉、幼套球囊霉、根内根孢囊霉、稍长无梗囊霉 Acaulospora longula 的日本百脉根 Lotus japonicus 处理中，接种珠状巨孢球囊霉的植株受二斑叶螨 Tetranychus urticae 危害最轻，显著低于幼套球囊霉处理的（Nishida et al.，2010）。接种异形根孢囊霉车前草植株上饲养的甘蓝夜蛾 Mamestra brassicae 幼虫体重大于不接种对照上的，而且个体发育也比对照更快，表明 AM 真菌诱导的车前草植株质量的修饰影响甘蓝夜蛾幼虫发育（Tomczak et al.，2016）。这些结果均表明具菌根真菌与植物的互作及其对害虫生长、繁殖、取食危害习性可能具有种的特异性和复杂性，有待进一步研究。

禾草共生真菌能有效提高禾草抗虫性，增强寄主禾草对包括昆虫、螨虫、线虫在内的多种害虫的抗取食作用。禾草与真菌共生体对昆虫纲害虫的抗性明显高于其他类群，主要包括蚜科、叶甲科、蝉科、象甲科、蟋蟀科、长蝽科、盲蝽科、夜蛾科、螟蛾科、金龟子科及拟步甲科在内的至少 45 种昆虫，它们主要危害禾草茎基部、叶鞘及其他地上部分，然而赤拟谷盗 Tribolium castaneum 及金龟甲科的部分昆虫主要危害禾草根系。1982 年 Prestidge 等对多花黑麦草 + 共生真菌共生体抑制阿根廷茎象甲 Listronotus bonariensis 的取食活动进行了报道。相对于未定殖共生真菌的多花黑麦草，共生真菌的侵染可有效地提高寄主对草地螟 Crambus sp. 的抗性。由于阿根廷茎象甲的取食，共生真菌侵染率较高的草地干物质产量高于未被侵染的草地干物质产量近 40%。通过对草地贪夜蛾 Spodoptera frugiperda 和赤拟谷盗的饲喂试验发现，带菌多花黑麦草明显降低了供试昆虫的存活率及生长速率，延迟了供试昆虫的发育速率（Cheplick and Clay，1988）。2007 年 Li 等研究发现，禾草共生真菌的侵染可有效地提高大田中醉马草对朱砂叶螨 Tetranychus cinnabarinus 的抗取食性。

禾草与真菌形成的共生体抗虫性与生物碱关系密切，尤其是吡咯并吡嗪类（pyrrolopyrazine）生物碱——波胺（peramine）；麦角缬氨酸对饱和吡咯化合物（pyrrolizidine）中黑麦草碱（loine）的抗虫性具有协同或增效作用。但也有研究发现，并非所有对害虫具有抗性的共生体都能产生生物碱类物质。2005 年 Tanaka 等发现与多花黑麦草共生的真菌中波胺生物合成基因被阻断，而波胺曾被认为是共生真菌提高多花黑麦草对阿根廷象甲抗采食性的关键因子。这一研究结果显示生物碱在共生体抗虫作用方面的重要性大大降低了。2006 年 Panaccione 等报道了麦角生物碱并不能降低多花黑麦草的根系寄生线虫斯克里布纳短体线虫 Pratylenchus scribneri 的种群数量。对小地老虎 Agrotis ipsilon 和草地贪夜蛾的饲喂试验发现，定殖了共生真菌的多花黑麦草对二者均有较高的毒力活性，同时对其寄生线虫斯氏线虫 Steinernema carpocapsae 也会产生抗性，这种提高了的寄主禾草防御作用与其产生的麦角类生物碱相关性较高。与多花黑麦草共生的一些 Neotyphodium 菌株可产生一种对害虫具有毒力活性的化合物 janthitrems。这种化合物作用范围较广，通常导致供试害虫发育迟缓、体重增加、摄食行为发生改变、生存率降低、死亡率升高等，同时 janthitrems 的作用并不局限于某一类害虫或者害虫的某一个虫态。

分离自草甸羊茅的共生真菌 Neotyphodium uncinatum 的次生代谢产物对哺乳动物无毒，但对害虫具有高效毒力活性及其他效应。相对于未接种 N. uncinatum 的多花黑麦草，共生真菌的接种可有效地提高寄主对寄生于水稻叶面的一种须盲蝽 Trigonotylus caelestialium 的抗性，须盲蝽生存率显著下降。禾草与真菌共生体对蛛形纲、线虫纲、昆虫纲及其他无脊椎动物产生的抗性也开展了广泛的研究，这对禾草共生真菌的开发利用具有极其重要的积极意义。

长期的群落演替过程中，禾草与真菌共生逐渐进化获得了较强的环境适应性及竞争能力，牢牢地占据着某一特定的生态位。随着本氏雀麦 Bromus benekenii、多花黑麦草及苇状羊茅草的年龄增加，共生真菌定殖率也呈现增加趋势，共生真菌定殖的禾草大多表现出分蘖数增多、生物量增加、叶片伸长加快及根系发育改善等特征（Clay et al.，2005）。由于共生真菌定殖的多花黑麦草对白车轴草生长有较强的抑制作用，因此较难获得较理想的多花黑麦草 + 白车轴草混播建群草地。相对于共生真菌侵染率较低的苇状羊茅草地，共生真菌能够很好地保证草地持续性并控制其他杂草的侵入及定殖，这与苇状羊茅和红车轴草的田间竞争试验结果类似。田间试验表明，禾草共生真菌能有效地提高寄主禾草在混播草地中的竞争能力，显著降低伴生种的生物量（Vázquez-de-Aldana et al.，2013）。

禾草共生真菌通过诱导寄主植物的生理生化反应发生改变或分泌化感物质，影响其伴生植物生长，提高寄主在群落中的竞争能力，改变群落结构（Clay et al.，2005）。定殖共生真菌的醉马草可抑制其伴生针茅 Stipa capillata、硬质早熟禾 Poa sphondylodes 种子的萌发和幼苗的生长，同时可有效地抑制针茅和硬质早熟禾的分蘖数及单株生物量（黄玺等，2010a）。定殖共生真菌的披碱草 Elymus dahuricus 草粉对 3 种草坪草多花黑麦草、苇状羊茅和草地早熟禾 Poa pratensis 种子的萌发及种苗的生长特性均表现出较明显的化感作用（杨松等，2010）。

（五）改良土壤肥力

植物根系与真菌共生形成的共生体能显著改善土壤理化特性和土壤肥力状况。首先，这些土生的共生真菌生物量巨大并占据土壤生态位（Öpik et al.，2013），为其发挥生理生态功能奠定了坚实的基础。通过土壤中的菌丝网络，菌根真菌可将植物地上部光合同化的部分碳运输到土壤中。AM 真菌聚生根孢囊霉侵染黄瓜根系形成菌根后通过菌丝体将黄瓜植株叶片固定的部分 $^{14}CO_2$ 运转至土壤，增加了土壤中碳基含量。接种 AM 真菌的同时接种梯形流蚓 Aporrectodea trapezoides，显著提高了土壤微生物生物碳和生物氮的含量及土壤碱性磷酸酶的活性（Li et al.，2013）。球囊霉素是土壤活性有机碳库中碳最重要的来源，其含量是过去认为土壤有机碳最主要来源之一的腐殖质含量的 2~24 倍，可占到土壤有机碳源的 27%。因此，AM 真菌对于土壤中碳含量的增加具有重要作用。生物碳的增加可提高土壤中有机碳和有机氮的含量，固定土壤中有机碳，缓解温室气体的排放。AM 真菌具有活化、溶解根系所不能利用的难溶性养分，提高土壤肥力，改善植物矿质营养的作用。植物与 AM 真菌形成的共生体可以活化 $CaHPO_4 \cdot 2H_2O$（Ca_2-P）、$Ca_8H_2(PO_4)6.5H_2O$（Ca_8-P）和 $AlPO_4 \cdot nH_2O$（Al-P）等难溶性磷酸盐，增加土壤孔隙度、土壤团聚体含量、有机质含量和球囊霉素相关土壤蛋白含量。AM 真菌不仅改善土壤的物理和化学性状，还能通过促进土壤中的其他微生物在植物残体附近快速繁殖，使这些微生物参预降解植物残体，菌丝将分解有机物形成的铵态氮储存起来，避免土壤中铵态氮含量过高而毒害植物根系，减轻了其他腐生菌的代谢压力（Geisseler，2010）。关于这一点，值得深入研究。

（六）促进植物生长，增加植物产量

植物与真菌共生对植物的生长发育、产量和品质具有突出的影响。共生真菌可以显著改善作物籽实品质，并且有效提高作物产量，促进作物高产、稳产（孙吉庆等，2012；Caterina et al.，2015）。例如，植物根内或根间 AM 真菌与 DSE 可以形成致密菌丝桥，扩大根系营养吸收范围，有效进行代谢物传递，共同促进植物根围微生物活动，改善植物根围土壤微环境，从而促进植物的生长发育（张淑容等，2013）。另外，菌根真菌能够提高青稞植株对土壤中磷的吸收，增加植物吸磷总量及地上部分和籽粒中的磷含量，提高籽实品质（刘翠花等，2006）。

DSE 能与铁皮石斛苗共生，其中 DSE 菌株 24L-4 处理的促生作用显著，接种该菌株后，铁皮石斛组培苗的株高、叶宽、茎径和干重分别较对照增长 33%、66%、27% 和 45%；铁皮石斛盆栽苗的茎径、鲜重和干重分别较对照增长 104%、849% 和 115%。显微镜观察发现该菌株的深色有隔菌丝和类似微菌核的定殖结构分布于铁皮石斛根部皮层的细胞内。DSE 真菌能显著提高铁皮石斛的生产能力，具有较好的开发利用潜力（谢玲等，2014）。稻镰状瓶霉能促进水稻生长，增加株高、叶宽、茎秆直径、植株鲜重 / 干重（苏珍珠，2012）。

印度梨形孢最显著的作用就是促进植物生长。例如，印度梨形孢可促进玉米、水稻、烟草、向日葵、油菜、白菜、芦荟、小麦和大麦部分花卉植物及药用植物的生长发育。印度梨形孢可以显著促进种子的萌发和寄主植物的生长，并且能够提高大麦、玉米

和番茄等作物的产量。印度梨形孢接种大麦后可显著促进大麦生长，提高籽粒产量；在无土栽培条件下显著促进番茄的生长，提高番茄果实产量高达 100%。印度梨形孢还能够促进水稻地上部的生长，增加水稻产量。将印度梨形孢与稻苗共培养后，水稻植株的高度、地上部干重和鲜重、硝酸还原酶活性及根系活力显著高于对照；与对照相比，印度梨形孢定殖的水稻植株分蘖数增加 10%~20%，抽穗期提前 4~6d，每穗总粒数和实粒数均增加 20% 以上。接种印度梨形孢的水稻株高、地上部干鲜质量、分蘖数、硝酸还原酶活性和根系活力显著高于对照，与对照相比，印度梨形孢定殖的水稻植株抽穗期提前 4~6d；印度梨形孢处理第 3、4 周后叶片叶绿素含量比对照分别增加了 20% 和 18%。另外，印度梨形孢培养滤液也能改善植物的生长状况。印度梨形孢培养滤液可以促进美丽马兜玲的生长，提高叶片中马兜铃酸含量；还能促进青蒿和亚麻属植物的生长，提高青蒿素和木酚素的含量（吴金丹等，2015）。印度梨形孢及其近似种 *Sebacina vermifera* 都能够在番茄根系中定殖，并能促进番茄侧根形成，促进植株生长并提高果实产量，在正常供磷和低磷条件下，印度梨形孢和 *S. vermifera* 促进番茄对磷的吸收，增加植株内磷含量，提高植株对低磷逆境的抵抗能力，表明它们可以作为一种植物促生真菌，具有较高的商业开发前景（王凤让等，2011）。林燕青等（2015）采用组织分离法从福建省大鹤林场不同年龄木麻黄各组织器官中分离与纯化得到 65 株植物共生真菌。研究木麻黄植株共生真菌在其器官构件内的分布规律，同时按水培和盆栽两种方式侵染无性系苗，测定接菌苗木的新梢长度，筛选出促生长的菌株。结果表明，木麻黄共生真菌主要分布于植株的鳞状叶小枝和根中，分别占筛选出菌株数量的 40% 和 42%，且随着树龄的增加，共生真菌的数量减少；在水培苗浸泡菌液方式下的接菌处理能显著增加苗木的平均抽梢量，促进水培苗生长。其中，菌株 18 处理下苗木的平均抽梢量为 55cm，是对照苗木平均抽梢量的 8 倍。

木霉不仅对植物病原真菌具有拮抗效应，还能促进植物的生长，对辣椒、马铃薯、莴苣、黄瓜、白菜、豌豆、花生、长春花和菊花等多种作物具有促生效应。1986 年 Chang 等通过试验证明，用哈茨木霉培养物或分生孢子悬浮液处理土壤后，辣椒、长春花和菊花等植物的发芽率提高，开花早而且多，株高及鲜重增加。木霉菌能通过叶片延迟衰老而延长水稻植株的光合作用，并能促进根系生长和分布（Yadav et al.，2015）。植物根系接种木霉后扎根更深，根系生长更健壮。接种 T22 的玉米的主根和次生根生长量增加，在明显可见定殖根系之前，T22 就可促进根系生长和增加根毛的长度。根分枝能扩大根系吸收面积，从而促进植物生长。木霉具有定殖种子的潜力，甚至在胚根长出前就能给种子和幼苗带来好处。因此，木霉菌可广泛应用于种子处理，是简便而有效的应用方法。

植物共生真菌及其共生体显著提高作物产量和品质这一突出优势对未来改善作物品质、提高作物经济产量等方面具有重要意义。例如，2015 年杨亚珍等开展的大田试验观察到，印度梨形孢菌液能显著提高油菜的根质量；花期、荚期施加印度梨形孢菌液可显著提高油菜的千粒质量和单株产量，其中单株产量比对照分别增加 27% 和 28%。各时期施加印度梨形孢菌液均能提高油菜的实际产量，其中荚期加菌处理的实际产量最高，达 3004kg/hm^2，较对照增产 37%，增加经济效益 2448.90 元/hm^2。苗期、块茎形成期分阶段追施印度梨形孢菌肥可以增加马铃薯生长、薯块产量、薯块淀粉含量和还原性糖含量。可见，印度梨形孢可作为生物改良因子，在农业生产中发挥重要作用。

　　然而，针对植物共生真菌生理生态效应的部分研究结果并非完全一致。并非所有共生真菌均产生正效应，有的情况下甚至产生负效应。植物共生真菌对植物的毒性作用主要表现为在寄主内产生一些不利于寄主生长的次生代谢产物。Schardl 等 2004 年认为一些植物共生真菌对寄主具有一定的副作用，如抑制寄主结籽。植物共生真菌与寄主共培养时，有利于植物共生真菌生长，而植物则更容易坏死，植物共生真菌可能分泌了一些对植物生长有害的毒性物质。植物共生真菌还可通过产生很多胞外酶，对寄主产生毒性作用。虽然部分植物共生真菌对寄主有毒性作用，但只有极少数共生生物能导致寄主出现病症，主要原因在于寄主具有多种防御机制，如改变组织结构的物理机制和诱导解毒酶类的生理生化机制等，对共生生物产生一定程度的抗性，只要双方的效应处于均衡状态，寄生就不会产生明显的病状。相反，如果这种均衡被打破，如在衰老或受环境胁迫时，寄主抗性反应减弱，则植物共生真菌有可能使植物致病或抑制植物生长。总之，无论是试验条件下还是自然环境条件下，寄主植物、共生真菌和病原物的种性差异，其他生物及某些生物之间的互作，非生命的环境因子的变化和影响，以及这些生物与环境因素之间的互作等方面均会影响植物与共生真菌共生的表型。有关此方面的情况可参见第八章。

二、增强环境与食品安全性

　　中国已禁止大量高毒农药的使用，然而，如何修复已被高毒、中等毒性农药污染的土壤仍然是摆在我们面前亟待解决的问题之一。共生真菌及其与植物根系形成的共生体系不仅对有毒有机物具有较强的耐受性，而且还具有对有机物分解的腐生营养能力，如促进了土壤中枯枝落叶的分解并吸收其养分传递给寄主植物利用。这就为共生真菌分解土壤中残留的农药奠定了生理和生态学基础，而且理论上和部分试验证据表明共生真菌具备降解化学农药的潜力。例如，AM 真菌不仅可以增强植物对农药的耐受性，而且能降低土壤中有机磷和有机氯农药的残留量（Wang et al.，2011a；b）。这表明 AM 真菌具有潜在的降解土壤中残留农药的生理生态作用，对于保护环境和绿色食品安全生产是十分有意义的。AM 真菌对甲胺磷农药的耐受性较强，AM 真菌改善了番茄植株磷营养状况，促进了番茄的生长。推测 AM 真菌侵染引起的根围效应可能促进了土壤中甲胺磷农药的矿化，并转化为菌根真菌和番茄植株的养分源，从而降低了甲胺磷农药对土壤的污染程度。徐丽娟等（2016）通过试验证实了 AM 真菌和 PGPR 可联合分解土壤中残留的甲胺磷，接种 AM 真菌显著降低番茄茎叶和根内甲胺磷的浓度，表明 AM 真菌可能具有分解甲胺磷农药、将其部分降解产物作为自身养分利用的潜能，因为 AM 真菌的发育需要大量磷元素。关于这一点有待深入研究证实。美人蕉 Canna indica 是一种高效的水生修复植物，阿特拉津低质量浓度（≤ 3mg/L）下接种 AM 真菌能显著提高美人蕉对阿特拉津的降解率，并提高了美人蕉修复阿特拉津的质量浓度范围（董静等，2017）。AM 真菌＋植物的不同组合降解多环芳烃（PAH）的效应不同，而且 AM 真菌种类、寄主植物种类、土壤水分和磷等均影响 AM 真菌＋植物组合的降解作用（周笑白，2011）。AM 真菌＋植物组合体系非常复杂，植物、微生物、土壤性质和水肥条件等多种因素共同决定 PAH 的分解。多花黑麦草 *Lolium multiflorum* 具有很强的富集镉的能力。接种 AM 真菌或 / 和种植黑麦草均不同程度降低了番茄叶、茎和根中的镉含量；减少了茎镉积累量和植株全镉量；降低了 2 个番茄品种果实中镉提取总量和各形态镉含量，减轻了镉对番茄根尖细胞的毒害作用（江玲，2015）。

人们日益关注受污染环境的生物修复。DSE 具有较高的重金属耐受性，而且能够降低重金属对植物的毒害（班宜辉等，2012），可考虑采用 DSE 与植物联合修复重金属污染土壤。

三、增加生物多样性

植物与真菌共生将地下与地上两个共生网络联结成一个巨大、完整、统一的共生网络，这是其他生物共生所不能具备的生态功能。因为只有植物才有生长在地下土壤中的根系，即实际上是根系与真菌（包括其他生物，如与细菌等）构建的共生体，将地下共生网络与地上共生网络紧密联结起来，从而更加有效地发挥生理生态功能，促进动物、植物和微生物的发生、发展，增加多样性。正如 Joy（2013）通过文献研究指出的"共生主导多样性"，生物之间通过建立共生网络进行物质交换、能量流动、信息传递和互惠互利等一系列作用机制来增加和维持生物多样性。

四、保持生态系统的稳定性

菌根真菌的碳汇量主要反映在菌根真菌的生物量和分泌到土壤中的代谢产物。菌根真菌生物量是由菌丝体、孢子、子实体和菌根组成的，但不同生态系统中菌根真菌生物量差异较大，如 AM 真菌根外菌丝密度在拉丁美洲热带雨林土壤中较低（0.15mg/g DW），而在美国加州草原土壤中较高（3~6mg/g DW），甚至在伊利诺伊州草原土壤中超过 81~111m/cm³，菌丝干重达 339~457μg/g DW，可占整个土壤微生物生物量的 20% 以上，对土壤有机碳的贡献达 15%（Miller and Kling，2000；Powers et al.，2005）。

除根外菌丝外，在根内存有大量菌丝体、丛枝和泡囊，而这些菌根结构也是菌根真菌生物量的重要组成部分，但是目前还缺乏对根内 AM 真菌生物量的测定。另外，土壤中 AM 真菌的孢子也是重要的生物量，虽然有大量研究测算了土壤中 AM 真菌的孢子数量，但是目前还缺乏对 AM 真菌孢子生物量及对土壤总碳贡献量的研究。在 ECM 真菌生物量方面，Högberg 和 Högberg（2002）发现欧洲赤松 *Pinus sylvestris* 林中菌根真菌的根外菌丝量为 145kg/hm²，占土壤总微生物生物量的 32% 以上，按照菌丝含碳量为菌丝干重的 40% 计算，菌根真菌的根外菌丝对土壤碳的贡献约为 58kg/hm²；而菌丝生长袋（hyphal ingrowth bag）试验显示，ECM 真菌的根外菌丝量占整个真菌菌丝量的 85%~90%，为 125~200kg/hm²，加上 ECM 菌套的生物量，则 ECM 真菌生物量高达 700~900kg/hm²，对土壤碳的贡献为 280~360kg/hm²。美国俄勒冈州的花旗松 / 杉木林生物量调查发现，菌根真菌（包括非菌根真菌的菌丝和子实体）的总生物量达 19 000kg/hm²，对土壤有机碳的贡献高达 76 000 kg/hm²，如果只按每年新形成的立地生物量计算，菌根真菌可占 51%，而植物只占 40%。根据菌根真菌的生物量数据，推算出每年由菌根输入土壤的碳量为 83g/（m²·a），约为植物凋落物输入量 [200g/（cm²·a）] 的 42%。因此，菌根真菌的生物量在整个生态系统的碳汇中具有重要的地位。

作为植物需求量最大的营养元素，氮素是陆地生态系统初级生产力的主要限制因子。AM 真菌与氮素循环相关研究侧重于真菌对氮素的吸收形态及共生体中氮的传输代谢机制，而忽略了 AM 真菌在固氮过程、矿化与吸收过程、硝化过程、反硝化过程及氮素淋洗过程等土壤氮素循环过程中所起到的潜在作用，并且越来越多的证据也表明 AM 真菌是影响土壤氮素循环过程的重要因子（郭良栋和田春杰，2013）。在原位控制试验条件下发现，植物根部吸收的氮至少有 21% 是来源于 AM 真菌的根外菌丝。2005年 Govindarajulu 等和 Jin 等通过原位控制试验验证了 AM 真菌对寄主植物的氮贡献率可达 30% 和 50%；同年 Tanaka 和 Yano 甚至发现玉米中高达 75% 的氮是通过 AM 真菌的吸收而获得的。此外，菌根真菌也可以通过分解土壤中的有机物而获得氮，甚至可以实现从有机氮源中获得无机氮源。

除了直接促进寄主植物对氮的吸收外，菌根真菌通过地下菌丝网络系统，有效调节植物间氮的再分配，包括固氮植物与非固氮植物之间、草本与木本植物之间的氮流动，进而影响植物之间的生长和竞争，对整个生态系统的平衡发挥着重要作用。例如，豆科植物可以把固定的氮通过菌根真菌的菌丝网络运输到邻近的禾本科植物上，其传递的氮量可达到草本植物全氮量的 3%（Jalonen et al., 2009）。环境中氮营养的贫瘠与否，以及外界供应无机氮源的多少、种类对菌根真菌的生长和发育起到一定的调控作用。同时，菌根真菌对寄主植物氮吸收的影响不但与氮源有关，也与根围微生物的组成、结构和功能息息相关。因此，在揭示菌根真菌促进植物氮吸收和再分配机制时，要综合考虑寄主植物、土壤微生物和环境因子的关系。

第六节　植物与真菌共生的作用机制

不同真菌定殖在植物的不同部位、构建的不同共生体结构及其代谢特点，很可能决定了其生理生态功能，这是由植物和真菌双方共同的多种作用机制调控的。

一、植物与真菌共生体改善营养的作用机制

通过放射性核素示踪技术发现在 AM 共生体中，AM 真菌的根外菌丝可以直接吸收磷并转移到植物细胞中。共生体之间磷的转运被认为发生在真菌丛枝结构和寄主皮层细胞之间，后续的细胞学、生理学及分子生物学试验证实了这一点。共生体系中磷的转运（根外菌丝从土壤中吸收磷，随后转移到植物细胞）需要转运蛋白进行磷的跨膜运输（从真菌细胞膜转移到植物细胞膜）。最近，大量的研究从植物和真菌中鉴定到了磷酸转运蛋白，并通过生理学指标的变化揭示了 AM 共生体中磷的转运机制。

AM 共生体中，AM 真菌根外菌丝从土壤中吸收磷并通过丛枝细胞的细胞膜流向植物细胞。一些与磷吸收相关的磷酸转运蛋白被陆续发现，然而这些转运体是否与磷元素从 AM 真菌转运到植物细胞的跨膜运输相关还未知。目前已鉴定到的 AM 真菌中的磷酸

转运蛋白 GvPT、GiPT（GintPT）和 GmosPT，它们分别来自于变形球囊霉、根内根孢囊霉和摩西斗管囊霉（Fiorilli et al., 2013）。这些磷酸转运蛋白大多在根外菌丝中表达，因而被认为与菌丝从土壤中吸收磷有关。*GmosPT* 基因被检测到在根内菌丝中表达，但尚没有直接证据表明该转运体参预磷元素从 AM 真菌到植物细胞的跨膜运输。运用激光解剖结合荧光实时定量 PCR，Fiorilli 等（2013）发现 *GintPT* 基因在真菌丛枝结构中表达，同时其表达量受基质中磷浓度的影响，高磷诱导该基因表达，低磷则抑制该基因表达。

AM 的形成可以特异性诱导很多基因表达，其中磷酸转运蛋白基因的表达与 AM 的功能关系最为密切。植物的 PHS（phosphate H⁺ symporter）转运蛋白是目前研究最多的一类磷酸转运蛋白，尤其是其中的 Pht1 类转运蛋白。Pht1 家族中几乎所有蛋白质都定位于细胞膜上，且大多数为高亲和性的磷转运蛋白。一般认为有 3 种类型的 Pht1 转运体，即 AM 真菌中的磷酸转运蛋白、植物磷酸转运蛋白及 AM 特异性诱导的磷酸转运蛋白参预 AM 中的磷吸收和转运调节（Recorbet et al., 2013）。已发现的 AM 特异性的植物磷酸转运蛋白几乎都属于 Pht1 转运体家族。组织定位分析发现这些 *Pht1* 基因特异性地在丛枝细胞中表达。AM 中很可能存在着一种参预丛枝形成的细胞信号物质来激活这些磷转运蛋白基因的表达。不同的 AM 真菌可以不同程度地调节磷酸转运蛋白基因的表达，这可能与 AM 真菌促进植物生长和吸收磷方面的功能多样性有关。

木霉菌定殖植物根系形成共生体，通过调控植物地上部基因表达，改变植物的生理代谢和机能，促进氮肥吸收、提高光合效率和对病原物的抗性，这些效应的最终结果是增加植物生长和生产力（Hermosa et al., 2012）。木霉＋根共生体分泌的富含半胱氨酸的蛋白质 QID74 可修饰根系结构，增加表面积（Samolski et al., 2012），进而发挥一系列生理生态效应。

二、提高抗逆性的作用机制

植物与真菌共生形成的共生体可通过一些直接作用机制，如直接合成一些次生代谢物质（如抗生素、激素、毒素和植保素等），以及通过许多间接作用机制，如改善生态环境条件、调控微生境内微生物群落结构与功能和改善植物营养与水分代谢等途径来提高植物的抗逆性。

（一）提高抗旱性作用机制

植物与真菌共生后，可显著提高植物的抗逆性。接种印度梨形孢的油菜植株叶片中 MDA 含量和相对电导率均显著低于未接种印度梨形孢的油菜植株；Pro 含量显著高于未接种印度梨形孢的油菜植株，在聚乙烯醇（PEG）处理后的第 72h，接种印度梨形孢的油菜叶片中 Pro 含量是未接种印度梨形孢的油菜的 1.3 倍；SOD、POD 和 CAT 活性明显高于未接种印度梨形孢的油菜植株，PEG 处理后的第 24h，SOD、POD 和 CAT 活性分别是对照油菜的 1.2 倍、1.4 倍和 1.3 倍。RT-PCR 分析表明，干旱胁迫下有印度梨形孢定殖的油菜叶片中编码合成脂质转运蛋白的基因 *575* 表达上调，PEG 处理后的第

9h 其表达量是对照的 3.2 倍。该研究结果表明，印度梨形孢提高油菜对干旱胁迫的抗性与 MDA 含量、质膜透性、Pro 含量、抗氧化酶活性和干旱相关基因的表达相关，印度梨形孢可能是通过提高油菜整体抗氧化能力、维持细胞生物膜完整性和细胞内渗透压及降低膜脂的过氧化水平，从而增强了油菜对干旱胁迫的抗性（陈佑源，2013）。

干旱条件下，接种 AM 真菌处理能显著提高根系 8 种膜水孔蛋白基因的表达，并且 AM 真菌菌丝中水孔蛋白基因 *GintAQP1* 的表达也显著增强。与此同时，接种处理显著改善了植物水分状况，提高了叶片水势。AM 真菌增强寄主植物根系及自身的水孔蛋白基因的表达对于提高植物抗旱性具有潜在的重要贡献（李涛等，2012）。AM 真菌促进寄主植物生长和增强抗旱性可能是 AM 真菌直接促进寄主植物根系对土壤水分和矿质元素吸收及间接改善植株体内生理代谢活动的缘故。菌根共生有利于寄主对水分和营养物质的吸收。干旱胁迫下，由于菌根共生特殊的水分吸收方式，使根系较早产生非水力信号，由于菌根植物自身的养分积累和 AM 真菌菌丝对寄主植物激素含量有调节功能，有利于根源信号的传递和寄主植物对信号的快速应答，最终提高了寄主植物对干旱的耐受性。AM 真菌可能是通过：①菌丝网络增加植物根系吸收范围；②增强植物保水能力和抗氧化能力；③稳定和改善土壤团聚体；④促进植物养分吸收；⑤调节植物渗透势等机制来改善植物的水分代谢。由不同定殖真菌对寄主吸收水分和抗干旱胁迫的影响可知，不同的植物与真菌共生体都有其特殊的机制对植物吸收水分起到积极的调节作用，使植物大大增强对干旱胁迫的耐受力，并且不同真菌种类对植物的水分代谢调节效果不同，针对不同作物如何筛选利用最佳寄主调控效应菌种，以使作物水分代谢和抗旱能力达到最佳的效果是值得关注的问题。

（二）提高抗盐性作用机制

接种 AM 真菌摩西斗管囊霉能增强高羊茅叶片抗氧化酶 SOD、POD 和 CAT 的活性；提高抗氧化剂（抗坏血酸）含量和渗透调节物质（可溶性糖和脯氨酸）含量；增加矿质元素氮、磷、硫、钾、钙和镁含量及 K/Na、Mg/Na、Ca/Na 值，以及植物内源激素脱落酸（ABA）、细胞分裂素、吲哚乙酸和赤霉素的含量；降低 MDA、Na^+、Cl^- 含量和膜透性。因此认为 AM 真菌能通过增强植物抗氧化系统的反应，降低氧化胁迫造成的伤害，减缓 Na^+ 和 Cl^- 毒害，改善养分的吸收，强化渗透调节作用，维持激素平衡等来提高其耐盐能力（刘润进等，2017）。RT-PCR 分析表明，盐胁迫下根部接种印度梨形孢和未接种印度梨形孢的烟草叶片中盐胁迫相关基因 *OPBP1*，以及病程相关（PR）蛋白基因 *PR-1a*、*PR2*、*PR3* 和 *PR5* 都表达上调，这些基因在接种印度梨形孢的烟草中的表达量显著高于未接种的烟草，表明盐胁迫下，印度梨形孢诱导烟草中抗盐相关基因大量表达。印度梨形孢提高烟草对盐胁迫的抗性，与 MDA 含量、质膜透性、Pro 含量和相关基因的表达相关。接种印度梨形孢的烟草在盐胁迫下能维持生物膜系统的完整性、细胞内渗透压的稳定性以及膜脂过氧化在较低水平，而对盐胁迫的抗性增强（惠非琼，2014）。以上研究初步明确了印度梨形孢提高植物耐盐性的作用与部分机制，为进一步研究印度梨形孢提高植物的抗逆性作用机制提供了基础资料。

（三）提高抗病性作用机制

AM 结构发育特征与其功能密切相关。A 型和 P 型丛枝的发育特点不同，P 型丛枝发育较 A 型丛枝慢，二者吸收养分的能力、促进植物生长的效应，以及防御相关基因表达和介导的防御反应亦可能不同。丛枝结构具有拮抗植物土传病原物的侵染扩展、提高植物抗病性的新功能（李俊喜等，2010）。该研究结果证明了笔者基于前人研究及本课题组所开展的研究（Li et al.，2012；Liu et al.，2013）提出的"AM 真菌 A 型丛枝和P 型丛枝可能关系到植物土传病害的发生发展"的假说是正确的，而且 P 型丛枝所具备的拮抗病原物和诱导植物抗病性的效果可能大于 A 型丛枝。尽管这些初步的数理统计分析尚缺乏由严格控制试验研究所得的直接结果的支持，但为下一步的工作指出了更深入的研究内容和方向。AM 真菌这一生防的作用机制尚待进一步研究，其生防效应还有待加强，才能满足实际应用的要求。因此，探索促进和增强 AM 真菌生理生态效应的途径是十分必要的。

通过分根试验发现，变形球囊霉能够诱导番茄植株产生对青枯雷尔氏菌的系统抗性。结果表明，其根系中酚类物质含量显著增加，酚类物质的增加同时发生在青枯雷尔氏菌侵染根段和未侵染根段。根内根孢囊霉能够分泌一种可与细胞核中病程相关蛋白转录因子 ERFl9 产生相互作用的防御蛋白 sp7，其表达能够减轻稻瘟病 *Magnaporthe oryzae* 引起的根系腐烂症状（Kloppholz et al.，2011）。共生真菌与土传病原物对植物根系的侵染是一个随时间、空间和植物不同生育期变化而变化的动态过程。单纯依据某一阶段的根内群落结构往往不能真实反映根内群落结构特征。因此，对多年生和一年生植物的采样研究策略应该是不同的。对后者来说，应在其不同生育期（如番茄幼苗期、开花坐果期和结果期）采样测定根内共生真菌群落结构等。只有在此基础上开展的针对共生真菌群落功能如诱导抗病性的研究，才有助于阐明共生真菌群落与病原物相互作用的机制。

采用室内筛选与田间防效相结合的方法，对哈茨木霉抑制黄瓜尖孢镰刀菌的拮抗机制进行了研究。对峙培养表明，木霉菌和病原菌间均形成了较明显的抑菌圈，对病原菌的抑菌率达 67%~86%，其中菌株 TG、TM 对枯萎病菌抑制作用较强。木霉菌可有效提高根系对病原菌的抗性，黄瓜植株接种枯萎病菌后，根系细胞大量死亡，而先接种木霉菌再接种病原菌后则减小了对根系的伤害。田间防效试验表明 TG 和 TM 孢子悬浮液浓度在 10^8 个 /ml 时防效最好，分别为 55% 和 49%。接种木霉菌植株根系抗性基因的表达量均高于对照植株，呈双峰趋势。在第 6 天抗性基因表达量最高，*WRKY6*、*MYB*、*PR-1*、*PAL*、*GST* 和 *GLU* 的表达量分别为对照的 5.2 倍、5.2 倍、6.2 倍、6.0 倍、3.2 倍和 16.2 倍，表明木霉菌通过激活与胁迫相关基因的表达提高了对病原菌的抗性（刘爱荣等，2010）。

植物共生真菌主要是通过以下作用机制来提高抗逆性的。

1. 合成抗生素和诱导植物合成植保素

定殖植物体内的共生真菌可于植物体内合成抗生素、产生毒素和诱导植物合成植保素。植物共生真菌可以产生抗生素类物质存在植物体内、转运和发挥抗病作用。根围共生菌产生的抗生素物质包括 2, 4- 二乙酰藤黄酚（PHL）、吩嗪羧酸（PCA）、藤黄绿脓菌素（pyoluterin，PLT）、硝吡咯菌素（pyrrolnitrin，PRN）、脓青素（PYO）、氢氰酸（HCN）和一类丁酰内酯（butyrolactone）。其中，PHL 和 PCA 的研究最为深入，它们对小麦全蚀病菌有较强的抑制作用，对黄瓜枯萎病也有一定的生防作用。植物共生真菌产生的毒素主要为生物碱类，如吲哚双萜生物碱、双吡咯烷类生物碱和麦角碱等。从中国南海红树中分离出来的植物共生真菌能产生灰黄霉素 A 和多种醌类抗生素，对酵母菌和霉菌等均有抑制作用。植物共生真菌可促进生成一些新化合物。例如，植物共生真菌 *Neotyphodium uncinatum* 可促使生长在欧洲和地中海的黑麦草合成黑麦草碱。禾草共生真菌能够诱导并激活苇状羊茅的防御反应机制，增强体内防御酶如苯丙氨酸解氨酶（PAL）的活性，从而提高寄主对褐斑病的抗性。共生真菌可明显增强多花黑麦草体内 SOD 和 POD 的活性，提高寄主对链格孢 *Alternaria alternata*、平脐蠕孢 *Bipolaris sorokiniana*、新月弯孢 *Curvularia lunata* 和燕麦镰刀菌 *Fusarium avenaceum* 4 种病原真菌的抗性。在柄锈菌 *Puccinia* spp. 胁迫条件下，共生真菌的侵染可有效地提高多花黑麦草叶片内游离 Pro 含量，增强 SOD 与 POD 活性，降低 MDA 含量、病叶损失率和植株矮化程度，有效提高寄主多花黑麦草田间抗锈病能力（马敏芝和南志标，2011）。禾草共生真菌共生体产生的化学物质可作为杀菌剂抑制或杀死一些引起病害的病原真菌、细菌、病毒和原生动物。共生真菌产生的吲哚类化合物、倍半萜及其他挥发性物质与香柱菌对寄主禾草上的枝孢菌和禾柄锈菌的抗性相关，后来的大田试验也证明了共生真菌能够减少这两种病原菌的侵染。共生真菌感染可以产生许多生物碱等化学物质，改变寄主的生理特性。对禾草与真菌共生产生不同的代谢物的研究表明，这些化合物能改变寄主植物的化学成分，进而对病原真菌的繁殖造成影响。这些对病害有抗性的物质在植物组织中的积累可提高植物抗病性，降低病原真菌的繁殖及更大程度的侵染。活体材料试验中，禾草共生真菌诱导寄主产生抗病性的一些特殊化学物质并未得到最终确定，共生真菌提高寄主禾草抗病性的机制有待进一步研究。

2. 合成水解酶和诱导植物防御性酶活性

植物共生真菌的另外一个重要的生防机制是产生水解酶类，如几丁质酶和葡聚糖酶。水稻共生真菌 B3 能产生漆酶。这些水解酶与植物抗真菌能力密切相关，因为真菌细胞壁的主要组成成分是几丁质和葡聚糖。这些水解酶可以降解真菌的细胞壁或其他致病因子如毒素等，达到防病效果。一种用于防治棉花黄萎病的共生真菌可产生某些蛋白酶降解毒素，达到防病的效果。病原真菌胁迫下禾草共生真菌可提高多年生黑麦草植株体内 SOD 和 POD 等防御酶的活性。2007 年王志勇和江淑平研究发现共生真菌能够诱导激活高羊茅的防御反应机制，使高羊茅叶内防御酶 PAL 的活性增强，从而增强了共生真菌定殖的植株对褐斑病的抗性。可见，共生真菌涉及一个包括酶与基因激活、信号传输、植物组织结构和生理生化发生变化的复杂调控过程。

3. 合成内源激素和调节植物内源激素平衡

植物共生真菌能自身合成或者促进植物合成生长素（IAA）、细胞分裂素（CTK）、赤霉素（GA）、乙烯和脱落酸（ABA）等调节寄主生长代谢，如共生镰刀菌通过抑制植物体内乙烯信号途径来提高植物的生长活性。大多数黄花蒿植物共生真菌在体外培养时能产生对小麦和黄瓜幼苗生长有不同程度的抑制或促进作用的代谢产物，对其中一种炭疽菌 *Colletotrichum* sp. 发酵产物的深入分析表明，该菌能产生 IAA。He 等（2017）

于温室盆栽条件下测定了 AM 真菌摩西斗管囊霉、根内根孢囊霉、变形球囊霉和甜菜夜蛾 Spodoptera exigua 初孵幼虫对花生（'鲁花 11 号'）和番茄（'中蔬 4 号'）光合作用、植物内源激素含量及植株生长发育的影响。结果表明，甜菜夜蛾取食对未接种 AM 真菌的花生的净光合速率、蒸腾速率和气孔导度无显著影响，但是显著提高了菌根植物的光合速率、蒸腾速率和气孔导度。接种 AM 真菌提高了寄主植物的光合特性、生长发育和内源激素含量，摩西斗管囊霉的影响最大，变形球囊霉次之。接种 AM 真菌和甜菜夜蛾改变了寄主植物体内 ABA、IAA、GA、ZR 和 JA 的含量及比值。接种 AM 真菌增加了 GA、ZR 和 JA 的含量，提高了 IAA/ABA、GA/ABA、ZR/ABA 和（IAA+GA+ZR）/ABA 的比值，而甜菜夜蛾取食非菌根植物后，上述结果与之相反。接种 AM 真菌的花生 / 番茄未被甜菜夜蛾取食和被甜菜夜蛾取食后，JA 的含量分别高于未接种 AM 真菌和甜菜夜蛾的对照组 1.9/1.9 倍和 2.5/2.7 倍。甜菜夜蛾幼虫存活率与 JA 含量呈现显著的负相关。可见，AM 真菌与昆虫的间接交互作用改变了寄主植物的光合特性、激素含量与比值，从而揭示了地上昆虫与地下真菌的间接作用机制。

印度梨形孢可以导致一种药用毛喉鞘蕊花 Coleus forskohlii 提前开花、增加生物量及改变其次生代谢产物的合成（Das et al.，2012）。印度梨形孢通过 PLD-PDK1-OXI1 信号通路促进拟南芥的生长，其中，PLD 为磷酸酯酶 D（phospholipase D），PDK1 为依赖 3-磷酸肌醇的蛋白激酶 1（3-phosphoinositide-dependent protein kinase1），OXI1 为活性氧诱导的蛋白激酶 1（oxidative signal inducible）（Camehl et al.，2011）。两种水稻的共生真菌头状茎点霉 Phoma glomerata LWL2 和青霉 Penicillium sp. LWL3 可以合成 GA 和 IAA（Waqas et al.，2012）；接种共生真菌 Gilmaniella sp. AL12 可以激活苍术 Atractylodes lancea 体内蛋白磷酸化水平及依赖 Ca^{2+} 的蛋白激酶的活性，并增加精油（volatile oil）的积累（Ren and Dai，2013）。

4. 与病原菌竞争营养物质及生态位

禾草共生真菌菌丝广泛分布在植物叶片和叶鞘中，形成菌丝网，占据一定生态位空间，进而抵抗病原真菌的侵入和定殖。共生真菌定殖的苇状羊茅及其他禾草的叶片上着生的菌丝网，通过生态位排斥方式对病原真菌的进入起到了一定的抑制作用。植物共生真菌与病原菌形成营养竞争的对抗关系，使病原菌因得不到正常的营养供给而消亡。某些根围定殖共生细菌能产生嗜铁素与病菌竞争铁元素，而植物并不受其影响。水稻植物共生真菌在平板拮抗试验中是通过竞争铁元素来抑制纹枯病菌的生长的。

5. 改善微生态和寄主植物营养状况

定殖共生真菌的黑麦草体内保护酶系统如 POD、SOD 的活性明显高于未定殖共生真菌的植株，并认为共生真菌很可能增强了植物的 SOD 活性调节能力，从而对植物的抗旱性产生有益影响。

6. 诱导植物产生系统抗性

植物共生真菌能诱导植物产生 ISR。ISR 表型与病菌诱导的系统获得抗性（SAR）相似，都能诱导植物产生对病菌的广谱抗性。但 ISR 中所包含的抗性机制没有病程相关蛋白（PR）的产生。目前对 ISR 的抗性机制了解得不如 SAR 的抗性机制清楚，一般认为 ISR 的抗性与植保素水平的提高和酚类物质积累有关。ISR 和 SAR 信号转导途径是两种不同的路径。同时，共生菌能诱导植物产生一些结构方面的抗性。AM 真菌与

CCN 之间存在一定相互抑制作用，AM 真菌能通过诱导植株防御反应拮抗 CCN（王小坤等，2014）。

三、促进植物生长、增加产量和改善品质的作用机制

植物与真菌共生获得的最直观的效应就是植物健康生长、高产和优质，这是上述共生体的各种作用机制共同协作的结果的具体表现。共生体改善植物对矿质养分和水分的吸收、提高植物适应逆境胁迫的能力、在生理生化和基因水平上调节植物的生理生态功能，从而实现植物生产的高产和优质。例如，RT-PLR 分析表明，印度梨形孢定殖的水稻植株叶片中生长素相关调控基因 *Os1AA13* 和 *YUC'C'A* 的表达上调，表达量分别为对照的 1.2 倍和 1.3 倍；负调控水稻生长的 *NRR* 基因表达量比对照降低 42%。印度梨形孢促进水稻地上部的生长与叶绿素含量、硝酸还原酶活性、根系活力和生长相关调控基因的表达有关。印度梨形孢可能通过提高光合速率、增强水稻对矿质营养的吸收和利用及诱导生长素的分泌促进水稻地上部的生长（吴金丹等，2015）。生理指标测定结果表明，施用印度梨形孢菌液可以降低 MDA 含量，提高 POD 和 SOD 活性，进而提高油菜的抗逆性，促进油菜产量的提高。

综上所述，植物与真菌关系密切、共同发展、协同进化，在自然界长期演化过程中，植物与真菌逐渐建立了共生关系。植物共生真菌主要在粮食作物、蔬菜作物、果树作物、观赏植物、药用植物、羊茅属植物和热带树木中研究较多。在外界环境生长的植物是一个复合体，在这个复合体中除植物之外，还包括真菌、细菌和病毒等微生物，这些微生物影响着植物对营养的吸收和抗逆性（生物逆境和非生物逆境），对植物的生长和生存发挥了重要的作用，植物与这些微生物组成了一个共生功能体（holobiont）（Vandenkoornhuyse et al.，2015）。在植物共生功能体中，植物决定了微生物的种类和数量（Reinhold-Hurek et al.，2015）。目前，研究表明植物复合体中生长有多种多样的细菌（Bulgarelli et al.，2012，Lundberg et al.，2012），但是从植物共生功能体高度分析共生真菌多样性相对来说还很缺乏。目前还不能知道共生真菌之间、共生真菌与共生细菌之间，以及它们与植物之间是如何交互作用的。除了以菌丝形式在植物体内生长外，共生真菌是否还可以其他形式在植物细胞内或细胞间生长？ Atsatt 和 Whiteside（2014）发现共生真菌可以形成共生原生质团。有些共生真菌可以在植物体内系统性生长，但有些又不能（Yan et al.，2015），它们是如何决定的？

尽管有人推测共生真菌可能通过次生代谢产物调控真菌与真菌之间及真菌与细菌之间的平衡（Schulz et al.，2015），但是这种推测仍然是初步的，需要更多更深的研究。

研究植物共生体为寻找新型的抗病、抗虫基因，挖掘新的活性物质提供了新的可能。共生体内可以将所有微生物的基因及植物的基因看成一个共生体的基因组，在这个庞大的基因组中可望存在抗病、抗虫的功能基因，通过从表达组和代谢组层面上分析植物共生体与有害生物相互作用，可望挖掘出抗病、抗虫功能基因；利用生物信息学分析出不同的次生代谢通路，结合色谱分析，可望获得新型的活性物质。

植物与真菌共生将地下与地上两个共生网络联结成一个巨大、完整、统一的共生网络，更加有效地发挥生理生态效能，由此在促进动物、植物和微生物的发展与协同进

化、增加多样性方面，具有其他生物共生所不能具备的生态功能，植物与真菌共生能活化土壤养分、改善土壤条件、增加植物群落多样性、影响植食性昆虫与食草动物的取食行为、改变食物网结构特征与能量流动模式，进而影响植物群落的演替、生态系统的稳定与演化。植物共生真菌在生态系统，农、林、牧、渔产业，动物、植物与人类健康，环境与食品安全性等方面发挥越来越大的作用，已经成为发达国家竞相占有和发掘的重要战略资源及生命科学研究的重点之一。共生真菌与植物共生能显著改善植物营养状况、促进生长发育和增加经济产量，并能提高植物抗逆性，对减少化肥农药使用、联合修复有毒物质污染与退化土壤、防控外来有害生物和提高食品与环境安全等方面具有重要意义。

第五章　植物与细菌的共生

　　从生命和生物起源与演化的先后顺序来看，植物与细菌之间的共生可能要早于植物与真菌之间的共生。化石证据表明，早在 30 多亿年前原核生物如蓝细菌就已在地球上存在，被认为是最早的细胞生物。当植物最初形成及其由水生向陆生进化过程中，植物更需要与同时具有固氮和光合双重作用的细菌建立共生关系，以应对新生境。而当今的各生态系统中植物与细菌的共生也十分普遍。第一，豆科植物根系与根瘤菌共生形成的根瘤共生体是典型的、紧密的和有效的互惠共生，是植物界生物共生体系中仅次于植物根系与菌根真菌的互惠共生体系；第二，非豆科木本植物与结瘤固氮放线菌的互惠共生；第三，众多的所谓"内生细菌"（endophytic bacteria）、大量的根围促生细菌（PGPR）和自生固氮细菌等与更广范围的寄主植物建立共生体系。现已证实，任何健康的植物体内均定殖一定种类的细菌、放线菌、真菌、线虫或 / 和植物等生物，这些生物与植物长期协同发展，彼此形成了相互依存、相互促进、协同互助的生理和生态学互作关系，对促进植物生长发育、抵抗逆境、减轻病虫危害等方面具有一定作用。定殖植物体内的细菌和放线菌绝大多数能增强植物的抗逆性、促进植物生长，或对植物没有影响。植物的无菌植株生长和抗逆性较弱的部分原因就是缺乏这些微生物的定殖。因此，本章将上述与植物建立共生关系及在健康植株体内定殖的所有种类细菌，包括放线菌，统称为植物共生细菌（plant symbiotic bacteria）或植物共生微生物（plant symbiotic microbes）。本章主要介绍和论述原核生物细菌及放线菌定殖植物形成的共生体、植物共生细菌和放线菌种类与分离培养、植物与细菌的共生体发育、植物与细菌的共生机制、植物与细菌共生的生理生态功能等方面的基本特征及研究进展。

第一节　植物与细菌的共生体系

　　植物与细菌之间的共生涉及植物界所有类群和原核生物界众多的种类。根瘤菌不仅可与豆科植物根系共生形成根瘤，还能以"内生细菌"等形式与豆科及非豆科植物共生定殖其根系、地上部茎叶和根围，也具有改善植物生理生态效能的作用。以往所谓的"放线菌根瘤"或"放线菌菌根"（actinorhiza）就是共生固氮放线菌与植物根系建立的共生体。更大量的和广泛分布的其他植物共生细菌能定殖植物根系、茎叶、花朵、果实、种子、根围、叶围、花围和种围等，其所建立的共生体系丰富了植物与细菌构建的共生体的多样性。

一、植物与细菌的共生部位

早在1940年Henning和Villforth就发现28种健康植物的根、茎和叶内定殖着细菌。随后，Tervet和Hollis分离鉴定了马铃薯、胡萝卜、萝卜、红甜菜、甘薯、番茄和球茎甘蓝的共生细菌。Mundt从27种不同植物种子和胚珠中分离鉴定了19属46种共生细菌，其中8属31种的分离频度较高。1994年Mc Inory等对棉花和甜玉米的调查也发现根系和茎部定殖着许多相同分类单元的共生细菌，而且根内的细菌数量大于茎内的。这些共生细菌大部分分类单元与土壤中常见的细菌相同，表明定殖根围的共生细菌可进入植物组织。该类共生细菌大多属于土壤微生物种类，如假单胞菌属Pseudomonas、芽孢杆菌属Bacillus、肠杆菌属Enterobacter和土壤杆菌属Agrobacterium等是最为常见的属；所涉及的植物主要包括小麦、高粱、水稻、玉米、棉花、马铃薯、番茄、黄瓜和甜菜等各种农作物，以及果树作物、观赏作物和药用作物等经济作物。

植物共生细菌通常定殖植物根毛、根系、块根、茎秆、块茎、叶片、花朵、果实、种子、胚珠、维管组织、木质部等任何器官和组织的表面与内部，以及表皮细胞、细胞间隙和细胞质中，甚至根瘤中也定殖着其他生物（表5-1）。早在1974年，Dôbereiner等在研究热带牧草和固氮螺菌Azospirillum spp.形成的共生固氮系统中，认为固氮螺菌大多聚集在植物根表的黏质层或黏质鞘中，但有的菌株却可以突破根表细胞壁屏障，侵入寄主根的皮层组织或维管内，不形成特殊的专化的共生组织，而是与寄主植物细胞处于一种"松散"的共生状态发挥联合共生固氮作用（associative symbiotic nitrogen fixation）。可见，这是属于介于根围自生固氮与共生结瘤固氮之间的过渡类型。后来，Baldani等根据菌体能否定殖植物组织内，将固氮菌划分为根围固氮菌（rhizosphere diazotroph）和内生固氮菌（endophytic diazotroph）。

植物共生细菌的具体定殖部位和范围由寄主植物及共生细菌双方的生物学特性所决定。共生固氮菌定殖最多的是根皮层细胞间、叶肉和叶薄壁组织、维管组织中的木质部、根和根毛表皮细胞内等部位。

表5-1 植物共生细菌的定殖部位

寄主植物	共生细菌	定殖部位
陆地棉 Gossypium hirsutum	槭天牛金杆菌 Aureobacterium saperdae	根
	芽孢杆菌 Bacillus spp.	种子
	短芽孢杆菌 Bacillus brevis	胚根
	短小芽孢杆菌 B. pumilus	茎
	欧文氏菌 Erwinia sp.	未开的花
	恶臭假单胞菌 Pseudomonas putida	未开的花
	青枯雷尔氏菌 Ralstonia solanacearum	棉铃
	棒形菌 Clavibacter sp.	棉铃
	黄单胞菌 Xanthomonas sp.	棉铃
	节杆菌 Arthrobacter sp.	根、茎

续表

寄主植物	共生细菌	定殖部位
陆地棉 *Gossypium hirsutum*	金杆菌 *Aureobacterium* sp.	根、茎
	巨大芽孢杆菌 *Bacillus megaterium*	根、茎
	短小芽孢杆菌 *B. pumilus*	根、茎
	枯草芽孢杆菌 *B. subtilis*	根、茎
	苏云金芽孢杆菌 *B. thuringiensis*	根、茎
	芽孢杆菌 *Bacillus* spp.	根、茎
	纤维单胞菌 *Cellulomonas* spp.	根、茎
	密执安棒形杆菌 *Clavibacter michiganensis*	根、茎
	短小杆菌 *Curtobacterium* spp.	根、茎
	微球菌 *Micrococcus* sp.	根、茎
	葡萄球菌 *Staphylococcus* sp.	根、茎
	鲍氏不动杆菌 *Acinetobacter baumannii*	根、茎
	放射形土壤杆菌 *Agrobacterium radiobacter*	根、茎
	洋葱伯克氏菌 *Burkholderia cepacia*	根、茎
	唐菖蒲伯克氏菌 *B. gladioli*	根、茎
	皮氏伯克氏菌 *B. pickettii*	根、茎
	克氏柠檬酸杆菌 *Citrobacter koseri*	根、茎
	睾丸酮丛毛单胞菌 *Comammonas testosteroni*	根、茎
	阿氏肠杆菌 *Enterobacter asburiae*	根、茎
	阴沟肠杆菌 *E. cloacae*	根、茎
	胡萝卜软腐欧文氏菌 *Erwinia carotovora*	根、茎
	埃希氏菌 *Escherichia* spp.	根、茎
	克雷伯氏菌 *Klebsiella* spp.	根、茎
	克昌沃尔氏菌 *Kluyvera* spp.	根、茎
	甲基杆菌 *Methylobacterium* spp.	根、茎
	人苍白杆菌 *Ochrobactrum anthropic*	根、茎
	叶杆菌 *Phyllobacterium* spp.	根、茎
	绿针假单胞菌 *Pseudomonas chlororaphis*	根、茎
	恶臭假单胞菌 *P. putida*	根、茎
	嗜糖假单胞菌 *P. saccharophila*	根、茎
	青枯雷尔氏菌 *Ralstonia solanacearum*	根、茎
	大豆根瘤菌 *Rhizobium japonicum*	根、茎
	沙雷氏菌 *Serratia* sp.	根、茎
	少动鞘氨醇单胞菌 *Sphingomonas paucimobilis*	根、茎
	嗜麦芽寡养单胞菌 *Stenotrophomonas maltophilia*	根、茎
	Variovorax paradoxus	根、茎
	野油菜黄单胞菌 *Xanthomonas campestris*	根、茎
	费氏耶尔森菌 *Yersinia frederiksenii*	根、茎

寄主植物	共生细菌	定殖部位
玉米 Zea mays	节杆菌 Arthrobacter spp.	根、茎
	巨大芽孢杆菌 B acillus megaterium	根、茎
	短小芽孢杆菌 B. pumilus	根、茎
	枯草芽孢杆菌 B. subtilis	根、茎
	苏云金芽孢杆菌 B. thuringiensis	根、茎
	密执安棒形杆菌 Clavibacter michiganensis	根、茎
	棒杆菌 Corynebacterium spp.	根、茎
	Curtobacterium spp.	根、茎
	微杆菌 Microbacterium spp.	根、茎
	微球菌 Micrococus sp.	根、茎
	诺卡氏菌 Nocardia sp.	根、茎
	放射形土壤杆菌 Agrobacterium radiobacter	根、茎
	洋葱伯克氏菌 Burkholderia cepacia	根、茎
	唐菖蒲伯克氏菌 B. gladioli	根、茎
	皮氏伯克氏菌 B. pickettii	根、茎
	克氏柠檬酸杆菌 Citrobacter koseri	根、茎
	成团肠杆菌 Enterobacter agglomerans	根、茎
	阿氏肠杆菌 E. asburiae	根、茎
	阴沟肠杆菌 E. cloacae	根、茎
	埃希氏菌 Escherichia sp.	根、茎
	氢噬胞菌 Hydrogenophaga sp.	根、茎
	克雷伯氏菌 Klebsiella sp.	根、茎
	木质棒形杆菌犬齿亚种 Clavibacter xyli subsp. cynodontis	根、茎
	芽孢杆菌 Bacillus sp.	根
	假单胞菌 Pseudomonas sp.	根
	棒杆菌 Corynebacterium sp.	根
	成团肠杆菌 Enterobacter agglomerans	茎
	土生克雷伯氏菌 Klebsiella terrigena	茎
	克雷伯氏菌 Klebsiella sp.	茎
	皱纹假单胞菌 Pseudomonas corrugata	茎
	边缘假单胞菌 P. marginalis	茎
	弧菌 Vibrio sp.	茎
	Dyadobacter fermentans	茎
黄瓜 Cucumis sativus	阴沟气杆菌 Aerobacter cloacae	果实
番茄 Lycopersicon esculentum	大肠埃希氏菌 Escherichia coli	果实
	黄杆菌 Flavobacterium sp.	果实
	假单胞菌 Pseudomonas sp.	果实
	黄单胞菌 Xanthomona ssp.	果实

续表

寄主植物	共生细菌	定殖部位
番茄 Lycopersicon esculentum	棒杆菌 Corynebacterium sp.	果实
马铃薯 Solanwn tuberosum	微球菌 Micrococcus sp.	块茎
	假单胞菌 Pseudomonas sp.	块茎
	芽孢杆菌 Bacillus sp.	块茎
	黄杆菌 Flavobacterium sp.	块茎
	黄单胞菌 Xanthomonas sp.	块茎
	土壤杆菌 Agrobacterium sp.	块茎
	产跟节杆菌 Arthrobacter ureafaciens	块茎
	巨大芽孢杆菌 Bacillusmegaterium	块茎
	阴沟气杆菌 Aerobacter cloacae	块茎
小果咖啡 Coffea arabica	重氮营养醋杆菌 Acetobacter dizaotrophicus	根
甜菜 Beta vulgaris	枯草芽孢杆菌 Bacillus subtilis	根
	草生欧文氏菌 Erwinia herbicola	根
	铜绿假单胞菌 Pseudomonas aeruginosa	根
	荧光假单胞菌 P. fluorescens	根
	棒杆菌 Corynebacterium spp.	根
	乳酸杆菌 Lactobacillus sp.	根
	黄单胞菌 Xanthomonas sp.	根
粗皮柠檬 Citrus jambhiri	弗氏柠檬酸细菌 Citrobacter freundii	根
	铜绿假单胞菌 Pseudomonas aeruginosa	根
	荧光假单胞菌 P. fluorescens	根
	恶臭假单胞菌 P. putida	根
	克雷伯氏菌 Klebsiella spp.	根
	黄杆菌 Flavobacterium sp.	根
	产气肠杆菌 Enterobacter aerogenes	根
	成团肠杆菌 E. agglomerans	根
	阴沟肠杆菌 E. cloacae	根
	坂崎肠杆菌 E. sakazakii	根
	产碱菌 Alcaligenes sp.	根
	洛菲不动杆菌 Acinetobacter lwoffii	根
	无色杆菌 Achromobacter spp.	根
	节杆菌 Arthrobacter sp.	根
	芽孢杆菌 Bacillus sp.	根
	棒杆菌 Corynebacterium sp.	根
	液化沙雷氏菌 Serratia liquefaciens	根
	黏质沙雷氏菌 S. marcescens	根
	志贺氏杆菌 Shigella sp.	根
	孤菌 Vibrio sp.	根
	耶尔森氏菌 Yersinia sp.	根

续表

寄主植物	共生细菌	定殖部位
紫苜蓿 *Medicago sativa*	丁香假单胞菌 *Pseudomonas syringae*	根
	假单胞菌 *Pseudomonas* sp.	根
甘蔗 *Saccharum officinarum* 和其他禾本科植物	草生欧文氏菌 *Erwinia herbicola*	根
	欧文氏菌 *Erwinia* spp.	根
	重氮营养醋杆菌 *Acetobacter diazotrophicus*	茎
	红苍白草螺菌 *Herbaspirillum rubrisubalbicans*、	茎
	织片草螺菌 *H. seropedicae*	茎
花椰菜 *Brassica oleracea* var. *botrytis*	短小芽孢杆菌 *Bacilluspumilus*	种子
	枯草芽孢杆菌 *B. subtilis*	花
	荧光假单胞菌 *Pseudomonas fluorescens*	花
向日葵 *Helianthus annuus*	短小芽孢杆菌 *Bacilluspumilus*	种子
	枯草芽孢杆菌 *B. subtilis*	花
	荧光假单胞菌 *Pseudomonas fluorescens*	花
水稻 *Oryza sativa*	*Acidovorax pantoea*	种子
	食酸菌 *Acidovorax* sp.	种子
	短小芽孢杆菌 *Bacillus pumilus*	种子
	芽孢杆菌 *Bacillus* sp.	种子
	枯草芽孢杆菌 *Bacillus subtilis*	种子
	Curtobacterium sp.	种子
	Methylobacterium aquaticum	种子
	甲基杆菌 *Methylobacterium* sp.	种子
	藤黄微球菌 *Micrococcus luteus*	种子
	微球菌 *Micrococcus* sp.	种子
	Ochrobactrum gallinifaecis	种子
	Ochrobactrum oryzae sp. Nov	种子
	Paenibacillus amylolyticus	种子
	菠萝泛菌 *Pantoea ananatis*	种子
	类芽孢杆菌 *Paenibacillus* sp.	种子
	根瘤菌 *Rhizobium* sp.	种子
	Sphingomonas melonis	种子
	鞘氨醇单胞菌 *Sphingomonas* sp.	种子
	Sphingomonas yabuuchiaw	种子
	寡养单胞菌 *Stenotrophomonas* sp.	种子
	黄杆菌 *Xanthomonas* sp.	种子
	小麦黄单胞菌 *Xanthomonas translucens*	种子
	Agrobacterium vitis	茎秆
	茎瘤固氮根瘤菌 *Azorhizobium caulinodans*	茎秆

续表

寄主植物	共生细菌	定殖部位
水稻 *Oryza sativa*	固氮螺菌 *Azospirillum* sp.	茎秆
	巨大芽孢杆菌 *Bacillus megaterium*	茎秆
	枯草芽孢杆菌 *Bacillus subtilis*	茎秆
	Pseudomonase cepacia	茎秆
	克雷伯氏菌 *Klebsiella* sp.	根、茎、叶
	Azoarcus sp.	根、茎、叶
	黏质沙雷氏菌 *Serratia marcescens*	根、茎、叶
	甲基杆菌 *Methylobacterium* sp.	根、茎、叶
	Herbaspirillum seropedicae	根、茎、叶
	类芽孢杆菌 *Paenibacillus* sp	种子
	Acidovorax pantoea	种子
	寡养单胞菌 *Stenotrophomonas* sp.	种子
	根瘤菌 *Rhizobium* sp.	种子
	芽孢杆菌 *Bacillus* sp.	种子
	Curtobacterium sp.	种子
	甲基杆菌 *Methylobacterium* sp.	种子
	鞘氨醇单胞菌 *Sphingomonas* sp.	种子
	黄单胞菌 *Xanthomonas* sp.	种子
	微球菌 *Micrococcus* sp.	种子
	Ochrobactrum oryzae sp. Nov	种子
	Ochrobactrum gallinifaecis	种子
玉米 *Zea mays*	芽孢杆菌 *Bacillus* sp.	种子、根、叶、茎
	黄杆菌 *Xanthomonas* sp.	种子、根、叶、茎
	假单胞菌 *Pseudomonas* sp.	种子、根、叶、茎
	欧文氏菌 *Erwinia* sp.	种子、根、叶、茎
	Curtobacterium sp.	种子、根、叶、茎
甜菜 *Beta vulgaris*	荧光假单胞菌 *Pseudomonas fluorescens*	根、叶
	弯曲芽孢杆菌 *Bacillus flexus*	根、叶
	黄褐假单胞菌 *Pseudomonas fulva*	根、叶
	短小芽孢杆菌 *Bacillus pumilus*	根、叶
	多黏类芽孢杆菌 *Paenibacillus polymyxa*	根、叶
	Chryseobacterium indologenes	根、叶
	粪肠球菌 *Enterococcus faecalis*	根、叶
	链格孢菌 *Alternaria alternata*	根、叶
	尖孢镰刀菌 *Fusarium oxysporum*	根、叶
	Pythium aphanidermatum	根、叶
	扩展青霉菌 *Penicillium expansum*	根、叶
	Plectosphaerella cucumerinas	根、叶
	甜菜茎点霉 *Phoma betae*	根、叶

续表

寄主植物	共生细菌	定殖部位
甜菜 *Beta vulgaris*	灰褐链霉菌 *Streptomyces griseofuscus*	根、叶
	球孢链霉菌 *Streptomyces globisporus*	根、叶
茜草 *Rubia cordifolia*	枯草芽孢杆菌 *Bacillus subtilis*	根、茎
马铃薯 *Solanum tuberosum*	假单胞菌 *Pseudomonas* sp.	根、茎
	放射形土壤杆菌 *Agrobacterium radiobacter*	根、茎
	嗜麦芽寡养单胞菌 *Stenotrophomonas maltophilia*	根、茎
	Flavobacterium resinovorans	根、茎
	嗜麦芽寡养单胞菌 *Stenotrophomonas maltophilia*	根、茎
	芽孢杆菌 *Bacillus* sp.	根、茎
	少动鞘氨醇单胞菌 *Sphingomonas paucimobilis*	根、茎
	肠杆菌 *Enterobacter* sp.	块茎
	Rahnella sp.	块茎
	Rhodanobacter sp.	块茎
	假单胞菌 *Pseudomonas* sp.	块茎
	寡养单胞菌 *Stenotrophomonas* sp.	块茎
	黄单胞菌 *Xanthomonas* sp.	块茎
	叶杆菌 *Phyllobacterium* sp.	块茎
	阿氏肠杆菌 *Enterobacter asburiae*	块茎
	成团肠杆菌 *Pantoeaag glomerans*	块茎
宽瓣重楼 *Paris polyphylla*	德克斯氏菌 *Derxia* sp.	块茎
	芽孢杆菌 *Bacillus* sp.	块茎
	动性球菌 *Planococcus* sp.	块茎
	肠杆菌 *Enterobacter* sp.	块茎
油菜 *Brassica napus*	芸苔链格孢 *Alternaria brassicae*	种子
	A. brtassiciola	种子
	Seclerotinia sclerotiorum	种子
玉米 *Zea mays*	丁香假单胞菌 *Pseudomonas syringae*	根、茎
	黄杆菌 *Xanthomonas* sp.	根、茎
	芽孢杆菌 *Bacillus* sp.	根、茎
香蕉 *Musa nana*	芽孢杆菌 *Bacillus* sp.	根、假茎、叶
	短杆菌 *Brevibacterium* sp.	根、假茎、叶
	产碱杆菌 *Alcaligenes* sp.	根、假茎、叶
	伯克氏菌 *Burkholderia* sp.	根、假茎、叶
魔芋 *Amorphophallus rivieri*	枯草芽孢杆菌 *Bacillus subtilis*	茎
番木瓜 *Carica papaya*	恶臭假单胞菌 *Pseudomonas putida*	果实
龙眼 *Dimocarpus longan*	肠杆菌 *Enterobacter* sp.	果实
	果胶杆菌 *Pectobacterium* sp.	果实
	Kluyvera sp.	果实
	沙门氏菌 *Salmonella* sp.	果实

续表

寄主植物	共生细菌	定殖部位
茄子 Solanum melongena	假单胞菌 Pseudomonas sp.	茎
	欧文氏菌 Erwinia sp.	茎
甘草 Glycyrrhiza uralensis	芽孢杆菌 Bacillus sp.	根、茎、叶
	假单胞菌 Pseudomonas sp.	根、茎、叶
	泛菌 Pantoea sp.	根、茎、叶
	沙雷氏菌 Serratia sp.	根、茎、叶
烟草 Nicotiana tabacum	短短芽孢杆菌 Brevibacillus brevis	根、茎、叶
药科植物和农作物	芽孢杆菌 Bacillus sp.	根、茎
	荧光假单胞菌 Pseudomonas fluorescens	根、茎
麻叶荨麻 Urtica cannabina	短小芽孢杆菌 Bacillus pumilus	树枝
	萎蔫短小杆菌 Curtobacterium flaccumfaciens	树枝
	阴沟肠杆菌 Enterobacter cloacae	树枝
	甲基杆菌 Methylobacterium sp.	树枝
	诺卡氏菌 Nocardia sp.	树枝
	成团肠杆菌 Pantoeaag glomerans	树枝
	野油菜黄单胞菌 Xanthomonas campestris	树枝
茄科植物 Solanaceae	假单胞菌 Pseudomonas sp.	根、茎、叶
	泛菌 Pantoea sp.	块茎
	土壤杆菌 Agrobacterium sp.	块茎
	气单胞菌 Aeromonas sp.	块茎
	根癌土壤杆菌 Agrobacterium tumefaciens	块茎
黄瓜 Cucumis sativus	芽孢杆菌 Bacillus sp.	种子、苗
	土壤杆菌 Agrobacterium sp.	种子、苗
	黄单胞菌 Xanthomonas sp.	种子、苗
	假单胞菌 Pseudomonas sp.	种子、苗
	欧文氏菌 Erwinia sp.	种子、苗
	Curtobacterium sp.	种子、苗
甜菜 Beta vulgaris	伯克氏菌 Burkholderia sp.	根、茎
	Pantoea sp.	根、茎
	Pseudomonas sp.	根、茎
	微杆菌 Microbacterium sp.	根、茎
	洋葱伯克氏菌 Burkholderia cepacia	根、茎
大豆 Glycine max	Bacillus vallismortis	根
	萎缩芽孢杆菌 Bacillus atrophaeus	根
	莫海威芽孢杆菌 Bacillus mojavensis	根
	枯草芽孢杆菌 Bacillus subtilis	根
	韦氏芽孢杆菌 Bacillus weihenstephanensis	根
	蕈状杆菌 Bacillus mycoides	根
	苏云金芽孢杆菌 Bacillus thuringiensis	根

续表

寄主植物	共生细菌	定殖部位
大豆 Glycine max	Bacillus carboniphilus	根
	Bacillus psychrosaccharolyticus	根
	海洋芽孢杆菌 Bacillus marinus	根
水稻、卡拉草	固氮弧菌 Azoarcus sp	根中部分的细胞间和细胞内
卡拉蒂早熟禾 Poa karateginensis	固氮弧菌 Azoarcus sp.	茎基部中柱组织
甘蔗 Saccharum officinarum	重氮营养醋杆菌 Acetobacter diazotrophicus	根冠、根表皮和侧根发生处的细胞间和细胞内,低位茎的本质部细胞内
	织片草螺菌 Herbaspirillumseropedicae	根皮层和木质部的细胞间和细胞内,茎木质部的细胞内
两色蜀黍 Sorghum bicolor	Herbaspirilllium rubrisubalbicans	茎木质部导管发生处细胞内
		叶细胞间和木质部导管细胞内
甘蔗 Saccharum officinarum	Herbaspirilllium rubrisubalbicans	叶的细胞间以及气孔下腔、叶肉、木质部导管细胞内
所有植物	其他共生原核生物	根、茎、叶、花、果、种类表面、细胞间隙和细胞内部

共生细菌可以通过植物皮层进入木质部导管中,进而定殖植物各营养器官或繁殖器官中。植株体内共生细菌的分布通常下部组织多于上部组织,越往植株顶部细菌越少。林木组织中的共生细菌根系最多,茎部次之,叶部较少;烟草、甜玉米和棉花等一年生和一些多年生的作物中,根系的最多,茎、叶中数量相近;水稻的则根内的最多,叶片的次之,茎最少(马冠华和肖崇刚,2004)。植物共生细菌主要定殖在寄主植物的细胞间隙。2003年蔡学清等研究了辣椒共生细菌 BS-1 和 BS-2 在辣椒、白菜体内的定殖动态,发现 BS-1 和 BS-2 在辣椒体内通过维管束木质部进行传播。共生细菌伯克氏菌 Burkholderia spp. 在葡萄 Vitis vinifera 地上部分是通过蒸腾系统进行系统性传播的。2001年安千里等用共聚焦激光扫描显微镜观测 GFP 标记的共生固氮菌产酸克雷伯氏菌 Klebsiella oxytoca SA2 侵染水稻根时,发现 SA2 主要从侧根皮层进入内皮层和维管束。2005年刘忠梅等采用链霉素和利福平抗性标记 B946 菌株发现 B946 向茎基部和叶内转移。

植物不同组织间共生细菌的种类分布差异较大,不同组织内定殖着特异的细菌,具有组织专一性。周小风(2014)采用传统分离结合聚合酶链反应变性梯度凝胶电泳(PCR-DGGE)的方法研究了温州种植铁皮石斛不同组织(根、茎、叶)中共生细菌的定殖特点,根系组织定殖了 13 属 22 株细菌,优势属为芽孢杆菌属;茎部组织中 11 属

22 株细菌，优势属为伯克氏菌属；叶部组织 8 属 17 株细菌，优势属为假氨基杆菌属。根系的细菌种群最丰富，其次是茎部，叶部的最少。

可见，不同植物种类、器官和生长阶段，其共生细菌的种类和数量以及在植物中的分布各异。不同的共生细菌占据不同的生态位，共生细菌之间及其与寄主植物之间相互作用，于植物体内建立相对稳定的动态平衡。

二、植物与细菌的共生类型

根据植物及其共生细菌的种类，以及形成共生体系的特点，可将植物与细菌的共生划分成以下 5 种类型。

（一）豆科植物与根瘤菌的共生

全球约有 748 属 19 700 种豆科植物，其中，中国有 172 属 1485 种豆科植物。经调查 23% 的豆科植物能与根瘤菌共生形成共生体根瘤。豌豆根瘤菌豌豆生物型能够在豌豆、蚕豆、兵豆和鹰嘴豆等不同属的豆科植物上结瘤固氮。从一个属植物根瘤中分离的根瘤菌能够在其他属植物上结瘤，人们将这些能够互相利用同一根瘤菌菌株形成共生体系的豆科植物称为"互接种族"（cross inoculation group）。根瘤菌与豆科植物的共生类型通常分为以下两类。

1. 豆科植物与根瘤菌的专一共生

所谓"专一性"也即"专化性"，通常是指生物之间相互选择性的范围或程度的强弱。一种根瘤菌只能与一种或一个互接种族的植物共生结瘤，或一种豆科植物只能与一种根瘤菌共生固氮，则表明豆科植物与根瘤菌之间具有严格的共生专一性。例如，华癸中生根瘤菌 *Mesorhizobium huakuii* 只与紫云英形成根瘤；草木樨中华根瘤菌 *Sinorhizobium meliloti* 只能与苜蓿和草木樨结瘤固氮，不能与其他植物结瘤固氮（He et al.，2011）。因此，也可以认为是该类根瘤菌具有寄主植物专化性或豆科植物具有共生根瘤菌专一性。常见的主要豆科互接种族有大豆族、豌豆族、菜豆族、苜蓿族、三叶草族和豇豆族等。大豆族只有大豆一属，豇豆族包括豇豆、花生、绿豆、赤豆、猪屎豆和胡枝子等许多植物。

豆科植物与根瘤菌的专一共生是由寄主植物和根瘤菌双方的生理与遗传特性决定的。长期以来，人们认为豆科植物与根瘤菌之间均是共生专一性的。事实上，各互接种族之间的界线是相对的，某个互接种族内的菌株有可能感染其他互接种族的植物。个别菌株具有非常广泛的寄主范围，甚至使非豆科植物结瘤。有的菌株寄主范围很窄。这暗示除了存在豆科植物与根瘤菌的专一共生外，还可能存在非专一共生。

2. 豆科植物与根瘤菌的非专一共生

豆科植物与根瘤菌之间没有严格的专化性，即一种根瘤菌可以与多属种豆科植物结瘤固氮，或一种豆科植物可与多属种根瘤菌共生固氮。例如，*Sinorhizobium* sp. NGR234 可与 120 属豆科植物结瘤固氮（Pueppke and Broughton，1999），也可以认为该根瘤菌具有寄主植物混杂性。而药用豆科植物苦参 *Sophora flavescens* 可与 6 属的根瘤菌共生。进一步的交叉结瘤试验研究结果表明，苦参能与来自 α- 变形杆菌纲和 β- 变形杆菌纲的超过 30 种根瘤菌结瘤固氮。特别是相互之间不能在对方的寄主上交叉结瘤的根瘤菌也都能与苦参结瘤固氮，如来自苜蓿、大豆、花生、紫云英、菜豆和豌豆的根瘤菌，除个别菌种外，都能与苦参结瘤固氮（Jiao et al., 2015）。这种能与多种根瘤菌共生固氮的特性，亦可称为豆科植物的根瘤菌混杂性。因此，苦参是具有共生根瘤菌混杂性的豆科寄主植物。该发现彻底打破了豆科植物与根瘤菌之间共生专一性的认识，这将促使人们重新思考和研究豆科植物与根瘤菌之间的分子识别及信号交流的机制。到底是哪个机制决定寄主植物与根瘤菌的共生专一性值得深入探究。

毛萼田菁 *Sesbania rostrata* 既有根瘤又有茎瘤，但从根瘤中分离的菌株不能形成茎瘤，而从茎瘤中分离的菌株在茎上和根上都能结瘤。形成根瘤的菌株属于根瘤菌属，茎瘤菌在分类上为固氮根瘤菌属 *Azorhizobium*。能够结茎瘤的植物还有蝶形花亚科的合萌属 *Aeschynomene* 等科属种类。与山黄麻 *Trema* spp. 有效共生的菌种一般是慢生型根瘤菌，也有一些从热带豆科植物根瘤分离的快生型根瘤菌能够在山黄麻上结瘤，包括从紫花扁豆上分离的 NGR234 菌株，该菌株能在 110 属豆科植物上结瘤，但有的根瘤不表现固氮活性。

（二）非豆科植物与根瘤菌的共生

1973 年 Trinick 最先从巴布亚新几内亚发现榆科 Ulmaceae 植物中的 *Parasponia rogosa* 的根瘤是由典型的根瘤菌形成的共生体系，以后陆续发现了更多的种如 *P. parviflora* 和 *P. andersonil* 也能结瘤固氮。它们都是木本植物，包括小灌木和高达 20m 的大树，是新垦荒地的速生先锋植物，在各种土壤上均能生长，甚至在火山灰和石灰石上发育的贫瘠土壤中也能繁衍。十分有趣的是根瘤中同时定殖着许多与根瘤菌不同的共生细菌；而根瘤菌则可以共生细菌的形式定殖于非豆科植物根内。可以推测，自然界分布着由豆科植物＋根瘤菌＋共生细菌三者共生形成的共生体系、非豆科植物＋根瘤菌＋共生细菌构建的共生体系，甚至比此更为复杂的共生体系。关于这些所谓复合共生体系可参见本书第七章相关内容。

（三）非豆科植物与游离固氮菌的共生

水稻、小麦、高粱、玉米、羊草、臂形草和紫狼尾草等禾本科植物根内、根表和根围定殖许多游离或自生固氮细菌。很多根围细菌也能进入植物体内，如甘蔗中有类芽孢杆菌属 *Paenibacillus*、拜叶林克氏菌属 *Beijerinckia*、德克斯氏菌属 *Derxia*、固氮菌属 *Azotobacter*、肠杆菌属 *Enterobacter*、欧文氏菌属 *Erwinia*、克氏杆菌属 *Klebsiella* 等属的种；双稃草 *Diplachne fusca* 共生固氮弧菌，包括几个种，如需求固氮弧菌 *Azoacus indigons*；定殖水稻体内的越南伯克氏菌 *Burkholderia vietnamiensis* 也具有固氮和促进生长的作用。

（四）植物与共生固氮放线菌的共生

植物界有 4 亚纲 7 目 8 科 24 属 194 种双子叶被子植物可与固氮放线菌弗兰克氏菌 *Frankia* spp. 共生形成根瘤，木麻黄属中有的种还在枝干上形成茎瘤。弗兰克氏菌能与 8 科 25 属双子叶植物结瘤形成共生体，与木麻黄科、马桑科、打提斯科、胡颓子科和杨梅科植物结瘤，而与桦木科、鼠李科和蔷薇科植物偶尔发生结瘤（表 5-2）。弗兰克氏菌具有侵染定殖多种不同科、属植物而结瘤固氮的特性。因此，该菌可以作为研究扩大寄主范围、结瘤机制、固氮基因转移和构建新的固氮共生体系的理想材料。

表 5-2 与放线菌共生的植物种类（Ormeño-Orrillo and Martínez-Romero，2013；Pueppke and Broughton，1999）

亚纲	科	结瘤的属数 /总属数	属	结瘤的种数 /总种数
金缕梅亚纲 Hamamelidae	桦木科 Betulaceae	1/6	桤木属 *Alnus*	47/47
	木麻黄科 Casuarinaceae	4/4	异木麻黄属 *Allocasuarina*	52/57
			木麻黄属 *Casuarina*	18/18
			隐孔木麻黄属 *Ceuthostoma*	2/2
			裸孔木麻黄属 *Gymnostoma*	18/18
	杨梅科 Myricaceae	2/3	香蕨木属 *Comptonia*	1/1
			杨梅属 *Myrica*	28/60
蔷薇亚纲 Rosidae	胡颓子科 Elaeagnaceae	3/3	胡颓子属 *Elaeagnus*	35/45
			沙棘属 *Hippophae*	2/3
			水牛果属 *Shepherdia*	2/3
	鼠李科 Rhamnaceae	8/55	美洲茶属 *Ceanothus*	31/55
			可氏茶属	4/17
			盘枣属	5/10
			刺枝树属	2/2
			雷坦果属	2/3
			塔勒古恩属	1/1
			特里沃属	2/6
			刺灌属	1/1
	蔷薇科 Rosaceae	5/100	尾果茶属	4/20
			矮刺藤属	1/2
			科恩木属	1/25
			仙女木属 *Dryas*	1/3
			珀氏梅属	2/4
木兰亚纲 Magnoliidae	马桑科 Coriariaecae	1/1	马桑属 *Coriaria*	16/16
王桠果亚纲 Dilleniidae	打提斯科 Datiscaceae	1/3	达提斯加属	2/2

（五）植物与其他原核生物的共生

除了上述几种类型的植物与细菌的共生之外，自然界还分布着一些更为特殊或典型的植物与细菌的共生，以及更普通和更广泛的植物与细菌的共生。

1. 植物与蓝细菌的共生

苔藓植物、蕨类植物、裸子植物和被子植物能够与蓝细菌共生。角苔属 *Anthoceros*、壶苞苔属 *Blasia* 和 *Cavicularia* 等 5 属苔藓植物可与共生固氮的蓝细菌鱼腥藻 *Anabeana* sp. 和念珠藻 *Nostoc* sp. 共生。水生蕨类植物与蓝细菌共生可形成典型、紧密的共生体——

满江红 *Azolla* spp.。满江红属 6 种（尼罗满江红 *A. nilotica*、羽叶满江红 *A. pinnata*、加洲满江红 *A.caroliniana*、细叶满江红 *A. filiculoides*、墨西哥满江红 *A. maxicana* 和 *A. microphuylla*）均与固氮的红萍鱼腥藻 *Anabaena azollae* 共生，其共生固氮作用可以提供植物的全部氮素养分。裸子植物苏铁的珊瑚状根是与蓝细菌念珠藻或鱼腥藻形成的共生体。中国四川省的攀枝花苏铁的共生体根瘤由粗棒状瘤瓣组成，这种特殊形态的共生体根系呈绿色，常常出现在接近土壤表面处，并伸出地面，也能向下延伸。共生体根系从幼嫩部分到老熟部分异形胞的数量逐渐增加。这些共生细菌的纯培养能够固氮，既能进行异养生长，也能进行自养生长。被子植物小二仙草科 Haloragidaceae 的根乃拉属 *Gunnera* 植物叶片基部的腺体中定殖有念珠藻，茎内形成密集的瘤能共生固氮。共生状态下念珠藻的固氮酶活性高于自生状态下。光照下固氮酶活性比黑暗中大10 倍以上，可提供寄主植物所需的全部氮素。与植物共生时尽管蓝细菌保持了叶绿素，但不发挥固碳放氧功能，而靠寄主植物提供光合产物作为碳源和能源。从苔藓、苏铁和不同根乃拉草中分离的念珠藻，甚至从土壤中分离的普通念珠藻，即地耳 *Nostoc commune* 均可定殖多种根乃拉草构建共生关系。然而，自生和共生鱼腥藻及某些念珠藻则不能与根乃拉草建立共生关系。这些定殖特点与共生机制均有待深入探究。

2. 植物与其他共生细菌的共生

健康植物的组织内部普遍定殖着细菌。地球上约 30 万种植物体内均分布着共生细菌，与植物共生形成相对稳定的动态平衡共生体系，从而介导植物的生理生态过程和功能。世界各国已对农作物如水稻、小麦、玉米和高粱等，经济作物如甘蔗、棉花、甜菜和油菜等，蔬菜作物如马铃薯、番茄、辣椒、黄瓜和西瓜等，果树作物如苹果、葡萄、桃、柠檬和草莓等，牧草作物如三叶草和苜蓿等，药用植物如人参和三七等，以及森林植物如松、柏、柳、橡树和杨树等与细菌的共生关系开展了广泛的调查和试验研究。根围土壤中普遍存在的共生细菌种类包括芽孢杆菌属、土壤杆菌属、肠杆菌属及棒状杆菌群的纤维单胞菌属 *Cellulomonas* 和节杆菌属 *Arthrobacter* 等。这些共生细菌可以经由根尖延伸部位和侧根发生处进入植物组织的细胞间及细胞内，随着植物细胞分化而进入中柱。

三、植物与细菌的共生结构

植物与细菌共生可形成复杂多样的共生体系，以豆科植物根系与根瘤菌形成的根瘤、植物与蓝细菌形成的茎瘤、非豆科植物与弗兰克氏菌共生形成的根瘤和茎瘤等共生体的结构特征较为复杂；其他植物与其他共生细菌构建的共生体系通常无一定特殊结构。

（一）豆科植物与根瘤菌形成的根瘤共生体

豆科植物和根瘤菌共生主要形成根瘤共生体，通常外部形状呈圆形和枣状等，着生部位、大小和根系上的分布密度存在一定差异，有的集中在根茎部位，有的则较分散。根瘤形状和分布的差异主要是由植物决定的，有少数豆科和非豆科植物除形成根瘤外，也在地上部形成茎瘤，如具喙田菁。根瘤不但外形各异，内部结构也具有异同点。

　　根据分生组织存在与否，可将豆科植物根瘤分为有限生长和无限生长两种类型。有限型根瘤无分生组织，生长发育一段时间后，各部分同时分化成熟，根瘤体积不再增大。这类根瘤外表一般为球形，如大豆根瘤。无限型根瘤具有顶端分生组织，根瘤成熟后可继续生长，增大根瘤体积，甚至可以分叉。该类根瘤外表多为圆柱形、枣状和鸡冠状，如豌豆、三叶草和苜蓿等植物的根瘤。无限型根瘤具有根瘤表皮和皮层、分生组织、含菌组织和维管束。而含菌组织又可进一步分为侵染区、早期共生区、后期共生区和衰败区，维管束则与根中柱的木质部和韧皮部相连接成输导系统。

　　根瘤结构中的含菌组织是进行固氮作用的场所。存在于该组织中的根瘤菌在形态和功能上都同培养基上生长的根瘤菌有较大区别，形态不规则，称为类菌体（bacteroids）。寄主植物细胞调控决定类菌体分化为相应的形状。例如，蚕豆等根瘤中的类菌体通常为梨形或膨大杆状，花生根瘤中的类菌体为大圆球形，大豆根瘤中的类菌体为杆状，比培养基上生长的菌体稍大。根瘤细胞中的类菌体由植物合成的类菌体周膜（peribacteroid membrane）包裹，此时是名副其实的植物与细菌的共生体。大豆根瘤中含菌细胞的每个周膜中含有 1~10 个类菌体，类菌体及周膜占据每个含菌细胞空间的 80%，每个周膜内类菌体约占 50% 的体积。三叶草等根瘤中含菌细胞的每个周膜中通常只有一个类菌体，但却几乎占据周膜内的全部空间。类菌体周膜内外存在的豆血红蛋白（leghaemoglobin）是非单一性蛋白质，具有调节根瘤中 O_2 的重要功能。该蛋白质含不同组分，由蛋白质和血红素两部分构成，前者由寄主植物细胞合成，后者由类菌体合成。由于含三价铁的豆血红蛋白在无 O_2 条件下被类菌体缓慢地还原，故完整根瘤中一般只有含二价铁离子的豆血红蛋白。此外，部分木本豆科植物根瘤含菌细胞中的类菌体存在于类似侵入线的结构中，而不仅是被类菌体周膜所包裹，该含菌的特殊结构称为固氮线（nitrogen fixation thread）。

（二）非豆科植物与根瘤菌形成的根瘤共生体

　　榆科 Ulmaceae 山黄麻属 *Trema* 植物与根瘤菌共生形成的根瘤不同于草本豆科植物的根瘤，但类似于非豆科植物与放线菌形成的根瘤，具有相似于上述木本豆科植物中如柯桠树 *Andira* sp. 含菌的固氮线，只有很少量根瘤菌细胞被释放到寄主细胞质中。通常这种含菌结构的厚度为 1.3~3.0μm，长度为 40~50μm，个别可长达 540~1034μm。榆科植物根瘤通常形成圆形的有限生长型根瘤和无限生长型根瘤。前者具有周边维管束系统，根瘤较小；后者则具有中心维管束，而不同于豆科植物根瘤。两种根瘤可以存在于同一株植物根系上。同山黄麻有效共生的菌种一般是慢生型根瘤菌，也有一些从热带豆科植物根瘤分离的快生型根瘤菌能够在山黄麻上结瘤。

（三）植物与弗兰克氏菌形成的根瘤共生体

　　植物与弗兰克氏菌共生形成的根瘤在形态结构上非常不同于豆科植物的根瘤，而与植物根系内部结构有很多相似之处：具有顶端分生组织，在其后分化出成行排列的细胞；内部则类似于根的中柱；外部是皮层，共生放线菌定殖于根系内皮层和外皮层之间的细胞中。因此，可将该类根瘤看成是具有多个顶端分生组织区的变态侧根，是具有中心维管束的无限生长型根瘤，与根的不同之处是没有根冠。包括维管束在内的中柱一般贯通于根瘤中央，与根的中柱连接，但马桑科 Coriariaceae 和四数木科 Tetramelaceae 的野麻属根瘤的中柱偏于一边，横切面呈马蹄形。寄主细胞中弗兰克氏菌以营养菌丝、泡囊和颗粒体三种形态存在。营养菌丝细胞壁单层，厚度一般在 1μm 以下。菌丝在寄主细胞内分裂繁殖，并穿过细胞壁而感染邻近细胞。某些菌丝的顶端分化出膨大的泡囊，其基部有一隔膜与菌丝分开。不同种类植物细胞内的泡囊形态和排列形式可能多种多样，如球形、梨形和棒形，木麻黄中则未观察到明显的泡囊。根瘤衰老的部位常出现颗粒体，呈多角形，形成于孢子囊内。当颗粒体出现时，菌丝和泡囊开始解体。

植物与放线菌形成的根瘤共生体具有形态和结构的多样性。木麻黄、四川桤木、红桤木、胡颓子、沙棘和马桑与弗兰克氏菌共生形成的根瘤形态均呈多分枝的珊瑚状球形；杨梅的则相对疏松，瘤瓣尖端相对较尖，其他几种瘤致密，瘤瓣前端钝圆。瘤瓣结构类似根的初生结构，起源与侧根类似，但不能无限伸长和增粗。杨梅和马桑根瘤皮层侵染细胞的分布为连续型，木麻黄、四川桤木和红桤木为间断型，胡颓子和沙棘为近连续型。马桑的侵染细胞半环绕维管束不对称分布，另外 6 种为环绕维管束对称分布。木麻黄根瘤瘤瓣内有时并生两条维管束。杨梅型根瘤多数着生于分枝的侧根上，形成珊瑚状或球形的根瘤簇，每个根瘤簇最初一般含有 2~5 个瘤瓣，每个瘤瓣形成的根瘤一般是短椭圆形或棒状。在个体发育的不同时期，每个杨梅根瘤颜色会发生变化。一般幼年的根瘤是乳白色或淡棕色，壮年根瘤为黄棕色，衰老根瘤呈深褐色。杨梅型根瘤的横切面圆形、对称，中央部分的组织分化为维管束，与根的中柱相连，维管束外部是皮层和周皮。光学显微镜下可观察到根瘤中许多细胞定殖着共生细菌，这些细胞大多数集中于根瘤的皮层组织中。根瘤顶端分生组织细胞通常没有共生细菌的定殖。未成熟根瘤的含菌细胞中菌丝较多，交织成一团；成熟根瘤中菌丝已分化，菌丝较少或几乎不含菌丝。电子显微镜下杨梅根瘤内生菌丝是一种分枝状具隔膜的丝状菌丝，宽 0.5~0.7μm。菌丝的细胞壁为电子密度较高的单层壁，体内核物质分散，没有明显的细胞核结构。杨梅根瘤成熟过程中共生放线菌随着发育而不断分化，菌丝顶端膨大发育形成泡囊。泡囊的大量出现是根瘤旺盛固氮的标志，杨梅未成熟根瘤中泡囊较少或没有，而成熟壮瘤产生大量的泡囊。

第二节　植物共生细菌

研究表明，一种植物可同时与多种共生细菌共生。根瘤菌、游离或自生固氮细菌、蓝细菌和共生固氮放线菌是典型的植物共生细菌，而对于种类和数量更多的其他植物共生细菌则涉及更多的细菌类群。植物共生细菌具有丰富的物种多样性，包括蓝细菌在内的光合细菌、固氮细菌、固氮放线菌和其他的共生细菌，以及包括定殖根围、叶围、花围、果围和种围游离细菌在内的促生防病的细菌和放线菌。其中，部分植物共生细菌对某种寄主植物可能有利的，而对另外的寄主植物、动物，甚至人类可能是有害的，即可能是潜在的病原菌。例如，能导致洋葱球茎腐烂的洋葱伯克氏菌 *Burkholderia cepacia*，还是人体胆囊纤维化病和其他病因的重要致病菌。这是发现的人和植物共患的第一个病原菌。另外，红苍白草螺菌 *Herbaspirillum rubrisubalbicans* 能引起甘蔗的斑点条纹病。

因此，在研究植物共生细菌特别是研制农业微生物接种剂时必须给予足够的重视。

一、植物共生细菌的种类

属于原核生物的植物共生细菌种类繁多，主要包括共生固氮细菌、联合固氮细菌、自生固氮细菌、其他共生细菌、共生固氮放线菌和其他共生放线菌等。据不完全统计，已报道的植物共生细菌 90 余属 1000 余种，主要为根瘤菌属、中华根瘤菌属、慢生根瘤菌属、固氮根瘤菌属、固氮菌属、固氮螺菌属、固氮弧菌属、假单胞菌属、肠杆菌属、芽孢杆菌属、土壤杆菌属、克雷伯氏菌属、泛菌属、甲基杆菌属、链霉菌属、链轮丝菌属、游动放线菌属、小单胞菌属、食酸菌属、不动杆菌属、放线菌属、气单胞菌属、阿菲波菌属、土壤单胞菌属、产碱菌属、异根瘤菌属、交替单胞菌属、氨基杆菌属、水螺菌属、节杆菌属、金杆菌属、拜叶林克氏菌属、芽生杆菌属、芽单胞菌属、博德特氏菌属、短波单胞菌属、伯克赫尔德氏菌属、纤维单胞菌属、螯合杆菌属、色杆菌属、金色单胞菌属、丛毛单胞菌属、棒杆菌属、德克斯氏菌属、德沃斯氏菌属、黄色单胞菌属、黄杆菌属、屈挠杆菌属、费兰克氏菌属、盐单胞菌属、草螺菌属、克氏杆菌属、微球菌属、莫拉氏菌属、涅瓦河菌属、诺卡氏菌属、苍白杆菌属、泛菌属、果胶杆菌属、苯基杆菌属、叶杆菌属、发光杆菌属、产卟啉杆菌属、假交替单胞菌属、假单胞菌属、嗜冷杆菌属、拉尔氏菌属、肾杆菌属、根瘤杆菌属、根瘤单胞菌属、红球细菌属、罗氏菌属、希瓦氏菌属、沙雷氏菌属、鞘氨醇杆菌属、鞘氨醇单胞菌属、螺菌属、寡养单胞菌属、索氏菌属、贪噬菌属、弧菌属、黄单胞菌属、木杆菌属、动胶菌属、发酵菌属、发酵单胞菌属和甲基杆菌属等。

1982 年 Gardner 等鉴定了柑橘初生根组织液体中的细菌种类，在其鉴定的 13 属中假单胞菌属（占 40%），其次是肠杆菌属（占 18%）。认为这 2 属是优势属，其所属的细菌则是优势类群；其余 11 属的细菌为稀有类群。

（一）固氮细菌

固氮细菌包括共生固氮细菌、联合固氮细菌和自生固氮细菌三个类群，是能进行生物固氮的原核生物的通称。共生固氮细菌即必须与植物共生形成根瘤共生体才能有效固氮，固氮产物氨可直接为共生体提供氮源；联合固氮细菌则需要定殖于植物一定组织与植物共生联合实现有效固氮，尽管不形成一定结构的共生体；自生固氮细菌可以独立进行固氮，但通常定殖植物根围和叶围可更高效率地固氮。

1. 共生固氮细菌

共生固氮细菌，顾名思义，是一类必须与植物共生时才能固氮的原核微生物，统称为根瘤菌。根瘤菌隶属于原核生物细菌域变形杆菌门 α - 变形杆菌纲、β - 变形杆菌纲和 γ - 变形纲。在 α - 纲和 β - 纲内，分别包括了 1 目 17 属 150 余种，其中根瘤菌属近 50 种（表 5-3）（蒲强等，2016）。α - 变形杆菌纲的根瘤菌在世界范围内都有分布，且是与多属种豆科植物共生固氮的优势根瘤菌。归属于 β - 变形杆菌纲的伯克氏菌属 *Burkholderia* 和贪铜菌属 *Cupriavidus* 的根瘤菌由 Moulin 等于 2001 年自热带地区的含羞草属植物上分离获得，后来在菜豆属植物上也分离到 β - 变形杆菌纲根瘤菌。

随着研究的深入，许多不形成根瘤共生体的细菌根据系统发育分析也归属到根瘤菌的范围内，则根瘤菌既包括了共生固氮细菌，也包括了不形成根瘤的共生固氮细菌。与其他根瘤菌一样，可以固定大气中游离氮为寄主提供氮素，从而减少寄主植物对土壤中氮需求的茎瘤固氮根瘤菌 *Azorhizobium caulinodans* ORS571 属于 α - 变形菌，同时也具有与其他根瘤菌不同的特点：既可以与豆科植物寄主毛萼田菁共生固氮，又可以自生或作为内生细菌在其他植物体内进行联合固氮，能够同时在植物根系和茎上共生结瘤。可见，茎瘤固氮根瘤菌具有根瘤菌的共性，以及联合固氮菌和自生固氮的特点，赋予其比其他根瘤菌更为独特的研究价值。

通常认为根瘤菌与豆科植物根系共生结瘤必须具有结瘤基因（如 *nod ABC* 基因等）及能够合成结瘤因子。但 2007 年 Giraud 等的研究却发现光合慢生根瘤菌 BTAi1 和 ORS278 两株的基因组上无 *nod ABC* 基因，也不能合成结瘤因子，但却能在豆科合萌属 *Aeschynomene* 一种热带豆科植物上结瘤固氮。该现象比较少见，大多数根瘤菌仍然是依赖于结瘤基因才能与豆科植物建立共生关系。由于根瘤菌的分类学和系统学不以结瘤固氮基因作为定属定种的依据，而只是作为共生基因型，故将一些没有结瘤基因且不能结瘤的细菌根据其系统发育地位归属于根瘤菌。属种的分类地位依据是 16S rRNA 基因及持家基因分析。没有结瘤基因的根瘤菌，多数是从土壤或根围土壤内分离得到的，如土壤根瘤菌 *Rhizobium soli*、恒河平原硫自养中慢生根瘤菌 *Mesorhizobium thiogangeticum* 等；也有从根瘤内分离到的但不能结瘤的根瘤菌，如中国农大根瘤菌 *Rhizobium cauense* 等。

表 5-3 根瘤菌最新分类系统（蒲强等，2016）

属名	种名	寄主植物或来源
根瘤菌属 *Rhizobium*	放射根瘤菌 *R. radiobacter*	
	R. rhizogenes	
	R. rubi	
	R. vitis	
	R. yanglingense	两型豆 *Amphicarpaea edgeworthii*
	R. larrymoorei	垂叶榕 *Ficus benjamina*
	R. indigoferae	木蓝属 *Indigofera*
	R. sullae	*Hedysarum coronarium*
	R. cellulosilyticum	银白杨 *Populus alba*
	R. tubonense	小花棘豆 *Oxytropis glabra*
	R. fabae	蚕豆 *Vicia faba*
	R. miluonense	胡枝子 *Lespedeza*
	R. multihospitium	多种豆科植物
	R. oryzae	高秆野生稻 *Oryza alta*
	R. pisi	豌豆 *Pisum sativum*
	R. mesosinicum	*Albizia*，*Kummerowia*，*Dalbergia*
	R. alamii	拟南芥 *Arabidopsis thaliana*
	R. alkalisoli	中间锦鸡儿 *Caragana intermedia*

续表

属名	种名	寄主植物或来源
根瘤菌属 Rhizobium	R. tibeticum	Trigonella archiducis-nicolai
	R. halophytocola	海岸沙丘植物
	R. endophyticum	菜豆 Phaseolus vulgaris
	R. phaseoli	菜豆属 Phaseolus
	R. kunmingense	喜树 Camptotheca acuminata
	R. sphaerophysae	苦马豆 Sphaerophysa salsula
	R. pusense	鹰嘴豆 Cicer arietinum
	R. pseudoryzae	水稻 Oryza sativa
	R. borbori	污泥
	R. vignae	多种豆科植物
	R. nepotum	不同植物种类
	R. taibaishanense	鸡眼草 Kummerowia striata
	R. skierniewicense	菊花和樱桃李
	R. petrolearium	石油污染土壤
	R. helanshanense	苦马豆 Sphaerophysa salsula
	R. leucaenae	大翼豆属 Macroptilium
	R. cauense	长萼鸡眼草 Kummerowia stipulacea
	R. pongamiae	水黄皮 Pongamia pinnata
	R. qilianshanense	黄花棘豆 Oxytropis ochrocephala
	R. paknamense	青萍 Lemna aequinoctialis
	R. subbaraonis	海滩砂
	R. populi	胡杨 Populus euphratica
	R. lemnae	青萍 Lemna aequinoctialis
	R. azibense	菜豆
	R. rhizoryzae	水稻根系
	R. smilacinae	鹿药 Smilacina japonica
	R. pakistanensis	花生 Groundnut
	R. capsici	青椒
中华根瘤菌属 Sinorhizobium	Sin. kummerowiae	长萼鸡眼草 Kummerowia stipulaceae
	Sin. numidicus	紫苜蓿 Medicago sativa
	Sin. garamanticus	紫苜蓿
剑菌属 Ensifer	E. symbiovar acaciae	金合欢属 Acacia
	E. americanum	金合欢属
	E. mexicanus	Acacia angustissima
	E. sojae	大豆 Glycine max
	E. psoraleae	
	E. sesbaniae	
	E. morelense	
申氏杆菌属 Shinella	Shi. kummerowiae	长萼鸡眼草 Kummerowia stipulacea

续表

属名	种名	寄主植物或来源
申氏杆菌属 Shinella	Shi. fusca	Domestic waste compost 生活垃圾堆肥
	Shi. daejeonensis	污泥
新根瘤菌属 Neorhizobium	N. galegae	
	N. huautlense	
伴根瘤菌属 Pararhizobium	Par. capsulatum	
	Par. herbae	
	Par. sphaerophysae	
中慢生根瘤菌属 Mesorhizobium	Mes. septentrionale	沙打旺 Astragalus adsurgens
	Mes. temperatum	沙打旺
	Mes. thiogangeticum	沙打旺
	Mes. albiziae	Albzia kalkora
	Mes. caraganae	锦鸡儿 Caragana spp.
	Mes. gobiense	野生豆科植物
	Mes. tarimense	野生豆科植物
	Mes. australicum	Biserrula pelecinus
	Mes. opportunistum	Biserrula pelecinus
	Mes. metallidurans	黄苜蓿 Anthyllis vulneraria
	Mes. robiniae	刺槐 Robinia pseudoacacia
	Mes. alhagi	骆驼刺属 Alhagi
	Mes. camelthorni	骆驼刺 Alhagi sparsifolia
	Mes. silamurunense	黄芪 Astragalus species
	Mes. muleiense	鹰嘴豆 Cicer arietinum
	Mes. tamadayense	Anagyris latifolia，Lotus berthelotii
	Mes. abyssinicae	不同农林豆科树木
	Mes. hawassense	不同农林豆科树木
	Mes. shonense	不同农林豆科树木
	Mes. qingshengii	紫云英 Astragalus sinicus
	Mes. sangaii	Astragalus luteolus，Astragalus ernestii
叶杆菌属 Phyllobacterium	P. trifolii	红车轴草 Trifolium pratense
	P. endophyticum	菜豆 Phaseolus vulgaris
	P. loti	百脉根 Lotus corniculatus
甲基杆菌属 Methylobacterium	Met. nodulans	猪屎豆 Crotalaria spp.
	Met. graphalii	Gnaphalium spicatum
	Met. oxalidis	酢浆草 Oxalis corniculata
	Met. cerastii	Cerastium holosteoides
	Met. gossipiicola	棉花叶围
	Met. haplocladii	苔藓植物 Bryophyte
	Met. brachythecii	苔藓植物
	Met. tarhaniae	旱地土壤
	Met. trifolii	叶片

续表

属名	种名	寄主植物或来源
甲基杆菌属 *Methylobacterium*	*Met. thuringiense*	叶片
	Met. pseudosasicola	竹叶
	Met. phyllostachyos	竹叶
	Met. murrellii	池塘水
微枝形杆菌属 *Microvirga*	*Mic. lupini*	不同豆科寄主
	Mic. lotononidis	不同豆科寄主
	Mic. zambiensis	不同豆科寄主
	Mic. vignae	豇豆 *Vigna unguiculasta*
苍白杆菌属 *Ochrobactrum*	*O. lupine*	白羽扇豆 *Lupinus albus*
	O. cytisi	金雀儿 *Cytisus scoparius*
	O. ciceri	鹰嘴豆 *Cicer arietinum*
	O. pituitosum	工业环境
	O. daejeonense	污泥
	O. pecoris	家畜
固氮根瘤菌属 *Azorhizobium*	*A. doebereinereae*	田菁 *Sesbania Cananbina*
	A. oxalatiphilum	
德沃斯氏菌属 *Devosia*	*D. neptuniae*	*Neptunia natans*
	D. yakushimensis	葛根 *Pueraria lobata*
	D. lucknowensis	Hexachlorocydohexane
	D. submarina	深海沉积物
	D. epidermidihirudinis	医用水蛭 Hirudo
	D. pacifica	深海沉积物
短根瘤菌属 *Bradyrhizobium*	*Bra. yuanmingense*	胡枝子 *Lespedeza*
	Bra. betae	甜菜 *Beta vulgaris*
	Bra. canariense	*Genisteae et Loteae*
	Bra. denitrificans	合萌属 *Aeschynomene*
	Bra. iriomotense	*Entada koshunensis*
	Bra. jicamae	豆薯 *Pachyrhizus erosus*
	Bra. pachyrhizi	豆薯
	Bra. cytisi	金雀儿 *Cytisus scoparius*
	Bra. huanghuaihaiense	大豆 *Glycine max*
	Bra. daqingense	大豆
	Bra. oligotrophicum	
	Bra. arachidis	花生 *Arachis hypogaea*
	Bra. retamae	*Retama sphaerocarpa* 和 *Monosperma*
	Bra. neotropicale	*Centrolobium paraense*
	Bra. ottawaense	大豆 *Glycine max*
	Bra. ingae	月桂印加豆 *Inga laurina*

续表

属名	种名	寄主植物或来源
伯克氏菌属 *Burkholderia*	洋葱伯克氏菌	*Alysicarpus glumaceus*
	Bur. cepacia	
	结瘤伯克氏菌 *Bur. tuberum*	热带豆科植物
	Bur. phymatum	热带豆科植物
	Bur. mimosarum	金合欢 *Acacia*
	Bur. rhizoxinica	小孢根霉 *Rhizopus microsporus*
	Bur. endofungorum	小孢根霉 *Rhizopus microsporus*
	Bur. nodosa	光荚含羞草 *Mimosa bimucronata*，*Mimosa scabrella*
	Bur. sabiae	*Mimosa caesalpiniifolia*
	Bur. bannensis	铺地黍 *Panicum repens*
	Bur. symbiotica	含羞草 *Mimosa* spp.
	Bur. diazotrophica	含羞草
	Bur. aspalathi	*Aspalathus abietina*
	Bur. magalochromosomata	草原土壤
	Bur. susongensis	岩石表面
贪铜菌属 *Cupriavidus*	台湾贪铜菌 *C. taiwanensis*	含羞草
	C. yeoncheonense	土壤
假单胞菌属 *Pseudomonas*	假单胞菌属 *Pseuodmonas*	刺槐 *Robinia pseudoacacia*

2. 联合固氮细菌

联合固氮细菌寄主专化性较强，不形成根瘤，必须定殖寄主植物根围、叶围，或植物体内与寄主植物之间密切联合、相互影响才能固氮，其固氮作用比共生固氮菌体系的弱而比自生固氮菌的强。因此，联合固氮体系介于自生固氮体系与共生固氮体系的中间类型，依据其上述特性将该固氮体系称为联合性共生固氮体系，参入联合固氮的细菌称为联合固氮菌，包括在热带植物根围固氮的固氮螺菌属 *Azospirillum*，以及在叶面固氮的拜叶林克氏菌属 *Beijerinckia* 等。所有的固氮菌都有固氮酶，在严格厌氧微环境中进行固氮。

（1）印度拜叶林克氏菌 *Beijerinckia indica*。是与植物叶片共生的一种固氮菌，好氧条件下固定大气氮，低氧压（微好氧）条件下也可固氮。此属细菌耐酸，故在酸性土壤中可与其他微生物相竞争，中性土壤中则竞争不过其他生物。从形态上看，它被一种坚韧的胶套包围，这种结构起着氧保护作用；生理特性上其固氮酶作用要求大量 C_2H_2（40%~80%）以满足酶的需要。在 N_2 ∶ O_2 ∶ CO_2（95 ∶ 4.5 ∶ 0.5）的混合气体中营养体迅速生长，但没有 CO_2 时便不能生长。印度拜叶林克氏菌即使在高浓度无机氮的培养基中也有固氮能力。

（2）重氮营养醋杆菌 *Acetobacter diazotrophicus*。1988 年 Dô bereiner 从甘蔗根和茎中分离得到的一种耐酸固氮菌，是专性共生细菌，与甘蔗、甘薯和象草 *Pennisetum purpureum* 等寄主植物共生，主要定殖富含糖分的茎节或块根等组织，甘蔗根、茎和叶组织中的含菌量可达 $10^3 \sim 10^6$ 个 /g 鲜组织，甘薯中可达 10^5 个 /g 鲜组织。该菌仅利用蔗糖、葡萄糖、果糖和半乳糖，自然土壤中不能存活；在巴西、澳大利亚、墨西哥、古巴和乌拉圭等地容易分离得到；有很强的产酸和耐酸能力，pH2.5 下仍可生长和固氮，最佳 pH 为 5.5；比固氮螺菌更耐氧。该菌另外一个独特的生理特性是具有泌铵能力，这种特性有利于固定氮素向植物细胞的转运。该菌不具有硝酸还原酶，固氮酶活性较高，能在 10mmol NO_3^- 下固氮，NH_4^+ 仅部分抑制其固氮活性，可为甘蔗提供 60% 的氮素。

（3）草螺菌 *Herbaspirillum* spp.。已知的专性内生固氮菌中草螺菌属包括织片草螺菌 *Herbaspirillum seropedicae*、红苍白草螺菌和从 C_4 纤维植物中分离出的新种 *Herbaspirillum frisingense*。草螺菌略呈弯曲的杆状细菌，革兰氏阴性，嗜有机酸，微好氧固氮，可在高糖培养基上生长和固氮，但不利用蔗糖。土壤中织片草螺菌不易存活，在灭菌的土壤中生长却不受影响，总体上其比重氮营养醋杆菌在土壤中存活好。它比固氮螺菌更耐氧，10mmol/L NH_4^+ 仅部分抑制其固氮酶活性。织片草螺菌寄主范围较广，可定殖甘蔗、玉米、水稻、高粱和几种牧草的根、茎、叶和种子。红苍白草螺菌能引起部分甘蔗品种发生条斑病，但在巴西甘蔗根、茎和叶内大量定殖并不引发症状。

（4）固氮弧菌 *Azoarcus* spp.。该菌是从巴基斯坦贫瘠的盐碱地上生长的先锋植物双稃草 *Diplachne fusca* 中分离出的优势固氮菌，包括需求固氮弧菌、普通固氮弧菌 *Azoarcus communis* 和几个与这两种固氮菌无高同源性但称为固氮弧菌的种。固氮弧菌中有的种仅能从土壤中获得，如 *Azoarcus tolulyticus* 和 *Azoarcus evansii* 新种。该属细菌是严格的需氧代谢型，微需氧固氮，且在含有机酸的盐渍土上生长较好，不能利用单糖和双糖，能利用少数氨基酸。这几个种已被鉴定为变形菌门的 β - 亚群。从越南水稻根围分离出新的固氮菌越南伯氏菌，从甜玉米根和棉花根中分离的唐菖蒲伯克氏菌 *Burkholderia gladioli*、青枯伯克氏菌 *Burkholderia solanacearum* 和 *Burkholderia brasilensis* 内生固氮菌常定殖在甘蔗和水稻组织内；该属的固氮菌也定殖于香蕉和菠萝树中。对该属中的其他共生细菌与植物互作特性尚知之甚少，有待进一步研究。

（5）克雷伯氏菌 *Klebesilia* spp.。细胞呈直杆状，以单个、成对或短链排列。革兰氏阴性，产生荚膜，不运动，兼性厌氧，嫌气固氮。目前已发现至少有 2 属具有固氮活性，即从甜玉米茎内分离的肺炎克雷伯氏菌 *Klebesilla pneumoniae* 和从甘薯中分离的催娩克雷伯氏菌即产酸克雷伯氏菌 *Klebesilla oxytoca*，并发现其在 PSA 半固体斜面上产气、产酸。张多英等（2010）从玉米叶和茎中各分离到 1 株具有联合固氮活性的催娩克雷伯氏菌 NFL28 和 NFSt18。

（6）阴沟肠杆菌 *Enterobacter cloacae*。产酸、产气的兼性厌氧固氮细菌，革兰氏阴性，直杆状，端园，周生鞭毛，利用蔗糖为碳源。培养过程中阴沟肠杆菌产生乳酸，以及 H_2、CO、N_2 和 H_2 等大量气体，并能排出一些含肽物质。阴沟肠杆菌可定殖水稻、玉米和甜根子草 *Saccharum spontaneum* 根内进行固氮，因而具有较高的固氮能力。尤其是当阴沟肠杆菌与粪产碱菌混合培养时固氮量急增。成团肠杆菌 *Enterobacter agglomerans* 最早由 Beijerink 等从植物种子和水果等分离得到，属兼性厌氧固氮细菌，革兰氏阴性，能定殖在小麦和水稻幼苗根、茎和叶等组织的表面和内部，酶联免疫吸附测定（ELISA）检测出的数量达 10^6~10^7 个 /g 鲜组织。

（7）粪产碱菌 *Alcaligenes faecalis*。粪产碱菌是首次从中国广东省水稻根分离出来并广泛分布于水稻土中的一种内生固氮菌，是一种化能自养细菌属革兰氏阴性杆菌，直径 0.7~1.0μm，以周身鞭毛运动。微好氧固氮，只利用有机酸如苹果酸、乳酸、琥珀酸等生长。以 CO 为碳源，生长和固氮的最佳温度、pH、pO_2 值为分别为 30℃、7.0 和 1.6×10^3Pa 大气压。此菌与阴沟肠杆菌具有协同固氮作用，两者混合培养时，乙炔还原活性更高。

3. 自生固氮细菌

自生固氮细菌广泛分布于土壤和水中，能在常温常压条件下通过其体内固氮酶的作用把空气中的氮固定成氨，进一步变成植物可以利用的氮素。与蓝藻类同为固定游离氮素的生物而具有重要作用，能在无氮情况下生长，但在偏酸性环境中生长发育不良。自生固氮菌是土壤中能够独立进行固氮的固氮菌科固氮菌属 *Azotobacter* 等属的专性好氧性固氮细菌，主要包括褐色球形自生固氮菌（圆褐固氮菌 *Azotobacter chroococcum*）、棕色固氮菌 *Azotobacter vinelanii* 和敏捷固氮菌 *Azotobacter agilis*。固氮螺菌属 *Azospirillum* 是禾本科植物最典型的根围促生细菌，它们与几种温带和亚热带的禾本科作物及饲料牧草共生。固氮螺菌属中除 *Azospirillum halopraeferans* 外，生脂固氮螺菌 *Azospirillum lipoferum*、巴西固氮螺菌 *Azospirillum brasilense*、亚马孙河固氮螺菌 *Azospirillum amazonense* 和伊拉克固氮螺菌 *Azospirillum irakense* 均为兼性内生固氮菌。亚马孙河固氮螺菌能利用葡萄糖、苹果酸、蔗糖作碳源，能生长的 pH 范围较大；巴西固氮螺菌和伊拉克固氮螺菌分别以苹果酸、蔗糖作碳源。亚马孙河固氮螺菌和巴西固氮螺菌都能产生吲哚乙酸 IAA。许多固氮螺菌能将亚硝酸盐还原为 N_2O 和 N_2。从小麦、水稻等 C_3 植物根系分离的菌株多为巴西固氮螺菌；C_4 植物除甘蔗外玉米等根围分离的菌株多为生脂固氮螺菌。自生固氮细菌具有促进豆类植物生长，尤其是促进豆类根系生长、增加植物产量的作用。无论作为微生物菌肥，还是参预到共生固氮中，研究自生固氮细菌都很有必要，并且开发自生固氮菌菌肥潜力巨大。

（二）固氮放线菌

固氮放线菌均是与植物建立共生关系的、能固氮的放线菌，因此，又称为共生固氮放线菌。其中，以弗兰克氏菌属最为典型。该属放线菌广泛分布，与非豆科植物根系共生形成根瘤，1978 年 Callaham 等首先从香蕨木根瘤中分离并获得纯培养。共生固氮放线菌具有特定的寄主范围，至少 8 科 24 属 223 种木本植物可以与固氮放线菌共生。中国已报道 5 科 6 属 46 种植物能与固氮放线菌共生，这些植物被称为放线菌根植物。表 5-4 给出了常见的共生固氮放线菌及其寄主植物。非豆科植物与弗兰克氏菌共生形成的根瘤共生体能固定大气中的氮。从意大利西北部的 28 种植物根系分离到 499 株共生放线菌，主要属于链霉菌属、链轮丝菌属、诺卡氏菌属、小单孢菌属和链孢囊菌属；从水甜茅 *Glyceria maxima* 上分离到链霉菌 68 株；从白屈菜 *Chelidonium majus* 上分离到链霉菌 3 株；从巴西东北部热带地区种植的玉米根和叶中也分离到小双孢菌属 *Microbispora*、链霉菌属、链孢囊菌属的放线菌共 53 株；从巴西热带地区卫矛科、豆科及茄科植物中均分离到共生放线菌拟诺卡氏菌属 *Nocardiopsis*、马杜拉放线菌属 *Actinomadura*、红球

菌属 *Rhodococcus*、浅黄球菌属 *Luteococcus* 及微弯月菌属 *Microlunatus* 等；从赤杨根瘤中分离到 *Amycolata* 属新种 *Amycolata alni*，该放线菌主要从赤杨的根围或根瘤中分离得到；从日本猫尾木叶、莎草根及泥炭藓上分离到 11 株具有运动孢子的放线菌，均为动孢囊菌属 *Kineosporia*，除其中 1 种为该属仅有的一个种外，另外有 4 种均为该属的新种。由于共生放线菌分离培养比较困难，可以结合 16S rDNA 序列方法分析植物共生放线菌的类群。

　　弗兰克氏菌通常形成纤细稀疏的菌丝体。弗兰克氏放线菌的另外一个特征是形成具有固氮功能的顶囊（vesicle）。顶囊着生于一顶囊柄上，再以菌丝相连。但不同寄主属来源的弗兰克氏菌的孢子囊和顶囊在形态和大小上存在一定的差别。在固体培养基上弗兰克氏菌的菌落一般质地坚硬、致密、半透明，呈放射状生长，无气生菌丝，基内菌丝体发育良好，一般不产生色素；在液体培养基中，弗兰克氏菌底部呈团絮状生长，培养液不混浊，呈微好气性生长；菌丝分枝、有隔，革兰氏染色呈阳性反应；菌丝居间或末端膨大形成特征性的孢子囊。孢子囊系菌丝多向分裂形成，有其明显的结构，形态多样，呈圆球形、圆锥形、草莓形，甚至锥状弯曲等，大小不一，小的约 10μm，大的可达 60μm。孢子囊内含有孢子，孢子圆球形或带角状，无鞭毛不游动。其形状不规则，表面粗糙，破裂释放出孢子后，成为一个皱缩干瘪的空壳；在孢子囊中形成的孢囊孢子，成熟后，就像石榴籽一样在孢子囊中挤在一起，由于孢子所处的位置不同，其形状亦有差异，但多数是不规则的多面体型，多面体的各面亦不很平整，孢子无鞭毛、不游动；在限制性贫氮培养基上诱导产生的泡囊，着生于较正常菌丝形成的细柄上，多数侧生于分枝上，球形或纺锤形，其表面非常光滑，一般认为它是放线菌固氮的场所，老的泡囊，会发生皱缩，直至崩解。不同的生长发育条件和不同的培养条件，其形态特征会有所不同，但具原核分隔菌丝，形态多样，产生多面体型孢子的孢子囊及分隔的泡囊乃是根瘤放线菌的典型特征。

表 5-4　常见植物共生固氮放线菌及其寄主植物

寄主植物	共生固氮放线菌
红树 *Rhizophora apiculata*	小单孢菌 *Micromonospora* sp.
	链霉菌 *Streptomyces* sp.
	链轮丝菌 *Streptoverticillium* sp.
	红球菌 *Rhodococcus* sp.
	小多孢菌 *Micropolyspora* sp.
	游动放线菌 *Actinoplanes* sp.
	链霉菌 *Streptomyces* sp.
	链轮丝菌 *Streptoverticillium* sp.
	Rhodoco sp.
玉米 *Zea mays*	小双孢菌 *Microbispora* sp.
	链孢囊菌 *Streptosporangium* sp.
	小单孢菌 *Micromonospora* sp
老鼠簕 *Acanthus ilicifolius*	疣孢菌 *Verrucosispora* sp.
	链霉菌 *Streptomyces* sp.

续表

寄主植物	共生固氮放线菌
	小单孢菌 *Micromonospora* sp.
木槿 *Hibiscus syriacus*	疣孢菌 *Verrucosispora* sp.
小麦 *Triticum aestivum*	
大葱 *Allium fistulosum*	
油菜 *Brassica napus*	小单孢菌 *Micromonospora* sp.
沙针 *Osyris wightiana*	
薏苡 *Coix lacryma-jobi*	拟无枝酸菌属 *Amycolatopsis*
地瓜藤 *Ficus tikoua*	伦茨氏菌属 *Lentzea*
密毛山梗菜 *Lobelia clavata*	
喜树 *Camptotheca acuminata*	假诺卡氏菌属 *Pseudonocardia*、冢村氏菌属 *Tsukamurella*、迪茨氏菌属 *Dietzia*、戈登氏菌属 *Gordonia*
连香树 *Cercidiphyllum japonicum*	红球菌属 *Rhodococcus*
鸡血藤 *Millettia reticulate*	珊瑚放线菌属 *Actinocorallia*
滇南美登木 *Maytenus austroyunnanensis*	
宽瓣重楼 *Paris polyphylla*	
玉竹 *Polygonatum odoratum*	微杆菌属 *Microbacterium*
木荷 *Schima* sp.	
滇南美登木 *Maytenus austroyunnanensis*	
雷公藤 *Tripterygium wilfordii*	指孢囊菌属 *Dactylosporangium*、动孢囊菌属 *Kineosporia*、动球菌属 *Kineococcus*
滇南美登木 *Maytenus austroyunnanensis*	两面神菌属 *Janibacter*
滇南美登木 *Maytenus austroyunnanensis*	节杆菌属 *Arthrobacter*
土沉香 *Aquilaria sinensis*	
紫苏 *Perilla frutescens*	微球菌属 *Micrococcus*
滇南美登木 *Maytenus austroyunnanensis*	
土沉香 *Aquilaria sinensis*	野野村氏菌属 *Nonomuraea*
沙针 *Osyris wightiana*	草孢菌属 *Herbidospora*
滇南美登木 *Maytenus austroyunnanensis*	
莪术 *Curcuma zedoaria*	糖霉菌属 *Glycomyces*

（三）其他共生细菌

除了上述典型的植物共生细菌之外，广义的植物共生细菌尚包括以蓝细菌为代表的光合细菌等全部植物共生细菌、根围促生细菌、叶围细菌、花围细菌、果围细菌和种围细菌等。这些植物共生细菌种类多分布广，几乎存在于所有已研究过的各种植物中，从低等藻类到高等被子植物中均定殖着细菌。从一种植物中可分离到几种至几十种共生细菌，有的甚至可达几百种。植物共生细菌具有丰富的物种多样性，包括革兰氏阴性菌和革兰氏阳性菌。

十分有趣的是，根瘤中同时定殖着许多与根瘤菌不同的共生细菌，1997 年 Sturz 等从红车轴草根瘤中不仅分离出根瘤菌，还得到 12 种其他可培养细菌；而根瘤菌则可以共生细菌的形式定殖于非豆科植物根内或豆科植物除根系以外的其他组织中。例如，红车轴草的根瘤菌不但定殖于根瘤中，而且可定殖整个植株；从红车轴草中分离获得 22 种共生细菌。大豆根瘤中同时定殖着枯草芽孢杆菌、苏云金芽孢杆菌和慢生大豆根瘤菌 *Bradyrhizobium japonicum*，而这些细菌能促进植物生长。

2008 年 Muresu 观察到地中海地区豆科植物根瘤中定殖着优势的不可培养根瘤菌和大量可培养的非根瘤菌的共生细菌。他进一步对地中海地区 8 种从未研究过的野生豆科植物根瘤中细菌的结构及组成进行了分析，结果显示从 100 个未能分离到可培养的根瘤菌的根瘤中，分离获得了 24 种细菌，这些细菌不能使寄主植物结瘤；而 16S rRNA gene PCR 分析表明，尽管不能分离培养，这些根瘤中的根瘤菌仍为优势群落，同时采用肠杆菌专性抗体对根瘤切片的荧光显微观察也证实根瘤菌与共生细菌共同存在。2004 年 Benhizia 等分析了生长在地中海地区的野生豆科植物的根瘤分离物，发现这些菌位于 γ- 纲中，分布于泛菌属 *Pantoea*、肠杆菌属 *Enterobacter*、勒克菌属 *Leclercia*、埃希氏菌属 *Escherichia* 和假单胞菌属 5 属中。2006 年 Zakhia 对分离自突尼斯干旱地区的野生豆科植物根瘤中的 34 株共生细菌进行研究，确定其分别属于 14 属，这些菌株不能与寄主植物形成根瘤，并且不能扩出结瘤基因。然而与微杆菌属 *Microbacterium*、壤霉菌属 *Agromyces*、*Starkeya*、叶杆菌属 *Phyllobacterium* 相关的 *nif H* 基因却和苜蓿中华根瘤属 *Sinorhizobium meliloti* 的相似。这些属中红假单胞菌属 *Rhodopseudomonas* 和假单胞菌属 *Pseudomonas* 的一些种可以固氮，分枝杆菌属 *Mycobacterium* 和细杆菌属的一些种具有较低的乙烯还原活性，假单胞菌可以防止病菌的侵害。杨绍周等（2014）从鼓槌石斛组织共分离到 33 株共生细菌，数量和种类为根＞茎＞叶。其中，解淀粉芽孢杆菌 *Bacillus amyloliquefaciens* GB7、链霉菌 *Streptomyces* sp. GB16，以及芽孢杆菌 *Bacillus* spp. GB8、GB9 和 GB21 具有植物病害生防作用；乙酸钙不动杆菌 *Acinetobacter calcoaceticus* GB2 和肠杆菌 *Enterobacter* sp. GB20 具解磷效应；产酸克雷伯氏菌 GB1 具固氮功能。从先锋植物沙鞭根中分离到 1 株产酸克雷伯氏菌。这些证据表明产酸克雷伯氏菌确能作为共生细菌定殖于植物组织中，通过固氮酶将空气中的氮转化为氨，为寄主提供一定氮源，增加生物产量（Chen et al.，2013）。分别采用传统分离法和聚合酶链反应 - 凝胶梯度电泳（PCR-DGGE）法，周小风（2014）研究了温州、庆元、萧山和奉化等不同种植基地铁皮石斛共生细菌多样性分布及优势属。两种方法结果都显示萧山样品共生细菌多样性最丰富，其次为奉化样品。传统分离法表明芽孢杆菌属为铁皮石斛的优势属，且主要存在于根系。伯克氏菌属为铁皮石斛的优势属，且主要存在于茎部。综合分析两种方法，温州样品鉴定出 44 株细菌，分属 19 属，主要为短波单胞菌属和假氨基杆菌属；庆元样品鉴定出 42 株细菌，分属 16 属，主要为假单胞菌属和鞘脂单胞菌属；萧山样品鉴定出 40 株细菌，分属 22 属，主要为 *Rhodanbacter* 属；奉化样品鉴定出 50 株细菌，分属 23 属，主要为假单胞菌属、细杆菌属和根瘤菌属。从中国西北地区 4 省（自治区）的 5 种甘草中共分离到 159 株根瘤共生细菌，其中，115 株来自于新疆、26 株来自于陕西、13 株来自于甘肃、5 株来自于宁夏。大约 60% 的菌株分离自乌拉尔甘草，28 株分离自光果甘草，8 株分离自圆果甘草，6 株分离自黄甘草，2 株分离自胀果甘草，20 株分离自未知种类的甘草。随机扩增片段长度多态性 AFLP 和 16S rDNA 部分序列分析揭示中国西北地区甘草根瘤共生细菌具有丰富的多样性。在 50% 的相似性水平上，全部菌株被划分为 7 个 AFLP 群和 4 株单个菌株，在 60% 的相似性水平上可进一步划分为 29 个亚群。每个亚群代表不同的根瘤菌和非根瘤菌的种。其中，73% 的菌株位于 α-变形菌门，包括 57 株中慢生根瘤菌 *Mesorhizobium* spp.、25 株根瘤菌、11 株中华根瘤菌、6 株叶杆菌、16 株农杆菌和 1 株光合细菌 *Rhodobacter* sp.；20% 的菌株位于硬壁菌门 Firmicutes，包括 31 株类芽孢杆菌 *Paenibacillus* spp. 和 1 株细杆菌；还有 6 株菌位于 γ-变形菌门，包括 3 株欧文氏菌 *Erwinia* spp.、2 株泛菌和 1 株肠杆菌。分离于甘草根瘤的共生细菌中，几乎所有中慢生根瘤菌属的菌株都能与供试的乌拉尔甘草和光果甘草形成根瘤并有效固氮，为优势共生菌；而根瘤菌属和中华根瘤菌属的菌株与这两种甘草的结瘤固氮能力是随机的且不稳定，为偶然共生细菌；其他共生细菌并不能使这两种甘草形成根瘤（李丽，2011）。

二、植物共生细菌的分离与培养

植物共生细菌的分离方法即传统的平板培养方法，简便经济，但无法得到不可培养的共生细菌，因而不能准确判断共生细菌的数量与种类。共生细菌的分离应选择不同生长时期的植物，对其根、茎、叶和果实等不同部位进行采样，经表面消毒后进行分离。一些先进的技术手段如抗利福平、氨苄西林（氨苄青霉素）和卡那霉素等抗生素标记法、免疫技术结合电子显微镜技术和分子生物学方面的技术被用于共生细菌的检测。

针对共生弗兰克氏菌的离体培养，1978 年 Callaham 等采用酶消化法首次从番蕨木的根瘤中分离出放线菌，常规培养后，回接到寄主幼苗根系，成功地获得了再侵染，并观测到高水平的乙炔还原作用，证明形成了有效的根瘤，同时从再侵染的根瘤中又成功地分离出同一放线菌。1979 年 Baker 等采用蔗糖密度梯度离心法，利用酵母抽提物培养基，封口膜封口 28℃下培养，成功地分离出牛奶子 *Elaeagnus umbellata* 和美洲绿桤木 *Alnus crispa* 的根瘤放线菌，并采用水培法回接于培养在 Hoagland 营养液中的寄主幼苗，4 周后开始形成根瘤。同年，采用 QMOD 培养基，Lalonde 等从桤木成功地分离出根瘤放线菌。1985 年杜大至等采用组织分离法，利用修改的 MS 培养基，实现了沙棘根瘤放线菌的分离培养。中国科学院沈阳应用生态研究所从赤杨、沙棘、胡颓子、木麻黄和杨梅 5 属中获得了弗兰克氏菌的纯培养，并回接成功。1998 年李志真等研究认为 BAP 培养基适合于木麻黄共生细菌的分离培养，TCB 次之，肉汁培养基则不适于其生长。合理地选用表面消毒剂和消毒时间对成功分离培养也至关重要。共生放线菌分离培养中的酶消化法、显微解剖法、蔗糖密度梯度离心法、系列稀释法和组织分离法等均是可行的。然而，放线菌结瘤植物中还有一些属种未获得共生细菌的离体培养或未回接成功。因此，在培养基成分、分离技术和回接的研究上尚需不断改进。

关于植物共生细菌的具体分离与培养方法参见第十章相关部分。

第三节 植物与细菌的共生体发育

植物与细菌共生构建的各种各样的共生体系具有不同的生长发育规律，这主要是由寄主植物和共生细菌两者长期互作共同决定的。本节重点介绍具有代表性的植物与细菌的共生体构建过程及其发育特征。

一、豆科植物与根瘤菌构建的根瘤共生体

豆科植物与根瘤菌共生形成根瘤共生体的发育需要经历寄主与根瘤菌双方相互识别、根瘤菌定殖寄主根围与侵入根系、根瘤原基分化与根瘤形成等一系列相互作用的复杂过程。通常，土壤中生长的豆科植物种类（包括栽培品种）根系与根瘤菌种（包括同种不同菌株）接触前后通过信号物质互作调控共生关系的发展和根瘤共生体的发育。根瘤菌进入根毛细胞，随即形成侵染线（infection thread）；侵染线增长伸入根皮层；与此同时皮层细胞进行有丝分裂，产生侵入线继续增长和分枝，伸入各原基细胞，根瘤菌从侵入线中释放出来；根瘤原基发育为根瘤，其中根瘤菌分化为类菌体。由植物形成的周膜将类菌体包裹成为共生体，类菌体将分子态氮还原为氨态氮，转送到植物其他部位进行同化和利用。

（一）豆科植物与根瘤菌的接触与识别

豆科植物根系分泌物特别是其中的黄酮类化合物可诱导根瘤菌趋化性地接近根毛细胞，根瘤菌可利用根围较丰富的营养物质与适宜的生境开始繁殖，增加种群数量，与此同时，植物根系也在生长发育，增加土壤中根系的密度，占据更多的生态位。基于双方的同时扩增扩展，必然导致两者由化学分子接触识别、生理接触识别，到物理性的亲密接触识别（具体的化学与生物化学识别机制参见本章第四节相关内容），为根瘤菌定殖根围、侵入根毛奠定了物质基础和生物学条件。

（二）根瘤菌定殖根围与侵入根系

根瘤菌可以由不同途径进入根系内部，研究得最深入的是通过根毛的方式。随着根瘤菌种群数量的增加，其成功定殖根围，同时其所产生的结瘤因子释放到根围达到一定浓度时诱导根毛变形、分枝、卷曲，抑制根系生长，促进粗短根形成并诱导根瘤菌的侵染线形成。随着根毛细胞变形弯曲将根瘤菌包裹在内，其中所包含的根瘤菌分泌纤维素分解酶水解根毛卷曲部位的植物细胞壁，细胞质膜向内生长，同时新的细胞壁物质沉积在内陷的质膜处，使之向内凹陷，形成管状结构，即侵染线。随着侵染线向根毛基部生长，在被侵染部位高度液泡化的根皮层细胞被激活，这些活化的细胞进行细胞质重排，形成横跨中央大液泡的辐射状胞质桥，这可能有利于侵染线扩展。新合成的寄主细胞壁将根瘤菌和植物细胞质隔开，似乎根瘤菌进入了根毛细胞内部，而实际上根瘤菌仍处于植物细胞壁外。根瘤菌在侵染线内不断繁殖，侵染线也随之延伸，向根毛基部和皮层细

胞推进。侵染线增长伸入根皮层，根瘤菌沿着侵染线侵入到根内皮层的植物细胞中。后者细胞进行有丝分裂，产生侵入线继续增长和分支，伸入各原基细胞。

（三）根瘤原基分化与根瘤形成

结瘤因子能够诱导根内皮层特别是对着原生木质部的部分形成根瘤原基。根的皮层细胞受到根瘤菌刺激而分裂，发展为分生组织。在感染根瘤菌后，分生组织产生的子细胞就分化形成几种特异细胞。有的细胞被分支的侵染线感染成为含菌细胞，根瘤菌在其中分裂繁殖。这时在侵染线包围之中还有部分植物细胞未被根瘤菌侵染，成为间质细胞（interstital cell），它们在某些寄主中具有重要的代谢作用。例如，大豆根瘤的间质细胞含丰富的尿酸酶微体（microbody），能够合成酰脲（ureide）。分生组织产生的部分新细胞分化形成维管束系统。在根瘤的发生过程中形成的一些细胞间空隙，有一定限度的伸缩性，对根瘤内外气体的交换有重要作用。有的细胞空隙还含有少量抗原物质，类似于阿拉伯胶的糖蛋白。豌豆和箭舌豌豆根内皮层细胞分裂构成根瘤原基，根外皮层细胞被激活形成前侵染线结构。侵染线通过前侵染线向根瘤原基生长并分叉，根瘤原基基部的细胞首先被侵染。而在根瘤原基顶端的细胞则很小，并富含细胞质，构成顶端分生组织。根瘤分生组织连续不断地向基部分化形成中央组织和外周组织。中央组织是被根瘤菌侵染的组织。分生组织不断地分化形成根瘤组织，中央组织含有处于不同发育时期的细胞。根瘤原基分化形成各种根瘤组织，随着分生组织的不断分裂和分化，根瘤的各种结构相继形成，此时肉眼可见根的表面出现突起，随后根瘤不断长大，发育成成熟的固氮根瘤。苜蓿根瘤可分为顶端分生组织、固氮前区、间隔区、固氮区和衰老区。

类菌体的释放和分化标志着根瘤的成熟。多数根瘤在形成过程中，当侵染线到达根内部组织的一些细胞时，它的前端膨大，不再形成侵染线壁（也即植物细胞壁），根瘤菌被释放到细胞质中，被植物细胞形成的类菌体周膜包裹。榆科植物根瘤和一些木本豆科植物根瘤中，根瘤菌存在于含菌组织的固氮线内。但固氮线不是侵染线的继续，而是在被感染的细胞中形成的，它的壁比侵染线薄，只存在于活的成熟寄主细胞中。成熟的根瘤及其固氮活性持续的时间与豆科植物种类和根瘤类型有关。无限生长型根瘤的固氮作用开始后即有产物分泌出来供给植物利用，而且根瘤生长和新细胞的侵染继续进行，可以持续几个星期至几个月；多年生豆科植物根瘤的生长和固氮功能可以继续数年之久。有限生长型根瘤最先固定的氮首先用于根瘤本身生长，只有在根瘤充分发育成熟后才能输出固氮产物，根瘤寿命较短，大豆根瘤的固氮作用可持续约60d。根瘤的寿命较寄主植物短得多，在植物成熟之前根瘤就开始衰败，表现为类菌体周膜破坏，类菌体裂解，根瘤内部由浅红色变为绿褐色。植物尚处于健康生长时根瘤就陆续衰败，这可能与固氮共生体（nitrogen-fixing symbiosome）的生理状态有关，但有待深入研究。

二、植物与弗兰克氏菌构建的根瘤共生体

植物共生放线菌是通过菌丝渗透侵染寄主植物的根系，形成根瘤进而进入寄主植物

的。Newcomb 等利用荧光技术和扫描电子显微镜技术研究香蕨木的根瘤形成过程，发现土壤中的放线菌通过侵染根毛进入植物根系。然后，菌丝体使寄主细胞壁降解，导致根皮层细胞穿孔，从而进入到寄主植物细胞的胞质，最后与植物形成共生体。通过显微观察发现在幼嫩的沙棘根瘤内存在较多的菌丝体，而在成熟的根瘤里共生放线菌主要以孢囊或孢囊孢子的形式存在。

　　非豆科植物与弗兰克氏菌共生形成的根瘤共生体不仅在形态结构上不同于豆科植物的根瘤，发育特点也各异。植物与弗兰克氏菌共生形成的典型根瘤是由于多重的、饰变的侧根侵染部位受到局部刺激而产生的，即在弗兰克氏菌的刺激作用下，植物侧根变短、重复分枝、集结形成不规则球形体或大致球形的珊瑚状瘤簇。维管束中生，顶端为分生组织，其后从里到外依次分化出维管束、皮层和表皮层，多年生瘤瓣的表皮层往往栓化。弗兰克氏菌只侵染部分皮层细胞。由于侵染时间不同导致细胞内弗兰克氏菌的形式存在差异。邻近分生组织的侵染细胞中往往只有菌丝，其后的即靠近伸长区和成熟区的侵染细胞内已普遍大量地分化出具固氮功能的泡囊，瘤瓣基部往往是衰老的菌丝和泡囊。多年生根瘤的瘤龄可由根瘤基部的年轮数出。多年生根瘤外层瘤瓣年幼色浅，内层的年老色深。植物与弗兰克氏菌形成的根瘤中普遍不含血红蛋白（细枝木麻黄和香杨梅除外），而是普遍含有多酚物质。通常弗兰克氏菌以两种方式进入寄主植物体内。一种是弗兰克氏菌以从根毛细胞侵染的方式定殖香蕨木、桤木、杨梅和木麻黄等多数植物。其过程是：该菌首先聚集于植物根毛上，使其变形，并在根毛高度弯曲的地方侵入，根毛被侵染处的初生壁纤维排列无序，整个根毛细胞有显著的次生壁形成，侵染区域的根毛胞壁内生，类似于传递细胞的胞壁，内生壁与包围菌丝的荚膜相延续，被侵染的根毛细胞代谢活性增强，内含物增多。随后菌丝侵染根毛下方被诱导分裂的皮层细胞，使这些细胞体积显著增大，从而在根的一侧形成微小突起，即先根瘤（prenodule）。这时尚不具备固氮功能。形成先根瘤的同时，根维管束鞘在内生菌诱导下分裂，形成根瘤原基（nodule primordium），并进一步分化出根瘤的皮层、维管及分生组织，随着先根瘤皮层细胞被广泛侵染、侵染细胞不断形成及体积显著增大，使真正的根瘤撑开根的皮层，凸出根皮表面。另一种是以从根部表皮细胞间隙侵入的方式定殖胡颓子属植物。此过程中根毛并不卷曲变形，皮层细胞也不被侵染，只是被诱导分泌一种可被亚甲蓝深染、电子致密的物质于胞间。根皮层细胞也很少分裂，不形成先根瘤。在菌群到达之前，起源于根维管束鞘的根瘤原基扩增分化，并被充满多酚的原生周皮包围。分化出的根瘤皮层区在菌群到达后，由于被侵染细胞数目增多、体积增大，从而凸出于根皮表面形成根瘤。根据这两种方式形成的根瘤发育过程，根瘤共生体可分为桤木型根瘤和杨梅型根瘤。前者是非豆科根瘤中常见的类型，瘤为簇状或珊瑚状，其根瘤簇可达数厘米。枪木、多瓣木、普氏木、胡颓子、马桑和迪斯卡等属植物的根瘤属于该类型。后者根瘤上小根长，大部向上，形成丛根状体。根瘤在根瘤簇的每个末端产生大致垂直向上生长的瘤根，瘤根比根瘤裂片细得多，其中没有弗兰克氏菌感染。可能因为瘤根中缺乏吲哚乙酸等植物生长激素，导致瘤根呈负向地性生长。试验发现，寄主植物只能由一种特定方式被侵染，而弗兰克氏菌则不只具备一种侵染方式。因此，根瘤的形成方式是由寄主植物决定的。而弗兰克氏菌对沙棘的侵染这两种方式都存在。通常从根毛侵染比从根表皮间隙侵入的识别机制更复杂、更特异。可见，共生放线菌侵染定殖寄主植物的过程比较复杂，对其侵入途径和根瘤形成的机制也有待进一步研究。

四川桤木根瘤形成根瘤原基时通常多起源，早期根瘤的外部形态与由根瘤瘤瓣分裂产生的幼年根瘤外部形态差别不明显。根瘤原基形成初期不受侵染，随着根瘤原基突出皮层，放线菌由侧方侵入，早期根瘤内侵染细胞连续存在，无分层现象。四川桤木根部形成根瘤时通常多个根瘤同时形成，根瘤原基的起源与侧根类似，都起源于中柱鞘。早期根瘤的外部形态与由根瘤瘤瓣分裂产生的幼年根瘤外部形态差别不明显。根瘤原基在突出皮层形成根瘤时，从旁绕过并不穿过皮层侵染区域，其外层细胞在整个横切面结构上与根的内皮层相延续。根瘤原基突出皮层的动力来自侵染细胞的不断形成及体积的显著增大，而前端分生细胞不断分裂产生新的细胞则是另外一个重要原因。分生细胞前部排列整齐的数层细胞，随根瘤生长很快被挤压破坏，形态上与根冠有些类似，看不到明显的侵染线。羊奶果根瘤早期侵染方式为皮层细胞间隙侵染，此期的共生放线菌是一种分支、具隔膜的菌丝体，早期侵染细胞有脂体存在。成熟根瘤含菌细胞明显多于幼瘤和衰老瘤。成熟根瘤具有大量泡囊，成熟泡囊具分隔、双层壁结构。衰老瘤泡囊分隔消失，不呈双层壁结构。成熟根瘤的固氮、吸氢活性明显高于幼瘤和衰老瘤。

三、植物与其他细菌的共生体

植物与其他细菌的共生通常不形成一定形态结构的共生体，只是以一定菌体形态定殖于植物体细胞间隙或细胞内部、根围、茎围、叶围、花围、果围和种围等部位，而对植物形态结构不产生明显的影响或无影响。根据植物与其他细菌的共生关系可以将其分为专性共生细菌和兼性共生细菌。这里所谓专性共生细菌是指仅定殖存活于植物体内，密切跟随植物的整个生活史而存活，并可通过种子或其他组织器官传播到下一代或其他生态位的植物体内。例如，红苍白草螺菌或织片草螺菌只能生活在高粱和甘蔗等作物组织内，属于只定殖植物内部而在植物根围无法分离到的专性共生细菌。自然界中大多数共生细菌属于所谓兼性共生细菌，如假单胞菌属、肠杆菌属、沙雷氏菌属、产碱菌属及革兰氏阳性菌的一些属等，即它们不仅可定殖植物内部，也可以定殖根围、茎围、叶围、花围、果围和种围等部位或土壤中。有些共生细菌可以定殖多种寄主植物中，而有些则只定殖单一寄主。因此，可将共生细菌划分为专一性和非专一性两类，大部分共生细菌属于非专一性。荧光假单胞菌可以定殖菜豆、小麦、番茄、柠檬、甜菜和玉米；成团肠杆菌则定殖玉米、柠檬、黄瓜和马铃薯等，而重氮营养醋杆菌只存在于甘蔗中。

共生细菌可以经由根尖延伸部位和侧根发生处而进入植物组织的细胞间和细胞内，随着植物细胞分化而进入中柱。一般认为共生细菌进入根皮层，利用某些酶类或物理作用通过皮层间隙向纵深扩展，细菌在内皮层细胞壁未加厚的位置侵入中柱后进入导管，细菌借着蒸腾作用向植物的其他部位定殖扩展传播。细菌可以通过维管束系统进入种子，也可以通过禾谷类花粉通道、成熟种子的种脐、种皮的裂缝开口、种子荚、种皮背部索状细胞和种脊进入种子，或通过次生根进入分生组织。共生细菌的远距离传播可以通过种子调运或动物的取食等途径，昆虫作为传播载体对共生细菌的传播不亚于病毒。共生细菌可系统地定殖种子和无性繁殖材料（如枝条、根系、块根和块茎等），从种子萌发至开花结实，周而复始，其与植物的共生关系是永久的。

第四节　植物与细菌的共生机制

自然条件下植物与细菌可构建多种类型的共生体系。这些共生体系的构建首先需要植物与细菌双方进行识别，通过一系列的生物化学机制、生理学机制、生态学机制和遗传学机制等共生机制，植物与细菌之间的共生体系才能得以建立发展、维持运行和发挥功能，以改善共生体的生理生化代谢、逆境适应能力和遗传性能。其中，以豆科植物与根瘤菌的共生机制研究得最系统和深入。

一、植物与细菌共生的生物化学机制

事实上，早在植物与细菌两者未接触之前就已经发生了化学或生化分子互作：植物向生境中分泌释放次生代谢产物与细菌胞外分泌物趋化性的引诱剂或排斥剂进行感知作用。假单胞菌属和短小芽孢杆菌属的细菌大多都具有趋化性；解淀粉芽孢杆菌对葡萄糖和柠檬酸具有趋化性（Zhang et al.，2015a）；金属离子对氧化亚铁硫杆菌 *Thiobacillus ferrooxidans* 和普通脱硫弧菌 *Desulfovibrio vulgaris* 具有诱导性；与野生型相比，荧光假单胞菌趋化性重要基因 *cheA* 突变体定殖番茄根系效果下降，并且该现象自根基至根尖逐渐加强。这些均证明在生态位竞争过程中植物共生细菌的趋化性至关重要。细菌可以通过趋化性定殖到最适宜生存的植物最佳位点，大多数情况下细菌的趋化性受双组分系统信号途径调控，植物与细菌建立共生体系起始于双方的分子识别机制。

豆科植物与根瘤菌共生形成根瘤共生体开始于豆科植物与根瘤菌之间的分子识别。植物根系向根围分泌的类黄酮（flavonoid）等信号物质能诱导根瘤菌结瘤基因表达合成并分泌一类可以被豆科植物感知识别的信号分子类脂寡糖，即"结瘤因子"（nod factor）（Janczarek et al.，2015；Aliliche et al.，2016）和根瘤菌分泌的胞外多糖（EPS）。后者作为一种信号分子可抑制寄主植物的防御反应，有利于根瘤菌侵入植物。已从寄主植物分离获得结合 EPS 的 EPR3 蛋白。而且，EPR3 受结瘤因子诱导表达，且依赖于结瘤因子信号传导途径（Kawaharada et al.，2015，Long，2015）。

豆科植物面对根瘤菌的入侵，是启动防御反应还是共生信号传递的决定作用，取决于定位在植物细胞膜上的受体复合物（Antolin-Llovera et al.，2014）。在根瘤器官产生的 NF 信号转导方面的研究取得了突破性进展，发现了两类 RLK 在共生信号传递中发挥重要作用（Antolin-Llovera et al.，2014），其一是 LysM-RLK，其二是 MLD-LRR-RLK。LysM 结构域参预结合肽聚糖或相关结构的分子，如几丁质寡多糖。目前已从不同的豆科植物中鉴定出 NF 受体，介导识别根瘤菌。这些受体具有一个共同结构特点，即含有 1 个跨膜结构域锚定胞外 LysM 模体和胞内蛋白激酶结构域，因此将其命名为 LysM-RLK。在模式豆科植物百脉根中鉴定出两个 LysM 受体激酶 LjNFRl 和 LjNFR5，它们参预结瘤因子的识别，这两个蛋白质是寄主植物启动根瘤菌侵入和根瘤产生所必需的。另外，百脉根中的共生受体激酶 LjSYMRK 是一个含有 Malectin-like domain（MLD）、LRR、跨膜和激酶结构域的受体，位于共同共生途径（common symbiosis pathway）起始点，也是根瘤菌、菌根真菌（AM 真菌）和放线菌侵染的交汇点。关于这一点在后面的相关章节中将给予进一步介绍。

所有根瘤菌分泌的结瘤因子都具有由 3~5 个 N- 乙酰氨基葡糖组成的糖骨架，以及在还原糖末端 C2 上连接的一条脂肪酸链构成。但不同根瘤菌释放的结瘤因子在侧链上羟基的取代基团、脂肪酸链的长度和不饱和程度等差异较大，而这些结构上的差异与根瘤菌对寄主的专化性或寄主范围紧密相关。高于 1nmol/L 的结瘤因子可以诱导其寄主植物根毛变形。结瘤因子的脂肪酸链是诱导根毛变形所必需的。接种根瘤菌后豌豆根毛细胞中根毛变形和卷曲相关的数种基因 mRNA 水平升高。然而，在根毛发育早期大部分这种 mRNA 水平也较高，表明根瘤菌可能促进根毛细胞发育。两种 mRNA 体外翻译蛋白 RH-42 和 RH-44 的水平只在接种后的根毛细胞中增高，这两种蛋白质可能与根毛变形和卷曲有关。nod 基因产物能增强 RH-42 基因的诱导表达和 RH-44 基因的表达。

根瘤菌分泌的结瘤因子最先激活寄主植物根的表皮细胞产生 Ca^{2+} 振荡，Ca^{2+} 作为第二信使在细胞传递中发挥重要的作用，介导植物与根瘤菌之间的共生体建立。结瘤基因主要调控早期共生体构建过程中的信号分子形成与交流，共有调节基因（nodD）、共同结瘤基因（nodABCIJ）和寄主专一性基因（hsn）3 组，位于根瘤菌的共生质粒（symplasmid）上。nodD 存在于所有根瘤菌中，通常是组成型表达，其产物可激活其他 nod 基因的表达，但其激活又受到寄主植物专一的黄酮类物质的调节；nodABCIJ 也存在于所有根瘤菌中，并具有较高同源性，在功能上是互补的，对豆科植物根毛卷曲和皮层细胞分裂是必需的；寄主专一性基因控制根瘤菌的寄主范围。豆科植物根系中高亲和力受体结合蛋白 NFBS1 和 NFBS2 特异性识别根瘤菌的结瘤因子后，根系内部会发生一系列信号反应，如 Ca^{2+} 振荡和离子（Ca^{2+}、Cl^-、K^+ 和 H^+）流，一些植物结瘤蛋白（nodulin）基因能在此期间特异表达，促使根毛分枝、卷曲和顶端膨胀以将根瘤菌包裹在卷曲的根毛中。根瘤菌分泌水解酶分解根毛细胞壁后侵入根毛细胞内，并导致细胞核移至侵染部位，内质网和细胞骨架重排，形成前侵染线。前侵染线继续生长形成侵染线，即卷曲的根毛内会形成侵染线（Martínez-Hidalgoa et al.，2015）。前侵染线形成的同时，皮层细胞开始细胞分裂。根瘤原基在根瘤菌侵染点的内部皮层细胞起始，皮层细胞转变为根瘤的分生组织，开始细胞分裂。当侵染线生长至根瘤起始的区域时开始形成分支，有的物种中根瘤菌一直仅存在于侵染线里并固氮。而苜蓿和百脉根等豆科植物中根瘤菌则释放到根瘤细胞的特定区域，最终根瘤菌在根瘤原基细胞中被释放，当根瘤菌发育为膜包被的固氮类菌体时则转变成可以固氮的根瘤菌，由此成熟的根瘤结构即共生体形成。

二、植物与细菌共生的生理学机制

定殖植物组织上的植物共生细菌首先应该保证菌体附着在植物上，通过细菌表面分泌的黏附素、胞外多糖和蛋白质构成的伞毛等附着结构附着在植物上。荧光假单胞菌 Pseudomonas fluorescens CHAO 能产生大量黏液物质（mucoid），黏附蛋白提高了该菌株对植物根系表面和 AM 真菌菌丝的附着能力。豌豆根瘤菌产生的黏附蛋白 RAP 通过识别细胞极性表面的受体能与钙离子和凝集素细胞结合，黏附蛋白 RAPA1 基因大量表达的根瘤菌结瘤率比普通菌株高 2 倍（Nigmatullina et al., 2015）。植物共生细菌在植物表面分布是不均匀的，叶脉、气孔和腺毛等部位较为密集。革兰氏阳性菌容易在植物叶部聚集，于营养和生态条件适宜时形成生物膜（biofilm）。植物共生细菌在生物膜中的高细胞密度环境下会产生群体感应（quorum sensing）现象，不同细菌会释放自体诱导物（autoinducer）信号分子调节基因协同表达，常见信号分子包括酰基高丝氨酸内酯（AHL）、丁酸内酯、甲基正十二烷酸（DSF）和自诱导肽等。随着细菌自体诱导物信号分子的积累，植物共生细菌就与植物产生了相互作用，包括阻止其他病原物的侵入、产生抗生素及植物产生挥发性物质等。

与根瘤菌细胞表面结构有关的基因，即与 EPS、脂多糖（LPS）和中性葡聚糖合成有关的基因对建立共生固氮体系也是必需的，这类基因突变导致不能形成侵染线或形成空瘤。根瘤菌的表面物质 EPS、LPS 和葡聚糖在侵染植物建立共生体过程中发挥重要作用。例如，缺少 O- 抗原的豌豆根瘤菌 LPS 突变体在箭舌豌豆上细菌不能从侵染线中释放到植物细胞中去，不能分泌环化葡聚糖的豌豆根瘤菌突变体诱导植物形成的小根瘤中只有少量侵染细胞。苜蓿和豌豆的根瘤菌结瘤因子 NodRm 及 NodR1 能诱导根部内皮层细胞分裂，形成根瘤原基。纯化的 NodRm 还能继续诱导形成根瘤，而且在结构上与菌体侵染形成的根瘤相同。推测豆科植物存在可识别不同结瘤因子的专一性受体。结瘤因子可能作为生长素运输的内部调节因子而起作用，即可能通过改变根系内皮层的激素平衡，导致根皮层细胞分裂形成根瘤原基。

根瘤形成过程同时需要根瘤菌的结瘤和固氮基因，以及寄主植物的有关基因共同作用、互补协调，诱导根瘤有序发生发育。寄主植物共生基因编码形成的一系列根瘤素前期在寄主与根瘤菌相互识别阶段、侵染和根瘤形成阶段发挥作用；后期的根瘤素，包括豆血红蛋白在固氮功能开始时发挥作用。寄主植物具有控制根瘤数量的能力，当根瘤达到一定数量后不再发育新的根瘤，即结瘤的自动调节（autoregulation）或反馈控制（feedback control）。当第一次接种根瘤菌后经一定时间，不论进行第二次接种与否，根系上的总根瘤数量差异不显著。将根系进行分根培养，先在一半根系上接种形成根瘤，然后在另一半根系上再接种，也很少有新根瘤形成。可见，对新根瘤形成的抑制作用是由寄主植物地上部分产生的，或可能是根系产生经由地上部传导至另一部分根系的，是植物控制根瘤数量在整个根系上的自身平衡作用。关于这一点有待进一步证实。经化学诱变已获得失去控制结瘤能力的突变植株，包括不结瘤的突变和超量结瘤的突变，其超量结瘤植株虽然形成大量根瘤，但消耗过多能量，反而成为植物正常生长的障碍。正常生长的寄主植物还能根据环境中氮的存在与否及其数量而调节根瘤形成和数量。这暗示植物也是会"计算成本"的，也是十分精明的。

而植物共生细菌也不"傻"。它们可以通过植物体各器官的自然开口，如水孔、气孔和皮孔、侧根突出处的表皮裂隙、各种机械损伤和病虫害伤口等部位比较简便地侵入寄主。重氮营养醋杆菌从根尖和侧根发生的周围侵入植株，在根内细菌扩散到上皮细胞和茎基的木质部导管并由此传到嫩枝组织；还能侵入甘蔗根毛形成侵染线样结构。织片草螺菌在甘蔗根中的定殖模式与重氮营养醋杆菌相似，固氮弧菌中的纤维素酶、内切葡萄糖酶和外切葡萄糖酶等可能参预侵染植物。共生固氮菌利用寄主分泌到细胞间隙的分泌物或寄主防御反应的产物作底物进行能量代谢。甘蔗茎节间细胞间溶液蔗糖浓度高达 10%~12%，pH5.5，在组成上非常接近适合培养重氮营养醋杆菌的培养基。共生细菌通过其表面束缚的果胶酶或纤维素酶部分改变寄主细胞膜的通透性，激活膜上的 K^+/H^+ 交换，释放到细胞间隙中的 K^+ 使细胞间隙溶液中的 pH 从 5.5 增加到 7.0~7.5，引起细胞中的蔗糖、氨基酸、无机离子流入细胞间隙，从而促进了共生固氮细菌的定殖。

根瘤原基形成过程中植物激素如生长素能够诱导植物尤其是豆科植物形成类似根瘤的结构，并且在这些结构中根瘤特异的早期结瘤素基因 *PsENOD2* 和 *PsENOD12* 表达了；细胞分裂素也能够诱导苜蓿形成类似结构，表明根皮层中较高的细胞分裂素 / 生长素比率导致细胞分裂，可以推测细胞分裂素 / 生长素比率的控制是结瘤因子信号传递的组成部分之一；而外施 GA_3 能抑制根瘤菌侵染时侵染线的形成，赤霉素抑制根瘤形成的作用位点在细胞分裂素下游。可见，植物可能是通过调控其内源激素平衡状况控制根瘤共生体的形成数量。有关这一点值得进一步试验证实。

植物在生长过程中产生多种根系分泌物，其中包括氨基酸、糖类和有机酸等物质，这些成分可以作为植物根围细菌的营养物质，而一些根围细菌能通过分泌植物激素和活化土壤中矿质元素等途径促进植物生长。根瘤菌的碳源来自豆科植物合成的碳水化合物，根瘤菌反补植物氮素养分。可见，植物与细菌之间的共生需要双方的物质交流、能量流动和代谢互补等生理学机制。

三、植物与细菌共生的生态学机制

植物与细菌大多处于相同的宏观生态位，它们自始至终可谓休戚与共，共同面对各种复杂多样的逆境。植物选择与细菌共生，细菌产生复杂多样的次生代谢产物帮助植物增强抗逆性、减轻病虫害和促进植物生长发育，进而提高植物在多种环境条件下的竞争力；作为回报，植物会帮助细菌传播定殖，为共生细菌提供了良好的庇护场所。植物与细菌共生体系中两者相互适应、相互影响、互利共生，以共同承担生态选择压力。这是植物与细菌共生的内在生态学机制。

植物所处的生存环境中细菌占据着重要的位置，并且细菌的生物量极其庞大。在此基础上，细菌的生理生态功能可以得到良好的发挥。PGPR 等可以溶解和活化土壤中磷、硅、铁等难溶性营养元素并提高土壤肥力，从而改善植物矿质营养状况。通过产生有机酸及黏合物质，可增加和改善土壤团聚体，调整土壤结构，改善土壤的理化性状，还能通过分泌次生代谢产物使环境中的微生物群落结构发生改变，控制有害生物数量，降低植物病害。

植物共生细菌可以产生挥发性物质促进植物生长发育，挥发性物质具有分子质量较小、沸点低、亲脂、易扩散、低作用浓度和不接触等的特点。一些 PGPR 产生的挥发性生长刺激产物与植物化感作用、诱导植物系统抗性、抑制植物病原物等密切相关。利用优良促生细菌菌株可有效缓解作物的连作障碍；解淀粉芽孢杆菌 CIII-1 在植物叶片和根系侵入后可沿维管束移动，对辣椒青枯病有较好的防治效果和增产作用（张兴锋等，2010）；菌株 K-1-8、R-3-16 和 R-3-18 于温室条件下对烟草青枯病的防效分别为 87%、

85% 和 88%（王超等，2014）。植物与细菌共生形成的共生体还能有效增强其抗旱性、耐盐性、对有毒有机物的分解能力和对重金属毒害的耐受能力，以共同维持生态系统的生物多样性、稳定性和生产力的可持续性。

四、植物与细菌共生的遗传学机制

植物与细菌的遗传特性是决定两者共生的遗传学机制。植物与细菌两者基因型的互作深刻影响着共生体的成功建立与否，长期的系统演化过程中植物与细菌互相选择、互相适应和协同进化。植物不同种和栽培作物的不同品种基因型的显著差异可影响共生细菌的生活史、侵染定殖特征和分布特点，豆科植物与根瘤菌的共生专化性最能体现这一点，如根瘤菌与其结瘤植物的共生专一性。

研究表明，共生固氮菌的固氮作用与寄主基因型有很大关系（Alves et al.，2015）。固氮过程涉及固氮酶和固氮还原酶这两种非常重要的酶，而且固氮是一个高耗能过程，固定一个 N_2 需要 16 个 Mg-ATP 和 H^+；固氮还需要重要碳源，如豆科植物根瘤固氮需要四碳二羧酸糖。这些均与不同植物及其共生固氮细菌的遗传特性相关。*nif* 基因簇是固氮功能细菌的遗传基础，了解不同固氮细菌中固氮基因簇组成差异和进化过程有助于对固氮基因簇的优化和改良共生固氮功能。此外，共生基因的系统发育树表明甘草中慢生根瘤菌的 *nif H* 基因具有丰富的多样性，并有可能蕴藏着新的共生基因。综合 *nif H*、*nod A* 和 *nod C* 基因全序列分析，其菌株间的系统发育关系较类似，表明不同的共生基因之间相关性很高。所有菌株根据地理来源和寄主种类形成不同的分支，表明来自于不同地区及不同甘草的菌株，其共生基因存在着差异，并表现出一定的生态型或生物地域型（李丽，2011）。随着组学技术的发展与研究的深入，将进一步揭示植物与细菌共生的遗传学机制。

第五节　植物与细菌共生的生理生态功能

植物与细菌共生体可从多方面对植物的生长发育、土壤肥力和生态系统可持续生产力等产生影响。植物与细菌共生所构建的共生体系能产生一系列生理生态效应，在改善植物营养和生长发育、拮抗病原物、诱导植物抗逆性、改良与修复土壤、提高土壤肥力、增加生物多样性、改善食品与环境安全、保持生态系统平衡与可持续生产力等方面发挥不可替代的作用。

一、植物与细菌共生改善植物营养的效应

全球生物固氮量约为 17 500 万 t，其中豆科植物与根瘤菌共生体的共生固氮量为 3500 万 t，达到现今工业法人工固氮数量。共生固氮平均提供豆科植物所需氮素的 50%~75%，具体的固氮率取决于豆科植物的种类和条件。三叶草和苜蓿的固氮率最高，每公顷年平均可达 250kg N；大豆和花生等年平均固氮约 100kg N；有茎瘤的具喙田菁固氮可高达每公顷每年 700kg N。全球植物 75% 的氮源来自共生固氮（Han et al.，

2004），其中，共生结瘤固氮、联合固氮和自生固氮最为重要。植物共生细菌中具有固氮功能的菌株是很好的植物氮素营养源。植物与细菌共生体系不仅可提高植物光合速率、增加营养物质和生物量，而且可促进植物对氮、磷等营养元素的吸收和利用。共生固氮细菌和联合固氮细菌只有在与植物共生条件下才能有效地固氮，可直接为共生体系提供氮源，供其利用，还能改善土壤肥力状况（Mehboob et al.，2013）。此外，它们还能促进植物根系对水分，以及氮、磷和钾等矿质元素的吸收；改善土壤透气性，有助于植物健康生长。

据估计，陆地生物固氮量的 25% 是弗兰克氏菌共生固氮贡献的。很多植物共生细菌定殖于寄主植物的各种营养器官内，且不形成特化结构。有效地发挥非豆科植物共生细菌的共生固氮作用，吸收空气中氮气，利用植物产生的多余能量将其固定为化合态氮，提供给寄主生长所需的养分，一定程度上可以取代或减少化肥的使用。人们在研究这些共生固氮菌时发现，某些菌类能提供植物高达 80% 的氮量。Azevedo 等认为，与几乎所有植物体内含有共生细菌相似，有可能几乎所有植物中也含有共生固氮作用细菌。甘蔗根、茎和叶内存在大量的新型共生固氮细菌——重氮营养醋杆菌，它具有强的抗酸能力，能保持高效的固氮活性并与甘蔗建立联合固氮作用。这些固氮作用的直接效果是改善了植物营养状况，进而促进了植物的生长发育。

PGPR 可通过活化土壤中矿质元素，特别是磷、铁和铜等改善植物的矿质营养。例如，缺铁环境中共生细菌可以通过合成分泌与 Fe^{3+} 有高特异螯合能力的小分子化合物的铁载体（siderophore）来摄取环境中的铁，以改善植物的铁营养。

二、植物与细菌共生增强植物抗逆的效应

植物共生细菌分布广、种类多，几乎存在于所有目前已研究过的陆生及水生植物中。定殖共生细菌的植物通常表现生长快速、抗逆境、抗病害和虫害等优势，比未定殖的植株更具生存竞争力。植物根围土壤中细菌种类多、繁殖快、数量大，有的能产生拮抗物质抑制病原菌，并能促进植物的生长。芽孢杆菌 PAB-2 对香蕉枯萎病的防效可达 47%，香蕉苗地上部生物量增加 36%，根长增加 55%（李文英等，2012）。荣良等（2011）将 5 株 PGPR 与 3 种病原真菌进行平板对峙试验，观察到 LHS11 对尖孢镰刀菌黄瓜专化型 *Fusarium oxysporum* f. sp. *cucumerinum* 和尖孢镰刀菌西瓜专化型 *Fusarium oxysporum* f. sp. *niveum* 的抑制效果最好，抑菌率达到 80% 以上；其次是 191 对黄瓜尖孢镰刀菌黄瓜专化型的抑菌率为 74%，LHS11 和 191 对立枯丝核菌 *Rhizoctonia solani* 的抑制效果相近，分别为 64% 和 65%。这些结果表明，191 和 LHS11 是具有潜在生防作用的 PGPR 菌株。刘东岳等（2017）自黄瓜根围分离获得拮抗尖孢镰刀菌黄瓜专化型作用的 5 株 PGPR（PR2-1、PS1-3、PS1-5、PS2-6 和 PS3-2），根据 16S rDNA 基因序列分析和生理生化特性分析，鉴定该 5 株分别为 *Burkholderia cepacia*、*Bacillus subtilis*、*Bacillus velezensis*、*Pseudomonas fluorescens* 和 *Bacillus velezensis*。该 5 株 PGPR 具有很强的溶解蛋白质活性，溶解率分别为 45%、51%、50%、83% 和 77%；PR2-1、PS1-5 和 PS3-2 具有嗜铁素活性，其溶解率分别为 56%、63% 和 73%。对峙培养中 5 株 PGPR 对尖孢镰刀菌黄瓜专化型的抑制率分别为 48%、49%、51%、66% 和 56%，其发酵液的

抑菌率分别为 47%、52%、50%、67% 和 54%；尖孢镰刀菌黄瓜专化型菌丝生长受到抑制，发生畸形、溶解、色素积累和内含物凝聚等，并观测到色素沉积量大、颜色深的菌丝易断裂，这是国内外新发现的 PGPR 抑菌现象。PGPR 各菌株 1×108CFU/ml 发酵液对尖孢镰刀菌黄瓜专化型的分生孢子萌发抑制率均高于 92%，并且其抑菌能力遗传性较为稳定。*Pseudomonas fluorescens* PS2-6 对 *Fusarium graminearum*，*Bacillus velezensis* PS3-2 对 *Fusarium acuminatum*、*Fusarium proliferatum* 和 *Verticillium dahliae*，*Bacillus velezensis* PS1-5 对 *Alternaria alternata* 和 *Botrytis cinerea* 的抑制作用最大。*Burkholderia cepacia* PR2-1 除了具有很强的抑制真菌作用外，对从马铃薯和生姜病株上分离的青枯雷尔氏菌 *Ralstonia solanacearum* 也具有显著抑制效果，抑制率分别为 73% 和 91%，表明该菌株对病原真菌和细菌具有双抗作用。2009 年 Mekete 等从埃塞俄比亚栽培的咖啡树上分离到的短小芽孢杆菌 *Bacillus pumilus* 和蕈状芽孢杆菌 *Bacillus mycoides* 能够减少南方根结线虫形成的根结，抑制线虫的繁殖。

利用 PGPR 防治植物土传病害具有很大的潜力。放射形土壤杆菌 *Agrobacterium radiobacter* K-84 可有效地防治根癌土壤杆菌 *Agrobacterium tumefaciens* 引起的桃、樱桃、葡萄和玫瑰等的根癌病，高浓度的该菌悬液处理种子和插条抑菌率可高达 100%，已在澳大利亚、美国和加拿大等 9 个国家推广应用。芽孢杆菌具有防病增产的作用，Silveria 等发现凝结芽孢杆菌 *Bacillus coagulans*、巨大芽孢杆菌 *B. megaterium* 和蜡样芽孢杆菌 *B. cereus* 等对番茄青枯病具有防病作用，同时还可以提高种子的发芽率。可用于生防的种类已知有枯草芽孢杆菌 *B. subtilies*、多黏芽孢杆菌 *B. polymyxa*、蜡样芽孢杆菌蕈状菌变种 *B. cereus* var. *mycoides* 以及其他一些种类。芽孢杆菌的许多种已被广泛研究，并且作为商业化生产的生防菌。枯草芽孢杆菌被用于控制黄瓜和番茄上的瓜果腐霉菌及烟草疫霉菌，不仅对病害有防治作用，还能促进作物生长。假单胞菌广泛存在于植物根围，具有突出的防病增产作用（杨怀文等，2014）。瑞士 BioAgri AB 公司研制的基于绿针假单胞菌的生防药剂 Cedomon，主要用于大麦和燕麦种子处理，可防止苗期多种真菌病害。中国研制的无公害、无污染农药"百抗"（有效成分是枯草芽孢杆菌 B908）已获得农药部登记注册，大田应用中对水稻纹枯病的防效达 70% 以上。

共生细菌具有在植物体内定殖、繁殖和转移的特点，可作为构建"工程菌"的理想载体。在植物共生细菌中转入抗病抗虫基因并作为外源基因载体是目前植物病虫害生物防治的又一新思路。将防病杀虫基因导入植物共生细菌以构建植物内生防病或杀虫工程菌，再利用工程菌的内生作用将外源杀虫防病基因携入植物体内，使植物起到与转基因防病杀虫植物相同或相似的作用，可提高植物的抗病虫能力，而植物本身的基因并未发生改变，这样可以保持植物的天然性状。在共生细菌中转入抗病虫基因比在植物中直接转入抗病虫基因简单容易，被转入抗病虫基因的共生细菌在寄主中表达，抗病虫物质直接分泌在植物体内更易被运转。Maffee 等已应用来自棉花的非病原性共生细菌作为 BT 杀虫基因载体防治棉花蚜虫和玉米茎蛀螟。Kostak 发现将从百慕大草中分离的木质棍状杆菌犬齿亚种接种到某些植物上后，其可以很快转移到整个植物体中，利用这一特点将苏云金杆菌的伴胞晶体编码基因转移到这种共生细菌中，实现了对欧洲玉米螟的生物防治，减少了化学农药的使用，开创了共生细菌作为杀虫基因载体的先例。在以共生细菌为载体构建杀虫或防病工程菌时，必须考虑共生细菌本身对寄主植物的作用效果，若以对植物生长有促进作用的共生细菌为载体构建杀虫或防病工程菌可能更有应用价值，对此值得进一步研究。另外，将基因工程技术运用于共生细菌能改善环境，在维持生态平衡方面起重要作用。研究发现，植物共生细菌对土壤中的硝基芳香族和杂酚类等有机生物异源污染物具有一定的降解作用，降低镍、铬和锌等重金属的毒性。Siciliano 等研究表明，植物与细菌联合作用可以促进根围污染物的降解，从而减轻土壤污染物对植物的毒害作用。

植物体内分离的共生放线菌还可应用于植物组织培养中提高培养物的抗逆性。Shimizu 等从杜鹃中分离出的共生链霉菌能够抑制盘多毛孢菌，提高杜鹃种子组织培养物抗逆性；Meguro 等从山月桂中分离的共生放线菌 AOK-30 也能够抑制盘多毛孢菌和提高山月桂幼苗组织培养物的耐旱性。植物共生放线菌具有较为广泛的抗菌谱，而且其在寄主植物体内外均具有良好的抗菌活性。植物共生放线菌可以拮抗植物病原菌。从烟草分离到的共生放线菌对烟草青枯病的病原菌有较好的拮抗作用，具有较高的研究价值和应用潜力。

三、植物与细菌共生改善土壤肥力的效应

豆科植物与根瘤菌共生结瘤固氮，在满足寄主氮素养分的同时，可增加土壤中的氮水平，进而提高土壤肥力状况。蕨类植物与蓝细菌的共生体红萍在热带和亚热带地区尤为繁茂，在稻田和池塘等水面上生长迅速，是一种很好的水田绿肥。该共生体固氮效率很高，可达 313kg/（hm^2·a）；红萍干物质含氮 3%~6%，可显著增加土壤氮素含量。PGPR 可直接活化土壤中的养分，提高养分可利用性。例如，固氮菌 Azotobacter sp. 具有溶解活化土壤无机磷（如钙磷、铁磷、铝磷）和闭蓄态磷的作用。溶磷菌能使难溶性磷酸盐转化为有效性磷酸，进而供植物吸收利用。解钾菌（或称为钾细菌）和硅酸盐细菌（主要指胶质芽孢杆菌等几种特殊细菌）能够分解钾长石和磷灰石等不溶的硅铝酸盐的无机矿物；促进难溶性的钾、磷和镁等养分元素转化成为可溶性养分，释放其中的硅、磷和钾等元素，提高土壤中速效养分含量，增加土壤肥力。

四、植物与细菌共生促进植物生长、增加产量的效应

植物与细菌共生可促进植物吸收更多的养分和水分，供其光合作用、蒸腾作用和呼吸作用所需，最大限度地为植物创造适宜的营养条件、水分条件、激素平衡和生态条件，为植物健康生长发育、高产和优质奠定了坚实的基础。重氮营养醋杆菌不仅与植物共生固氮，而且还可以通过生长素的调节作用影响植物的代谢，促进植物生长。产酸克雷伯氏菌 Klebsiella oxytoca 产生的生长素对水稻植株的生长发育产生重要的调节作用。草螺菌固氮效果最好的菌株 ZAE94 可提高玉米产量 34%。2008 年 Hamdali 等从摩洛哥含无机磷酸盐土壤中分离了 8 种解磷放线菌，它们以植物根分泌物为养分，释放土壤中的有机磷，使该地区小麦地上部分增长 70%，根增长 30%。PGPR 菌株 MA4 和 MA11 通过产生 IAA 促进玉米生长，玉米鲜重增加 56%、产量增加 31%（Asif et al.，2016）。芽孢杆菌 PAB-1 处理香蕉苗后，香蕉地上部生物量增加 18%，根长增加 49%（李文英

等，2012）。间作接种根瘤菌 XC3.1 后，豌豆和玉米的氮素吸收量及干物质积累量显著增加，籽粒产量比间作不接种提高 17% 和 19%（郭丽琢等，2012）。

定殖在寄主植物组织内的共生放线菌可产生植物激素和铁载体促进寄主植物生长。Shutsrirung 等（2014）分离到的共生放线菌具有产生 IAA 的能力，并且链霉菌属和拟诺卡氏菌属产生的高浓度的 IAA，显著促进植物根系的生长。Goudjal 等（2013）从阿尔及利亚撒哈拉地区恶劣环境中生长的植物中分离到 27 株共生放线菌，其中 18 株能产生 IAA，促进番茄种子的萌发和根的伸长。2009 年 El-Tarabily 等分离到的共生放线菌中有的能够产生吲哚丙酮酸和异戊烯腺嘌呤，这些植物生长调节剂不仅能够帮助植物生长得更好，还可以修复致病菌造成的组织损伤。

植物与细菌的共生体系具有生态优势，可以在保护环境的前提下有效地促进植物生长（Pathak and Keharia，2013）。事实证明，植物共生细菌在农业生产、林业保护和畜牧发展等方面具有重要意义和应用前景。

然而，必须关注的是少数植物共生细菌在一定条件下对部分植物、动物或环境，甚至对人类可能是有害的。已知的植物促生菌株中不乏欧文氏菌属 *Erwinia*、假单胞杆菌属 *Pseudomonas* 和土壤杆菌属 *Agrobacterium* 等，它们也常是部分植物的病原物。因此，这部分植物可能因此受害。健康柳树体内定殖的 *Xylella fastidiosa* 是柑橘、葡萄和杏等果树的重要病原菌。蜡样芽孢杆菌 *Bacillus cereus* 促进辣椒生长而抑制小麦的生长（王勇等，2014）。同一促生细菌菌株对同一作物不同栽培品种的作用也不同。正常情况下植物共生细菌对植物有益，但是当植物受到病原物侵染或处在恶劣生境时，植物抵抗力下降，该促共生细菌可能表现出有害作用。其作用机制可能与该细菌代谢产物积累、改变植物体内激素平衡状况、降低植物保护酶活性等有关。洋葱伯克氏菌具有抗菌、杀线虫活性（王贻莲等，2014），但也是人体致病菌。因此，在开展相关研究工作中，应当注意植物共生细菌的多重效应。

第六节　植物与细菌共生效应的作用机制

植物与细菌共生产生的诸多生理生态效应，特别是对土壤理化特性、土壤肥力与健康状况的影响、对生态系统平衡与可持续生产力的影响，是其两者相互促进、协同发挥的作用；而对植物营养与健康、生长与发育、产量与品质等方面的影响则主要是通过共生细菌的直接作用和间接作用机制造成的。植物共生细菌的促生防病机制主要表现在其通过产生抗生素类、水解酶类、植物生长调节物质和其他次生代谢物、与病原物竞争营养物质、增强寄主植物的抵抗力及诱导植物产生系统抗性等途径抑制病原物生长发育、病害的发生发展，促进植物健康生长，增加产量和改善品质。植物共生细菌长期生活在寄主体内的特殊环境中，与寄主协同进化并在演化过程中与寄主植物形成互利共生关系，一方面，共生细菌将寄主植物作为栖息场所，从中吸取生长必需的养分和能量，并得到保护；另一方面，共生细菌又可通过自身的代谢产物或借助于信号转导作用对植物体产生影响，起到防病、促生、抗逆等多方面的生物学作用，从而促进植物对恶劣环境的适应和保证寄主植物健康生长。共生细菌对寄主植物的生物学作用的物质基础，在于其自身合成的抗生素、激素、酶抑制剂、效应蛋白、诱导物等多种活性物质，或通过诱导寄主植物合成的萜类、生物碱、皂苷、黄酮、酚类和多炔类等次生代谢产物。这些次生代谢产物的多样性是导致共生细菌生物学作用多样性的根本原因。植物体内共生细菌常会表现出群体聚集生长行为，这些聚集体包括聚集团（aggregate）、微菌落（microcolony）、共质体（symplasma）和生物膜等类型，共生细菌所表现出的生物学作用不是单体细胞所能具备的，这是群体的作用。近年来人们对共生细菌群体所表现的生物学作用日益重视，特别是对生物膜的研究发展迅速。

一、植物与细菌共生改善植物营养的作用机制

豆科植物与根瘤菌共生形成根瘤共生体，实现有效的共生固氮作用，是其改善植物营养状况的主要机制之一。根瘤菌从侵入线释放到寄主细胞后，立即开始固氮酶的合成；根瘤中同时出现豆血红蛋白以促进氧气向根瘤细胞内部扩散供氧和结合氧，调节自由氧浓度接近类菌体的末端氧化酶的最大氧浓度，确保呼吸作用和固氮作用能协调地进行。根瘤中固氮酶的产生同谷氨酰胺合成酶的阻遏是相关联的，类菌体能还原 N_2 为 NH_3，而不吸收现成的化合态氮。寄主植物则可以吸收同化有效态氮化物。同自生固氮作用一样，根瘤菌进行共生固氮也是由固氮酶催化，整个生化反应也是相似的，固氮产物为氨。不同之处是自生固氮细菌在生长繁殖过程中固氮，而共生固氮的根瘤菌在发育成为类菌体停止生长繁殖时开始固氮。因此，共生体结瘤数量与分布适宜、固氮效率高和固氮时间长，则改善植物营养和提高土壤肥力的效应更强。而其他的植物共生细菌可通过直接作用或更多的是间接作用机制来改善植物的营养状况。关于这一点，可参见本节相关内容。

二、植物与细菌共生增强植物抗逆性的作用机制

植物共生细菌合成抗生素、抗病物质、抗性信号物质、诱导植物合成防御性酶及调控植物基因表达等是植物与细菌共生增强植物抗逆性的主要作用机制。铜绿假单胞菌、枯草芽孢杆菌、荧光假单胞菌和假单胞菌等可产生酚酸、吩嗪、硝吡咯菌素（pyrrolnitrin，PRN）、藤黄绿脓菌素（pyoluterin，PLT）、脓青素（PYO）、2，4- 二乙酰藤黄酚（PHL）、吩嗪羧酸（PCA）、HCN、一类丁酰内酯（butyrolactones）和多肽等。其中，PHL 和 PCA 的研究最为深入，这两种抗生素对小麦全蚀病菌有较强的抑制作用，对黄瓜枯萎病也有一定的生防作用。一些假单胞菌具有产生 PCA 等吩嗪抗生素的能力，野生型产量较少，但是经过人们基因改造提高了假单胞菌的吩嗪抗生素产量（赵嘉等，2015）。2007 年 Lapouge 等发现具有生防作用的假单胞杆菌产生 HCN 时受到 GacS/GacA 双分子组分调控系统的调控。2012 年 Singh 等发现 PGPR 产生的水杨酸、肉桂酸、咖啡酸和香草酸等几种酚酸对白绢病有很好的防效。很多 PGPR 种类，如欧文氏菌和假单胞杆菌能产生 HCN。同年 Wahla 等利用铜绿假单胞菌具有分泌 HCN 的能力来抑制南方根结线虫对作物的危害。

植物共生放线菌产生的抗生素的种类更多，发挥的作用更大。2006 年 Taechowisani

等首次从红豆蔻植物中分离到具有产生放线菌素 D 能力的链霉菌 Tc022，能够强烈地抑制香蕉炭疽菌和白色念珠菌。Yan 等（2010）从红树林分离到一株能够产生抗霉素 A18 的内生黄白链霉菌。抗霉素 A18 具有抗昆虫、螨类和真菌等活性。从 Grevillea pteridifolia 分离的内生链霉菌 NRRL 30566 能够产生新型抗生素 kakadumycins。该抗生素与喹喔啉类抗生素棘霉素相似，可以抑制炭疽杆菌和恶性疟原虫，还能够抑制 RNA 的合成，是新型具有潜在药理作用的资源。兰科植物根系中分离到的 Streptosporangium oxazolinicum 可以产生抗锥体虫的新型抗生素 spoxazomicins（Inahashi et al.，2011）。2003 年 Lu 和 Shen 从云南美登木分离到的 Streptoyces sp. CS 产生新型抗生素 24-demethyl- bafilomycin C1，抗菌试验显示该抗生素强烈抑制榛色霉菌 Penicillium avellaneum。从卫矛科植物分离到的链霉菌，它可产生新型抗生素 celastramycins A（Ⅰ）和 B（Ⅱ）。这均表明植物共生放线菌是新型抗生素的重要产生来源。另外，Christhudas 等（2013）从曼陀罗中分离的共生放线菌同样具有 α- 葡糖苷酶抑制活性和抗氧化的作用。Huang 等（2012）分离到的丝状共生放线菌具有抑制 caspase3 蛋白和蛋白质酪氨酸磷酸酯酶 1B 的活性，而这两种蛋白质分别与神经变性疾病和糖尿病相关。

南极土壤中分离的恶臭假单胞菌 1A00316 可以提高番茄苯丙氨酸解氨酶（PAL）、多酚氧化酶（PPO）和过氧化氢酶（CAT）等的防御酶活性，1A00316 诱导了番茄系统抗性来抵御南方根结线虫的侵害（唐佳频等，2014）。植物共生细菌分泌的水解酶类，如几丁质酶和葡聚糖酶可以降解病原真菌的细胞壁、病原线虫体壁和毒素等致病因子。沙雷氏菌、芽孢杆菌和假单胞菌可以产生几丁质酶。Nurdebyandaru 等（2010）分离筛选了辣椒根围的蜡样芽孢杆菌并确定了其烟粉虱外骨骼几丁质酶解活性，研究提出可将生防菌产生几丁质酶喷涂于植物表面防范烟粉虱或其他病原真菌的危害，证明了 PGPR 几丁质酶有成为生防制剂的潜能。Sihgh 等（2013）发现梭形芽孢杆菌 B-CM18 的主要抑菌功能是产生几丁质酶，拮抗菌本身和纯化的几丁质酶表现了较强的抗镰刀菌活性效果。一种用于防治水稻稻瘟病的共生细菌 Pseudomonas fluorescens 产生的几丁质酶和葡聚糖酶的水平与它的防病效果有密切的关系。

恶臭假单胞菌菌株 BTP1 可诱导番茄植保素积累以降低番茄灰霉病带来的损害。Bacillus sp. JS 产生的挥发性物质可以促进烟草 PR-2、PR-3、PR-9、PR-14 等病程相关蛋白基因的表达上调，从而提高烟草对立枯丝核菌和烟草疫霉的抗性（Kim et al.，2015）。Shimizu 等研究认为，链霉菌诱导植物增强抗性的机制是通过激活苯丙素通路的防御应答而不是产生抗生素杀灭病原菌。Conn 等利用模式植物拟南芥对共生放线菌与寄主关系的研究表明，共生链霉菌可以诱导植物的防御通路，使寄主植物对病原微生物产生快速应答。

PGPR 可产生广谱的诱导系统性抗性（induction of systemic resistance，ISR）。ISR 信号物质包括脂多糖、茉莉酸和乙烯等。一般认为 ISR 的抗性与植保素水平的提高和酚类物质积累有关。Bacillus amyloliquefaciens HK34 可以有效地提高人参 Panax ginseng PgPR10、PgPR5 和 PgCAT 抗性基因的表达，ISR 的产生有效防止了恶疫霉 Phytophthora cactorum 对人参的侵害（Lee et al.，2015）。共生细菌还能诱导植物产生一些结构方面的抗性。共生细菌通过诱导植物合成木质素和酚类等物质，并大量沉积在病菌企图侵入部位，这些细胞的胞壁得到加厚，使病原物限制在木栓层和外皮层内，有效阻止了病菌的侵入。枯草芽孢杆菌 *Bacillus subtilis* 281 和短小芽孢杆菌 *Bacillus pumilus* 293 处理后产生的 ISR 显著降低西瓜花叶病毒浓度及其对南瓜的危害（Elbeshehy et al., 2015）。

总之，植物共生细菌占据有利于生防的生态位。植物共生细菌分布于植物的不同组织中，有充足的营养物质，同时受到植物组织的保护，不受外部恶劣环境如强烈的日光、紫外线和暴风雨等的影响，具有稳定的生存环境，易于发挥作用；共生细菌可以经受住植物防御反应的作用。病原菌侵染时寄主植物会产生植保素、PR 蛋白质和酚类物质等抗菌物质，共生细菌由于与植物长期生活在一起，其细胞膜特性不同于病原菌，对植物产生的抗菌物质有耐性，相对于其他细菌其作为生防因子更具有竞争性；共生细菌与病菌可以直接作用。共生细菌系统分布于植物体根、茎、叶、花、果实和种子等的细胞或细胞间隙中，可以直接拮抗病原菌的侵染，对病菌的致病因子或病菌本身发起攻击，降解病菌菌丝或致病因子，产生拮抗物质，或诱导植物产生 ISR 抑制病菌生长。因此，植物共生细菌主要通过产生抗生素类、水解酶类、植物生长调节物质和生物碱类等物质，与病原菌竞争营养物质和生态位，增强寄主植物对病害的抵抗力及诱导植物产生系统抗性等途径抑制病原菌生长。不同共生细菌的作用机制可能大同小异，主要通过竞争作用、溶菌作用、诱导抗性、抗生和重寄生作用等作用机制。一种植物共生细菌可能以其中一种机制为主，同时也依赖于其他多种作用机制拮抗病原菌、诱导植物抗病性和增强植物抗逆性。

植物共生细菌还能通过自身分解有毒物质的能力及其对环境的修复作用来增强寄主植物对这些逆境的抗性。植物共生细菌主要通过主动吸收、氧化还原、生物浸取、螯合、分泌表面活性剂、分泌胞外聚合物、影响重金属转运等途径来缓解重金属镉、铝、锌、锰、铀、汞、铯和铬等对植物的毒害作用。晚近试验表明，植物共生细菌具有分解石油的能力（Talaiekhozani et al., 2015），这对石油污染土壤的生物修复十分重要。产表面活性剂铜绿假单胞菌有益于石油污染土壤中南非醉茄的生长和提高抗氧化活性；植物共生细菌产生的表面活性剂鼠李糖脂可以降低汽油毒性（Kumar et al., 2015）。植物与细菌构建的共生体系通过代谢消耗、降解和吸附等作用机制修复环芳烃（PAH）等有毒有机物污染的环境（Liu et al., 2013；Sawulski et al., 2015；Rodgers-Vieira et al., 2015）。

三、植物与细菌共生改善土壤肥力的作用机制

植物共生细菌主要通过分泌有机酸溶解和磷酸酶溶解土壤中的难溶性磷，增加土壤中磷的有效性。其所产生的大量有机酸包括乳酸、乙二酸、葡萄糖酸、乙酸、柠檬酸和苹果酸等，可以和土壤中多种磷酸盐中的铝、铁和钙等元素螯合并释放出有效磷供植物吸收。这是共生细菌主要的溶磷机制。其次是产生植酸酶、核酸酶和磷酸酶等多种分解酶来分解土壤中植酸、核酸和磷脂等有机磷物质为植物提供可溶性磷。研究表明，自生固氮菌能释放大量的 H^+，大幅度降低液体培养基的 pH。自生固氮菌分泌有机酸的种类与数量因菌株不同而异，这些有机酸包括甲酸、乙酸、草酸、丁二酸、柠檬酸、苹果酸和乳酸等，其中均能分泌草酸和苹果酸。接种自生固氮菌的液体培养基中，全磷含量显著高于不接种的液体培养基，土壤无机磷总量则显著降低。由于土壤是培养基磷的唯一

来源，故自生固氮菌促进了土壤无机磷的溶解释放。相关分析表明，培养基的 pH 与土壤无机磷总量呈极显著正相关（$r = 0.959**$，$n = 6$），与液体培养基中的无机磷和全磷呈显著或极显著负相关（$r = -0.850*$，$r = -0.918**$，$n = 6$），表明自生固氮菌分泌的 H^+ 可能是溶解土壤无机磷的主要机制。

四、植物与细菌共生促进植物生长、增加产量的作用机制

假单胞菌属、肠杆菌属、葡萄球菌属 *Staphylococcus*、固氮菌属 *Azotobacter* 及固氮螺菌属 *Azospirillum* 等共生细菌的一些菌株可产生乙烯、生长素和细胞分裂素等生长调节物质，对寄主植物的生长起促进作用。草生欧文氏菌 *Erwinia herbicola* 能产生 IAA 和细胞分裂素，有效地促进了植物的生长。从墨西哥分离的 18 株重氮营养醋杆菌 *Acetobacter dizotrophicus* 都具有产生生长素的能力，表明重氮营养醋杆菌在与植物相互作用过程中不仅能固氮，而且还可以通过生长素的调节作用影响植物的代谢，促进植物生长。产酸克雷伯氏菌 *Klebsiella oxytoca* 产生的生长素对水稻植株的生长和发育起着重要的调节作用。假单胞菌属和芽孢杆菌属等都能分泌吲哚乙酸或赤霉素。枯草芽孢杆菌 *Bacillus subtilis*、根瘤菌 *Rhizobium* sp.、微杆菌 *Microbacterium* sp.、野游菜黄单胞菌 *Xanthomonas campestris*、假单胞菌 *Pseudomonas* sp. 等 PGPR 可产生 IAA。PGPR 产生 IAA 是其具有植物促生作用的关键功能，IAA 产量则是测定 PGPR 促生能力大小的一个重要指标。通过 Salkowski 比色法显示出最强的菌株瓦氏葡萄球菌 *Staphylococcus warneri* 分泌 IAA 的浓度达到了 270mg/L（姜晓宇等，2013）。Ahmed 等（2014）在研究 PGPR 对药用植物促生作用时发现，分离得到的一株苏云金芽孢杆菌菌株 *B. thuringiensis* C110，其 IAA 分泌能力最强，达到 0.5mg/100g 干物质。Kang 等（2015）发现嗜线虫沙雷氏菌 PEJ1011 可以产生具有活性的 GA_4、GA_9 和 GA_{20}，接种该菌促进了辣椒的生长发育，并提高了辣椒抵御低温胁迫的能力。低浓度的乙烯对植物生长有促进作用，而植物身处逆境时体内乙烯含量急剧上升，由此引发植物的生长抑制甚至死亡，有很多种细菌可以产生 1- 氨基环丙烷 -1- 羧酸（ACC）脱氨酶，减少植物体内乙烯合成，降低植物对逆境的敏感程度。从水稻根围盐碱土中分离得到的产 ACC 脱氨酶细菌促进了水稻种子的萌发、茎和根的生长，从而提高了水稻抗盐碱生长的能力（Bal et al., 2013）。

定殖于健康寄主植物组织内的放线菌产生植物激素和铁载体促进寄主植物生长。这些植物共生放线菌产生的植物激素包括生长素、赤霉素、细胞分裂素及生长素类物质等。其中，IAA 是共生放线菌产生的主要激素。例如，Shutsrirung 等（2013）分离到的共生放线菌具有产生 IAA 的能力，并且链霉菌属和拟诺卡氏菌属产生的高浓度的 IAA 显著促进植物根系的生长。Goudjal 等（2013）从阿尔及利亚撒哈拉地区恶劣环境中生长的植物中分离到 27 株共生放线菌，其中 18 株能产生 IAA，可以促进番茄种子的萌发和根的伸长。此外，2009 年 El-Tarabily 等分离到的共生放线菌中有的能够产生吲哚丙酮酸和异戊烯腺嘌呤，这些植物生长调节物质不仅能促进植物生长，还能修复致病菌造成的组织损伤。放线菌产生的 IAA 活性的增强可引起营养物质积累。植物激素如生长素能通过调节发育组织的渗透活性，从而显著影响养分的吸收和进一步转运（Nimnoi et al., 2014）。

一些植物共生细菌还可以产生醇类、酯类和醛类等挥发性植物生长刺激产物，挥发性物质在土壤中的移动速度快、扩散范围广、与植物接触面积大，挥发性物质还可以从土壤中扩散到地上影响植物地上部生长发育。可以产生挥发性植物刺激产物的促生细菌种类有芽孢杆菌 *Bacillus* spp.、沙雷氏菌 *Serratia* spp.、节杆菌 *Arthrobacter* spp.、土壤杆菌 *Agrobacterium* spp. 和类芽孢杆菌 *Paenibacillus* spp.（Zhao et al.，2011）等。荧光假单胞菌菌株 SS101 可以产生 13-tetradecadien 十四碳二烯 -1- 醇、2- 丁酮和 2-methyl-*n*-1-tridecene，挥发性物质作为信号调节因子促进了植物生长（Park et al.，2015）。铁载体虽然不能直接促进植物生长发育，但可以通过螯合土壤中的铁离子并将其传递到植物体内，提高植物所需营养物质的吸收从而刺激植物生长。许多共生放线菌能够产生铁载体，有利于寄主植物营养物质的摄入。沉香树中的共生放线菌可以产生包括邻苯二酚和异羟肟酸在内的铁载体。从芦荟、野薄荷和圣罗勒中分离到的共生放线菌具有产生高浓度铁载体的能力（Gangwar et al.，2014）。关于植物共生细菌的其他的作用机制尚待进一步研究。

综上所述，生物共生是生态系统中各类生物之间最基本的关系之一，是生态系统中各种关系的基石，影响生态系统的稳定与发展。植物与细菌的共生关系广泛存在于整个生态系统之中，构成了生态系统稳定与不断发展的重要基础，虽然国内外对植物与细菌共生开展了较为广泛的研究，在植物与细菌形态结构、生理生态效应与作用机制等方面均取得了丰硕成果。然而，很多工作才刚刚开始，对很多问题还不是很清楚，缺乏全面系统的研究。因此，全面而清楚地认识植物与细菌的共生关系不仅有利于加深人类对自然的认识，实现人类在人与自然关系中正确的自我定位，也有利于人类正确地融入自然、改造自然，实现人与自然的和谐及共同发展。

当前，植物与细菌共生的效应和机制已得到重视，在共生细菌的分类与物种多样性、植物与细菌的共生机制，以及植物与细菌共生生物学、生态学和资源开发等方面也正在开展工作。总体来看，植物与细菌的共生研究还是有限的，特别是绝大多数植物的共生细菌还没有被分离，迄今研究过的植物种类大多局限在农作物的共生细菌，对于树木中的共生细菌了解较少。中国对根瘤菌资源的开发利用，只有少部分根瘤菌用于菌剂产业化，推广利用于农业生产和科学研究工作。因此，当前的任务除了长期有效地保护已有的菌种资源，深入研究各类菌种的特性外，还要继续从自然界中分离筛选出新的根瘤菌种与寄主植物之间的优良组合，以不断满足共生固氮研究和根瘤菌接种剂生产对菌种资源的需要。然而，目前根瘤菌固氮效率的研究仅限于根瘤菌与植物共生结瘤固氮的单个效应上，对根瘤菌与化学肥料，与其他促生菌、抑制菌等之间的协同作用、拮抗作用的研究不够深入，技术不够成熟，严重影响了根瘤菌的促生效果和推广应用。因此，广泛开展根瘤菌资源调查，筛选和培育高效优良的固氮菌株（包括抗逆性菌株），扩大固氮资源应用范围和应用效果的研究，是目前根瘤菌研究的重点。

除了植物与根瘤菌形成根瘤共生体这一传统的共生固氮系统外，植物与更广泛的固氮微生物共生构建的范围更广、作用更大的新的固氮系统，则决定了其既有理论研究的广度和深度，又是一个潜能巨大、尚待开发的生物固氮新模式和新途径。这类广义的共生固氮细菌虽不形成类似于根瘤的稳定的共生结构，但它们与植物形成较紧密的共生体系，在植物组织内占据着植物体内有利于营养供应和微环境适宜的生态位，因而较根外和茎外环境更有利于形成高效固氮体系，充分发挥固氮效能。这类共生固氮微生物还可通过分泌植物生长激素等多种生理活性物质，与病原物竞争养分和空间，从多方面、多途径、多机制促进植物生长，在农、林、牧、渔业生产实践中具有广阔的应用前景。当前植物与细菌共生固氮的基础性研究，特别是植物与细菌共生固氮体系建立过程中寄主植物与固氮微生物互作机制、互作模式、固氮基因表达特征与限制因子等的研究均有待加强。

另外，值得指出的是，植物共生放线菌的许多生理活性在离开寄主植物的共生环境后，即体外培养时很有可能退化或丧失。因此，如何在最大限度上维持植物共生放线菌的生境，特别是建立人工培养条件下模拟寄主植物与放线菌共生体系的共培养体系，可能是充分挖掘共生放线菌次生代谢能力和创新活性物质的关键。基因工程、细胞工程、细胞生物学技术和蛋白质组学技术等生物技术的发展和应用，为植物共生放线菌的研究提供了丰富的手段。在共生放线菌代谢产物研究方面，还可以关注共生放线菌产生的色素和多糖等物质的研究。在生物活性方面，可以重点关注塑料等难降解化合物的降解、环境的治理，并从治疗现代人类疾病的作用等方面开展研究。总之，植物共生放线菌具有极强的代谢能力，能产生种类丰富的活性物质，是极具开发潜力的新型微生物资源，随着研究的不断深入，植物共生放线菌对人类的影响将会更加深远。

由于植物共生细菌长期生活在植物体内的特殊环境中，并与寄主协同进化，在演化过程中二者形成了互惠共生关系。共生细菌具有在植物体内独立自主的分裂繁殖和传递的特性，使之有可能成为在生物防治有巨大潜力的微生物农药和增产菌。例如，一种用于防治棉花黄萎病的共生细菌可产生某些蛋白酶降解素达到防病的效果。某些生防菌的几丁质酶基因已经被克隆，可以将这些基因转化到共生菌中，发挥共生菌的优势提高防病效果。植物共生细菌在病虫害防治和农业增产上的应用刚刚起步，尚需加大研发力度。中国地大物博，地理环境条件变化大，植物物种资源极为丰富，开发应用植物共生细菌具有广阔的前景。可以利用丰富的植物资源分离和筛选产活性物质的共生细菌，用于生产新型活性物质，以创制高效、环保的新型农药；或利用基因工程技术，对共生细菌进行基因测序，然后利用产活性物质的基因簇构建基因工程菌，实现活性物质的工业化生产，都必将是今后共生细菌研究的热点和重点。随着植物共生细菌的研究越来越深入，其在各个领域的应用将会更广更多，也必将会给人类的生活带来更大的利益，因而具有重要和广阔的开发应用前景。

第六章 真菌与细菌的共生

真菌与细菌的共生是自然界发生最早的生物共生事件之一，对整个生物界的物种形成与演化、分布与扩展、生长与发育等均产生着深刻的影响，在现代各生态系统中仍然发挥着重要作用。因此，真菌与细菌的共生一直是生物学领域研究的重点课题之一，也是很有研究价值和意义的课题。本章主要介绍真菌与细菌共生建立的共生体系类型、形态与结构特征，探讨真菌与细菌的共生机制、生理生态效应与作用机制等方面的基础知识与最新研究进展。

第一节 真菌与细菌的共生类型

真菌可能是地球上最早形成的真核生物类群，从低等的鞭毛菌和球囊菌到高等的子囊菌和担子菌，不同类群的真菌都能与原核生物细菌和放线菌共生，构建不同类型的共生体系。其中，以子囊菌或 / 和担子菌与绿藻或 / 和蓝细菌（cyanobacteria）共生形成的地衣（lichen）共生体最为著名和典型。而其他真菌与细菌的共生也是普遍的、常见的和正常的。只是由于该类共生体系，特别是其中的细菌形体微少，需要借助显微镜等的观测才能开展研究。随着研究手段的发展与研究的深入，将逐渐揭开真菌与细菌共生的神秘面纱。

一、地衣型真菌与蓝细菌的共生

1868 年 Schwendener 证实地衣是由真菌和藻类（algae）共生结合而成的一种复合生命体。真菌的菌丝缠绕包围藻细胞，吸取藻类光合作用制造的有机养分，作为回报，真菌给藻类供应水分、CO_2 和无机盐，并提供庇护作用。进入 20 世纪，地衣的本质逐渐被揭开：具有光合作用的绿藻或蓝藻即蓝细菌定殖于子囊菌组织内，利用子囊菌从环境中吸收的水分、矿物质和 CO_2 进行光合作用，而子囊菌则可以利用这些光合产物，两者构建了互惠共生体系，形成最紧密的、结构一体的和形态完全不同于各自原貌的地衣共生体（图 6-1）。自然界中也有少数担子菌与藻类共生形成的地衣共生体。蓝细菌是地球上起源最早的原核生物，含有光合色素，可以白天光合、夜间固氮。地衣化石表明，6 亿年前的海洋中真菌与蓝细菌已经发展到了相互依存的共生关系（Yuan et al.，2005）。据此也可推测在水生维管植物登陆前的 2 亿年间，地衣共生体可能已经对地表岩石圈进行了改造，并成为陆地生态系统建立的先行者。当今地球上的森林生态系统、山体生态系统、荒漠生态系统、冻原生态系统、两极生态系统、平原生态系统和海洋生态系统等均有地衣分布。

图 6-1　各种形态的地衣（图片来源：lichens. lastdragon. org）

　　地衣的名称和概念只是生态意义上的，其既不是真菌也不是细菌，更不是植物，而是组成与结构复杂、形态与分类特殊的一个生物类群，通常将地衣看成是与藻类共生的特殊真菌，即所谓"地衣型真菌"（lichenized fungi 或 lichen-forming fungi）。在生物系统学，地衣归属真菌，通常以形成地衣共生体的真菌给出其学名。因此，地衣在生物系统中的位置处于真菌界中相应的系统之内。形成地衣的真菌绝大多数属于子囊菌门 Ascomycota，少数属于担子菌门 Basidiomycota。Spribille 等（2016）发现地衣是由子囊菌和担子菌共同与藻类三者共生建立的互惠共生体。而事实上，自然条件下地衣共生体更为复杂多样，有的地衣则是由子囊菌和担子菌共同与绿藻和蓝藻四者共生建立的互惠共生体，即地衣共生体有时会涉及两种不同的真菌、一种绿藻和一种蓝细菌共生，如果考虑到地衣中定殖的其他共生真菌（所谓内生真菌）和共生细菌（所谓内生细菌），则更为复杂。至今尚未获得地衣纯培养，这与地衣如此复杂的共生体系不无关系。相信随着科学与技术的发展，特别是深入系统开展针对地衣本身的生物学名及其分类学的研究，必将推动整个"共生生物分类学"的建立与发展。共生生物类群在生物分类系统和分类地位上应占据一定地位，这也是对传统生物分类学的一种重要补充和发展。相信随着研究的不断深入，地衣共生体中的担子酵母菌在地衣形成过程的共生机制中的作用及其在整个共生体所发挥的生理生态功能等研究结果将丰富现有地衣学的基础知识和理论。尽管如此，本书仍然引用此前地衣学研究已取得的结果。

真菌的地衣化即真菌与绿藻或与蓝细菌共生形成共生体是真菌的主要生活方式之一。目前，已认可接受的地衣型真菌有 8 纲 39 目 115 科 995 属 19 387 种，占 110 000 种真菌的 18%，占已知子囊菌的 27%（Jaklitsch et al.，2016）。而地衣型担子菌种类较少，目前只有 1 纲（占总数的 13%）5 目（13%）5 科（4%）15 属（2%）172 种（1%）。最多种的属是黄梅衣属 *Xanthoparmelia*、茶渍属 *Lecanora*、斑衣属 *Arthonia*、石蕊属 *Cladonia*、鸡皮衣属 *Pertusaria*、*Ocellularia*、*Graphis*、橙衣属 *Caloplaca*、松萝属 *Usnea* 和黑瘤衣属 *Buellia*（Lücking et al.，2017）。

地衣共生体中的光合生物伙伴绝大多数是绿藻，只有少数（约 1500 种）地衣中是由蓝细菌作为光合生物伙伴与真菌共生的，其中大多数是念珠藻属 *Nostoc*（Rikkinen et al.，2002），其次是伪枝藻属 *Scytonema*。一些地衣中绿藻和蓝细菌同时存在。与真菌共生的蓝细菌中，中国沿海常见的蓝细菌 200 多种，藻体具有胶质，蓝绿色或墨绿色，比较黏滑。许多蓝细菌地衣（cyanolichen）（以蓝细菌作为光合生物伙伴与真菌共生形成的地衣，本书称为"蓝细菌地衣"，以与绿藻作为光合生物伙伴同真菌共生形成的地衣相区别）小而黑，常以石灰岩作为基质。另外一些蓝细菌地衣是胶衣属 *Collema* 和猫耳衣属 *Leptogium* 的胶状地衣，它们呈凝胶状，生长在潮湿的土壤中。还有一些大型的和叶状的蓝细菌地衣物种，包括地卷属 *Peltigera*、肺衣属 *Lobaria* 和 *Degelia*，特别是在潮湿的时候呈灰蓝色。这其中有很多分布在英国西部降水量较多的地区，如凯尔特的雨林中。从不同蓝细菌地衣中发现的蓝细菌菌株之间往往密切相关，这些细菌与最紧密相关的自由生活的菌株不同。虽然地衣中的真菌与蓝细菌之间具有选择性，但几种真菌可能经常共享相同的蓝细菌菌株。

尽管已开展了广泛研究，关于地衣中蓝细菌的许多生物学基本特征仍然知之甚少，尤其是蓝细菌的多样性和特异性。

二、菌根真菌与细菌的共生

早在 1896 年 Janse 就已发现菌根真菌与固氮细菌共同定殖于牛蹄豆 *Pithecellobium dulce* 根围。然而，1974 年 Crush 才证实 AM 真菌能促进豆科植物根瘤形成。1978 年 Bagyaraj 等首次报道了番茄形成菌根的植株根围放线菌总数高于非菌根植株。1980 年 Rose 和 Trappe 发现一些与放线菌形成根瘤的灌木根系上有 AM 真菌球囊霉 *Glomus* spp. 的侵染定殖，表明 AM 真菌可与放线菌共生。事实上，各类菌根真菌可广泛地与多种细菌共生，其中与根瘤菌、放线菌、菌根助手细菌（mycorrhizal helper bacteria）、PGPR 等在菌根围（mycorrhizosphere）、菌丝围（hyphosphere）、真菌组织表面、细胞间隙或细胞内建立共生体系。

三、其他真菌与细菌的共生

除了地衣型真菌和菌根真菌外，自然界中其他种类的真菌可与一定种类的细菌或 / 和放线菌共生。然而，当前该研究领域的资料不多，有待开展更多研究。

第二节 真菌与细菌共生体的形态结构

真菌与细菌共生形成的共生体的形态结构多种多样，是由参入共生体系建立的不同真菌和不同细菌双方共同决定的。其中，以地衣型真菌与蓝细菌构建的互惠共生体结构特征最为复杂多样。

一、地衣型真菌与蓝细菌的共生体

在形态解剖特征、生长发育特点、生理生化代谢及生殖遗传规律等方面，地衣表现为既不同于普通真菌又不同于藻类及蓝细菌的生物学特性。地衣共生体的形态主要由共生真菌决定，光合生物藻类位于地衣共生体内的真菌组织中，因参入共生的光合藻类的种类及其分布的具体位置和特征不同，也会影响到地衣的形态解剖结构。有的地衣共生体中的真菌与两种藻类共生。地衣型真菌与蓝细菌共生形成的地衣在形态上类似于低等植物，无真正根、茎和叶的分化；形态学上具有一些独特的、多种多样的形态结构，如壳状、鳞状、叶状、枝状和丝状等；同时又具有多种多样的营养结构，以及特殊的繁殖体，如粉芽（soredia）、裂芽（isidia）、假根、裂片（lobules）、假杯点（pseudocyphellae）和衣瘿（cephalodia）等。根据其外部形态，地衣共生体可分为壳状、叶状和枝状 3 种生长型。壳状地衣共生体扁平呈壳状。地衣共生体紧附树皮、岩石或其他物体上，底面和基质紧密相连，难以分离，如茶渍属和文字衣属 *Graphis*。叶状地衣共生体呈薄片状的扁平体，形似叶片，仅由下表面成束的菌丝附着在基质上，可以剥离，如梅花衣属 *Parmelia* 和蜈蚣衣属 *Physcia*。枝状地衣共生体直立，通常分枝，呈丛生状。例如，石蕊属 *Cladonia* 枝状地衣中，共生体细长而分枝，基部附着树枝上，也称为悬垂地衣，如松萝属 *Usnea*。在这些生长型之间，还有多种中间类型，如较低级的呈丝绒状、鳞叶状，以及介于壳状和鳞叶状之间的鳞壳状等。通常地衣体的每种生长型都有其不同的内部构造，根据藻细胞在地衣体中分布的不同部位，地衣体可分为两种结构型：一种是藻细胞排列于地衣体上皮层与髓层之间，形成明显的一层，称为异层地衣（heteromerous lichen），大多数地衣是异层地衣；另一种是藻细胞分散于地衣体上皮层之下的髓层中，没有明显的藻层与髓层之分，称为同层地衣（homolomerous lichen），同层地衣较少。叶状地衣一般为异层地衣；壳状地衣多为同层地衣，也有异层地衣。枝状地衣为异层地衣。叶状地衣共生体可分为上皮层、藻胞层、髓层和下皮层。上皮层和下皮层均由致密交织的菌丝构成假皮层；藻胞层是在上皮层之下由少量藻类细胞聚集成一层；髓层介于藻胞层和下皮层之间，由一些疏松的菌丝和藻细胞构成（图6-2），如蜈蚣衣属 *Physcia*

和梅花衣属前配有。还有些属藻细胞在髓层中均匀分布，不在上皮层之下集中排列成一层（无藻胞层），即同层地衣，如猫耳衣属。

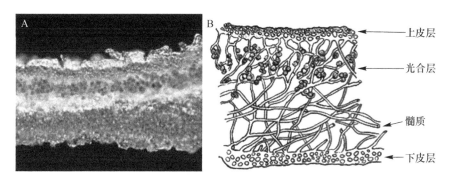

图 6-2 地衣共生体的结构（A）与其模式图（B）[图片来源：
microscopy-uk. org. uk（A）与lichens. lastdragon. org（B）]
图中颗粒状的为藻类，丝状的则是真菌的菌丝

　　地衣的每种生长型均有其相应的内部结构，以异层的叶状地衣为例，地衣体从上到下可分为上皮层、藻胞层（即光合层）、髓层和下皮层。皮层是地衣体最外面的一层，是由相互交织在一起的真菌菌丝组成的，它保护藻类细胞免遭机械损伤及强光的照射；藻胞层是由藻类细胞或蓝细菌细胞构成的，该层位于上皮层与髓层之间，这个部位既能满足藻类细胞所需的非直射光照强度，又具有足够的空间以储存空气和水分，这样极有利于共生藻进行光合作用；髓层是由蛛网状疏松的交织菌丝所构成的，它所具有的大量空隙可以容纳大量的水分和地衣产物。异层地衣的内部分化为 4 个部分：最上面的部分是由垂直菌丝组成的，这些菌丝之间没有间隙或者充满着胶质物，称为上皮层，在它的上面有的种类有一层由菌丝组成的表皮组织状的外皮；在上皮层的下方，由稍疏松交织的菌丝组成；其中混杂有藻细胞，称为藻胞层；藻胞层下方由紧密的菌丝组成，称为髓层；髓层以下由紧密的菌丝组成，称为下皮层。同层地衣没有藻胞层与髓层的分化，藻细胞均匀分布在髓中。地衣下皮层的菌丝垂直或平行于基质表面，其中一部分菌丝成束或单一的深入基质内，起吸收和固着作用。枝状地衣则不分上下皮层，整个皮层围着一层皮层，皮层内为一圈藻层，中央部分是髓层，也属异层地衣。大部分海洋地衣是壳状或是鳞片状的，它们生长在潮间带，尤其是高潮带的边缘，有少数地衣能够生活在潮下带的水域中，其中大概有 21 种是专性海洋地衣。海洋地衣在北美的北大西洋沿岸比在北美的太平洋沿岸更为常见。

　　地衣共生体还有各种各样特有的附属结构，其中假根、绒毛和缘毛也见于真菌中，而粉芽、裂芽、小裂片、杯点、假杯点及衣瘿则是地衣体所特有的，所有这些附属结构的存在与否，以及它们的形状、大小、颜色，在地衣的种类鉴定中是重要的分类依据。地衣的繁殖一般分为营养繁殖和有性繁殖两种。在地衣分类鉴定时，繁殖器官的类型，产生的孢子数量、形状及颜色等，都被作为很重要的分种依据。地衣型子囊孢子的形态特征基本上与非地衣型子囊孢子相同，只是多一种哑铃型或对极型孢子。

　　从肾盘衣 Nephroma laevigatum 中分离出的念珠藻 Nostoc 与共生状态下的念珠藻有

较大的差异。首先，培养状态下的念珠藻为丝状体，细胞壁外较光滑，而共生状态下的念珠藻为一个个独立的细胞，且外形极不规则；其次，培养状态下的念珠藻细胞血清反应为阳性，而共生状态下的为阴性。

二、菌根真菌与细菌的共生体

菌根真菌与细菌共生建立的共生体系显著不同于地衣共生体，细菌往往只定殖菌根真菌的孢子、菌丝和其他真菌组织的表面、细胞间隙或细胞内的细胞质中，通常不形成特殊的共生体结构或共生细菌通常不影响共生真菌组织器官的形态特征。

三、其他真菌与细菌的共生体

同样，其他各种真菌可被一定种类的细菌定殖，建立一定的共生关系，但并不一定形成特殊的共生体。

第三节　真菌与细菌共生体的发育

真菌与细菌共生所构建的互惠共生体是自然界重要的生命有机体，也必然需要经历生长发育的过程。本节重点讨论地衣共生体和菌根真菌与细菌的共生体的生长发育特点。

一、地衣型真菌与蓝细菌共生体的发育

地衣共生体耐干旱，对营养条件要求不高，多生长在瘠薄的峭壁、岩石、树皮上或沙漠地上。该共生体主要为无性繁殖即营养繁殖，如地衣共生体的断裂，每个裂片都可发育为新个体。有的地衣共生体表面有几根菌丝缠绕数个蓝细菌细胞所组成的粉芽，也可进行繁殖。地衣共生体中的有性生殖是由共生真菌独立进行的，在担子菌与蓝细菌形成的地衣共生体中为子实层体，包括担子和担孢子；在子囊菌与蓝细菌形成的地衣共生体中则为子囊果，包括子囊腔、子囊壳和子囊盘。在囊腔类，子囊杂乱地堆积于囊腔中；在囊层类，子囊整齐地排列在子囊壳或子囊盘内。这些特征与非地衣型真菌基本上是一致的。只有一种叫分孢子囊果的繁殖体为某些地衣所独有。这种繁殖体最初是分生孢子器，到生出子囊及侧丝后变为子囊果。通常共生真菌从孢子萌发开始，与相应的蓝细菌识别亲和后，就进入共生体发育阶段，直到新孢子形成。受精过程中起精子作用的是从分生孢子器中释放出来的单配体小分生孢子，其中一些分生孢子可能直接形成新的地衣共生体。实验室体外培养条件下，已能获得从子囊孢子到共生状态的地衣体，但尚未获得继续形成的新子囊孢子。自然界中许多地衣共生体通过粉芽、裂芽或地衣体碎片进行繁殖。地衣共生体能够在极端环境中生长，但生长缓慢，地卷属地衣的最快生长长度每年只有 2~3cm。

二、菌根真菌与细菌共生体发育

如上所述，由于菌根真菌与细菌共生不形成特殊的共生体，关于菌根真菌与细菌的共生体发育特点可参见第四章和第七章中的有关内容，这里不再赘述。

第四节　真菌与细菌的共生机制

同植物与真菌的共生机制相近，真菌与细菌的共生机制同样涉及 4 个方面，即共生的生物化学机制、生理学机制、生态学机制和遗传学机制。

一、真菌与细菌共生的生物化学机制

当地衣型真菌的孢子萌发后，真菌与蓝细菌之间有趋化性联系。当蓝细菌与真菌的菌丝接触时，蓝细菌结合蛋白（algae-binding protein）把真菌与蓝细菌细胞壁黏合在一起。共生真菌也能合成此类蛋白质。地衣共生体的代谢产物主要有初生代谢产物（胞内产物）和次生代谢产物（胞外产物）两大类。初生代谢产物主要分布于细胞壁和原生质体中，多为水溶性成分，包括蛋白质、氨基酸和多元醇等。次生代谢产物主要沉积于菌丝细胞的表面，多为水不溶性的，包括缩酚酸及缩酚酸环醚类化合物、蒽醌的衍生物和高级脂肪酸等。次生代谢产物有 350 多种，绝大多数为地衣型真菌独有，只有约 30 种存在于高等植物和其他非地衣型真菌中。

大多数地衣共生体代谢产物，如缩酚酸、缩酚酸环醚与二苯并呋喃等的前体物是酚酸类（如苔色酸）。非地衣型真菌中，这些酚酸前体通过脱羧作用产生醌等有毒化合物，而这一脱羧作用可能需要蓝细菌脱羧酶的参预。推测地衣共生体中蓝细菌的作用就是抑制这些脱羧酶的脱羧作用，使酚酸前体转向形成对蓝细菌无毒的次生代谢产物积于地衣中。地衣共生体人工重建成功率较低的原因可能就是因为在混合培养的初期，真菌与蓝细菌未识别之前，真菌已合成了可以杀死蓝细菌的有毒化合物，从而导致人工重建的失败。与此观点相反，有人则认为在次生代谢产物的合成中蓝细菌的参预并不重要。自然生长的地衣共生体的次生代谢作用与其气生生长习性有关，因为分离培养的共生真菌在从液体培养基转移到固体培养基几天之后就有化合物的合成与气生菌丝的形成。地衣共生体合成的次生代谢物质可能主要用于抵抗革兰氏阳性菌和各种真菌的侵染，抑制与其争夺生存环境的植物种子萌发，以及其他生物的孢子萌发、生长与发育，对取食它们的动物产生毒害作用、屏蔽紫外线的防护作用，从而有利于地衣共生体的建立、发生发展和生理代谢等。

二、真菌与细菌共生的生理学机制

蓝细菌地衣中，蓝细菌白天进行光合作用，夜间进行固氮作用，共生真菌则为蓝细菌提供光合和固氮的"厂房"及部分原料,如水分和部分矿物质。这样在生理代谢上两者互补协调,共同维持生理代谢活动和功能。在地衣共生体建立之初,共生真菌与蓝细菌之间具有相互选择性。数种共生真菌可能选择同一种蓝细菌与其共生。蓝细菌地衣共生体中的真菌与蓝细菌的共生具有一定的专一性。老龄森林上的蓝细菌地衣中的真菌与念珠藻属的一组特定的在其他蓝细菌地衣中没有发现的菌株共生形成地衣。相反,很多陆生的蓝细菌地衣中的真菌与不同的念珠藻属的菌株共生。2002 年 Rikkinen 等指出,核心种能产生大量共生散布孢子,只有很小比例的共生繁殖体能够发育为成熟的地衣体,而边缘种只产生真菌孢子,依赖核心种获得共生蓝细菌。很多孢子散生到不适宜的基质上,最终分解,并释放其蓝细菌共生成员。这些蓝细菌共生成员可能被边缘种的共生真菌捕获。核心种也可从中获利,其蓝细菌共生成员结合到其他的菌体中,这优于游离散漫的状态。边缘种没有产生共生散布孢子的能力,也就未释放部分蓝细菌共生成员。关于真菌与细菌共生的生理学机制尤其是地衣共生体中真菌与蓝细菌共生的生理学机制值得深入和系统的探索。

三、真菌与细菌共生的生态学机制

作为在生理上适应干旱、养分匮乏和生活在极端热环境中的生物,地衣共生体于极端的干燥和照射下能促进共生体中 ROS 种类的形成。地衣共生体对逆境具有高度的抗性。共生真菌与蓝细菌各自生存时,干旱期间会遭受氧化伤害,而在地衣共生体中两者可相互诱导保护系统上调。没有共生真菌时,蓝细菌只能忍耐较弱的光照,其光保护系统仅部分有效;没有蓝细菌时,共生真菌中基于谷胱甘肽的抗氧化剂系统响应缓慢且效率低下。地衣共生体中这种互利的抵抗氧化压力的能力,特别是耐受干旱的能力,对其在地面生长是必需的。同时,可增强无性生殖结构散布的机会,从而保证共生真菌与蓝细菌共生进化的成功。地衣共生体对于由干旱和强光照射引起的伤害抵御能力的增强,源于共生真菌与蓝细菌的相互促进或刺激。正是基于真菌与细菌共生的生态学内在机制,造成了真菌与细菌构建共生体的必要性和必然性。

四、真菌与细菌共生的遗传学机制

古生物学研究表明,40 亿 ~35 亿年前地球上就出现了蓝细菌。19 亿年前的地层中发现了没有横隔的菌丝化石,可知在前寒武纪就已产生了真菌。15 亿 ~14 亿年前出现了真核藻类,而且在寒武纪及以后地质时期的地层中发现了存在于藻类及一些有壳类内的菌丝化石。在早泥盆纪—雷涅燧石的薄片中 Taylor 发现了真菌与蓝细菌形成的地衣共生体的化石。而 Francois 等通过对核糖体小亚基 DNA(SSUr DNA)序列和部分核糖体大亚基 DNA(LSUr DNA)基于特征进化的统计模型进行贝叶斯系统发育分析,发现地衣共生体的出现较一般认为其出现的时间更早。这间接证明了依据比 Taylor 发现更早的地衣共生体化石所作出的推测,即 6 亿年前的海洋中真菌与蓝细菌已开始共生。1997年 Francois 等认为互惠共生可加速进化。互惠共生与细胞核核糖体 DNA 的核苷酸替换速率增大之间有极其显著的相关性。这些世系中趋向互惠共生的转变率高于细胞核核糖体 DNA 的核苷酸替换速率的增长率。适应互惠共生的生活方式后，进化速率的加快（不限于细胞核核糖体 DNA 的核苷酸替换速率）可影响到这些互惠共生真菌的基因组。对子囊菌的大量研究也发现，地衣共生体基因的丢失比其获得要频繁得多，表明子囊菌与蓝细菌共生现象出现的时间比之前假设的也要早得多，而且非地衣型真菌世系可能是由地衣型真菌的祖先进化而来的。2004 年 Miadlikowska 和 Lutzoni 发现原始的地卷属与蓝细菌专性共生，且在此属的不断进化过程中又获得绿藻。其中，很少的蓝细菌是完全被绿藻替代的。现在较多的试验数据是基于蓝细菌类的共生藻。2002 年 Rikkinen 等论证了树生地衣共享同一种蓝细菌，而在同一地理位置的土生地衣的共生藻却明显不同。Lohtander 等在肾盘衣属 *Nephroma* 中发现了同样的现象，并指出念珠藻类细菌与真菌的共生体中的 2~3 个种分属于不同的系统发育类群。在南极极端的环境条件下对蓝细菌类共生体的选择性似乎相对较低。2002 年 Trembley 等通过对淡红羊角衣 *Baeomyces rufus* 的研究证明了地衣化的早期真菌和藻类的基因组表达均受到抑制。对于地衣共生体形成过程中出现了哪些新的基因有待研究挖掘。2000 年 Murtagh 等阐明了地衣型真菌的有性繁殖可以通过多产来获得更多的后代，并推测是这种体系使这些共生有机体在严酷的环境中成功繁育。同一个子囊果中的不同孢子在遗传上是一致的，显示为同宗配合，在适应新环境时具优越性。但不同个体，甚至同一个体上的不同子囊果中的孢子在遗传上存在明显差异。

从培养状态下的念珠藻中提取出来的 DNA 与从地衣共生体内的念珠藻中提取的 DNA 有较大的差别。地衣共生体中几乎都有子囊菌（占 98%），而且地衣型子囊菌又占全部子囊菌的 46%。因此，对共生真菌的 DNA，尤其对其 SSU rDNA 的研究较多。1992 年 Depriest 与 Been 发现喇叭粉石蕊 *Cladonia chlorophaea* 的 SSU rDNA 内含有数目可变的 I 组内含子（group- I intron）。内含子的存在可能以某种方式促进了外显子的重排过程，而外显子的重排能够产生具新功能的基因，使生物体更能适应复杂的自然环境。Armleo 与 Miao 通过对石蕊属的 *Cladonia grayi* rDNA 的限制性内切核酸酶酶切分析发现，培养状态下的共生真菌的 DNA 甲基化程度低，而共生状态下的共生真菌的 DNA 甲基化程度高。地衣共生体内不同部位的共生真菌的 DNA 甲基化程度也不一致，果柄和粉芽部位与共生藻相接触的共生真菌结构的 DNA 甲基化程度高，而子囊菌等不与藻细胞接触部位的 DNA 甲基化程度低。DNA 甲基化是最早发现的修饰途径之一，这一修饰途径与基因表达调控有关。生物有机体发育和分化过程中 DNA 甲基化能引起染色体的结构、DNA 构象、DNA 的稳定性及 DNA 与蛋白质之间相互作用方式的改变，从而控制基因的表达。因此，共生真菌甲基化程度高可能是其与藻类协同进化的结果。关于真菌与细菌共生的遗传学机制有待进一步深入系统的研究。

第五节　真菌与细菌共生的生理生态功能和机制

真菌与细菌同是生态系统中的分解者，对各生态系统中物质与能量的转化、运转和利用发挥关键作用，而且，其中部分种类同时还是生态系统中有机营养物质的生产者，如外生菌根真菌、光合细菌，以及具有光合与固氮双重作用的蓝细菌等。当这些真菌与细菌共生形成共生体后，可发挥更大、更强的生理生态功能。而真菌与细菌共生是通过多种作用机制达到这些生理生态效应的。

一、真菌与细菌共生的生理生态效应

真菌与细菌共生形成的共生体所具备的多种功能及其产生的一系列生理生态效应，不仅对农林牧渔产业、增加生物多样性、维持生态平衡与生态系统稳定和环境保护等有利，而且对人类健康也能发挥一些不可或缺的作用。

（一）地衣型真菌与蓝细菌共生的效应

地衣共生体分布广泛，从南北两极到赤道、从高山到平原、从森林到荒漠均有地衣生长，因其在生态系统中发挥生理生态效应而具有十分重要的地位。

1. 光合固氮

地衣型真菌与蓝细菌共生形成的地衣共生体可以在表面温度为 0℃ 的极地固氮。地衣共生体能忍受长期干旱，干燥后再吸水时固氮酶活性可迅速恢复。*Peltigera aphthosa* 与念珠藻共生，后者可将所固定氮量的 95% 以氨的形态分泌出来，供前者吸收利用。地卷目 Peltigerales 和异极衣目 Lichinales 中的绝大多数真菌与蓝细菌共生（Kirk et al.，2008）。地卷目真菌的固氮作用对生态系统氮素循环及其相联系的生态过程和生态功能的影响日益受到关注，特别是在某些干旱和半干旱生态系统，共生真菌与蓝细菌和以蓝细菌共生为主的地衣共生体（主要为胶衣属的物种）是生态系统的主要氮素来源。地卷目胶衣属、肾盘衣属 *Nephroma*、散盘衣属 *Solorina*、肺衣属 *Lobaria* 和地卷属的几个常见物种也具有固氮活性。中国已报道的地卷目约 160 种，其中坚韧胶衣 *Collema tenax* 和分指地卷 *Peltigera didactyla* 具有固氮活性（刘华杰等，2009；2010；Wu et al.，2009）。

2. 改良生境

地衣在土壤形成中发挥一定作用。生长在岩石表面的地衣，所分泌的多种地衣酸可腐蚀岩面，使岩石表面逐渐龟裂和破碎，加之自然的风化作用，逐渐在岩石表面形成了土壤层，为植物的生长创造了条件。地衣共生体的意义远远超出为共生真菌提供养分和为蓝细菌创造良好的生存及发挥生理生态功能的生境。最重要的是，地衣共生体具有超强的共同应对逆境的能力，其固氮作用、光合作用和分解作用等生理生态功能对地球土壤形成与演化、改善环境条件和生态平衡等是不可或缺的。据推测，在维管植物登陆前的 2 亿年间，地衣共生体可能已经对地表岩石圈进行了改造，使陆地变成能够适合植物生长的环境。可见，地衣共生体在形成陆地生物圈和改造陆地方面具有不可估量的作用。在当今各生态系统中，特别是沙漠生态系统、岩石生态系统、土壤生态系统及其他特殊极端生境中，真菌与细菌共生体系仍然在活化矿物质、分解有毒物质和促进其他生物（作为一些动物的食物）的生长发育与繁衍、增加和保护生物多样性等方面发挥作用。

3. 监测环境

地衣共生体大多数喜光，需要清洁新鲜的空气，对二氧化硫（SO_2）非常敏感，可作为大气污染的指示生物。根据各类地衣对 SO_2 的敏感性，有人提出无任何地衣存在的区域为 SO_2 严重污染区，只有壳状地衣生长的区域为 SO_2 轻度污染区，有枝状地衣正常生长的区域为无 SO_2 污染的清洁区。因此，地衣共生体在检测大气污染程度与评定大气质量方面可发挥作用。

4. 作为食品和药品

部分地衣共生体可直接作为食品、饲料和草药等。石耳不仅是山珍之一，而且具有抗癌作用。地茶和雪茶是中国陕西民间喜用的降压饮料。这些种类的地衣共生体富含人体健康不可缺少的微量元素铜，对于血液、中枢神经和免疫系统、头发、皮肤、骨骼组织、大脑、肝脏和心脏等的发育和功能有重要影响；所富含的镁能提高精子的活力，增强男性生育能力；有助于调节心脏活动，降低血压，预防心脏病；调节神经和肌肉活动、增强耐久力；更易控制血压、扩张毛细管、降低血黏度和改善微循环；还具有软化和保护血管、降低人体中血脂和胆固醇的作用；常食可预防动脉粥样硬化或某些心血管病；对眼睛的发育有十分重要的作用，如合成视网膜视杆细胞感光物质、提高眼睛的抗病能力和预防夜盲；能清心泻火，清热除烦，消除血液中的热毒。

中国自古就用地衣中的松萝治疗肺病，用石耳来止血或消肿。《本草纲目》中已有记载的松萝和石蕊等种类，可用于提取抗生素；石蕊具有和津润喉、解热化痰的功效。中国将地衣入药也有非常悠久的历史。南北朝梁代的陶宏景《名医别录》中提到石濡"明目益精气"；明代李时珍《本草纲目》指出石濡（石蕊）有"生津润咽解热化痰"的功效。中国长期以来将松萝用于治疗寒热、溃疡等病症。甘露衣是治疗肾炎的有效药物。早在古埃及时期，地衣共生体提取物就被用于治疗疾病。中世纪的欧洲人用肺衣治疗肺病和气喘，用绿皮地卷治疗小儿鹅口疮，等等。芬兰等国家使用松萝酸盐的多种剂型医治溃疡和烧伤等。欧洲许多国家普遍使用地衣抗生素治疗新鲜的创伤和表面化脓性伤口。地衣抗生素对结核性淋巴腺炎、静脉曲张性和营养性溃疡、外伤性骨髓炎、烧伤、子宫颈糜烂和阴道滴虫症均有良好的疗效。地衣中的多糖类物质主要存在于细胞壁中，其主要包括地衣多糖、异地衣多糖、石耳多糖等，也包括少量的甘露聚糖等。地衣多糖是一个 β-D-葡萄糖以 1,3 和 1,4 键合所构成的线性聚合物；异地衣多糖是由 D-葡萄糖残留物以 α-1,3 及 α-1,4 葡萄糖苷键合所构成的线形聚合物；石耳多糖又称为泡衣多糖，是 β-D-葡萄糖 1 → 6 连接的葡聚糖，每 10~12 个葡萄糖单位的 3 位有一个 O-乙酰基。大多数地衣多糖具有高度的抗癌活性，能通过增强健康细胞的免疫功能抑制癌细胞的增殖，并且还具有降血压、消炎、清热解毒等功能。针对肺衣 *Lobaria pulmonaria* 和长松萝 *Usnea longissima* 的总酚含量与其抗氧化活性间关系的研究表明，这两种地衣的甲醇提取物均具有抗氧化活性。老龙皮的总酚含量与其抗氧化活性具有一定的相关性。这可能与酚类成分在甲醇中的溶解度有一定的关系。2005 年 Behera 等的研究表明，*Usnea ghattensis* 的甲醇提取物可以抑制脂质的过氧化反应，并具有清除过氧化物阴离子的活性及清除自由基的活性。地衣酚型缩酚酸和三缩酚酸可防止过氧化反应，可能与其可阻止有毒金属离子有关，因有毒金属离子可启动游离自由基的反应。另外，也发现这些地衣中含有的二聚萘茜类（5,8-二羟基萘醌）色素 cuculloquinone，islandoquinone，6,6'-bi（3'-ethyl-2,7-dihydroxynaphthazarin），它们的单体也具有抗氧化活性。1994 年 Hidalgo 等通过抑制鼠脑组织及 β-胡萝卜素氧化试验，认为由 *Eriodermachilense* 和

Psoromapallidum 中分离到的缩酚酸环醚 1-chloropannarin 和 pannarin 在 μmol/L 级的浓度范围内具有抗氧化活性，并认为缩酚酸环醚比缩酚酸的抗氧化活性强。这可能与缩酚酸环醚在缩酚酸结构基础上形成的醚键有关。由于地衣共生体内的次生代谢产物具有清除自由基和 ROS 等方面的能力，这种特性使得地衣具有潜在开发成为治疗由过氧化胁迫引发疾病的药物的价值。此外，长松萝的甲醇提取物具有抗血栓形成的活性，可望开发成抗血栓药物。1′-chloropannarine、pannarine 及（＋）- 松萝酸具有杀灭杜氏利什曼原虫（黑热病原虫）前鞭毛体的活性，1′-chloropannarine 和 pannarine 的体外活性浓度为 50 μg/ml，（＋）- 松萝酸的体外活性浓度为 25 μg/ml）。松萝酸和环萝酸有止痛退热的活性。松萝酸、1-chlorepannarine、epiphorelic acid Ⅰ和Ⅱ、calicin 等均对紫外线（UV）有吸收作用。其中，松萝酸主要是在 UV-B 区具有吸收，1-chlorepannarine、epiphorelic acid Ⅰ和Ⅱ、calicin 在 UV-A 区有吸收。Epiphorelic acid Ⅰ和Ⅱ易发生光分解，松萝酸、1-chlorepannarine 和 calicin 对光较稳定。松萝酸的光解产物对 UV 仍然具有吸收作用。松萝酸是一种非常有潜力的天然遮光剂。2004 年 Torres 等从 *Collema cristatum* 中分离的 mycosporine 具有明显的光保护活性，可以有效抑制由 UV-B 引起的细胞膜损伤，抑制人体角化细胞中嘧啶二聚物的形成及皮肤红斑的产生。2004 年 Behera 等发现 *Graphina glaucorufa*、*G. multistriata*、*G. salacinilabiata*、*Graphisa ssamensis*、*G. nakanishiana*、*Phaeogra phopsisindica* 的提取物可以强烈抑制酪氨酸酶的活性，进而抑制黑色素的形成。*Hypogymniaphysodes*、*Lethariavulpina* 和 *Certrariajuniperina* 的培养共生体的甲醇提取物可强烈抑制酪氨酸酶的活性。由于地衣体中的次生代谢产物在 UV 区的强烈吸收作用，近年来地衣提取物已被用作防晒霜中的遮光剂。

地衣共生体还可以用作饲养鹿和麝的良好饲料，特别在寒带、亚寒带地区的国家和民族，在漫长的冬季，驯鹿吃不到杂草、嫩枝、嫩芽，就以地衣作为主要饲料。例如，中国东北大兴安岭的鄂温克族及北欧的一些国家和地区，把地衣像割草一样收割起来，作为饲养动物的冬季饲料。在饲用地衣中，鹿蕊属的许多种类是驯鹿的良好饲料。在中国大兴安岭地区，鹿蕊、雀儿鹿蕊、林鹿蕊等像地毯一样铺满林地，是驯鹿群的理想牧场。即使在大雪覆盖的严冬，驯鹿也能从厚厚的雪层下掘取地衣为食。某些附生地衣，如环松萝，是麝在冬季的主要饲料之一。

此外，地衣共生体可作工业原料。例如，染料衣科地衣可用于提取染料，由染料衣及石蕊等提取的石蕊色素是细菌鉴定和检疫工作中不可缺少的生物化学试剂。栎扁地衣的乙醇提取物橡苔浸膏既是定香剂，又能提高香精的质量，因而成为日用化妆品中不可缺少的添加剂。实际上，扁枝衣属的其他一些种类如扁枝衣和柔扁枝衣，以及某些树花衣均可作为浸膏、制取香水的定香剂、化妆品的原料，以及化妆品中防腐剂等。

5. 抗菌、杀虫

地衣共生体所合成的诸多独特的化学物质，约 700 种次生代谢产物为其所特有，主要为缩酚酸、缩酚酸环醚、缩酚酮和二苯并呋喃等类化合物，具有包括抗氧化、抗辐射、抗菌、抗病毒、抗肿瘤、植物生长抑制和昆虫拒食等活性。地衣所分泌的地衣酸多达百余种，其中不少具有较强的抗菌能力。地衣共生体中抗生素研究的最为深入的当属松萝酸。松萝酸又名地衣酸，在树花属 *Ramalina*、石蕊属、茶渍属、松萝属、冰岛衣属 Ceiraria、梅衣属、赤星衣属 Haematomma 等属中含量较为丰富。松萝酸对革兰氏阳性菌、厌氧性细菌和分枝杆菌等都有很高的抗菌活性,对革兰氏阴性菌则几乎没有效果。(+)-松萝酸与(-)-松萝酸的对细菌的抗菌作用无多大差别,但(+)-松萝酸与(-)-松萝酸有较大差异。(+)-松萝酸有抗革兰氏阳性菌金黄色葡萄球菌、铜绿假单胞菌 Pseudomonas aeruginosa 的活性,可直接杀死金黄色葡萄球菌的细胞,妨碍铜绿假单胞菌信号的传导途径。松萝酸有抑制结核分枝杆菌 Mycobacterium tuberculosis 生长的活性,其最小抑制浓度为 12.5 μg/ml。(+)-松萝酸与(-)-松萝酸对白色念珠菌 Candida albicans、酿酒酵母 Saccharomyces cerevisiae 均无抑菌活性;(-)-松萝酸对常现青霉 Penicillium frequentans 和黑白轮枝菌 Verticillium alboatrum 有抑菌活性,(+)-松萝酸则没有;同样(+)-松萝酸对串珠镰刀菌 Fusarium moniliforme 有抑菌活性。小红石蕊酸属二苯并呋喃类化合物对革兰氏阳性菌及结核杆菌有高度抗菌活性。小红石蕊酸属二苯并呋喃类化合物对革兰氏阳性菌及结核杆菌有高度抗菌活性。袋衣酸属缩酚(羧)酸环醚类化合物,对革兰氏阳性菌有高度抗菌活性,对结核分枝杆菌及发癣菌 Trichophyton sp. 和假丝酵母 Candida sp. 等真菌的抗菌活性较弱。

6. 其他作用

通常地衣的次生代谢产物积聚在菌丝的外表面,在生物竞争中通过淋洗作用,直接就可以发挥毒杀作用。Cladonia foliacea 的提取物抑制苔藓孢子的萌发,并抑制其原丝体的发育。缩酚酸巴巴酸、lecanorin 和三缩酚酸三苔色酸(gyrophoric acid)可妨碍光合系统 Ⅱ 的电子传递过程,从而起到抑制其他植物生长的作用。地衣体内的蒽醌及其类似物可引起植物幼苗在早期的畸变。红石蕊酸(rhodocladonic acid)的类似物可引起双子叶植物及单子叶植物的根畸形。(-)-松萝酸通过抑制对羟基苯基丙酮醇双氧化酶(HPPD)的活性,导致叶绿素和类胡萝卜素的降解,从而引起发育中子叶的白化,进而抑制植物的生长。有些地衣的次生代谢物可以阻止其他地衣种群的形成,从而获得自身的生态位。

(二)菌根真菌与细菌共生的效应

AM 真菌和根瘤菌处于相同的生态位,共同定殖于豆科植物根内、其他植物根内或根围,多数情况下 AM 真菌与根瘤菌能够相互促进生长发育和功能。业已证实双接种 AM 真菌与根瘤菌对改善植物磷素营养状况、提高土壤有机磷的利用率和根瘤菌的结瘤固氮能力、促进植物的生长发育、增加植物的抗逆性和抗病性等方面的效果优于二者任一单接种的。对蚕豆 Vicia faba 双接种摩西斗管囊霉和豌豆根瘤菌 Rhizobum leguminosarum 促进了植株的生长,提高了根瘤菌的固氮能力、AM 真菌的侵染率、大量元素和微量元素的含量,而且有效抑制了赤斑病 Bothytis fabae 的发生,明显减轻了植株的病状,表明双接种增加了蚕豆的抗病性。

AM 真菌与 PGPR 在与病原物竞争光合产物和生态位、拮抗病原物、诱导植物产生系统抗性等方面能协同发挥作用。双接种摩西斗管囊霉 BEG 29 和枯草芽孢杆菌 Bacillus subtilis M3G 可显著降低秋季草莓组培苗冠腐病病情指数、根坏疽程度及恶疫霉 Phytophthora cactorum 合子数。AM 真菌与一定种类的 PGPR、自生固氮菌、放线菌和其他细菌共同定殖植物根围,可协同诱导植物生理生化反应,如诱导病程相关蛋白的合成、分泌一些抗生素等次生代谢物质，抑制了病原物的侵染与发展，从而协同发挥生防作用与生态效应，促进植物的生长与健康状况。

二、真菌与细菌共生效应的作用机制

共生真菌与绿藻共生形成的地衣共生体利用空气中的水蒸气即可激活其光合作用，而共生真菌与蓝细菌形成的地衣共生体则需要液态水。这就解释了为什么绿色藻类地衣比蓝细菌地衣更能在干燥生境生存，而在潮湿的热带地区近 50% 的地衣共生体物种是蓝细菌地衣。具有凝胶状多糖的一些蓝细菌地衣物种和具有储水层的绿色藻类地衣种类比共生体薄弱、易干燥的地衣种类具有更强的白昼代谢能力。

研究表明，念珠藻和伪枝藻通过光合作用释放葡萄糖。至于氮素养分，地衣共生体除了从其周围生境中吸收利用之外，蓝细菌还可直接固定大气中的氮素。地衣共生体多糖类物质具有较好的抗癌活性，其作用机制不是通过直接杀伤细胞或抑制癌细胞，而是通过增强动物和人体的免疫防御系统来发挥作用。它可以激活机体内的巨噬细胞，被激活的巨噬细胞不损伤健康细胞，只溶解、破裂或吞噬癌细胞。

菌根真菌与根瘤菌共生直接参预固氮细菌能量与物质的代谢，对豆科植物的生存竞争十分有利。菌根真菌与根瘤菌共生通过协同作用改善植株营养而增加植株生物量。缺磷土壤中单独接种根瘤菌对埃及车轴草 *Trifolium alexandrinum* 的前期生长能起到增产作用，随着幼苗生长对磷素需求量的增大，根瘤菌逐渐失去作用。只有在 AM 真菌存在时，根瘤菌的固氮效能才能持久地发挥作用。缺磷地区，AM 真菌通过增加磷吸收，改善植物磷营养而有益于细菌共生体和它的固氮活性，从而促进固氮，而根瘤菌同时也能促进根系和菌根的发育。低磷水平土壤中，无菌根的栲木的固氮能力弱，而接种 AM 真菌能增加单株根瘤数和提高单个根瘤平均重量。AM 真菌孢子伴生细菌可能通过软化孢子壁、产生刺激性化合物（如 CO_2 及其他挥发物）或通过影响 AM 真菌吸收磷来刺激孢子萌发。苏云金芽孢杆菌 *Bacillus thuringiensis* 增加了摩西斗管囊霉和根内根孢囊霉根外和根内定殖，最低施磷肥水平下该菌能相同程度地促进两种 AM 真菌根外和根内菌丝发育，并增强 AM 真菌的生理代谢作用。AM 真菌菌丝在土壤中的生长、扩展和形成菌根网络过程中可同时携带及传播共生细菌。短短芽孢杆菌能明显促进球囊霉菌丝生长量的增加，在重金属镉存在的情况下，其促进效应更为显著。平板培养条件下强壮类芽孢杆菌 *Paenibacillus validus* 能够促进根内根孢囊霉菌丝生长。一些 AM 真菌孢壁中包埋的细菌能够侵蚀和降解孢壁，使其坚硬的外层孢壁在后期缺失，或形成小孔。而菌根助手细菌可与菌根根系和真菌联合并对菌根的形成具有选择性促进作用。1999 年 Budi 等在接种摩西斗管囊霉的两色蜀黍 *Sorghum bicolor* 菌根中分离到的 *Paenibacillus* sp.，其可以促进菌根形成。能产生抗真菌物质 2，4- 二乙酰基间苯三酚（DAPG）的根围假单胞菌 F113 对摩西斗管囊霉不产生负面影响，而且其可以促进摩西斗管囊霉菌丝生长及对番茄的定殖。根围共生的 PGPR 能分泌植物激素，可促进 AM 真菌孢子的萌发、菌丝和孢子的生长，进而促进 AM 真菌侵染定殖寄主根系和增强 AM 真菌的生理生态功能。恶臭假单胞菌 *Pseudomonas putida* 能促进 AM 真菌的侵染定殖数量。ECM 真菌 *Laccaria bicolor* 能产生一种海藻糖来增加荧光假单胞 BBc6R8 菌株在菌根围内的定殖及生长。菌根真菌通过改善寄主植物磷和碳元素在植物体内的分布和含量、水分的吸收、光合作用，以及细胞间的特异性识别来促进根瘤菌的结瘤与固氮。菌根真菌与细菌的相互作用机制可能涉及两者竞争生态位点、改善寄主植物的营养状况、改变根系形态或解剖结构、诱导酶与激素的合成、分泌次生代谢产物、调控基因表达等。

综上所述，真菌与细菌的共生是一个十分有趣和复杂的课题。特别是地衣型真菌与蓝细菌的共生形成的地衣共生体难以人工培养及其生长速率缓慢，在一定程度上限制了该领域的发展。解决地衣共生体的人工培养和提高生长速率的问题尚需时日。更大范围的共生真菌与细菌共生体在形态解剖、共生机制、生理生态作用及其作用机制等方面尚待进行广泛而深入的系统研究。解决针对地衣共生体存在的过度采集极易造成环境的破坏及种群的灭绝问题已刻不容缓。应加强对地衣共生体物种的调查采集，以及生物学、化学和生物技术等多学科领域的研究，为地衣共生体生物多样性的保护和可持续利用提供基础。对于那些已经开发利用的种类如树花、地茶 Thamnolia sp. 等，应从生态学的角度出发，合理规范地加以利用。另外，伴随着生物技术的不断发展，通过分子生物学的方法可以找到地衣次生代谢产物的合成途径，然后借助基因工程的方法来提高其生物量，以便更加快捷、高效地获取所需的化学物质。随着近年来地衣组织培养及转基因等生物技术的发展，将会促进和扩大对地衣资源的开发和可持续利用，为地衣共生体在制药与食品加工等工业、农业、畜牧业和渔业生产中的应用提供技术，而具有广阔的应用前景。

第七章　生物复合共生体系

通常情况下，生物共生体系是由两种不同物种的生物之间构建的共生联合或紧密的共生体。如前面所描述的榕小蜂与榕树、柑橘与 AM 真菌、菌根真菌与菌根助手细菌等建立的共生体系，是自然界大多数和常见的生物共生体系。而所谓复合共生体（dual symbionts），本书是指由 3 种或 3 种以上生物构成的复合共生体系，也称为"三重共生体"（tripartite symbiont）或"多重共生体（multiple symbiont）"。生物界最常见的、意义最大的复合共生体是由植物＋菌根真菌＋其他真菌或/和细菌构成的。从 1896 年 Janse 描述了猴耳环中三重共生体后，植物＋菌根真菌＋细菌三者构建的复合共生体一直是一个很有意义的研究方向。自然条件下，植物与菌根真菌形成互惠共生体的同时，一些植物的根系还可与另外一种菌根真菌形成所谓的混合菌根，甚至还能同时与 DSE 等其他共生真菌或/和共生细菌形成更为复杂的复合共生体。本章简要介绍生物复合共生体的基本概念、类型、形态解剖特征、生长发育特点、共生机制、生理生态效应与作用机制等。与其他类型的共生体相比，复合共生体研究的资料尚比较零散，不够完善和系统，今后有待加强该方面的工作。

第一节　生物复合共生体系的类型

事实上，自然条件下生物共生体系是复杂多样的。动物、植物、真菌和细菌之间在一定条件下均能形成复合共生体。生物复合共生体类型具有丰富的多样性。

一、以动物为主体的复合共生体类型

研究表明，动物尤其是昆虫与植物、真菌和细菌之间可形成复杂的复合共生关系。这在自然界也是常见的共生体系。

（一）传粉昆虫＋植物＋酵母菌形成的复合共生体

植物的花朵是昆虫传粉的重要场所，许多传粉昆虫在为植物传粉的过程中取食花蜜，因而花蜜的化学组成对吸引传粉昆虫至关重要。传粉昆虫＋植物＋酵母菌的复合共生体系对植物的传粉意义重大。

对诸多植物而言，蚂蚁是一类重要的传粉昆虫，在热带雨林等陆地生态系统中，富含糖分的花蜜是蚂蚁重要的食物资源。地中海的森林里蚂蚁甚至是许多开花植物花期中最主要的传粉昆虫。花蜜是传粉昆虫＋植物共生关系的媒介，植物利用花蜜来吸引昆

虫，花蜜的主要成分为蔗糖、果糖及葡萄糖，并富含氨基酸，是许多传粉昆虫最喜爱的食物。在热带及温带地区，许多植物的花蜜中存在着大量的酵母菌。研究表明，花蜜的化学组成与花蜜中酵母菌的发酵作用显著相关。

在连续接触植物花朵为植物传粉的过程中，蚂蚁将酵母菌传播在不同植物的花蜜中，进一步改变了花蜜的化学组成。接种酵母菌后，花蜜中蔗糖和氨基酸的含量下降，而果糖及葡萄糖的含量显著上升，同时发酵作用提高花蜜的渗透压，并产生一系列挥发性物质。酵母菌对花蜜的发酵改变了植物花蜜的化学组成，使得传粉蚂蚁在取食花蜜的同时，更频繁地为植物传粉，从而提高了植物的繁殖能力（de Vega and Herrera，2013）。

（二）蚯蚓 + 植物 + 根围微生物形成的复合共生体

于植物的根围内，蚯蚓 + 植物 + 根围微生物互相作用，形成复合共生体，共同促进植物的生长。蚯蚓对植物根围土壤具有很强的改良作用，被认为是土壤生态系统的"工程师"。蚯蚓以土壤中有机质为食，其粪便中含有丰富的氮、磷、钾等养分，能够提升土壤肥力；同时，蚯蚓在土壤中的蠕动作用，可疏松土壤，使空气和水分能够更多地深入土中，进而促进植物的生长。根围微生物（rhizosphere microbe）生活在植物根系及根围土壤中，与植物共生。根围微生物大量聚集在根系周围，为植物生长提供所需的养料；通过分泌维生素、生长素等，促进植物生长。蚯蚓取食土壤中的腐殖质后，在肠道微生物的作用下，释放出一定量的 N2O。宏基因组研究表明，土壤微生物能够利用蚯蚓 *Pontoscolex corethrurus* 释放的 N2O，将其转化为 N2。与贫瘠土壤相比，富含蚯蚓的土壤中，根围微生物中参预生物合成信号通路及细胞增殖过程的基因表达量上升，同时，氨基酸代谢、脂肪酸代谢、糖异生途径、蛋白质转运等一系列参预植物 + 根围微生物共生关系的相关功能基因的表达也有所上升，揭示了蚯蚓对土壤微生物生理代谢的积极作用（Braga et al.,2016）。蚯蚓 + 玉米 +AM 真菌则是常见的和有效的三重共生互作体系（Cao et al.，2016）。

（三）昆虫 + 植物 + 细菌形成的复合共生体

一定条件下，象鼻虫 *Conorhynchus pistor* + 植物猪毛菜 *Salsola inermis* + 固氮细菌克雷伯肺炎杆菌 *Klebsiella pneumonia* 三者能构建三重共生体。该共生体系中，象鼻虫生活在一个粘贴到植物根系的泥结构里，从而获得来自植物提供的碳素养分和水分，并能成功躲避捕食者和寄生虫，而定殖于象鼻虫肠道内的活性固氮细菌通过固氮和向该共生体系提供氮素调控三者的共生互作，最终促进植物种子的发育。与大多数食叶甲虫不同，从新西兰收集的以带刺的加州蓟（菊科）为食的食叶甲虫 *Cassida rubiginosa* 拥有与众不同的填满细菌的囊状器官；食叶甲虫体内的共生细菌可以帮它们分解加州蓟上多数动物都无法消化的大量由果胶（pectin）等难消化物质组成的植物细胞壁。*Cassida rubiginosa* 甲虫的前肠有两个器官用于储藏细菌 *Candidatus Stammera capleta*，这些器官的功能相当于人类肝脏，富含分解和加工食物的工具。细菌有果胶消化基因，甲虫的消化系统可以从细菌分解物中获得氨基酸和维生素等营养元素（Salem et al.，2017）。

（四）昆虫＋真菌＋放线菌形成的复合共生体

在昆虫培育真菌的过程中，放线菌发挥着至关重要的作用，昆虫利用放线菌产生抗生素，抑制菌圃中杂菌的生长，从而形成了昆虫＋真菌＋放线菌的复合共生体。2003年 Currie 等观察到 *Acromyrmex* 属的切叶蚁在其地下巢穴中可种植担子菌作为其养分来源。同时，它们于自身体表携带放线菌 *Pseudonocardia* sp.，并利用这类放线菌产生的抗生素抑制菌圃病原真菌 *Escovopsis* spp. 的生长，为菌圃提供保护。2009年 Oh 等进一步证实了该保护机制中依靠放线菌产生的 candicidin 和 dentigerumycin 等多种抗生素来抑制病原菌的生长。

2008年 Scott 等发现小蠹虫 *Dendroctonus frontalis* 与许多微生物紧密相互作用，形成复杂的互作网络。依赖于共生真菌 *Entomocorticum* sp. 及 *Ceratocystiopsis ranaculosus*，小蠹虫大面积侵染松树并造成树木的死亡。这两类真菌生长于松树的维管系统，为小蠹虫幼虫提供养分。另外一类真菌 *Ophiostoma minus* 一方面能够协助小蠹虫攻克树木的防御体系；但是另一方面，这类真菌能够抑制主要的作为昆虫营养来源的共生真菌 *Entomocorticum* sp. A 的生长。在小蠹虫的储菌器中，携带一类共生的放线菌抑制 *O. minus* 的生长；共生放线菌通过产生 mycangimycin（$C_{20}H_{24}O_4$）保护共生真菌，抑制 *O. minus* 的生长。而 mycangimycin（$C_{20}H_{24}O_4$）经鉴定为新骨架化合物。

昆虫＋真菌＋放线菌共生复合体及相关天然产物化学研究目前已经得到重视，其药用价值仍需进一步研究并发掘。病原微生物对昆虫的生存造成了巨大的威胁，在这种选择压力下，昆虫选择了真菌与放线菌联合，利用共生微生物产生抗生素类保护性物质，抵抗病原微生物的伤害。目前，世界上存在数目巨大、多样性很高的昆虫物种，与昆虫相关的共生微生物的发现仅仅是冰山一角，对这些微生物的次生代谢产物的研究更是凤毛麟角。而昆虫＋真菌＋放线菌共生复合体之间复杂的相互作用，为这个领域的研究提供了理想而宝贵的研究材料。

（五）动物＋原生生物＋细菌形成的复合共生体

一些动物如反刍动物牛、羊和鹿等胃的内部，以及部分昆虫如白蚁等的肠道内生活着大量原生生物，如鞭毛虫，而鞭毛虫本身也能作为原核微生物的宿主，从而构建成三重共生体系。例如，台湾乳白蚁 *Coptotermes formosanus* 肠道中栖息的鞭毛原生动物 *Pseudotrichonympha grassii* 的细胞内定殖着拟杆菌目的共生细菌（图 3-22）。

二、以植物为主体的复合共生体类型

自然条件下或一些科学试验处理中植物＋真菌＋细菌三者之间往往可以建立互惠共生体系。甚至许多植物在与 3 种真菌共生的同时，还能与细菌或放线菌共生，形成多重共生体。

（一）豆科植物 + 菌根真菌 + 共生固氮细菌形成的复合共生体

豆科植物根系可同时定殖 AM 真菌和根瘤菌，分别形成 AM 和固氮根瘤共生体。有时甚至可以观察到大豆根瘤内定殖着 AM 真菌的孢子。这是偶然的现象，还是必然的？ AM 真菌侵染定殖根瘤的机制是什么？其在根瘤内产孢的过程和机制更是令人寻味、意义非凡，有待深入探究。尽管如此，豆科植物 +AM 真菌 + 根瘤菌三者之间形成复合共生体系的事实已得到公认。AM 真菌与能结瘤的原核生物是两大类重要的共生微生物，它们能共同侵染豆科植物和部分非豆科寄主植物，形成植物根系 +AM + 根瘤的三重共生体。这是十分有趣和有意义的生物学现象。关于该复合共生体的构建机制与生理生态作用可分别参见本章第三节和第四节的有关内容。

（二）部分树木与两种不同的菌根真菌形成的复合共生体

桉属 *Eucalyptus*、柳属 *Salix*、杨属 *Populus*、金合欢属 *Acacia*、柏木属 *Cupressus*、榆属 *Ulmus*、木麻黄属 *Casuaria* 等属，杜鹃花科及其他针叶树种等可与两种不同的菌根真菌形成复合共生体。

1. 树木 +ECM 真菌 +AM 真菌形成的复合共生体

ECM 真菌和 AM 真菌能侵染同一种植物根系，甚至同一条根系，形成复合共生体。例如，早在 1998 年陈应龙等就观察到桉树根系可同时形成 ECM 和 AM 互惠共生体。图 7-1 所示为松科植物根系上形成的 ECM、AM 和 DSE 结构。

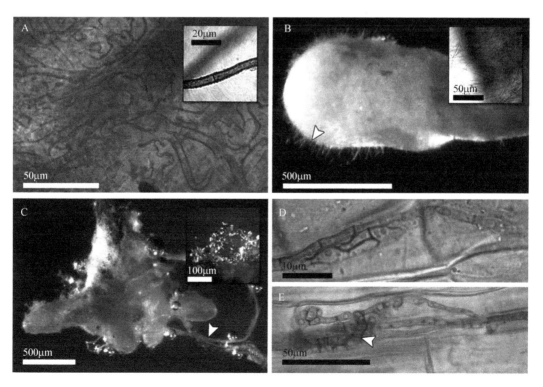

图 7-1　生长于森林土壤中松科植物根系形成的ECM、AM和DSE结构（引自Wagg et al.,2008）

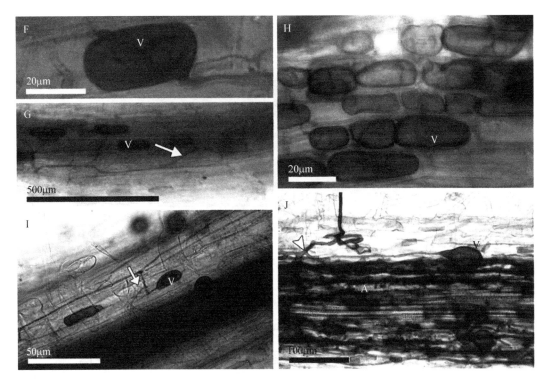

图7-1　生长于森林土壤中松科植物根系形成的ECM、AM和DSE结构(引自Wagg et al.,2008)（续）

A. 北美短叶松 *Pinus banksiana* 根系上 E- 菌株菌套内分枝的菌丝；插入的小图为 E- 菌株真菌典型的具横隔的疣状隆起的外生菌丝；B. 北美乔松 *Pinus strobus* 根系上块菌带有很多囊状体（箭头）的菌套菌丝；C. 北美短叶松根系乳牛肝菌 *Suillus* sp. 或须腹菌 *Rhizopogon* sp. 的白色、棉状根外菌丝体（箭头）；D. 北美乔松根上DSE的有隔菌丝体；E. 北美乔松根上 DSE 的微菌核；F. 灰绿云杉 *Picea glauca×P.engelmannii* 根皮层细胞内的泡囊（v）；G. 北美乔松根系内的泡囊（v）和菌丝（箭）；H. 北美乔松根系内的许多泡囊（v）；I. 杂交云杉 *Picea glauca×P.engelmannii* 根内菌丝和泡囊（v）；J. 定殖红三车轴草根上 AM 真菌附着胞（→）、根内菌丝、丛枝（a）和泡囊（v）

2. 杜鹃花科植物 + 欧石南（ERM）+ECM 真菌形成的复合共生体

2001 年 Wurzburger 和 Bledsoe 报道了杜鹃花科树木的根系在与 ERM 真菌共生的同时，可与 ECM 真菌共生，形成复合共生体。

3. 杜鹃花科植物 + ERM 真菌 +AM 真菌 +DSE 形成的复合共生体

ERM 真菌和 AM 真菌可同时定殖杜鹃花科树木的根系形成复合共生体。苗迎秋等（2013）从中国长白山野生笃斯越橘 *Vaccinium uliginosum* 根系上观察到 AM 真菌的丛枝结构、ERM 真菌的菌丝结构和 DSE 深色有隔菌丝等结构，表明自然条件下笃斯越橘根系可以同时与 AM 真菌、ERM 真菌和 DSE 三种真菌共生形成复合共生体。

（三）其他植物 + 菌根真菌 +DSE 形成的复合共生体

自然与试验条件下，经常可观查到 AM 真菌与 DSE 同时侵染植物根系形成的复合共生体。田蜜等（2015）观察到保护地蔬菜大棚栽培的黄瓜根系及其同一条根内同时定殖着 AM 真菌和 DSE，证实黄瓜 +AM 真菌 +DSE 三者共生形成复合共生体（图 7-2）。

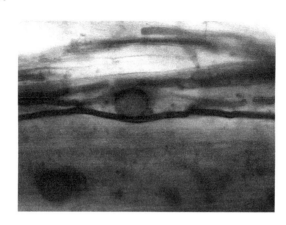

图 7-2　黄瓜根系内定繁殖的 AM 真菌的泡囊或孢子和 DSE 深色有隔菌丝

ERM 真菌与 DSE 也能同时侵染植物根系形成的复合共生体（Vohník and Albrechtov，2011）；在一些森林树木根系上也能观察到 ECM 真菌、AM 真菌与 DSE 形成的复合共生体结构（Massenssini et al.，2014；Pan et al.，2013；García et al.，2012；Zhang et al.，2010b；Muthukumar and Prabha，2013）。

（四）部分树木 + 菌根真菌 + 共生固氮放线菌形成的复合共生体

一些非豆科木本植物根系可以同时定殖 AM 真菌或 ECM 真菌 + 弗兰克放线菌而形成复合共生体。

（五）其他植物 + 菌根真菌 +PGPR 形成的复合共生体

自然界中更广泛的植物可与菌根真菌和 PGPR 共生形成复合共生体。

三、以真菌为主体的复合共生体类型

自然条件下，真菌 + 真菌 + 细菌或真菌 + 细菌 + 细菌构成三重共生体也是比较常见的和正常的。

（一）子囊酵母菌 + 担子酵母菌 + 蓝细菌形成的复合共生体

蓝细菌地衣共生体就是由子囊酵母菌 + 担子酵母菌 + 蓝细菌形成的复合共生体（Spribille et al.，2016）。具体可参见第六章相关内容。

（二）菌根真菌 + 根瘤细菌 + 其他共生细菌形成的复合共生体

菌根真菌特别是 AM 真菌可与根瘤菌和其他共生细菌形成复合共生体。

以上表明自然条件下复合共生体类型具有丰富的多样性，这也必然与其形态解剖结构和生理功能密切相关。

第二节 复合共生体的形态特征

生物复合共生体多种多样，但对其形态与解剖特征研究目前仅局限在植物复合菌根及其与细菌共生形成的部分复合共生体。自然条件下豆科植物根瘤中可观察到 AM 真菌的丛枝和泡囊结构；而桉树根系形成的 ECM+AM 复合菌根结构则比较典型。1999年陈应龙等观察到桉树复合菌根兼有两者的共同形态特征，即同一条根上既有 ECM 真菌形成的菌套（mantle）和哈蒂氏网，又有 AM 真菌形成的泡囊或丛枝结构。1985 年 Lapeyrie 等认为 AM 真菌在初期的侵染优势与其孢子萌发速率较快有关，ECM 真菌后期感染是通过菌丝扩散和侧根侵染来实现的。ECM 形成的菌套对 AM 真菌侵染新生根系会形成障碍，ECM 产生的菌丝团和菌索结构有迅速占领土壤的能力。1989 年 Lodge 对美洲黑杨 *Populus deltoides* 和黑柳 *Salix nigra* 天然林菌根的研究，以及 2000 年 Chen 等对桉树上菌根的研究都证实这种交互抗性的存在。中国东北长白山野生笃斯越橘根系上同时着生典型的 ERM、AM 和 DSE 结构。这些真菌主要侵染周皮细胞，个别也有侵染木质部的情况，但没有改变根的基本解剖结构，含有菌丝体的表皮细胞壁明显加厚（苗迎秋等，2013）。贾锐等（2011）观察到兴安杜鹃菌根形态特征比较复杂，既有典型的 ERM 特征，即菌丝网、菌丝圈和菌套，也有细胞内贯穿菌丝、根上菌丝网、根表面的游走菌丝和降解的菌丝，少数根样中还有典型 AM 的泡囊。Vohník 和 Albrechtová（2011）发现 ERM 和 DSE 是杜鹃花科植物上毛根的主要共生体类型，这两种真菌复合侵染时，一些菌丝体能同时形成与 ERM 和 DSE 复合侵染相一致的结构，这偶尔会导致类似于哈蒂氏网的细胞间隙薄壁组织网络和细胞内菌丝圈的形成。在欧洲杜鹃花上 ERM 和 DSE 频繁的交互作用使两者之间形成复合形态连续统一体。ERM+DSE 定殖是否代替了内外菌根类型值得进一步研究。

第三节 生物复合共生体系的共生机制与发育特点

如前所述，对于两种生物之间的共生机制涉及化学机制、生理生化机制、生态学机制和遗传学机制等。而对于多种生物之间的复合共生机制则可能在具有这些机制的基础上，还具有更为复杂的共生机制，整体上该方面的研究尚待加强。目前，仅对豆科植物+AM 真菌＋根瘤菌三重共生体的共生机制研究得比较系统和深入，本节重点介绍该方面的内容。

一、昆虫＋植物＋真菌共生体系的构建过程

动物＋植物＋真菌复合共生关系中，以植菌昆虫＋植物＋真菌共生过程的研究比较典型。该共生体系中以菌圃中接种共生真菌过程最为关键，共生真菌的接种过程多由昆虫来完成，而"昆虫农夫"也进化了一系列形态学和行为学特征来完成这个过程。切

叶蚁接种共生真菌的过程：雌蚁首先构筑地下巢穴，并将储存在其口下囊的真菌接种物接种在巢穴中；随后，它的后代通过收集叶片或其他植物组织来培育真菌，并将感染的基质清除。接种的真菌可作为幼年及成年蚂蚁的食物。白蚁接种真菌的过程：为了建立菌圃，白蚁群落中的工蚁从环境中收集共生真菌的担孢子，在白蚁的肠道中，共生真菌的孢子接种在白蚁取食的木屑或植物组织中，经排泄后形成菌梳。Ambrosia 甲虫接种真菌的过程：Ambrosia 甲虫在活的树木的树干内钻蛀虫道，并在钻蛀的虫道中接种共生真菌孢子。卷叶象甲接种真菌的过程：雌性卷叶象甲首先用其前足在叶片上切下一片叶块，随后在切下的叶块上接种共生真菌的孢子。接种时，卷叶象甲的前足及中足直立，后足弯曲，使其腹部能够紧紧地压在叶块上。首先，卷叶象甲用其头部的一对螺旋钉状结构在叶块上打孔，随后在叶块上来回匍匐前进接种。在接种的过程中卷叶象甲的储菌器有规律地一张一合，使储存于储菌器中的真菌孢子散落在叶块上。同时，用其腹部排列整齐的梳状柔毛将真菌涂布在事先扎有小孔的叶块上，使得共生真菌能够更好地利用叶块中的养分。卷叶象甲的储菌器及腹部整齐排列的梳状柔毛具有明显的雌雄二型性，即雌性卷叶象甲具备该结构而雄性卷叶象甲不具备。由此，不难推断，狭额卷象属卷叶象甲为了适应与真菌的共生进化了一系列特化的器官用于储存并接种真菌的孢子，同时具有特定的接种动作。

二、植物 +ECM 真菌 +AM 真菌复合共生体的发育

AM 真菌是地球上分布最广泛的植物根系共生真菌，起源于 4.6 亿 ~4.8 亿年前，几乎与陆生植物同时出现。其复合共生体的起源虽然理论上要晚于植物与菌根真菌之间形成的 AM 和 ECM 等共生体，但同样经历了更为复杂的、漫长的进化过程。十分有趣的是，一些树木上的 AM 逐渐被 ECM 所替代。自然土壤中 4 个桉树人工林的根系样品 AM 真菌侵染率在 50% 以上，另有 4 个根样 ECM 真菌侵染根段长度超过 50m。同一根系上 AM 真菌与 ECM 真菌之间存在一定的竞争性。与 AM 真菌相比，ECM 真菌对根系的侵染速率较低。桉树同时接种 ECM 真菌和 AM 真菌时，前期 ECM 真菌的侵染率显著低于不接种 AM 真菌而只接种 ECM 真菌的处理；根系上一旦形成 ECM，菌丝体会在根系表面形成菌套结构，并向其他根系扩展，从而阻碍 AM 真菌对新生根系的侵染。ECM 真菌与 AM 真菌在根系上共生所产生的竞争性作用，是通过 ECM 真菌共生影响了寄主产生须根的数量，从而制约了 AM 真菌的进一步侵染。这表明 ECM 真菌的竞争和改变根系形态等生理作用在菌根类型的替代过程中占主导地位。复合共生体菌根中存在 ECM 逐步替代 AM 的发展趋势。可见，ECM 代替 AM 可能是由于生长策略的不同。一种可能的解释是土壤中前者保持了比 AM 真菌更高的侵染势。与 AM 真菌相比，ECM 真菌能产生更多的菌丝，聚集在植物吸收根附近；土壤表层富集菌丝更接近植物侧根，对根的萌发有更快的应答机制；或是可以对资源进行再分配以促进根部生长。ECM 真菌对 AM 真菌的抑制作用主要是由该两种真菌不同的生物学特别是生理学特性决定的。另外也涉及源于寄主的相关理化机制，如机械屏障作用、对寄主糖类的竞争、对菌根根围微生物区系的影响等，值得进一步深入研究。

三、豆科植物 +AM 真菌 + 根瘤菌共生机制

豆科植物面对根瘤菌的入侵，是启动防御还是共生信号传递的决定作用，取决于定位在植物细胞膜上的受体复合物（Antolin-Llovera et al.，2014）。在根瘤器官中产生的 NF 信号转导方面取得了突破性进展，发现两类 RLK 在共生信号传递中发挥重要作用，其一是 LysM-RLK，其二是 MLD-LRR-RLK。LysM 结构域参预结合肽聚糖或相关结构的分子，如几丁质寡多糖。目前已从不同的豆科植物中鉴定出 NF 受体，其介导识别根瘤菌。这些受体具有一个共同结构特点，即含有 1 个跨膜结构域锚定胞外 LysM 模体和胞内蛋白激酶结构域，因此将其命名为 LysM-RLK。在模式豆科植物百脉根的根中鉴定出两个 LysM 受体激酶 LjNFR1 和 LjNFR5 参预结瘤因子的识别，这两个蛋白质是寄主植物启动根瘤菌侵入和根瘤产生所必需的。结瘤因子属于脂质几丁质寡糖（lipochitooligosaccharide，LCO），结瘤因子的识别需要细胞质膜上的跨膜受体蛋白激酶，该蛋白质通过其胞外 LysM 结构域结合结瘤因子，从而激活其胞内激酶结构域，进而将信号转导到细胞内。在细胞质中，在一个细胞质膜定位的受体激酶、几个细胞核膜蛋白和几个核孔复合体蛋白组分的参预下，激活细胞质与细胞核之间的钙震荡（calcium oscillations），将信号转导到细胞核中。钙震荡由一个核定位的钙离子 / 钙调蛋白依赖的蛋白激酶感受后，激活下游多个转录因子（NSP1、NSP2 和 ERN1）的活性。CCaMK/DM13 是由蛋白激酶结构域、钙调蛋白结合位点和 3 个 EF 结构域组成的蛋白质，其磷酸激酶活性通过自由 Ca^{2+} 或钙调素结合的 Ca^{2+} 来激活，从而把 Ca^{2+} 浓度信号转换成蛋白质磷酸化输出信号（Miller et al.，2013）。在没有根瘤菌的情况下，将 CCaMK/DM13 的自磷酸化位点突变或删除 C 端调节结构域，均导致苜蓿或百脉根自发结瘤，表明 CCaMK/DM13 是根瘤器官形成的关键调节因子。*CYCLOPS/IPD3* 编码一个具有核定位的卷曲螺旋基序的转录激活因子，并且在体外可以被 CCaMK 磷酸化，51 位点和 155 位点磷酸化后可以激活 NIN 的转录（Singh et al.，2014）。这些转录因子可以激活结瘤因子响应基因（Nod factor response gene），如 *ENOD11*、*NIN* 等基因的表达，细胞分裂素的受体蛋白及其同源基因参预了信号的继续传递。之后分化了的皮层细胞被激活，重新进入细胞分裂形成根瘤原基。这些基因对根瘤的发生是必需的，任何一个基因的突变都有可能导致根瘤无法形成。另外，百脉根中的共生受体激酶 LjSYMRK 是一个含有 MLD（malectin-like domain）、LRR、跨膜和激酶结构域的受体，位于共同共生途径（common symbiosis pathway，CSP）起始点，也是根瘤菌、AM 真菌和放线菌侵染的交汇点。

同时，这些基因中的很多基因也是另一种更古老的共生关系——AM 真菌共生所必需的。这种结瘤因子信号通路和 AM 真菌信号通路都必需的基因构成了 CSSP（Geurts et al.，2005）。这些基因编码包括质膜定位的受体激酶（DMI2 和 SYMRK）、细胞核膜蛋白（DMI1、CASTOR 和 POLLUX）、核孔复合体蛋白组分（NUP85 和 NUP133），以及一个核定位的钙离子 / 钙调蛋白依赖的蛋白激酶（DMI3/CCaMK）的基因。然而两者之间都是通过 GRAS 家族转录因子来介导下游信号转导的。在丛枝菌根中，*RAM1* 基因突变后植物不能被 AM 真菌侵染，不能形成 AM 真菌附着寄主植物根系的真菌足

丝（hyphopodia）（Gobbato et al., 2012；Wang et al., 2012；Yu et al., 2014）。*Ram2*突变体具有和*ram1*突变体相似的表型（Wang et al., 2012），因此，*RAM1*功能的行使可能是通过调节其下游*RAM2*基因表达实现的，*RAM2*编码一个甘油-3-磷酸酰基转移酶（glycerol-3-phosphate acyl transferase），而结瘤因子信号通路是通过NSP1和NSP2两个GRAS家族蛋白来介导下游信号的。同时，结瘤因子信号通路必需的基因*NSP1*和*NSP2*与SL的生物合成有关（Liu et al., 2011）。该类激素可以促进AM真菌形成菌丝的分枝。因此，控制豆科植物固氮根瘤形成的信号通路很可能是通过挟持了AM真菌共生的信号通路进化而来的。

AM真菌合成的信号识别分子菌根因子与根瘤菌产生的结瘤因子在化学结构和功能上非常相似。菌根因子介导AM真菌与植物的共生（Maillet et al., 2011）。与豆科植物和根瘤菌的共生相似，AM真菌与植物的共生也是由信号物质交换启动的，植物根分泌SL诱导真菌产生菌根因子，植物识别菌根因子后将共生信号从细胞膜传递到细胞内。尽管菌根因子的化学结构还有待于进一步的研究，但在豆科植物的研究中发现，菌根因子介导的信号途径与结瘤因子介导的信号途径相同，除了受体之外，从*LjSYMRK*到下游转录因子的突变都影响着植物与AM真菌的共生（Harrison, 2012）。因此，结瘤因子的识别被认为是起源于菌根因子的识别（Oldroyf, 2013）。最为直接的证据就是，糙叶山黄麻*Parasponia andersonii*中*LjNFR5*同源基因的突变导致两种共生都受到了影响，而糙叶山黄麻与根瘤菌的共生要晚于豆科植物与根瘤菌的共生（den Camp et al, 2011）。另外，水稻几丁质的受体OsCERK1和番茄*SlLYK10*基因沉默后也影响了植物与AM真菌的共生（Miyata et al., 2014；Zhang et al., 2015）。尽管它们是否直接识别菌根因子还不清楚，但这些结果都暗示了菌根因子的受体也属于LYK家族，而且与几丁质和结瘤因子的识别有着密切的关系，然而豆科植物识别菌根因子的受体目前还是未知。

在豆科植物+AM真菌+根瘤菌复合共生体发育过程中，包括分子信号交换和促进微生物定殖的细胞质隧道结构（侵入前的器官或预感染线程）的分化存在众多的相似之处（Oldroyd, 2013；Gobbato, 2015），特别是在AM和根瘤形成过程中，豆科植物激活一个共同的Ca^{2+}介导的信号级联或共同的共生信号通路。植物专一受体感知微生物的（脂）壳寡糖信号分子，即菌根因子和结瘤因子（myc and nod factor）后激发（Genre et al., 2013；Oldroyd, 2013；Gobbato, 2015）。共同的共生信号通路中央单元的激活，钙离子/钙调蛋白依赖的蛋白激酶（CCaMK）导致激活共同和特异转录因子（TFS），调节共生相关基因的表达，形成真菌和细菌共生结构（Camps et al., 2015；Sun et al., 2015）。所有这些过程都是由植物调节共生基因调控的。对紫穗槐*Amorpha fruticosa*同时双接种AM真菌和根瘤菌16周后根系首先出现根瘤，表明根瘤菌的侵染发育比AM真菌快。双接种能够显著提高AM真菌摩西斗管囊霉的侵染率，在复合共生体形成期间，AM真菌与根瘤菌之间通过一定的信号物质进行识别反应，AM真菌对根瘤菌有正趋化作用（Awasthi et al., 2011）。植物+AM真菌+细菌复合共生体中，AM真菌分泌物可促进根瘤菌对寄主植物的侵染和结瘤，根瘤菌可以识别AM真菌分泌的信号分子（Bouwmeester et al., 2007），因为AM真菌信号分子诱导途径与结瘤因子诱导信号途径有部分是重叠的。根瘤菌传输结瘤因子的方式与AM真菌传输信号物质的方式有极大的相似性，且根瘤菌可识别和捕获 AM 真菌传输的信号物质。这些信号物质还可以作为 AM 真菌生存的诱导剂。

AM 真菌孢子的萌发和菌丝的生长除了依靠孢子储存的养分外，还需要植物分泌的次生代谢产物如类黄酮等一些酚类物质的诱导，促进孢子的萌发和菌丝的生长。这些酚类物质能促进 AM 真菌孢子的萌发、菌丝伸长和分枝，而豆科植物根系分泌的类黄酮等物质不但能诱导和促进豆科植物结瘤，而且还诱导 AM 真菌孢子的萌发。根瘤菌和 AM 真菌能与植物之间形成良好的共生体系，是由微生物传输信号的种类及方式决定的，而两种微生物与植物建立关系的方式有较多相同点。总之，关于复合共生体中共生成员之间的识别，以及共生关系的发生、发展、演化与协同进化是一个十分有意义的研究课题，值得深入探索。

第四节 生物复合共生体系的生理生态功能

作为生物共生体的重要组成部分，复合共生体同样具备由两种生物形成的共生体的生理生态功能。而且，复合共生体有时可能具备比后者更强大的生理生态效应，尽管这些研究目前仅局限于以植物为主体的复合共生体系，并且往往是基于温室盆栽试验获得的试验结果。因此，本节以该类型复合共生体为例介绍生物复合共生体的生理生态功能。

一、改善植物营养

AM 真菌与共生固氮细菌相互促进生长发育、增强生理功能，并通过与寄主植物构建复合共生体，增加植物对磷的吸收和利用，提高固氮效率，促进植物生长和增加产量。2004 年李淑敏等以有机磷为磷源，测定了接种 AM 真菌、根瘤菌，以及双接种 AM 真菌与根瘤菌对蚕豆 Vicia faba 吸收磷和氮的效应。与不接种对照相比，双接种处理使根围土壤酸性和碱性磷酸酶活性分别由 0.7μmol/（g·h）和 0.4μmol/（g·h）提高到 1.3μmol/（g·h）和 0.5μmol/（g·h），磷和氮的吸收速率分别增加了 51% 和 22%，有机磷的吸收率增加了 64%，高于单接 AM 真菌。摩西斗管囊霉和根瘤菌双接种处理玉米的根系干物重比单接 AM 真菌的增加 11%，接种 AM 真菌后，改善了根系和根瘤菌的磷营养，显著增加了根瘤数和根瘤重。AM 真菌促进了蚕豆对有机磷的吸收，使蚕豆吸磷量增加，改善了蚕豆体内的磷营养，使根瘤的固氮能力提高；根瘤菌则为 AM 真菌提供了更多的氮素养分，增加了菌根侵染率，改善了植株的营养状况，从而促进蚕豆的生长（李淑敏和李隆，2011）。混合接种 AM 真菌和 2 种固氮细菌的紫苜蓿 Medicago sativa 在生物量、根瘤数、大量元素和微量元素含量等方面较单一接种有显著增加，表现出明显的协同效应（林双双，2013）。研究发现植物根系结瘤数与 AM 真菌侵染率呈正相关（Ossler et al.，2015），而且接种 AM 真菌可以提高根瘤菌的固氮效率和促进氮素营养向寄主植物转移（Meng et al.，2015），表明 AM 真菌和固氮细菌双接种对改善作物生长有重要意义。2001 年何兴元等观察到双接种 AM 真菌聚丛根孢囊霉 Rhizophagus aggregatum 和弗兰克放线菌 HR16 改善了非豆科固氮树木沙棘 Hippophae rhamnoides 的磷营养，提高了结瘤固氮能力，满足了植株生长对氮、磷等养分的需求，进而对植株生长具有联合增效作用。

二、增强植物抗逆性

AM 真菌与定殖叶片的共生真菌可协同提高美国黄石国家公园极热土壤中寄主植物的耐热性（Worchel et al.，2013）。高春梅等（2016）测定了 AM 真菌和 DSE 对黄瓜根系的侵染特征、拮抗南方根结线虫 Meloidogyne incognita 和降低根结线虫病害的效应。同时接种 AM 真菌和 DSE 一定菌种组合能促进'津优 35 号'黄瓜植株的生长并增强抗病性。AM 真菌摩西斗管囊霉 + DSE Phoma leveillei 组合抑制南方根结线虫的发育，以及降低线虫繁殖数量、根内定殖数量、发病率和根结指数的效果最好，表明该组合是其试验条件下促进黄瓜生长发育、增强对根结线虫的抗病性的最佳组合。这是首次报道 AM 真菌 +DSE 协同促进植物生长、提高植物抗病性的作用，对丰富生物共生学的内容和理论知识具有重要意义。采用摩西斗管囊霉和茎点霉 Phoma sp. GS8-2 对黄瓜、翦股颖 Agrsostis stolonifera 及番茄分别接种处理，后者能够降低由丝核菌引起的黄瓜腐烂病，以及由尖孢镰刀菌引起的番茄根腐病，但加重了翦股颖的褐斑病（Saldajeno et al.，2012）。单接种或双接种根内根孢囊霉和球孢白僵菌 Beauveria bassiana 可提高番茄植株体内单萜和倍半萜烯，并诱导合成了不接种对照植株中所没有的新单萜，取食接种这些真菌的番茄的甜菜夜蛾幼虫的重量显著低于取食不接种对照植株上的（Shrivastava et al.，2015）。

一定种类的菌根真菌与 PGPR 的适当组合能相互促进对方的定殖并协同发挥生理生态作用。在 100mmol/L NaCl 胁迫下对杨树幼苗单接种和双接种 ECM 真菌红绒盖牛肝菌 Xerocomus chrysenteron、PGPR 溶磷细菌恶臭假单胞菌 Pseudomonas putida JW-SX1 和蜡样芽孢杆菌 Bacillus cereus HB59，接种红绒盖牛肝菌、JW-SX1 及 HB59 处理的幼苗叶片净光合速率、气孔导度、蒸腾速率显著高于不接种对照，增强了杨树的最大光化学效率、最大光合速率、光饱和点和表观有效利用效率，降低了光补偿点和暗呼吸速率，且双接种红绒盖牛肝菌和 JW-SX1 处理效果更显著。ECM 真菌、溶磷细菌和菌根辅助细菌可通过改善叶片叶绿素荧光参数、光合参数和光响应参数来减轻盐胁迫对植物造成的伤害，从而提高杨树的耐盐性能（范克胜等，2011）。AM 真菌与根瘤菌相互作用还能提高豆科植物的抗逆性。1998 年 Goicoeche 等发现双接种聚球囊霉 G. fasciculatum 和根瘤菌 Rhizobium sp. 能提高紫苜蓿 Medicago sativa 叶片组织的细胞膜弹性和含水量，提高其抗旱能力。AM 真菌和 PGPR 协同促生防病作用更为显著。对番茄接种 AM 真菌摩西斗管囊霉、变形球囊霉、PGPR 多黏芽孢杆菌 Bacillus polymyxa 和 Bacillus sp. 及其各组合菌剂，供试 PGPR 提高了 AM 真菌的侵染率；摩西斗管囊霉 +Bacillus sp. 组合对根结线虫病的防效达到 78%，促进了番茄的生长发育（Liu et al.，2012）。温室条件下，接种根内根孢囊霉与 Pseudomonas jessenii R62 和 / 或 Pseudomonas synxantha R81 处理均显著促进番茄品种 'PT-3' 植株的生长，降低根结线虫的侵染（Sharma and Sharma，2016）。AM 真菌 +PGPR 组合不同程度降低了青枯雷尔氏菌的危害，其中以摩西斗管囊霉 + 芽孢杆菌 M3-4 和变形球囊霉 +PGPR M3-4 的组合防治效果最佳，防效分别为 65%

和 70%。摩西斗管囊霉 +PGPR M3-4 以及变形球囊霉 +PGPR M3-4 的组合能够协同作用，大幅度促进马铃薯生长、诱导其防御反应而降低马铃薯青枯病危害（谭树朋等，2015）。对棉花双接种变形球囊霉和死谷芽孢杆菌 *Bacillus vallismortis* HJ-5 菌株，显著提高了植株内 POD、PAL、几丁质酶等的活性，增加了叶片水杨酸和叶绿素含量，降低了植株茎基部胼胝质含量，减轻了棉花黄萎病的为害（张国漪，2012）。

刘东岳等（2016）于温室盆栽条件下将摩西斗管囊霉（Fm）、根内根孢囊霉（Ri）和变形球囊霉（Gv）与 PGPR 不同菌株（PR2-1、PS1-3、PS1-5、PS2-6 和 PS3-2）组合菌剂处理黄瓜品种'香翠 16 号'。结果表明，AM 真菌 +PGPR 各组合菌剂处理能不同程度地增加黄瓜根系 AM 真菌侵染率和根围细菌的定殖数量，促进黄瓜生长发育和降低枯萎病危害程度。其中，以 Fm+PS3-2 和 Gv+PS2-6 组合菌剂促生和增产效果最好，以 Fm+PS1-5、Fm+PS3-2 和 Gv+PS2-6 组合菌剂防治枯萎病效果最好。综合评价筛选获得高效组合为 Fm+PS3-2 和 Gv+PS2-6。这两个处理可使黄瓜枯萎病病情指数分别下降 50% 和 58%，防效达到 55% 和 64%。这些结果表明 AM 真菌 +PGPR 组合作为潜在的生防制剂管理土传病害的可能性。然而，值得注意的是，菌根真菌和部分 PGPR 单独或组合使用其防病促生效果是不同的，不能一概而论。因此，针对防控不同寄主植物及其病害的菌根真菌与 PGPR 组合菌剂需要在一定条件下筛选适宜的组合。

三、促进植物生长

动物 + 植物 + 共生真菌构建的复合共生体往往能够促进植物生长。例如，土壤中的动物赤子爱胜蚓 *Eisenia foetida* 与 AM 真菌根内根孢囊霉共生协同改善了植物对氮和磷等养分的吸收，增加了植株地上部和根系的生物量。蚯蚓能促进 AM 真菌的侵染，以及提高菌丝密度、丛枝丰度和根内菌丝丰度。蚯蚓 +AM 真菌共生协作，通过提高土壤微生物量碳和氮水平，改善了植物营养和生长状况。植物同时与两种共生真菌所构建的复合共生体可能具有更强的生理生态功能。1988 年陈应龙等对尾叶桉双接种 ECM 真菌和 AM 真菌，成功合成了相应的菌根，所形成的复合共生体显著提高了尾叶桉根系活力；接种真菌 90d 后复合接种苗木的苗高生长量达到最大增长幅度；先接种 AM 真菌后接种 ECM 真菌的处理和相反顺序的处理分别比不接种对照生长量增长了 119% 和 51%，表现出显著的接种效应。对照苗高度从播种长至 50cm 需 180d，而在同样条件下双接种的试验苗从播种长至同样高度只需 100~120d，接种 5 个月后双接种处理的苗木生长量和生物量干重分别比对照增加了 240% 和 194%，苗高增加了 74% 和 42%，地径增加了 17% 和 19%。这表明双接种菌根真菌能缩短苗木的育苗周期，对苗高生长具有明显的促生效果。ECM 真菌彩色豆马勃和放线菌 *Frankia* sp. 双接种显著增加了木麻黄属一些树种的幼苗生长。对蓝桉 *Eucalyptus globulus* 和尾叶桉在 2 个磷水平下接种 ECM 真菌蜡蘑菌或 / 和 3 个优良 AM 真菌。结果表明，同时接种蜡蘑菌和 AM 真菌时，产生了最大的接种效应。与蓝桉效应相比，尾叶桉上 ECM 真菌与 AM 真菌无显著的协同作用。但无梗囊霉属 AM 真菌对尾叶桉苗木的促进作用与蜡蘑菌单独接种处理效应接近，而另外 2 个 AM 真菌的作用相对较小。这表明菌根真菌与树种间有选择性，实行菌种筛选以获得最佳接种效果非常重要。

　　AM 真菌和 DSE 的一定组合能相互促进其侵染，并能促生防病和增加产量。以摩西斗管囊霉 +*Phoma leveillei* 组合处理的黄瓜，植株高度、茎粗度、地上部和根系干重、单株累积产量、侵染率等指标显著优于单接种 AM 真菌或 DSE 处理，且效应最大。AM 真菌摩西斗管囊霉能显著提高土著根瘤菌在花生上的结瘤能力。复合共生体能增加叶绿素含量，提高光合作用强度，增加地上部的生长量。对豆科植物双接种 AM 真菌根内根孢囊霉和沟槽假单胞菌 *Pseudomonas striata* 增加了植物生长量和豆荚数量。印度梨形孢与荧光菌假单胞菌 R81 共同作用促进黑吉豆和番茄的效应更大；印度梨形孢与短小芽孢杆菌对番茄的协同促生作用更强（Anith et al.,2015）。

　　然而，并不是所有的双接种均能促进植物生长。不同共生真菌之间、不同共生真菌与不同共生细菌之间接种存在一定的相互选择性、拮抗性和协同性。因此，在今后筛选最佳双接种或多接种组合时，应考虑到这些方面。

四、修复污染与退化土壤

　　土壤动物 + 植物 + 微生物构建的复合共生体不仅能促进植物生长，还能改善土壤理化特性、提高土壤肥力状况、增强对有毒有机物的分解、影响寄主植物对重金属的吸收，进而有益于生物修复污染与退化土壤。赤子爱胜蚓 *Eisenia foetida* 能传播微生物并影响微生物的活性和数量，存在着促进菌根真菌侵染植物根系的可能性，从而增强重金属富集植物吸收重金属的能力。蚯蚓和菌根真菌都是有益的土壤生物，对提高土壤养分有效性和植物吸收利用营养元素发挥着重要作用。例如，蚯蚓 + 黑麦草 +AM 真菌构成的复合共生体可联合修复多氯联苯（PCB）污染土壤。蚯蚓和 AM 真菌协同促进黑麦草降解土壤 PCB，而且，AM 真菌增强植物降解效应的作用大于蚯蚓对植物的增强作用。同时添加蚯蚓和接种 AM 真菌的处理结果表明，蚯蚓能提高 AM 真菌的侵染率；蚯蚓与 AM 真菌互作可显著提高黑麦草修复 PCB 污染土壤的能力，PCB 去除率达到 61%（卓胜等，2011）。添加蚯蚓和接种 AM 真菌，能有效降解土壤中的 PAH，显著降低土壤中大部分的 3-5 环 PAH 含量；两者协同能促进南瓜 *Cucurbita moschata* 高效吸收土壤中的 PAH，AM 真菌还利于南瓜把根系吸收的高浓度 PAH 化合物转移至地上部，降低 PAH 对根系的胁迫，有利于将南瓜应用于 PAH 污染土壤的高效修复（白建峰等，2013）。可见，土壤动物 + 植物 + 微生物之间形成的复合共生体对发展生物修复技术具有重要意义。然而，不同生态型蚯蚓的习性和生理特性的差异，以及不同种类寄主植物对 AM 真菌的依赖性存在差异，这些均影响 AM 真菌的有效性。因此蚯蚓 + 植物 +AM 真菌复合共生体中共生成员之间的互作值得深入探索。

　　植物 + 真菌 + 细菌构建的复合共生体也能有效降解有毒有机物。油松 +ECM 真菌 +PGPR 能协同高效降解柴油。刺槐 +AM 真菌 + 豆科草本（红车轴草和紫花苜蓿）作为地面覆盖植物能够在一定程度上提高土壤重金属 Pb 污染的修复效率（杨玉荣，2015）。于淼等（2013）报道了 AM 真菌与根瘤细菌联合应用对复垦矿区土壤环境的改良效应。植物与微生物形成的复合共生体在分解有毒有机物、修复污染与退化土壤方面往往具有更大的生理生态效应。AM 真菌与细菌共生条件下能够提高土壤中有机物的降解率。锌（1000mg/kg）污染土壤中，接种 AM 真菌 *Glomus claroideum* 和根内根孢囊霉的龙

葵 *Solanum nigrum* 处理显著降低了土壤中锌含量。摩西斗管囊霉和变形球囊霉接种玉米处理能协同降解石油烃。根内根孢囊霉与紫苜蓿 *Medicago sativa*、酥油草、黑麦草 *Lolium perenne* 及西芹 *Apium graveolens* Linn 能协同降解菲（PAH）（周笑白，2011）。*G. caledonium* 在促进紫苜蓿和黑麦草植株生长的同时降低了土壤中的 PAH。无论是单独或是联合接种 AM 真菌 *Acaulospora* 90034、降解菌 *Bacillus* sp.1DW1 和 *Gordona* sp. 都能显著促进土壤中邻苯二甲酸二（2- 乙基己基）酯（DEHP）的降解，同时接种这 3 种菌剂对 DEHP 的降解能起到最好的协同作用。土著 *Brevibacillus* sp. 和摩西斗管囊霉双接种可以降低镉污染土壤中三叶草植株中镉的含量，在铅或镍污染土壤中的试验也得到类似结论。自铅污染土壤中分离到短短芽孢杆菌属 *Brevibacillus* 的一个菌株 A 可以促进红车轴草 *Trifolium pratense* 生长、氮和磷积累、根瘤形成、菌根侵染、降低植株对铅的吸收。当土壤中铅水平增加时，菌株 A 具有较强的耐性，单接种及与 AM 真菌双接种情况下作用均十分明显。AM 真菌和 PGPR 还能协同降解有毒有机物，分解土壤中的残留农药。AM 真菌、PGPR 或 AM 真菌 +PGPR 处理均显著降低番茄体内和土壤中的甲胺磷浓度。甲胺磷 50~100μg/g 水平下，摩西斗管囊霉（Fm）+ 荧光假单胞菌 *Pseudomonas fluorescens*（Pf）显著降低根区土壤中甲胺磷残留量，矿化率达 52%~61%。AM 真菌 +PGPR 显著提高了根区土壤中甲胺脱氢酶活性，其中以 Fm+Pf 组合处理的酶活性最高。这表明 AM 真菌 +PGPR 均能促进土壤中残留甲胺磷的降解，Fm + Pf 是该试验条件下的最佳组合（徐丽娟等，2016）。这充分展示了 AM 真菌与 PGPR 生物修复污染环境的巨大潜力。利用 AM 真菌与共生固氮微生物联合作为绿色环保肥料，能够有效改善根围土壤环境，减轻土壤的退化程度，在弃耕状态下也能发挥良好的效用，对土地贫瘠的开采沉陷地进行生态修复具有重大意义。

菌根助手细菌芽孢杆菌 *Bacillus* spp.、假单胞菌 *Pseudomonas* spp. 与伯克氏菌 *Burkholderia* spp. 可以促进菌根形成前菌根真菌的生长，提高 ECM 真菌侵染寄主根系的能力。用 9 种 ECM 真菌与从石油烃污染地采样分离可降解柴油的菌根助手细菌双接种更有利于土壤中柴油的降解，这为 ECM 真菌与细菌联合修复污染与退化土壤提供了理论依据（屈庆秋，2010）。ECM 真菌与菌根助手细菌联合协同修复污染和退化土壤的效应有待进一步研究。在 PAH 污染土壤中双接种 ECM 真菌和细菌的效果要优于真菌或细菌单接种处理。

研究表明，两种 ERM 真菌 *Hymenoscyphus ericae* 和 *Oidiodendron griseum* 也可降解多氯联苯（PCB），修复有机物污染的土壤。关于菌根真菌与其他真菌特别是 DSE 的互作在修复土壤中的作用是一个崭新的研究领域。

第五节　生物复合共生体系的作用机制

目前针对生物复合共生体作用机制的研究报道尚较少。现有的部分研究也往往局限于以植物为主体的由菌根真菌、共生固氮细菌、共生放线菌或一些 PGPR 形成的复合共生体。因此，关于其他复合共生体的作用机制只能从以往的有关研究中加以推测。生物复合共生体可能是通过以下作用机制达到其诸多生理生态效应的。

一、调控激素水平

很多共生真菌、共生细菌和共生放线菌能合成植物激素。例如，纯培养时 ECM 真菌能够产生植物激素类物质。1998 年陈应龙等研究了双接种 ECM 真菌彩色豆马勃和 AM 真菌苏格兰球囊霉 Glomus caledonium 对尾叶桉 Eucalyptus urophylla 根系细胞分裂素异戊烯基腺苷（isopentenyl adenosine，iPA）和脱落酸（ABA）的影响。双接种处理的 iPA 含量显著高于对照，其中先接种 AM 真菌后接种 ECM 真菌的处理比不接种对照增加了 130%，而先接种 ECM 真菌、后接种 AM 真菌的处理则增加了 41%。单接种 ECM 真菌的 iPA 含量最高，比对照增加了 254%。除了单接种 ECM 真菌处理的 ABA 含量显著高于对照外，其他处理对 ABA 的影响不大。双接种处理的 iPA 含量低于单接种 ECM 真菌的原因可能与 ECM 结构阻碍 AM 真菌的侵染发育有关。关于这一点有待进一步证实。

二、促进生理代谢

植物＋共生真菌＋共生细菌复合共生体不仅能改变根系形态结构，而且诱导生理生化反应，如促进根系对水分的吸收与利用、诱导防御反应和分泌一些抗生素等次生代谢物质，进而提高植物抗旱性、抗盐性、抗病性、抗虫性、耐涝性、耐重金属和有毒有机物的毒性、耐高温和低温等多种抗逆性，复合共生体协同发挥生防作用与生态效应，促进植物生长与健康状况。菌根真菌和细菌对寄主多糖和氨基酸的合成与积累起着促进作用，可溶性多糖发生糖酵解或三羧酸循环等一系列的生理变化，为植物抵御不良环境提供能量和物质基础；氨基酸作为蛋白质或酶的重要组成部分，与单接种菌根真菌或细菌相比，双接种更加有利于氨基酸的合成，可以认为是其能显著提高植物抗逆性的重要论据。

业已表明，其他共生真菌可促进菌根真菌产酶，改变土壤的理化性质，从而影响修复污染与退化土壤的效果。菌根伴生真菌能诱导 ECM 真菌产酶，ECM 真菌铆钉菇 Gomphidius viscidus，以及 4 种菌根伴生真菌哈茨木霉 HDTP-1、哈茨木霉 HDTP-3、Mucor hiemalis SA10-6 HDTP-4 和 Mucor hiemalis XSD-98 HDTP-5 能够通过影响油松根系活力、根系质膜相对透性、提高硝酸还原酶活性等改变土壤理化性质（陈桂梅，2009）。ECM 真菌绒乳牛肝菌和恶臭假单胞菌 S826 双接种处理提高油松体内 SOD 活性、根系活力，以及脯氨酸、叶绿素和可溶性蛋白含量，而降低植物体内 MDA 含量，有效提高了柴油的降解效率，减缓了柴油胁迫对植株的毒害作用（屈庆秋，2010）。根内根孢囊霉与腐生真菌烟管菌 Bjerkandera adusta 和被孢霉属 Mortierella sp. 双接种能协同改善重金属污染土壤的生化活性。双接种能减少番茄植株叶内 MDA 含量，以及增加编码 NRAMP 转运蛋白、谷胱甘肽还原酶、金属硫蛋白、植物螯合素和热激蛋白基因的转录。菌根真菌、植物、其他生物均可分泌一些分解酶或 / 和增强根围土壤酸性及碱性磷酸酶活性，从而促进土壤有机物的分解、修复退化的土壤。AM 真菌分泌的氧化酶等酶类物质，能影响植物或微生物体内氧化酶等的含量水平，进而影响土壤中降解酶的活性，促进土壤中有机污染物的降解。试验证明，接触污染物以后，AM 真菌能产生多种具有降解功能的诱导酶而降解污染物，并可以利用该污染物作为其生长、繁殖的碳源和能量。只要能促进真菌好氧酶的生产，真菌就能降解土壤中的多种有毒有机物，而菌根真菌用于直接降解有毒有机污染物的物质很可能就是好氧酶类，有些研究支持这一假说。ECM 真菌能产生各种可以转化各种有毒有机化合物的酶，从而达到降低污染的目的。AM 真菌分泌 GRSP 可增加植物固碳量、促进土壤团聚体形成保护土壤有机碳、改变土壤微生境增加土壤有机碳，从而促进土壤有机碳的积累，改善土壤理化性质，有利于退化土壤的复垦（钱奎梅，2012）。也有人认为菌根真菌产生的酶是通过间接作用来降低土壤污染的，或是菌根真菌刺激所联合的植物分泌酶来降解污染有机物。例如，某些接种了 AM 真菌的豆科植物，过氧化物酶的活性会加强。可见，关于此方面尚待深入试验和探讨。

三、调控相关基因

生物复合共生体中一些共生成员对其他共生成员的影响可能是通过调节相关基因的表达等作用机制完成的。不同菌根真菌种类和不同菌株与不同植物种类及其栽培品种的互作效应、对不同生态的适应性、对重金属的耐受性、诱导植物体内防御酶活性与合成 PR 蛋白等方面已体现到菌根真菌对寄主植物基因的调控作用。而复合共生体中诸多共生成员对寄主和宿主生物的基因调控机制是什么，共生成员之间是否存在相互的基因调控以达到最大的协同效应，则是一个十分有意义的研究课题，尚待进行深入系统的探究。

四、实现功能互补

生物复合共生体中共生成员之间通常能够相互促进生长发育，实现功能互补。例如，土壤动物蚯蚓＋玉米＋AM 真菌构建的复合共生体于低磷条件下，单添加蚯蚓的处理增加玉米生物量的作用不够明显，蚯蚓主要矿化秸秆和土壤中的氮、磷养分，增加土壤养分的有效性；而单接种 AM 真菌显著提高了玉米的生物量，AM 真菌则主要促进玉米对磷的吸收。蚯蚓与 AM 真菌互作促进了玉米根系对土壤养分的吸收并形成氮、磷互补效应。无论是在高磷还是在低磷水平下，蚯蚓与 AM 真菌共生协作均提高了土壤微生物量碳和氮含量，玉米地上、地下部生物量，以及氮、磷吸收量。蚯蚓与 AM 真菌相互作用对植物生长的影响取决于土壤养分条件。高磷条件下（氮相对不足），蚯蚓与 AM 真菌互作通过调控土壤微生物量碳、氮调控玉米生长和养分吸收。低磷条件下，AM 真菌主要发挥解磷作用，蚯蚓主要矿化秸秆和土壤中的氮素（李欢，2015）。可见，蚯蚓＋植物＋菌根真菌复合共生体中，蚯蚓与菌根真菌互补调控土壤中的氮、磷，从而促进植物的生长和养分吸收。

蚯蚓和菌根真菌可通过影响重金属在土壤-植物系统中的迁移转化，协同修复重金属污染土壤。铅/锌污染土壤中添加蚯蚓或接种菌根真菌都能够减轻重金属对植物的毒害作用，当蚯蚓和菌根真菌同时存在时，能够降低土壤中铅和锌的有效性。AM 真菌摩西斗管囊霉增加了黑麦草地上、地下部分的生物量，显著提高了土壤 PCB 的去除率，黑麦草 + 菌根真菌和蚯蚓 + 黑麦草 + 菌根真菌处理的 PCB 去除率分别比相对应的无菌根对照高出 36% 和 38%（卓胜等，2011）。蚯蚓活动能促进黑麦草对镉的吸收，但吸收的镉积累于黑麦草根部；接种 AM 真菌不仅能促进黑麦草对镉的吸收，而且还能促进镉从植物的根部向地上部分转移，由于接种蚯蚓可以提高菌根的浸染率，所以二者具有促进镉向地上部转移的协同作用。

寄主植物 + 菌根真菌 + 根瘤菌三者形成的复合共生体发育过程中，特别是复合共生体形成的初始阶段，寄主植物、菌根真菌和根瘤菌之间存在的相互识别过程是共生体发育的关键环节之一。接种根瘤菌的植株根部 AM 真菌侵染的数量显著高于不接种根瘤菌的处理，与此同时接种 AM 真菌的植株的根瘤数也明显多于不接种 AM 真菌的处理，而且试验中并没有发现根瘤菌和 AM 真菌之间竞争定殖位点，反而发现二者同时接种具有协同增效作用。根瘤菌形成的根瘤数会与 AM 真菌侵染率呈正相关（Ossler et al.，2015），而且接种 AM 真菌可以提高根瘤菌的固氮效率和促进氮素营养向寄主植物转移（Meng et al.，2015）。植物 + 共生真菌 + 共生细菌所形成的复合共生体中，菌根真菌是发挥作用的关键。除了菌根真菌和植物之外的其他生物，如动物、细菌和其他真菌对菌根形成和发育有促进作用，菌根对这些其他生物也有促进作用，即双方的相互促进发育和功能是菌根真菌与其他生物联合修复污染与退化土壤主要作用机制之一。一方面，菌根真菌自身就具有分解与修复功能。体外试验表明，卷缘桩菇 *Paxillus involutus*、点柄乳牛肝菌 *Suillus granulatus* 和乳牛肝菌 *Suillus bovinus* 菌丝具有固持和吸附锌、镉的能力。ECM 真菌具有降解有毒有机物的能力，2000 年 Meharg 和 Cairney 等试验了 43种 ECM 真菌，其中 33 种能降解一种或多种有机污染物，其中一种斑乳牛肝菌 *Suillus variegatus* 对菲、蒽、荧蒽、芘、二萘嵌苯、4- 氯苯酚、三硝基甲苯、2-4- 二氯酚和氯苯胺灵都具有降解能力。另一方面，其他生物对菌根真菌功能的促进作用，也属于联合修复的机制。例如，植物分泌的有机物有利于 AM 真菌的生长，真菌进一步向土壤输送有机物，改变根围微生物群落组成，刺激土著微生物的降解能力。植物根系也可以通过刺激包括真菌在内的土壤微生物活性促进有机物的降解，发挥共生真菌与植物的协同修复作用（Dengqiang et al.，2012）。AM 真菌菌丝生长范围广泛，根外菌丝是植物与植物进行交流的通道，同时能够作为某些细菌的传输工具。AM 真菌的孢子壁、外层或次外层壁中定殖着多种细菌。因此，真菌的菌丝体可作为细菌迁移的通道，两者协同提高土壤健康状况、修复污染与退化土壤的效应值得关注。AM 真菌与细菌共生条件下能够提高土壤中有机物的降解率。蚯蚓通过选择性地摄取菌丝、被侵染的植物根和含有菌根孢子的土壤，经过肠道后通过粪便排出，从而影响根系菌根的侵染；而 AM 真菌通过促进植物根系发育，为蚯蚓提供丰富的食物来源。这些相互促进作用对于有效修复是十分必要的。

试验表明，一些细菌和菌根真菌同时存在时，这些细菌一方面能降解土壤中的污染物或对污染物进行修饰；另一方面有利于菌根真菌在污染土壤中的存活、扩展，增加侵染率，并加强其生物修复功能。同时，AM 真菌能对该类细菌生长产生积极的作用。例如，Kumar 等（2012）从土壤中分离出的 7 个具有 PGPR 特性的菌株均能提高聚生根孢囊霉 *Rhizophagus fasciculatum* 和聚丛根孢囊霉对高粱根系的侵染。土壤中形成的菌丝网支持着数量庞大、形态多样的细菌群落，为快速降解污染物提供了良好的微生态环境，两者相辅相成协同修复污染土壤。菌根真菌与细菌群联合作用后，污染物降解率提高。

综上，自然界生活在一个群落中或生态系统中的各种微生物表现出多种不同的联合或相互作用，其中复合共生体既是特殊类型的共生体又是普遍分布的共生体，而且具有形态结构的多样性和功能的多样性。随着研究的不断深入，对复合共生体的应用研究也会进入议事日程。目前已有研究表明具有应用价值的复合共生体类型较多，如动物 + 植物 + 微生物、植物 +ECM 真菌 +AM 真菌、豆科植物 +AM 真菌 + 根瘤菌、杜鹃花科植物 +AM 真菌 +ERM 真菌及植物 +AM 真菌 +PGPR 等。这些复合共生体中，菌根真菌对改善植物营养和保持自然生态系统可持续生产力可能表现出主导功能性作用，这已经得到众多研究者的公认和普遍关注。复合共生体的发现标志着生物学研究又向前迈进了一大步。同时，复合接种符合生物多样性原理，特别符合复合共生体的生物学特性，更具有实际意义。不同菌根真菌之间，以及菌根真菌与细菌、放线菌或者其他真菌之间复合侵染的发现为生物之间的互惠互利作用的研究提供了试验依据。复合接种对于桉、柳、杨、金合欢、柏木、榆及木麻黄等属的树种移栽成活率、生态和经济价值的提高具有不可估量的贡献。固氮菌和菌根真菌的双侵染对增加豆科植物结瘤量、提高作物产量和抗逆性具有重要作用。菊科植物青蒿 *Artemisia annua* 能产生一种次生代谢产物青蒿素，能有效治疗疟疾，而双接种 AM 真菌和芽孢杆菌能提高其青蒿素含量，且治疗效果更优（Akhtar and Siddiqui，2008）。对非豆科固氮树种如沙棘这种具有高生态价值和经济价值的树种同样具有双重效应。今后应重点加大力度继续研发这些具有生态、经济和社会效益的复合共生体的生理生态效应。

生物复合共生体是现代生物共生结构方面的研究热点，而生物复合共生体生态学研究对于复合共生生物的开发是十分必要的。例如，麦哲伦草原上不同放牧模式影响 AM 真菌和 DSE 的侵染定殖，这与土壤中氮、磷、钾肥料和草原系统的扰乱度有关（Akhtar and Siddiqui，2010）。因此，复合共生体的发育状况可以作为环境监测、土壤质量与健康状况监测的指示物之一。在对形成复合共生体成员之间的相互作用研究中，应综合考虑各种生态因素，如寄主植物、环境条件、共生真菌、其他共生生物、土壤因子、地理与气候因素，以及季节时间等综合因素。

另外，可开展复合共生体最佳组合的试验与筛选工作。在不同植物、不同生态条件下（多因素控制与试验条件下）筛选和评价不同组合所形成复合共生体的发育规律与功能特点，为进一步推向大田应用奠定基础。不难预见，今后复合共生体将首先在中国西部沙漠地区生态系统改良中、植物土传病害控制和一些特殊名贵物产生产中发挥巨大作用，因而具有广阔的应用前景。

第八章 生物共生生态学

自然界中，彼此互利合作的共生生物之间以及共生生物与环境之间通过能量流动、物质交换与循环密切联系，构建了复杂多样的生物共生体系。这些共生体系是生态系统和微生态系统中的核心生物组分。生态系统中，地理因素、气候因子、土壤条件、水域条件、生物种类和农艺措施等生态因素均深刻影响并调控着共生生物的生长、发育，共生体系的建立及其功能。除了对部分生物共生体系生态有较多的研究外，目前对生物共生生态学尚缺乏系统、全面和深入的研究。本章主要介绍生物共生生态系统的多样性、生物共生的微生态特征，以及影响生物共生体系的生态因素与可能的调控途径等，旨在丰富生物学和生态学的内容，为今后生物共生生态学的研究发展提供理论依据。

第一节 生物共生生态系统多样性

生态系统是在一定空间中共同栖居的生物群落与其环境之间进行物质循环和能量流动而形成的统一整体，是生命系统中重要的组成层次，是自然界的基本单位。在微观尺度下的生物体表面和细胞间隙等任何狭小的空间，如动物肠道和阴道表面、植物叶围、根围和种围等则属于微生态系统。生态系统多样性（ecosystem diversity）主要是指生物生存环境、生物群落和生物过程的多样化、变化及其互作构成的复杂多样的生境，体现在生境的多样性、生物群落的多样性和生态过程的多样性等方面。其中，森林生态系统、草原生态系统、荒漠生态系统、海洋生态系统、湖泊生态系统、江河生态系统、沼泽生态系统、湿地生态系统、农业生态系统、城市生态系统是常见的生态系统。研究表明，森林、草原、高山草甸、沙漠、湿地、沼泽、海洋、湖泊、河流、海岛、滨海红树林等自然生态系统，农村、农田、人工林、设施栽培和种植园等半人工生态系统，公园、城市等城市生态系统，盐碱地、工业污染区、干热河谷、高山、地球极地和海底热液口等极端生态系统，动物和植物体表及体内等微生态系统等均广泛存在生物共生体系。

一、森林生态系统

森林生态系统中分布着从大型灵长类到微小的原生动物、从高大的树木到草本植物、从大型高等真菌到微小的低等真菌、从细菌到无胞生物，这些生物之间构建着各种各样的共生体系。其中，以动物与动物、昆虫与植物、植物与真菌、植物与细菌、真菌与细菌的共生最为典型，研究得也最多。

早在 7500 万年前榕小蜂与榕树 *Ficus* spp. 两者之间的互利共生关系就已经形成，这是昆虫与植物之间关系最密切、最古老和最有效的互惠共生体系之一（Cruaud et al., 2012）。榕树是榕属植物的总称，全世界 750 余种，每种榕树通常由一种传粉榕小蜂为其传粉，传粉榕小蜂依靠榕果小花子房繁衍后代，二者之间呈高度专一的互惠共生关系与种间协同进化（Xiao et al., 2013）。大约 3000 万年前非洲中部的热带雨林中白蚁就已开始与鸡枞菌共生。森林中的蚁巢是白蚁与鸡枞菌构建共生关系的场所。成熟工蚁从外界将枯枝、落叶等植物有机质搬运到蚁巢内，经由幼年工蚁将这些植物组织咀嚼为细小颗粒、吞食并很快排到体外，作为鸡枞菌的培养基并抑制其他微生物的生长；鸡枞菌则为白蚁提供降解的食物和营养丰富的菌丝体。白蚁婚飞和筑巢等活动使鸡枞菌得到远距离传播。温带森林因主要与 ECM 真菌共生而占主导地位，热带森林则主要与 AM 真菌共生（Toju et al., 2014）。隶属禾本科 Gramineae 刚竹属 *Phyllostachys* 的毛竹 *Phyllostachys edulis* 是中国特有的、最重要的经济竹种，也是组成中国亚热带地区森林生态系统的主要林木，可与 AM 真菌和其他共生真菌共生。从毛竹体内分离得到优势菌株 *Leifsonia poae* 和 *Mycoplana* sp.。森林中的豆科植物与根瘤菌、非豆科植物与共生固氮放线菌、森林树木树皮上和土壤中真菌与蓝细菌共生形成的地衣随处可见，其他生物之间构建的共生体系等也不胜枚举。从地上到地下、从高等到低等、从动物到植物、从真核的真菌到原核的细菌，森林生态系统蕴藏着更多、更广和更全面的生物共生体系。

二、草原生态系统

草原生态系统中，鸟类与有蹄动物的共生、禾草与真菌的共生是十分常见的。一些鸟类啄食有蹄动物身上的体外寄生虫，为有蹄动物清除寄生虫，还可为有蹄动物报警，有蹄动物则为鸟类提供食物。鸵鸟视觉敏锐，斑马嗅觉出众，两者共栖合作可共同防御天敌。草原上多年生的毒麦草与麦角科真菌共生，后者定殖于毒麦草组织内或叶面上，所产生的毒素生物碱能够使毒麦草免遭草食动物的取食。草原上的蘑菇圈是一些草本植物根系与 ECM 真菌共生形成菌根后由共生真菌产生的子实体；而更多种类的草本植物根系可与 AM 真菌共生形成 AM 共生体，或与其他真菌共生，或 / 和与根围促生细菌（PGPR）共生构建互惠共生体。这些共生体的建立可提高牧草的抗旱性、抗盐性和抗病虫等抗逆性，促进其生长，增加生物量（Worchel et al., 2013）。

三、荒漠生态系统

干旱高温、养分匮乏和植被稀少的荒漠生态系统中，生物之间更需要合作共生，增强抗逆性，以适应荒漠生境。这些荒漠生物首先面临的问题是氮素与水分的严重缺乏，它们需要通过一定途径来解决这个问题。动物象鼻虫 *Conorhynchus pistor*+ 植物猪毛菜 *Salsola inermis*+ 固氮细菌克雷伯肺炎杆菌 *Klebsiella pneumonia* 三者所构建的三重共生体则很完美地解决了此问题（图 8-1）。象鼻虫生活在一个粘贴到植物根系的泥结构里，从而获得来自植物提供的碳素养分和水分，并能成功躲避捕食者和寄生虫，而定殖于象鼻虫肠道内的活性固氮细菌通过固氮和向该共生体系提供氮素调控三者的互作，最终促进植物种子的发育。长期的野外观测发现，在整个植物生命周期内象鼻虫与其肠道内的固氮细菌一直与植物共生，这一独特的三重共生体系重要的生态效应提供了积极应对具有挑战性的沙漠环境可持续共生系统的案例。

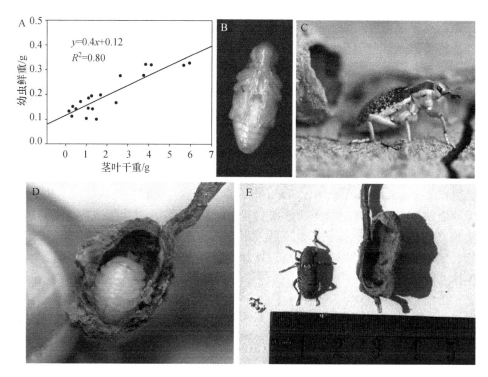

图 8-1　示象鼻虫+猪毛菜+克雷伯肺炎杆菌三重共生体系（引自Shelef et al.,2013）

A.象鼻虫幼虫重量与猪毛菜地上部茎叶干重之间呈正相关关系；B.象鼻虫幼虫；C.象鼻虫成虫；

D.根系上泥沟内的象鼻虫幼虫；E.象鼻虫成虫和根上泥沟的大小

另一个荒漠生态系统中生物共生的典型案例则是地衣型真菌与绿藻或蓝细菌共生形成的紧密的、结构一体的互惠共生体地衣。地衣共生体不仅能够分解矿物质、固定沙土以减少沙尘暴的发生、稳定荒漠生态系统，还能通过光合作用固定二氧化碳以发挥其碳汇作用或/和固定大气中的氮素以增加沙土中的氮素养分，促进荒漠植被的生长和稳定荒漠生态系统。

四、海洋生态系统

海洋是地球上最大的水生生态系统，孕育着丰富多样的共生生物。其中，深海热液口周边的生物共生体系和珊瑚礁生物共生体系的研究结果令世人瞩目。

（一）深海热液口周边的生物共生体系

通常认为深海底栖生物处在一个寒冷、食物有限、生物量很低的环境中，相比之下深海热液口周围聚集着大量的底栖无脊椎动物，生物多样性较为丰富。1977 年 Lonsdale 在东太平洋加拉帕克斯裂谷首先发现深海热液口及其周围生活的化能合成生物群落。当时认为这些无脊椎动物是通过滤食底质有机碎屑来维持如此高的丰度，因而化能合成共生细菌在生态系统中的地位并未受到重视。迄今已经报道的营化能合成共生的动物分布于纤毛门、软体动物门、环节动物门和节肢动物门。海洋热液口共生生物众多，热液口附近存在着许多化能合成共生细菌。这些化能自养细菌会附着或嵌入到软体动物的鳃细胞中形成各种各样的共生体系。在 Juan de Fuca 喷口周边多个部位分布着体内含有共生生物的无脊椎动物，包括 *Siboglinid polychaete*、贻贝、*Lepetodrilus fucensis* 和 *Calyptogena pacifica* 等。在墨西哥湾的冷泉周围 *Tamu fisheri* 体内定殖着通过氧化甲烷获得能源的共生细菌；分布在东北太平洋喷口的帽贝和蛤类都是含有化能自养细菌的共生体。厚翼海沟虫 *Riftia pachyptila* 体内的硫化物氧化共生细菌是初级生产力的主要贡献者。1987 年 Cavanaugh 等在 *Bathymodiolus heckerae* 中发现的共生菌可以同时通过硫化物氧化和甲烷氧化两种方式进行化能合成。Petersen 等（2011）发现大西洋中脊的 *Bathymodiolus puteoserpentis* 体内的共生细菌可以氧化 H_2 作为能量来源进行化能合成共生。

单细胞的热液纤毛虫类瓶囊虫 *Folliculinopsis* spp. 的细胞表面和细胞质、贻贝的鳃表皮细胞中特有的亚细胞结构菌胞（bacteriocytes）是共生细菌的主要共生部位。大西洋盲虾 *Rimicaris exoculata* 口部附肢和鳃室、雪蟹 *Kiwa hirsuta* 螯足与步足胸板上繁密的鞭状倒刺刚毛为体表共生细菌提供了良好的栖息环境（Thurber et al., 2011）。值得一提的是罩翼动物（vestimentiferans）中的管虫 *Riftia* sp.、*Lamellibrachia* sp. 和 *Escarpia* sp. 具有特化的营养体（trophosome）结构，可以作为共生细菌的栖息场所。营养体位于管虫躯干部位的栖管内，由中胚层发育形成。巨型管虫的营养体中，共生细菌占有 25% 以上的体积，它们在宿主幼体时期即从环境中进入宿主体内，从而与宿主形成共生关系（刘昕明等，2013）。无脊椎动物作为宿主在与共生细菌长期共生的过程中伴随着部分器官和功能的退化或消失，逐渐形成和演化出了与此相适应的形态结构，并产生了一些特殊的行为。深海热液口发现的所有化能合成共生细菌都属于革兰氏阴性菌，通过 16S rRNA 基因编码分析，不同代谢类型的共生细菌在系统发育中通常处于不同分支，形态也有所差异；共生细菌独特的传播方式和进化模式也使其更加适应共生生活。海洋无脊椎动物与化能合成细菌共生作用的发现，改变了人们对深海热液口初级生产力主要来源的认知。该共生体系与环境相互作用，影响了深海热液口生态系统的演化。当前和今后应加强对该共生体系共生机制、共生蛋白质及组学、共生效应与作用机制的研究，这对于深入了解热液口化能合成共生体系特征、生物与生态系统的演化和稳定具体重要理论价值和实际意义。

（二）珊瑚礁生物共生体系

珊瑚礁是地球上生物多样性最丰富的生态系统之一，在海洋生物地球化学循环中具重要作用。珊瑚的建礁能力来自与具光合作用的共生藻属的虫黄藻 *Symbiodinium* spp. 的共生。虫黄藻为宿主提供葡萄糖、甘油、氨基酸等光合作用产物和高达 90% 的能源需求；而珊瑚则为虫黄藻提供保护、栖息地、氮和磷等无机养分，以及光合作用所需

的 CO_2。该互惠共生体系中，有些珊瑚和藻类可以完成生态行为，有些则需要细菌的参预。珊瑚自身的黏液、外周水体及海底沉积物中的微生物共同组成了"珊瑚＋细菌＋虫黄藻"三重共生体系（Mouchka et al.，2010）。珊瑚依赖共生藻得到光合产物进行新陈代谢，后者则从宿主分解的光合产物中获得无机养分而生长。具光合作用的共生藻的共生深刻影响了共生体的生长繁殖和造礁珊瑚碳酸钙的沉积。共生细菌主要在氮源的加工、藻类数量的调控及珊瑚的增色等方面发挥作用。Dixson 和 Hay（2012）在研究斐济鹿角珊瑚礁鼻形鹿角珊瑚 *Acropora nasuta* 群落结构关系时发现，当鹿角珊瑚在环境扰动下藻类数量过度繁殖时，珊瑚便会释放一种气味。这种气味会招募珊瑚共栖的鱼类虾虎鱼 *Eucyclogobius newberryi* 来吃掉这些海藻，以减少其带给珊瑚的潜在伤害。这种珊瑚气味的释放可能需要珊瑚腔内变形杆菌的参预，可见该共生细菌在调节藻类数量过程中起到了中间协助作用。

在滨珊瑚的共生细菌基因组里发现了多种具有固氮活性的酶，其固氮机制与蓝细菌的固氮机制基本一致，且珊瑚共生微生物中固氮类群更多。2009 年 Olson 等研究两种夏威夷蔷薇珊瑚 *Montipora nifH* 基因多样性时发现，珊瑚中的固氮细菌不只限于蓝细菌，也包含了其他种属，如 α、β、γ 和 Ω 变形杆菌。珊瑚共生微生物可能还参预其他的氮循环过程，包括硝化作用、氨化作用及脱氮作用。同时，珊瑚共生微生物还参预碳和硫的循环。在珊瑚共生细菌中检测到了调节碳固定、碳降解和硫同化的基因（Fiore et al.，2010）。这些功能基因或基因片段的存在并不一定能保证其行使生物学功能，但它预示着共生细菌的物质加工能力具有一定的生态幅（ecological amplitude）。

基因组数据显示，芥末滨珊瑚 *Porites astreoides* 体内存在多个能够降解芳香族化合物的基因。这些基因能够帮助宿主珊瑚清除特定的污染物，实现自洁。珊瑚共生细菌参预黏液颗粒的物质加工，并分解礁区环境中的有机化合物。壳状珊瑚藻可以帮助佛罗里达群岛和加勒比海濒危的鹿角短指软珊瑚 *Sinularia cervicornis* 和鹿角珊瑚 *Acropora palmata* 幼虫的附着，其机制在于壳状珊瑚藻表面共生细菌诱导了珊瑚 β-变形细菌的增殖及生物膜的形成，而生物膜的存在具有诱导珊瑚幼虫附着和变态的作用（Ritson-Williams et al.，2010）。暴露在从串胞新角石藻 *Negoniolithon fosliei* 中培养的假交替单细胞菌 *Pseuda alteromonas* 分离株，可以增加多孔鹿角珊瑚 *Acropora millepord* 的变态速率（Tebben et al.，2011）。其他假交替单胞菌和 *Thalassomonas* 菌株也会诱导鹿角杯形珊瑚 *Pocillopora damicornis* 幼虫的附着和变态，并具有一定的选择性。

另外，海洋中生活的鱼类广泛地与其他生物共生或共栖。例如，发光鱼类的发光器官中往往定殖着细菌。当鼠尾鳕鱼 *Coelorinchus kishinouyei* 幼体处于接近海底的生境时，发光杆菌 *Photobacterium kishitanii* 开始定殖其初生的发光器官并诱导形态变化形成发光器官（Paul，2014）。可见，部分鱼类与发光细菌共生，可使是鱼类具有发光的生物学特性。

五、江河、湖泊、沼泽、湿地生态系统

江河、湖泊、沼泽、湿地生态系统中同样广泛分布着生物共生共栖体系。鳄鱼和千鸟的互利共生极为典型。千鸟不但在凶猛的鳄鱼身上寻找小虫吃，还能进入鳄鱼的口腔

中啄食鱼、蚌、虾和蛙等的肉屑和口腔内的寄生虫，以清理鳄鱼卫生。湖泊水生生态系统中，如"X 细菌与变形虫"共生体，共生 X 细菌可产生 S29x 蛋白释放入宿主变形虫细胞质中。单克隆抗体及免疫荧光标记示踪发现，X 细菌的 S29x 蛋白可转运进入宿主细胞核中，建立共生关系的变形虫 S- 腺苷甲硫氨酸合成酶（SAMS）基因表达受到抑制。共生使宿主变形虫开始依赖共生菌 SAMS 基因表达产物的补充，否则难以存活。环棱螺 Bellamya sp. 与纹沼螺 Parafossarulus striatulus 均为长江中下游水体常见螺类，环棱螺往往是很多湖泊中的优势种，而纹沼螺通常是草型湖泊的优势种。蔡永久等发现环棱螺在太湖全湖均有分布。2007 年李宽意等在环棱螺密度为 160 个 /m²、320 个 /m² 和 640 个 /m² 的受控试验中，发现螺类牧食活动均极显著地促进了苦草 Vallisneria natans 的生长，证实二者之间存在螺 + 草共生互利关系，由于其设置的试验螺密度在自然水体中广泛存在，因而环棱螺减轻了湖泊中附着藻类对沉水植物生长的抑制作用，促进了沉水植物的生长，从而保护了沉水植物，进而维持了湖泊的清水态。

湿地与冻土是地球表面分布广泛的、对人类生存极为重要的生态系统。中国大兴安岭和小兴安岭广泛分布的沼泽湿地及多年冻土具有厚泥炭沼泽（苔草 - 泥炭藓沼泽）与厚多年冻土的强共生模式、中厚泥炭沼泽（矮灌丛 - 泥炭藓沼泽）与中厚多年冻土的中强共生模式，以及薄（或无）泥炭沼泽与薄多年冻土的弱共生模式。在高盐和高湿的滨海红树林生境中也检测到很高的 AM 真菌物种多样性，不同潮间带均分布的 3 种寄主植物根内一共检测到 23 个 AM 真菌分类单元（王宇涛等，2013），表明海沼泽植被与菌根真菌可建立共生体。

六、农业生态系统

农业生态系统是自然生态系统与人类农艺活动共同作用形成的复杂生态系统，主要包括北方农田生态系统、保护地（设施）栽培生态系统和水田生态系统等。农业生态系统中，动物与植物、植物与植物、植物与真菌、植物与细菌的共生是十分普遍和有效的。稻田种养模式是中国共生生态农业的主要形式之一，不同地区根据其气候和生产特点形成独具特色的稻田种养模式：将鱼、虾、蟹和鸭等养殖于栽培水稻的稻田中，将动物养殖与水稻种植有机地结合，充分利用稻田立体空间的光、热、水、肥和生物资源与环境条件，实现动物养殖与栽培作物互利共生，利用鱼、蟹和鸭等的觅食活动，不仅可以减少杂草、降低害虫数量、减少农药使用，而且可以改善稻田水生态环境、增加土壤养分、促进水稻的生长发育、提高水稻产量并改善水稻品质（徐敏等，2014）。

北方农田栽培生产中，利用不同作物生长习性及对生态条件的不同需求，对适宜的作物进行间作和套作共生模式，可达到资源共享、作用互补、控制不利因素和有害生物、改善农田生态条件、促进作物生长和增加产量的目的。常见的豆科作物（如大豆）与非豆科作物（如玉米）的间作共生、麦田套作玉米及不同作物之间的轮作共生等，特别是豆科作物与非豆科作物轮作可减轻病虫草害、改良土壤结构与肥力状况，也是我国土壤地力保持 5000 多年不衰的重要措施。

七、城市生态系统

现代城市生态系统越来越需要依靠生物间的共生合作来共同改善生存环境和生活质量。城市环境与公园的植被绿化，居民居住的室内与室外环境的种花养草、养鱼和各种宠物，不仅增加了生物多样性，而且美化了环境，实现了人与自然的和谐，对于缓解体力与精神的疲劳具有一定积极意义。人与其他生物的共生对改善人类身体身心健康发挥着越来越重要作用。

第二节　生物共生的微生态

动物之间、植物之间、动物与植物之间、动物与微生物之间、植物与微生物之间及微生物之间共生构建的共生体均涉及微生态过程、机制与效应。反刍动物的多室瘤胃与肠道、动物的体表与体内、昆虫体内和肠道内、植物根围、植物体表面、植物体组织内、细胞间隙和胞内等均是典型的微生态系统。反刍动物瘤胃具有很高密度的细菌（10^{10}~10^{11}/ml）和原生动物（10^5~10^6/ml）种群，瘤胃通过唾液腺分泌的碳酸氢盐和磷酸盐进行调节，pH 相当稳定。这些细菌和原生动物从反刍动物多室胃中获取纤维素和无机盐等养分，在合适的水分、温度、pH、良好的搅拌和无 O_2 环境中，将纤维素分解成有机酸以供瘤胃吸收，同时由此产生的大量菌体蛋白质通过皱胃的消化向反刍动物提供充足的蛋白质养料，其数量可达动物所需蛋白质数量的 40%~90%。自然界广泛分布的 2600 多种白蚁中的 15% 属于低等白蚁，其肠道共生着多种多样的鞭毛虫及原核生物细菌和古细菌。低等白蚁肠道里存在着复杂的微生物群落，包括真核的微生物，如真菌和鞭毛虫，以及原核的细菌和古细菌。低等白蚁的后肠具有特别膨大的囊形胃及其氢氧浓度的明显梯度分布和丰富的微生物群落，是白蚁进行木质纤维素消化的主要器官。后肠内的鞭毛虫能将纤维素水解并发酵为乙酸、二氧化碳和氢，为白蚁提供养分和能源。原生动物、后生动物和水蚯蚓等微型动物与真菌和细菌等微生物共生构建的微生态系统中，前者的捕食和消化作用可实现污泥的减量化及稳定化，利用该共生体系的特性与功能，可在污泥污水的生物处理中发挥作用。例如，水蚯蚓 *Limnodrilus hoffmeisteri* 与微生物共生构建的微生态系统中，前者大量吞噬污泥，实现污泥减量的目的；后者可对污泥污水中的有毒有机物及水蚯蚓代谢产物进行降解，使污水处理达标（陈一波等，2012）。可见，水蚯蚓与微生物共生所组建的具有污泥减量、污水净化作用的微生态系统，是典型的良性循环共生微型生态系统。

植物菌根围是重要的微生态系统之一（图 8-2）。菌根围内，植物根系、菌根真菌、其他有益真菌和 PGPR 等互作，前者为后者提供栖息生境和有机养分，后者则通过一系列的微生态过程，为前者活化土壤无机养分、改善土壤肥力状况、抑制有害生物、增强植物抗逆性、促进生长发育和增加植物产量。例如，不施肥情况下，玉米 + 大豆、小麦 + 紫花苜蓿与玉米轮作的根围内，豆科植物根系 +AM 真菌与根瘤菌共生形成三重共生体，其根围内定殖着大量 AM 真菌、根瘤细菌和 PGPR。在 AM 真菌增强根瘤细菌的共生固氮作用、增加土壤氮素水平和植物体内氮素含量的前提下，进一步与其他间作作物或/和轮作作物根围内的菌根真菌、其他有益真菌和PGPR互作，进而增加作物籽粒产量。果树与豆科牧草或其他豆科植物间作共生同样可于根围构建高效的微生态系统。例如，火龙果 *Hylocereus undulatus* 与大豆 *Glycine max* 间作共生，通过根围内的微生态过程，显著改善了土壤的物理性状，土壤容重比对照处理降低了 5%~8%，总孔隙度提高了 6%~9%，土壤含水量增加了 56%~60%，土壤有机质增加了

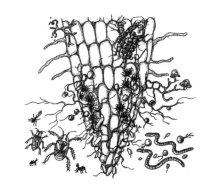

图 8-2 植物根围微生态系统中各生物之间的相互作用示意图

37%~43%，全氮增加了 76%~77%，碱解氮增加了 49%~62%，速效钾增加了 82%~103%，有效磷含量降低了 32%~36%；火龙果与大豆间作共生有效改善了果园微生态环境，气温和地表温度分别降低 2℃和 3℃，相对湿度提高 4%~6%；该间作共生栽培模式总体表现出一定程度的间作优势，明显提高了火龙果园的经济效益，纯收入增加了 18%~25%（匡石滋，2015）。

第三节 影响生物共生体系的因子与调控

作为生态系统中的核心生物组分，共生生物在维持生态平衡、改善生境、保持生态系统可持续生产力的同时，也受到自身生物学特性、其他生物的习性，以及诸如地理、气候、土壤、水体、农艺措施和其他非生物性因素的影响，即受到生物性因子和非生物性因子的共同影响。通过评价不同因子影响共生体的规律，以探索促进共生体发育和功能的调控途径，不仅具有理论意义，而且具有实际价值。

一、生物因素

影响生物共生的生物因素主要包括参预共生体形成的生物本身及其生存环境周围的其他生物。其中，前者的生物学特性在共生关系的建立与共生体功能等方面产生主导作用；后者则依据不同条件，如同其他非生物性因子通过间接和直接作用而产生一定影响。

（一）共生生物习性

所谓生物的习性或生物物种的种性即生物物种的生物学特性与遗传规律，是决定和影响生物分布、共生体建立和发展、生理生态效应和功能的关键主导因子。蚂蚁与蚜虫间的互作关系会受到乳草属植物叙利亚马利筋 *Asclepias syriaca* 所分泌化学物质的调节。通常情况下，灰壤蚁 *Formica podzolica* 与萝藦蚜 *Aphis asclepiadis* 之间表现出互利共生的关系。然而，由于寄主植物基因型的不同，*F. podzolica* 与萝藦蚜之间的互作关系会从

互利共生转变为互相敌对。这种互作关系的转变与植物释放的一类有毒防御性化合物强心甾（cardenolides）有关，通常情况下乳草属植物分泌的强心甾会被蚜虫消化并排泄出，正常剂量的强心甾不会对蚜虫的行为学产生直接的影响，因而不会影响蚂蚁与蚜虫的共生关系。然而，特定基因型的叙利亚马利筋会分泌高剂量的强心甾，蚜虫取食植株的汁液后，会摄入高剂量的强心甾，大量强心甾存在于蚜虫排泄物中，并被蚂蚁取食后，会对蚂蚁与蚜虫的共生关系产生负面影响，使蚜虫的生物量显著下降（Züst and Agrawal，2017）。

对于分布于云南西双版纳地区的垂叶榕 Ficus benjamina、钝叶榕 Ficus curtipes 和高榕 Ficus altissima 的进蜂量、榕果直径、榕果雌花总数进行相关性分析，并对每种榕树的专一性传粉小蜂个体大小进行了测量，发现 3 种榕树的榕果直径与单果进蜂量并无种间相关性；3 种榕树的进蜂量、榕果直径、单果雌花数均呈现为垂叶榕 > 高榕 > 钝叶榕，钝叶榕与垂叶榕和高榕间有显著差异（$P < 0.05$）；而 3 种榕树的传粉小蜂的个体大小则为高榕 > 钝叶榕 > 垂叶榕，3 种榕树之间均存在显著差异，表明寄主植物显著影响传粉小蜂，榕果与小蜂之间已经产生了种间严格的对应特征（张媛等，2015）。

白蚁与鸡枞菌共生关系的密切程度因不同共生种类而异。在没有鸡枞菌的情况下土白蚁 Odontotermes spp. 很快死亡，但大白蚁 Macrotermes sp. 则可以仅靠取食树根存活 18 个月；红褐土白蚁 Odontotermes badius 在纳塔尔大白蚁 Macrotermes natalensis 的菌圃上生长良好，而纳塔尔大白蚁在红褐土白蚁的菌圃上则生长不良。与纳塔尔大白蚁共生的鸡枞菌是最早发现具有这种特性的鸡枞菌种类，然而与同属的迈克尔森大白蚁 Macrotermes michaelseni 和比尔考斯大白蚁 Macrotermes bellicosus 共生的鸡枞菌则对木质素的分解表现迟缓，但与比尔考斯大白蚁共生的鸡枞菌能产生木聚糖酶。

树皮甲虫与真菌、细菌、螨虫和线虫等多种生物共生（Hofstetter and Moser，2014）。共生真菌可通过直接作为基质或通过间接消化和集中宿主养分来改善甲虫营养（Goodsman et al.，2012）。树种、共生真菌、共生细菌和机会定殖真菌之间存在一定互作而影响甲虫的繁殖和活动。其中，共生细菌对甲虫繁殖的影响取决于真菌 + 细菌特殊的共生组合和寄主植物种类（Therrien et al. 2015）。不同树种上真菌与细菌共生组合对甲虫活动效应的差异可能与不同的宿主物种次生化学代谢有关（Adams et al.，2013）.

水稻群体生物量积累的重要阶段为拔节期至孕穗期，此期间生物积累量约占总积累量的 65% 左右，由此可以推断，在此阶段加强水稻养分供应，对提高水稻产量有较大的促进作用。在稻蟹共生生态系统中，此阶段正是幼蟹生长活动旺盛时期，幼蟹摄入大量饵料经消化吸收后转化为代谢产物氨和排泄产物粪便进入水体，水体中的氨可以被水稻直接利用，粪便则通过微生物分解代谢转化为可以被水稻吸收利用的氮、磷，从而起到施肥作用，通过这种"不间断施肥"可以增加水体和土壤中的养分，补给该时期水稻生长所需大量养分，从而提高水稻的生物量积累，促进水稻增产。

从荒漠和典型草原群落中分别鉴定出 6 属 16 种和 8 属 21 种 AM 真菌，Funneliformis geosporus、Glomus microaggregatum 和 Septoglomus constrictum 是优势种。草甸草原群落中鉴定出 8 属 18 种 AM 真菌，其中 F. caledonius、F. geosporus、G. microaggregatum 和 S. constrictum 为优势种。从森林草原群落中鉴定出 8 属 16 种 AM 真菌，其中 F. geosporus、G. microaggregatum、G. pansihalo 和 Scutellospora calospora 为优势种。Entrophospora sp.、F.

caledonius、*F. geosporus*、*G. aggregatum*、*G. microaggregatum*、*G. tenerum*、*Scutellospora.*
calospora、*Scut. pellucida* 和 *S. constrictum* 是研究区共有种，且 *G. microaggregatum* 具有较
高的相对多度。在草原群落常见植物根围土壤中，AM 真菌群落优势种与草原群落土壤中
的 AM 真菌优势种基本相同。草甸草原群落的真菌的平均孢子密度显著高于荒漠草原群
落和典型草原群落的（$P < 0.05$），森林草原群落的真菌种的丰富度显著高于其他草原群
落的（$P < 0.05$）。草甸草原群落的真菌均匀度指数显著高于其他草原群落的（$P < 0.05$）。
荒漠草原群落的常见菌根植物的平均泡囊和丛枝侵染率均显著低于其他草原群落的
（$P < 0.05$），而平均真菌菌丝侵染率和总侵染率均显著高于其他草原群落的（$P < 0.05$）。
研究区土壤中真菌根外菌丝长度密度、易提取球囊霉素和总球囊霉素含量均有显著差
异（$P < 0.05$），表现为森林草原群落的最高，其次是草甸、典型草原群落，荒漠草原
群落的最低，而且根外菌丝长度、密度均与易提取球囊霉素和总球囊霉素显著正相关。
对典型草原群落植物群落中的野生葱属植物菌根进行了 18S rDNA 的系统发育研究，获
得的 16 条序列在聚类分析中全部聚在 Glomeraceae 科类群中，部分序列与代表性的属
Rhizophagus、*Glomus*、*Funneliformis*、*Sphaeroc* 和 *Sclerocystis* 的序列有较高的相似度。序
列分析结果表明，不同群落样地的葱属植物根系共生 AM 真菌的种类明显不同（王启，
2014）。

寄主的变化会造成 AM 真菌基因型和表型迅速改变，从而提高对环境的适应能力。
Hausmann 等进一步发现，3 种 1 年生的邻体植物对纳塞拉草 *Nassella pulchra* 根围 AM
真菌群落结构的影响截然不同。因此，不能忽视寄主植物，甚至邻体植物对 AM 真菌功
能的影响。同一种生境中分离的 AM 真菌，如果来自不同寄主植物的根围，在功能上
可能也存在显著差异。AM 真菌与特定的植物之间经过长期的协同进化，在形态、生理、
表型、功能等很多方面可能都已产生了相应的适应性变化。寄主对 AM 真菌的影响可
能是通过植物根系所形成的特定微环境产生的，但具体的机制还需要今后更多的研究。

在植物种以下水平，关于不同品种（基因型）寄主植物对共生真菌或共生细菌的影
响值得关注。郭绍霞和刘润进（2010）调查了同一生境不同牡丹 *Paeonia sufruticosa* 品
种根围土壤中 AM 真菌孢子的密度、种属组成、物种多样性指数等，发现不同品种的
牡丹能促进或抑制不同 AM 真菌种类的生长发育，进而影响根围 AM 真菌的多样性和
群落特征。

在群落水平研究寄主植物对 AM 真菌物种多样性的影响已受到广泛关注。通过对
MaarjAM 数据库进行数据挖掘，根据每个分子虚拟种（virtual taxa）包含的 DNA 序列
不少于 5 条的标准，对筛选出的 188 种菌根植物进行分析比较，结果表明，随着植物
的分化 AM 真菌物种丰富度增加；起源时间较晚的被子植物和裸子植物中，AM 真菌
的物种丰富度显著高于起源较早的苔类、角苔类和蕨类植物类群。AM 真菌群落随着植
物进化而发生变化；进化中植物倾向于选择保留共生效率较高的 AM 真菌（杨海水等，
2015）。然而，热带森林和稀树草原上的研究却发现植物种类对 ECM 真菌的分布没有
影响（Tedersoo et al.，2014）。采用末端限制性长度多态性（T-RFLP）的方法监测了大
田控制试验中 6 个不同马铃薯 *Solanum tuberosum* 品种根围 AM 真菌的群落结构及多样
性，发现寄主品种的差异对根围 AM 真菌的多样性和群落结构并无明显的影响（Hannula
et al.，2010）。因此，不同品种或基因型的植物对 AM 真菌物种多样性是否存在影响、

影响的强度及影响机制尚待深入研究。

相同或者类似的生境中,不同种类寄主植物根内或根围的 AM 真菌物种多样性通常存在较大的差异,证实了寄主植物种类对 AM 真菌物种多样性的重要影响。然而,也有少数研究表明植物种类对 AM 真菌多样性无显著影响。因此,寄主植物种类对 AM 真菌物种多样性和群落结构等的影响还应该是与特定的生境、其他生物种类及非生物因子密切相关。由于不同种类的寄主植物对 AM 真菌的偏好性、专一性及作用方式通常存在较大差异,植物的群落结构及多样性必然会对该生境中 AM 真菌的种类组成和物种多样性产生深刻的影响。在植物多样性高的生境中,AM 真菌的物种多样性水平往往也较高。因此,寄主植物的群落多样性可能是决定 AM 真菌物种多样性的重要因素。然而,对于这一结果也可以有不同的解释,即 AM 真菌的物种多样性可能也是影响植物群落多样性的一个重要因子。事实上,AM 真菌的物种多样性和植物群落多样性应该是一种相互影响、相互作用的关系。2008 年 Yao 等发现,草地上的优势植物对本地变形球囊霉的依赖性显著高于外来的变形球囊霉,寄主根系的磷摄取量和生物量在接种本地AM 真菌时增加更为明显,表明植物的群落组成也是影响 AM 真菌功能的原因之一,值得深入研究。

业已证实,植物种类影响印度梨形孢的营养方式、生活史、侵染和定殖方式。当拟南芥与印度梨形孢互作时该真菌在活的根系表皮细胞中营活体生活,但大麦与其共生时该真菌在死亡的皮层细胞中形成次级薄壁侵染菌丝。大麦中能诱导印度梨形孢基因编码水解酶和养分转运蛋白,而拟南芥中则不能。在缺氮的大麦体内沉默的高亲和性铵转运 *PiAMT1* 基因的转录积累能增强对大麦的侵染定殖,而拟南芥中无此效应。定殖印度梨形孢的大麦,其根内游离氨基酸水平的提高,以及细胞死亡标记物液胞加工酶(VPE)活性的降低,均与印度梨形孢 *PiAMT1* 基因沉默同时发生。这表明 *PiAMT1* 作为氮传感器调节信号激发植物激活腐生程序而发挥作用。因此,相关的寄主代谢信号影响印度梨形孢交替的生活方式的表达(Lahrmann et al., 2013)。对于许多寄主专一性的共生真菌而言,寄主差异影响更为显著,生态系统长期演化过程中真菌与植物相互选择与适应,导致 ECM 真菌与寄主植物存在专一性。温带森林中植物种类显著影响 ECM 真菌的分布,导致这些真菌集中发生在邻近地区。另外,腐生真菌较少受气候条件制约而具有更广泛的分布范围。

早在 20 世纪 90 年代就开始研究 AM 真菌与禾草共生真菌的相互作用。2008 年Mack 和 Rudgers 通过试验证明了禾草共生真菌能降低 AM 真菌的侵染,认为禾草共生真菌与 AM 真菌的互作存在不对称性,即前者对 AM 真菌的作用相对较大。禾草共生真菌显著影响 AM 真菌的侵染,定殖禾草共生真菌的植株 AM 真菌侵染率降低。2003年 Müller 观察到黑麦草上定殖的 *N. lolii* 和 *Epichloë typhina* 抑制硬质内囊霉 *Sclerocystis* sp. 对其根系的侵染;2006 年 Omacini 等同样看到定殖 *N. occultans* 的黑麦草降低了 3 种球囊霉的侵染,但却增加附近定殖禾草共生真菌植株的 AM 真菌的侵染率。有试验表明,禾草共生真菌可以增加 AM 真菌的侵染率,一定浓度禾草共生真菌的浸提液能增加AM 真菌的菌丝长度(Novas et al., 2011)。Liu 等(2011)的试验结果表明禾草共生真菌能够降低 AM 真菌的侵染率,而后者也可以减少前者的菌丝密度及叶片中生物碱的含量。Lamier 等(2012)进一步试验表明,禾草共生真菌与 AM 真菌的互作关系因菌种不同而存在差异。*E. elymi* 促进摩西斗管囊霉的侵染，但抑制近明球囊霉 *G. claroideum* 的侵染。AM 真菌的侵染能提高多年生黑麦草 +*E. festucae* var. *lolii* 共生体植株的冠根比，却降低了多年生黑麦草 +*E. typhina* 共生体的冠根比。这些研究都强调了基因型对共生生物生长和定殖的强烈影响。有人认为禾草共生真菌通过两种方式改变 AM 真菌群落：一是禾草共生真菌的化感作用，二是禾草共生真菌改变植物群落进而导致 AM 真菌群落的改变。AM 真菌摩西斗管囊霉和聚生根孢球囊霉的侵染可在一定程度上降低 *N. lolii* 定殖的黑麦草植株的抗虫性。因此，如何同时利用这两种共生真菌以形成复合共生体对寄主提供较多的保护，尚待更多深入的研究。

　　地卷目地衣固氮活性存在种间差异。将不同产地和不同馆藏时间的 12 种地卷目地衣于相同条件下培养 1d、10d 和 15d 后，采用乙炔还原法（acetylene reduction assay）测定其固氮活性。培养 10d 和 15d 的固氮活性平均值表现出显著的种间差异（$P < 0.001$）：黑猫耳衣 *Leptogium trichophorum* 固氮活性最高，为（4.532 ± 0.368）$\mu mol\ C_2H_4/(gDW \cdot h)$，约为犬地卷 *Peltigera canina* 的 2 倍；其他 10 种地衣固氮活性大致相近（吴清凤等，2011）。

　　共生细菌的生理特性决定着其分布范围、生存数量、优势种群数量等。例如，PGPR 细胞表面性质影响其定殖植物的能力，胞外多糖是影响细菌附着能力的一个重要因素（Janczarek et al.，2015；Sayyed et al.，2015），一些生防菌因与寄主植物结合能力强而具有分布优势（Zhang et al.，2015）。共生生物遗传特性是深层次的影响因素，往往决定着生物之间的识别和共生专一性。例如，不同根瘤菌与不同豆科结瘤植物之间存在共生专一性，华癸根瘤菌 *Mesorhizobium huakuii* 只与紫云英形成根瘤共生体。

　　植物不同部位，以及植物在不同的生育时期都会直接影响分离共生细菌的种类和数量，生长迅速和较老组织中的共生细菌一般较多。植株中共生菌群落结构组成不仅与植株类型、植物器官、生长环境、生育期有关，还与品种有关。不同玉米品种和不同生育期共生细菌的定殖程度不同，品种的遗传背景与其共生细菌的种类和数量显著相关。生长迅速的植物个体和植物组织中的共生细菌数量较多，生长时间长的植株其共生细菌数量比生长时间短的植株的多，古老树种的共生细菌比其他植物中的多。植物在生长发育过程中根系向根围释放的分泌物可为共生真菌和共生细菌提供养分、水分和激素等次生代谢物质，进而影响共生生物的活性和生态分布。成龄苹果树 PGPR 优势度固氮菌＞拮抗菌＞硅酸盐细菌＞解磷细菌，连作幼树则为拮抗菌＞硅酸盐细菌＞解磷细菌＞固氮菌（齐国辉等，2011）。玉米根系分泌物葡萄糖、柠檬酸、富马酸等可以促进解淀粉芽孢杆菌 SQR9 在液体基质中生物膜的形成，并且促进 SQR9 在玉米根部的定殖（Zhang et al.，2015）。植物促生细菌的趋化性很好地响应了植物分泌根系分泌物这一点，趋化细菌会向植物的根聚拢（Zhang et al.，2014；Carvalhais et al.，2013）。不同健康状态和基因型也会影响植物共生细菌的分布。DNA 分析表明，甘草根瘤内定殖的共生细菌的扩增片段长度多态性 AFLP 基因型分布与其地理来源和寄主植物之间具有一定相关性。根据寄主植物的种类，82% 的 AFLP 基因型被划分为乌拉尔甘草 *Glycyrrhiza uralensis*、光果甘草 *G. glabra*、黄甘草 *G. eurycarpa*+ 胀果甘草 *G. inflata*+ 圆果甘草 *G. squamulosa* 和未知种类甘草 *Glycyrrhiza* spp.4 个类型。其中，根瘤菌 AFLP 基因型的划分尤其依赖于它们的寄主植物甘草的种类。

（二）其他生物的影响

通常，物种间共生体系并不是单一的存在，而是在与其他生物组成的互作网络中。其他生物则会影响共生生物共生体系的构建及其功能。例如，切叶蚁、白蚁及甲虫与真菌的共生体系中，昆虫多利用"第三方"放线菌产生抗生素，维持共生体系的稳定。因此，放线菌的存在对于昆虫与真菌共生体系发挥着有益的影响。植菌蚂蚁、白蚁及甲虫的菌圃中，"杂菌"与真菌培养物共存，尽管这些杂菌的生物量通常在较低的、可控的范围内。但是，如果"杂菌"不能被抑制，使蔓延至整个菌圃，就会导致共生体系的瓦解。例如，能降解木材的炭角菌属 *Xylaria* 的部分真菌可能随着基质被引入菌圃中，这类真菌是一类降解木材的共生真菌，并且有可能是随着基质被引入菌圃中。尽管炭角菌属的杂菌并没有直接损害真菌作物，但它们通过营养竞争影响真菌作物的生长（Klassen，2014）。而 *Escovopsis* 属的真菌存在于植菌蚂蚁的菌圃中，这类丝状真菌专性地寄生并消耗真菌作物（Birnbaum and Gerardo，2016）。*Escovopsis* 属真菌感染降低了植菌蚂蚁菌圃的生产力，从而影响了植菌蚂蚁种群的生长繁殖甚至生存。*Escovopsis* 属的真菌在分类上具有多样性，并且广泛分布。该丝状真菌寄生物目前已从所有地理分布的植菌蚂蚁菌圃中分离得到。同时，该丝状真菌寄生物与真菌作物间存在专化性，即特定的 *Escovopsis* 类群寄生特定的真菌作物类群。这种高度的寄主专化性表明，*Escovopsis* 属的真菌与真菌作物间存在长期的协同进化关系，即植菌蚂蚁、真菌作物及共生细菌三者相互适应，共同防御 *Escovopsis* spp.，而 *Escovopsis* spp. 的高度寄主专化性使得特定的 *Escovopsis* sp. 寄生特定的真菌作物，而对其他类群的真菌作物没有寄生能力（Meirelles et al.，2015）。

白蚁的菌圃中，除了蚁巢伞菌属 *Termitomyces* 外，还能分离到许多其他的真菌，除了常见的、非特化的土壤真菌能够通过植菌白蚁采集的基质进入白蚁巢穴内外，一些炭角菌属的真菌被频繁地从植菌白蚁的巢穴中分离得到。当植菌白蚁的菌圃死亡或衰败后，炭角菌属的真菌在菌圃中生长。然而，在植菌白蚁菌圃周围的土壤中，炭角菌属的真菌并非经常存在。目前的假说认为，部分炭角菌很可能是植菌白蚁菌圃的寄生真菌，只是它的生长在健康的菌圃中被充分抑制（Bastien et al.，2013）。

目前，所有的植菌昆虫都将其菌圃与周围环境隔离。例如，在地下的巢穴或树木的树皮中培植菌圃，一些 *Apterostigma* 属的植菌蚂蚁在菌圃表面遮盖一层保护性菌丝（Ješovnik et al.，2016）。将菌圃与周围环境隔离有利于调节菌圃的温度及湿度，同时，从一定程度上使菌圃远离其他食菌动物、风传病原菌及其他携带有病原菌的节肢动物（Sit et al.，2015）。

甜菜夜蛾能在一定程度上促进 AM 真菌的侵染和定殖，而 AM 真菌则通过影响植物生理代谢而抑制甜菜夜蛾的生长和发育，其抑制效应因 AM 真菌种类不同而异。同理，在接种珠状巨孢球囊霉、幼套球囊霉、根内根孢囊霉、稍长无梗囊霉 *Acaulospora longula* 的日本百脉根 *Lotus japonicus* 处理中，接种球状巨孢囊霉的植株受二斑叶螨 *Tetranychus urticae* 危害最轻，明显低于接种幼套球囊霉的植株。接种异形根孢囊霉的车前草植株上饲养的甘蓝夜蛾 *Mamestra brassicae* 幼虫体重大于不接种对照上的，而且个体发育也比对照更快，表明 AM 真菌诱导的车前草植株特性的变化影响甘蓝夜蛾幼虫发育。

一方面，其他微生物与植物促生细菌之间是互利的、共生的。例如，土壤中的植物促生细菌与 AM 真菌之间的互惠互利关系（Miransari et al., 2011；Gahan et al., 2015），很多研究结果也证明了 AM 真菌的存在促进了植物促生细菌的定殖。另一方面，其他微生物与植物促生细菌之间是相互竞争的，土壤中青霉菌、木霉菌、曲霉菌等生防真菌会抑制土壤细菌；土壤中的原生生物或动物会捕食细菌（Song et al., 2015），特别是一些生物会选择性地取食某些细菌种群（Paisie et al., 2014），这会影响促生细菌对植物的生长的刺激作用。但动物对植物促生细菌的影响有两面性，土壤动物的移动、吞食和排泄等都有助于植物促生细菌的传播。

另外，感染病毒的共生真菌弯孢霉能提高寄主植物热带稗草的耐热性，反之则不能，表明真菌病毒能够影响植物与共生真菌形成的共生体系及其生理生态功能。因此，其他生物特别是病毒对共生生物生理代谢及其共生体功能的影响值得关注。

二、地理因素

地理因素包括地理纬度、海拔、坡度和坡向等，主要通过影响生态条件而间接影响生物共生。地理隔离是物种形成的重要原因之一。生物地理因素对动物与其他生物的共生关系具有显著影响，目前的理论表明，榕小蜂与榕属植物之间的重要系统发育一致性可能是由于共同的生物地理学因素造成的。同样，在海葵与虫黄藻的共生体系中，生物地理学、相互移植和生理学研究已经令人信服地证明了温度和辐照等环境因素与藻类共生体的分布具有显著的相关性。同样，与珊瑚共生的藻类类群的多样性也与生物地理因素显著相关。

（一）地理纬度

通常地理纬度不同则气候、物候与生境各异，即生态条件的不同影响生物共生。植物共生细菌物种多样性还与寄主植物所处的地理位置有关。一般来说，热带和亚热带地区的植物共生细菌物种丰度大于温带干燥和寒带寒冷地区的。以前研究认为"微生物无处不在，只是环境选择而已"，但最近的研究对这种微生物分布的经典表述产生了争议。虽然许多被 16S rRNA 基因系统发育定义的细菌种类看似是全球随机分布的，但这些细菌在基因型或菌株的水平上已经表现出了地点的特异性或地方特有分布。将内转录间隔区 ITS 或重复序列引物聚合酶链反应 REP-PCR 指纹图谱技术用于群体分析时，这种地点的特异性或地方特有分布在豆科植物根瘤菌上也有所体现。中国的研究表明，尤其是根瘤菌菌株也表现出明显的地方特有分布。一些来自不同采样点的中慢生根瘤菌 *M. tianshanense* 和中华根瘤菌 *S. meliloti* 的 AFLP 亚群仅仅分布于中国中部或者新疆地区。

Bissett（2010）研究表明，地理距离对具有孢子结构的微生物种类没有影响，如 Bacillaceae 和 Clostridiaceae，但确实对一些其他种类微生物的扩散和繁殖产生一定的影响，如 Rhizobiaceae、Bradyrhizobiaceae 和 Xanthomonadaceae 等。许多根瘤菌类群仅来源于一个特定的地区，而一部分具有孢子结构的类芽孢杆菌 *Paenibacillus* 菌株没有表现出明显的地区特异性。与其他细菌类群比较，类芽孢杆菌更具有遗传上的同源性，因此暗示它们是易于传播的细菌种类。根癌土壤杆菌 *Agrobacterium tumefaciens* 的分布也与根瘤菌的不同，它们与地理来源和甘草种类无关。根癌土壤杆菌不依赖于地理来源和寄主植物而普遍地存在于根瘤中。因此，根癌土壤杆菌可能是四海为家的细菌的典型代表。

DNA 分析表明，甘草根瘤共生细菌的 AFLP 基因型分布与其地理来源和寄主植物之间具有一定相关性。按照它们的地理来源，74% 的 AFLP 基因型被归为中国新疆北部、中国新疆南部和中国中部 3 个类型。典范对应分析 CCA 分析表明，所用环境因子只能解释一小部分细菌基因型的分布规律，其总贡献率仅为 8.4%，但仍提供了一些两者相关的线索（李丽，2011）。

（二）海拔

随着海拔的升高，温度降低、辐射增强、生物生长量变小和生物多样性降低，进而影响生物共生。例如，中国黑龙江省帽儿山老山生态站 8 月不同海拔紫椴 ECM 真菌侵染率存在显著差异，侵染率山麓＞山顶＞山坡，调查区域紫椴菌根侵染率不超过 50%。通过采用 ECM 形态学与解剖学方法，确定紫椴能够形成 ECM，初步鉴定老山地区存在 12 种紫椴 ECM 类型，不同海拔紫椴 ECM 真菌侵染率为山麓＞山顶＞山坡，存在显著差异（崔磊和穆立蔷，2015）。

随着海拔的增加，中国西藏色拉山分布的寄主植物 AM 真菌的定殖数量、根围土壤中的孢子密度及物种多样性呈现下降趋势（Gai et al., 2012）。日本富士山在不同海拔均有分布的 4 种寄主植物，其根内及根围的 AM 真菌物种多样性水平呈现随海拔升高而下降的趋势，这可能是由不同海拔的植物群落结构、土壤理化性质存在差异所导致的。

（三）坡度与坡向

坡度与坡向在一定程度上也会影响生物共生。中国杜鹃花主要分布在西南山区，特别是云南、贵州、四川的高原山地较多。锈叶杜鹃 *Rhododendron siderophyllum* 因叶背有锈斑而得名，为杜鹃花科杜鹃花属植物。锈叶杜鹃菌根菌丝体形态可分为粗菌丝体（直径 2~6μm）和细菌丝体（直径 1~2μm）两类，粗菌丝体有 5 种类型，细菌丝体有 6 种类型；锈叶杜鹃的菌根侵染率上坡显著高于中坡和下坡，中坡显著高于下坡（罗开源，2014）。

1991 年 Wei 指出，部分树种地衣共生体呈现方向性聚集生长特点。对北京东灵山的调查发现，地衣共生体优先分布在正北和北偏东的朝向上，主要原因是调查样地的坡向为正北方向；2015 年李英英等的调查发现样地内的地衣共生体着生在树木上的生长朝向为东、南和东南的原因相同，这与光照情况有关。铜鼓岭大样地的坡向整体为东南，所以林中的树木在东南方向比较开阔，光能直接照射在树上，光是地衣共生体生长的重要因素，有利于地衣共生体的生长。另外，寄主上的地衣大部分也集中在东南方向上，这也表明光照强度较强的方向上地衣分布较多。可见，地衣共生体分布是与其所在的植物群落分布的坡向有关。

三、气象因素

气象因素特别是平均气温、最高和最低温度、积温、降水量、光照强度、光周期、光照时间和风力等气候因子，尤其是极端气候过程对共生生物具有直接和间接影响。然而，由于生物共生体的复杂性、研究地点的特异性、研究手段的多样性和研究期限的不同等原因，气候变化对生物共生体影响的研究结果也是复杂多样的。在更大的空间尺度上，来自不同气候条件或温度带的同种 AM 真菌会产生不同的生态型，其功能也明显不同。

（一）温度

在过去的 100 年，全球地表温度已经增加了大约 0.6℃，这一变化开始对生物系统产生重大影响。同样，温度变化对物种之间的共生关系也具有重要的影响。蚂蚁与产蜜露昆虫的共生体系受到温度变化的影响，研究表明，当温度升高时，植物生长速率变快，同时蚂蚁的觅食活动增加，而高温导致蜜源植物的产蜜量下降，从而对蚂蚁与产蜜露昆虫的共生体系造成负面影响。

气候过程和极端气候影响珊瑚礁群落生长的生理过程反应。珊瑚增长的实证模型表明，温度较小的变化及其变化速率可以显著影响珊瑚礁的增长率。生物学有效温度以上植物才能开始生长发育；同时，也需要一定的有效积温才能完成其生命周期。积温在葡萄分布与种植、玉米和大豆产量形成中发挥着最重要的作用。积温与作物单株产量往往呈现显著正相关关系。

关于全球气候变化对 AM 真菌多样性影响的研究受到关注。温度升高同样能够增加寄主植物根围 AM 真菌的侵染强度和物种多样性：一方面，由于温度升高直接促进了 AM 真菌根外菌丝的分枝与伸长；另一方面，由于温度升高促进了寄主植物的光合作用。但也有人认为温度升高能够提高土壤中氮、磷营养的有效性，进而减少寄主根围 AM 真菌的物种多样性。关于全球气候变化对 AM 真菌物种多样性的影响，尤其是通过大的时间和空间尺度来探讨全球气候变化对 AM 真菌物种多样性的影响值得深入探究。

以西南亚高山针叶林建群种粗枝云杉 Picea asperata 为研究对象，采用红外加热模拟增温结合外施氮肥硝酸铵 25gN/（m² · a）的方法，研究连续 3 年夜间增温和施肥对云杉幼苗 ECM 真菌侵染率、土壤 ECM 真菌生物量及其群落多样性的影响。夜间增温对云杉 ECM 真菌侵染率的影响具有季节性及根级差异。夜间增温对春季（2011 年 5 月）云杉 1 级根、夏季（2011 年 7 月）和秋季（2010 年 10 月）云杉 2 级根侵染率影响显著。除 2011 年 7 月 1 级根外，施氮对云杉 1 级和 2 级根侵染率无显著影响。夜间增温对土壤中 ECM 真菌的生物量和群落多样性无显著影响，施氮及增温与施氮联合处理使土壤中 ECM 真菌生物量显著降低，但却提高了其群落的多样性（李月蛟，2015）。2003 年 Rillig 等通过观测发现增温对总的 ECM 侵染率无显著影响；而 2000 年 Kasai 等研究却表明，白天平均气温超过 30℃时 ECM 侵染率显著下降。Willis（2013）总结了 135 篇全球气候变化对土壤有益微生物及其与寄主植物互作的影响研究报告，认为大多数研究结果表明土壤温度升高对 AM 真菌的侵染和菌丝长度具有正效应。

（二）降水

干旱的土壤降水后土壤微生物量和土壤呼吸骤升随后逐渐衰减。干旱土壤第一次降水之后，土壤中微生物的数量大幅度上升，有利于更多的细菌和放线菌与植物共生形成共生体；但第二次降水之后，微生物数量变化不显著。降水量、降水强度和降水格局的改变引起土壤水分的波动，从而引起土壤微生物量和土壤呼吸的变化，这在干旱、半干旱与季节性干旱地区尤为明显，降水会强烈地激发土壤微生物量和土壤呼吸。随着降水过程中与降水后水分的下渗，降水往往使干旱的土壤水分在短期内迅速增加，此时土壤的通透性、土壤溶液中可溶性有机质的浓度等土壤的理化性质也会发生相应的变化，进而间接影响土壤微生物量和土壤呼吸，以及微生物与植物形成的共生体的生长发育。土壤历经长时间的干旱后，降水会诱发土壤微生物量和呼吸的激增。土壤微生物具有很强的环境适应性，在发生干旱胁迫时，大多数微生物具备体内渗透势调节机制，在体内积累有机溶质和无机溶质来降低自身的水势与外界环境相平衡，对植物与其产生的共生体产生影响。降水后，干旱土壤的水分和水势迅速增加，微生物承受着巨大的渗透冲击，一部分微生物细胞完全消融，释放出有机物质来降低土壤水势，使剩余微生物得以幸免。另一部分微生物通过释放渗透调节物质（大量易分解含碳化合物，包括小分子碳水化合物和易分解的可溶碳）来适应迅速增加的土壤水势，释放的大量含碳化合物随后被幸存的微生物快速分解，释放出大量的 CO_2。降水少，土壤面临严重的干旱胁迫时，土壤微生物降低基质的扩散导致新陈代谢的改变，此时微生物数量减少，而且土壤微生物量也下降，减弱植物与细菌和放线菌的共生体长势。通常情况下，土壤微生物数量、多样性与降水量之间呈正相关，即在降水量高的地区，土壤微生物数量和多样性相对较高（汪海静，2011），土壤水分过多或不足均会抑制土壤微生物生长和繁殖，水分含量适中时土壤微生物数量和多样性达到最大。强降水对黄土高原小麦 *Triticum aestivum* 田中土壤微生物的影响取决于降水前土壤水分状况，土壤干旱时强降水能促进土壤微生物多样性，土壤湿润时抑制其多样性。这是由于少量降水主要影响凋落物分解，而凋落物分解对降水和地下有机质分解响应较快，如果降水前土壤水分含量较高且降水量较大时，凋落物持水截流使土壤微生物代谢与生长受到限制；也有研究表明，降水显著抑制了土壤微生物的数量及多样性，尤其对于强降水，如果雨前土壤水分处于近饱和状态，即使少量的降水也会抑制土壤微生物数量及其多样性。2004 年 Banu 等认为温度和降水量等气候因素对澳大利亚新南威尔士州草地土壤的微生物多样性没有显著影响。2009 年王少昆等观测中国农牧交错带科尔沁沙质草甸，土壤微生物总数、细菌和放线菌数量均表现出与降水量同步的季节动态，真菌数量从 5 月到 8 月呈递增趋势，随后减少至最低，这可能与水热的共同作用有关。

（三）光照

来自太阳的光照辐射为地球上的生命活动提供能量。因此，光照对生物共生特别是植物与其他生物、绿藻与其他生物的共生，以及光合细菌与其他生物的共生产生重要影响。例如，在珊瑚与虫黄藻共生体系中，光照是造礁石珊瑚分布的重要决定因子。首先，光照有利于珊瑚共生藻的光合作用，促进珊瑚排出的 CO_2 被共生藻吸收，从而为珊瑚生长提供充足及生长所需要的物质；其次，光照可以增加珊瑚周围溶液的过饱和度，加速了碳酸钙晶体的生长，促进珊瑚的钙化与生长。然而，当太阳辐射过强及持续时间很长则损伤共生藻的光合系统，降低共生藻的光合作用而抑制珊瑚的生长，导致珊瑚选择性地排除部分体内的共生藻，进而可能发生珊瑚的白化死亡。尽管海水表层温度的异常变化是造成全球珊瑚白化事件的主要原因，但是太阳辐射也是非常重要的辅助因子。另外，紫外线（UVR，280~400nm）对珊瑚虫及其幼虫都有明显的胁迫作用，破坏光合系统，降低珊瑚共生藻光合作用效率，影响珊瑚的生长，严重时可导致珊瑚的白化死亡。

（四）季节

不同季节是时间与其他因素互作的综合影响因子。季节变化的影响是生物共生体长期的进化过程与季节的变化达到动态平衡的结果。榕属植物及其传粉昆虫榕小蜂是自然界协同进化的经典模型，榕果内雌花资源如何分配一直是备受关注的问题。为验证季节变化对榕树＋榕小蜂互利共生系统生长与繁殖的影响，2015年张媛等以西双版纳地区的聚果榕 Ficus racemosa 为材料，分析了季节变化对榕果大小、自然进蜂量及榕树＋榕小蜂繁殖的影响，并利用人工控制性放蜂实验和模型拟合，探讨榕果最适进蜂量及不同季节进蜂量对雌花资源分配的影响。她们发现季节对榕果直径有显著影响，雨季的榕果直径显著小于干热季和雾凉季；不同季节的自然进蜂量也有显著差别，苞片口对调节进蜂数量有重要作用；季节对榕树＋榕小蜂繁殖分配也有影响，雾凉季产生的种子数量和榕小蜂数量均最多；同时人工控制实验和二次抛物线模型拟合结果表明，母代雌蜂数量与种子及榕小蜂后代数量均呈抛物线关系，雌蜂数量过多或过少都对榕树＋榕小蜂的繁殖不利，自然进蜂量与拟合的最优进蜂量基本一致。

生物共生体的分布、数量、代谢等方面会随着季节的变化而变化。季节变化对寄主植物根内 AM 真菌的物种多样性具有显著的影响。寄主根内 AM 真菌的物种多样性及群落组成在冬季和夏季存在明显的差异。季节变化对 AM 真菌多样性的影响主要是由于寄主植物根系的物候学特征、寄主植物，以及 AM 真菌孢子的周边环境温度、光照时间、水分等随季节变化而引起的。春季茅苍术叶片组织定殖127株共生真菌，分离率为42%；夏季214株，分离率为71%；秋季189株，分离率为63%。这3个季节中均能分离得到交链孢属、尾孢属与刺盘孢属，且分离率远高于其他真菌，表明其分布具有季节广谱性。一些真菌的定殖则具有明显的季节性差异，如白僵菌和异茎点霉属 Paraphoma 是春季特有的共生真菌，而丝核菌属 Rhizoctonia、拟茎点霉属 Phomopsis 只在夏季分离得到；Leptospora 属、毛壳菌属 Chaetomium 和 Edenia 属只在秋季分离得到。春季是茅苍术的生长初期，尚未有大量多种类的横向传播的共生真菌定殖。而后随着季节变换，真菌在叶片内部持续生长，所以夏季共生真菌的多样性和分离率都有所提高（吕立新，2014）。2012年 Mishra 等在印度观测到心叶青牛胆 Tinospora cordifolia 共生真菌的分离频率在雨季最高，其后依次为冬季和夏季，并且季节因素对共生真菌多样性的影响作用大于地理因素的影响作用（Mishra，2012）。

四、土壤肥力

土壤作为一个生命系统载体，是植物定植和土壤习居菌赖以生存的场所及重要的基础。不同土壤种类、土壤质地和土壤利用方式实际上是通过其具有的不同土壤湿度、土壤养分、土壤透气性、土壤温度和土壤微生物群落五大土壤肥力因素影响生物共生的，尤其是对植物与动物、植物共生真菌、植物与共生细菌、植物与其他生物的共生关系及其共生体的生长发育和功能具有重要影响。

（一）土壤湿度

土壤湿度即土壤水分含量是决定土壤中生物能否正常生长的主要限制因子之一，适宜的土壤湿度可为生物提供代谢水分、有益于土壤养分的有效性和保持良好的土壤理化性状；反之，土壤湿度过大引起有毒物质积累等，或过低导致干旱胁迫等则均不利于生物共生。土壤干旱减弱根围生物的活动，抑制植物与其他生物形成的共生体的生长；严重缺水导致植物凋萎和死亡，植物与真菌或细菌形成的共生体也将会死亡。土壤湿度过高，恶化土壤通气性，影响土壤微生物的活动，使作物根系的呼吸、生长等生命活动受到阻碍，从而影响植物与菌物共生体的正常生长，进一步对植物地上部分产生不良影响，如果形成恶性循环，则使植物与细菌共生体、植物与放线菌共生体的生长严重偏离正常状态，甚至死亡。适宜的土壤水分环境中生长的豆科植物根瘤数显著高于水分过高或过低的土壤环境。土壤干旱缺水不仅影响植物根毛的生长、减少根瘤菌的侵染机会，而且限制根瘤菌的繁殖，对结瘤大小、数量、形态和生理特征造成不利影响；同时，对根瘤菌细胞内的渗透调节物质产生影响，造成吸水困难，并随土壤干旱程度增加而加剧。干旱环境抑制了根瘤菌固氮酶活性、根瘤呼吸、ATP 的产生及相关的蔗糖合成酶等一些酶的活性，导致显著降低根瘤数量、根瘤质量和根瘤共生体的固氮效率。

2013 年耶佳舒采用分室培养系统，模拟正常水分和干旱胁迫两种环境条件，探讨不同 AM 真菌对紫花苜蓿生长和土壤水稳性团聚体的影响。根内根孢囊霉对苜蓿根系的侵染率均显著高于对 *Acaulospora scrobiculata* 和 *Diversispora spurcum* 接种处理的侵染率。正常水分条件下供试 AM 真菌均能显著提高植株生物量及磷浓度。干旱胁迫显著抑制了植株生长和菌根共生体发育，总体上菌根共生体对植株生长没有显著影响，接种 *D. spurcum* 甚至趋于降低植株生物量；同时，仅有根内根孢囊霉显著提高了植株磷浓度。AM 真菌主要影响到 > 2mm 的水稳性团聚体数量，以根内根孢囊霉作用效果最为显著。在菌丝室中，根内根孢囊霉显著提高了总球囊霉素含量。AM 真菌对土壤大团聚体形成具有积极作用，而菌根效应因土壤水分条件和不同菌种而异，干旱胁迫下仅有根内根孢囊霉对土壤结构和植物生长表现出显著积极作用。在应用菌根技术治理退化土壤时，需要选用抗逆性强、共生效率高的菌株，对于不同 AM 真菌抗逆性差异的生物学与遗传学基础尚需进一步研究。

（二）土壤养分

矿质营养元素在土壤中的有效性、含量、比例不同都会引起植物、土壤动物和微生物的生理生化反应的改变，影响植物与其他生物的共生、共生体发育和功能效应。崔磊和穆立普（2015）调查了帽儿山老山生态站紫椴 *Tilia amurensis* 外生菌根的侵染情况与根围土壤肥力指标，结合 Pearson 相关性分析与逐步回归分析的统计方法，分析紫椴 ECM 真菌侵染率与根围土壤肥力指标的相关性。结果表明，紫椴 ECM 真菌侵染率与碱性磷酸酶、碱解氮、有效磷、土壤水分含量呈极显著负相关，与脲酶呈极显著正相关，与速效钾呈显著正相关。逐步回归分析发现，影响紫椴 ECM 真菌侵染率的主要土壤肥力因子是碱性磷酸酶和土壤水分含量。贫瘠土壤中的隐球囊霉 *G. occuhum* 对寄主氮、磷摄取和生长的促进作用显著高于肥沃土壤中的同种 AM 真菌。

当土壤中的水解氮增多时，土壤中细菌的数量也明显增多，这有助于植物与细菌共生体的生长，即氮养分对植物与细菌共生体的生长起促进作用。一定范围内，当土壤中速效磷含量增多时，土壤中细菌的数量也有所上升，说明磷对植物与细菌的生长发育起正向促进作用。土壤中存在着各种化学和生物化学反应，表现出不同的酸性或碱性。土壤类型不同，其肥沃程度和有机质含量等理化特性就不同，根瘤菌的侵染、繁殖、结瘤和固氮能力也就不同。环境中化合态氮严重影响结瘤和固氮作用。土壤中有效氮化物丰富时对豆科植物本身生长无害而有利，但阻碍根瘤菌感染、影响根瘤生长、降低根瘤的固氮作用。抑制作用的大小随化合态氮的种类、植物品种、菌株特性、植物营养状态等不同而异。田间条件下，少量化合态氮往往对结瘤和固氮有促进作用，只有达到一定浓度时才产生抑制作用，即随着有效态氮供应增加，固氮作用提供给植物的氮量会减少，所以植物的总含氮量无显著不同。

速效磷和速效钾含量与土壤中革兰氏阴性菌数量呈显著相关。钼、钴等微量元素能提高固氮效率。在不加钼的液体培养基中生长的杨梅结瘤植株，其固氮量比加钼的植株低 90%，并且生长慢、植株小、根瘤小而散生，呈现叶片小而颜色黄等缺氮症状，补钼后这些症状很快消失。培养在缺钴条件下的杨梅植株同样也会出现缺氮症状，其根瘤固氮量仅为供钴植株根瘤固氮量的 25%，供钴植株的根瘤不但固氮量高，而且维生素 B₁ 类物质含量也丰富。综上表明，土壤中的适宜养分含量对植物与细菌、放线菌共生体的生长发育起正向促进作用。

（三）土壤透气性

土壤的透气性或土壤中的氧分压是很重要的土壤物理性质，不仅反映土壤的通气状况和土壤与大气间空气交换的速率，而且和土壤的持水性有关。土壤中微生物活动的方向与强度、根系的发育及其吸收能力、土壤中养分的状态和影响植物生活的其他重要土壤因素都有赖于土壤的透气性。因为在土壤所有的物理性质中，以透气性的变化最为敏感。土壤透气性恶化不仅抑制植物新根生长，使根系生理功能与土壤结构发生变化，而且会影响植物新陈代谢气体与外界的交换，最终阻碍植物的健康生长，进而影响植物与其他生物的共生。

（四）土壤温度

土壤温度主要是指与植物生长发育直接有关的地面下浅层的温度。而在这层与植物生长发育直接有关的地下浅层，存在许多植物与真菌、细菌和放线菌形成的共生体。土壤温度的高低直接影响植物及其共生微生物的生长情况。土壤温度的变化，可以影响植物吸收肥料的程度及植物的新陈代谢过程，温度过高或过低都会影响共生生物体内新陈代谢酶的活性，从而降低新陈代谢过程，只有适宜的温度才能使新陈代谢达到最佳状态（即最快），以利于共生生物的快速成长。树根温度直接影响着植物的生长。土壤温度的高低，也会影响共生生物体内酶的活性及其自身的新陈代谢。土壤温度过低，对共生微生物的生长繁殖起抑制作用，在一定范围内，随着土壤温度的升高，对共生微生物的生长繁殖起正向促进作用，而当土壤温度高出对共生微生物生长繁殖起正向作用的范围时，便会对共生微生物的生长繁殖起抑制作用。共生微生物的生长繁殖能力的强弱，直接对植物与细菌、放线菌共生体的生长发育起正向影响。温度对植物共生细菌的影响有两面性：最适温度以下，随着温度的上升植物促生细菌的代谢增强、生长加快；超过最适温度后，温度成了限制植物促生细菌生长和功能发挥的障碍。革兰氏阳性菌和放线菌在土壤升温过程中种群优势会随之变强；在土壤冻结的过程中，森林生态系统土壤中细菌种群的丰富度和多样性显著降低，但细菌优势度上升；高纬度地区秋冬季节土壤中以真菌为主，夏季土壤中以细菌为主。

根温的变化会通过影响气孔阻力、叶绿素含量及酶活性等对植物光合作用造成一定程度影响，使植物的生长受到影响。温度变化影响了许多地上和地下生态系统过程。草地土壤微生物的数量和多样性与土壤温度呈正相关，主要是由于适宜的温度促进了土壤微生物的生长和繁殖，但随温度的升高，土壤微生物代谢活动对物质和能量的需求受限，只能依靠消耗自身的能量来维持活性，导致微生物的生长受抑制。温度可影响土壤中根瘤菌的存活及其在根围中的生长繁殖。过低的温度往往导致豆科植物结瘤、固氮能力下降和生物量减少；过高的温度则减少侧根和根毛数量，影响侵染和结瘤，同时加快根瘤退化，缩短固氮周期。苜蓿根系温度在 22℃时，结瘤效果最好。Rice 分别研究苜蓿根系温度在 8℃、13℃、17℃、21℃和25℃的接种效果及结瘤率。结果表明，温度较低时根瘤数量、根瘤质量及地上部分干物质量均最低，8℃时固氮酶活性完全停止，21℃时单株根瘤数量最多。

（五）土壤酸碱度

绝大多数植物适合在中性土壤中生长。土壤 pH 的变化影响植物对矿质养分的吸收和生长，酸性土壤中钙离子和镁离子容易流失，强碱性土壤中钙离子和镁离子容易固定，均不适合植物吸收；pH 为 6.5~7.5 时，植物易吸收磷。土壤 pH 尤其是根围土壤pH 也会影响土壤中微生物的数量和种类。

酸雨能改变菌根形态结构特征，抑制菌根形成。酸雨中含硫物质溶解于土壤，使土壤 pH 降低，释放有毒金属离子，并被植物吸收利用，导致植物根系生长量减少，进而降低菌根真菌生长和侵染。王琳等（2014）利用 BIOLOG 方法研究酸雨胁迫下接种ECM 真菌对马尾松幼苗土壤微生物的缓解作用。采用盆栽方法，设置 pH5.6、pH4.5和 pH3.5 以模拟酸雨强度，并接种 ECM 真菌彩色豆马勃和不接种对照。结果表明，强酸降低土壤微生物的活性、丰富度和多样性，降低土壤微生物对碳源的利用；弱酸（pH5.6）处理下接种 ECM 真菌后可中和弱酸降水对土壤微生物的影响；强酸处理下接种 ECM 真菌能提高土壤微生物的活性、丰富度和多样性，提高微生物对碳源的利用，且改变碳源利用结构。

土壤 pH 对植物与真菌、细菌和放线菌的生长发育有着重要影响。土壤 pH 会影响根瘤菌的生长、繁殖、生存和分布，从而影响侵染寄主产生根瘤的数量及根瘤的固氮效率。一般情况，共生体系结瘤固氮的最适 pH 为 6.8~7.2，偏酸或偏碱的环境条件对根瘤菌的生长和结瘤均有明显的抑制作用；中性偏碱范围（pH7~8）根瘤菌表现较好，酸性土壤中根瘤菌很难存活，但不同寄主植物、不同环境来源的根瘤菌对土壤 pH 的敏感程度不同，即使同一种类的不同菌株耐酸能力也存在差异。个别菌株在 pH4.6 时也能正常结瘤。1991 年 Brockwell 等研究发现土壤 pH 与根瘤菌数量之间存在极显著相关性，当 pH7.0 以上时每克土壤中的根瘤菌平均数为 8.9×10^4 个，而 pH 低于 6.0 时只有 37 个。不同土壤 pH 下根瘤菌的耐酸碱能力不同，中性土壤中的根瘤菌比酸性和碱性土壤中的根瘤菌更能耐受 pH 的变化。原因可能是其产酸或产碱的生理特性所决定的，并在一定程度上受到菌株来源、各菌株之间，以及菌株与寄主间相互作用的影响。根瘤菌对过酸和过碱土壤耐受能力的大小与其自身生存的土壤环境有很大的关系。因此，选育耐酸和耐碱能力强的根瘤菌是在这些逆境土壤中接种成功的关键。

2001 年 Bardgett 等对英国 4 种草地的研究发现，土壤 pH 通过改变土壤微生物群落的结构而影响草地土壤微生物数量及多样性，随 pH 的降低，细菌数量减少，而真菌数量增加；在澳大利亚新南威尔士州，土壤水分与微生物多样性指数呈正相关，而 pH 与微生物多样性指数则显示负相关性。英国耕地的土壤微生物生物量和微生物活性在 pH 为 5~7 呈稳定趋势，原因是在此范围内有机碳、全氮浓度差异很小。pH 会影响植物促生细菌酶活性、细胞表面活性和营养代谢。土壤中芽孢杆菌数量与 pH 呈正相关。然而，土壤酸碱度对细菌的影响是复杂的，pH 变化 1.5 个单位细菌的活性降低 50%（Fernández-Calviño and Bååth，2010）。pH 6.5~7 条件下根瘤菌结瘤数量显著多于 pH 5.5 条件下的，pH 4.0~4.5 则不能结瘤（Jida and Assefa，2014）。

综上所述，土壤 pH 既可以通过改变植物对矿质元素的吸收状况来间接影响植物的生长，又可以通过改变微生物的生活环境直接影响微生物的生长繁殖，进而对植物与真菌、细菌和放线菌共生体的生长发育产生影响。

（六）土壤类型、质地与利用方式

不同类型的土壤由于其土壤理化特性的不同而影响土壤生物的分布、代谢和生长发育等。Oehl 等调查了 16 个不同生态样区土壤中 AM 真菌孢子的种类组成及多样性，发现土壤类型能强烈影响 AM 真菌孢子的群落结构及多样性水平。土壤质地是以土粒直径和数量比例为标准划分的一个土壤物理量。质地不同的土壤，其组成的颗粒大小不同，土壤中空隙也就存在差异，土壤中细菌生活在土壤空隙中，不同类型的土壤为细菌提供的生存空间数量不同，稳定性、安全性也不同。盐碱土中分布着硅酸盐细菌，其最主要种类是胶质芽孢杆菌 *Bacillus mucilaginosus*。不同类型的土壤中固氮菌的优势种不同，钾长石矿区土壤中的固氮菌主要以根瘤菌和芽孢杆菌为主（胡佳频等，2015），而呼伦贝尔草原土壤中的固氮菌却以慢生根瘤菌为主（文都日乐等，2011）。在质地较轻的土壤中根瘤菌的运动距离比在质地较重的土壤中大，在根系的侵染结瘤水平也较高，因为土壤黏重、通气性差对根瘤菌的存活和寄主的生长都不利。研究表明，从一种特定的土壤中分离获得的菌株往往无法在不同类型土壤中成功存活。长期施用氮肥能显著降低土壤中 AM 真菌孢子的密度及种类多样性。向农田生态系统中添加适量有机质能明显提高农田土壤中 AM 真菌孢子种类的多样性。此外,关于土壤理化因子对寄主根内 AM 真菌物种多样性影响的研究也有部分报道。采用分子学方法调查的一处湿地生态系统中,分布在不同类型土壤中的芦苇 Phragmites australis 根内 AM 真菌的侵染数量和物种多样性表明,寄主植物根围土壤的理化特征是芦苇根内 AM 真菌侵染数量和多样性的决定性因子。

将两种根瘤菌接种于不同类型土壤中 153d 后,砂土中这两种细菌的数量下降为 10 个 /g 土,而黏土中则多于 103 个 /g 土。一些研究表明,同沙质土壤相比,土质结构黏重的土壤能提高根瘤菌的存活率,可能是因为黏重的土壤能为根瘤菌提供一个减少环境胁迫的环境。将基因工程菌 RMBPC-2 在 4 种不同类型土壤中进行接种试验,发现只在其中 1 个地区有增产效果,而在其他 3 个地区增产效果不明显。1992 年宁国赞在辽宁及黑龙江的 13 个地区进行紫花苜蓿根瘤菌接种试验表明,不同地区差异较大,增产幅度在 4%~100%。酸性土壤中接种根瘤菌效果更为明显,江西清江县的调查结果表明,接种区的产草量比对照区高 45%。

此外,不同利用方式的土壤对相关的共生生物的分布等也能产生一定的影响。农田土壤中芽孢杆菌占绝大多数,固氮菌和欧文氏菌只有 20%;草地土壤中芽孢杆菌和固氮菌数量相近;林地土壤假单胞菌约 60%;菜地土壤中解磷细菌的数量大、种类多,占优势的依然为芽孢杆菌和假单胞杆菌。

五、水域条件

海洋、湖泊与河流等水域生境同样分布着众多的共生生物。这些水域环境条件如水体温度、富营养化和 pH 等能直接或间接影响水生生物的分布、生长发育、共生体形成与功能。

水体条件的变化对海洋生态环境中物种间的共生体系具有显著的影响。珊瑚白化是由许多生物因素和非生物因素引起的珊瑚的广泛应激反应,包括温度增加、海水含氧量下降、太阳辐照增加、海水盐度变化、海水酸度变化及海洋污染等。全球尺度发生的大面积珊瑚白化事件,是由海表面温度升高引起的热应力升高触发的。位于温暖浅水的低水流量区珊瑚礁更易发生白化现象,而位于低辐照区、高水流和较高营养物质来源的珊瑚礁则不易发生白化现象。

(一)水体温度

水温升高如海面温度的升高能促进病原微生物的生长,导致全球珊瑚健康状况恶化。水温上升期间,从鹿角珊瑚 Acropora sp. 中采集的黏液微生物没有显示出像低温时那样明显的抗菌活性,表明温度的上升使得某些珊瑚丧失了保护能力。当温度升高时,珊瑚黏液中的优势群落发生了角色转变,即由抗生素产生菌变成了条件致病菌。这说明有益微生物的平衡对于珊瑚的健康非常重要,一旦平衡被打破,健康状态就会出现不可预料的风险。此外,水温的上升也可破坏珊瑚与甲藻建立的共生体系,使得甲藻的中介功能丧失，进而影响其他微生物之间的相互作用，从而使宿主珊瑚易受机会病原菌的侵袭或增加二次感染的概率。对太平洋千孔珊瑚 *Millepora* sp. 的研究表明，在珊瑚失去共生甲藻白化之后，菌群明显转为弧菌占优势，原因在于细菌群落响应了共生甲藻的缺失和海面升温。白化诱导的珊瑚死亡后，珊瑚骨骼中的固氮细菌大量增加，促进大型藻类和其他限氮初级生产者的生长，包括底栖的蓝细菌。这些研究表明，温度压力可能会改变珊瑚共生细菌群落的组成和新陈代谢，并带来珊瑚礁的健康风险。

（二）水体富营养化

人为活动增加了水体富营养化程度，珊瑚礁正经历着从珊瑚占优势的生态系统向海藻占优势的生态系统的转变。对于生态系统中这种转变会如何影响礁区内细菌群落的研究也在日益增多。珊瑚礁在富营养化情况下，大型海藻（macroalgae）和底栖蓝藻（benthic cyanobacteria）会过度生长，这种生长带来的过剩溶解的有机碳影响了成年珊瑚附生微生物的丰度和群落组成。对取自与海藻表面有直接接触和无直接接触的加勒比海珊瑚 *Montastraea faveolata* 和蓝指珊瑚 *Linckia laevigata* 的黏液进行菌株筛选和文库测试发现，6 种大型海藻和 2 种底栖蓝藻中的化学提取物均可刺激有接触菌株和无接触菌株的生长。这表明海藻具有不直接接触就可以控制微生物生长的可能性，尤其是在低流动性的底栖环境中。该效应可能是由化感作用（allelopathy）引起的。因富营养化而导致的珊瑚幼虫存活障碍的现象，也可能与实囊幼虫的附生细菌有关。养分贫瘠环境下，礁体环境中海藻表面与珊瑚黏液层的细菌群落组成多样且存在互补性，处于互惠的友好关系；而在富营养环境中，群落组成较为单一，处于对立的竞争关系。

（三）水体 pH

海洋酸化威胁海洋生态系统的平衡状况，特别是那些依赖于钙化生物体的生态系统，因为碳酸钙骨骼的分泌直接依赖于海水中碳酸盐的饱和状态。海水 pH 的降低可以改变海洋细菌群落。珊瑚礁生态系统中，2011 年 Meron 等采用变性梯度凝胶电泳及 16S rRNA 基因克隆文库，将鹿角珊瑚 *Acropora eurystoma* 暴露在 pH 为 7.3 的常温海水中 2 个月，探究其附生微生物的群落变化。根据所得的菌株分析，pH 的降低会导致增加红细菌 *Rhodobacter* sp.、拟杆菌 *Bacteroides* sp. 和变形菌的种群数量。与自然海水相比，来自于 pH 7.3 条件下的鹿角珊瑚克隆文库显示出更高比例的多样性，它们代表了那些与抗压、抗病密切相关的细菌。在对太平洋扁缩滨珊瑚 *Porites compressa* 的研究中，极低的 pH 导致了单个珊瑚个体细菌多样性的剧烈波动。这表明海水 pH 的变化会影响宿主的新陈代谢和可用养分的获得，进而导致细菌多样性的变化。

除了微生物结构上的差异，海水酸化也影响共生微生物的功能。对扁缩滨珊瑚黏液的宏基因组（metagenomics）进行分析，发现 pH 降低导致了附生微生物功能的变化，最显著的方面在于产抗生素基因的减少和产毒基因的增加。暴露于低 pH 下芥末滨珊瑚的黏液抗微生物活性明显下降；鹿角珊瑚的黏液在酸化处理后，抗菌活性也大为降低。此外，酸化通过对珊瑚微生物的冲击，进而导致钙化减弱、骨骼沉积减缓、共生生物减少及早期发育受阻等。即便是海水 pH 的微小变化，都会对珊瑚附生的微生物的组成和功能敏感性有显著影响。因此，有学者建议以珊瑚微生物谱系作为珊瑚抗压和健康的评价体系。

环境条件通过直接改变种群密度、存活度和繁殖力来影响物种，或通过对相互作用的物种、食物来源、天敌、竞争者来间接影响物种，从而影响生物之间的共生关系。以珊瑚＋虫黄藻的共生关系为例，珊瑚＋虫黄藻共生体系的稳定对于维持珊瑚及整个珊瑚礁生态系统的健康至关重要；当外界环境发生剧烈变化时，珊瑚虫会将生活在其体内的虫黄藻排出，原始的珊瑚与虫黄藻共生系统瓦解，引发珊瑚白化。尽管白化后的珊瑚能够继续生活，但虫黄藻提供了珊瑚正常生长发育所需的 90% 的能量，驱逐虫黄藻后，珊瑚处于饥饿状态。2016 年，大堡礁 90% 的珊瑚发生了白化现象，造成 29% 的珊瑚死亡。而珊瑚白化极大地破坏了珊瑚礁生态系统的健康稳定。

六、农业技术

土壤耕作、作物管理、种植体制、间作、轮作、施肥、灌水、农药与生产调节剂施用等农艺措施通过影响和调控土壤肥力与作物生长特点，进而影响作物与其他生物的共生、共生体发育和功能。

（一）土壤耕作

耕作最直接的作用是改变土壤的结构，在农业生态系统中，土壤结构的改变可在一定程度上影响土壤中 AM 真菌的数量和分布。2011 年 Schnoor 等在一处半人工草地生态系统中的研究发现，对土壤进行机械翻耕强烈影响了该生境中 AM 真菌的群落结构，并显著降低了 AM 真菌的物种多样性。与免耕相比，耕作使得表土大空隙数量增加、容重减小、土壤团聚体减少、土壤穿透阻力降低、0~15cm 地表土壤持水性减弱、地表土壤春季温度提高、土壤中细根的生长降低。2007 年 Garcia 等发现适当耕作会增加植物根部磷含量，但频繁耕作会降低表土磷含量和植物对磷的摄取利用。从 AM 真菌的恢复指标来看，耕作对 AM 真菌的影响会持续到第 2 年。

对不同耕作土壤中脂肪酸的含量进行测定分析，发现耕作会削弱真菌菌丝体通过细胞壁吸收土壤中脂肪酸这一途径。另外，耕作也降低了碳矿化速率、微生物生物量，以及蚯蚓和弹尾目昆虫的数量。田间耕作和室内土壤扰动均降低 AM 真菌对寄主植物的侵染率和土壤中 AM 真菌菌丝长度，减少 AM 真菌生物量，改变土壤中 AM 真菌孢子的数量及其组成，减少 AM 真菌的多样性。其可能的原因为土壤扰动破坏了土壤中 AM 真菌的菌丝网（Isabel et al., 2012）。AM 真菌对土壤扰动的抗性存在差异，因而改变了 AM 真菌在土壤中的组成和孢子数量，降低 AM 真菌侵染率，使植物对磷的吸收减少、生物量下降。但耕作对不同的 AM 真菌的影响也不尽相同，如土壤扰动降低了玫瑰红巨孢囊霉 *Gigaspora rosea* 的侵染，而提高了木薯球囊霉 *Glomus manihotis* 对卵叶山蚂蝗 *Desmodium avalifolium* 的侵染。耕作等土壤扰动对一些作物 AM 真菌的侵染率和土壤中孢子数量等未造成影响。因此，在具体的农业生态系统中发掘出抗土壤扰动能力强和对作物生产有益的 AM 真菌显得极为重要。

免耕与耕作对 AM 真菌的功能有不同的影响。免耕条件下 AM 真菌更多地促进了作物的生长。1999 年 McGonigle 等研究发现，与传统耕作相比，免耕提高了玉米 *Zea mays* 和小麦 *Triticum aestivum* 等作物 AM 真菌侵染率和磷的利用效率。免耕 3 年农田土壤中的球囊霉素含量比传统耕作高 1.5 倍。这可能是因为免耕土壤中的 AM 真菌数量和活性均高于传统耕作土壤。采用杀菌剂消除土壤中的 AM 真菌，降低了土壤的水稳性团聚体，表明 AM 真菌在免耕条件下对土壤结构具有重要影响。同时，免耕提高了土壤中菌丝密度和作物侵染率。免耕条件下 AM 真菌促进作物的生长和对磷的吸收，这种正效应并非一成不变，且与侵染率无相关性。例如，免耕虽然提高了 AM 真菌的侵染率，有时却降低了作物的产量。目前，对于 AM 真菌在免耕条件下促进作物生长的作用机制仍不清楚，一种解释为免耕条件下，因改善了土壤理化性质，提高了 AM 真菌活性，从而促进了作物的生长。

秸秆覆盖是指利用农作物的茎秆和落叶等进行的土壤表面覆盖，被广泛用于保护性耕作，如免耕和少耕。秸秆覆盖能有效改善土壤的温度、湿度，通过自身降解，增加土壤中氮、磷、钾等元素的含量。秸秆覆盖加免耕可以提高土壤有机质、全氮和全磷含量；显著增加碱解氮、有效磷含量，以及磷酸酶和蔗糖酶活性；减少水分蒸发、改善土壤水分状况。秸秆覆盖与免耕表土构成了复合的、模拟天然生态系统的分解亚系统，可以以生物态固结和释放养分，促使物质和能量在免耕农田表层聚集，提高养分再循环能力和能量利用率。秸秆覆盖同样可以改变土壤微生物的活动，调节碳、氮比例，特别是对夏播大豆根瘤的固氮活性有很好的促进作用；同时也可对土壤理化性质、营养元素含量造成一定的影响，进而影响 AM 真菌的活动。秸秆覆盖可增加或降低 AM 真菌侵染率，同时可以改善土壤结构。

（二）肥水管理

农业技术措施显著影响植物与植物之间的共生。施肥种类特别是肥料中的主要营养元素对间作共生系统中不同栽培作物能产生不同的影响。施氮肥过多抑制豆科植物根瘤固氮，因此，少量施氮有利于玉米／大豆间作共生系统中作物持续增产及维持土壤肥力（雍太文，2015）。

施肥对表层土的微生物活性影响较大，尤其是在距地表 5~20cm 土壤深度。施肥可显著提高土壤微生物量碳、氮的含量，主要原因是施肥可以增加生物产量、改善土壤环境，有利于土壤有机质降解和微生物量碳的增加。施肥能促进植物的生长，特别是有利于植物根系的生长，可能影响根系分泌物的产生，从而对土壤中微生物的生长产生影响。合理施肥使得植物的根系比不施肥时更加发达和深入土壤，深入土壤深处的植物的根系，其重量也比不施肥的大。植物根系能分泌丰富的对细菌生长有益的物质，如维生素、酶、植物生长调节剂及氨基酸等，这些物质对细菌的种类、数量和分布都会产生影响。因此，当植物的根系更为发达时，它们可能就会产生更多种类和质量的根系分泌物，这些根系分泌物促进了土壤细菌的生长，尤其是土壤中的细菌。总之，合理的水肥管理可改变细菌的群落结构，增加土壤各层细菌的活性，从而对植物与细菌共生体起到正向促进作用。

化肥的施用降低了土壤中放线菌和假单胞杆菌的数量，生物有机肥的应用又会使两者数量得到一定程度的恢复（陶磊等，2014）。van Diepen 等（2011）在一处硬木森林中开展的研究表明，长期（＞12 年）施用外源氮能够强烈影响该生境中 AM 真菌的群落结构，并显著降低寄主植物根内 AM 真菌的物种多样性。Zarei 等（2010）的研究表明，土壤理化因子是影响寄主植物根内及根围 AM 真菌的群落结构和多样性的重要影响因素。因此，土壤性状对根围 AM 真菌孢子群落和根内 AM 真菌种类的多样性水平均具有重要的影响。

施氮和磷肥显著影响 AM 真菌。氮肥会降低 AM 真菌孢子密度，改变 AM 真菌群落组成，高氮会降低 AM 真菌的物种丰富度。可见，AM 真菌的生长和发育与氮肥水平及农业生态系统的管理也有重要关系。磷肥的施用也会降低孢子密度，但对 AM 真菌群落无影响。磷肥施用越少，作物产量越高。连续施用氮、钾肥 90 年且缺磷肥的土地较施氮、磷和钾肥的土地，土壤 AM 真菌的多样性显著提高；对一块缺磷土地，单施磷肥相较施同等量的氮、磷和钾肥会降低 AM 真菌的多样性，单施磷肥对 AM 真菌的影响在 90 年里基本无明显变化。如果长期施用氮和磷肥，AM 真菌的孢子数减少，侵染率降低，从而影响 AM 真菌的丰富度与均匀性。试验证实了大量的氮和磷肥施用会降低 AM 真菌的侵染率。化肥的使用还会改变土壤中 AM 真菌的种类，显著增加根内根孢囊霉数量。大气中的氮沉降也会对 AM 真菌产生一定的影响。这是因为氮沉降后也会转化为同施氮肥一样的化合物形式被作物吸收。化肥的使用不是只会对作物产生负面影响。氮、磷和钾肥的使用会补偿由于作物与菌根共生对作物产生的不良影响，并提高作物的抗病虫害能力。

1989 年 Harinikumar 和 Bagyaraj 通过大田试验，研究了轮作、施用化肥与农家肥对 AM 真菌的影响。大田试验的前两年，施用化肥 185~260kg N/hm²、55~66kg P/hm² 和 52~73kg K/hm² 降低 AM 真菌的数量，而施用有机肥则提高 AM 真菌的数量；第 3 年开始种植向日葵，在施肥量不变的条件下 AM 真菌的数量会大幅度减少。施用 50% 化肥和 70% 农家肥不显著影响 AM 真菌。由此可以推断，农家肥中的有机物对土壤结构和含水量等产生影响。使用化肥时由于化肥的供给保证了充足的营养元素，因此，无须 AM 真菌对植物提供额外营养，使得寄主植物对 AM 真菌的依赖性减小，而 AM 真菌数量下降。

土壤矿质营养元素也是影响豆科植物与根瘤菌共生固氮的重要因素之一。土壤中矿质营养元素存在的形态、含量和配比的不同均会影响植株的生长、耐性、根瘤数、瘤干质量及固氮酶活性等。土壤中氮素对共生体系的固氮效率影响较大，高浓度的氮素对固氮抑制作用很明显，其抑制程度同施用时间和施肥量呈正相关，但是低浓度氮能促进植物生长和提高单株植物结瘤数。植物结瘤和保持固氮酶活性要比正常生长需要更多的磷。因此，高浓度的有效磷对根瘤菌在豆科植物根围的存活、繁殖、入侵结瘤，以及对根瘤菌的固氮活性都有促进作用。钾是维持植物正常生长所必需的元素，对豆科植物的结瘤和保持固氮酶活性也有重要作用，它参预调节寄主细胞膜渗透等一系列同化过程，能促进植物生长，提高光合效率，保证植物的结瘤和固氮酶活性。另外，一些微量元素的施用对共生固氮也有一定影响。例如，钼元素是植物生长发育必需的微量元素，也是根瘤中固氮酶的重要组分；钴元素是土壤生态系统的重要组成部分，在有机质分解、养分循环和植物养分利用过程中发挥着关键作用。

土壤氮肥含量的多少是影响根瘤菌接种效果的重要因素，较高水平的氮素含量抑制结瘤，降低了紫花苜蓿与根瘤菌共生体的固氮效率。土壤中氮素处于较低水平时，接种根瘤菌效果才能发挥出来。钾肥可增加根瘤数量、根瘤重量、固氮速率及光合速率。研究表明，钾肥通过增加豆科作物可利用的光合物质来增加固氮量，在其他豆科作物上的研究结果表明，钾肥通过转运光合产物到根系和根瘤中来增加固氮量和根瘤数量。在美国 Arlington 试验农场的研究表明，当施 K_2SO_4 448kg/hm^2 时，全部干物质量、根瘤数量及固氮酶活性分别比对照高 11%、221% 和 362%。

1998 年 Helgason 等认为，人为干扰程度大的农田中 AM 真菌的物种多样性水平通常较低。Lin 等（2012）利用 454 焦磷酸测序技术测定了华北地区长期（> 20 年）采用不同施肥方式的农田中 AM 真菌的多样性及群落结构，发现长期施肥处理（尤其是施用磷肥和氮肥）明显降低了农田生境中的 AM 真菌多样性水平。在施有机肥前期，大量喜富营养型微生物生长，但种类较少、结构较为单一、土壤微生物群落多样性较低，随施肥作用时间的延长，土壤中各种可利用养分含量逐渐减少，喜富营养型微生物被大量生长的贫营养微生物及土著微生物取代，使得土壤微生物多样性有所增加并朝稳定方向发展；另外，施肥能够促进草地植被的生长，改善土壤养分贫瘠状况，从而造成土壤微生物群落发生变化。然而，不同施肥量、施肥方式、肥料类型、施肥时间、草地初始养分等均会对土壤微生物多样性产生明显的影响。施氮肥可显著促进新疆荒漠草原土壤中真菌、放线菌和细菌的数量及种类增加，进而增加土壤微生物群落多样性；长期施用化肥配施有机肥可以促进亚热带稻田土壤有机氮素的矿化作用，增大氮的矿化量和矿化速率，对土壤有机碳、土壤微生物量和活性以及群落多样性均有明显促进作用。受人类扰动、环境变迁等影响，全球升温已成为事实，中国目前已成为全球第三大氮沉降区，氮沉降的持续增加严重影响了草地植被 - 土壤系统的结构与功能。

（三）种植制度

在蟹稻共生生态系统中，改变水稻栽插密度显著影响水稻的生长性状和产量指标，单穴单株可以增加水稻母株分蘖数，提高生物产量积累效率，改善水稻和河蟹的生存空间，可充分发挥水稻生长性状优势，提高水稻产量，从而实现稻蟹共生生态系统的增产增效。玉米 / 大豆带状套作中，大豆过早和过晚播种均降低大豆产量。该试验表明，随着播期的推迟，产量呈现降低的趋势，5 月 20 日、5 月 27 日播期产量显著高于其他播期。而 2007 年闫艳红等通过试验发现，套作大豆以 6 月 7 日和 6 月 14 日播种产量较高，5 月 24 日和 5 月 31 日播种产量显著降低；2006 年杨继芝等的试验结果表明，'贡选 1 号'以中晚播（6 月 22 日）产量为最高，较早播（5 月 25 日）增产 9%，比晚播（7 月 6 日）增产 28%。这些不一致的研究结果可能与间套作大豆的行数、积温和光照等有关。

轮作系统中如果前茬作物为菌根作物，则保证了后茬作物 AM 真菌的初侵染源。不同作物会对土壤中 AM 真菌的组成和数量有不同的影响。因此，如果轮作作物为非菌根植物，则土壤中 AM 真菌的孢子数量急剧下降，甚至会导致一些 AM 真菌种类消失；若连续种植同一种菌根植物，AM 真菌种群组成则相对稳定；如果轮作作物为不同菌根作物，则 AM 真菌种群组成和数量发生改变。种植玉米的前茬作物分别为扁豆 *Lablab purpures* 和小麦时，其 AM 真菌侵染率的差别不明显。但前茬作物为扁豆时，玉米植株会长得更好。一方面，可能是土壤中固有的 AM 真菌的侵染潜力和发挥效力不同，使得植株对磷的吸收不一致；另一方面，可能是扁豆为豆科植物，具固氮功能，从而使后茬作物长势不同。

一些主要作物的轮作对 AM 真菌侵染率有影响。与连续种植谷类作物相比较，采用豆科作物进行轮作，能显著增加 AM 真菌侵染率。单一连续种植大豆的条件下，土壤中球状巨孢囊霉 *Gigaspora margarita* 的数量会增加。若将大豆、玉米与糜子 *Panicum miliaceum* 进行轮作后，土壤中主要存在极大巨孢囊霉 *Gigaspora gigantea*，且球囊霉属的其他种对同一作物会产生不同的影响，这与 AM 真菌对作物专化性选择有关。

种植一些对 AM 真菌具有显著正效应的豆科作物，如大豆、三叶草和苜蓿等，再种植其他非豆科植物，可使 AM 真菌发挥最大功效。但将芸薹属 *Brassica* 植物与草地作物进行轮作，则不能使 AM 真菌发挥最大功效。对于芸薹属作物、非 AM 真菌作物及对 AM 真菌不敏感的作物，若将其选作轮作植物，为使 AM 真菌发挥较大作用，应放在轮作后期，也利于有机物积累。对于非 AM 真菌作物而言，其会大幅度降低土壤中 AM 真菌的数量，若在轮作顺序上将其置前，此后又种植对 AM 真菌依赖性较大的作物，会不利于后茬作物生长。

间作大豆改变了甘蔗根围土壤细菌及固氮细菌原来的群落组成结构，尤其对固氮菌群落组成的改变更大，但对群落物种的优势度影响较小。甘蔗 / 大豆间作显著影响甘蔗根围土壤中细菌和固氮菌的多样性，其中对固氮细菌多样性的影响较大。不同甘蔗品种的根围土壤细菌和固氮菌在间作大豆条件下表现出不同的多样性，在大豆生长盛期，间作处理的甘蔗根围土壤细菌多样性最为丰富，不同处理间的差异也最大，随后下降。总体来看，甘蔗 / 大豆间作显著地影响根围土壤细菌和固氮菌的群落结构和群落多样性，有助于对甘蔗合理间作栽培模式的认识和筛选高效甘蔗联合固氮体系。间作大豆对土壤固氮细菌多样性的影响品种间差异较大，个别细菌类群生长加快，抑制了其他种群的生长，降低了土壤微生物群落的丰富度（彭东海等，2014）。这似乎反映出间作大豆的根瘤菌可能在甘蔗生物固氮中发挥作用——间作大豆使得大豆根系周围根瘤菌富集，部分根瘤菌可能转移到甘蔗根围土壤与甘蔗产生联合固氮或其他类似于互利共生的作用。而随着大豆结实成熟和根瘤的衰老解体，更多根瘤菌可能转移至甘蔗根围土壤，进一步提高甘蔗根围土壤固氮细菌的多样性和某些固氮细菌的优势度，从而抑制了其他细菌的生长，并使总细菌的多样性下降。在大豆收获后的甘蔗伸长期，由于失去了大豆根系对根瘤菌的富集、活化及供应，甘蔗根围土壤固氮细菌多样性有所下降。间作大豆改变了甘蔗根围土壤细菌及固氮细菌原来的群落组成结构，尤其对固氮菌群落组成的影响更大，但对群落物种的优势度影响较小；可显著影响甘蔗根围土壤中细菌和固氮细菌的多样性，其中对固氮细菌多样性的影响更大，但这些影响在不同甘蔗品种之间及不同生育期之间存在差异。

此外，休闲对 AM 真菌的影响与轮作系统中无 AM 真菌侵染植物相似。休闲对 AM 真菌的影响多为负面作用。在休闲期间，因无寄主植物，AM 真菌种群数量和多样性都会急剧下降。当地表有其他杂草等植物时，对 AM 真菌种群数量和多样性保持都有积极的作用。对于休闲的土地，若重新引入当地的 AM 真菌，再进行种植，可以促进对磷肥的利用率及克服休闲带来的消极影响。休闲时间的长短对作物 AM 真菌的影响也有不同的表现，长时间休闲显著降低小麦、亚麻、玉米、向日葵和豌豆等作物

AM 真菌侵染率，但对作物生物量或产量影响较小（闫飞扬，2014）。

（四）植保措施

农药的施用通常对共生微生物产生不良影响。农药种类、剂量的不同以及 AM 真菌对农药的敏感度不同，会产生不同的影响。农药施用年限的增加，会降低 AM 真菌的孢子数、多样性指数及均匀度。大多数的杀菌剂可在一定程度上降低土壤中 AM 真菌的数量，有些甚至可以完全消除土壤中的 AM 真菌。杀真菌剂往往降低 AM 真菌的孢子数量及侵染率，而不显著影响植株生长。杀菌剂苯来特（Benlate）能抑制菌根的形成，降低 AM 真菌侵染率和孢子数量，改变 AM 真菌的群落结构、多样性及均匀度。生物防治对 AM 真菌影响的研究相对较少，已有的研究表明，生物防治因子对 AM 真菌无显著影响，如施用抗生素二乙酰基藤黄酚防治小麦根腐病时，未对 AM 真菌产生影响。

七、其他因素

除了上述各因子的直接或间接影响外，还有诸如一些人和动物类群的饮食结构与饮食习惯、研究方法与手段、环境中 CO_2 浓度、大气污染、紫外线、海雾、土壤中的重金属和有毒有机物、转基因生物和机械损伤等会对生物共生体系的发育和功能产生影响。

（一）饮食结构与饮食习惯

肠道微生物帮助人类适应不同的生活环境，反之，人类不同的生活方式也对肠道微生物的组成具有重大的影响。格罗宁根大学医学中心的研究人员通过收集 1100 多名志愿者的粪便样品，对样品的微生物组分析结果与参入者的饮食、药物使用及机体健康进行相关性分析，表明饮食及药物摄入对肠道菌群组成具有显著影响。例如，经常摄入酸奶或脱脂乳的人群其内肠道细菌多样性较高，咖啡及葡萄酒的摄入也会增加肠道菌群多样性；而高热量的食物摄入会降低肠道菌群的多样性。坦桑尼亚的哈扎人还保留着古老的狩猎采集行为，德国 Max Planck 进化人类学研究所首次分析了哈扎人的肠道微生物组，结果表明，哈扎人具有独特的不同于其他任何人群的肠道微生物组成，密螺旋体 *Treponema* sp. 的水平较高而双歧杆菌 *Bifidobacterium* sp. 的水平较低，这与西方人群肠道微生物组成完全不同，在健康人的肠道中，高水平的密螺旋体是疾病的征兆，而双歧杆菌则对健康有益（Schnorr et al.，2014）。然而，在哈扎人群中，由肠道菌群失衡而引起的自身免疫性疾病极为少见，哈扎人肠道菌群的分析结果证明人体肠道微生物组成能够帮助人类最大限度地适应生存环境（Turroni et al.，2016）。

Carmody 等（2015）以 5 种不同的近交系小鼠和超过 200 只远交系小鼠作为模型，研究了小鼠的肠道微生物组成与遗传因素及饮食结构的相关性。结果表明，相比宿主基因型，饮食结构对个体肠道菌群的改变更为重要。在给近交系小鼠喂食高脂及高糖饮食后，小鼠的肠道菌群分化为两个明显不同的群落。小鼠在受到饮食刺激后，肠道菌群改变也因宿主基因型不同和肠道菌群背景不同而存在差异。饮食对肠道菌群的影响甚至可能掩盖了因基因型不同而导致的背景差异。而远交系小鼠的肠道菌群对高脂和高糖饮食的刺激呈现更加快速而持久的应答。总的来说，肠道菌群的变化对饮食的应答呈现明显的剂量依赖关系，饮食的微妙变化会引起肠道菌群结构的改变。Falony 等（2016）通过分析比利时佛兰德人肠道菌群项目数据库（FGFP；discovery cohort；N=1106）、荷兰生命线深度研究数据库（LLDeep；N=1135）及全球其他数据库，获得了 3948 个人的肠道微生物组数据。通过调查问卷，研究人员最终鉴别出影响人体肠道微生物组成的 69 种不同因子。人们的饮食偏好，如水果、肉类、谷物、豆制品和酸奶等摄入与肠道微生物组成密切相关。

饮食结构会影响肠道菌群，然而，这种影响如何影响肠道菌群结构，从而影响宿主本身？已有的研究结果表明，肠道菌群能够产生一系列影响宿主生理和疾病易感性的代谢产物，作用于组蛋白，介导与宿主间的交流。这些互作不仅影响结肠中的基因转录，还会影响人体其他组织。

将无菌小鼠与携带正常肠道微生物的小鼠比较后表明，肠道微生物会改变宿主特定组织的表观基因组。将小鼠分为两组，一组喂食富含碳水化合物及纤维的普通饮食，另一组喂食富含脂肪和单糖的西式饮食，结果表明，两组小鼠的肠道微生物结构非常不同，组蛋白乙酰化和甲基化水平也具有较大差异。西式饮食组的小鼠不能产生短链脂肪酸乙酸盐、丙酸盐和丁酸盐等代谢物，而这些代谢物对驱动表观遗传效应非常重要，通常由降解纤维的微生物发酵产生。为了进一步揭示代谢物如何驱动表观遗传变化，研究人员为无菌小鼠喂食三种短链脂肪酸，结果表明，添加短链脂肪酸后，小鼠组织中的表观遗传特征与健康饮食情况下携带正常微生物的小鼠类似。这些结果，为研究食物对人体健康的影响机制提供了线索，人体的肠道微生物菌群也会生成某些短链脂肪酸；产生丁酸盐的细菌在糖尿病患者和心血管疾病患者身上含量比较少，丁酸盐也被认为具有抗炎作用（Krautkramer et al.，2016）。

（二）研究方法与手段

在动物与微生物共生、植物与真菌共生、植物与细菌共生等生物共生体系研究过程中，所涉及的真菌和细菌的分离时间、消毒程序、培养基、培养条件、接种方法、接种时间、接种数量、接种部位和接种物形式等均会影响分离或接种等研究结果。植物共生细菌的分离过程中，表面消毒时间的长短及培养基的选择等都会影响所分离的共生细菌的种类和数量。*Umbilicaria muehlenbergii* 是第一个被发现具有真菌二型性的地衣共生真菌，其在天然共生状态下呈现菌丝型，而在分离培养状态下呈现酵母型。在几百皿固体平面培养的酵母型菌体中偶然发现了一个酵母菌落转化成为菌丝型。将酵母型菌体在不同条件下培养 40d，并观察其生长状态，发现温度对菌体生长速率影响显著，酵母型菌体在 15℃下生长迅速，25℃下几乎不生长。高低温交替变换对菌体由酵母型向菌丝型转变起重要激发作用：在 15℃、25℃每 12h 交替变换培养 40d，所有酵母型菌体均出现向菌丝型转化现象，而在恒定温度下培养则基本不出现转化。在此高低温交替变换条件下，强光照及小剂量紫外线照射能够显著增加菌丝体的生长速率（罗姬等，2012）。此外，将酵母型菌体与其共生藻共培养也可影响菌体的生长速率并诱导酵母型向菌丝型转化。这些结果表明，*U. muehlenbergii* 共生真菌由分离培养状态下的酵母型向菌丝型转变是一些因素诱导下的必然现象。引起这种转变的其他诱导因素及其细胞和分子水平机制还有待进一步研究。本试验结果将对研究真菌的地衣化及进一步解开地衣的共生机制难题提供新的研究方向及思路。

（三）大气状况

大气 CO_2 浓度升高等对 AM 真菌多样性的影响受到关注。一定范围内 CO_2 浓度的升高能够促进寄主植物的光合作用，增加碳水化合物向地下部的供应，进而提高根围 AM 真菌的侵染强度和物种多样性（Zavalloni et al.，2012）。大气 CO_2 浓度升高会提高植物的光合作用，植物同化物升高，植物根系变的发达，植物根系分泌活动也随之增强，植物促生细菌种群组成和功能也会发生变化。高浓度的 CO_2 使土壤中新出现黄杆菌 *Flavobacterium denitrificans*、红杆菌 *Haematobacte* sp.、热孢菌 *Ferrithrix* sp.、地杆菌 *Pedobacter* sp.、疣微菌 *Verrucomicrobia* sp.。细菌受高浓度 CO_2 影响数量增加，β - 变形菌 *Betaproteobacteri* 的生长受到抑制、丰度降低，CO_2 浓度达到 196 430mg/m³ 时陶厄氏菌 *Thauera aminoaromatica*、硝化螺菌 *Nitrospira* sp. 消亡。CO_2 浓度的升高有利于固氮效率的增强，促进寄主植物的生长，但固氮植物对 CO_2 浓度升高的有利响应要着眼于较长的时间尺度上。

（四）重金属与有毒有机物

土壤中镉、砷、汞、铜、铅和铬等重金属污染导致植物、共生真菌和共生细菌的生物膜破损、酶活性降低、生理代谢紊乱和遗传突变。低浓度重金属可增强土壤细菌的代谢，促进了其的生长和繁殖。土壤中高浓度的重金属能引起根瘤菌和豆科植物共生固氮质粒丢失，同时会影响植物根系发育和营养元素的吸收。

近年来，对来源于重金属污染区域的 AM 真菌的功能和特征开展了深入研究。重金属废弃地通常会受到多种重金属的复合污染，同时还伴有干旱、营养贫瘠、土壤微生物量和多样性低等多种不利于植物生存的复杂因素。因此，与其他单因子胁迫相比，重金属对植物定植和生长的影响更大。AM 真菌对重金属胁迫的适应能力有明显差异，不同污染水平下 AM 真菌的侵染率、孢子密度、群落结构和多样性均有所不同。不同来源的 AM 真菌在缓解砷对植物根部生长的抑制作用方面表现出明显差异。不接种 AM 真菌时，长叶车前 *Plantago lanceolata* 侧根变短、肿胀、发黑、变硬现象明显，而接种来自非污染环境的根内根孢囊霉对上述抑制作用有轻度改善，接种分离自盐碱、锌、铅和砷污染下的 3 种 AM 真菌则表现出更强的缓解作用。国内关于这方面的研究也很多，杨秀梅等发现分离自铜尾矿的根内根孢囊霉与普通土壤中的根内根孢囊霉相比，更有利于植物的生长和对铜的吸收。但是，AM 真菌对胁迫环境的耐性和功能优势在消除环境的选择压力后会很快丧失。高碱生境中的地球囊霉 *G. geosporum* 在沸石中培养 14 个月后，其序列多样性发生了显著变化，侵染率、孢子产量和外生菌丝长度均显著下降，对寄主磷的摄取和生长的促进作用明显减弱，这也表明 AM 真菌具有快速适应新环境的能力。

（五）转基因植物

近年来，转 *Bt* 基因棉对土壤微生物生长、群落结构及生理生态功能的影响备受关注。王凤玲等（2017）于盆栽条件下比较了 *Bt* 棉 '中 41' 和 '晋 44' 与常规棉 '中

23'和'冀 492'叶片腐熟物对 AM 真菌异形根孢囊霉 *Rhizophagus irregularis* 在紫云英 *Astragalus sinicus* 根系定殖及其部分生理功能的影响。他们观测到，与常规棉处理相比，*Bt* 棉叶片腐熟物显著抑制了 AM 真菌在紫云英根系定殖，根段侵染率、侵染强度及丛枝丰度下降；*Bt* 棉叶片腐熟物抑制了 AM 真菌琥珀酸脱氢酶和碱性磷酸酶活性；菌丝中多聚磷酸盐相对含量、紫云英地上地下部分磷吸收量显著降低。可见，*Bt* 棉叶片腐熟物抑制了 AM 真菌在植物根系的定殖，降低了 AM 真菌的共生效应，这可能影响到 AM 真菌的生态功能。值得注意的是，转基因植物也会影响共生细菌。非转基因根围土壤细菌数量大于转几丁质酶和葡聚糖酶双价抗真菌基因抗病水稻'七转 39'根围土壤中的细菌数量，秸秆降解时非转基因水稻细菌数量比转基因水稻显著增加。

综上所述，生态因子对生物共生体系构建、共生体发育和功能发挥的影响是十分复杂及多样的。而且，目前所开展的研究大多局限在单一因素或部分双因素的影响，而事实上，自然条件下是多因素与共生生物进行长期的互作。另外，对于亚细胞的生态和地理景观尺度的宏观生态研究甚少，这是其一。其二，针对农、林、牧业生产中的生物共生特别是其应用研究，涉及自然环境不同、地域差别、植物种类多样、栽培条件差异大和各地的微生物群落组成不同，这些因素的复合影响仅靠盆栽试验是难以解决的。因此，在生物共生技术大范围应用之前，其生态学研究是十分必要的。当前和今后要加强与应用基础相关的生态学试验，为生物共生技术的应用创造良好的条件。

第九章　生物共生学技术的应用与发展

生物共生学尽管是一门新兴的交叉学科，但基于生物共生理论与方法发展起来的生物共生学技术已有较大的发展和应用。生物共生学技术不仅在生物学领域、农林牧渔业和医学领域得到广泛应用，而且在人文社科领域、工业、商业和服务行业等均得到不同程度的应用和发展。本章简要介绍生物共生学技术的基本概念、常见类型、基本特点、应用效果、应用途径与发展前景。

第一节　生物共生学技术的类型

生物共生学技术属于生物技术的范畴，即通过操控生物活体达到人类各种需求的一类技术，通常对人和环境具有安全性的特点。生物共生学技术的内涵与生物技术是一样的，所涉及的具体技术类型依据不同的评价体系可能具有多种多样的类型。生物共生学技术的发展是建立在自然界生物之间天然的共生现象、生物共生理论、多学科交叉技术与方法的基础之上的。因此，生物共生学技术既具有独特性，又具备交叉渗透的组合性。

依据所操控的生物种类不同，大体可将生物共生学技术划分为动物与动物的共生技术、动物与植物的共生技术、动物与微生物的共生技术、植物与植物的共生技术、植物与真菌的共生技术、植物与细菌的共生技术、真菌与细菌的共生技术，以及生物复合共生技术等。

一、动物与动物的共生技术

动物与动物的共生技术可在人类和动物繁殖、医药，以及农、林、牧、渔等行业中广泛应用。不同动物胚胎细胞的共培养技术的建立和发展是生物共生技术的一个重要标志。"维洛"细胞系（非洲绿猴肾异倍体细胞，Vero 细胞）曾经被广泛应用于人类辅助生殖技术（assisted reproductive technology，ART），并且大部分关于人类囊胚的知识都是通过使用 Vero 细胞的共培养技术获得的。20 世纪 70 年代，动物胚胎移植在发生母体向合子转化（MZT）循环的周期中，面临着体外胚胎发育阻滞问题，而发育早期的移植导致胚胎经常被宿主从阴道中排出。因此，在动物的体外胚胎移植中获得囊胚是必需的。人类胚胎移植技术中用经典培养基获得囊胚屡次失败，而利用细胞共培养技术获得了成功。尽管 Vero 细胞在人类 ART 的作用已经被自体子宫细胞系统取代，但 Vero 细胞共培养系统对获得珍稀动物的胚胎仍具有重要的作用（Ménézo et al.，2012）。Vero 细胞及大鼠肝脏细胞（buffalo rat liver，BRL）仍用于牛胚胎的生产。

在水产养殖生产过程中，采用所建立的不同水生动物混养共生模式已取得了很好的经济、生态和社会效益。试验表明，在草鱼＋鲫＋鲢＋鳙混养系统中适度配养三角帆蚌 *Hyriopsis cumingii* 可提高养殖的经济效益，同时有助于降低养殖系统内氮、磷和有机废物的积累（唐金玉等，2014）。刘其根等（2014）报道了罗氏沼虾与三角帆蚌、鲢与鳙混养优化模式，表明混养组能显著提高罗氏沼虾养殖的经济效益和生态效益。赵素芬和孙会强（2017）在广东海洋大学东海岛海洋生物研究基地模拟研究了杂色鲍 *Hallotis diversicolor* 与灰叶马尾藻 *Sargassum cinereum*、细基江蓠繁枝变种 *Gracilaria tenuistipitata* var. *liui* 生态混合养殖的效果。鲍鱼与这两种大型海藻混合共生养殖可明显提高鲍鱼的成活率，降低养殖水体中氮、磷盐含量，从而改善鲍鱼养殖环境。单种养殖的鲍鱼病死率是混合养殖病死率的 1.9 倍；低密度混合共生养殖时鲍鱼生长率较高；鲍鱼混合养殖水体中的氮盐、磷盐含量均明显低于单种养殖的，细基江蓠繁枝变种比灰叶马尾藻具有更强的吸收氮盐与磷盐能力。

二、动物与植物的共生技术

利用动物与植物共生的原理和效应，可以开发相应的共生技术。例如，适用于农业生产中的稻田养鸭／螃蟹／鱼／鸡等、种植作物与养殖动物的种养共生技术、设施栽培与养蜂技术和都市现代农业中的鱼菜共生系统等（图 9-1）。果园和菜园利用蜜蜂授粉制种能节约大量成本，解决劳动力缺乏、人工效率低等问题，同时能提高种子的产量与质量。通过在设施番茄上应用熊蜂授粉技术是一项低成本、高效率、无污染的现代化高新农业技术措施。采用熊蜂授粉，避免了激素和农药的使用，是生产安全、高效农产品的良好的配套技术，符合绿色、安全、有机农产品的发展要求，对促进绿色、安全农产品的生产具有十分重要的意义。

图 9-1　都市现代农业：实验中的鱼菜共生系统（引自上海交通大学网站）

三、植物与植物的共生技术

基于植物与植物共生的生理生态效应，农业上广泛采用的不同作物套作、间作和轮作技术已十分成熟，增产增效提高品质作用显著已具有上百年的历史（图 9-2）。例如，北方小麦田套种玉米，玉米与大豆间作，茶树与大豆间作，小麦与大蒜间作，花生与甘薯间作，花生与玉米间作，花生与生姜轮作，果树与牧草间作，多年生木本果树与一年生草本作物间作等等。

图 9-2　枣树与棉花间作共生（引自 www. shennong net. cn）

四、植物与真菌的共生技术

植物与真菌的共生主要包括植物与菌根真菌、植物与 DSE、植物与印度梨形孢、植物与木霉菌、植物与绿僵菌等之间构建的共生体。所研发的对植物接种共生真菌的技术中，以林木接种 ECM 真菌技术最为成熟，已大量应用于绿化造林生产中等，以提高造林成活率和促进树木生长。其他共生真菌的应用技术也正在研发和应用之中。

五、植物与细菌的共生技术

豆科植物接种共生固氮细菌的技术已应用了数十年，在增加作物产量、改善品质和提高土壤肥力等方面发挥了一定作用。接种根瘤菌能显著提高大豆植株高度、大豆籽粒产量及其蛋白质含量。其他作物接种放线菌、PGPR 或复合微生物菌剂技术也日渐成熟并得到广泛应用。例如，中国研发的枯草芽孢杆菌制品已广泛应用于各种植物生产中。

六、真菌与细菌的共生技术

菌根真菌与菌根助手细菌、菌根真菌与共生固氮细菌、菌根真菌与 PGPR 双接种技术在改善植物营养、促进植物生长、提高抗病性、抗盐性、抗旱性、分解有毒有机物、修复退化与污染环境、提高环境与食品安全性等方面发挥协同作用。AM 真菌摩西斗管囊霉和根瘤菌双接种处理对有机磷的吸收具有协同促进作用。利用 AM 真菌与大豆根瘤菌联合作为绿色环保肥料，能够有效改善根围土壤环境，减轻土壤的退化程度，在弃耕状态下也能发挥良好的效用，对土地贫瘠的开采沉陷地进行生态修复具有重大意义。双接种 AM 真菌和根瘤细菌可增强紫花苜蓿分解土壤中的多氯联苯和修复污染土壤的作用。

第二节　生物共生学技术的应用领域

一、人与动物医学领域

自 1928 年弗莱明发现了青霉素以来，人类开启了利用微生物的新纪元。21 世纪，随着二代测序技术及三代测序技术的技术革命，微生物产业蓬勃发展；2016 年 5 月，美国白宫宣布启动"国家微生物组计划"（National Microbiome Initiative, NMI），旨在推动微生物科学的发展，使个体、特定人群乃至全人类在卫生保健、食品生产和环境恢复等领域受益。肠道微生物组深刻影响了疾病的治疗和临床研究，被认为与人体体重、糖尿病、免疫系统、肠道疾病、代谢疾病、炎症、心脏病、大脑神经系统等多种疾病相关联，而微生物组科技的发展必将引发新一轮产业变革。

（一）医药开发

艰难梭菌 *Clostridium difficile* 是人体肠道中的正常菌群，但是对于头孢菌素、红霉素及四环素等抗生素具有耐药性。临床上长期使用抗生素会引发肠道菌群失调，导致艰难梭菌在肠道内大量繁殖而致病。在美国等国家，艰难梭菌感染是抗生素相关性腹泻最常见的病因，也是肠胃炎相关性死亡的主要原因。由于艰难梭菌对抗生素的抗药性，临床上尚无针对艰难梭菌感染的特效药。粪便微生物菌群移植（fecal microbiota transplantation，FMT）是目前治疗慢性艰难梭菌复发性感染的有效方法。FMT 是将健康志愿者的粪便收集，制成胶囊，引入艰难梭菌感染者的肠道中，来重建肠道菌群。FMT 目前已得到了广泛的应用，位于马萨诸塞州的 OpenBiome 作为美国首家独立的粪便银行 (图 9-3)，致力于收集、检测健康人群粪便，已经成为多家医院的粪便样本提供者。

图 9-3　OpenBiome公司的粪便银行（http://www.openbiome.org/）

肠道微生物组对癌症免疫疗法的效果具有显著的影响，而微生物药物也逐渐应用于免疫相关的疾病领域。脆弱拟杆菌 *Bacteroides fragilis*、双歧杆菌 *Bifidobacterium* spp. 对抗癌药物的效果至关重要。Evelo 等公司利用单克隆微生物菌株，通过肠道作用来调节免疫系统，用于肿瘤等疾病的治疗。许多微生物治疗公司的产品已进入临床阶段。

研究表明，植物共生真菌的代谢产物具有抗肿瘤、抗菌和抗病毒等作用。2002 年 Degenkolb 等从欧洲红豆杉中分离到的共生真菌枝顶孢 *Acremxonium* sp. 能产生一系列抗真菌、抗癌的肽类活性物质，其中白灰制菌素（leucinostatin）能很好地抑制人类的一些肿瘤细胞。同年，Castillo 等从黑珊瑚豌豆 *Kennedia nigriscans* 分离的一株共生链霉菌能够产生一类活性多肽 munumbicins，这类多肽不仅具有广谱的抗菌活性，而且对有耐药性的病原菌、寄生虫有很好的抑制作用。从卫矛科著名药用植物雷公藤中分离到的共生真菌 *Cryptosporiopsis* sp. 能产生一种新型环肽抗生素 cryptocandin，对癣菌及白色念珠菌等人类病原真菌具有强烈抑杀作用，其最低致死浓度与临床应用的抗真菌药两性霉素 B（amphotericin B）相当（Zilla et al., 2013），具良好开发前景。

（二）防病、治病与保健

益生菌（probiotics）的概念来源于希腊语，意思是"对生命有益"。早在远古时代，人类的日常饮食中就已经含有乳酸发酵类的食品了。20 世纪初诺贝尔生理学或医学奖获得者、俄国的免疫学大师——梅契尼可夫（Metchnikoff，1845—1916）的"长寿学说"指出，巴尔干半岛保加利亚地区居民长寿的重要原因之一是，他们日常生活中饮用的酸奶中含有大量的乳酸菌，其能够定殖在人体内，有效地抑制有害细菌的生长，减少由于肠内有害菌产生的毒素对整个机体的毒害。鼠李糖乳酸杆菌 *Lactobacillus rhamnosus* GG（LGG）菌株是目前最多、应用最广泛的益生菌菌株，是 Valio 公司的专利菌株，每年约创造 20 亿美元的产值。LGG 能够增强人体天然的抵抗能力，通过人体的胃部，到达肠道，黏附肠道黏膜，成为人体肠道菌群的一部分；能够促进肠道中有益菌的生长和繁殖，抑制大肠中有害物质的形成，对胃肠道的新陈代谢起到积极的作用。2016 年，Chr Hansen 公司斥资 7300 万欧元，购买了 Valio 公司的 LGG 菌株，以及含有 3200 株乳制品相关益生菌菌株的菌库。

　　酸奶等发酵乳制品是益生菌最大的应用领域，酸奶中发酵的益生菌基本由乳酸菌、乳酸杆菌和双歧杆菌等不同菌株组成，乳制品领域添加益生菌产品的比例占到了 75%。同时，益生菌菌种作为食品添加剂也添加于奶粉、干酪、婴儿食品等乳制品中(图 9-4)，目前全球益生菌奶品的消费者有 4 亿~5 亿人。同时，益生菌制剂也在市场上广受欢迎，将益生菌活菌制成粉剂、片剂或胶囊，服用后起到防止胃肠疾病的作用。"妈咪爱"是由枯草杆菌二联活菌制成的益生菌类药品，用于治疗婴幼儿肠道菌群失调引起的腹泻、便秘和消化不良等。同时，法国合生元、汉臣氏、昂立优菌多等益生菌补充剂也占据了一定的市场份额。

图 9-4　LGG菌株已被添加到多种保健品、乳制品中(引自Hansen, 2015)

　　益生菌也被用于发酵蔬菜中。泡菜作为最常见的发酵蔬菜，是指用盐腌过的蔬菜上添加调味品后，在自然条件下发酵产酸。在韩国等国家，泡菜的消费量仅次于大米。泡菜随着发酵，不断产生乳酸，而有害菌被乳酸菌所抑制，同时，乳酸菌发酵产生的酸味物质使泡菜更具美味。特定的微生物，如氨氧化细菌 Nitrosomonas spp. 能够帮助皮肤清理汗液和油脂，维护皮肤的正常状态。AOBiome 等公司开发了一系列产品，将氨氧化细菌添加至化妆品中，将汗液中的刺激性成分转化为对皮肤有益的成分。

二、动物、植物和食用菌产业

人类在利用来自动物界、植物界和菌物界的真核生物进行的生产活动中均离不开生物共生技术。

（一）动物生产

20 世纪 50 年代起，动物日粮中抗生素的添加显著地促进了动物生产。然而，危害也日益显现。2006 年 1 月起，欧盟全面禁止在畜禽饲料中添加抗生素，生猪等饲养中不得添加抗生素已成为国际公认的食品安全标准。各国对出口畜禽肉类中抗生素的检验也日趋严格。

而益生菌发酵饲料技术，作为饲料中抗生素添加的替代技术，已得到广泛应用。畜禽饲料经益生菌发酵后，含有更多的活性益生菌菌体、酶类、代谢产物、维生素、活性肽、抑菌物质、免疫增强因子、促生长因子等，对维持动物肠道的菌群平衡、促进动物生长至关重要。同时，益生菌发酵饲料技术不会造成抗生素药物残留，是一种生态健康型饲料生产技术。

在畜禽饲料中，益生菌主要添加在哺乳期仔猪料、哺乳期犊牛料，以及雏鸡和种鸡的配合饲料中，通过广泛添加于育肥猪的饲料中，改善肠道微生态环境来实现生态健康养殖。同时，益生菌的开发和应用日趋广泛，在德国、荷兰、丹麦等国家已经开始普及从母猪到仔猪的益生菌连续添加：从母猪分娩前 1~2 周开始持续到断奶后仔猪的饲料中添加益生菌，使正常母猪肠内的菌群在仔猪中定殖，以改善仔猪生长发育，提高仔猪成活率。

农、林、牧、渔业生产中，经常利用动物与植物共生体系建立的生物共生技术来促进生产。稻田养鸭或养蟹技术就是稻与鸭或蟹共生发展起来的种植与养殖共作技术，即以水田为基础、栽培水稻为中心、家鸭或螃蟹野养为特点，以稻鸭或蟹共生机制来调控的复合农田生态体系。稻鸭共作技术大大地发挥了水田的生产、养殖、生态功能，开辟了水稻、水禽可持续发展的新途径。这种养殖方法，利用雏鸭旺盛的杂食性吃掉稻田里的杂草和害虫，利用鸭子不间断的活动产生中耕浑水效果，刺激水稻生长，同时鸭的粪便可作为肥料，为水稻生长创造了良好的生长环境（Yan et al., 2014）。稻蟹共生模式具有很好的生态、经济和社会效益，已经成为农民致富的主要途径之一。

（二）植物生产

以植物生产为主要目的的农业、林业和药用植物栽培等产业也是生物共生技术应用的主要途径之一。最常见的就是利用传粉昆虫为作物授粉，增加经济产量和效益的昆虫与植物共生的技术。例如，熊蜂授粉可提高温室番茄座果率和品质，畸形果率明显降低，授粉番茄的果形周正，果肉厚实，籽粒饱满，果实口感好，商品性较高，且每棚增产 1t 以上（路立等，2015）。中国特有珍稀植物瘿椒树 *Tapiscia sinensis* 是典型的雄全异株植物，两性花中含有功能性花粉，且自交亲和，但雄花花粉活力和萌发力是两性花的 10 倍以上。雄株和两性植株具有相同开花物候期，花期均为 5 月下旬至 6 月上旬，单花期为 4~5d，雄花和两性花的 5 枚花药开裂的不同步性明显延长了散粉时间。两性花雌蕊先熟，柱头可授性较长，具有适应风媒和虫媒传粉的花部特征。传粉昆虫主要为蜜蜂科 Apidae 和食蚜蝇科 Syrphidae 昆虫，访花高峰期为 8：30~10：30。两性花的雄蕊为该物种提供了繁殖保障，同时为传粉者提供了报酬（吕文等，2010）。

农业生产中利用不同植物的生育特点、相互提供的有利生境条件与互补作用，进行合理间作和套种，以控制不利因素和有害生物，改善农田生态条件。例如，玉米与大豆或花生间作、冬小麦与豌豆或黄花苜蓿间作，可充分利用土地、肥力、光能，抑制病、虫、草害发生，减轻自然灾害，实现一季多收，高产高效。蒜棉间作两熟栽培是一种高效栽培方式。近几年山东省棉花、大蒜套种面积稳定增加已成为山东省棉田高效种植的主要栽培模式。这种栽培模式因大蒜在生长过程中产生一定量的大蒜素对棉花苗期病虫害有一定的抑制作用而减轻了棉蚜危害。棉花产量和质量与单种棉基本相当，多收一季大蒜，棉田综合效益高。间作能显著提高玉米间作豌豆的产量。在 2：4 间作模式和 3：4 间作模式下的土地当量比（LER）为 1.08~1.46 和 1.07~1.55。适量施用氮肥能显著提高玉米间作豌豆的产量；在中施氮水平下，产量最高；超过中施氮水平后施氮的增产作用不明显（史中欣等，2011）。

植物多样性是农、林、牧业生产的基础，特别是粮食作物、蔬菜作物、果树作物、纤维植物、林木、药草和牧草与真菌共生形成的共生体在促进农、林、牧业生产与可持续发展方面发挥着不可替代的作用。植物与真菌共生可以显著促进植物对矿质养分的吸收利用，特别是对植物生长必需元素磷、钙、锌和铜等的吸收利用更是有非常显著的促进作用，能改善植物的矿质营养，增加作物产量，并能改善品质。板栗接种菌根真菌可显著促进其对磷、钾、氮、镁、钠、铁、锌、铜、锰、镍和硒的吸收，并能显著抑制板栗对有害重金属元素的吸收（陈双双等，2015）。这为在板栗生产中接种高效菌根真菌生产绿色、有机果品提供了重要依据，对板栗育苗的生产也具有重要实践意义。合理利用植物与真菌共生体优势来将土壤中大量存在的不溶性有机矿质进行转化使植物得以充分高效利用，促进农、林、牧业生产，将有效减少化肥使用，在生态农业生产领域极具研究价值。

接种彩色豆马勃菌剂具有经济、高效的特点，适宜在截根菌根化育苗生产中大范围推广应用。2005 年曾郁珉等通过对 2003 年和 2004 年造林苗木成活率的调查显示，菌根化苗木的成活率显著提高，最高可达 100%，较未菌根化苗木的成活率提高了 137%。同时，对苗木的苗高、地径、针叶长、地上部分鲜重及地下部分鲜重的统计显示，菌根化苗木造林后在各指标上较未菌根化苗木均有显著提高，其中，地上部及地下部提高了200% 以上，苗高也提高了 117%。地径与针叶长增加量相对较少，但也相当显著。表明用优质菌根化苗苗木进行造林，显著提高了造林成活率、林木的生长量和抗逆能力。

松科松属高大常绿乔木树种樟子松 Pinus sylvestris var. mongolica 材质良好，防风固沙作用显著，且抗寒、抗旱、耐贫瘠、适应性强、速生等特点使其成为"三北"（东北、西北、华北）地区营造用材林、防护林和城乡绿化的主要树种，在"三北"地区生态环境建设中具有重要的作用。在樟子松广泛推广种植过程中，最大的瓶颈就是干旱，由于水分条件的限制，常引起樟子松林大面积死亡、早衰或形成小老头林。开展樟子松 ECM 真菌多样性及 ECM 的人工合成和菌根抗旱机制的研究，可为樟子松大面积菌根化造林提供理论支撑及技术指导，且对干旱、半干旱生态环境建设及其社会经济发展具有重要意义。樟子松接种 ECM 真菌人工合成菌根可提高樟子松抗旱性，实现樟子松组织培养苗菌根化，为樟子松在"三北"地区广泛栽植及菌根化造林奠定基础。

2009 年赵菡观察到松乳菇 *Lactarius deliciosus*、红绒盖牛肝菌 *Xerocomus chrysenteron* 和美味牛肝菌 *Boletuse edulis* 的混合菌种能够促进'107 杨'幼苗的生长，接种后苗高、地径、单株平均干质量、根长和侧根数量分别比不接种对照提高 31%、35%、139%、182% 和 241%，差异显著，效果明显，同时提高了幼苗生物量、叶绿素含量及净光合速率。叶片光合作用增强，光合产物增加，与苗木生物量的增加相一致。综上所述，与'107 杨'能够形成良好共生关系的菌种组合为红绒盖牛肝菌及松乳菇。

不施氮肥条件下，菌根化与未菌根化杨树苗木在不同土壤水分条件下的生长情况不同，接种菌剂可促进杨当年生苗木的苗高、地径生长和生物量积累，菌根化苗木与未菌根化苗木在相同水分条件下差异显著且在较低的供水情况下菌根化苗木的生长指标与在较高的供水条件下的未菌根化苗木的生长指标差异不显著，这与试验中接菌处理可增加苗木的叶片叶绿素含量、提高叶片净光合速率及单叶和整株水分利用效率的结论一致。尤其是随着田间持水量的降低，接种菌对叶绿素含量的促进作用反而加强，说明无论是正常供水还是水分胁迫条件下，菌根真菌都可以减轻水分胁迫对植物生长的抑制作用，减少叶绿素的降解，改善杨树苗木的光合作用，提高苗木的单叶和整株水分利用效率（WUE），促进苗木的高生长、地径生长和生物量积累。2009 年赵菡观察到在促进杨当年生苗木株高、地径生长、生物量积累，以及根茎比方面，80% 的田间持水量下接种的促生效果最好，且菌根化与非菌根化苗木的单叶水分利用效率最大，表明干旱条件下菌根真菌也能改善植物的水分状况，其作用比正常供水下更显著，可增强其耐抗旱性，促进植物生长。可见，通过控制土壤含水量在田间持水量的 60%~80%，即可将有限水资源进行最优化配置，合理利用水肥资源，达到节水节肥的效果。

植物接种共生微生物可以抑制病原微生物、诱导植物抗性和降低病虫为害。AM 真菌可以通过诱导提高番茄植株系统抗性来显著降低线虫的危害程度，分别使南方根结线虫和穿刺短体线虫的危害程度降低 45% 和 87%。DSE 能提高植物的抗病性，增强植物抵御不良环境的能力。Andrade-Linares 等（2011）和张雯龙（2012）针对香蕉枯萎病病原菌 4 号生理小种，构建了 DSE 抗香蕉枯萎病室内评价体系，并通过该评价体系筛选获得了 2 株具显著拮抗枯萎病的 DSE 菌株，防效均达到 70% 以上。可见很多植物共生真菌具有生物药肥双重作用，对未来土传病害的管控提供了新的途径和技术基础。在实验室和田间条件下 DSE *Phialoce phalafortini* 和 *Heteroconium chaetospira* 均能有效地防治大白菜黄萎病。具有高效拮抗枯萎病的 2 株 DSE 对香蕉枯萎病的防效均达到 70% 以上。此外，还发现它们还能显著提高香蕉的株高、根系干重和叶片数量，表现出较好的促生作用，这为开发具高产和抗病功能的新型 DSE 菌剂奠定了基础。

田间及温室条件下芝麻接种印度梨形孢能显著增加株高、全展叶片数和基部茎粗度、千粒重及单株籽粒重。接种印度梨形孢不仅能促进芝麻的生长，而且在干旱条件下使芝麻表现出较强的抗性，显著提高芝麻产量（张文英等，2014）。印度梨形孢可以显著促进种子的萌发和寄主植物的生长，并且能够提高大麦、玉米、番茄等作物的产量。

印度梨形孢接种大麦后可显著促进大麦生长，籽粒产量提高；在无土栽培条件下显著促进番茄的生长，提高番茄果实产量。印度梨形孢还能够促进水稻地上部的生长，提高水稻产量，具有较高的商业开发前景。

木霉不仅对植物病原真菌具有拮抗效应，还能促进植物的生长，已有大量报道指出，木霉对辣椒、马铃薯、莴苣、黄瓜、白菜、豌豆、花生、长春花和菊花等多种作物有促生效应。1986 年 Chang 等通过试验证明，用哈茨木霉培养物或分生孢子悬浮液处理土壤后，辣椒、长春花和菊花等植物发芽率提高，开花早而且多，株高及鲜重增加。木霉菌能通过叶片延迟衰老而延长水稻植株的光合作用，并能促进根系生长和分布。植物根系接种木霉后扎根更深，根系生长更加健壮。接种 T22 的玉米的主根和次生根生长量增加。在明显可见的定殖根系之前，T22 已经能促进根系生长并增加根毛的长度。根分枝能扩大根系吸收面积，从而促进植物生长。木霉具有定殖种子的潜力，甚至在胚根长出前就能给种子和幼苗带来好处。因此，将木霉菌广泛应用于种子处理，是简便而有效的应用方法。

部分植物共生真菌和共生细菌对棉花枯萎病、棉花黄萎病和马铃薯茎基腐病等具有田间防效及增产作用。玉米共生阴沟杆菌 *Enterobacter cluavae* 作为种子保护剂，能有效防治玉米病害。植物共生菌次生代谢物能够产生植物生长激素类物质或促进植物对营养物质的吸收来刺激植物生长。例如，1999 年张集慧等从兰科药用植物中分离出 5 种共生真菌，并从这些真菌发酵液和菌丝体中分别提取出 5 种植物激素，如赤霉素、吲哚乙酸、脱落酸等，它们对兰花的生长发育有较好的促进作用。植物共生菌的次生代谢产物也具有杀虫特性。2003 年 Strobel 和 Daisy 发现植物共生真菌 *Muscodor vitigenus* 产生的一些毒素导致昆虫拒食、体重减轻、生长发育受抑制、死亡率增加等，具有很好的杀虫作用。禾本科植物共生真菌产生的有机胺类、吡咯里西啶类、双吡咯烷类、吲哚双萜类四大类多达 10 种的生物碱，对线虫和大多数食草昆虫具有较强的毒性。1997 年 Findlay 等从黑云杉 *Picea mariana* 中分离的 *Conopleae legantala* 发酵液中的两个新的苯并吡咯类活性成分对由丝核菌 *Rhizoctonia* spp. 和镰刀菌 *Fusarium* spp. 引起的病害有极高防效，应用于水稻可防治水稻立枯病、恶苗病、徒长病等病害。

澳大利亚弗林德斯大学 Franco 领导的研究小组经过 5 年的研究，将共生放线菌用于防治大田小麦全蚀病，使小麦产量提高了 60%。离体条件下共生放线菌也具有拮抗植物病原菌的能力。2001 年 Shimizu 等利用从杜鹃花分离的共生链霉菌 R-5 回接杜鹃花组织培养苗，该菌株能在组织培养苗内定殖、生长，并增强其叶片抵抗病原菌 *Pestalotiopsis sydowiana* 入侵的能力。山月桂 *Osmanthus fragrans* 的共生链霉菌 AOK-30 接种组织培养苗后，不仅增强了组织培养苗抵抗 *P. sydowiana* 的能力，还提高了组织培养苗抗旱、抗渗透压的能力。因此，利用共生放线菌接种组织培养苗被认为是提高组织培养苗抗病性和抗旱性的新途径。

李昉等（2014）对与牛蒡共生的 6 株真菌 NY-2、NY-3、NY-4、NY-5、NY-6 和 NG-1 的菌丝体及发酵液分别进行了对卤虫 *Brine shrimp* 杀虫活性的研究。6 株共生真菌的菌丝体 / 发酵液对卤虫的半数致死浓度（LD_{50}，单位 mg/ml）分别是 0.48/0.12、0.48/0.07、0.69/0.25、0.09/0.03、0.31/0.19 和 0.66/0.09；经过与 3 种常见化学农药氯氰菊酯、敌敌畏和氧乐果的杀虫活性对比，6 株真菌的杀虫活性全部优于以上 3 种农药，特别是 NY-5 发酵液的 LD_{50} 仅为 0.03mg/ml，其杀虫活性是农药对照组活性最好的敌敌畏的 21 倍。这充分说明共生微生物不仅可以提高植物的抗病性，还可以作为生物农药，利于环境可持续发展。

　　PGPR 胶质类芽孢杆菌 Paenibacillus mucilaginosus 3016 和日本慢生根瘤菌 Bradyrhizobium japonicum 5136 复合接种处理，前者促进后者结瘤固氮，复合接种可以提高土壤肥力，改善土壤微生物区系，增加生育期内大豆单株分枝数、单株粒数、单株籽粒重和结瘤率，降低单株空荚数，提高茎叶与籽粒的氮、磷和钾含量，增产大豆产量（刘丽等，2014），是节本增效的措施之一。土壤重度干旱下利用 PGPR 菌剂拌蚕豆种子，可提前出苗，促进幼苗生长，增加蚕豆生物量及荚果数。PGPR 与根瘤菌复合接种促进结瘤固氮及其协同作用，提高土壤肥力和养分利用率。Atieno 等（2012）将枯草芽孢杆菌 MIB 600 分别与 2 株日本慢生根瘤菌 S32c 和 RCR3407 混合接种提高了根瘤鲜重和大豆生物量；混合接种巨大芽孢杆菌、联合固氮菌和硅酸盐细菌，提高了紫花苜蓿根瘤质量和土壤根瘤菌、固氮菌数量（韩光等，2011）。蜡质芽孢杆菌 3BY4 和阿氏肠杆菌 BQ9 可使番茄增产 21% 和 26%，并能提高番茄果实中维生素 C、可溶性糖和可溶性蛋白质的含量，降低有机酸含量（丁雪玲等，2013），更适合市场的需要。田间试验表明，接种土著根瘤菌 HG-5 增加了花生饱果率、百果干重和单株根瘤数，增产 15%（刘世旺等，2015）。陆地生物固氮的 25% 由共生放线菌弗兰克氏菌与植物共生固氮完成。同一根瘤中可能存在多个类群的弗兰克氏菌，该共生固氮体系对解决农田氮肥自给提供了值得探索的途径。

　　Singh 等（2012）发现 PGPR 产生的水杨酸、肉桂酸、咖啡酸、香草酸等酚酸对白绢病有很好的防效。美国开发了多种利用枯草芽孢杆菌产生抗生素制成的有效的生物制剂，为防止鹰嘴豆真菌病害生物制剂奠定了理论基础。可将 PGPR 几丁质酶基因应用到细菌当中，黄丹丹等（2014）利用短短芽孢杆菌几丁质酶基因 chiD 经异丙基硫代半乳糖苷（IPTG）诱导使其在大肠杆菌 BL21 中成功表达，研究结果为几丁质酶基因功能位点、几丁质酶性质和基因调控机制等研究奠定了基础。已知的可利用生防细菌的种类有枯草芽孢杆菌 B. subtilies、多黏芽孢杆菌 B. polymyxa、蜡样芽孢杆菌蕈状菌变种 B. cereus var. mycoides 及其他一些种类。

　　植物共生放线菌可以产生几丁质酶、果胶酶、木聚糖酶、淀粉酶、角蛋白酶和葡糖淀粉酶等。共生放线菌的酶类物质可以应用于工业生产。例如，将木质素降解酶作为重要的水解酶资源降解木质素生产乙醇，是第二代乙醇生产技术的重点研究之一。为了改善工业生产中淀粉酶降解的热不稳定性，从共生放线菌中选出热稳定性 α - 淀粉酶和葡糖淀粉酶，以改善淀粉的降解过程，降低生产成本。工业上，微生物所产生的果胶酶也可以用来生产果酒，或者直接利用微生物发酵进行生产。植物与细菌构建的共生体系通过代谢消耗、降解和吸附等作用机制修复环芳烃（PAH）等有毒有机物污染的环境，促成了先进的根围修复技术（Liu et al.，2013；Sawulski et al.，2015；Rodgers-Vieira et al.，2015）。

　　真菌与植物共生可显著改善作物籽实品质，并且有效提高作物产量，促进作物高产、稳产（谢玲等，2013；林燕青等，2015；吴金丹等，2015）。例如，DSE 可以在根内或根间与 AM 真菌形成致密菌丝桥，扩大根系营养吸收范围，有效进行代谢物传递，共同促进植物根围微生物活动,改善植物根围土壤微环境,从而促进植物生长发育。可见,植物共生真菌在促进农、林、牧业生产中具有重要意义与应用潜力。

(三)食用菌生产

鸡枞菌是世界名贵野生菌之一,其与等翅目大白蚁亚科昆虫共生。全球共有 40 个鸡枞菌种类被报道和描述,其中,中国云南省分布的鸡枞菌种类有 20 种。除迪庆州的部分县外,云南省其他地区均有鸡枞菌分布,同时云南省也是鸡枞菌商品菇产出与贸易的最大省份。虽然云南省是鸡枞真菌种多样性最为丰富的地区,但其材料尚未被国外学者纳入研究的对象。云南省鸡枞菌的系统发育关系如何、有何特殊地位尚未得到很好的研究。

菌根食用菌生产离不开植物与真菌共生技术。菌根食用菌栽培依赖寄主植物,以及适宜的土壤、气候等生态条件,因此,在驯化和栽培上具有很大的挑战。目前国际上菌根食用菌栽培和开发主要依靠引进菌根化苗木,模拟该种真菌自然生长和生态条件,建立菌根食用菌种植园,进行半人工栽培或模拟栽培。通过这种途径,已经在多种菌根食用菌栽培方面取得突破,包括黑孢块菌 *Tuber melanosporus*、夏块菌 *Tube aestivum*、红须腹菌 *Rhizopogon rubescens*、真姬离褶伞 *Lyophyllum shimeji*、红汁乳菇 *Lactarius hatsudake* 和乳牛肝菌等。被誉为林中"黑钻石"的黑孢块菌,是国际食用菌市场上价值最高的食用菌,因此受到广泛研究,黑孢块菌栽培技术最为成熟,不仅在其原产地及周边地区栽培成功,而且在没有该菌的南半球的澳大利亚和新西兰也已取得成功。中国菌根食用菌栽培方面也取得了一些突破。例如,在湿地松 *Pinus elliottii* 苗圃栽培乳牛肝菌 *Suillus bovinus* 成功收获子实体,并在红椎根系上合成了黑孢块菌的菌根。另据报道,在贵州创建的块菌种植园也生产出黑孢块菌子实体。2007 年 Tan 等建立了 65hm^2 红汁乳菇马尾松种植园,3 年后开始产菇,年产量可达 675kg/hm^2,并用分子技术确认了所产红汁乳菇子实体来源于接种的菌根苗而非来源于自然侵入的孢子。在改进菌根合成技术的基础上,2009 年付绍春等培育出马尾松 *Pinus massoniana* 与美味牛肝菌 *Boletus edulis* Bull. 菌根化幼苗,并探讨了基质、苗龄和接种方式对共生体形成的影响。这些研究为探索菌根食用菌繁育和栽培提供了理论支持及技术保障。与普通 ECM 真菌一样,菌根食用菌对寄主树种有一定专一性,一般认为不同菌株与不同种属和地域的植物形成菌根的能力不同。例如,源于日本和芬兰的松茸菌株分别与苏格兰松及挪威云杉形成菌根的能力有所不同。生产上为了提高菌根食用菌产量,选择适宜寄主树种是十分必要的。2009 年 Yamada 等发现来自斯堪的纳维亚、地中海地区、北美和中国西藏的口蘑 *Tricholoma* sp. 与来自远东的松茸与赤松形成的菌根系统相似,因此可以选择性引种以提高口蘑或松茸的产量和质量。2006 年 Danell 等获得了鸡油菌菌丝纯培养方法,在欧洲赤松上人工合成了菌根,并从该菌根苗上收获到了幼小的子实体。对黑孢块菌种植园土壤施用不同比例氮、磷、钾肥有利于黑孢块菌丝侵染和生长。2009 年 Díaz 等发现,接种剂量为 10ml/ 株、氮含量为 35mg/ 株和磷含量为 27mg/ 株,松乳菇菌丝生长良好。另外,为了促进菌根发育,还利用菌根生长促进细菌进行了尝试。例如,两种试验土壤细菌 *Ralstonia* sp. 和枯草芽孢杆菌能有效促进点柄乳牛肝菌 *Suillus granulatus* 菌丝生长,进而促进日本黑松 *Pinus thunbergii* 和点柄乳牛肝菌共生。尽管枯草芽孢杆菌能够促进土生空团菌菌丝生长，显著促进点柄乳牛肝菌与松树共生，但抑制一种须腹菌 *Rhizopogon* sp. 生长。可见菌根生长促进细菌与菌根食用菌之间具有选择性，值得进一步研究。

半人工栽培是指在自然条件下，通过森林经营包括人为干预改善林下生态环境等因素提高菌根真菌子实体产量的栽培模式。由于空气污染和林下腐殖质层的减少，在过去100年中，野生菌根食用菌的产量大幅度减少。因此，急需具有稳定持续产量的菌根食用菌栽培模式，来减少野生采摘对生态环境的压力。菌根真菌在纯培养条件下菌丝生长缓慢、没有寄主植物形成共生体不能产生子实体、缺乏对子实体形成机制的研究等一系列限制因素决定了采用传统腐生菌的栽培生产模式不可行，必须在菌根真菌的自然条件下进行子实体的生产。

菌根食用菌半人工栽培的基本要素是菌根真菌接种体与目标寄主植物成功合成菌根。目前，最有效的方法是先在苗圃阶段人工合成菌根苗木，而后再上山造林，这样可以保证稳定的菌根合成率，为进一步的森林经营和子实体生产打下良好基础。因此，如何提高菌根合成率和稳定性是首要问题。科学的森林经营措施同样也是菌根食用菌半人工栽培的重要因素。菌根真菌子实体产量的提高和稳定可以通过科学的森林经营措施来实现。目前，半人工栽培模式日本走在前沿。日本松茸的林下经营措施包括稀疏林冠层和地表层，通过稳定的菌根合成率来保证产量的提高。

Garbaye 首先提出了菌根真菌的人工合成方法，主要包括接种体准备、种子处理和催芽、栽培基质的选择及裸根菌根真菌合成技术等，随后 Garbaye 对该方法进行了改进。Poitou 首创了接种松乳菇和乳牛肝菌至海岸松合成菌根，并生产子实体的技术。随后 Guinberteau 对该方法进行了改良和调查跟踪，发现菌根苗造林 3 年后就可以进行子实体的采收。以生产菌根真菌子实体为目的的松属菌根苗温室培养及销售，标志着该项技术的成熟（Savoie and Largeteau，2010）。例如，在法国合成了乳牛肝菌菌根的松属苗木；法国和意大利的 2 年生菌根苗造林 6 年后开始形成子实体，产量达到 80kg/hm^2。随着菌根合成技术的成熟，如何提高菌根合成率的方法开始逐步受到关注和深入研究。部分土壤细菌如芽孢杆菌、类芽孢杆菌和假单胞菌等被称为菌根辅助细菌，其主要的作用机制包括提高菌根真菌的成活率和促进菌根合成。

菌根真菌在森林生态系统中占据重要地位，因此了解自然条件下植物根围菌根真菌群落组成对提高目标子实体产量至关重要。在日本松茸半人工栽培林中，合理的森林经营措施、在根围土壤中人工接种孢子及子实体采收时留下部分子实体等都可作为最大限度地提高松茸产量的有效方法。Bonet 等（2010）开发了一个子实体产量的预测模型以便更好地对半人工栽培地进行科学管理，在西班牙赤松林，坡度、胸径、海拔等指标均被用来进行菌根真菌子实体产量的决策计算。气候条件对子实体的产量也同样重要，在土壤湿度大于 40% 时，子实体可以大量产生，因此，适当降水量是必要条件。菌根真菌子实体的持续发生与寄主植物的林龄具有显著相关性，如松乳菇的产量在幼龄林比老龄林高，因此，在进行森林经营时，要人为地增加幼龄林的比例，以提高产量。

半人工栽培技术在日本、欧美等发达国家和地区已经成为林业增收的重要手段，但是在中国还处于起步研究阶段，需要深入研究珍贵菌根食用菌菌根合成技术，形成"菌根苗木—后续造林管理—子实体形成后的森林经营"一套系统有效的技术体系，以及加强菌根食用菌人工栽培技术的基础研究，如 ECM 生理特征的研究和操作技术的改进。

三、环境保护领域

利用鸟类与树木共生体系建立的人为加强鸟类与树木共生技术，已在包括中国在内的世界各国诸多城市公园植被树木上得到应用，即在公园、自然保护区和森林公园等安装人工鸟窝，吸引鸟类栖息和繁育，鸟类的捕食可达到生态防控病虫害的目的，以保护人类生存环境。

水域环境中养殖鱼类、二扇贝类和螺结合栽培沉水植物的技术具有净化水源是效果。试验结果表明，水生动物与沉水植物共生条件下，能有效地减少水中的氮、磷、固体悬浮物和有机物成分；而单独的水生植物生长条件下其净化功能降低。可见，水生植物与水生动物在共生条件下能促进对水的净化作用（吕志江等，2009）。

基于上述原理，水生动物与沉水植物构建的生态工学水净化技术具有基础设施建设简单、管理成本低廉、可实现资源的再利用和增强人们环境保护意识的特点。鱼类、卷贝类、二扇贝类和甲壳类等水生动物与水生植物（如黑藻属 *Hydrilla*、苦草属 *Vallisneria*、狐尾藻属 *Myriophyllum*、金鱼藻属 *Ceratophyllum*、菹草 *Potamogeton crispus* 和轮藻属 *Characoronata*）建立共生体系后，具有吸收水中氮、磷、有机碳素等营养元素及分解污染物的作用，能有效地除去氮、磷、固体悬浮物和有机物成分等。同时还可以根据水生植物的种类、不同的水生动物及数量来调节控制净化能力的大小，修复受污染的水体并能保持良好的水质，对水净化起到了良好的作用。浮游生物吸收磷被水生动物捕食后，水生动物产生的代谢产物有 $NH_4\text{-}N$ 的成分，接着又被沉水植物吸收。沉水植物叶面附着的生物膜能有效地进行有机物、氮、磷的除去，有机物的分解效果和消化效果明显，并且通过各种复杂的组合以适用于各种污染条件或水域特性，除去营养盐类、氮、磷、净化有机物和游离物质等；还可以回收植物体的资源，以及将剩余植物做成农作物的肥料和动物的食料等，从而实现循环经济。

作为一种新型的环保技术，水蚯蚓共生系统成功应用在城镇污水处理工艺中并稳定运行。在该系统中，污水中各种形态的污染物，通过水蚯蚓和微生物的协同作用，高效、低耗地得以净化，且由于水蚯蚓的捕食和消化作用可实现污泥的减量化和稳定化，从而赋予生物系统以新的特点和功能，为在中小城镇污水处理厂中推广应用创造了条件。

水蚯蚓微生物共生系统是污泥污水生物处理工艺过程中，由污水底物微生物（如细菌和真菌）及微型动物（如原生动物、后生动物和水蚯蚓等）组成的具有污泥减量、污水净化作用的良性循环共生微型生态系统。水蚯蚓微生物共生系统中的水蚯蚓能大量吞噬污泥，达到污泥减量的目的。共生系统中的微生物可对污水中的污染物质及水蚯蚓代谢产物进行降解，使污水处理达标。例如，诸暨某污水处理厂在其 Unitank 工艺中建立了"水蚯蚓微生物共生系统"（陈一波，2012）。

植物根系与菌根真菌（如 ECM 真菌、AM 真菌、OM 真菌及 DSE）共生建立互惠共生体，促进植物吸收矿质元素和有机养分（Newsham，2011），促进植物的生长发育，增强植物对重金属毒害的耐性，提高植物的存活率。应用植物与菌根真菌共生技术可加快生土熟化与植被恢复，是培肥矿区土壤和修复矿区生态的一个重要途径。中国矿业大学毕银丽教授带领的科研团队在中国西部干旱半干旱的神东煤矿区沉陷地建立起数千亩的接种 AM 真菌复垦示范基地，接种 AM 真菌促进了植株的成活与生长发育，对紫穗槐连续监测 3 年，植株成活率提高达 20%，植株生长速率快；向日葵花期可以提前10~15d，产量增加 1 倍；土壤质量改善，微生物种类增加；接种菌根可以减缓塌陷拉伤对根系的修复功能，伤根 1/3 时其内源激素水平提高，植株营养状况可以达到未受伤的对照水平。这些证明菌根真菌对塌陷区生态修复具有重要意义（毕银丽等，2017）。经过菌根真菌修复的生态系统中生物多样性增加（Luciana et al.，2017），多年生植物种类增加，一年生植物种类减少，碳的积累呈现增加的趋势（王丽萍等，2012），这对生态的演替及碳循环的正向作用具有重大的现实意义。

　　大豆、花生、苜蓿和三叶草等豆科作物栽培生产中施用共生固氮细菌可以减少氮肥施用量，节约成本，降低污染，显著提高作物产量、增强土壤微生物和土壤酶活性并增加土壤氮素含量，可见，应用生物共生技术，可减少化学农药的用量及其环境的污染，提高整个土壤微生物生态系统质量和土壤的可持续利用，因保证了植物的产量品质而具有重要的经济效益、社会效益和生态效益，对绿色农业的发展和绿色食品的生产也有着积极的推动作用。

第三节　生物共生学技术的发展前景

　　基于生物之间共生理论而逐渐发展、建立和不断完善的生物共生技术在各行各业具有广阔的应用前景。例如，医药上的应用，利用植物共生菌的次生代谢物质开发新的药物将是今后医药方面的研究方向之一；利用生物共生体系分解有毒有机物质修复退化和污染环境的技术值得研发，特别是蜡虫 *Plodia interpunctella* 与降解聚乙烯的细菌 *Enterobacter asburiae* YT1 和 *Bacillus* sp. YP1. 共生可吞食及降解塑料（Yang et al.，2014），值得进一步研究；污水生物处理系统中应用人工设计组合的微生态系统提高处理效率和改善运行条件是近年来国际上环保领域的研究热点问题；而旨在构建外源基因载体的工程菌株的研发，则是生物共生技术今后重点方向之一。

　　由于共生微生物在植物体内的适应性，一些研究者以共生细菌为受体构建植物内生防病或杀虫工程菌，再将其引入植物体内，使植物起到与转基因防病杀虫植物相同或类似的作用，从而达到生物防治的目的。2000 年 Dowring 等将从苹果苗中分离出的共生细菌荧光假单胞菌中转入抗病 *chiA* 基因，再把这种携带 *chiA* 基因的共生菌接种到豆苗中，可以防治豆苗病原真菌立枯丝核菌，同时还在甘蔗共生菌中转入抗虫基因 *crylAC7*，回接甘蔗，可以防治甘蔗钻心虫 *Eldana saccharina*。美国 CGI 公司以共生细菌木质棒形杆菌犬齿亚种 *Clavibacter xyli* subsp. *cyndontis* 为载体，将 *BT* 杀虫基因整合到染色体上构建杀虫工程细菌，这种杀虫工程菌从 1988 年开始已在美国 4 个州 12 个玉米杂交品种上进行大田试验，可使虫害损失率减轻 26%~72%。另外发现，植物共生菌有降解环境污染物的功能，如从珠江入海口红树中分离到的共生菌，有清除工业废水中的有害物质，从而净化海水的作用。一些共生菌能够降解甲苯，并且能使其寄主植物产生对甲苯的抗性，这就为利用共生微生物接种植物进行环境修复提供了可能。植物共生微生物为环境污染治理注入了新的血液，但其相关研究才刚刚开始，有待于进一步深入。

近来研究表明，在同一个根瘤中可能存在多个类群的弗兰克氏菌，因此研究弗兰克氏菌类群必须建立在它们与寄主植物共生关系的基础上（Ballhorn et al.，2017）。但是，由于植物间关系的不确定性，以及对与根瘤植物共生的弗兰克氏菌多样性缺乏足够了解，有关共生体的进化到目前为止仍是模糊的。随着对弗兰克氏菌特性的不断认识，人们试图将这种共生体系的固氮功能由木本植物转移到禾本科作物，以解决农田氮肥自给问题，减少农作物对氮素化肥的依赖。

土壤是人类生存的基础保障，是不可缺少、难以再生的自然资源。目前全球土壤污染和退化的形势严峻，而中国尤为严重。土壤污染不仅使农产品质量降低，还会导致大气和水体污染，更可能对国家的可持续发展造成影响，因此修复污染土壤和保持土壤健康刻不容缓。菌根真菌自身及其与其他生物联合可扩大植物根系的吸收面积，加快营养物质和水分的运输速率，分泌活化物质，促进寄主对土壤中矿质元素磷、氮、钾、锌、铜等的吸收，改善植物营养，促进植物生长，提高寄主根系对根部侵染病菌的抵抗能力，增强植物对干旱、高温、高盐和重金属的抗性，减轻重金属、农药和有毒有机物等对土壤环境污染的作用，修复退化与污染土壤和提高农业环境的安全性。但土壤环境的高度异质性决定了共生真菌修复是一个非常复杂的过程。菌根真菌与其他生物联合修复污染与退化土壤主要涉及的是菌根真菌与植物、菌根真菌与动物和菌根真菌与细菌的联合修复。利用 AM 真菌 + 豆科植物 + 根瘤菌的复合共生体，不仅能改善植株的营养状况、抗性和生产力，更重要的是能提高寄主植物在恶劣环境中的存活能力，从而使 AM 真菌 + 豆科植物 + 根瘤菌共生体在生态系统的恢复中能够发挥重要作用。

由于土壤体系中广泛分布着真菌与细菌、两类微生物之间的生态共生作用，为筛选和建立以特定真菌和细菌之间的相互作用为基础的生物修复强化技术提供了生态依据。因此，认识菌根真菌与其他生物联合修复过程中的污染物迁移转化、生物相互作用、环境调控等规律，对于发展安全、高效和实用的修复技术具有重要的理论意义，其中以下几个问题值得深入探究。

加大不同菌根真菌与其他生物联合修复的污染与退化土壤效应的试验研究，通过筛选、评价和比较，获得在不同条件下效应最大的菌根真菌与其他生物组合；采用多种手段在不同水平上阐明菌根真菌与其他生物联合修复污染与退化土壤的作用机制；加强菌根真菌与其他生物联合修复生态学研究，特别是在对菌根真菌与其他生物相互作用研究中，应综合考虑到各种生态因素，如寄主植物、环境条件、共生真菌、其他共生生物、土壤因子、地理与气候因素及季节时间等综合因素，以开展多因素、多水平定位研究；建立完善的菌根真菌与其他生物联合修复技术体系，通过全面了解土壤的污染与退化历史、理化特征和用途等，根据实际情况选择适宜的动物 + 真菌、植物 + 真菌及真菌 + 细菌等修复策略。菌根真菌与土壤动物联合修复生物技术是环境科学未来重要的发展方向之一，具有极大的潜力和广阔的前景。

菌根真菌与其他生物的联合修复技术是目前研究的热点问题之一。土壤中分布的菌根真菌、土壤动物，以及其他真菌、放线菌、细菌和植物根系之间生态位相近，它们之间互作的生态过程，深刻影响着土壤理化特性及其健康状况。菌根真菌是促进植物修复有毒物质污染土壤的关键微生物。

固氮地衣可在生产力较低的生态系统中改善有效氮素水平，具有较大的应用前景。例如，应中国荒漠化治理的迫切需求，2005 年魏江春提出"生物地毯工程"的科学方案，即通过人为干预促进包括地衣在内的生物结皮的拓殖和发育以改善土壤肥力与稳定性，为生物多样性演替进入良性循环过程创造条件。其科学依据之一在于固氮地衣在生态系统氮素有效性改善方面具有重要作用。

分子生物学技术、基因组学、蛋白质组学和代谢组学，以及相应的信息生物学技术的应用加快了禾草共生真菌的研究，尤其是共生真菌全基因组序列的测定，明确了次生代谢物多样性及其与基因的关系，而鉴定相关的功能基因和蛋白质及基因敲除技术阐释了维持共生真菌与寄主动态平衡的分子机制。利用基因组学等技术筛选对家畜无毒的共生真菌菌株，通过接种技术建立新的既具有抗逆性，又对家畜无毒的禾草共生真菌共生体，提高禾草的品质并确保对动物的安全性，在牧草及草坪草育种上获得了巨大成功。但是共生真菌的寄主特异性限制了共生真菌可利用的范围，因此后续应继续利用基因组学和代谢组学新技术深入研究共生真菌与寄主相互作用的机制，利用基因工程技术人工创造无毒菌株，克服共生体创制的瓶颈。未来对禾草共生真菌的应用不应仅局限于对某些天然共生体的筛选，而应对现有菌株进行改良并设法导入目标禾草体内，创造新的品质优良的禾草与共生真菌共生体。这种方式大多是通过对禾草内生真菌相关基因进行改造，并以改造后的共生真菌作为载体，间接实现寄主对多种逆境胁迫的优良抗性。目前这种转化技术大多是利用禾草共生真菌中丰度较高的杀虫活性基因，同时对其他毒性基因进行修饰，增加或改善寄主禾草的营养品质、提高草产量，使转化后的禾草具备天然的抗虫活性，从而实现人们在农业、草业等领域的应用需求。利用共生真菌的优良特性已经在多花黑麦草、苇状羊茅等冷季型禾草的育种试验中取得了成功，相继培育出能够抗虫防病，但对家畜无毒的牧草新品种。已有研究者利用禾草共生真菌次生代谢物对鸟类等动物毒力活性较高的特点，培育出用于机场绿化的新型草种 'Avanex'，并在新西兰、美国等地开始应用。因此，这种寄主替代转换方式不但能间接地提高寄主高产抗逆性，还可能比传统的转基因植物具有更高的应用价值，且更容易被公众所接受。随着研究工作的深入，生物碱在共生体内的合成途径也逐步变得清晰（Schardl et al.，2013）。研究发现，生物碱在离体条件下对有害生物仍具有较高的毒力活性，不同物种之间生物碱含量差异明显。目前生物碱的提取和纯化方法已日趋成熟，对生物碱进行制剂加工进而用作生物源农药，逐步成为可能。要使生物碱作为生物源农药进行开发并大面积工厂化生产还面临着诸多问题，如菌株的筛选、加工助剂的选择、大田施用的稳定性及持久性、对环境的影响等都有待于深入研究。

一些植物共生真菌，如印度梨形孢、DSE 和 AM 真菌等尚未大面积应用于大田中，其利用价值有待进一步开发。在中国，植物共生真菌的应用，以及 ECM 真菌菌剂的生产有待强化。

不同生态条件下 AM 真菌的群落是多种多样的，即群落多样性十分丰富。如何从众多的群落中筛选确定具备一定功能的群落是十分复杂和困难的工作。为了达到这一目的，仿生模拟了土壤中以优势 AM 真菌组成的群落，对保护地土壤进行了多个群落接种处理。结果表明，以 AM 真菌群落 F（*G. etunicatum*+*F. mosseae*+*Gi. margarita*+*A. lacunosa*）与 G（*G. aggregatum*+*G. etunicatum*+*F. mosseae*+*G. versiforme*+*Gi. margarita*+*A. lacunosa*）改善保护地连作土壤质量和促进作物生长的效应大于其他群落（Li et al.，2012）。但是，这些群落组成菌种数量较多，应用于生产有一定难度，可操作性不大。这就对应用于生产的群落提出了更高的要求：精干（尽量减少菌种数）。我们认为，作为植物共生真菌，正是那些能够侵染根系并在根内定殖的 AM 真菌群落可能比土壤中的 AM 真菌群落对植物的效应更大、对拮抗根结线虫更有效，仿生模拟根内群落（群落组成菌种数较少）可能比模拟土壤中的群落（群落组成菌种数较多）更具有针对性、科学性和可操作性。目前虽然开展了众多针对植物根内 AM 真菌群落结构方面的研究，但这些研究大多报道一定生态条件下根内 AM 真菌群落结构特点，却很少涉及与一定功能有关的群落特征。另外，大多数试验采用分子技术，获得的群落组成信息多为分子种，而不具备进一步接种试验的可操作性。如果将分子鉴定与用植物根段作接种物加富培养后分离得到根内 AM 真菌相结合，二者就可以相互印证，能更精准地确定其 AM 真菌种类及其群落组成。还可以通过 qRT-PCR 定量测定根内不同 AM 真菌的生物量，进一步优化根内 AM 真菌群落组成，确定用于模拟的群落。这很可能是获得精干根内群落的途径之一，将大大推动 AM 真菌的基础应用研究。

另外，少数共生真菌能产生一定的负效应，如在植物体内产生不利于植物生长的物质；有时 AM 真菌与其他共生真菌之间存在一定的拮抗作用。因此，今后的研究工作中应当给予足够的关注。

在绿色食品生产上利用菌根真菌生物药肥作用，就可以降低速效化肥和农药的用量，从而减轻硝态氮对蔬菜、水果、粮食、蛋、奶、肉等农产品，以及地下水、地表水资源及大气的污染程度；接种菌根真菌促进了植物生长，增加了产量，提高了农产品的质量和安全性。这为进一步组装集成主要农作物的无公害生产技术规程和技术体系奠定了坚实的基础。

在环境综合治理方面，利用工厂化菌根育苗技术，如菌根化育苗造林的配套技术的应用可明显促进林木生长发育，增强林木的抗逆性和抗病性，能大大提高林木在不良环境中的造林成活率，促进林木在逆境中的生长质量；利用菌根真菌能提高植物的抗旱性，可以增强山旱薄地植物的抗旱性，促进生长，对荒山造林、水土保持、增加森林覆盖率具有重大意义，从而实现"天更蓝、水更清、地更绿"的目标，达到净化环境、美化环境的目的，以满足人们对生态环境质量的要求。

目前，植物共生细菌在农业生产、环境保护和医疗卫生等领域的广泛应用越来越得到关注和重视。在农业方面，施用植物共生细菌生产的抗菌剂、抗虫剂及生长素对植物病害起到了很好的防治及促生作用。这样既减少了化学农药对环境的影响，又保证了农产品的品质。在医药领域，随着各种各样的癌症和对药物产生抗性的病原菌的出现，人类的健康受到严重的威胁，人们更加渴望获得更多新型、疗效更为显著的药物。某些共生细菌的活性代谢产物对人类疾病和癌症有治疗作用，因此，共生细菌可作为新型药物的筛选源。能产生抗生素的共生细菌为抗生素的生产提供了新的丰富资源，有望满足日益扩大的抗生素需求量并解决因滥用抗生素而造成的抗药性等问题，尤其是植物共生菌能产生抗癌物质给恶性肿瘤的治疗带来了新的希望。利用植物共生细菌进行工业化发酵生产某些重要天然药物已成为医药生产的新思路，近年来已先后从数十种药用植物中分离得到了能够产生与寄主植物相同或相似的活性成分的共生细菌。传统药用植物和一些特殊环境中生长的植物中都存在很多共生细菌，从这些共生细菌的代谢产物中寻找新型活性物质，并且进行应用研究，将是以后共生细菌研究的主流。

　　另外，伴随着生物技术的不断发展，通过分子生物学的方法可以找到地衣次生代谢物的产生途径，然后借助基因工程的方法来提高其生物量，以便更加快捷、高效地获取所需的化学物质。例如，聚酮是一类重要的地衣次生代谢物，其分子质量较小，有较强的抑菌能力，在医学应用领域潜力巨大。应用分子生物学的方法已经获得了产生聚酮的关键酶即聚酮合成酶的基因，并将其转入大肠杆菌中，搞清了聚酮的生成途径，进行了小规模的生产，取得了不错的效果，这也为大量获得其他有用的地衣共生体化合物打下了良好的基础。随着近年来地衣的组织培养及转基因等生物技术的发展，将会促进和扩大对地衣资源的开发及可持续利用，使地衣共生体在制药等工业中的应用具有广阔的前景。

　　21 世纪是生物学的世纪，研发和利用生物共生技术在促进人类与动物健康、增加农林牧渔产业效益、维护和改善生态环境质量、增加和保护生物多样性、保持和稳定生态系统可持续生产力方面不仅具有重大的理论和现实意义，而且具有十分重大的应用价值。

第十章 生物共生学研究方法

生物共生学同其他学科一样，除了具有本学科独特的一些研究方法与技术之外，还可广泛采用包括数学、物理和化学在内的其他学科的技术与手段开展研究工作。由于生物共生涉及所有类群的生物，因此，生物共生学研究方法与技术必然重点采用动物学、植物学、真菌学和细菌学等研究方法和技术手段。鉴于动物学和植物学已有众多专门的专著介绍其研究法，本章仅重点介绍共生真菌和共生细菌有关试验方法及其现代分子生物学技术在生物共生学研究中的应用概况。

第一节 共生真菌研究方法与技术

真菌是仅次于昆虫的第二大类生物，这里所指的共生真菌包括能够与人体、动物、植物和细菌等共生构建共生体系的真菌，几乎涉及整个真菌界的所有类群，具有丰富的物种多样性。同样，这些共生真菌的研究方法因其不同类群的生物学特性各异而有较大差别。例如，AM 真菌和地衣型真菌分别具有自身独特的、不同于其他共生真菌或其他普通真菌的一些研究方法。本节重点介绍与动物、植物和细菌共生的不同类群真菌的研究方法。

一、动物共生真菌

植菌昆虫与真菌作物协同进化，为适应这种协同进化关系，昆虫及真菌作物发生了可遗传的改变。对于昆虫而言，许多昆虫进化了专门的储菌器官来适应培育真菌的生活方式（如小蠹虫的储菌器、切叶蚁的袋状口下囊），甲虫及蚂蚁幼虫的下颚和肠道发生了适应于取食真菌的改变。由于共生真菌大多分布在昆虫特化的储菌器官中，因而对昆虫储菌器官的精确解剖至关重要。

（一）动物共生真菌分离培养与分类鉴定技术

1. 动物共生真菌的分离培养

（1）切叶蚁共生真菌的分离（Pagnocca et al., 2008）。切叶蚁外骨骼酵母及丝状真菌的培养方法如下：将雌蚁放置在含有 YMA 固体培养基［甘露醇 10g/L，酵母粉 1g/L，K_2HPO_4 0.5g/L，$MgSO_4 \cdot 7H_2O$ 0.2g/L，NaCl 0.1g/L，$CaSO_4$ 0.2g/L，Rh 微量元素液 4ml/L（H_3BO_3 5g/L，$NaMnO_4$ 5g/L），琼脂 15~20g，pH6.8~7.0］及 PDA 培养基（马铃薯 200g，葡萄糖 20g，琼脂 15~20g/L，蒸馏水 1L，自然 pH）平板上，让雌蚁随意走动 2h，或将整个雌蚁

浸泡在 YM 培养基［甘露醇 10g/L，酵母粉 1g/L，K_2HPO_4 0.5g/L，$MgSO_4 \cdot 7H_2O$ 0.2g/L，NaCl 0.1g/L，$CaSO_4$ 0.2g/L，Rh 微量元素液 4ml/L（H_3BO_3 5g/L，$NaMnO_4$ 5g/L），pH6.8~7.0］及 PDB 培养基中，并将浸泡过昆虫的液体培养基进行稀释涂布，进行菌落纯化。

切叶蚁口下囊中丝状真菌的培养方法如下：将灭菌滤纸平铺在倒置显微镜上，将光源打开至合适亮度。将用于解剖的雌蚁样品于 -20℃放置 10min 冻僵。将虫体置于 75% 的乙醇中灭菌 30s，1% 的 NaClO 中灭菌 30s，并用灭菌的双蒸水清洗两遍，随后用灭菌的滤纸吸干虫体表面的水分。左手拿镊子将雌蚁固定住，右手拿解剖镊子将雌蚁口下囊打开，使共生真菌菌团暴露。随后将共生真菌菌体用灭菌的尖针挑出，放置在事先滴有 100μl 0.1% Tween80 的 1.5ml 离心管中，在涡旋振荡器上涡旋振荡 1min。将溶液涂布在含有 YMA 固体培养基及 PDA 固体培养基上，将固体平板放置于 25℃黑暗培养，用于真菌分离。每天用体视镜检查平板是否有新的菌丝长出，及时将新长出的菌丝由原来旧的培养基平板转移到新的培养基平板中进行纯化及培养。

（2）储菌器真菌的分离培养。储存在昆虫储菌器中的真菌分离可按照以下步骤进行：将灭菌滤纸平铺在倒置显微镜上，将光源打开至合适亮度。将用于解剖的雌性植菌昆虫样品于 -20℃放置 10min 冻僵。将虫体置于 75% 的乙醇中灭菌 30s，1% 的 NaClO 中灭菌 30s，并用灭菌的双蒸水清洗两遍，随后用灭菌的滤纸吸干虫体表面的水分。将冻僵虫体的背面朝下、腹面朝上放置。用酒精灯将镊子灭菌。左手拿镊子将昆虫固定住，右手拿解剖镊子将昆虫的双翅打开，小心地将腹部与胸部分开，使储菌器暴露出来。操作时要格外小心，避免储菌器被体液污染。将储菌器中的真菌孢子用灭菌的尖针挑出，放置在事先滴有 100μl 0.1% Tween 80 的 1.5ml 离心管中，在涡旋振荡器上涡旋振荡 1min。随后将溶液涂布在 PDA 培养基或 MEA 培养基（麦芽浸膏 30g，大豆蛋白胨 3g，琼脂 15g，蒸馏水 1L，pH5.6 ± 0.2）上。将 PDA 或 MEA 平板放置于 25℃黑暗培养，用于真菌分离。每天用体视镜检查平板是否有新的菌丝长出。及时将新长出的菌丝由原来旧的培养基平板转移到新的培养基平板中进行纯化及培养。图 10-1 示雌性卷叶象甲成虫、头部和储菌器，以及分离获得的共生真菌的孢子。

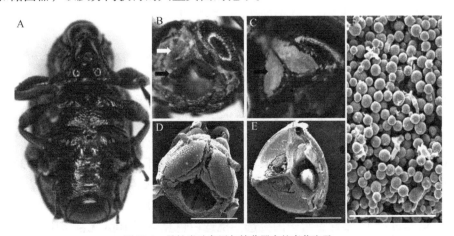

图 10-1　雌性卷叶象甲与储菌器中的真菌孢子

A. 雌性卷叶象甲腹图；B. 位于雌性卷叶象甲胸部的储菌器，箭头所指为共生真菌孢子；C. 位于雌性卷叶象甲腹部的储菌器，箭头所指为共生真菌孢子；D. 雌性卷叶象甲胸部储菌器的扫描电镜照片；E. 雌性卷叶象甲腹部储菌器的扫描电镜照片；F. 储菌器中真菌孢子的扫描电镜照片（标尺 =100μm）

2. 动物共生真菌的非培养分析

利用 Wizard Genome DNA Purification 试剂盒提取储菌器微生物的 DNA，以雌性卷叶象甲为例，将雌性卷叶象甲储菌器解剖后放置于灭菌的 1.5ml 离心管中，在液氮中快速冷冻，用特制并灭菌的、头部略尖的玻璃棒进行研磨。重复数次，使卷叶象甲的储菌器被充分研碎，成为较均一的粉状。研磨用的离心管及玻璃棒应事先在液氮中预冷。昆虫及真菌 DNA 的提取（Wizard® Genomic DNA Purification Kit, Promega, USA California）：对盛有昆虫的离心管中加入 120μl 0.5mol/L EDTA 溶液（pH8.0）至 500μl Nuclei lysis solution，并在冰上预冷（在冰上预冷时溶液会变浑浊），加入研磨的粉状物至 1.5ml 离心管中。加入前面预冷的 600μl EDTA/Nuclei lysis solution 至 1.5ml 离心管中。加入 17.5μl 20mg/ml 的蛋白酶 K。将混合物置于 55℃水浴锅中温育过夜并轻微振荡，或者将混合物在 55℃下温育 3h（轻微振荡），并保证虫体完全消化。加入 200μl 蛋白质沉淀剂并用力振荡 20s。在冰上将样品放置 5min，13 000~16 000r/min 离心 4min，析出的蛋白质会形成一个紧致的白色球状。轻微吸取含有 DNA 的上清液并将其加入干净的 1.5ml 离心管中。在离心管中预先加入 600μl 室温下放置的异丙醇。将样品轻微翻转数次，直到出现肉眼可见的絮状 DNA 沉淀。于室温下 13 000~16 000r/min 离心 1min，DNA 会形成白色可见的沉淀。加入 600μl 室温下放置的 70% 乙醇，轻微翻转离心管数次清洗 DNA。室温下 13 000~16 000r/min 旋转离心 1min。用移液枪小心地将残余乙醇析出，这时，DNA 非常松散，必须格外小心，不要将 DNA 析出。加入 100μl RNA 补液，将 DNA 在 65℃下温育 1h，使 DNA 再水合。时时轻弹管壁，或者在室温或 4℃下将样品过夜。将 DNA 保存在 –20℃用于后续分析。

ITS 区真菌序列的扩增：用提取并纯化好的基因组 DNA 作为模板，引物 ITS1、ITS4 扩增 ITS1-ITS4 区。引物序列为：ITS1（5′-TCCGTAGGTGAACCTGCGG-3′）；ITS4（5′-TCCTCCGCTTATTGATATGC-3′）。PCR 反应体系（50μl）：10×PCR 缓冲液 5μl，dNTP（各 2.5mmol/L）4μl，去离子甲酰胺 1μl，引物（10μmol/L）各 1μl，rTaq 酶 0.5μl，DNA 模板 1.5μl，加入双蒸水 36μl。PCR 体系：95℃变性 5min，95℃变性 50s，54℃退火 50s，72℃延伸 90s，37 个循环后，72℃延伸 10min。加 5μl PCR 产物于 1.0% 的琼脂糖凝胶，进行电泳检测。

昆虫共生微生物的克隆文库构建包括以下几点。PCR 产物的纯化：利用纯化试剂盒对 PCR 产物进行纯化，将纯化后的 PCR 产物连入 pMD 18-T 载体中。将纯化好的 PCR 产物转化进大肠杆菌感受态细胞：加连接产物于 50μl Trans1-T1 感受态细胞中（在感受态细胞刚刚解冻时加入连接产物），轻弹混匀，冰浴 20~30min；42℃热激 30s，立即置于冰上 2min；加 400μl LB 液体，200r/min、37℃孵育 1h；取 15μl 500mmol/L IPTG、40μl 40mg/ml X-gal 混合，均匀地涂于准备好的平板，在 37℃下放置 30min。待 IPTG，X-gal 被吸收后，取 200μl 菌液铺板，培养过夜（为得到较多克隆，4000r/min 离心 1min，弃掉部分上清，保留 100~150μl，轻弹悬浮菌体，取全部菌液涂板，培养过夜）。阳性重组子的挑选：挑选白色克隆至 10μl 无菌水中，涡旋混合。25μl 反应体系中取 1μl 混合液用作 PCR 反应的模板。ITS1、ITS2 分别为正向引物和反向引物鉴定真菌插入片段。M13-47、M13-RV 分别为正向引物和反向引物鉴定细菌插入片段。

3. 动物共生真菌分类鉴定技术

（1）真菌的形态学观察。真菌形态学的研究主要参考 *Compendium of Soil Fungi*（Domsch et al.,2007）和 *The Genera of Hyphomycetes*（Seifert et al., 2011）等专著。观察菌落特征并进行记录，测定菌丝的生长速率，就菌丝形态、产孢方式、分生孢子的形态及大小、厚垣孢子形态等进行观察及测量，测定是以水为浮载剂，选取典型菌落进行玻片拍照。观察及拍照完毕后以乳酚油替换水，必要时用中性树脂密封，制成半永久性玻片。需要观察并记录的特征包括以下几项。

菌落形态（colony morphology）主要涉及以下几点。菌落直径：培养物通常在标准（或通用）条件下培养，对肉眼可见的菌落进行测量记录；无肉眼可见菌落形成时，用低倍镜观察其是否萌发，并记录结果。以毫米为单位进行直径的记录。菌落质地（colony texture）：菌落的质地大体可分为绒状、絮状、毡状、棉毛状、棉絮状、绳状、粉末状或颗粒状。菌落的颜色（colony color）：菌落的颜色比较多样，常常随着培养条件的不同或培养时间的长短而有所变化，新鲜和保藏较久，经过多次继代培养的同一菌株的菌落之间可能有较大的变化，同一菌种的不同分离物可能也有一定的差异。菌体或 / 和菌落颜色采用 Ridgway（2011）描述的颜色标准及其名称进行描述记载。渗出液（exudate）：菌丝体在分泌作用下产生渗出液，渗出液多者在菌落表面积聚成大小不同的液滴，此特征因不同分离物和不同种而异。在渗出液大量产生的、生长时间较长的菌落中，可能会因为渗出液的蒸发而留下一些残留物或小凹陷。菌落背面可溶性色素（soluble pigment）：可溶性色素会扩散到培养基中而使其变成不同程度的黄色、红色或其他颜色。环带（zonation）：菌落中有时出现的明显或不明显的同心环纹。皱纹（buckling）：有些种的培养物可使培养基产生各种不同程度的起伏不平，而导致菌落表面产生相应的皱纹。如果皱纹或脊相对规则有序，就有可能呈现放射状，通常称为放射状皱纹（radial furrow）；皱纹起伏较大可视为沟纹（sulcate furrow）或放射状沟纹；紧密细小的皱纹称为皱褶（plicate）；皱纹呈现不规则状、弯曲或互相交叉，则为不规则皱纹。

显微特征（microscopic character）有以下几个方面。分生孢子梗（conidiophore）：从菌丝上生长出的产孢结构，其顶端或侧面具有一个或多个产孢细胞。应观察和记录的指标包括：测量其长度和直径，壁的表面是否平滑，是否有小刺、颗粒和疣等，顶端是否膨大。瓶梗（phialide）：瓶梗是产孢细胞，有的文献称其为小梗（sterigmata），测定和记录的指标包括长度和直径、每轮的数量、彼此是否紧密或稍叉开还是近于平行、其形状有瓶状或披针形还是圆柱状、梗颈是否明显等。分生孢子（conidium）：通常指产生于菌丝产孢细胞的无性孢子，应观察和记录其大小和颜色、表面是否光滑或有纹饰、是否有隔膜，形状大体可分为球形（globose）、卵形（ovoid）、椭圆形（ellipsoidal）、圆柱形（cylindrical）、纺锤形（fusiform）、长方形（oblong）、倒棍棒状（obclavate）、倒梨形（obpyriform）、镰刀形（falcate）。菌核（sclerotium）是由厚壁的拟薄壁细胞（pesudoparenchyma cell）构成的硬块，形状多为球形或近球形，也有其他形状者。有些培养物会形成菌核。厚垣孢子（chlamydospore）是否产生；子囊果（ascocarp）的产生方式（表生或埋生）；子囊果的类型，如子囊盘、闭囊壳等，表面是否有刚毛或附属丝，也要记录大小、颜色等常规特征。子囊（ascus）的形状、大小、颜色及表面纹饰等也是需要记录的特征，有些种的子囊易消解。子囊孢子（ascospore）的大小、形状、颜色和表面纹饰也需要记录。

（2）真菌的系统发育学研究。应用分子生物学技术对真菌进行分类鉴定，给真菌分类提供了一个科学、可靠和简便的借鉴方法。真菌 rDNA 中的 ITS 片段既具备一定的保守性，又具备一定的变异性，在科、属和种的水平上均有特异性序列的特征，而且进化速率较快，因此可以应用于生物种内、种间及不同属间的分子系统学研究。序列比对及系统发育分析：从 GenBank 网站下载所需要的参考 DNA 序列，利用 PAUP、MEGA 等软件对不同分类单元的 DNA 序列进行系统发育分析，构建系统发育树，结合形态学观察来确定特定菌株的分类地位。

（二）动物共生真菌接种方法

以狭额卷象属卷叶象甲的共生真菌接种叶片为例，具体方法如下。

（1）在完整叶片的不同位置切下 1cm² 的小块。

（2）将叶块置于 75% 的乙醇中消毒 30s，1% 的 NaClO 中消毒 30s，随后用无菌双蒸水将样品冲洗两次，将样品放在无菌滤纸上晾干。

（3）模拟昆虫的接种过程，用牙签在叶块的正面及反面将叶表皮扎破，露出叶肉组织。

（4）将共生真菌的孢子制成孢子悬液，喷洒在扎好孔的叶片上。

（5）将接种共生真菌孢子的叶片放置于 25℃、空气湿度为 80% 的光照培养箱中。

（6）培养 7d，共生真菌的菌丝侵入叶片组织后，可开展后续研究。

（三）动物共生真菌定殖特点研究技术

在昆虫与真菌的共生关系中，共生真菌经常在昆虫世代间垂直传播。在传播过程中，共生真菌种群通常会遭遇明显的瓶颈效应（bottleneck effect）。瓶颈效应是指由于环境事件或世代传播，导致种群规模急剧下降，而其中一小部分的群体能够存活下来，重新建立种群。

目前，研究共生真菌在昆虫世代间传播及定殖的技术主要为 Real-time qPCR 技术，其利用荧光检测系统对特异性扩增过程进行实时监控，以精确地检测出真菌的数量，具有快速、灵敏、高通量、自动化程度高的特点，其中 SYBR Green 染料法较为常见。SYBR Green Ⅰ 能够结合在双链 DNA 双螺旋小沟区域，具有绿色激发波长，激发波长 497nm，发射波长 520nm。游离状态下的 SYBR Green Ⅰ 燃料能够发出微弱的荧光，一旦结合双链 DNA 后，荧光大大增强。因而，SYBR Green Ⅰ 的荧光信号强度与双链 DNA 的数量相关，可根据荧光信号检测出 PCR 体系存在的双链 DNA 数量（图 10-2）。

1.反应设置：当结合双链DNA时SYBR®Green Ⅰ 染料发出荧光。

3.聚合反应：延伸，退火，PCR产物生成

2.变性：当DNA变性时，SYBR®Green Ⅰ 被释放，荧光显著降低

4.聚合完成：当聚合反应完成的时候，SYBR®Green Ⅰ 染料结合双链产物，用790oHT系统检测到的荧光净增加量

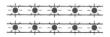

图 10-2　SYBR Green 法 qPCR 原理（引自 Bio-synthesis Inc.，2015）

二、植物共生真菌

植物与真菌的关系极为密切，尽管它们之间的亲缘关系较远。能够与植物建立共生关系的真菌统称为植物共生真菌，其中的大多数植物共生真菌可以采用普通真菌的研究手段开展研究。然而，也有部分类群，如 AM 真菌等因具有独特的生物学特性而需要一些特殊的研究方法与技术。

（一）植物共生真菌分离、培养与分类鉴定技术

1. 植物共生真菌的分离与培养

不同类群的植物共生真菌往往需要采用不同的方法进行采集、分离和培养。

（1）DSE 的分离与培养。由于 DSE 通常定殖于植物根内组织，因此分离培养纯化 DSE 需要从采集根样开始。可采用以下方法和步骤进行分离培养：根样清洗，剪取新鲜的植物根系用自来水反复仔细清洗，以去除黏附于植物根表的土壤和杂质。选取用于植物共生真菌分离的根段，剩余部分于低温保存。将所选取植物根段进行表面消毒：75% 的乙醇消毒 5min →无菌水漂洗 2 次→ 10%NaClO 消毒 5min →无菌水漂洗 3 次→无菌滤纸将根表水分吸干。

将经过表面消毒的根段剪成 5mm 左右的小段，分散置于加有抗生素的 PDA、麦芽浸粉琼脂培养基（malt extract agar，MEA）或玉米粉琼脂培养基（corn meal agar，CMA）的培养皿中，每皿 8~10 个根段。于 24℃黑暗培养约 30d，每天观察并挑取从植物根段内长出的深色菌丝于 PDA 平板分离纯化培养，对不易产孢菌株，通过改变培养条件诱导产孢。观察菌落特征，利用插片培养并结合显微形态特征，进行形态学分析。对获得的菌种进行培养、保藏或利用。

（2）印度梨形孢的分离与培养。根样的预处理同上。不同培养基上印度梨形孢的生长量和形态变化很大。MM1 液体培养时振荡会抑制真菌的生长（7~12g 鲜重 /L，30℃下培养 2 周），而其他培养基上则不抑制。事实上在完全培养基（complete medium，CM）上振荡培养可促进印度梨形孢生长（有时高达 50g 鲜重 /L，30℃下培养 2 周），在 Moser B 培养基上出现紧凑的皱纹。菌丝体产生了清晰的分带和长白色的菌丝。菌丝交织，经常黏在一起，外观显示出简单的索线。新分枝在外部显示出一些深色的、不规则的、有隔的菌丝。厚垣孢子很黏，需要强力严格的物理处理分开它们。菌丝体在 MM1、CM 和 MM2 培养基上也能或多或少产生一定数量的厚垣孢子，但厚垣孢子经常在松散的集群中（Verma et al.，1998）。

（3）麝香霉 *Muscodor* spp. 的分离与培养。麝香霉通常定殖植物地上部的茎和枝内。因此，可采集健康植物的成熟枝干，于无菌条件下将细枝切成 1~2cm 的小段，经表面消毒（1% 的 NaClO 5min—70% 的乙醇 1min—30% 的乙醇 30s）后，于超净工作台上干燥。将消毒的植物样品切成 5~10mm 的片段，放入含有已培养 7d 的白色麝香霉 CZ620 PDA 培养皿中并用封口膜密封。于（24±2）℃、12h 光周期培养 14d，定期观察培养情况。将从植物组织中生长出的真菌菌丝顶端转移到新鲜的 PDA 上，以获得纯的分离物。由白色麝香霉 CZ620 产生的挥发性物质能抑制非目标真菌的生长，而只

允许能产生挥发性物质的真菌的生长,从而提高分离出新的麝香霉菌株的可能性。因此,在保留有白色麝香霉 CZ620 纯培养的 PDA 上开展分离培养工作。可以采用各种培养基如理查德的琼脂(RA)、CMA、香蕉叶琼脂(BLA)、MEA 培养基和生长条件以促进其产孢。如果没有已获得的麝香霉纯培养,则可采用如下方法进行分离培养:取健康的茎用自来水冲洗干净后浸泡在 75% 乙醇中持续 40s,再于 1% 的 NaClO 溶液中浸泡 5min 后用无菌蒸馏水清洗 3 次。将茎切成 0.5cm 长的小段放入有 2% 的 MEA中。用封口膜密封后置于 25℃黑暗下。该培养基中含有 50mg/L 氯霉素以抑制细菌生长。有的分离物培养 7d 后即可在 PDA 和 MEA 上产孢。该孢子的形态可用来鉴定菌种等。

(4)ECM 真菌的分离与培养。大多数 ECM 真菌能在人工培养基上生长,其主要分离培养步骤与其他腐生性真菌相似。分离工作应在无菌条件下进行,如在灭菌间、无菌箱或超净工作台上操作完成。有时从采集 ECM 真菌子实体到室内分离还有相当一段时间,则可考虑在野外条件下进行分离。一般应选择新鲜、幼嫩、未开伞、无损、无病虫害、无污染的 ECM 真菌子实体以提高分离成功率,最好是随采随分离,从 ECM 真菌子实体上分离是常用的一种重要的分离方法。对于伞菌类真菌,最好采用菌盖与菌柄连接处的菌肉进行分离。对不熟悉的新菌种,则应多取几部分进行分离,以保证分离成功率。为了达到成功分离的目的,一种分离的子实体应多分装几支试管。可用体积小、重量轻、便于携带的一次性无菌聚丙烯塑料管代替玻璃试管,这种塑料管使用方便,非常适合野外调查采集使用。分离 ECM 真菌的同时,应进行编号和记录。根据不同菌种生物学特性分别存放培养,对暂不了解其生长习性的菌种,可先放在 25℃左右的条件下进行培养和观察。

对需要确定种类的 ECM 真菌,而样地又无子实体可采,或要完成菌种回接试验时,可直接从菌根根段上分离菌种。从菌根组织上进行菌种分离与植物病理学上分离真菌的方法相似。采集幼嫩新鲜的菌根根段,冲洗表面泥沙等杂质,表面消毒后再用无菌水冲洗 3 次,用消毒滤纸吸去表面水分后,用灭菌的解剖刀切取 3~5mm 菌根组织,放入盛有培养基的培养皿中,每皿接种 3~5 个样品,置于 25℃左右的恒温培养箱中进行培养。每天观察记录菌落的生长情况。通常培养 3~5d 后在所接种的样品周围就可长出菌丝体。对于那些菌丝体生长速率较慢的 ECM 真菌,要长期培养。用这种方法分离的真菌,除了那些明显属于污染的杂菌外,可能并不止一种 ECM 真菌,这就需要将不同形态或不同颜色的菌种再进行分离,待纯化后再保存并镜检。用此法分离得到的真菌成分可能比较复杂,这些真菌可能是植物共生真菌、ECM 真菌或其他种类的真菌,应根据不同研究目的加以区分和利用。对 ECM 真菌菌种的确定应以柯赫法则为依据,即将分离出的各种菌分别接种寄主植物,待其形成菌根并形成子实体后,用子实体进行分类鉴定。还要将该子实体分离长出的菌丝体与原有的菌丝体进行比较分析,最后才能确定其 ECM真菌种类。

许多 ECM 真菌尤其是高等担子菌在与树木共生过程中会形成各种色泽的菌索。因此,在没有现成子实体的情况下可采用菌索进行菌种分离。选择新鲜、粗壮、具有生活力的菌索,用水冲洗干净后用吸有适量 70% 乙醇的消毒棉花轻轻擦洗菌索表面 2~3 次,用消毒镊子或解剖刀剥去菌索表面的一层菌鞘,取其菌髓部分,用灭菌刀切成小块,接种到培养基上进行培养，其他方法同上。遇到较细的菌索，不易撕去菌鞘时，可将菌索在 70% 乙醇中浸一下，然后用无菌水冲洗，再用 0.1% 升汞或其他消毒液进行处理，无菌水冲洗后，再用消毒滤纸吸干水分，即可切成小段，接种于培养基上。值得注意的是，由于菌索直接接触消毒液，所以要严格掌握消毒液的浓度和消毒时间，以确保分离成功。

孢子分离法是利用 ECM 真菌子实体的孢子，使其在培养基上萌发生长，从而获得纯菌种的方法。还可采用单孢分离的方法，分离时，选择新鲜、成熟、无污染、无病虫害的子实体作为孢子来源，先去其表面杂质、切除菌柄后，在超净工作台上用 0.1% 升汞对菌盖进行表面消毒。将菌盖扣在已经消毒的有色纸上并加盖，于室温下放置 12~24h，菌褶上的大量孢子就会放射在纸上，形成孢子印，用接种针挑取少数孢子接种于培养基上培养即可。或取上述菌盖一块，用消毒针钓钓住，菌褶向下，使菌体悬挂于三角瓶中央。注意放入时不要使菌盖碰瓶口或瓶壁，于 25℃ 条件下放置 24h 后担孢子自然散落于三角瓶的培养基上。之后，取出悬挂菌体，塞上棉塞，继续培养即可。再经过纯化即可保存。

不同的 ECM 真菌对培养基的要求差异较大，需根据 ECM 真菌种类选择最适的培养基。PDA 和 MMN 是最采用的培养基，也可以对它们进行适当改进。例如，松茸菌丝体在改良的 MMN 培养基、改良的菌根菌分离用培养基、改良的 PDA 培养基中，菌丝生长速率最快。ECM 真菌分离的成功与否与所取部位菌丝组织的结构和类型有关。一般伞菌类的子实体，分离菌盖和菌柄连接处的菌肉组织较好；马勃目和硬皮马勃目真菌很容易分离成功，能在大多数培养基上进行分离、培养；蘑菇科、牛肝菌科、鹅膏菌科、口蘑科和革菌科等真菌也能分离成功；而红菇科和丝膜菌科真菌的分离具有一定的难度；铆钉菇科和鸡油菌科的真菌则很难分离成功。姚庆智和闫伟（2005）在实验室纯培养条件下，对油松菌根分离获得的 11 种 ECM 真菌进行了营养生理代谢的研究，确定了最佳培养条件：麦芽汁和 Pachlewski 培养基上生长的适宜温度为 22.5~25℃，pH 以 6.0~7.0 为宜，碳源以麦芽汁和葡萄糖为好，氮源则以氨态氮和有机态氮中的蛋白胨为佳。与菌种单独纯培养相比，利用愈伤组织和 ECM 真菌共同培养，能有效促进真菌菌丝萌发和生长。

（5）AM 真菌的分离与培养。AM 真菌是土壤习居真菌，具有专性活体营养的特性，至今尚未获得纯培养。因此该类真菌与其他真菌的分离和培养方法有很大不同，必须采用一些特殊的途径才能获得一定的分离培养物。该类真菌的繁殖体多以厚垣孢子、孢子果、菌丝体、根内孢囊和菌根根段等多种形式在土壤中存活。这些不同形式的繁殖体在一定条件下都能侵染一定植物幼嫩根系而形成菌根，并能得到新一代的繁殖体。因此，它们都可用来分离土壤中的 AM 真菌。通常采用湿筛法从土壤中分离出 AM 真菌的孢子：称取一定重量或体积的待测土壤或菌剂 10~100g 或 10~100ml，放入大烧杯中加 500~1000ml 水，搅拌，静置 10s 后过双层分样筛（上筛 20 目，下筛 400 目或 500 目）。反复洗土并过筛 3~4 次，收集 400 目筛子上的残留物于大离心管中，3000r/min 离心 3min 后去掉上清液，加入 45%~50% 的蔗糖，搅匀后迅速放入离心机，1500r/min 离心 1.5min 马上过 400 目筛，并轻轻冲洗筛子上面的残留物，用生理盐水收集于培养皿中，解剖镜下即可观察、计数和挑出单孢进行接种培养等。

供分离用的 AM 真菌孢子、菌根根段、孢子果、菌丝体等均需要进行表面消毒处理。通常可将孢子、孢子果、菌丝体等浸泡在 2% 的氯氨 T 和 200mg/L 的链霉素溶液中 15min，然后用无菌水冲洗 3 次；75% 的乙醇或 0.5% 的 NaClO 可用来对菌根根段作表面消毒处理，浸泡 1~3min，用无菌水冲洗多次后才能用于接种。其他一切用于分离的工具和材料都必须经过严格灭菌或消毒处理，以减少杂菌污染的机会，提高分离成功率。

与其他真菌不同，AM 真菌的培养离不开活体植物。通常采用根系数量大的多年生草本植物或一年生植物作寄主植物。红车轴草、新西兰白车轴草和苜蓿等豆科植物因其根量大、多年生及对 AM 真菌依赖性较大等特点，成为培养 AM 真菌最常用的寄主。烟草和苏丹草也是比较常用的培养 AM 真菌的寄主，尤其在气温高的夏季是最适宜的寄主，烟草因其容易培养和操作适宜还可作为单孢分离培养的寄主植物。

用于分离培养 AM 真菌的盆栽培养基质的材料很多，最常用的是价格低、来源广的河砂，将其过 2mm 筛、用水漂洗干净并干燥灭菌或用其他方法灭菌后即可使用。石英砂、蛭石、泥炭或透气性良好的沙壤土，pH 在 5~7，经湿热灭菌（125℃、1h）或用 1Mrad 的 γ 射线灭菌后也可用于分离培养 AM 真菌。必须注意的是，各种培养基质的营养元素特别是磷含量直接影响孢子的形成，其速效磷含量应低于 20μg/g，肥料过多会抑制 AM 真菌的生长和发育。最好在经过消毒处理干净的温室内进行 AM 真菌的分离培养工作。适合寄主植物生长的温度和光照条件同样适合 AM 真菌的生长发育。一般可用 Hoagland 营养液补充各种养分。根据不同培养基质和寄主植物的需要可定期施加 20%~50% 的 Hoagland 营养液，一般即可保证寄主植物和 AM 真菌的生长发育。适当控制肥水，尤其是减少速效磷和氮肥的施用量，有利于成功分离培养 AM 真菌。

AM 真菌的分离纯化需要利用单孢分离培养法。由于 AM 真菌特殊的生物学特性，这里的单孢分离培养法与普通真菌的单孢分离法有很大的不同。事先在灭菌的石英砂或河沙中播种烟草等寄主植物，培养至 3~6 片真叶，即可用于单孢分离培养。于解剖镜下用毛细管把经过消毒后的单个孢子直接放在一株幼苗的根系上，然后将该苗定植于育苗器中，采用半水培法培养 2~4 周后一般即有菌根侵染。此法能较快速获得单孢分离培养物。也可将湿筛得到的孢子表面消毒后，挑选单个孢子，直接放入容器内的消毒基质中，然后播种经表面消毒（75% 的乙醇、0.1% 升汞或 0.1%NaClO 表面消毒 3~5min，用无菌水冲洗）后的寄主植物萌芽种子。经过 3~4 个月的生长，培养基质中就有从单一孢子繁殖而来的新一代的孢子，从而获得一个纯系。

（6）其他菌根真菌的分离培养。从兰科植物的根系中能很简单地分离到真菌，大多数真菌在不同的培养基中都能生长得很好。具体方法是：从侵染的根表皮细胞中分离出菌丝螺旋团，在贫瘠的培养基中培养，长出的菌丝再进行次培养，这种方法可避免根表面真菌和根内组织真菌的污染，至少很难从发芽的种子原球体（protocorm）中分离到真菌，但是可以用盛有种子的网囊作为诱饵来诱集真菌。

ERM 真菌的分离主要采用组织单细胞的分离方法：从寄主植物根上采集幼嫩的细根，用砂布包好，放在自来水下冲洗 2~4h 后，用 0.1% 升汞（或用过氧化氢、漂白粉）

等消毒剂对根系进行表面消毒，再用灭菌水清洗数次。将消毒后的根段放入盛有灭菌水的小容器内，用玻璃棒搅碎，制成细胞悬浮液。取一滴细胞悬浮液放入无菌培养皿中，再倒入灭菌、冷却的 0.5% 水琼脂培养基，缓慢地摆动培养皿，使根细胞均匀地分散在水琼脂培养基中。置 20℃ 条件下培养，直待长出菌丝。挑取菌丝尖端可以继续纯化培养。该法也适用于分离 OM 真菌。

ARM 真菌和 MM 真菌，一般可采用 ECM 真菌分离培养方法来分离培养获得。其他众多适合不同目的培养方法可参见《菌根学》（2007 年，科学出版社）及有关期刊上的相关文章。而其他菌根真菌由于大多具有一定的腐生性，可以纯培养，其分离培养方法同植物内生真菌或普通真菌的分离培养方法。

（7）禾草共生真菌的分离培养。从采集的禾草植株上每株随机取 1 个叶鞘放入冰盒，带回实验室，用自来水冲洗去除叶鞘表面污物后用无菌水涮洗 1 次，放入超净台中。参照 Latch 和 Christensen 描述的方法，略加改进：将叶鞘剪成 3~5mm 小段，放入 70% 乙醇中用无菌玻璃棒搅动 5~10s，然后在无菌水中涮洗 1 次，放入 0.5%NaClO 溶液中表面灭菌 8~10min，期间不时搅动样品，NaClO 处理结束后，用无菌蒸馏水涮洗 3 次，然后用无菌小镊子夹住，斜插入提前准备好的 PDA 培养基（含 0.1mg/ml 氨苄青霉素和 0.1mg/ml 链霉素）中，用封口膜密封好放入 25℃ 培养箱中培养，每天观察共生真菌长出情况，共持续观察 4 周。当有菌丝从叶鞘边缘长出时，从边缘挑取少量带菌丝的培养基转入新的 PDA 中，继续培养，当菌落生长到约 1cm^2 时，重复此纯化操作 3 次，最终用于形态观测。

也可以从种子分离禾草共生真菌：挑选单株（丛）带菌禾草的种子 20 粒用 70% 乙醇消毒 1min，无菌水冲洗两次，然后用 1%NaClO 消毒 3min，无菌水冲洗 3 次，再用消毒的滤纸吸干种子表面的无菌水。将消毒后的种子均匀地摆放到装有 PDA 培养基的培养皿中，在 25℃ 黑暗培养条件下培养 3~4 周。当共生真菌从种子表面出现后，挑取少许菌落进行培养。待共生真菌产孢后，挑取单个孢子进行纯培养，根据上述培养条件进行 4 周生长速率测定，并在第 4 周生长速率测定后选取 50 个孢子测定孢子形态、大小及分生孢子梗的长度。

从每个形态型中挑选具有代表性的菌株进行单孢纯化，以避免异核现象影响随后的分子系统发育分析。单孢纯化的方法：先将禾草共生真菌菌株接种在 PDA 平板上，生长 2 周后，用透明胶带从菌落边缘粘取少量菌丝，放在光学显微镜下进行观察；当有适量孢子产生后，采用毛细玻璃管或细尖的针，在显微镜下将单个孢子挑到新的 PDA 平板上，放到 25℃ 温箱中继续培养。待孢子产生后，再重复以上两个步骤 2 次。对于不产孢的形态型也需要进一步纯化。纯化采用 Moon 等的方法：从快速生长的菌落边缘挑取尽可能小的带有菌丝的培养基（约 1mm^2）到新的 PDA 平板上继续培养，如此重复 3 次备用。

对所有分离到的菌株进行形态观测，观测指标包括：菌落形态（整体轮廓、边缘特征）、颜色（正、反面）、质地、生长速率、产孢与否，以及产孢细胞（瓶梗细胞）和孢子的形态、大小等。最后，将获得的菌株进行初步分类。生长速率测量方法为：从接菌日期开始，用游标卡尺每两天测量 1 次菌落直径，持续 2 周。测量结束后，对菌落外形进行观察；用透明胶带粘取少量菌丝，贴在盖玻片上，再放置于载玻片上,于 400× 或 1000× 显微镜下观察、拍照,并进行显微测量,每个样品测量重复 10 次。此外,对种植在植物网室中的感染共生真菌禾草子座产生情况进行观察。如果产生子座,则进一步观测子座在禾秆上的大小和外形,包括长度、颜色及子座成熟后的变化。

(8)其他植物共生真菌的分离培养。关于其他植物共生真菌的分离与培养,可采用常规真菌分离培养的方法进行。可通过随机抽样的方法选择不同生长时期的植物根、茎、叶、花、果实和种子等不同部位进行采样。将样品放入采集袋中,干燥低温保存,并在 48h 内处理完毕。然后用适当浓度的升汞、乙醇、H_2O_2、NaClO 和二甲基亚砜(DMSO)等表面消毒剂对采集样品进行表面消毒并用无菌水冲洗表面残留的消毒剂。通常采用的接种平板的方法是将植物组织切成小段,稀释后涂布平板。经多次分离培养与纯化即可获得纯培养。

2. 植物共生真菌的分类鉴定

同其他普通真菌一样,通常依据植物共生真菌如麝香霉等真菌的菌落、孢子、菌丝等形态特征等对其进行所谓传统的形态学分类鉴定,或采用分子生物学技术对植物共生真菌进行种类鉴定。当前,结合形态学与分子生物学方法开展共生生物的分类鉴定工作是常见的、可行的和奏效的方法。大多数植物共生真菌具有一定的腐生性,能够获得纯培养,其分类鉴定方法同普通真菌的相同。然而,部分菌根真菌,特别是 AM 真菌和部分 ECM 真菌目前尚未获得纯培养,其分类鉴定方法与其他真菌不同。AM 真菌的形态学分类主要是依据 AM 真菌厚垣孢子的形态特征,如孢子的形状、大小、颜色、孢子细胞壁的层次结构与颜色、连孢菌丝特征、产孢方式、孢子果特征、菌丝侵染,以及丛枝与泡囊的特征等。采用湿筛法分离获得 AM 真菌孢子后,于解剖镜下用吸管吸取单孢子置于载玻片上并加浮载剂压片观察,使用 Melzer's 试剂观察孢子壁及内含物特异性反应,根据观测结果,对照国际 AM 真菌保藏中心 INVAM(http://invam.caf.wvu.edu/,2017.3)、Arthur Schüßler 教授(http://www.amf-phylogeny.com/,2017.3)和波兰农业大学 Janusz Blaszkowski 教授(http://www.zor.zut.edu.pl/Glomeromycota,2017.3)的分类描述及图片,并参阅有关鉴定材料和新近发表的新种描述等进行种属鉴定。此外,对菌根真菌的分类鉴定,除了常规的物种分类鉴定外,有时还需要对寄主植物进行接种试验,观测菌根共生体的发育状况,以确定是否属于菌根真菌。关于利用分子生物学技术进行共生真菌的分类鉴定可参见本章第三节的有关内容。

(二)植物共生真菌的接种方法

本节所谓"接种"即"人工接种",是指将植物共生真菌的接种物与寄主植物的根系、种子或其他器官相接触,或将其放在距种子一定位置,或将其与培养植物的基质混匀,并创造促进侵染和共生的环境条件,以诱导共生体的形成。人工接种是生物共生学研究所必需的基本方法与技术之一。无论在室内体外试验、温室盆栽试验,还是大田试验中均需要接种环节,以达到试验目的。植物共生真菌类群繁多、特性各异及其接种物形式多样,通常依据不同的试验条件、试验材料和研究目的采用不同的接种方法。

1. ECM 真菌接种方法

ECM 真菌菌剂通常有液体菌剂、固体菌剂、胶丸菌剂和种子包衣菌剂等多种形式与剂型。根据所采用的真菌繁殖体不同，ECM 真菌菌剂还可分为孢子菌剂、菌丝体菌剂、林地土壤菌剂和菌根活体菌剂。其中，以孢子菌剂和菌丝体菌剂使用最普遍。孢子菌剂直接来源于子实体，如马勃菌 *Scleroderma* spp.、豆孢菌 *Pisolithus* spp.、须腹菌 *Rhizopogon* spp. 和块菌 *Tuber* spp. 等子实体中含有大量的孢子，其孢子菌剂生产工艺简单、生产加工和运输成本低廉、孢子来源广泛并可在林业生产上可大规模应用。但一些真菌子实体孢子量少，在保持遗传一致性方面孢子菌剂有一定的不足。菌丝体菌剂是通过纯培养获得菌丝体并与一定的载体混合配制而成，因此可根据需要进行摇床或发酵生产，不受季节影响，在遗传上可保持较好的一致性，但这种菌剂生产成本很高，大量生产受条件限制，一些真菌纯培养困难或繁殖速率慢等，在菌剂保存和运输方面都有一定的局限，因此这种菌剂一般适用于试验研究或小范围生产接种，当前仅在美国和法国等发达国家有批量生产，且仅局限于几个菌种。中国目前在林业生产上主要采用菌丝体菌剂，包括采用水或蛭石等作为载体。有关研究表明孢子菌剂在接种效益和生产应用上更具广阔前景，尤其是针对中国当前林业生产中造林面积大等实际情况，应提倡研究、开发和应用孢子菌剂。通常对播种的种子或组织培养苗进行菌根真菌接种效果较好。这种方法不仅方便、简单，而且接种条件容易控制，使用菌种量较少。下面介绍的几种接种方法，可根据不同目的或需要选择采用。

（1）组织培养苗接种法。菌根真菌接种技术与组织培养技术相结合已发展成为促进农、林、牧业生产的一项新的生物技术。组织培养苗生根阶段适宜进行菌根真菌接种处理。组织培养苗常用的生根培养基，对一些菌种生长不适合，可根据不同需要适当添加一定养分，使常规 MS 培养基既有利于组织培养苗生根，又适合菌根真菌生长和侵染。桉树组织培养苗从移入生根培养基到幼苗生根移栽一般需 20d 左右，菌根真菌接种可在组织培养苗移入瓶后第 5 天左右进行，一般每瓶接入 2~3 个 0.5cm^2 大小的平板菌块即可，继续按组织培养苗常规方法进行培育。菌种接入时间、接入菌种量的大小应根据菌种生长速率来决定，一般生长较快的菌种，都可推迟接种或减少接种量；反之，则可提前接种或加大接种量。所有工作都必须在无菌条件下进行，否则会造成污染给育苗带来损失。这种菌根化措施无须更多设备，不必另外制作菌剂，是实现工厂化组织培养苗菌根化最简单、最有效的方法，但只能在可进行组织培养的树种上使用。此外，个别菌种由于生长迅速，大量气生菌丝甚至可包围整株组织培养苗，虽然不会导致幼苗死亡，但会影响其生长，可通过推迟接种时间和减少接种量、降低环境温度以控制菌种生长速率。组织培养苗接种在国内外有一定的应用，国内在尾叶桉 *Eucalyptus urophylla* 组织培养苗上有应用，国外在细叶桉 *E. tereticornis* 等树种的组织培养苗中也能合成多种 ECM 真菌的菌根。

（2）无菌芽苗接种法。无菌芽苗接种法是在有菌种培养基的无菌容器中，如广口瓶或培养皿等，直接接入菌种和消毒及催芽处理的植物种子。当种子萌发后，其胚根及根系可与菌根真菌种充分接触。这种方法接种成功率高，无菌操作可排除其他真菌或细菌的干扰，便于控制，因此适合试验研究，特别是在对真菌 - 寄主专一性研究方面有较多应用。仅以硬皮马勃属 *Scleroderma* 真菌为例，通过无菌芽苗接种方法，在 6 属的多个树种上成功合成了菌根，包括桉树 *Eucalyputs* sp. 和松树 *Pinus* sp.，充分证实了该属真菌具有广泛的寄主范围。

（3）幼苗机械化接种。目前，大规模育苗多已实现机械化，这就为苗木菌根化创造了条件。播种过程中，可将各种类型的菌剂，如颗粒剂、片剂、菌丸或粉剂等，用机械化方法将它与种子同时播种；或用菌剂拌种，形成复合种子，再播种；也可将种子用含有菌剂的材料进行丸衣化处理后，再播种。种子萌发后，长出根系即可与菌种接种物接触、侵染、形成菌根。可见，只要具备机械化育苗条件，都可使用该方法。

（4）苗床接种法。苗床接种也是实现苗木菌根化的集约方法，它不需要对每株幼苗分别进行接种，可以一次接种较大数量的幼苗，而且不需要复杂机械或设备，操作方法简便，在生产上容易推广应用。为了获得理想的菌根化效果，一要适当增加接种量；二要加长幼苗留床时间，最好有 5 个月以上，以增加根系与菌种接触侵染的机会；三要尽量调控环境温度、湿度，增强光照、轻度干旱处理，以有利于菌根发育。具体接种时，可以使用菌根真菌孢子粉菌剂接种，将孢子粉均匀地拌入苗床土壤中，或将已感染菌根真菌的土壤，移施到苗床使生长的幼苗带菌感染，也可将适量的人工菌剂施入苗床中，使生长苗木带菌感染形成菌根。

（5）容器种子或幼苗接种。对容器内的种子或幼苗进行一定的接种处理是室内和温室盆栽试验常常采用的接种方法，于播种的同时或幼苗移栽到容器的同时将接种物添加到容器内或种子和根系周围。具体接种方法可采用：①蘸根或浸根法，即将菌剂制成泥浆或悬浊液，用它对幼苗进行蘸根或浸根，使幼苗根部带有菌丝体或担孢子，达到接种的目的。在蘸根或浸根前，要剪去病虫弱根，有学者建议将部分直径 0.5cm 的健康根系尖端剪成马耳形斜面，以促发新根，有利于菌根发育。②注射接种法，即定植幼苗前，用菌丝体或孢子制成的各种液体菌剂，在根系附近土壤或基质中进行注射接种。这种接种方法对操作有一些要求，如接种深度等，接种时要保证菌种与根系侧根的充分接触，另外需要一定的人工，因此在大面积应用上有一定的困难。③喷施接种法，这种方法通常是将菌剂通过人工浇灌或自动浇灌系统进行喷施，在灌溉的同时完成接种。喷施接种法最适用于孢子菌剂。该接种方法操作简单，接种量大，可满足一般规模苗圃生产的需要。此法在多种真菌孢子接种中有广泛应用，商业化程度较高，如美国多个商业苗圃采用须腹菌孢子喷施接种。④基质接种法，即将菌剂（多数为粉状或颗粒状）与育苗基质（如土壤、草炭、蛭石等）拌匀，装钵后播种或移入幼苗。中国人工林发展迅猛，特别是南方以桉树为主要造林树种的大型苗圃相继应运而生，根据中国林业苗圃以容器育苗为主导的状况，采用孢子菌剂和喷施接种法具有一定优越条件。

接种完成仅是人工接种试验的前期工作，接种后能否侵染形成菌根、达到接种的目的，还必须配合适当的环境条件。一般来说，苗期接种后，培育幼苗的条件也就是适合菌根菌生长和共生的条件，但不能排除个别菌种及树种的要求可能与众不同。因此，接种后应经常观察与记录，人工接种的有关记录非常有必要，除了接种日期、地点，寄主植物种类、来源、生育期，菌种名称、来源、株号、菌剂形式、接种量或浓度外，还有接种方法及管理条件等。菌根接种是否成功及其效果的统计应根据有关前述方法，进行解剖学和形态学特征的观测及有关调查统计，综合分析得出最后的结论。

2. AM 真菌接种方法

AM 真菌有多种接种方法，可根据不同目的和需要选择适当的接种方法。然而不管采用何种方法，操作人员和有关器具必须在接种前进行消毒处理，以尽量减少污染的机会。对需要接种处理的植物种子、根系，培养植物用的各种容器和培养基质、苗床和苗圃土壤等都要消毒甚至灭菌；对于大田土壤有条件的最好也进行消毒处理，以提高 AM 真菌的接种效果。

（1）按接种物形式区分的接种方法。

1）孢子接种法：以 AM 真菌的孢子作为接种物进行接种处理，是常用的接种方法。可先将孢子从菌剂中分离出来，挑到滤纸上或放进盛有生理盐水的小瓶中，可用来接种。如果菌剂中只含有孢子，可根据单位重量或单位体积孢子含量直接加入一定重量或体积的菌剂。按孢子用量接种方法又可进一步分为以下几种。

单孢接种，即只挑一个孢子用来接种。通常用于菌种纯化、分离、分类鉴定等研究目的。事先在灭菌沙中播种烟草等寄主植物，培养至 3~6 片真叶，即可用于接种处理。解剖镜下用毛细管把孢子直接放在幼苗根系上，然后将该苗定植于育苗器中，采用半水培法培养 2~4 周后一般即有菌根侵染。

双孢接种，即挑出两个相似的孢子接种，类似于单孢接，但接种成功的机会大于单孢接种法。

多孢接种，即挑选外部形态一致的 3 个或多个孢子进行接种。可以大大提高接种成功的机会。有时所接孢子可能不是来自一个种，因此，该法不宜用来菌种纯化、分离鉴定等工作，但可用于生理效应、生态等研究工作，一般每棵幼苗可接 500~1000 个孢子。

2）根段接种法：将已充分形成菌根的根段（侵染率达 80% 以上，且含有较多泡囊）剪成小碎段，可用作接种物。一般每个营养钵接种 0.2~0.5g 新鲜根段即可。无论新鲜或风干的根段，均可测定出接种势单位数量。根据需要的接种势单位数量，换算成根段长度或重量，即可接种。

3）培养基质接种法：是最常用的 AM 真菌的接种方法。由于用石英砂、纯净的河沙、蛭石、沙土等作培养基质来繁殖菌种，因此这些培养基质中含有大量孢子、菌丝、菌根根段或 / 和孢子果等繁殖体，其接种势较大，且新鲜的接种物优于风干的。用此培养基质接种物作菌剂，侵染成功率高、速度快。具体操作上可依上述方法测得单位重量或单位体积培养基质接种物的接种势单位数量。一般每一营养钵或盆可参考施用 5000~10 000 接种势单位、苗圃或大田每平方米为 5×10^4~5×10^5 接种势单位的菌剂。

（2）按接种部位区分的接种方法。

1）对种子接种：是播种时或播种前对种子进行的接种处理。根据不同处理方式，又可将其分为以下几种。

种子球衣化接种法：种子球衣化是生产上常用的方法，大体做法是将接种物、黏土、甲基纤维素与种子一起经过球衣机加工，使种子表面包围一层均匀的接种剂，晾干后便可播种，此法成本较高。

拌种接种法：将接种剂与种子拌匀后再播种。

2）对幼苗根系接种：各种来源的组织培养苗、脱毒苗、少于 6 片真叶的生长在灭菌基质中的幼苗，均可将接种剂直接放到根系上或根系周围。此法菌根侵染速率较快，如果用新鲜的菌剂，则侵染速率会更快。

3）对容器接种：当前越来越多的经济作物采用各种容器育苗，如纸质或塑膜营养钵、各种育苗器、花盆等均常用来短期培育或栽培植物。可将菌剂与灭菌后的培养基质混匀、装入容器，然后播种或定植幼苗。也可先将灭菌后的培养基质装入营养钵或育苗器中，在培养基质上挖数个小穴，将接种剂放入穴内；或将接种剂放在容器中部，然后在培养基质表面播种。此法的特点是因容器体积限定了根系的扩展范围，同时由于菌剂比较集中，故有利于强迫侵染，可以培育出优质菌根苗，当其侵染率达 50% 以上时，便可移栽到苗圃或大田中。

4）对苗床和苗圃接种：在苗床或苗圃基质或土壤上开沟，然后将接种剂条播到沟内，最后播种。

5）对大田接种：开沟后可将接种剂撒播到沟内，然后再播种，这样可以减少接种剂用量。例如，地表撒播，然后耙入土内，接种物用量较多。国外已用飞机撒播接种物，这在飞播造林上是常用的方法。

（3）其他接种方法。

1）大田直接定植营养钵接种法：将菌剂加入营养钵并播种后，直接将其按一定株行距定植到大田中，这样可以省去营养钵育苗过程。由于菌剂被限制在营养钵内，可以大大提高侵染速率和侵染强度，从而增强接种菌根真菌的效果。

2）多菌混合接种法：同时将两种或两种以上 AM 真菌的接种剂施加到要进行接种处理的土壤或植物上；有时也指将 AM 真菌与 ECM 真菌、根瘤菌、解磷或解钾细菌、其他生防细菌或真菌等同时混合接种，这是科研上针对不同试验目的采用的方法。

3）覆盖作物接种法：幼龄果园一般间作花生、大豆、地瓜、三叶草、玉米和小麦等。这些间作物都适合于 AM 真菌的侵染。因此，在果园间作播种的同时接种菌根，生长一定阶段后，可增加土壤中 AM 真菌的数量，减少土壤中病原物的数量，从而改善新建果园土壤中微生物区系组成和土壤健康状况。作物收获后大部分根系保留于土壤中，由于这些根系都形成了大量的菌根，存留在果园土壤中可作为下一年的接种物。

另外，可先在苗床或苗圃上种植菌根苗，第二年在这些苗木周围再定植上幼苗。由于它们的根系在土壤中交错接这些小苗的根系受母苗菌根真菌的感染，而形成菌根。此法可靠而简便，但幼苗菌根形成时间较长。

3. 其他共生真菌接种方法

其他共生真菌接种方法基本上可参照 ECM 真菌和病原真菌的接种方法进行。

（三）植物共生真菌定殖特点研究技术

1. ECM 真菌

样品的观测与检查是菌根研究及调查最根本也是最重要的工作之一，除了对菌根定性观测、确定属于何种菌种类型之外，还可对菌根发育程度进行定量测定。

（1）菌根形态的观察。菌根形态观察的内容包括：菌根形态，菌根分枝形状、特征、长度及直径，菌根颜色及与菌索的连接方式、连接部位等。外部观测一般在 10~50 倍解剖镜下直接进行，最好使用新鲜样品，除了进行颜色观察外，可立即进行描述、绘图或显微拍照。对内部观察则需要在显微镜下进行，可以观察菌套结构、哈蒂氏网、外延菌丝、菌套及各层菌丝的排列及其类型，测定各层厚度及菌索中菌丝的排列、分布，菌丝索状联合等特征。这种观测使用高倍显微镜，并用显微计测法进行有关大小、厚度及长度的测量。显微计测的方法有多种，如利用显微镜上的数字推进机构或十字推进器的移动进行计测，此外还有显微仪计测法、螺旋测微计测法和放映计测法，而比较常用的方法是显微测微尺计测法。

为了观测菌套或菌丝的结构等，有时需要用一些染料（如酸性品红、亮甲酚蓝、乳酸棉蓝）及某些化学药品（如 70% 乙醇、甲醛、乳酸等）进行处理，其处理后的样品与清水洗过的样品比较，可以观察得更为清楚。

（2）菌根侵染率及菌根指数观测。大田调查、田间试验和生产应用调查等都需要测定菌根侵染率或菌根指数。可采用以下几种方法进行测定。

1）目测法估计菌根侵染率：在进行大批量苗木检查时，根据抽样苗木根系或某一条侧根上具有菌根的根系数量占调查总根数的百分比来计测菌根侵染率。侵染率标准可分为 5 级：1 级没有菌根或侵染率在 1% 以下；2 级菌根侵染率为 1%~10%；3 级菌根侵染率为 11%~30%；4 级侵染率为 31%~50%；5 级菌根侵染率为 50% 以上。

2）逐株计算法：对小批量的试验苗木可以用逐株计算法，即在造林前对全部苗木进行逐渐检查。用托盘式育苗法培育的幼苗，无须掰开土团即可在表面发现有无菌根；对容器苗可以掰开土团进行检查，统计出菌根侵染率。有经验的人甚至可以用闻气味的方法来鉴别有无菌根侵染，这是因为树木侵染 ECM 真菌后，具有一种特殊的蘑菇味，依靠这种特殊气味的有无进行鉴别。不过，这种方法并非人人可以掌握，一般用于侵染率的调查。

3）统计计算法：取不同处理相同长度或等量的根，统计其菌根数量，用单位长度根系中菌根的数量进行计算，也可按有菌根的根段长度占根段总长度的百分比来计算。

4）划线交叉法：在划有方格的载玻片或专用的培养皿中放入单位重量或容积土壤中的根段，分散铺匀，统计方格内菌根或无菌根的数量，推算出菌根数量或长度的百分比。

5）菌根指数法：对于人工接种的批量苗木，应进行菌根指数的统计，以考核其接种效果的好坏。以 I 代表人工接种的菌根数，a 代表人工接种苗木的菌根感染百分率，b 代表人工接种吸收根的菌根平均侵染率，c 代表吸收根的菌根感染率（包括人工及自然感染率）。其计算公式如下：

$$I = a \times b/c$$

式中，I 的最高值为 100，最低有效值为 50，随 I 值增大，效果越好。

（3）菌根解剖学特征观测。解剖学特性观测的目的是观测内部的有关菌根真菌结构，如菌套、外延菌丝及哈蒂氏网等。其中，菌套及哈蒂氏网的观测最重要，它的有无是衡量 ECM 的重要依据。这种观测需要制作玻片标本，一般可采用徒手切片法、石蜡切片法、冷冻切片法等，首先制作玻片，然后在光学显微镜或经特殊处理后在扫描电子显微镜上进行观测。近年来，生物制片技术也有许多新发展、新技术，如玻璃包埋技术等，但需要一定的设备条件及技术等。

1）徒手切片法。将洗净的需要做切片的菌根样品夹在新鲜马铃薯、胡萝卜或松软的木髓中，用手指夹住，用锋利的刀片从外向内横切，切下的薄片随即放入清水中，也可放在滴有乳酚棉蓝溶液的载玻片上，用针或吸管选取最好的切片，放在载玻片上盖上盖玻片，并在显微镜下进行观测。

这种方法不需特殊的设备，操作简单，技术熟练时切片效果并不比石蜡切片差，研究中使用最多。

2）石蜡切片法。石蜡切片法是生物制片中最典型、最基本的方法，许多其他制片法多是从中演变而来的。这种方法代表了制片技术中的制作原理，因而技术较复杂，工序多，工作量也较大。但是，这种制片效果好，适合长期保存。

石蜡切片法需要将菌根样品先后进行固定、脱水、石蜡渗透、样品包埋、切片、粘贴、去蜡、染色、透明和封固等工序，最后才能进行显微观测。固定：固定的目的是尽可能保存植物组织在生长条件下的原有形态和结构，同时迅速结束其组织或细胞的生命活动。植物样品的固定使用固定液，它具有杀死和固定两种作用。常使用的固定液是福尔马林 - 乙酸 - 乙醇固定液（FAA 固定液）。其配方是：乙醇（95%）50ml，福尔马林 5ml，乙酸 5ml，水 35ml。若用丙酸代替乙酸则称为 FDA 固定液，固定效果比 FAA 好。也可使用渗透力较强的 Carnoy 固定液，其配方为：无水乙醇 60ml，乙酸 10ml，氯酚 30ml。将洗净的新鲜菌根样品放在固定液中浸泡，18~24h 即可，之后再用 70% 乙醇换洗 2 次。脱水：脱水的目的是将样品组织材料中的水分去掉，以保证下一道工序中溶解石蜡的溶媒能顺利渗透到组织材料中。脱水的方法有多种，乙醇脱水是常用的方法之一，但其会造成样品材料的收缩与硬化。最好的脱水剂是特丁醇或正丁醇。材料经 FAA 或 FDA 固定液固定后，可由特丁醇直接脱水，若用其他固定液固定材料，则要先看固定液中的乙醇浓度，才能再用特丁醇脱水。脱水步骤如下：①先配制不同含量的混合液，其浓度为 70%、85%、95% 和 100%，分别将样品放入 70% 的溶液中 8h，再放入 85% 液中 1~2h，95% 液中 1~2h，100% 液中 1~2h；②更换特丁醇 2 次，其中 1 次 8h 以上。经处理后，即可进入下道工序。石蜡渗透：石蜡渗透是将溶解的石蜡渗透到样品组织里，以保证切片质量。切片用应选用适合熔点的石蜡，低熔点的石蜡叫软蜡，高熔点的石蜡叫硬蜡。夏季一般用硬蜡，冬季用软蜡；木质化组织用硬蜡，软组织如菌根样品用软蜡。一般来说，硬蜡有利于切片。将已脱水的样品材料放在盛有 1/3 管长的二甲苯或丁醇的玻璃标本管中；加入已熔化的石蜡至饱和；将玻璃管放入 35℃ 左右的恒温箱中，保持 24~48h，使石蜡慢慢溶解并渗透入组织中；然后升温至 35℃ 左右，保持 2~4h；以后每隔 2~4h，倒去一般溶液，加入熔化的软蜡补足，换过 4 次后将溶液全部倒去，再加入软蜡，2~4h 后再换一次，直到除尽瓶中的溶剂。最后，每隔 4h，再用硬蜡换 2 次，即可进入下一步骤。包埋：包埋工序是将已渗透石蜡的菌根样品包埋在石蜡块中，以方便切片用。包埋工作既要求包埋材料排列整齐，又要保证材料被包埋在石蜡块的中间，因此是一项非常细致的工作。

将已经石蜡渗透的菌根材料和已溶化的石蜡同时倒入硬纸折成的纸盒中，放在电控加热板或恒温水浴的金属面板上，保持一定温度，用解剖针拨动被包埋的菌根样品，使之排列整齐有序，并悬浮在石蜡液中间，然后将纸盒轻轻端起并放在冷水或冰水中，待石蜡表面凝结一薄层时，将纸盒全部浸入水中急速冷却，加速石蜡凝固。包埋好的石蜡块要求没有气泡，不能形成结晶，材料一定要整齐的包埋在石蜡块中间，否则按上述程序重新包埋。

切片：切片的目的是将需要观察并已包埋好的菌根样品，用切片机切成薄片，以便在显微镜下进行观察。先将已经包埋好菌根材料的石蜡块用小刀切成正长方形或正方体，然后将它固定在小木块或专用的金属固着盘上，并在切片机的夹口上夹紧，选择好刀片角度，使之与需切的材料呈直角。用手转动石蜡切片机，将样本切成 8~12μm 的薄片（蜡带），用软毛笔轻轻托住切下的蜡带，即可进入下个步骤。

粘贴：粘贴是指将切片机切下的蜡带，紧紧地粘贴在载玻片上。所有载玻片必须非常干净。先在载玻片上滴少许粘贴剂，用手指涂抹均匀，使之成为几乎看不见的一层，然后在其上加少许浮载剂，再将上述蜡带放上，使之浮在上面，光滑的一面向上。在水浴锅或其他热源上微微加热，一般在 40℃ 以下，使石蜡平展在玻璃板上，用针将石蜡膜移动到适当的位置，吸去多余的浮载剂，在室温下干燥数日或置于 40℃ 的温箱，使其尽快干燥。

蜡带的粘贴剂常用的有两种：一种是 Mayer 的蛋白甘油粘贴剂，是用等量的新鲜鸡蛋白和纯的甘油混合，再加 1g 水杨酸钠，搅匀后过滤即可使用，粘贴时用清水作浮载剂；另一种是 Haupt 的明胶甘油粘贴剂，配制方法是在 100ml、130℃ 左右蒸馏水中，加入 1g 纯净的明胶，待溶解后再加苯酚结晶 2g 和纯净甘油 15ml，充分混合后过滤即可使用，粘贴时用 3%~4% 的福尔马林为布展蜡带的浮载剂。

去蜡：为了使制作的标本染色方便观察，要将玻片上石蜡去掉。去蜡的方法有很多，常用有两种方法。第一种方法，将贴有蜡带的载玻片用二甲苯浸泡 5min，重复 2 次，再顺序用无水乙醇浸 5min，用 95% 的乙醇处理 5min，用 70% 的乙醇浸 2~5min，用清水漂洗 3 次，最后用蒸馏水浸 2min。第二种方法，在第一种方法中，用无水丙酮代替无水乙醇，用 70% 丙酮代替 95% 乙醇，用 30% 丙酮代替 70% 乙醇进行同样的处理，最后用蒸馏水浸 1~2min 即可。经去蜡处理后，即可进行染色。

染色：玻片标本经过染色处理可使标本内部结构或菌丝体等看得更清楚。染色的方法有多种，如单染、复染及三重复染等。菌根制片通常采用重复染法，这种方法可将植物组织细胞染成一种颜色，而将其他部分如菌丝体等染成另一种颜色，这样在进行显微观察时容易区分，便于观察。以下介绍番红 - 固绿染色法。

先将上述已去蜡的切片放入 1% 番红水溶液中染色 6~12h；取出后用水轻轻冲洗，洗到冲下的水为无色为止；再分别用 50% 和 90% 的丙酮冲洗 1 次；第二次染色用 95% 乙醇溶液配制的 0.5% 固绿（fast green FCF），样品染色 10~60s（根据染色深度随机调整时间）。再用无水丙酮换洗 2 次；用苯酚和二甲苯合剂处理，最后再用二甲苯冲洗 3 次。

透明：透明是指将已染色的样品切片，用透明剂进行处理，使其折光率与玻璃一致，以保证样品观察时呈透明状。

常用的透明剂是丁香子油（cloveoil）和二甲苯。上述苯酚二甲苯合剂（容量为 1 份的结晶苯酚加上 3~4 份的二甲苯）也是较好的透明剂。经透明处理后，即可进行最后一道工序。

封固：封固是在已经制作完成的切片样本上，用干净的盖玻片封固，以便长期保存。

常用的封固剂是香脂，用二甲苯或氧化二乙烯等配成适合的黏稠度。先将上述透明的玻片标本从二甲苯中取出，用吸水纸吸去表面的二甲苯，待标本上的二甲苯未干以前，加一滴香脂，将盖玻片轻轻放平其上，注意盖玻片下不要有气泡，轻压，待干燥后标本制作即告完成，可进行有关菌根结构的显微观察或拍照。

3）显微观察。显微观察是利用生物显微镜、相差显微镜、荧光显微镜及电子显微镜，对菌根的内部结构，如菌套、外延菌丝、哈蒂氏网和菌索等进行有关显微观察。一般生物显微镜最大可放大到 1000~2000 倍，对上述观测的要求是足够的。但若要求更进一步的观察各组织或结构的微观现象，这就必须使用高倍或具特殊功能的显微镜。

透射电子显微镜要求观察的样品是超薄切片，一般仅 10~100nm，在菌根研究中较少应用。菌根研究应用较多的是扫描电子显微镜，它可以观察到菌根中的各种结构，如菌丝体、孢子、菌套、哈蒂氏网等，也能观察到厚度等表面更微观的结构，其放大倍数可达 10×10^4~20×10^4 倍，分辨能力达 10nm。

一般的结构样品，经清水洗净，放入 FAA 或卡洛固定液中固定 24h，用不同梯度浓度的乙醇分别进行脱水，然后将样品浸泡在乙酸异戊脂中，并在临界点进行干燥，在高真空中镀膜喷金，即可进行电子显微镜观察。电子显微镜观察一般是在电子显微镜专用室内进行，观察样品的制备也由专门的工作人员进行处理。

2. AM 真菌

（1）活体镜检法。将要检查的植物从容器或田间轻轻挖出，不要伤根，用水缓慢洗净根表土壤及其他杂物，然后即可放入培养皿或滤纸上，在配有冷光源的双目实体镜下用冷落射光观察。如有菌根侵染，可以看到根上有无隔菌丝、根外孢子，甚至可以看到根内孢子或泡囊等。观察完毕后随即将幼苗重新栽植到原来的位置，令其继续生长。此法的优点是可连续活体观察多次，能及时大体了解菌根发育情况，并可节省植株；缺点是并不十分准确。

（2）染色镜检法。为了精确检查菌根发育状况、测定侵染率，需采用染色法。一般要经过"根系透明—染色—分色"过程。具体做法是：将根段或经过 FAA 固定的根系剪成长 0.5~1.0cm 的小段放入试管或其他染色容器，加入 5%~10% KOH，放在 90℃水浴锅内 20~60min，通常草本植物的幼嫩根系放在水浴锅内的时间较短，而木本植物的根系则较长。然后用自来水轻轻冲洗根系 3 次，再加入 2% 的 HCl 溶液浸泡 5min。去掉酸液后加入酸性品红乳酸甘油染色液（0.01%）染色液（乳酸 875ml，甘油 63ml，蒸馏水 63ml，酸性品红 0.1g），再放回 90℃水浴锅内 20~60min，或室温下过夜。回收染色液可重复再用。加入乳酸分色后即可镜检。如果用乳酸酚台盼蓝（trypan blue）（0.05%）染色液（石炭酸 300g，乳酸 250ml，甘油 250ml，加蒸馏水 300ml；台盼蓝 0.5g 则不必加入 HCl 酸化，可以直接染色，并可用水分色）。这样处理后植物细胞不着色（有时中柱着色），真菌组织染成红色（酸性品红染色）或蓝色（台盼蓝染色）。

解剖镜或显微镜下可以清晰地看到菌根的组织结构，并可采用多种方法测定侵染率，常用的有方格交叉法和根段频率标准法（Biermann and Linderman，1981）。这里只介绍比较简便而精确的根段频率标准法。该方法测定的结果在一定程度上能反映出菌根侵染的程度。

将经过上述染色处理的根样，用镊子和挑针挑选 25 条粗细一致的根段整齐地排列在干净载玻片上，加盖洁净的盖玻片后即可观察测定。每个处理需要测定 200 条根段。在显微镜下检查每条根段的侵染情况，根据每段根系菌根结构的多少按 0%、10%、20%、30%……100% 的侵染数量给出每条根段的侵染率。例如，没有菌根结构的根段其侵染率为 0%，如果该条根段全部被侵染则为 100%，只有一半长度的根段被侵染形成菌根的根段则该根段的侵染率为 50%，依此类推，并记录各侵染率下根段出现的次数。依下列公式即可计算该样品菌根的侵染率：

$$侵染率（\%）=\frac{\sum（0\%×根段数+10\%×根段数+20\%×根段数+……+100\%×根段数）}{观察总根段数}$$

另外，可利用目镜测微尺测定单位根系长度泡囊、侵入点的数量。对于根内泡囊、丛枝、菌丝、根外孢子、根上菌丝和侵入点等结构，可根据需要拍摄显微照片。观察所用的玻片放入培养皿内可短期保存。经过上述方法处理的根段，制片并用光学树脂胶、无色指甲油等封固后可长期保存。

3. 其他菌根共生真菌

EEM 真菌等的观察可参照 ECM 的有关方法，如做菌根横切面徒手切片，用棉蓝染色，观察外延菌丝、菌套和哈蒂氏网或胞内菌丝等特征，计算侵染率等。DSE 和印度梨形孢等其他共生真菌可参照 AM 真菌的方法进行观察测定。

4. 禾草共生真菌

当前主要采用光学显微镜法、电子显微镜法和共聚焦显微法观察测定禾草共生真菌的侵染定殖扩展分布情况。通过在不同放大倍数下对菌丝体的形状、大小及菌丝体与植物细胞的分布情况进行观察，确定该类共生真菌与植物之间的密切关系。多数试验研究以醉马草、中华羊茅、野大麦、披碱草为试验材料，通过对不同禾草体内不同部位 *Epichloë* spp. 共生真菌菌丝的检测及形态特征观察，明确 *Epichloë* spp. 共生真菌的分布特征。对禾草种子和植株的共生真菌检测方法主要有茎髓检测法、种子检测法、新鲜茎髓、叶鞘检测法和荧光检测法，其中茎髓检测法是一种比较简便、快速、准确的共生真菌检测方法。新鲜茎髓和叶鞘经苯胺蓝染色并检测，于光学显微镜下观察种皮、糊粉层、茎节及叶鞘中共生真菌菌丝体的分布情况；对于叶片的检测，则是通过先在沸水中沸煮 5min 后再以撕取叶片薄片进行苯胺蓝染色检测。

通过撕取叶鞘或髓腔内表皮，将撕裂面朝下放置在带有苯胺蓝染液（10g 苯酚，10g 乳酸，20g 甘油，0.025g 苯胺蓝，10ml 蒸馏水）的载玻片上染色，盖上盖玻片，用吸水纸轻轻按压吸去多余的染液，放置在 100× 或 400× 显微镜下检测。如果样品比较干无法撕取叶鞘内表皮也无生殖枝可取，则采用 Saha 等的方法：取少量叶鞘，滴加新鲜配制的孟加拉红染液 [0.5% 孟加拉红（Fishercert. C. I. 45440）溶于 5% 乙醇溶液中，使用前加 2.5% NaOH 溶液] 中，染色 5~10s，立即放在加有绿色滤片的 100× 或 400× 显微镜下检测。调节细准焦螺旋，直到清晰地观察到沿着植物细胞间隙茎向生长的、呈波浪状或线状的菌丝，则表明此样品有共生真菌存在。采自同一个个体的样品中，只要有一个被检出有共生真菌存在，则此个体记为带菌个体，否则记为不带菌个体。最后计算不同种类、不同部位禾草共生真菌的定殖率。

禾草种子内定殖的共生真菌的检测，采用种子苯胺蓝染色检测的方法，具体方法是：于室温条件下（15~22℃）将种子置于 5% NaOH 溶液中过夜，第 2 天用蒸馏水冲洗种子数次以去除种子表面的 NaOH，然后将种子置于有苯胺蓝溶液（配方为 0.325g 苯胺蓝溶于 100ml 的蒸馏水，并添加 50ml 乳酸）的培养皿中静置 2h，镜检前将种子外秤去除。将种子放置到载玻片上，用盖玻片轻按使种子糊粉层和种皮分离，在 40 × 目镜下观察共生真菌菌丝。如果种皮或糊粉层中出现大量的深蓝色的菌丝，就认为该种禾草感染共生真菌，每种禾草种子检测量为 20 粒。可计算种子共生真菌定殖率等指标。

（四）植物共生真菌生理生态研究中常用的分室培养系统

所谓"分室培养系统"，主要包括玻璃珠分室培养系统、H 形分室培养系统（Barto et al.，2011）、根排斥室培养系统（Barto et al.，2011；Babikova et al.，2013）、供体自养植物的双分室培养系统、AM 真菌与植物根器官的双重培养系统、AM 真菌与 Ri T-DNA 转型根的双重单胞无菌培养系统、AM 真菌与 RiT-DNA 转型根双重培养的改良分室单胞培养系统 7 个不同的分室培养系统，在开展 AM 真菌培养、繁殖、生理代谢、遗传与生理生态功能等相关研究中经常采用上述分室培养装置。玻璃珠分室培养系统可将 AM 真菌与培养基质分开而获得大量纯净的 AM 真菌繁殖体，可用于进行 AM 真菌对矿质元素的吸收等方面的研究。H 形分室培养系统和根排斥室培养系统均能够获得连续的、可切断的共生菌根网络，可用于测定植物 + 植物、植物 + 昆虫之间化感作用产生的信息交流。供体自养植物的双分室培养系统则可用来研究 AM 真菌对植物在单作和混作条件下生长效应。采用 AM 真菌与植物根器官的双重培养系统可研究 AM 真菌的侵染过程及其生理生化特性。AM 真菌与 Ri T-DNA 转型根的双重单胞无菌培养系统可以获得 AM 真菌纯净繁殖体，可用来研究 AM 真菌遗传、生理和生化等特性。基于 AM 真菌与 Ri T-DNA 转型根的双重单胞无菌培养系统，可在菌丝生长室置换培养基、在根室中补充适量碳源，并多次收获 AM 真菌繁殖体。转型根改良双重培养系统是提高 AM 真菌孢子接种剂产量的有效方法。

三、地衣型真菌

这里所谓地衣型真菌，主要是指与蓝细菌共生形成地衣共生体的子囊酵母菌和担子酵母菌。

（一）地衣型真菌的分离培养

进行地衣样品采集时记录采集地点、时间、经纬度、海拔、地衣生长的基质、采集人姓名和编号等，并及时进行地衣型真菌和蓝细菌的分离培养工作，为进一步开展地衣型真菌分子系统学、菌藻共生生物学及其种质资源储备与研究提供菌种。地衣样品的具体采集方法可参见魏江春等（1982）《中国药用地衣》中的相关描述，地衣型真菌子囊酵母菌和担子酵母菌以及蓝细菌分离培养方法可参考相关文献。

用于分子系统学试验的地衣样品既可采用从地衣中分离培养的地衣型真菌活菌种，也可使用从野外采集的新鲜地衣样品。用于分离菌种的地衣标本必须在采集后 1 周内进行分离，或经脱水干透的样品在数周内仍可使用或保存在冰箱中 1 年内均可使用（Yoshimura et al.，1990）。5 年以内所采集的地衣样品可用于分子系统学试验，样品越新鲜，则提取 DNA 效果越理想。由于地衣的系统生物学实际上是地衣型真菌的系统生物学，因此，只采用地衣型真菌的核酸用于系统学分析（Wei，1993）。

地衣生长非常缓慢，人们期望能够通过人工培养手段尽快获得足够生物量的地衣共生菌及其代谢产物，为研究其物种资源、代谢产物活性及化学特性提供丰富的原材料。1985 年 Yamamoto 等首次描述了地衣型真菌的分离培养方法：将采回实验室的新鲜标本剪成小碎片，暂时不进行分离培养的标本冷冻保藏；将地衣体碎片研磨成碎末，放入无菌 EP 管中，加入无菌水，离心并通过 150μm 滤膜；将留在滤膜上面的地衣体髓层菌丝在无菌条件下接种在 PDA 培养基试管中。

尽管后来改进了该分离方法，Yamamoto 法分离培养得到的地衣共生真菌，共生真菌生长率低，且杂菌污染率高，并不是一种高效率获得地衣共生菌资源的好方法。虽然对于地衣共生菌藻活性的研究都是使用 Yamamoto 法获得地衣共生菌藻资源的，但是相关研究只关注到所获得共生菌藻的活性数据，并未关注分离培养的成功率和杂菌污染率。绝大多数获得的地衣共生菌资源都是以菌丝形式存在和生长的，无论在地衣体中还是在分离培养的条件下，生长都极为缓慢，这并不利于地衣共生菌藻的活性研究和地衣菌藻资源的开发与利用。

目前采用的分离培养地衣型真菌的方法主要有刮皮层法、Yamamoto 法和子囊孢子释放法。

1. 刮皮层法

准备工作：准备无菌纱布一块，无菌滤纸、无菌擦镜纸各 3~5 张，无菌自来水 400ml，分装于两个 500ml 的三角烧瓶中，放入超净工作台备用。选取新鲜的放射盘石耳地衣体一小块（约 1 cm × 1cm），在解剖镜下用刀片小心除去其上下表面附着的杂质。将地衣体上下表面用自来水各冲洗 3~5min。将地衣体放入超净工作台，上、下表面紫外线照射各灭菌 15min。共生真菌分离及接种：将刀片在火焰上灭菌，待冷却后，在解剖镜下小心翼翼刮去皮层，刮的时候刀片要向着一个方向，不能来回刮，而且每刮一刀，刀片要在无菌纱布上擦去刮下的皮层。髓层露出到可以挑取下来约 0.5μm × 0.5μm 的菌丝块时，就挑取一块菌丝，放入事先准备好的载有无菌水的擦镜纸上（通过表面张力，水滴附于擦镜纸上）。重复上述操作，直到取 20 块左右髓层菌丝碎片。将载有髓层菌丝碎片的擦镜纸放于漏斗中，用 400ml 无菌自来水小心冲洗髓层碎片。将冲洗后的髓层碎片在解剖镜观察下，小心接种入培养基斜面中，共接 70 管，140 个接种点。共生菌培养方法：PDA 培养基 25℃条件下避光培养 14d。

2. Yamamoto 法

采用 Yamamoto 等描述的方法，取地衣体叶片 1cm²，用镊子去除地衣体表面附着的杂物和下表面的假根。然后，将地衣体叶片置于滤筛中固定，自来水冲洗 1h，冲洗过程中地衣体腹面置于自来水下，且不得偏离水柱。分离及接种：将材料放在 1.5ml 离心管中，加入无菌水，离心振荡冲洗 30 次；将上述洗净材料在研钵内研磨均匀；用筛孔为 500μm 和 150μm 的筛子对研碎地衣体碎片用无菌水进行过滤，将留在 500μm 筛面上的碎片丢弃；用解剖针在解剖镜下将 150~500μm 的地衣体碎片从筛面挑起，接入 PDA 培养集中，共接种 70 管，140 个接种点；25℃避光培养 14d。

3. 子囊孢子释放法

参照 Kranner 等（2002）的方法，将采自野外的地衣体杂物清除，实验室放置一天。将子囊盘用刀片从地衣体上割下，置于小烧杯中，无菌水荡洗 6 次（每次 1min），中间用 75% 乙醇荡洗 20s，荡洗后无菌滤纸吸干子囊盘表面多余水分。将子囊盘用凡士林固定在培养皿底部，PDA 培养基置于培养皿底部。将培养皿用封口膜封口并置于室温下培养。每天观察，孢子释放或萌发后（可见很小的白色光滑菌落点），切取一小块含有孢子的琼脂培养基转接到试管 PDA 培养基中继续培养备用。

从地衣体的结构上来看，它分为上皮层、藻层、髓层、下皮层 4 部分，地衣体表面为微生物附着最多的地方，尤其是下皮层，以往对地衣分离培养采用 Yamamoto 法，通过对地衣体进行研磨，在研磨的过程中，表面的其他微生物就很可能污染到地衣体内部髓层的菌丝，所以即使 Yamamoto 法对研碎的地衣体碎片进行了很长时间的冲洗，还是很难避免其很高的杂菌污染概率。地衣体内部的髓层是地衣共生菌，没有表面微生物的附生。

刮皮层法采用全程的无菌操作程序，将地衣体皮层刮去，直接将无菌的髓层部分接入培养基中，大大减少了杂菌污染的概率。此外，从共生菌菌落生长率来看，刮皮层法也明显优于以往的 Yamamoto 法，这是由于刮皮层法接入培养基的都是髓层的菌丝，而 Yamamoto 法接入到培养基中的难免有髓层以外的其他成分。使用刮皮层法分离培养地衣共生菌需要注意：在刮去皮层的时候，刀片只能向一个方向刮，绝不允许触及皮层的刀刃部分触及髓层部分；每刮取一下，就要将刀片在无菌的纱布上擦去刮下的皮层；在用无菌水冲洗的时候，要小水流慢慢冲洗，且冲洗要充分，保证刮取下来的每个髓层菌丝碎片都能被充分的冲洗到，然后将髓层碎片接种于 PDA 培养基上 25℃培养 14d（邱振鲁，2011）。

（二）地衣型真菌的分类鉴定

通常需要在观测地衣形态特征的基础上，结合解剖学特征和化学物质分析的结果进行分类鉴定工作。

1. 形态特征观察

于光学体视显微镜下观察各个种的外部形态，记录：上皮层颜色，绒毛、衣瘿、粉芽和裂芽的有无等；地衣体厚薄、边缘卷曲情况；地衣体脉纹、绒毛和假根等的特征；子囊盘形态、大小、着生方式，盘面颜色，皮层发育情况等。可拍摄显微照片。

2. 解剖学分析

光学体视显微镜下选取成熟的地衣体裂片，进行徒手切片并制成临时装片。在光学体视显微镜下观察并记录地衣体上皮层和藻层的厚度；观察子囊盘的子实层、子实下层等结构的颜色和厚度；观察子囊、侧丝和孢子等的特征。主要观察的是子囊盘的解剖结构，即果壳、子实上层、子实层、子实下层及囊层基的颜色、厚度、是否具有晶体；侧丝是否分支及分支的程度，顶端是否膨大；子囊顶器的类型；子囊孢子的个数、大小和形状，以及是否具有晕圈等。具体方法如下所述。

（1）于光学体视显微镜下的操作：选取发育良好的子囊盘，用刀片一端蘸少许水，浸润子囊盘，使其充分吸水浸透变软；用刀片对已浸透变软的子囊盘进行徒手切片；向载玻片上滴一滴蒸馏水，选取完整的、厚度均一的切片放置在载玻片上的水滴中，用镊子放上盖玻片，用吸水纸从一侧吸取多余水分。

（2）在光学透视偏光显微镜下的观察操作：首先，初步观察并测量子实上层、子实层、果壳及囊层基的颜色、厚度、有无晶体分布，孢子的个数、颜色、大小、是否具有晕圈，并做好记录；然后，选取一片新的子囊盘切片，从盖玻片的一侧加10%的KOH溶液，从另一侧用吸水纸吸取，使该溶液充分浸透整个子囊盘切片，接着观察侧丝的分支情况，记录完毕后，再用蒸馏水冲洗掉KOH溶液；最后，将0.3%的Lugol's碘液加到子囊盘切片上，加碘液所采用的方法同上，进行碘染色，轻压盖玻片，使侧丝散开，子囊外露，观察子囊的形状及顶部的着色情况。有时，针对不同的属还要增加相关的试验数据。例如，Lecidea需要用$Ca(ClO)_2$的饱和水溶液或50%的HNO_3水溶液对果壳进行染色，观察是否变红。与此同时，也要对所观察的各部分解剖特征进行拍照记录。

3. 化学物质分析

化学显色反应法是地衣分类鉴定中常用的检测地衣化学物质的方法。根据某些地衣酸能与某些试剂发生显色反应的特征，可以初步确定所含地衣酸的种类，反应结果可作为分种的依据之一。常用的显色反应试剂包括：K试剂，10%的氢氧化钾（potassium hydroxide：KOH）水溶液；C试剂，次氯酸钙［calcium hypochlorite：$Ca(ClO_2)$］的饱和水溶液；KC试剂，即K试剂与C试剂联合反应，将C试剂滴加到用K试剂已湿润的地衣体上；N试剂，50%的硝酸（hydrogen nitrate：HNO_3）水溶液；I试剂，分为两种浓度，一种为Iodine Stock Solution（3% IKI），用于髓层染色；另一种为Lugol's Iodine（0.3% IKI），用于子实层及子囊顶器的染色。

显色试验法（CT）：分别将K（5%~10%的氢氧化钾溶液）、P（次氯酸钠水溶液）、C（对苯二胺的2%~5%乙醇溶液）等试剂用毛细吸管滴加到地衣体的皮层或髓层上，在光学体视显微镜下观察其颜色反应，并做记录。记录时，正反应用"+"表示，标明颜色变化；负反应用"–"表示，如K+黄色、P–。

标准薄层层析法（thin-layer chromatography，TLC）：取样品于1.5ml离心管，用丙酮浸泡样品和标准样品（金丝刷 *Lethariella cladonioides*）2h以上。用拉细的毛细管将地衣体丙酮提取物在硅胶板点样。将点样后的硅胶板采用C溶剂系统（甲苯：乙酸＝200：30）展层，约20min展层完全后取出。吹干后分别在254nm和365nm的紫外线下进行观察拍照。喷洒10%硫酸溶液后置烘箱内110℃烘烤至金丝刷（含atranorin和norstictic acid）完全出现色谱斑点，再在日光下和紫外分析仪的365nm紫外线下分别拍照记录。根据样品色斑颜色、荧光、所处的分区及Rf值等参照地衣化学表进行其化学成分的鉴定。

主要步骤如下：取少量待检地衣样品的子囊盘或地衣体置于0.2ml离心管中，加入丙酮至刚埋没样品为止，浸提1~2h。在原点线处用尖细的毛细管点样，每个点样斑间隔1cm。硅胶板两侧最外的2个点和中间的1个点为对照样品。将硅胶板置于溶剂液面以下约1cm处，使点样斑与溶剂液面相距约0.5cm，保持原点线与液面相平行开始展层。

溶剂展层高度达到 10cm 后即可取出硅胶板，用吹风机将硅胶板面吹干。在波长 254nm 和 365nm 紫外线下观察色谱斑点有无荧光现象，用 2B 铅笔标记斑点位置及荧光颜色和强弱。用 10% 硫酸溶液将硅胶板喷湿，对光透视有无脂肪斑。然后，将硅胶板放入预热过的 110℃ 烘箱，烘烤约 5min，至色谱显色良好为止。在日光和 365nm 紫外线下观察色谱斑点的颜色及有无荧光现象，用 2B 铅笔标记斑点位置及荧光颜色和强弱。根据各色谱斑点的相对位置、显色前后紫外线下和日光下的颜色及荧光强度等综合特征鉴定其化学成分。

关于地衣型真菌的系统发育分析及其分类鉴定与其他真菌相似，这里不再重复介绍。

第二节　共生细菌研究方法与技术

这里所谓的共生细菌主要包括分别与人体、动物、植物和真菌等共生构建共生体系的诸多类群的细菌。针对这些共生细菌的研究方法和技术与其他普通细菌的大多相近或大同小异。本节重点介绍一些较重要的共生细菌的研究法。

一、动物共生细菌

（一）动物共生细菌分离培养与分类鉴定技术

1. 动物共生细菌的分离培养

（1）普通好氧细菌的分离培养。动物共生细菌的分离培养采用稀释涂板的平板分离方法。将含有共生细菌的动物组织在解剖镜下解剖，放置在加有适合体积的 0.1% Tween80 溶液中，涡旋振荡 1min。随后将溶液进行 10^{-1} 至 10^{-4} 梯度稀释，并涂布在培养基平板上。常用培养基包括：NA 培养基（5g/L 蛋白胨、3g/L 牛肉膏、15g/L 琼脂）培养基，LB 培养基（胰蛋白胨 10g/L、酵母提取物 5g/L、NaCl 10g/L，若配制固体培养基，则再加入 15g/L 琼脂）。分离乳酸菌等特定种群的细菌也需要特殊培养基，如 MRS 培养基（蛋白胨 10g/L，牛肉膏 10g/L，酵母膏提取物 5g/L，$C_6H_{14}N_2O_7$ 2.0g/L，葡萄糖 20g/L，Tween80 1.0ml，CH_3COONa 5.0g/L，K_2HPO_4 2.0g/L，$MgSO_4$ 0.58g/L，$MnSO_4$ 0.25g/L，琼脂 15~20g/L）等。分离放线菌等类群的几丁质无机盐培养基：几丁质无机盐培养基（几丁质 5g/L，K_2HPO_4 1.0g/L，$MgSO_4 \cdot 7H_2O$ 0.5g/L，NaCl 0.5g/L，$CaCl_2$ 0.1g/L，$FeSO_4$ 0.01g/L，NH_4Cl 1.0g/L）。几丁质的制备方法（Hsu and Lockwood 1975）：将购买的虾壳浸泡在 1% HCl 中 7d（2d 换盐酸溶液 1 次），脱去壳的钙质，使壳变得柔软而有韧性。然后用水洗净外壳。用 2% 氢氧化钾溶液浸泡壳条 10d，每 2d 加热一次，加热的温度低于沸点，以除去色素、蛋白质等几丁质以外的物质。随后，用蒸馏水洗净壳条上的碱，乙醇抽提 3 次。直至颜色全部脱净。将 100ml 5% 的 H_2SO_4 加入放置有几丁质烧杯中，当几丁质溶解完后，快速倒入事先准备的 1.5L 冷水将酸稀释，静止 12h，使溶解的几丁质重新沉淀。轻轻将上清液倒出，反复洗涤离心，至 pH7 左右。

（2）厌氧细菌的分离培养。厌氧细菌的分离培养在厌氧环境中进行，培养基要尽量保持新鲜，目前常用的有厌氧罐培养法、气袋法、气体喷射法（又称转管法）、厌氧手套箱培养法（是迄今厌氧菌培养的最佳仪器之一）等。厌氧状态的指示剂为美蓝和刃天青。无氧时美蓝和刃天青均呈白色；有氧时美蓝呈蓝色，刃天青呈粉红色。

（3）发光细菌的分离培养。在无菌条件下，用乙醇棉球擦洗动物储存发光细菌的器官，将动物组织分割成小块置于无菌培养皿中，室温下放置约10h，于暗室中观察有发光点处即将动物组织放置在加有适合体积的 0.1% Tween80 溶液中，涡旋振荡 1min。随后将溶液进行 10^{-1} 至 10^{-4} 梯度稀释，并涂布在培养基平板上。常用培养基包括：Ⅰ号，混合盐 12.49g/L、酵母膏 5g/L、胰蛋白胨 5g/L、甘油 3g/L，pH9.0；Ⅱ号，硫酸铵 4.2g/L、葡萄糖 10g/L、甘油 3g/L、胰蛋白胨 1g/L、混合盐 10g/L，pH8.5。混合盐成分：$MgSO_4$ 19.8%、$MgCO_3$ 6.3%、$MgCl_2$ 1.5%、$CaCO_3$ 0.22%、KCl 1.76%、NaCl 66.36% 和 $Mg(HCO_3)_2$ 4.04%。

2. 动物共生细菌的分类鉴定

（1）Biolog 生化反应测定。Biolog 自动微生物鉴定系统（图 10-3），以碳源利用率为基础，用于鉴定的碳源数量达 95 种，鉴定结果特异性强、分离度大。Biolog 微平板由对照孔和 95 孔不同单一碳源孔组成，当接种纯培养的菌液时，其中一些孔的营养物质被利用，呈现出不同的颜色变化，从而构成该种微生物特有的"代谢指纹"（metabolic finger print），经相应的仪器记录，结果输入 Biolog 配套软件，与标准菌种的数据库进行比较，从而将被测菌种鉴定出来。

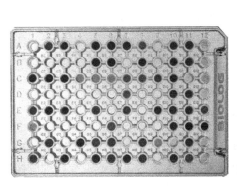

图 10-3　Biolog自动微生物鉴定系统（引自Swan Environmental Pvt. Ltd, 2015）

（2）共生细菌的 16S rDNA 鉴定。细菌 16S rDNA 扩增：用提取并纯化好的基因组 DNA 作为模板，引物 338F、518R、27F、1495R、805R 对细菌的 16S rDNA 进行扩增（338F：5′-CCTACGGGAGGCAGCAG-3′；518R：5′-ATTACCGCGG CTGCTGG-3′；27F：5′-GAGAGTTTGATCCTGGCTCAG-3′；1495R：5′-GGTTAC CTTGTTACGACTT-3′）。PCR 反应体系（50μl）为：$10 \times$ PCR Buffer 5μl，dNTP（各 2.5mmol/L）4μl、去离子甲酰胺 1μl，引物（10μmol/L）各 2μl、rTaq 酶 0.5μl、DNA 模板 1.5μl，加入 ddH$_2$O 34μl。PCR 反应程序：95℃变性 5min，95℃变性 50s，52℃退火 40s，72℃延伸 90s，37 个循

环后，72℃延伸10min。加5μl PCR产物于1.0%的琼脂糖凝胶，进行电泳检测。

放线菌PCR产物扩增：用提取并纯化好的基因组DNA作为模板，引物S-C-Act-235-a-S-20及S-C-Act-878-a-A-19对放线菌进行特异性扩增。引物序列为：S-C-Act-235-a-S-20 5′-CGCGGCCTATCAGCTTGTTG-3′；S-C-Act-878-a-A-19 5′-CCGTACTCCCCAGGCGGGG-3′。PCR反应体系（50μl）为：10×PCR Buffer 5μl，dNTP（各2.5mmol/L）4μl，去离子甲酰胺1μl，引物（10μmol/L）各2μl，Easy Taq酶0.5μl，DNA模板2μl，加入ddH₂O 33.5μl。

PCR反应程序：95℃预变性4min，95℃变性30s，70℃退火1min，72℃延伸90s，37个循环后，72℃延伸10min。加5μl PCR产物于1.0%的琼脂糖凝胶，进行电泳检测。

序列比对及系统发育分析：从GenBank网站下载所需要的参考DNA序列，利用PAUP、MEGA等软件对不同分类单元的DNA序列进行系统发育分析，构建系统发育树，结合形态学观察来确定特定菌株的分类地位。

（二）动物共生细菌接种方法

在动物益生菌作为饲料添加剂的过程中，由于细菌菌种要耐受胃液中酸性环境，以及各种酶类的降解，因而，益生菌大都包裹进微胶囊中添加到饲料中。微胶囊技术使用合成或天然的高分子材料，将固体、液体甚至是气体的微小颗粒包裹在直径为1~500μm的半透性或密封性微型胶囊内，由于与外界环境相隔离，微胶囊内的物质能够免受环境影响，保持稳定。在适当条件下，微胶囊中被包封的物质可以释放出来。微胶囊技术在保护生物活性分子、组织和细胞对抗不利环境方面具有显著效果。采用微胶囊技术包埋动物益生菌，能够增强菌体对外界环境因素的抵抗能力，显著提高菌体在低温保存期及到达肠道后的存活率，使共生细菌更好地在动物肠道中发挥作用（田文静等，2016）。

（三）动物共生细菌定殖特点研究技术

细菌在动物特定的器官定殖并建立共生关系的过程多通过扫描电子显微镜（SEM）技术与透射电子显微镜（TEM）技术来观察。电子显微镜技术能够观察到细胞超微结构的变化，从而对研究动物共生细菌的定殖具有重要意义。

（1）扫描电镜技术。扫描电子显微镜技术多用于观察样品表面的超微结构。扫描电子显微镜利用聚焦的高能电子束在试样表面扫描，并激发各种物理信息。通过对电子束激发信息的接受、放大和显示成像，来获得测试试样表面的形貌，形成微观成像。扫描电子显微镜的放大倍数20万~80万倍，可直接观察样品表面的细微结构。

（2）透射电子显微镜技术。透射电子显微镜技术要求样品的厚度小于100nm，因而投射电子显微镜技术多与冷冻切片等技术同时使用。透射电子显微镜将电子束加速并聚集，投射到非常薄的样品上，使电子束穿透样品，电子与样品中的原子碰撞而改变方向，从而产生立体角散射。散射角的大小与样品的厚度、密度相关，因此可以形成明暗不同的影像，影像将在放大、聚焦后在成像器件上显示出来。

而观察蛋白质、生物切片等对温度敏感的样品时，常利用冷冻电子显微镜（cryomicroscopy），在普通透射电子显微镜上加装样品冷冻设备，将样品冷却到液氮温度（−196℃）。通过对样品的冷冻，降低电子束对样品的损伤，维持样品形状，从而得到更加真实的样品形貌。

（四）动物共生细菌挥发性产物的研究法

细菌与动物建立共生关系的过程中，细菌的一系列复杂代谢产物参预了动物＋细菌共生体系的化学信号识别，如醇类、醛类、酸类、酯类和酮类等挥发性代谢产物。气相色谱 - 离子化质谱联用（gas chromatography-mass spectrum）集成了分离和检测程序，能获得细菌挥发性有机化合物的具体分析结果。电子鼻技术（electronic nose）主要反映细菌挥发性有机化合物的整体特征（陈娟等，2014）。

（1）气相色谱 - 离子化质谱联用。气相色谱能够分离复杂的混合物，尤其适合低极性热稳定物质。离子化质谱具有高灵敏度和高选择性的优点，有机小分子物质经离子化后，形成复杂而具有重复性的质荷比类型，从而表征母体分子的化学结构。气相色谱与离子化质谱的有机结合是一种分析挥发性化合物的传统而经典的技术。此外，多维气相色谱的发展大大改善了复杂细菌挥发性化合物的分离效果，是一种更加高效的分析手段。

（2）电子鼻技术　电子鼻技术基于仿生学和电子学原理，是一种分析微生物挥发性化合物的新方法。电子鼻是一系列非特异气敏性化学传感器，包括金属氧化物、半导体聚合物、导体电活化聚合物、表面声波和电化学气体传感器等。完整的电子鼻系统包括复合传感器阵列、信息处理单元、类型辨识运算软件和参考图谱库等。作为一种电子模拟系统，电子鼻在近几年内已经广泛应用于各种生物样品挥发性特征的分析。对于样品的分析，电子鼻能够对生物的整体挥发性特征做出响应，但不能对单独的挥发性成分做出响应。目前，电子鼻仅用于辨识或检测一种挥发性成分或少数几种挥发性成分的混合物。

（五）动物共生细菌产抗生素与拮抗能力测定法

1. 平板对峙法

平板对峙法是测量菌株活性较为常用的方法，是指将目的菌株与供测菌株在培养基平板上进行对峙培养，根据抑菌圈的大小来判断目的菌株产生抗生素的能力。

2. 微生物次生代谢产物粗提物的抑制作用测定

将微生物菌体接种到液体培养基中，在适宜的条件下发酵完成后，用旋转蒸发仪将粗提物蒸干。加入 500ml 乙酸乙酯，抽提 12h，12h 后将粗提液倒出，加入新的乙酸乙酯溶液，反复抽提 3 次，用旋转蒸发仪将乙酸乙酯抽提液蒸干，以获得粗提物。将粗提物溶解于 DMSO 中，制成 10mg/ml 的溶液用于进一步的抑菌试验分析。

将供试菌的菌悬液倒入适宜培养基，做成供试平板。在平板中央放置牛津杯，并加入微生物粗提物，将平板正置（尽量避免粗提物流出），放在培养箱中，25℃下培养，每天检查平板上菌的生长状态，并进行拍照。当抑菌圈稳定后，记录抑菌圈大小。

二、植物共生细菌

（一）植物共生细菌分离培养与分类鉴定技术

1. 植物共生细菌的分离培养

对于植物共生细菌的分离可采用传统的平板培养方法，既简便又经济，不足之处是难以分离到不可培养的共生细菌，不能精准确定共生细菌的数量和种类。可培养的植物共生细菌可从植物组织、表面和土壤中分离获得。源于植物组织的植物共生细菌分离方法分为组织研磨稀释法和表面冲洗稀释涂布法。根据不同研究目的可选择不同生长时期的植物，对其根、茎、叶和果实等不同部位进行采样，样品表面消毒后即可按常规细菌分离的方法进行分离。植物表面细菌可通过无菌水冲洗稀释涂布方法分离。土壤中的细菌可以应用土壤稀释液涂布分离法。常用到的细菌培养基为 NA 培养基、LB 培养基、金氏培养基 B（KMB）、肉汁胨培养基（BPA）、胰酶大豆琼脂（TSA）等，其种类繁多，适于培养大多数可培养细菌，供不同研究需要选择。根据不同细菌生理生化特性，部分培养基可以作为筛选性培养基或专属培养基。例如，根瘤菌常用分离培养基为酵母甘露醇琼脂（yeast mannitol agar，YMA）、豆芽汁培养基（bean-sprout extract medium，BSE）、TY 培养基、黏菌培养基（slime mold medium，SM）、果胶琼脂培养基（pectin agar，PA）等；放线菌最常用培养基为高氏 1 号培养基，这也是分离放线菌比较有效的培养基，分离放线菌时常加入一定含量的青霉素、链霉素或重铬酸钾等抗生素防止其他杂菌的生长。一些情况下可加入特殊试剂以起到指示性作用，如在分离时培养基中加入 2,3,5- 三苯基氯化四氮唑（TTC）后，青枯雷尔氏菌 Ralstonia solanacearum 菌落会变为红色；在具解淀粉能力的细菌的培养基中加入可溶性淀粉后培养一段时间，平板遇碘液会出现溶解圈。

2. 植物共生细菌的分类鉴定

通常依据细菌的形态特征与生理生化特性对植物共生细菌开展形态学分类鉴定和采用分子生物学技术对植物共生细菌进行种类鉴定，有时则结合上述两种方法开展分类鉴定工作。《伯杰氏细菌鉴定手册》是最经典的通过形态学观察和生理生化测试来进行细菌鉴定的参考资料。分子生物学技术鉴定精准度高，但技术性较强，其原理依赖细菌高度保守的 16S rRNA 区的测序结果，通过生物信息学分析达到分类鉴定的目的。其有关方法在本章第三节中介绍。

植物共生细菌的分类同其他细菌一样，依赖于表型和遗传型特征相结合的多相分类（polyphasic taxonomy）方法。例如，根瘤菌的多相分类中，表型分群方法曾在根瘤菌数值分类和新种描述中起着重要作用，是新种描述的必需指标（Liu et al., 2012），根瘤菌的表型分析，包括对不同碳源和氮源等的利用情况、抗生素抗性、不同盐浓度的适应性、不同生长温度耐受性，以及氧化酶、硝酸还原酶、BTB 产酸或产碱判定等。目前 Biolog 系统广泛应用于根瘤菌的生理生化表型测定，可以快速获得根瘤菌对不同碳源的利用情况，再补充其他的表型分析，即可得到根瘤菌的表型数据。然而，表型测定存在：工作比较烦琐、受影响条件较多、数据重复性不够理想，以及与基因型研究的结果不一致等问题。尽管如此，表型数据对根瘤菌的分类鉴定仍然很重要，根瘤菌的表型分析仍然是根瘤菌分类鉴定及发表新种的必需条件（Ormeño-Orrillo and Martínez-Romero, 2013），加上利用 Biolog 系统，可以短期内获得菌株的生理生化特征，要比测序、注释和比较等更快速。根瘤菌的化学成分分析包括脂肪酸的测定和极性脂分析等。它们的测定都有相应的快速分析方法，如气相色谱法、高效液相色谱（HPLC）法和薄层色谱（TCL）法。测定这些化学成分时要保证供比较的菌株采用同样的培养方法、培养时间和培养基等，以使数据结果具有可比性。

（二）植物共生细菌接种方法

植物共生细菌的接种方法通常由细菌的种类、生物学特性、侵染定殖部位和研究目的所决定。对于根系共生细菌则可对种子或根系直接接种，即施加一定浓度的细菌发酵液体，采用拌种、与培养基质混合等途径接种。例如，将根瘤菌悬液直接喷洒种子表面或将菌悬液直接喷洒于健康玉米植株贴近地面的第 1 个叶鞘表面，保湿培养24h。

（三）植物共生细菌定殖特点研究技术

一些技术手段如抗利福平、氨苄青霉素、卡那霉素等抗生素标记法，免疫技术结合电子显微镜技术和分子生物学方面的技术被用于共生细菌的检测。目前采用较多的是抗利福平标记法，此方法比较简便，但缺点是定量不准确且易出现抗生素屏蔽现象。用分子生物学方法既可定性又可定量地检测共生细菌，但所用成本较高、花费时间较长。现在大量微生物的基因序列被测定并输入国际基因数据库，通过对未知微生物的 16S rDNA 序列进行测定和比较分析，可以快速有效地鉴定分类。

随着荧光标记技术、电镜免疫胶体金技术和酶联免疫反应等技术应用于内生细菌的标记鉴定，共生细菌的侵染定殖规律的研究正在快速发展。检测共生菌在植物体内的定殖动态变化最常规的方法是抗药性标记法，通过目标细菌的自发突变或诱变，筛选出抗高浓度抗生素的突变体，再以此标记株进行回收检测。常用的抗生素有利福平、链霉素等。2003 年蔡学清等利用双抗标记成功检测到枯草芽孢杆菌 BS-2 和 BS-1 在辣椒体内的定殖动态。2001 年吴蔼民等用抗利福平标记法，对来自棉花的共生菌 73a 在不同抗性棉花品种体内的定殖消长动态进行了研究。除了抗药性标记法外，还有免疫学方法，如酶联免疫吸附法（ELISA）、荧光抗体技术、Western 印迹法、基因标记法和特异性寡核苷酸片段标记法等也在植物共生细菌的检测中广泛应用。2002 年 Ramos 等运用 *gfp* 和 *gusA* 基因联合标记的方法研究了 *Azospirillum brasilense* 在小麦根部的定殖情况。近年来尤其是 GFP 的应用，使植物共生细菌的检测更加快捷，由于寄主植物生活环境多样性，以及共生细菌与寄主植物关系的复杂性，有关共生细菌在植物内定殖和分布的情况目前都是采用多种研究技术同时分析。

（四）植物共生细菌挥发性产物的研究法

细菌挥发性产物（bacterial volatile metabolite，BVM）常常具有植物促生和拮抗病原物的作用，其中绝大多数细菌挥发性产物为有机化合物，在分离提取植物共生细菌产生挥发性物质时可应用的方法有固相萃取（solid phase extraction）、超临界流体萃取技术（supercritical fluid extraction，SFE）、微波辅助萃取技术（miacrowave-assisted extraction，MAE）、固相微萃取（solid-phase micro-extraction，SPME）、分子印迹固相微萃取（molecularly imprinted-solid phase microextraction，MI-SPEM）等；经常应用于鉴定细菌挥发性产物的技术手段有气相色谱-质谱技术（gas chromatography-mass spectrum，GC-MS）、气相色谱-嗅觉测量法（gas chromatography-olfactometry，GC-O）、选择离子流动管质谱、电子鼻、质子转移反应质谱和HPLC（Roda et al.，2016）。众多方法中气质色谱-质谱联用是应用较为普遍也是效率较高的方法，GC-MS将气相色谱与质谱的优点结合，气相色谱进行高效分离，质谱因其独特的鉴定能力可以在灵敏度极高状态下将未知化合物精确鉴定。Park等（2015）的研究利用固相微萃取提取荧光假单胞菌挥发性物质，后经气相色谱-质谱鉴定出植物促生物质13-十四烷二烯乙酸酯tetradecadien、2-丁酮和2-甲基-直链-1-十三烯等。

（五）植物共生细菌溶磷能力研究法

鉴定植物共生细菌是否具有溶磷能力及溶磷能力强弱的方法非常之多且成熟，具体的方法包括以下几种。

1. 平板溶解圈法

具有溶磷功能的细菌在固体培养基平板上可将难溶性磷酸盐溶解，细菌菌落下产生溶磷晕圈是溶磷能力的表现，相同时间内溶磷晕圈的大小表现了细菌溶磷能力强弱。一般应用的磷酸盐为 $Ca_3(PO_4)_2$、$CaHPO_4$ 和 $Mg_3(PO_4)_3$ 等难溶性物质，为给细菌提供一个生长的营养条件，培养基中常常还加入蔗糖或酵母浸膏等营养物质，PVK培养基（Pikovskaya's medium）是应用较多的溶磷培养基配方。解钾细菌的判断也可以通过此法，只不过将培养基中的磷酸盐换为硅酸盐。

2. 比色法

细菌在液体溶磷培养基中培养一段时间后，通过对比菌液和未接种对照培养基中可溶性磷含量来判断细菌的溶磷能力。可溶性磷的比色方法有钼锑抗比色法和磷钼蓝比色法。

3. 土壤接种培养法

将测试的菌种接种于土壤中，通过测试接种土壤与不接种土壤之间有效磷含量判断细菌溶磷能力。这种方法和比色法原理相通，但更接近实际。土壤有效磷含量测定方法很多，如Olsen法、BrayI法和Troug法等。

（六）植物共生细菌产抗生素与拮抗能力测定法

筛选具有拮抗病原能力的细菌的最有效的方法是对峙试验，将测试菌株与病原真菌或病原细菌共同培养在培养基平板上，针对线虫可以利用测试菌株菌液处理活线虫，测试菌株抑制病原生长或存活说明具有拮抗作用，筛选所得的为拮抗菌株。具体要探明拮抗菌株哪种效应物质发挥作用，可以通过特殊的筛选试验得知。

产几丁质酶菌株能力鉴定：一般用几丁质为唯一碳源的固体培养基进行培养判断产几丁质酶菌株的解几丁质能力，菌株在筛选平板上形成透明圈说明具有解几丁质能力，透明圈越大则解几丁质能力越强。

以上植物共生细菌生防能力的判断多采用简单培养的方式，通过分子生物学的方式也可以证明，但是根据不同种类细菌其抗生素合成关键基因不同，基因的表达也受到很多因素的影响。所以细菌生防功能初步的直接的判断可以应用基础的方法，当需要遗传层面证据或研究表达调控等情况时分子生物学技术至关重要，两种方法相辅相成。

（七）植物共生细菌产嗜铁素、HCN 和蛋白酶能力测定法

1. 菌株产嗜铁素能力

铬天青 S（chrome azurol S）和十六烷基三甲基溴化胺（HDTMA）共同与 Fe^{3+} 形成蓝色复合物，当 Fe^{3+} 被更强配位体夺走时，复合物颜色转变为橙红色。铁载体就是一种极强的 Fe^{3+} 配位体，测试菌株在 CAS 培养基上培养，蓝色平板产生橙红色晕圈说明菌株具有产铁载体活性，并且晕圈越大、橙红色越深，菌株产铁载体能力越强。

2. 菌株产 HCN 能力

固体培养基上生长的菌落如果能够产生 HCN，会使 HCN 敏感试纸发生颜色变化，敏感试纸变色液组成不同，颜色变化也不同。

3. 菌株产蛋白酶能力

以牛奶为唯一碳源和氮源的平板上生长的菌株如果具有分解蛋白质的能力，会在培养基上形成透明晕圈。

第三节　分子生物学技术在生物共生学研究中的应用

现代分子技术已广泛应用于共生生物分类鉴定、多样性、基因克隆、分子生态学、系统发育学及种间种内关系等多个领域的研究中，为生物共生学的深入研究和发展提供了机遇、增强了活力。本节主要介绍现代分子生物学技术在共生生物分类鉴定、生物多样性与群落结构特征、共生生物与共生体生理代谢等领域研究中的应用。

一、现代分子生物学技术简介

分子生物学技术发展迅猛，其很多方法更新换代与完善快速。本节仅介绍以实时荧光定量 PCR 技术、PCR-DGGE 技术、高通量测序技术和宏基因组/宏转录组技术为代表的现代分子生物学技术（表 10-1）。

表 10-1　几种现代分子生物学技术在生物共生学研究中的应用（改自姬洪飞和王颖，2016）

分子生物学技术	检测水平	联用技术	样品种类	分析指标	缺点
高通量测序	群落	稳定同位素标记，定量 PCR	生物体、土壤和水体等样品的 DNA/RNA	微生物群落组成及各类群丰度	Illumina 测序在测定 GC 含量高的序列区域时容易产生偏差
宏基因组/宏转录组	群落	稳定同位素标记，Illumina 测序	同上	群落或环境中活跃微生物群落的性质，包含环境微生物的种类和功能信息等	序列多为几百个碱基或者更短，很难获得由序列到功能的准确图谱
拉曼光谱 - 荧光原位杂交	单细胞	稳定同位素标记	纯菌、水体或水体培养物中的微生物细胞	Raman 信号检测，荧光成像，细菌，耐降解菌等	同位素标记需求量较高
纳米二次离子质谱 - 荧光原位杂交	单细胞	酶联荧光原位杂交，荧光原位杂交，稳定同位素标记，透射电子显微镜，扫描电子显微镜，X 射线显微镜	同上	元素和同位素成像，细菌、碳和氮循环相关的微生物等	检测区域较小；样品的自发荧光易影响探针荧光信号；样品制备过程可能会影响微生物细胞的同位素组成

（一）实时荧光定量 PCR 技术

实时荧光定量 PCR 技术就是在 PCR 体系中引入了一种荧光化学物质，利用荧光信号累积实时监测整个 PCR 进程，最后通过标准曲线对未知模板进行定量分析。作为当前最快速、精确的核酸定量方法之一，实时荧光定量 PCR 技术广泛运用于共生微生物的检测中。它不仅解决了不可培养和未知微生物的定量问题，相较于高通量测序，它还可以对特定微生物进行精确定量，可达种的水平。然而该技术的缺陷也在于 PCR "通用引物" 的扩增效果存在偏向性，一次只能对一种或几种已知基因序列的微生物进行定量，无法得到整个微生物群落的信息。此外，实时荧光定量 PCR 技术中引物、探针的设计和标准曲线的制作是试验重点和难点，引物和探针的灵敏度、特异性将直接对试验的结果造成影响。但是与其他的核酸定量方法相比，它的操作简单快速、特异性强、灵敏度高，在共生微生物的研究中依然具有广阔的应用前景。

（二）PCR-DGGE 技术

PCR-DGGE（polymerase chain reaction-denaturing gradient gel electrophoresis）技术是 PCR 技术与变性梯度凝胶电泳技术的联用。用 PCR 技术将样品中极少量的微生物基因扩增到较高水平，再通过变性梯度浓度凝胶电泳中递增的化学变性剂浓度把长度相近、碱基组成不同的 DNA 片段区分，根据凝胶上形成条带的数目和丰度信息反映微生物的多样性，最后与 GenBank 中的标准序列比对获得它们的遗传相关性。该方法运用到微生态研究中可以有效避免在传统富集、培养、分离研究过程中造成的微生物多样性丢失，能够更直接、可靠地反映微生物原始组成情况。与高通量测序及实时荧光定量 PCR 一样，PCR-DGGE 技术也常用于物种多样性和群落结构分析，只不过分析的物种都是已知的 DNA 图谱库中的物种，相对而言缩小了研究的共生微生物范围，研究更具有针对性。PCR-DGGE 技术还可以构建 DNA 指纹图谱，建立快速检测的分子分型平台，不仅能实现功能菌的快速、准确检测和鉴定，也有利于获得高效稳定的微生物功能菌种或菌群。

PCR-DGGE 具有操作简单、复现性好、技术成熟、成本较低等优点，在研究微生物多样性和种群差异方面优势显著。该技术的缺点在于：DGGE 分析的 PCR 产物，一般要求 DNA 长度在 500bp 以下，否则 DGGE 的分辨率会下降；DGGE 的结果不仅受到 PCR 的影响，而且受到电泳条件诸多因素的影响，有时会出现"共迁移"现象；PCR-DGGE 的指纹图谱上通常仅显示微生物群落中的优势种群，其检测极限是微生物群落中大于 1% 的菌种；DGGE 对微生物的鉴定仅限于基因数据库中菌种，而且不能确定菌种代谢活性、微生物数量和基因表达水平等。

（三）高通量测序技术

罗氏 454 测序系统、Illumina/Solexa 聚合酶合成测序、ABI/SOLiD 连接酶测序等技术扩增测序进行序列分析，序列分析软件一般为 Sequencing Analysis ver.5.2、DNASIS-Mac ver.3.6、DNAMAN 等，最后经在线数据库 DDBJ、EMBL、RIDOM（Ribosomal Differentiation of Medical Microorganisms）、MicroSeq、GenBank 等进行 BLAST 分析可得鉴定结果（Yoshida et al.，2012）。高通量测序依赖的宏基因组测序在肠道微生物研究中也应用广泛。宏基因组学着眼于对整个肠道微生物组的研究，高通量测序技术能够进行痕量菌检测并客观还原菌群结构，不仅可以用于研究肠道微生物的种群结构、生态失衡及其与健康和疾病的关系，还可以研究系统发育关系、新型功能基因、微生物相关途径、物种相互协作关系及其与宿主、环境的协同进化等。

测序平台、可变区和测序数据量的选择是高通量测序的难点。例如，Claesson 等（2010）比较了利用 454 和 Illumina 测序平台分析不同的相邻 16S rRNA 可变区组合的分类效率、准确性和一致性，结果表明样品中物种多样性指数高度依赖于可变区的选择和测序深度，不同可变区的扩增效率不同且影响物种相对丰度，测序平台则影响物种的分类效率。该技术还存在一定的局限性：16S rRNA 高通量测序样本来自 PCR 扩增产物，而 PCR 过程所用的"通用引物"并不能对所有微生物进行等效扩增，导致分析结果在一定程度上的失真；宏基因组测序需要足够数量和高质量的 DNA 样本，深度测序才能获得较为完整的生物信息学数据（Wang et al.，2015b）；庞大的数据分析工作也面临着巨大挑战，功能注释结果对宏基因组学研究至关重要，然而由于缺乏匹配的参考数据库，许多数据无法进行功能注释，并且通过宏基因组测序进行的功能预测也不能说明该基因的具体表达情况，需要结合转录组学和蛋白质组学研究才能了解功能表达情况。此外，该技术的仪器设备昂贵、测序成本高，且高通量测序只能获得样品中微生物的相对丰度，无法确定样品中特定微生物的具体数量，而实时荧光定量 PCR 技术则很好地弥补了这一缺点。

高通量测序具有测序片段短、无须构建基因文库、高输出量和高解析度的特点，测序结果覆盖整个微生物群落的信息，可以对复杂样品进行分类学鉴定和多样性分析。与 454 焦磷酸测序相比，Illumina Miseq 平台测序具有以下特点。①测序周期短。Miseq V2 150PE 运行时间短至 24h，可用于快速高效的扩增子测序或小基因组测序，以极少的时间完成数据量需求较少的项目。② Pair-end 读长达 250bp。Miseq 测序读长已经达到 2×250bp，可有效地跨越复杂基因组的高度重复区域，从而提高拼装的效果，更有利于进行基因注释和基因功能的深入挖掘。③测序流程便捷。小巧、一体化的 Miseq 平台整合了 cluster 生成 Pair-end 测序和完整的数据分析，节省了实验室空间；通过触摸屏界面操作，即插即用的试剂带有 RFID 追踪，具有自动化的便利。因此，Illumina 平台测序及其他一些测序方法（如 Helicons、Pacific Biotechnology 和 Oxford Nanopore System 的单分子测序）在今后的共生生物研究中将会有更多的应用。除了以上 DNA 测序方法鉴定共生微生物以外，还有其他不同原理鉴定途径：核酸分子检测（real-time PCR 和 DNA 探针）、蛋白质组学检测、质谱技术（GS-MS、MALDI-MS、ESI-MS）、选择反应检测（selected reaction monitoring SRM）和质谱多反应检测（multiple reaction monitoring，MRM）。

（四）宏基因组学技术

宏基因组学（metagenomics）称为微生物环境基因组学、元基因组学。它通过直接从环境样品中提取全部微生物的 DNA，构建宏基因组文库，利用基因组学的研究策略研究环境样品所包含的全部微生物的遗传组成及其群落功能。它是在微生物基因组学的基础上发展起来的一种研究微生物多样性、开发新的生理活性物质（或获得新基因）的新理念和新方法。宏基因组学研究的对象是特定环境中的总 DNA，不是某特定的微生物或其细胞中的总 DNA，不需要对微生物进行分离培养和纯化，这为我们认识和利用 95% 以上的未培养微生物提供了一条新的途径。该技术的产生和发展极大程度地揭示了环境样品中微生物群落的微生物多样性、功能多样性及代谢多样性，是评估环境样品中微生物组成结构的最精确方法之一。

现在众多科学家已经不满足于蛋白质组的大规模定性分析，而将目光延伸到了系统的识别和定量一个蛋白质组，因为蛋白质表达丰度的变化对蛋白质的功能和有机体的变化有着至关重要的作用。因此，有关测量蛋白质浓度的仪器和方法的大力发展使生命科学和医学在蛋白质水平上的研究成为可能。而相对和绝对定量同位素标记（isobaric tags for relative and absolute quantitation，iTRAQ）技术就是在这种条件下应运而生的。

iTRAQ 技术是一种新型的蛋白质定量测量和鉴定的同位素标记技术（Hunt et al., 2004）。该技术可以同时寻找多达 8 个样本之间的差异蛋白，并对其功能进行生物信息学分析，还可以对所检测的所有样品的全部蛋白质进行含量测定和功能注释。当前，iTRAQ 技术已经成为蛋白质组学定量研究的热点技术。

（五）宏蛋白质组学

1994 年 Wilkins 和 Willhams 提出了蛋白质组（proteome）的概念，即一个基因组所表达的所有蛋白质，或细胞、组织或机体在特定时空所表达的全部蛋白质。2004 年，Rodríguez-Valera 根据宏基因组学的概念提出了宏蛋白质组（metaproteome，或称为元蛋白质组学），是指环境混合微生物群落中所有生物的蛋白质组总和。尽管宏基因组学技术在微生物种群结构和生态环境功能的研究中取得了很大的成功，但其弊端也逐渐显现出来：由于重复基因的存在、基因表达的时空特异性和蛋白质修饰作用等原因，复杂环境条件下环境微生物基因的特异性表达及其功能并不能通过宏基因组学的研究得到揭示，而这种信息往往是生态环境中最重要的部分。宏蛋白质组学的出现弥补了这个弊端，它能够通过检测某些蛋白质是否存在相对丰度和蛋白质的修饰状态，直接测量功能基因的表达情况。通过对具有关键酶活性蛋白质的鉴定，可以使人们进一步认识在环境污染胁迫条件下微生物的代谢过程。然而，利用蛋白质组学研究复杂的微生物群体目前还存在一定的挑战。例如，环境样品中蛋白质的有效分离，目前还没有统一的蛋白质提取方法。在得到感兴趣的目标蛋白后，如何阐述其在生态环境中的功能动态也将是今后研究的热点之一。

（六）代谢组学

代谢组学（metabolomics）诞生至今不到 10 年，但发展非常迅速，现已成为系统生物学研究的一个重要组成部分。随着基因组学研究的深入，功能基因组开始研究基因组、转录组及蛋白质组的数据与表型之间的关系；而细胞内的全部代谢物最接近于表型，从而产生了研究全部代谢物的要求，代谢组（metabolome）的概念由此诞生（Nicholson et al., 2002）。后续研究过程中，代谢组被定义为给定的生物系统在给定的条件下合成的所有的代谢产物。代谢组学的分析是对一个生物系统中所有低分子质量代谢物质全面的定性和定量分析，通过考察生物体系受到刺激或扰动后，其代谢产物的变化或其随时间的变化来研究生物体系的代谢途径。

代谢组学分析中，对不同类型的代谢产物往往要采取不同的分析方法进行研究。代谢物组学通常采用红外光谱法（IR）、磁共振（NMR）、质谱（MS）、高效液相色谱（HPLC），以及各种技术的耦联，如 GC-MS 和 LC-MS 来分析研究代谢物并为其绘制图谱。

多种检测技术为共生微生物的鉴定和相关研究提供了多个途径（表 10-2），但由于当今技术发展的限制，即技术难度大、成本高、条件苛刻等局限因素，使诸多高端的鉴定技术还不能大范围地推广应用。随着试验技术和生物遗传学的进步和发展，未来共生微生物分类研究将取得丰硕成果。随着研究的进一步深入，高通量测序技术与转录组学、蛋白质组学和代谢组学分析将联合使用。

表 10-2　DNA-SIP、RNA-SIP、PLFA-SIP 和 protein-SIP 方法的比较（改自 Uhlik et al., 2013）

性质	应用比较	解析
敏感性	DNA < RNA <磷脂脂肪酸（PLFA）<蛋白质	DNA-SIP 需要同位素的标记丰度较高，^{13}C 达到 15%~20%，^{15}N 达到 30% 左右，而蛋白质标记只需 1% 的标记丰度；RNA 的标记速度是 DNA 的 6.5 倍
培养时间	DNA > RNA > PLFA >蛋白质	培养时间与敏感性直接相关，DNA-SIP 需要的培养时间最长，也更容易带来微生物交叉取食的偏差
分类学分辨率	DNA ≈ RNA >蛋白质> PLFA	PLFA-SIP 只区分较大的分类群，DNA 或 RNA-SIP 可提供属水平或更低水平的分类信息。与 16S rRNA 相比，蛋白质序列的数据库现有信息受到很大程度的限制
代谢活性预测	DNA < RNA <蛋白质	蛋白质是代谢活性最明确的指示指标，DNA 只显示代谢潜力
提取容易程度	DNA ≈ PLFA > RNA >蛋白质	DNA 和 PLFA 在不同介质中均可以按照步骤提取获得，而 RNA 和蛋白质在环境样品中的提取有一定困难
稳定性	DNA ≈ PLFA >蛋白质> RNA	DNA 和 PLFA 相对稳定，蛋白质可能变性，mRNA 非常容易降解

二、共生细菌和共生真菌的分子鉴定

（一）共生细菌的分子生物学分类鉴定技术

共生细菌的分子生物学技术分类鉴定的原理是依赖细菌高度保守的 16S rRNA 区的测序结果，通过生物信息学分析达到分类鉴定的目的。微生物的 16S rRNA、18S rRNA 基因和核糖体内转录间隔区（ITS）兼具种属特异性的高变区和非特异的保守区，是细菌系统分类和进化分析的指针。基于对高通量测序的 16S rRNA、18S rRNA 和 ITS 等不同区域及功能基因进行测序，能够同时对样品中的优势物种、稀有物种及一些未知的物种进行检测，获得样品中的微生物群落组成及相对丰度信息，从而实现对肠道微生物群落结构和功能的整体研究。这对研究肠道微生物与宿主和环境的关系、宿主健康管理和微生物多样性的调节有着重要的理论和现实意义。70% 的 DNA 同源性值曾是确定细菌之间是否为同一种的"黄金标准"之一。大于及等于 70% 的为同一个种，低于 70% 的则为不同种。而今其已被平均核苷酸一致性（average nucleotide identity，ANI）所取代。两株细菌的全基因组的 ANI 比较值以 94% 为阈值，它相当于 DNA 同源性的 70% 这个值（Goris et al., 2007）。当 ANI 值大于或等于 95% 时，为同一个菌种；反之，低于 95% 则为不同的菌种（Arahal, 2014）。目前使用 JSpecies 软件计算 ANI 值是一个优选的方法，推荐使用。虽然全基因组测定方便快速，但还是需要一定的时间分析和注释。对于一个未知菌株，想快速判断其是否是一个新种，可以采用只测定一些持家基因的方法。例如，Zhang 等（2012）采用多基因序列（如 SMc00019-tru A-thrA）分析的 ANI 值比较，以 94% 或 96% 作为区分不同种的阈值标准，可以很好地将不同根瘤菌物种区分，此方法的分析结果与其他持家基因及全基因组分析结果有很好地一致性。结合 16S r RNA 基因序列分析确定属的系统发育地位，与持家基因 ANI 比较，确定种间关系，就能确定未知根瘤菌的分类地位了。

（二）共生真菌的分子生物学分类鉴定技术

基于共生真菌 rRNA 基因分析的分子鉴定法已广泛用于共生真菌的分类鉴定工作。rRNA 基因由进化保守区和变异区两部分组成，进化保守区可用于设计扩增 rRNA 基因片段的 PCR 引物，而通过对变异区的碱基分析可以对共生真菌进行分类学上的区分。目前引物的设计区段主要集中于 rRNA 基因的小亚基（SSU）、大亚基（LSU），以及内转录间隔区（ITS）这三个区段。这种方法可直接以单个真菌孢子提取的 DNA 进行分析。Blaszkowski 等（2015）收集 AM 真菌连接菌丝的 3~5 个孢子，通过巢式 PCR 反应获得了部分 SSU 基因片段、ITS 基因片段及 LSU rDNA 序列，通过 PCR 产物纯化及克隆文库构建，成功从少量真菌孢子中获得 SSU-ITS-LSU rDNA 序列。例如，18S rRNA 基因的 NS31-AM1 引物区段是近年来使用最广泛的区段，Öpik 等（2013）以 NS31-AM1 引物区段为主，收集了已公开的所有 AM 真菌序列，在 97% 序列相似性水平上整理出 356 个 AM 真菌分子种，并以 Schüßler 建立的分类系统为依据，以孢子种相应区段 DNA 序列为参考，将各分子种归类至属甚至种的水平。此外，Kivlin 等（2011）收集了 GenBank 数据库中 14 961 条 18S 和 28S rRNA 基因序列，在 97% 的 DNA 序列相似性水平上，基于 18S 和 28S 分别划分出 563 个和 669 个 AM 真菌分子种；类似地，Yang 等（2012）基于 3547 条 AM 真菌的 ITS 序列在 90% 的序列相似性水平上划分了 305 个 AM 真菌分子种。

三、共生细菌和共生真菌群落结构特征

二代测序的测序广度和深度较克隆文库的方法大大提高，尤其是提高了对数量上占少数的微生物群落的覆盖，不仅能从群落水平上揭示微生物群落组成的变化，还能从更细的微生物分类水平上显示微生物群落的具体变化，在环境样品的 16S rRNA、18S rRNA、真菌的 ITS 区和功能基因的分析中均有应用。寒带针叶林在全球的占地面积约为 11%，占土壤有机碳储量的 16%，一般认为地上部的植物残体是土壤有机碳累积的主要来源。而 Clemmensen 等（2013）等通过分析北方森林土壤年代序列的有机碳组成发现，50%~70% 的土壤有机碳储量源于根系和根系伴生微生物，且稳定同位素标记与真菌 ITS 区的 454 焦磷酸测序相结合的研究结果表明，在不同地点之间，有机碳累积差异最大的土壤剖面中，菌根伴生真菌均占优势，说明菌根伴生真菌在生态系统的碳动态中起重要的调节作用。Hermann-Bank 等（2013）将高通量列阵与二代测序的方法相结合，分析了肠道微生物的丰富度和组成，结果表明，不同肠道位置或腹泻情况下的肠道微生物组成和丰富度不同，腹泻与链球菌属 *Streptococcus* 成员的数量显著降低相关，尤其是非解乳链球菌 *S. alactolyticus*。尽管目前高通量列阵与二代测序相结合的方法的应用较

少，该研究依然显示了高通量列阵在定量不同样品中微生物的丰富度的同时，通过与二代测序相结合具有快速得到微生物系统发育信息的潜力。

环境微生物的功能性质和基因表达分析除了理解微生物的多样性和群落组成之外，很多时候还需要分析这些微生物成员的功能，如微生物的多样性与其功能性质有什么样的联系，以及微生物与其所在生态系统中的能量和养分流动是如何相互作用的，等等。微生物功能分析常用稳定同位素标记与微生物 DNA 或 RNA 分析相结合的方法、功能基因微列阵、微生物宏基因组和宏转录组分析及单细胞水平研究方法来识别目标微生物的种类和功能。

（一）共生细菌多样性与群落结构特征

实时荧光定量 PCR 因具有特异性强、复现性好等特点，可以对某一特定微生物进行精确定量，同时通过量的对比，分析某一因素是否影响微生物菌群，因而在肠道微生物多样性研究中应用广泛。实时荧光定量 PCR 主要用于肠道微生物多样性和群落结构分析，通过基因水平的量化检测来描述某一因素对肠道微生物的特定效应（Chen et al., 2015；Weitkunat et al., 2015；Anitha et al., 2016）。

不同地区人肠道微生物的营养代谢基因丰度不同，其代谢功能的灵活性可能与饮食波动程度有关；研究还发现，不同地区人的肠道菌群耐药性基因组成，与当地土壤和水源菌群的耐药性基因组成及抗生素使用范围相似；通过比较不同地区人群肠道微生物系统发育的多样性和代谢活性差异，促进人们对肠道微生物与饮食和生活环境之间关系的认识，很好地展示了人类肠道微生物的进化史。植物共生细菌群落结构及其多样性可以通过多样性指数、丰富度指数、均一度指数来评价。传统植物共生细菌的多样性研究是采用先分离获纯培养后，通过形态学、生理生化特性对分离物进行鉴定，得到其多样性信息。植物共生细菌群落结构研究方法有传统的平板计数法、群落水平生理学指纹方法（CLPP）、生物标记物法、醌指纹法（quinones profiling）、脂肪酸图谱法（磷脂脂肪酸谱图法和全细胞脂肪酸甲酯谱图法）、荧光标记技术（荧光染色法、免疫荧光技术）等，土壤中只有极少数微生物可以被分离培养，随着现代分子生物学技术的发展，研究方法突破了基于培养的思维，对微生物群落的研究范围更广，也更加精确。

2008 年 Hironobu 和 Hisao 对从水稻各个组织中分离到的 30 株细菌进行 SSU rRNA 序列分析，结果表明这 30 株细菌属于 *Bacillus pumilus*、*Curtobacterium* sp、*Mehtylobacterium aquaticum*、*Shingomonasy abuuchiae*、*Sphingomona melonis*、和 *Pantoea ananatis*。2007 年 Zhao 等同时采用 16S rDNA-PCR DGGE 方法和传统的平板分离方法，研究了烟草叶片共生细菌的多样性，序列分析结果表明 DGGE 图谱中的一些条带的序列能与培养分离中的一些细菌相吻合，通过 DGGE 分析还发现了一些培养方法中尚未出现的共生细菌。2008 年郑斯平等用 PCR-DGGE 结合电子显微镜发现绿萍 *Azolla microphylla* 的共生细菌中以芽孢杆菌和蓝细菌为主要类群，但是 99% 的微生物都是非可培养的，以这种方法得到的信息具有很大的局限性。同时分离培养工作量大，鉴定过程烦琐复杂。因此，建立快速、简单、能够更好反映微生物群落结构的方法变得十分迫切。

（二）共生真菌多样性与群落结构特征

基于 AM 真菌 rRNA 基因分析的分子鉴定法已广泛用于 AM 真菌的物种多样性及群落结构研究。rRNA 基因由进化保守区和变异区两部分组成，进化保守区可用于设计扩增 rRNA 基因片段的 PCR 引物，而通过对变异区的碱基分析可以对 AM 真菌进行分类学上的区分。目前引物设计区段主要集中在 rRNA 基因的小亚基（SSU）、大亚基（LSU）及内转录间隔区（ITS）3 个区段。这种方法可以直接以根样、土壤或混合孢子等的宏基因组为模板进行 AM 真菌群落多样性分析，特别是结合最近发展起来的高通量测序技术，可大规模且高效地探明 AM 真菌的物种多样性。基于环境 DNA 鉴定的 AM 真菌种只能称为分类操作单元（operational taxonomic unit）、分子种（phylotype）或虚拟种（virtual taxa），而不能获得 AM 真菌种质资源。AM 真菌分子多样性研究法相对杂乱，不同 DNA 区段、不同分子种划分标准等均能得到不同的结果。18S rRNA 基因的 NS31-AM1 引物区段使用最广，多数 AM 真菌分子多样性是由该引物来揭示的。准确评估 AM 真菌分子种的数量非常困难，加大分子鉴定 DNA 区段及分子种划分标准等研究是十分必要的。选取 4 对 AM 真菌特异性引物 NS31-AM1、AML1-AML2、NS31-AML2 和 SSUmCf-LSUmBr，通过 PCR、克隆及测序技术对 AM 真菌的多样性及群落结构进行了分析比较。不同引物对 AM 真菌的扩增特异性及覆盖度均有显著性差异，且不同引物得到的 AM 真菌群落结构也存在显著性差异；SSUmCf-LSUmBr 的扩增特异性及覆盖度最高，NS31-AML2 和 NS31-AM1 次之，而 AML1-AML2 则相对较差。NS31-AML2 的扩增区段能很好地与越来越被认可的 AM 真菌 VT 虚拟分类数据库（http://maarjam. botany. ut. ee）相匹配，且扩增片段长度也适合于目前的高通量测序技术（蒋胜竞等，2015）。

关于 AM 真菌的研究，不论是从生理、生化到功能，还是从个体、种群到群落，几乎均基于其多样性，但往往又会受到 AM 真菌不能纯培养的限制，现代分子生物学技术的迅猛发展无疑为 AM 真菌的分类鉴定提供了新的契机。454 高通量测序法不仅与传统孢子鉴定方法在研究结果上相互印证、互为补充，更以其高输出量与高解析度的特性，在 AM 真菌群落组成与多样性研究方面得到了广泛应用。然而，随着技术的日新月异发展，454 高通量测序法已逐渐被通量更大的 Illumina Miseq 等技术所取代（Schmidt et al.，2013；Cui et al.，2016），这些方法为深入和便捷地刻画土壤和根系中的 AM 真菌群落组成特征提供了新的技术支撑。此外，第三代测序（PacBio）技术已经成功应用于长片段（> 1400bp）基因测序，已悄然兴起（Mosher et al.，2014），将来或可采用几乎能覆盖全部 AM 真菌类型的两组特异性引物 SSUmAfl-2/LSUmAr1-4（1800bp）和 SSUmCfl-3/LSUmBr1-5（1500bp）来扩增 AM 真菌 DNA。当然，除基于 DNA 的分子生物学方法外，生物标记物方法也是非常重要的检测手段，如磷脂脂肪酸（pospholipid fatty acid，PLFA）方法可以补充 AM 真菌生物量（丰度）方面的数据，而将 PLFA 与质谱联合可有效地检测植物根围中发挥作用的关键 AM 真菌类群（Hannula et al.，2012）。在高通量测序技术进一步发展的过程中，也有很多具体的问题需要解决，尤其是海量测序数据的储存和分析。但随着对高通量测序技术的高度重视，未来一旦条件成熟，AM 真菌的鉴定和多样性分析势必将更加准确、快速和便捷。

四、共生细菌和共生真菌的组学研究

与人类共生的全部微生物的基因组总和称为"元基因组"或"人类第二基因组"。基于新一代测序技术产生的数据，元基因组分析技术和方法能够弥补以往人体微生物先培养后鉴定方法的缺陷，同时能有效鉴定和分析微生物群落的组成及功能，从而进一步探究和揭示微生物群落与机体生理状态之间的关系，为解决许多医学领域的难题提供了全新的切入角度和思维方法（陈嘉焕等，2015）。

为了更精确地确定甘草优势共生细菌中慢生根瘤菌的系统发育地位，可同时选择两种持家基因 rec A 和 rpo B 作为分子标记，来研究它们与参比菌株的系统发育关系。rec A 是编码 DNA 重组和修补系统中酶的基因，现已证实，rec A 基因分析已经广泛应用到中慢生根瘤菌的系统发育和鉴定中，并且结果显示，所研究的细菌的分类地位与 16S rRNA 得到的结果一致。rpo B 是 RNA 聚合酶 β 亚基的编码基因，目前也经常被用于微生物的系统进化分析。因此，rec A 基因和 rpo B 基因可被用于提高 16S 系统发育树的分辨率，区分包括中慢生根瘤菌在内的 α - 变形细菌。这些持家基因能辅助 16S rRNA 基因来分析细菌的系统发育关系，并能在种水平下将来自于不同地域、具有不同进化背景的菌株区分开，证明了筛选和应用小片段保守基因，在根瘤菌分类研究中具有快捷、准确的优势。固氮菌中 nifH 基因决定着固氮酶系统中铁蛋白的表达，因为其具有高度保守性，利用 nifH 基因可检测细菌是否有固氮作用。

微生物群落本身是一个复杂系统，对单个微生物的研究已经不能满足人类对微生物了解的需要，解答环境微生物生态学的关键问题需要系统的方法学。系统生物学（system biology）是研究一个生物系统中所有组成成分（基因、mRNA、蛋白质等）的构成，以及在特定条件下这些组分间的相互关系，并通过计算生物学建立数学模型来定量描述和预测生物功能、表型和行为的学科。系统生物学的研究包括基因组学、转录组学、蛋白质组学、代谢组学、相互作用组学和表型组学等，它们分别构成了生命信息传递的几个层次，在 DNA、mRNA、蛋白质和代谢产物水平检测和鉴别各种分子并研究其功能。

土壤宏基因组一般是指土壤中所有细菌、真菌、古细菌、单胞藻、小型或微型原生生物的基因组总和。土壤基因组学的研究以基因组学技术为依托，其主要的程序包括从土壤中直接提取 DNA 并克隆至合适的载体中，再将载体转化到宿主细菌建立土壤宏基因组文库并对得到的文库进行分析和筛选。该方法应用之初是为了开发和利用土壤中那些不可培养的微生物资源，筛选新的生物活性物质和功能基因。近年来，土壤宏基因组学技术正逐渐渗透到农业、工业、食品、医药、能源和环境等各个领域。其中，土壤宏基因组学技术在环境保护和污染修复领域的应用主要包括两个方面：一是挖掘污染物降解基因和功能菌株，进行生物修复；二是分析微生物种群多样性，监测和评价环境健康。2009 年 Sul 等采用宏基因组学与 DNA 稳定性同位素标记相结合的方法，从受 PCB 污染的沉积物中筛选具有 PCB 降解功能的土著微生物及联苯降解基因。通过构建沉积物中土著细菌的 ^{13}C-16S rRNA 基因文库发现，沉积物中的优势微生物群落为不动杆菌和假单胞菌；同时对 ^{13}C-DNA 中的苯环双加氧酶基因进行 PCR 扩增并构建宏基因组文库，随后从该文库中分别筛选到两组与睾酮假单胞菌 B-356 菌株及红球菌 RHA1 菌株有着较高相似度的联苯双加氧酶 bphAE 基因簇。研究结果表明，尽管许多联苯降解微生物尚不可在实验室条件下培养，但自然界中与联苯代谢相关的双加氧酶基因是普遍存在的。Liang 等（2011）采用基于 GeoChip 基因芯片的土壤宏基因组学技术，比较了来自中国 5 个不同油田的受石油污染土壤中的微生物群落结构与功能基因多样性。结果表明，土壤中微生物群落的总体结构聚类与油田的地理分布有关，在所有的 5 个受污染的油田土壤中均能检测到高丰度的有机物降解基因，其中以烷烃和芳烃的单加氧酶和双加氧酶基因丰度最高。主成分分析发现，不同油田土壤中功能微生物的分布与当地土壤的基本性质，如石油污染物浓度、土壤氮磷含量、土壤含盐量及土壤 pH 等因素有关。这一结果对阐明污染条件下土壤微生物的结构与功能变化有着重要意义，并为石油污染土壤的生物修复提供理论依据。2003 年 Singleton 等采用宏蛋白质组学的方法比较研究了镉污染土壤中微生物量与土壤蛋白质表达的响应。受镉污染的土壤中，土壤总蛋白质含量显著低于未受污染的对照，SDS-PAGE 电泳分析表明，在镉污染土壤中明显存在大量小分子质量蛋白质的表达，表明镉胁迫可诱导土壤微生物合成表达低分子质量应激蛋白质（如金属硫蛋白）。此外，与微生物生物量法相比，宏蛋白质组学技术在研究土壤微生物生态功能中更敏感、更精确。2009 年 Li 等采用 SDS-PAGE、2D-PAGE、MALDI-TOF-MS 等技术，从蛋白质组学水平阐释了铜耐性修复植物海州香薷对铜吸收累积与耐性解毒的分子机制。他们认为，海州香薷适应缺铜和高铜胁迫时，均能够诱导一些功能蛋白质（如氧化还原调控、细胞信号转导、转录与翻译调控、能量代谢调控、细胞壁代谢与细胞骨架调控、离子转运等相关蛋白）的差异表达，但这些蛋白质在两种胁迫时处理铜离子的机制不尽相同。

随着基因组学的研究向环境微生物学中的渗透，代谢组学也逐渐被应用到微生物生态学的研究领域中，用于研究微生物群落多样性与微生物生态功能间的关系。

微生物降解是修复环境中污染物的主要途径，深入了解污染物在微生物体内的代谢途径，将有助于人们优化微生物降解的条件，从而实现快速高效的生物修复。2006 年 Luan 等利用固相微萃取衍生化技术与 GC-MS 联用同时测定多种 PAH 代谢产物的分析方法，开展了细菌和微藻降解 PAH 的降解机制和代谢物动力学变化等研究。从单一菌株和混合菌群的培养基中及菌体内同时检测到 PAH 多种单氧化和双氧化及其开环的代谢产物，发现多种 PAH 降解过程中存在复杂的代谢物动力学过程；通过研究标志性代谢产物的组成与动态变化，揭示了代谢物水平上的微生物共代谢 PAH 的降解机制。2009 年 Mckelvie 等采用磁共振和 GC-MS 等技术，研究了化学杀虫剂污染土壤中爱胜蚓的代谢组学响应机制。结果表明，在 DDT 和硫丹暴露下，爱胜蚓的代谢产物麦芽糖、亮氨酸和丙氨酸的比例发生变化。当丙氨酸和甘氨酸的比例为 1.5∶1 时，可作为评价土壤受 DDT 和硫丹污染的潜在生物标志物。

稳定性同位素探测（stable isotope probing，SIP）技术是近期发展起来的将稳定性同位素标记技术与分子生物学方法相结合的代谢组学新技术。SIP 技术的基本原理和技术路线为：将环境样品暴露于稳定性同位素标记的基质中，这些样品中存在的某些微生物能够以基质中的稳定性同位素为碳源或氮源进行物质代谢并满足其自身生长需要。基质中的稳定性同位素被吸收同化进入微生物体内，参预某些特定物质如核酸（DNA 和 RNA）及 PLFA 等的合成，通过提取、分离、纯化、分析这些微生物体内稳定性同位素标记的生物标志物，从而将环境中的微生物与其功能结合起来，以加深对不同环境中的微生物功能及其所参预代谢的特定生物地球化学过程的认识。

在研究苯酚、PAH 和 PCB 等有机污染物微生物降解的过程中，使用 SIP 技术可以帮助了解在复杂的土壤环境中，哪些微生物参预了有机污染物的降解，以及微生物间复杂的相互作用是如何影响有机污染物生物降解过程的。目前，SIP 技术存在的主要问题包括：^{13}C 标记浓度的确定及微生物在培养过程可能存在的交叉取食风险。最近的一些 SIP 研究已通过优化培养条件和分离技术、缩短培养时间等手段来减少上述不利因素的影响。SIP 技术凭借其在不可培养微生物（降解菌）的寻找、功能基因（污染物降解基因）的筛选、生化代谢途径的研究、蛋白质功能的探究等方面存在的巨大潜能和优势，在污染土壤生物修复的研究中将会得到更广泛的应用。

此外，随着人类基因组测序工作的完成，人们对生命过程研究的热点转移到了基因的功能及基因组、蛋白质组和代谢组学的研究。在环境生物学与污染生态学中，宏基因组学提供环境中总 DNA 的信息，宏蛋白质组学可以提供实时状况下环境功能的信息，宏代谢组学提供最后的环境代谢产物的总体信息（Desai et al., 2010）。然而，现有的"组学"研究还相对独立，高通量试验方法的发展促使大量的"组学"数据积累，多种问题的存在给不同"组学"之间数据的链接与集成带来了很大的困难。系统生物学中数据整合技术的发展有待于试验科学、生物学、数学和计算机科学的全面进步，最终有效地整合多种"组学"数据，从而对污染环境中的微生物生态与功能进行全面的解读。

AM 真菌相关基因水平研究较少。*Gigaspora margarita* 线粒体基因组揭示了两个未知的 I 组内含子两个反式剪接的事件。利用 *G. margarita* 总 DNA 进行 454 和 Illumina 测序，并解析编译其线粒体基因组；通过对此基因组的研究，更好地了解 AM 真菌近源种谱系演化。*G. margarita* 线粒体基因组在许多方面都是独一无二的——量大（97kb）、高 GC 含量（45%）；这个基因组还隐藏着以前未知的分子事件，包括第 I 组内含子两个编码细胞色素基因第一亚基氧化酶和小亚基的 rRNA 的两个反式剪接。关于 AM 真菌细胞器基因组，很少有相关报道涉及真菌 DNA 序列信息，Pelin 等（2012）对远缘生物线粒体基因组中反式剪接 I 组内含子的起源和进化提供了新见解。

AM 真菌效应蛋白在诱导植物免疫系统过程中发挥了关键作用。为表明真菌分泌效应组（effectome）和保护效应蛋白水平在 AM 真菌种间与共生植物互作中是否起到根本作用，以阐明 AM 真菌对植物的侵染与定殖共生互作机制，Sędzielewska Toro 和 Brachmann（2016）基于生物信息学渠道比较了异形根孢囊霉和 *Rhizophagus clarus* 效应差异，利用硅片管道中的 220 个异形根孢囊霉候选效应基因，虽然大多数的候选基因与已知的蛋白质没有同源性，但是其在细胞壁的修饰或转录调控信号转导中发挥着潜在作用。参预共生的效应蛋白大量存在，而且这不是一种真菌或植物所特有的，球囊菌门

Glomeromycota 中普遍存在。通过 Illumina 高通量测序，异形根孢囊霉 95% 的候选效应物质在 *R. clarus* 基因组草图中为同系物；有趣的是 9% 的预测效应中持家功能蛋白（相似率＞90%）至少在根孢囊霉属 *Rhizophagus* 两个种内是保守的。因此，认为 AM 真菌种间这类高度保守的蛋白质在真菌和植物互作中起到关键作用。真菌分泌的效应物质是与植物沟通过程的重要组成部分，AM 真菌鉴定和功能的研究有助于了解真菌和植物互作机制。

参考文献

白建峰，秦华，张承龙，等. 2013. 蚯蚓和丛枝菌根真菌对南瓜修复多环芳烃污染土壤的影响. 土壤通报，(1)：202-206.

班宜辉，徐舟影，杨玉荣，等. 2012. 不同程度铅锌污染区丛枝菌根真菌和深色有隔内生真菌侵染特征. 西北植物学报，32(11)：2366-2343.

毕金丽，崔艳丽，张静，等. 2014. 猕猴桃灰霉病生防真菌的分离与鉴定. 中国酿造，33(10)：84-86.

毕银丽，2017. 丛枝菌根真菌在煤矿区沉陷地修复应用研究进展. 菌物学报，36(7)：800-806.

毕银丽，王瑾，冯颜博，等. 2014. 菌根对干旱区采煤沉陷地紫穗槐根系修复的影响. 煤炭学报，(08)：1758-1764.

陈桂梅，李守萍，张海涵，等. 2009. 菌根伴生真菌对外生菌根真菌生长及其中性蛋白酶活性的影响. 西北农林科技大学学报 (自然科学版)，5：206-210.

陈桂梅. 2009. 油松菌根伴生真菌与外生菌根真菌的互作研究. 杨凌：西北农林科技大学硕士学位论文：1-72.

陈嘉焕，孙政，王晓君，等. 2015. 元基因组学及其在转化医学中的应用. 遗传，37(7)：645-654.

陈娟，史辉，王琼，等. 2015. 细菌挥发性代谢产物的类型、检测技术及应用. 微生物学杂志，35(1)：89-94.

陈书霞，姜永华，刘宏久，等. 2012. AM 真菌和根结线虫互作对黄瓜生长及生理特征的影响. 植物保护学报，39(3)：253-259.

陈双双，王腾，朱丽静，等. 2015. 菌根真菌处理下板栗对矿质元素的吸收和积累. 北京农学院学报，30(2)：28-34.

陈相波. 2014. 新蚜虫疠霉 (虫霉目) 共生细菌多样性研究. 杭州：中国计量大学硕士学位论文：1-70.

陈一波，孙培德，马王钢，等. 2012. 水蚯蚓 - 微生物共生系统脱氮除磷最佳运行工况数值模拟研究. 环境科学学报，32(11)：2770-2780.

陈佑源，楼兵干，高其康，等. 2013. 印度梨形孢诱导油菜抗旱性机理的初步研究. 农业生物技术学报，21(3)：272-281.

丛国强，尹成林，何邦令，等. 2015. 水分胁迫下内生真菌球毛 ND35 对冬小麦苗期生长和抗旱性的影响. 生态学报，35(18)：6120-6128.

崔磊，穆立蔷. 2015. 紫椴根际土壤肥力与外生菌根侵染关系. 生态学杂志，34(1)：145-149.

戴玉成，庄剑云. 2010. 中国菌物已知种数. 菌物学报，29(5)：625-628.

丁雪玲，柯红娇，刘红霞，等. 2013. 生防菌 3BY4 和 BQ9 对番茄黄化曲叶病毒病的防病增产效果. 中国农学通报，29(31)：179-183.

董静，王立，马放，等. 2017. AMF 对美人蕉修复水体除草剂污染的影响. 哈尔滨工业大学学报，49(2)：37-43.

范克胜，吴小芹，任嘉红，等. 2011. 盐胁迫下外生菌根真菌与根围有益细菌互作对杨树光合特性的影响. 西北植物学报，31(6)：1216-1222.

高春梅，李敏，刘润进. 2016. AMF 和 DSE 组合菌剂促生防线虫病效应. 菌物学报，35(10)：1208-1217.

高红，张冉，万永继. 2011. 白僵菌的分类研究进展. 蚕业科学，37(4)：730-736.

高侃，汪海峰，章文明，等. 2013. 益生菌调节肠道上皮屏障功能及作用机制. 动物营养学报，25(9)：1936-1945.

高权新，吴天星，王进波. 2010. 肠道微生物与寄主的共生关系研究进展. 动物营养学报，22(3)：519-526.

郭俊柯，2012. 曼地亚红豆杉中产紫杉醇内生真菌的分离鉴定. 杨凌：西北农林科技大学硕士学位论文：1-63.

郭丽琢，张虎天，何亚慧，等. 2012. 根瘤菌接种对豌豆 / 玉米间作系统作物生长及氮素营养的影响. 草业学报，21(1)：43-49.

郭良栋，田春杰. 2013. 菌根真菌的碳氮循环功能研究进展. 微生物学通报，40(1)：158-171.

郭绍霞，刘润进. 2010. 不同品种牡丹对丛枝菌根真菌群落结构的影响. 应用生态学，21(8)：1993-1997.

韩光，张磊，邱勤，等. 2011. 复合型 PGPR 和苜蓿对新垦地土壤培肥效果研究. 土壤学报，48(2)：405-411.

何磊，邹慧芳，李长友，等. 2017. 丛枝菌根真菌和甜菜夜蛾的相互作用. 植物保护学报，44(3)：460-466.

贺忠群，贺超兴，闫妍，等. 2011. 盐胁迫下丛枝菌根真菌对番茄吸水及水孔蛋白基因表达的调控. 园艺学报，38(2)：273-280.

胡冰冰，李后魂，石福臣. 2011. 中国头细蛾属昆虫 (鳞翅目，细蛾科) 与大戟科植物互利共生关系研究进展. 动物分类学报，36(2)：447-457.

胡桂萍，郑雪芳，尤民生，等. 2010. 植物内生菌的研究进展. 福建农业学报，25(2)：226-234.

胡佳频，汤鹏，易浪波，等. 2015. 钾长石矿区土壤固氮菌的多样性分析. 中国微生态学杂志，27(10)：1127-1135.

黄玺，李春杰，南志标，等. 2010a. 醉马草内生真菌对其伴生种硬质早熟禾和针茅生长的影响. 草业学报，19(5)，87-93.

黄玺，李春杰，南志标. 2010b. 醉马草内生真菌共生体对其伴生植物种子萌发的影响. 草业科学，27(7)：84-87.

惠非琼，彭兵，楼兵干，等. 2014. 印度梨形孢通过促进渗透调节物质的合成和诱导抗逆相关基因的表达提高烟草耐盐性. 农业生物技术学报，22(2)：168-176.

惠非琼. 2014. 印度梨形孢对烟草耐盐、抗旱及重金属作用机理的初步研究. 杭州：浙江大学硕士学位论文：1-83.

姬洪飞，王颖. 2016. 分子生物学方法在环境微生物生态学中的应用研究进展. 生态学报，36(24)：8234-8243.

贾广军，郭先华，谷林静，等. 2015. AMF 接种与根系分隔对红壤上间作玉米生长及磷素吸收的影响. 玉米科学，23(4)：149-154.

贾锐，杨秀丽，闫伟. 2011. 兴安杜鹃菌根形态特征和土壤理化性质的关系研究. 内蒙古农业大学学报 (自然科学版)，32(3)：63-66.

江玲. 2015. 黑麦草、丛枝菌根真菌对不同番茄品种 Cd 吸收、富集的影响. 重庆：西南大学硕士学位论文：1-82.

江龙, 王茂胜, 黄建国, 等. 2010. 不同基质对接种丛枝菌根真菌烟苗生长和营养状况的影响. 山地农业生物学报, 29(2): 100-103.

姜晓宇, 高菊生, 徐凤花, 等, 2013. 水稻种子内生细菌多样性及其分泌植物生长素能力的测定. 微生物学报, 53(3): 269-275.

蒋胜竞, 石国玺, 毛琳, 等. 2015. 不同 PCR 引物在根系丛枝菌根真菌群落研究中的应用比较. 微生物学报, 55(7): 916-925.

金文进, 李春杰, 王正凤. 2015. 禾草内生真菌的多样性及意义. 草业学报, 24(1): 168-175.

孔静, 裴宗平, 杜旼. 2014. 水分胁迫 AM 真菌对紫花苜蓿生长及抗旱性的影响. 北方园艺, (9): 179-182.

匡石滋, 田世尧, 段冬洋, 等. 2015. 火龙果与大豆间作的效应分析. 中国农学通报, 31(25): 128-132.

李春杰, 南志标, 刘勇, 等. 2008. 醉马草内生真菌检测方法的研究. 中国食用菌, 27: 16-19.

李昉, 杜方鹏. 2014. 六株牛蒡共生真菌的杀虫活性. 青岛科技大学学报 (自然科学版), (5): 4.

李桂玲, 王建锋, 黄耀坚, 等. 2001. 几种药用植物内生真菌抗真菌活性的初步研究. 微生物学通报, 28(6): 64-68.

李欢, 王冲, 汪顺义, 等. 2015. 蚯蚓与菌根提高玉米生长和氮磷吸收的互补效应. 植物营养与肥料学报, 21(4): 920-926.

李俊喜, 李辉, 王维华, 等. 2010. 丛枝菌根真菌丛枝发育对大豆胞囊线虫病的影响. 青岛农业大学学报 (自然科学版), 27(2): 95-99.

李丽. 2011. 中国西北地区甘草根瘤内生细菌多样性和系统发育研究. 杨凌: 西北农林科技大学博士学位论文: 1-139.

李亮, 武洪庆, 马朝阳, 等. 2015. 印度梨形孢促进蒺藜苜蓿生长及其提高耐盐性研究. 微生物学通报, 42(8): 1492-1500.

李淑敏, 李隆. 2011. 蚕豆/玉米间作接种 AM 真菌和根瘤菌对外源有机磷利用的影响. 农业现代化研究, 32(2): 243-247.

李涛, 陈保冬. 2012. 丛枝菌根真菌通过上调根系及自身水孔蛋白基因表达提高玉米抗旱性. 植物生态学报, 1(9): 973-981.

李文英, 彭智平, 杨少海, 等. 2012. 植物根际促生菌对香蕉幼苗生长及抗枯萎病效应研究. 园艺学报, 39(2): 234-242.

李秀璋, 方爱国, 李春杰, 等. 2015a. 禾草内生真菌对其它微生物的影响研究进展. 生态学报, 35(6): 1660-1671.

李秀璋, 姚祥, 李春杰, 等. 2015b. 禾草内生真菌作为生防因子的潜力分析. 植物生态学报, 39(6): 621-634.

李月姣, 朱利英, 尹华军, 等. 2015. 连续三年夜间增温和施氮对云杉外生菌根及菌根真菌多样性的影响. 生态学报, 35(9): 2967-2977.

李振基, 陈小麟, 郑海雷. 2007. 生态学. 北京: 科学出版社: 154-156.

林双双. 2013. AM 真菌调节紫花苜蓿对重金属元素 Cd 的吸收和分配策略. 兰州: 兰州大学硕士学位论文: 1-87.

林燕青, 吴承祯, 谢安强, 等. 2015. 木麻黄 (*Casuarin equisetifolia*) 内生真菌的分离与促生菌株的筛选. 北华大学学报 (自然科学版), 16(4): 522-528.

刘爱荣, 陈双臣, 陈凯, 等. 2010. 哈茨木霉对黄瓜尖孢镰刀菌的抑制作用和抗性相关基因表达. 植物保护学报, 37(3): 249-254.

刘翠花，陈保冬，朱永官，等. 2006. 丛枝菌根真菌对青稞生长发育及磷营养的影响研究. 土壤学报，43(6)：1052-1055.

刘东岳，李敏，孙文献，等. 2016. 抗黄瓜枯萎病丛枝菌根真菌与根围促生细菌组合菌剂的筛选. 植物病理学报，46(6)：821-832.

刘东岳，李敏，孙文献，等. 2017. 拮抗尖孢镰刀菌的PGPR筛选与抑菌机制的初步研究. 植物病理学报，47(5)：704-715.

刘华杰，房世波，吴清凤. 2009. 干旱持续时间对内蒙古草原中坚韧胶衣和分指地卷固氮活性的影响. 菌物学报，28：783-789.

刘华杰，吴清凤，房士波，等. 2010. 不同水分条件下坚韧胶衣固氮活性对冻融的响应. 菌物学报，29：228-233.

刘丽. 2014. 根瘤菌与促生菌复合接种对大豆生长和土壤生态效应的影响. 泰安：山东农业大学硕士学位论文：1-65.

刘其根，杨洋，唐永涛，等. 2014. 罗氏沼虾与三角帆蚌、鲢和鳙混养模式优化. 水产学报，(11)：1855-1864.

刘润进，陈应龙. 2007. 菌根学. 北京：科学出版社：1-447.

刘润进，田蜜，刘宁，等. 2014. 植物根系复合共生体研究进展. 菌物研究，12(1)：1-7.

刘少芳. 2015. 金龟子绿僵菌内生性及对花生生长促进作用. 北京：中国农业科学院硕士学位论文：1-80.

刘世旺，徐艳霞，颜蕾，等. 2015. 土著花生根瘤菌田间试验研究. 湖北农业科学，54(6)：1328-1330.

刘昕明，林荣澄，黄丁勇. 2013. 深海热液口化能合成共生作用的研究进展. 地球科学进展，28(7)：794-801.

柳莉，李秀璋，郭长辉，等. 2015. 不同培养基对禾草内生真菌Epichloë生长与产孢的影响. 草业科学，32(6)：859-869.

龙良鲲，姚青，羊宋贞，等. 2007. 扩繁条件对两种AMF菌剂接种势的影响. 微生物学通报，34(2)：204-207.

路立，杨东飞. 2015. 熊蜂授粉技术在春茬设施番茄上的应用与研究. 农业与技术，35(03)：25-27.

栾庆书，焦凤红，金若忠，等. 2008. 辽宁省主要外生菌根真菌生境调查及探讨. 辽宁林业科技，11：175.

罗开源，龙秀琴，赵敏，等. 2014. 锈叶杜鹃菌根的侵染特性及其与土壤养分的相关性. 贵州农业科学，42(11)：176-179.

罗珍，朱敏，线岩相洼，等. 2012. 丛枝菌根真菌侵染对紫色土水稳性团聚体特征的影响. 土壤通报，43(2)：310-314.

吕立新，王宏伟，梁雪飞，等. 2014. 不同化学型和季节变化对茅苍术内生真菌群落多样性的影响. 生态学报，34(24)：7300-7310.

吕文，刘文哲. 2010. 雄全异株植物瘿椒树（省沽油科）的传粉生物学. 植物学报. 45(6)：713-722.

马冠华，肖崇刚. 2004. 烟草内生细菌种群动态研究. 微生物学杂志，24(4)：7-11.

马敏芝，南志标. 2011. 内生真菌对感染锈病黑麦草生长和生理的影响. 草业学报，20(6)：150-156.

毛克克. 2010. *Piriformospor indica*和*Sebacin vermifera*诱导的番茄抗病性研究. 杭州：浙江大学博士学位论文：1-44.

么巧君，鲁旭鹏，朱晓峰，等. 2014. 青霉菌Snef1216发酵液诱导番茄抗南方根结线虫研究. 植物病理学报，44(6)：693-699.

苗迎秋，王贺新，李根柱，等. 2013. 长白山笃斯越橘菌根形态结构及内生菌的分布特征. 东北农业大学学报，44(1)：81-85.

蒲强，谭志远，彭桂香，等. 2016. 根瘤菌分类的新进展. 微生物学通报. 43(3)：619-633.

钱奎梅. 2012. 煤炭矿区复垦土壤的菌根修复技术研究. 北京：中国矿业大学博士学位论文：1-73.

邱振鲁. 2011. 石耳科真菌的分离培养及其生物活性的研究. 济南：山东师范大学硕士学位论文：1-66.

屈庆秋. 2010. 菌根真菌及其促生细菌提高油松降解柴油的作用. 杨凌：西北农林科技大学硕士学位论文：1-65.

全宇，刘永翔，刘作易. 2011. 绿僵菌属分类的研究进展. 贵州农业科学，39(10)：113-117

荣良燕，姚拓，赵桂琴，等. 2011. 产铁载体 PGPR 菌筛选及其对病原菌的拮抗作用. 植物保护，37(1)：59-64.

申光辉，张志清，秦文，等. 2015. 灰霉病菌拮抗放线菌的筛选鉴定及对草莓的防腐保鲜效果. 食品科学，36(21)：185-190.

史中欣，柴强，杨彩虹，等. 2011. 带型配置及施氮量对玉米间作豌豆产量和水分利用效率的影响. 甘肃农业大学学报，(1)：39-43.

舒波. 2013. 丛枝菌根真菌促进枳 (*Ponciru trifoliat* L. Raf) 磷吸收效应及其机理研究. 武汉：华中农业大学硕士学位论文：1-111.

舒玉芳，叶娇，潘程远，等. 2011. 三峡库区桑树菌根发育特征及菌根对桑苗生长的促进作用. 蚕业科学，37(6)：978-984.

宋婷婷，蔡为明，金群力，等. 2014. 一种袋栽黑木耳共生菌的鉴定及其共生效应初步研究. 微生物学通报，41(4)：614-620.

苏珍珠. 2012. 暗色有隔内生真菌稻镰状瓶霉 (*Harpophoa oryzae*) 与水稻互惠共生机制的研究. 杭州：浙江大学博士学位论文：1-165.

孙吉庆，刘润进，李敏. 2012. 丛枝菌根真菌提高植物抗逆性的效应及其机制研究进展. 植物生理学报，48(9)：845-852.

孙微微，丁婷. 2013. 杜仲内生真菌中抗苹果炭疽病活性菌株的筛选. 安徽农业大学学报，40(6)：981-987.

孙晓颖. 2014. 五种野生兜兰植物菌根真菌多样性研究. 北京：北京林业大学博士学位论文：1-95.

孙学广. 2014. AM 共生机制研究：AM 真菌与植物根系的识别及 AM 功能相关基因. 杨凌：西北农林科技大学博士学位论文：1-129.

孙永芳，付娟娟，褚希彤，等. 2015. 丛枝菌根真菌对垂穗披碱草吸收不同氮源效率的影响. 草地学报，23(2)：294-301.

谭树朋，刘润进，孙文献. 2015. 球囊霉属真菌与芽孢杆菌 M3-4 协同作用降低马铃薯青枯病的发生及其机制初探. 植物病理学报，45(6)：661-669.

唐佳频，邵宗泽，张智涛，等. 2014. 南极土壤来源的恶臭假单胞菌 1A00316 抗南方根结线虫的机制. 应用与环境生物学报，20(6)：1046-1051.

唐金玉，王岩，戴杨鑫. 2014. 在淡水鱼类混养系统中吊养三角帆蚌对养殖产量和水质的影. 水产学报，(2)：208-217.

田蜜，陈应龙，李敏，等. 2013. 丛枝菌根结构与功能研究进展. 应用生态学报，24(8)：2369-2376.

田蜜，李敏，刘润进. 2015. 设施栽培黄瓜根 AMF 与 DSE 结构发育特征. 菌物学报，34(3)：402-409.

田文静，朱莹丹，岳林芳，等. 2016. 益生菌微胶囊化研究现状. 中国食品学报，16(8)：186-194.

王超，申成美，郑丽，等. 2014. 烟草青枯病生防细菌的筛选与生防效果研究. 植物保护，40(2)：43-47.

王聪艳，周志国，武汉琴. 2015. 植物内生真菌研究进展. 生物学教学，3(40)：2-3.

王凤玲，张锐，陈秀华，2017. 转 Bt 基因棉叶片腐熟物抑制 AM 真菌定殖及菌根对磷的吸收. 菌物学报，36(7)：963-971.

王凤让，毛克克，李国钧，等. 2011. 印度梨形孢及其近似种 Sebacin vermifera 促进番茄生长发育及磷吸收. 浙江大学学报 (农业与生命科学版)，37(1)：61-68.

王丽萍，张弘，钱奎梅，等. 2012. 丛枝菌根真菌对矿区修复系统固碳的作用. 中国矿业大学学报，(4)：635-640.

王琳，陈展，尚鹤. 2014. 外生菌根真菌在酸雨胁迫下对马尾松土壤微生物代谢功能的影响. 林业科学，50(7)：99-104.

王琳，向梅春，刘杏忠. 2015. 植菌昆虫及共生真菌共生机制. 菌物学报，34(5)：849-862.

王琳. 2015. Euops 属卷叶象甲与其储菌器真菌的共生机制研究. 北京：中国科学院大学博士学位论文：1-99.

王启. 2014. 内蒙古中温型草原 AM 真菌多样性研究及其分布影响因子研究. 呼和浩特：内蒙古大学硕士学位论文：1-134.

王小坤，赵洪海，李敏，等. 2014. 丛枝菌根真菌与小麦孢囊线虫的相互作用. 植物病理学报，44(1)：97-106.

王贻莲，郭凯，陈凯，等. 2014. 越南伯克霍尔德氏菌 B418 杀线虫活性产物的稳定性研究. 湖北农业科学，(5)：1066-1068.

王勇，周冬梅，郭坚华. 2014. 蜡质芽孢杆菌 AR156 对辣椒的防病促生机理研究. 植物病理学报，44(2)：195-203.

王幼珊，刘润进. 2017. 球囊菌门丛枝菌根真菌最新分类系统菌种名录. 菌物学报，36(7)：820-850.

王幼珊，张淑彬，殷晓芳，等. 2016. 中国大陆地区丛枝菌根真菌菌种资源的分离鉴定与形态学特征. 微生物学通报，43(10)：2154-2165.

王幼珊，张淑彬，张美庆. 2012. 中国丛枝菌根真菌资源与种质资源. 北京：中国农业出版社：1-264.

王宇涛，辛国荣，李韶山. 2013. 丛枝菌根真菌最新分类系统与物种多样性研究概况. 生态学报，33(3)：834-843.

韦戈，阮付贤，郑霞林，等. 2014. 白蚁与动物及微生物的共生类型及其机制. 环境昆虫学报，36(5)：790-804.

魏江春. 1998. 地衣、真菌和菌物的研究进展. 生物学通报，33(12)：2-5.

魏宇昆，高玉葆，2008. 禾草内生真菌的遗传多样性及其共生关系. 植物生态学报，32(2)：512-520.

文都日乐，李刚，杨殿林，等. 2011. 呼伦贝尔草原土壤固氮微生物 nifH 基因多样性与群落结构. 生态学杂志，30(4)：790-797.

吴金丹，陈乾，刘晓曦，等. 2015. 印度梨形孢对水稻的促生作用及其机理的初探. 中国水稻科学，29(2)：200-207.

吴清凤，刘华杰，王慧燕. 2011. 十二种地卷目地衣固氮活性的种间差异. 菌物学报，30(4)：612-617.

吴忠兴. 2003. 固氮蓝细菌与小麦共生体系的创建及亲和藻株的筛选. 福州：福建师范大学硕士学位论文：1-66.

武美燕，蒿若超，张文英，等. 2013. 印度梨形孢诱导紫花苜蓿提高抗旱性研究初报. 草地学报，21(6)：1218-1222.

徐凤美. 2014. 松萎蔫病发生区和未发生区油松根部真菌研究. 杨凌：西北农林科技大学硕士学位论文.

张雯龙，谢玲，覃丽萍，等. 2013. 深色有隔内生真菌 (DSE) 对香蕉枯萎病生防功能评价. 见："创新驱动与现代植保"——中国植物保护学会第十一次全国会员代表大会暨 2013 年学术年会论文集：489.

张晓婧，刘润进. 2014. 广义与狭义植物内生生物的定义及其研究进展. 微生物学通报，41(3)：560-571.

张兴锋，柳凤，何红，等. 2010. 红树内生细菌 C Ⅲ -1 菌株鉴定及其胞外抗菌蛋白性质. 微生物学通报，37(2)：222-227.

张延旭，毕银丽，裴浪，等. 2015. 接种丛枝菌根对玉米生长与抗旱性的影响. 干旱地区农业研究，33(2)：91-94.

张媛，陈欢欢，李宗波. 2015. 榕果及其传粉榕小蜂形态特征相关研究. 生态学杂志，32(1)：18-21.

赵嘉，陈明敏，胡洪波，等. 2015. 假单胞菌 GP7. rpeB 突变株的构建及其对吩嗪类抗生素合成的调控. 微生物学通报，42(1)：3-8.

赵素芬，孙会强. 2017. 杂色鲍与 2 种海藻混养效果研究. 水产养殖，(1)：40-46.

赵晓静，王萍，李秀璋，等. 2015. 内生真菌在禾草体内的分布特征. 草业科学，32(8)：1206-1215.

钟凯，袁玉清，赵洪海，等. 2010. 泰山丛枝菌根真菌群落结构特征. 菌物学报，29(1)：44-50.

周小风. 2014. 铁皮石斛内生细菌分布规律的研究. 杭州：浙江理工大学硕士学位论文：1-72.

周笑白. 2011. 植物 - 丛枝菌根真菌修复多环芳烃污染土壤. 大连：大连理工大学博士学位论文：1-132.

朱娜. 2015. 黑翅土白蚁菌圃理化微环境及共生菌培养条件的研究. 杭州：浙江大学硕士学位论文：1-61.

朱长志，何道根，张志仙，等. 2015. 大棚青花菜蜜蜂授粉制种技术要点. 浙江农业科学，56(8)：1219-1220.

卓胜，苏嘉欣，黎华寿，等. 2011. 黑麦草 - 菌根 - 蚯蚓对多氯联苯污染土壤的联合修复效应. 环境科学学报，31(1)：150-157.

Adams AS，Aylward FO，Adams SM，et al. 2013. Mountain pine beetles colonizing historical and Naïve host trees are associated with a bacterial community highly enriched in genes contributing to terpene metabolism. Appl Environ. Microbiol，79(11)：3468.

Affokpon A，Coyne DL，Lawouin L. 2011. Effectiveness of native West African arbuscular mycorrhizal fungi in protecting vegetable crops against root-knot nematodes. Biol Fertil Soils，47(2)：207-217.

Ahmed EA，Hassan EA，Kmke T，et al. 2014. Evaluation of rhizobacteria of some medicinal plants for plant growth promotion and biological control. Annals Agri Sciences，59(2)：273-280.

Akhtar MS，Siddiqui ZA. 2008. Biocontrol of a root-rot disease complex of chickpea by *Glomus intraradices*，*Rhizobium* sp. and *Pseudomonas straita*. Crop Protection，27：410-417.

Akhtar MS，Siddiqui ZA. 2010. Effects of AM fungi on the plant growth and root-rot disease of chickpea. Amer-Eur J Agri and Environ Sci，8(5)：261-293.

Aliliche K，Beghalem H，Landoulsi A，et al. 2016. Molecular phylogenetic analysis of rhizobium sullae isolated from Algerian *Hedysarum flexuosum*. Antonie Van Leeuwenhoek，109(7)：897.

Althoff DM. 2016. Specialization in the yucca-yucca moth obligate pollination mutualism：A role for antagonism. Am J Bot，103(10)：1803-1809.

Alvarez CS，Badia J，Bosch M，et al. 2016. Outer membrane vesicles and soluble factors released by probiotic *Escherichia* coli Nissle 1917 and commensal ECOR63 enhance barrier function by regulating expression of tight junction proteins in intestinal epithelial cells. Front Microbiol，7(e0160374)：1981.

Amid C，Olstedt M，Gunnarsson JS，et al. 2017. Additive effects of the herbicide glyphosate and elevated temperature on the branched coral *Acropora formosa* in Nha Trang，Vietnam. Environ. Sci. Pollut. Res. Int. doi：10. 1007/s11356-016-8320-7.

An GH，Kobayashi S，Enoki H，et al. 2010. How does arbuscular mycorrhizal colonization vary with host plant genotype？An example based on maize (*Zea mays*) germplasms. Plant Soil，329：441-453.

Anith KN, Sreekumar A, Sreekumar J. 2015. The growth of tomato seedlings inoculated with co-cultivate *Bacillus pumilus*. Symbiosis, 65: 9-16.

Andrade-Linares DR, Grosch R, Restrepo S, et al. 2011. Effects of dark septate endophytes on tomato plant performance. Mycorrhiza, 21: 413-422.

Anitha M, Reichardt F, Tabatabavakili S, et al. 2016. Intestinal dysbiosis contributes to the delayed gastrointestinal transit in high-fat diet fed mice. Cellular & Molecular Gastroenterology & Hepatology, 2(3): 328-339.

Antolín-Llovera M, Petutsching EK, Ried MK, et al. 2014. Knowing your friends and foes-plant receptor-like kinases as initiators of symbiosis or defence. New Phytol, 204(4): 791-802.

Arahal DR. 2014. Whole-genome analyses: average nucleotide identity. Methods in Microbiol, 41: 103-122.

Asif IM, Muhammad K, Ahmad ZZ, et al. 2016. Auxin producing plant growth promoting *Rhizobacteria* improve growth, physiology and yield of maize under saline field conditions. Intern J Agri Biol, 18(1): 37-45.

Atieno M, Hernnann L, Gkalebo R, et al. 2012. Efficiency of different formulations of *Bradyrhizobium japonicum* and effect of co-inoculation of Bacillus subtilis with two different strains of *Bradyrhizobium japonicum*. World-Mierob Biot, 28: 2541- 2550.

Atmosukarto I, Castillo U, Hess WM et al. 2005. Isolation and characterization of *Muscodor albus* I-41. 3s, a volatile antibiotic producing fungus. Plant Sci, 169(5): 854-861.

Atsatt PR, Whiteside MD, 2014. Novel symbiotic protoplasts formed by endophytic fungi explain their hidden existence, lifestyle switching, and diversity within the plant kingdom. PLoS One, 9(4): e95266.

Awasthi A, Bharti N, Nair P, et al. 2011. Synergistic effect of *Glomus mosseae* and nitrogen fixing *Bacillus subtilis* strain Daz26 on artemisinin content in *Artemisia annua* L. Appl Soil Ecol, 49: 125-130.

Babikova Z, Gilbert L, Bruce TJA, et al. 2013. Underground signals carried through common mycelial networks warn neigh bouring plants of aphid attack. Ecol Let, 16: 835-843.

Bal HB, Nayak L, Das S, et al. 2013. Isolation of Acc deaminase producing PGPR from rice rhizosphere and evaluating their plant grow promoting activity undersalt stress. Plant and Soil, 366(1-2): 93-105.

Ballhorn DJ, Elias JD, Balkan MA, et al. 2017. Colonization by nitrogen-fixing Frankia bacteria causes short-term increases in herbivore susceptibility in red alder (*Alnus rubra*) seedlings. Oecologia, 184(2): 497-506.

Ban YH, Xu ZY, Yang YR, et al. 2012. Different levels of lead and zinc contaminated areas arbuscular mycorrhizal fungi and dark have endophyte infection inner compartment features. J Acta Bot Sin, 32(11): 2336-2343.

Barber NA. 2013. Arbuscular mycorrhizal fungi are necessary for the induced response to herbivores by *Cucumis sativus*. J Plant Ecol, 6(2): 171-176.

Barke J, Seipke RF, Gruschow S, et al. 2010. A mixed community of actinomycetes produce multiple antibiotics for the fungus farming ant *Acromyrmex octospinosus*. BMC Biol, 8: 109.

Barto EK, Hilker M, Müller F, et al. 2011. The fungal fast lane: common mycorrhizal networks extend bioactive zones of allelochemicals in soils. PLoS One, 6: e27195.

Bastien G, Arnal G, Bozonnet S, et al. 2013. Mining for hemicellulases in the fungus-growing termite *Pseudacanthotermes militaris* using functional metagenomics. Biotechnol Biofuels, 6(1): 1-15.

Behie SW, Zelisko P M, Bidochka M J. 2012. Endophytic insect-parasitic fungi translocate nitrogen directly from insects to plants. Science, 336: 1576-1577.

Berlanga M. 2015. Functional symbiosis and communication in microbial ecosystems. The case of wood-eating termites and cockroaches. Int Microbiol, 18(3): 159-169.

Berman MG, Jonides J, Kaplan S. 2008. The cognitive benefits of interacting with nature. Psychol Sci, 19(12): 1207-1212.

Berrod T. 2013. Termite mushrooms. http: //www. sciencephoto. com/media/103020/view. [2017-7-8]

Besserer A, Bécard G, Jauneau A, et al. 2008. GR24, a synthetic analog of strigolactones, stimulates the mitosis and growth of the arbuscular mycorrhizal fungus *Gigaspora rosea* by boosting its energy metabolism. Plant Physiol, 148(1): 402-413.

Biedermann PH, Klepzig KD, Taborsky M, et al. 2013. Abundance and dynamics of filamentous fungi in the complex ambrosia gardens of the primitively eusocial beetle *Xyleborinus saxesenii* Ratzeburg (Coleoptera: Curculionidae, Scolytinae). FEMS Microbiol Ecol, 83(3): 711-723.

Biolog Inc. 2017. Cell phenotyping from microbial identification to human cell analysis. http: //www. biolog. com/[2017-7-5].

Bio-synthesis Inc. 2015. TaqMan® vs. SYBR® Green Chemistries. http: //www. biosyn. com/tew/taqman-vs-sybr-green-chemistries. aspx. [2017-7-13].

Birnbaum SS, Gerardo NM. 2016. Patterns of specificity of the pathogen escovopsis across the fungus-growing ant symbiosis. Am Nat, 188(1): 52- 65.

Błaszkowski J, Chwat G, Góralska A, et al. 2015. *Glomus tetrastratosum*, a new species of arbuscular mycorrhizal fungi (Glomeromycota). Mycoscience, 56(3): 280-286.

Bohnenstiehl DR, Lillis A, Eggleston DB. 2016. The curious acoustic behavior of estuarine S snapping shrimp: temporal patterns of snapping shrimp sound in sub-tidal oyster reef habitat. PLoS One, 11(1): e0143691.

Bonet JA, Palahí M, Colinas C, et al. 2010. Modelling the production and species richness of wild mushrooms in pine forests of the Central Pyrenees in Northeastern Spain. Can J For Res, 40: 347-356.

Bonfante P, Genre A. 2010. Mechanisms underlying beneficial plant-fungus interactions in mycorrhizal symbiosis. Nature Com, 1(4): 48.

Bonfante P, Requena N. 2011. Dating in the dark: how roots respond to fungal signals to establish arbuscular mycorrhizal symbiosis. Current Opinion in Plant Biol, 14(4): 451-457.

Bonito GM, Gryganskyi AP, Trappe JM, et al. 2010. A gobal Meta-analysis of *Tuber* ITS rDNA seqences: species diversity, host association and long-distance dispersal. Mol Ecol, 19(22): 4994-5008.

Bouwmeester HJ, Roux C, Lopez-Raez JA, et al. 2007. Rhizosphere communication of plants, parasitic plants and AM fungi. Trends in Plant Sci, 12(5): 224-300.

Braga LPP, Yoshiura CA, Borges CD, et al. 2016. Disentangling the influence of earthworms in sugarcane rhizosphere. Scientific Reports, 6: 38923 10. 1038/sres38923.

Breuillin F, Schramm J, Hajirezaei M, et al. 2010. Phosphate systemically inhibits development of arbuscular mycorrhiza in Petunia hybrida and represses genes involved in mycorrhizal functioning. Plant J, 64(6): 1002-1017.

Brissac T, Clara FR, Olivier G, et al. 2011. Characterization of bacterial symbioses in *Myrtea* sp. (Bivalvia: Lucinidae) and *Thyasira* sp. (Bivalvia: Thyasiridae) from a cdd seep in the Eastern Mediterranean. Mar

Biol., 32: 198-210.

Brumin M, Kontsedalov S, Ghanim M. 2011. Rickettsia influences thermotolerance in the whitefly *Bemisia tabaci* B biotype. Insect . Science, 18(1): 57-66.

Buffington SA, Prisco DGV, Auchtung TA, et al. 2016. Microbial reconstitution reverses maternal diet-induced social and synaptic deficits in offspring. Cell, 165(7): 1762-1775.

Bulgarelli D, Rott M, Schlaeppi K, et al. 2012. Revealing structure and assembly cues for *Arabidopsis* root-inhabiting bacterial microbiota. Nature, 488(7409): 91-95.

Bunesova V, Lacroix C, Schwab C. 2016. Fucosyllactose and L-fucose utilization of infant *Bifidobacterium longum and Bifidobacterium kashiwanohense*. BMC Microbiol, 16(1): 248.

Buston PM, Jones GP, Planes S, et al. 2012. Probability of successful larval dispersal declines fivefold over 1 km in a coral reef fish. Proc Biol Sci, 279: 1883-1888.

Caglar E, Topcuoglu N, Ozbey H, et al. 2015. Early colonization of *Lactobacillus reuteri* after exposure to probiotics. J Clin Pediatr Dent, 39(4): 326-330.

Camehl I, Drzewiecki C, Vadassery J, et al. 2011. The OXI1 kinase pathway mediates *Piriformospora indica*-induced growth promotion in *Arabidopsis*. PLoS Pathogens, 7(5): e1002051.

Camehl I, Sherameti I, Venus Y, et al. 2010. Ethylene signalling and ethylene-targeted transcription factors are required to balance beneficial and nonbeneficial traits in the symbiosis between the endophytic fungus *Piriformospora indica and Arabidopsis thaliana*. New Phytol, 185(4): 1062-1073.

Camp EF, Hobbs JP, Brauwer MD, et al. 2016. Cohabitation promotes high diversity of clownfishes in the Coral Triangle. Proc Biol Sci, 283(1827): 20160277.

Camps C, Jardinaud MF, Rengel D, et al. 2015. Combined genetic and transcriptomic analysis reveals three major signalling pathways activated by Myc - LCOs in Medicago truncatula. New Phytol, 208(1): 224-240.

Cao J, Wang C, Ji DG. 2016. Improvement of the soil nitrogen content and maize growth by earthworms and arbuscular mycorrhizal fungi in soil polluted by oxytetracycline. Sci Total Environ, 571: 926-934.

Carilli J. 2014. Symbiosis in the sea: How organisms live and work together underwater. https: //www. nature. com/scitable/blog/saltwater-science/symbiosis_in_the_sea_how. [2017-7-7].

Carmody R N, Gerber GK, Jr LJ, et al. 2015. Diet dominates host genotype in shaping the murine gut microbiota. Cell Host & Microbe, 17(1): 72-84.

Casas C, Paul C, Lahfa M, et al. 2012. Quantification of *Demodex folliculorum* by PCR in rosacea and its relationship to skin innate immune activation. Exp Dermato, 21(12): 906-910.

Caterina BB, Elena S, Luca L. 2015. Effect of arbuscular mycorrhizal fungi on growth and on micronutrient and macronutrient uptake and allocation in olive plantlets growing under high total Mn levels. Mycorrhiza, 25: 97-108.

Chabaud M, Genre A, Sieberer BJ, et al. 2011. Arbuscular mycorrhizal hyphopodia and germinated spore exudates tigger Ca^{2+} spiking in the legume and nonlegume root epidermis. New Phytol, 189: 347-355.

Chacón M R, Rodríguezgalán O, Benítez T, et al. 2007. Microscopic and transcriptome analyses of early colonization of tomato roots by Trichoderma harzianum. Int Microbiol, 10(1): 19-27.

Charbonneau MR, O'Donnell D, Blanton LV, et al. 2016. Sialylated milk oligosaccharides promote microbiota-dependent growth in models of infant undernutrition. Cell, 164(5): 859-871.

Charlton ND, Shoji J Y, Ghimire S R, et al. 2012. Deletion of the fungal gene soft disrupts mutualistic symbiosis between the grass endophyte *Epichloë festucae* and the host plant. Eukaryotic Cell，11(12)：1463-1471.

Chen L，Tai WCS，Hsiao WLW. 2015. Dietary saponins from four popular herbal tea exert prebiotic-like effects on gut microbiota in C57BL/6 mice. J Functional Foods，17：892-902.

Chen M，Lin L，Zhang Y，et al. 2013. Genome sequence of *Klebsiella oxytoca* SA2，an endophytic nitrogen-fixing bacterium isolated from the pioneer grass *Psammochloa villosa*. Genome Announcements，1(4)：1-2.

Chen Y，Lu Z，Li Q，et al. 2014. Multiple ant species tending lac insect Kerria yunnanensis (Hemiptera：Kerriidae) provide asymmetric protection against parasitoids. PLoS One，9(6)：e98975.

Chen YG，Ji YL，Yu HS，et al. 2009. A new *Neotyphodium* species from Festuca parvigluma Steud. grown in China. Mycologia，101(5)：681-685.

Chr Hansen. 2015. 鼠李糖乳杆菌 LGG https：//www.chr-hansen.com/zh/probiotic-supplements-and-infant-formula/cards/product-cards/lactobacillus-rhamnosus-gg-trademark-lgg[2017-7-2]

Chris Helzer. 2013. A yucca moth. http：//www. cals. ncsu. edu/course/ent425/images/pollinators_gallery/images/06_yucca_moth_jpg. jpg. [2017-7-3].

Christhudas N，Kumar P，Agastian P，2013. *In vitro* α -glucosidase inhibition and antioxidative potential of an endophyte species (*Streptomyces* sp. Loyola UGC) isolated from *Datura stramonium* L. Cur Microbiol，67(1)：69-76.

Chujo T，Scott B. 2014. Histone H3K9 and H3K27 methylation regulates fungal alkaloid biosynthesis in a fungal endophyte-plant symbiosis. Mol Microbiol，92(2)：413-434.

Claesson MJ，Wang Q，O'Sullivan O，et al. 2010. Comparison of two next-generation sequencing technologies for resolving highly complex microbiota composition using tandem variable 16S rRNA gene regions. Nucleic Acids Res，38(22)：e200.

Clarke C M，Bauer U，Lee C C，et al. 2009. Tree shrew lavatories：a novel nitrogen sequestration strategy in a tropical pitcher plant. Biol Let，5(5)：632-635.

Clay K，Holah J，Rudgers JA，et al. 2005. Herbivores cause a rapid increase in hereditary symbiosis and alter plant community composition. PNAS，102：12465-12470.

Clement SL，Hu JG，Stewart AV，et al. 2011. Detrimental and neutral effects of a wild grass-fungal endophyte symbiotum on insect preference and performance. J Insect Sci，11：77.

Clemmensen KE，Bahr A，Ovaskainen O，et al. 2013. Roots and associated fungi drive long-term carbon sequestration in boreal forest. Science，339(6127)：1615-1618.

Cleveland A，Verde EA，Lee R W. 2011. Nutritional exchange in a tropical tripartite symbiosis: direct evidence for the transfer of nutrients from anemonefish to host anemone and zooxanthellae. Mar. Biol. 158(3)：589-602.

Compant S，Mitter B，Colli-Mull JG，et al. 2011. Endophytes of grapevine flowers，berries and seeds：identification of cultivable bacteria. comparison with other plant parts and visualization of niches of colonization. Microbial Ecol，62(1)：188-197.

Cosme M，Stout MJ，Wurst S. 2011. Effect of arbuscular mycorrhizal fungi (*Glomus intraradices*) on the oviposition of rice water weevil (*Lissorhoptrus oryzophilus*). Mycorrhiza，21(7)：651-658.

Crotteau E. 2011. Fungal farming in leafcutter ants. https：//www. reed. edu/biology/professors/srenn/pages/teaching/web_2010/ec_ant_site_FINAL/adaptation. [2017-7-10].

Cruaud AR, Nsted N, Chantarasuwan B, et al. 2012. An extreme case of plant- insect co-diversification : figs and fig-pollinating wasps. Syst Biol, 61(6): 1029-1047.

Crutcher F K, Moran-Diez M E, Ding S, et al. 2015. A paralog of the proteinaceous elicitor SM1 is involved in colonization of maize roots by *Trichoderma virens*. Fungal Biol, 119(6): 476-486.

Cui X, Hu J, Wang J, et al. 2016. Reclamation negatively influences arbuscular mycorrhizal fungal community structure and diversity in coastal saline-alkaline land in Eastern China as revealed by Illumina sequencing. Appl. Soil Ecol, 98: 140-149.

Daghinol S, Martino E, Perotto S. 2016. Model systems to unravel the molecular mechanisms of heavy metal tolerance in the ericoid mycorrhizal symbiosis. Mycorrhiza, 26: 263-274.

Das A, Kamal S, Shakil NA, et al. 2012. The root endophyte fungus Piriformospora indica leads to early flowering higher biomass and altered secondary metabolites of the medicinal plant *Coleus forskohlii*. Plant Signaling and Behavior, 7(1): 103-112.

de Man TJ, Stajich JE, Kubicek CP, et al. 2016. Small genome of the fungus *Escovopsis weberi*: a specialized disease agent of ant agriculture. PNAS, 113(13): 3567-3572.

de Sousa G, Dos Santos VC, de Figueiredo Gontijo N, et al. 2017. Morphophysiological study of digestive system litter-feeding termite *Cornitermes cumulans* (Kollar, 1832). Cell Tissue Res, 368(3): 579-590.

de Vega C, Herrera C M. 2013. Microorganisms transported by ants induce changes in floral nectar composition of an ant-pollinated plant. Am J Bot, 100(4): 792-800.

Debbab A, Aly AH, Proksch P. 2012. Endophytes and associated marine derived fungi-ecological and chemical perspectives. Fungal Diversity, 57(1): 45-83.

den Camp RO, Streng A, de Mita S, et al. 2011. LysM-type mycorrhizal receptor recruited for rhizobium symbiosis in nonlegume *Parasponia*. Science, 331(6019): 909-912.

Desai C, Pathak H, Madamwar D. 2010. Advances in molecular and "-omics" technologies to gauge microbial communities and bioremediation at xenobiotic/anthropogen contaminated sites. Bioresource Techn, 101(6): 1558-1569.

Deshmukh S, Hückelhoven R, Schäfer P, et al. 2006. The root endophytic fungus *Piriformospora indica* requires host cell death for proliferation during mutualistic symbiosis with barley. PNAS, 103(49): 18450-18457.

Diana J, Simoni Y, Furio L, et al. 2013. Crosstalk between neutrophils, B-1a cells and plasma cytoid dendritic cells initiates autoimmune diabetes. Nature Medicine, 19(1): 65-73.

Dickson NS. 2004. The Arum-Paris continuum of mycorrhizal symbioses. New Phytol, 163: 187-200.

Dixson DL, Hay ME. 2012. Corals chemically cue mutualistic fishes to remove competing seaweeds. Science, 338: 804-807.

Dominguez-Bello MG, Jesus-Laboy KMD, Shen N, et al. 2016. Partial restoration of the microbiota of cesarean-born infants via vaginal microbial transfer. Nat Med, 22(3): 250-253.

Domsch KH, Gams W, Anderson TH. 2007. Compendium of Soil Fungi. 2nd Edition, Eching : IHW-Verlag: 1-672.

Duffin R, O' Connor R A, Crittenden S, et al. 2016. Prostaglandin E^2 constrains systemic inflammation through an innate lymphoid cell-IL-22 axis. Science, 351(6279): 1333-1338.

Dupont PY, Eaton CJ, Wargent JJ, et al. 2015. Fungal endophyte infection of ryegrass reprograms host metabolism and alters development. New Phytol, 208(4): 1227-1240.

Eaton CJ, Cox MP, Ambrose B, et al. 2010. Disruption of signaling in a fungal-grass symbiosis leads to pathogenesis. Plant Physiol, 153(4): 1780-1794.

Eaton CJ, Dupont PY, Solomon P, et al. 2015. A core gene set describes the molecular basis of mutualism and antagonism in *Epichloë* spp. MPMI, 28(3): 218-231.

Eatona CJ, Cox MP, Scotta B, 2011. What triggers grass endophytes to switch from mutualism to pathogenism? Plant Sci, 180(2): 190-195.

Ecoist. 2016. Seven symbiotic wonders of the Aerial world. http: //www. momtastic. com/ webecoist/ 2009/03/01/symbiotic-bird-animal-relationships/ [Ed Bierman. 2014. Graceful decorator crab. [2017-7-7].

Ekanayake PN, Rabinovich M, Guthridge KM, et al. 2013. Phylogenomics of fescue grass-derived fungal endophytes based on selected nuclear genes and the mitochondrial gene complement. BMC Evol Biol, (13): 270.

Elbeshehy EKF, Youssef SA, Elazzazy AM, 2015. Resistance induction in pumpkin *Cucurbita maxima* L. against watermelon mosaic potyvirus by plant growth-promoting rhizobacteria. Biocontrol Sci. Technol. , 25(5): 525-542.

Falony G, Joossens M, Vieira-Silva S, et al. 2016. Population-level analysis of gut microbiome variation. Science, 352(6285): 560-564.

Farache FH, Cruaud A, Genson G, et al. 2017. Taxonomic revision and molecular phylogenetics of the *Idarnes incertus* species-group (Hymenoptera, Agaonidae, Sycophaginae). Peer J, 5: e2842.

Feng DD, Michaud JP, Li P, et al. 2015. The native ant *Tapinoma melanocephalum* improves the survival of an invasive mealybug *Phenacoccus solenopsis* by defending it from parasitoids. Sci Rep, 5: 15691.

Fernández-Calviño D, Bååth E. 2010. Growth response of the bacterial community to pH in soils differing in pH. FEMS Microbiol Ecol, 73(1): 149-156.

Findley K, Oh J, Yang J, et al. 2013. Topographic diversity of fungal and bacterial communities in human skin. Nature, 498(7454): 367-370.

Fiore CL, Jarett JK, Olson ND, et al. 2010. Nitrogen fixation and nitrogen transformations in marine symbioses. Trends in Microbiol, 18: 455-463.

Fiorilli V, Lanfranco L, Bonfante P. 2013. The expression of GintPT, the phosphate transporter of *Rhizophagus irregularis*, depends on the symbiotic status and phosphate availability. Planta, 237: 1267-1277.

Forest Service, USDA. 2016. Animal pollination. https : //www. fs. fed. us/wildflowers/pollinators/animals/ index. shtml [2017-7-5].

Frank DN, St Amand AL, Feldman RA, et al. 2007. Molecular-phylogenetic characterization of microbial community imbalances in human inflammatory bowel diseases. PNAS, 104: 13780- 13785.

Friedl MA. Druzhinina IS. 2012. Taxon-specific metagenomics of Trichoderma reveals a narrow community of opportunistic species that regulate each other's development. Microbiol, 158(1):69-83.

Fuentes A, Almonacid L, Ocampo JA, et al. 2016. Synergistic interactions between a saprophytic fungal consortium and *Rhizophagus irregularis* alleviate oxidative stress in plants grown in heavy metal contaminated soil. Plant Soil, 407(1-2): 355-366.

Fujimura KE, Sitarik A R, Havstad S, et al. 2016. Neonatal gut microbiota associates with childhood multisensitized atopy and T cell differentiation. Nat. Med, 2(10): 1187-1191.

Gai JP, Tian H, Yang FY, et al. 2012. Arbuscular mycorrhizal fungal diversity along a Tibetan elevation gradient. Pedobiologia - Intern J Soil Biol, 55(3): 145-151.

Gainsford A, van Herwerden L, Jones GP. 2015. Hierarchical behavior habitat use and species size differences shape evolutionary outcomes of hybridization in a coral reef fish. J Evol Biol, 28(1): 205-222.

Gangwar M, Dogra S, Gupta UP, et al. 2014. Diversity and biopotential of endophytic actinomycetes from three medicinal plants in India. Afri J Microbiol Res, 8(2): 184-191.

García I, Mendoza R, Pomar MC. 2012. Arbuscular mycorrhizal symbiosis and dark septate endophytes under contrasting grazin gmodes in the Magellanic steppe of Tierra del Fuego. Agri Ecosyst Environ, 155: 194-201.

Garg N, Pandey R. 2015. Effectiveness of native and exotic arbuscular mycorrhizal fungi on nutrient uptake and ion homeostasis in salt-stressed *Cajanus cajan* L. (*Mill* sp.) genotypes. Mycorrhiza, 25(3): 165-180.

Geisseler D, Horwath WR, Joergensen RG, et al. 2010. Pathways of nitrogen utilization by soil microorganisms- A review. Soil Biol Biochem, 42(2): 2058-2067.

Genre A, Chabaud M, Balzergue C, et al. 2013. Short-chain chitin oligomers from arbuscular mycorrhizal fungi trigger nuclear Ca^{2+} spiking in *Medicago truncatula* roots and their production is enhanced by strigolactone. New Phytol, 198(1): 190-202.

Gerlach C. 2013. Cool examples of symbiotic relationships in the ocean. https: //www. google. com/amp/s/ www. leisurepro. com/blog/explore-the-blue/cool-examples-symbiotic-relationships-ocean/amp/ [2017-7-5].

Geurts R, Fedorova, E, Bisseling T. 2005. Nod factor signaling genes and their function in the early stages of Rhizobium infection. Curr Opin Plant Biol, 8: 346-352.

Ghoneim M, Saber SE, El-Badry T, et al. 2016. The use of different irrigation techniques to decrease bacterial loads in healthy and diabetic patients with asymptomatic apical periodontitis. Open Access Maced J Med Sci, 4(4): 714-719.

Glenn L, Carrie AS, Rafael OW, et al. 2012. Mutualism with sea anemones triggered the adaptive radiation of clownfishes. BMC Evol Biol, 12: 212.

Gobbato E, Marsh J F, Vernié T, et al. 2012. A GRAS-type transcription factor with a specific function in mycorrhizal signaling. Curr Biol Cb, 22(23): 2236.

Gobbato E. 2015. Recent developments in arbuscular mycorrhizal signaling. Curr Opin Plant Biol, 26: 1-7.

Gohli J, Kirkendall LR, Smith SM, et al. 2017. Biological factors contributing to bark and ambrosia beetle species diversification. Evolution, 71(5): 1258-1272.

Goris J, Konstantinidis KT, Klappenbach JA, et al. 2007. DNA-DNA hybridization values and their relationship to whole-genome sequence similarities. Int J System and Evol Microbiol, 57: 81-91.

Goudjal Y, Toumatia O, Sabaou N, et al. 2013. Endophytic actinomycetes from spontaneous plants of Algerian Sahara: Indole-3-acetic acid production and tomato plants growth promoting activity. World J Microbiol Biotechnol, 29(10): 1821-1829.

Govindarajulu M, Pfeffer PE, Jin HR, et al. 2005. Nitrogen transfer in the arbuscular mycorrhizal symbiosis. Nature, 435(7043): 819-823.

Groschwitz KR, Hogan SP. 2009. Intestinal barrier function: molecular regulation and disease pathogenesis. J Allergy Clin. Immunol, 124(1): 3-20.

Guether M, Neuhäuser B, Balestrini R, et al. 2009. A mycorrhizal-specific ammonium transporter from *Lotus japonicus* acquires nitrogen released by arbuscular mycorrhizal fungi. Ameri Soc Plant Biol, 150(1): 73-83.

Guruprasad NM, Mouton L, Puttaraju HP. 2011. Effect of Wolbachia infection and temperature variations on the fecundity of the uzifly *Exorista sorbillans* (Diptera : Tachinidae). Symbiosis, 54(3): 151-158.

Gutjahr C, Novero M, Guether M, et al. 2009. Presymbiotic factors released by the arbuscular mycorrhizal fungus *Gigaspora margarita* induce starch accumulation in *Lotus japonicus* roots. New Phytol, 183: 53-61.

Han WW, Shen SH, Jing YX. 2004. Proteomics in biological nitrogen fixation. Agri Biotechn, 12(4): 464-469.

Hannula SE, Boer WD, Veen JAV. 2010. In situ dynamics of soil fungal communities under different genotypes of potato, including a genetically modified cultivar. Soil Biol & Biochem, 42(12): 2211-2223.

Hannula SE, Boschker HTS, Boer WD, et al. 2012. 13 Cpulselabeling assessment of the community structure of active fungi in the rhizosphere of a genetically starch-modified potato (*Solanum tuberosum*) cultivar and its parental isoline. New Phytol, 194 (3): 784-799.

Harman GE, Herrera-Estrella AH, Horwitz BA, et al. 2012. Special issue : *Trichoderma* from basic biology to biotechnology. Microbiol, 158: 1-2.

Hatice B, Erdogan EH, Anamika P, et al. 2016. Ancient dna from 8400 year-old çatalhöyük wheat : implications for the origin of neolithic agriculture. PLoS One, 11(3): e0151974.

Hayashi M, Nomura M, Nakamuta K. 2016. Efficacy of chemical mimicry by aphid predators depends on aphid-Learning by ants. J Chem Ecol, 42(3): 236-239.

Hayashi M, Nomura M. 2014. Eggs of *Mallada desjardinsi* (Neuroptera : Chrysopidae) are protected by ants : the role of egg stalks in ant-tended aphid colonies. Environ Entomol, 43(4): 1003-1007.

He F, Zhang HQ, Tang M. 2016. Aquaporin gene expression and physiological responses of *Robinia pseudoacacia* L. to the mycorrhizal fungus *Rhizophagus irregularis* and drought stress. Mycorrhiza, 26: 311-323.

He L, Li CY, Liu RJ. 2017. Indirect interactions between arbuscular mycorrhizal fungi and Spodoptera exigua alter photosynthesis and plant endogenous hormones. Mycorrhiza, 27: 525-535.

He Y, Wang J, Wang E, et al. 2011. Trigonella arcuata-associated rhizobia-an Ensifer (Sinorhizobium) meliloti population adapted to a desert environment. Plant and Soil, 345(1-2): 89-102.

Hebelstrup KH. 2017. Differences in nutritional quality between wild and domesticated forms of barley and emmer wheat. Plant Sci, 256: 1-4.

Henderson G, Cox F, Ganesh S, et al. 2015. Rumen microbial community composition varies with diet and host, but a core microbiome is found across a wide geographical range. Sci Rep, 5: 1-9.

Hendry TA, Hunter M S, Baltrus DA. 2014. The facultative symbiont *Rickettsia* protects an invasive whitefly against entomopathogenic *Pseudomonas syringae* strains. Appl Environ Microbiol, 80(23): 7161-7168.

Herder GD, Yoshida S, Antolín-Llovera M, et al. 2012. *Lotus japonicus* E3 ligase seven in absentia 4 destabilizes the symbiosis receptor-like kinase SYMRK and negatively regulates rhizobial infection. Plant Cell, 24(4): 1691-1707.

Hermann-Bank ML, Skovgaard K, Stockmarr A, et al. 2013. The gut microbiotassay : a high-throughput qPCR approach combinable with next generation sequencing to study gut microbial diversity. BMC Genomics, 14(1): 1-28.

Hermosa R, Viterbo A, Chet I, et al. 2012. Plant-beneficial effects of *Trichoderma* and of its genes. Microbiol., 158(1): 17-25.

Hettiarachchige IK, Ekanayake PN, Mann RC, et al. 2015. Phylogenomics of asexual *Epichloë* fungal endophytes forming associations with perennial ryegrass. BMC Evo Biol, 15: 72.

Hoang KL, Morran L T, Gerardo NM. 2016. Experimental evolution as an underutilized tool for studying beneficial animal-microbe interactions. Front Microbiol, 7: 1444.

Hofstetter RW, Moser JC. 2014. The role of mites in insect-fungus associations. Ann Rev Entomol, 59 (1): 537.

Högberg MN, Högberg P. 2002. Extramatrical ectomycorrhizal mycelium contributes one third of microbial biomass and produces, together with associated roots, half the dissolved organic carbon in a forest soil. New Phytol, 154(3): 791-795.

Hojo MK, Pierce NE, Tsuji K. 2015. Lycaenid caterpillar secretions manipulate attendant ant behavior. Curr Biol, 25(17): 2260-2264.

Hsu SC, Lockwood JL. 1975. Powdered chitin agar as a selective medium for enumeration of actinomycetes in water and soil. Appl Microbiol, 29(3): 422-426.

https: //commons. m. wikimedia. org/wiki/File: Graceful_Decorator_Crab_(Oregonia_gracilis). [2017-7-7].

Hu YJ, Gao CM, Liu XZ, et al. 2017. Diversity of arbuscular mycorrhizal fungi and dark septate endophytes in the greenhouse cucumber roots and soil. Mycosystema, 36(2): 164-176.

Huang XF, Zhou D, Guo J, et al. 2015. *Bacillus* spp. from rainforest soil promote plant growth under limited nitrogen conditions. J Appl Microbiol, 118: 672-684.

Huang XL, Zhuang L, Chen JL, et al. 2012. Isolation and bioactivity of endophytic filamentous actinobacteria from medicinal plants. Afri J Biotechnol, 11(41): 9855-9864.

Hughes TP, Kerry JT, Álvarez-Noriega M, et al. 2017. Global warming and recurrent mass bleaching of corals. Nature, 543(7645): 373-377.

Husnik F, Nikoh N, Koga R, et al. 2013. Horizontal gene transfer from diverse bacteria to an insect genome enables a tripartite nested mealybug symbiosis. Cell, 153(7): 1567-1578.

Huttenhower C, Gevers D, Knight R, et al. 2012. Structure. function and diversity of the healthy human microbiome. Nature, 486(7402): 207-214.

Hyun E, Andrade-Gordon P, Steinhoff M, et al. 2008. Protease-activated receptor-2 activation: a major actor in intestinal inflammation. Gut, 57(9): 1222-1229.

Inahashi Y, Iwatsuki M, Ishiyama A, et al. 2011. Spoxazomicins A-C, novel antitrypanosomal alkaloids produced by an endophytic actinomycete, *Streptosporangium oxazolinicum* K07-0460(T). J Antibiotics, 64(4): 303-307.

Inara RL, Rainer W, Marcelo T. 2014. The multiple impacts of leaf cutting ants and their novel ecological role in human modified neotropical forests. Biotropica, 46(5): 516-528.

Ivanov II, Atarashi K, Manel N, et al. 2009. Induction of intestinal Th17 cells by segmented filamentous bacteria. Cell, 139: 485-498.

Jacobs S, Zechmann B, Molitor A, et al. 2011. Broad-spectrum suppression of innate immunity is required for colonization of *Arabidopsis* roots by the fungus *Piriformospora indica*. Plant Physiol, 156(2): 726-740.

Jaklitsch WMHO, Baral R, Lücking HT, et al. 2016. Ascomycota. In: Frey W. Syllabus of Plant Families-Adolf Engler's Syllabus der Pflanzenfamilien. Borntraeger: Stuttgart, 288.

Jakucs E, Erös-Honti Z, Seress D, et al. 2015. Enhancing our understanding of anatomical diversity in *Tomentella ectomycorrhizas*: characterization of six new morphotypes. Mycorrhiza, 25(6): 419-429.

Jalonen R, Nygren P, Sierra J. 2009. Transfer of nitrogen from a tropical legume tree to an associated fodder grass via root exudation and common mycelial networks. Plant, Cell and Environ, 32(10): 1366-1376.

Janczarek M, Rachwa K, Marzec A, et al. 2015a. Signal molectles and cell-surface components involved in early stages of the legume-rhizobium interactions. Appl. Soil Ecol, 85: 94-113.

Janczarek M, Rachwa K, Cieśla J, et al. 2015b. Production of exopolysaccharide by *Rhizobium leguminosarum* bv. *trifolii* and its role in bacterial attachment and surface properties. Plant and Soil, 388 (1-2): 211-227.

Jandhyala SM, Talukdar R, Subramanyam C, et al. 2015. Role of the normal gut microbiota. World J Gastroenterol, 21(29): 8787-8803.

Javot H, Penmetsa RV, Breuillin F, et al. 2011. *Medicago truncatula* mtpt4 mutants reveal a role for nitrogen in the regulation of arbuscule degeneration in arbuscular mycorrhizal symbiosis. Plant J for Cell & Mol Biol, 68(6): 954-965.

Ješovnik A, González VL, Schultz TR. 2016. Phylogenomics and divergence dating of fungus- farming ants (Hymenoptera : Formicidae) of the genera sericomyrmex and apterostigma. PLoS One, 11(7): e0151059.

Ješovnik A, Sosa-Calvo J, Lopes CT, et al. 2013. Nest architecture, fungus gardens, queen, males and larvae of the fungus-growing ant *Mycetagroicus inflatus* Brandão & Mayhé-Nunes. Insectes Soc, 60: 531-542.

Ji YL, Zhan LH, Kang Y, et al. 2009. A new stromata-producing *Neotyphodium* species symbiotic with clonal grass *Calamagrostis epigeios* (L.) Roth. grown in China. Mycologia, 101(2): 200-205.

Jiao YS, Liu YH, Yan H, et al. 2015. Rhizobial diversity and nodulation characteristics of the extremely promiscuous legume *Sophora flavescens*. Molecular Plant-Microbe Interactions, 28(12): 1338-1352.

Jida M, Assefa F. 2014. Effects of acidity on growth and symbiotic performance of *Rhizobium leguminosarum* bv. *viciae* strains isolated from faba bean producing area of *Ethiopia*. Sci Technol Arts Res J, 3(2): 26-33.

Jin H, Pfeffer PE, Douds DD, 2005. The uptake, metabolism, transport and transfer of nitrogen in anarbuscular mycorrhizal symbiosis. New Phytol, 168(3): 687-696.

Jonathan AE. 2010. Genome sequence of the pea aphid *Acyrthosiphon pisum*. PLoS Biol, 8(2): e1000313.

Joy JB. 2013. Symbiosis catalyses niche expansion and diversification. Proc Royal Soc Biol Sci, 280: 80-91.

Jumpponen A, Trappe JM. 1998. Dark septate endophytes : a review of facultative biotrophic root-colonizing fungi. New Phytol, 140(2): 295-310.

Kang SM, Khana AL, Waqas M, et al. 2015. Gibberellin-producing *Serratia nematodiphila*, PEJ1011 ameliorates low temperature stress in *Capsicum annum* L. Europ J Soil Biol, 68: 85-93.

Kang Y, Ji YL, Zhu KR, et al. 2011. A new *Epichloe* species with interspecific hybrid origins from *Poa pratensis* ssp. pratensis in Liyang, China. Mycologia, 103(6): 1341-1350.

Karandashov V, Bucher M. 2005. Symbiotic phosphate transport in arbuscular mycorrhizas. Trends in Plant Sci, 10(1): 22-29.

Kasson M. Flourishing fungi. http : //invam. caf. wvu. edu/, [2017. 12. 01].

Kawaharada Y, Kelly S, Nielsen M, et al. 2015. Receptor-mediated exopolysaccharide perception controls bacterial infection. Nature, 523: 308-312.

Kim HJ, Li H, Collins JJ, et al. 2016. Contributions of microbiome and mechanical deformation to intestinal bacterial overgrowth and inflammation in a human gut-on-a-chip. PNAS, 113(1): E7-E15.

Kim JS, Lee J, Lee C, et al. 2015. Activation of pathogenesis-related genes by the *Rhizobacterium*, *Bacillus* sp. which induces systemic resistance in tobacco plants. Plant Pathol J, 31(2): 195-201.

Kirk PM, Cannon PF, Minter DW, Stalpers JA, 2008. Ainsworth & Bisby's dictionary of the fungi. 10th edition. Wallingford: CAB International: 1-771.

Kivlin SN, Hawkes CV, Treseder KK. 2011. Global diversity and distribution of arbuscular mycorrhizal fungi. Soil Biol Biochem, 43(11): 2294-2303.

Klassen JL. 2014. Microbial secondary metabolites and their impacts on insect symbioses. Curr Opin Insect Sci, 4: 15-22.

Kloppholz S, Kuhn H, Requena N. 2011. A secreted fungal effector of *Glomus intraradices* promotes symbiotic biotrophy. Current Biol, 21(14): 1204-1209.

Kobae Y, Hata S. 2010. Dynamics of periarbuscular membranes visualized with a fluorescent phosphate transporter in arbuscular mycorrhizal roots of rice. Plant and Cell Physiol, 51(3): 341-353.

Kong HH, Oh J, Deming C, et al. 2012. Temporal shifts in the skin microbiome associated with disease flares and treatment in children with atopic dermatitis. Genome Res, 22(5): 850-859.

Kooij PW, Pullens JW, Boomsma JJ, et al. 2016. Ant mediated redistribution of a xyloglucanase enzyme in fungus gardens of *Acromyrmex echinatior*. BMC Microbiol, 16(1): doi: 10. 118.

Kozłowski J, Strażyński P, Jaskulska M, et al. 2016. Relationships between aphids (Insecta: Homoptera: Aphididae) and slugs (Gastropoda: Stylommatophora: Agriolimacidae) pests of legumes (Fabaceae: Lupinus). J Insect Sci, 16(1): 10. 1093/jisesa/iew033.

Kretzschmar T, Kohlen W, Sasse J, et al. 2012. A petunia ABC protein controls strigolactone- dependent symbiotic signalling and branching. Nature, 483(7389): 341-344.

Kuga Y, Sakamoto N, Yurimoto H, 2014. Stable isotope cellular imaging reveals that both live and degenerating fungal pelotons transfer carbon and nitrogen to orchid protocorms. New Phytol, 202(2): 594-605.

Kumar GP, Kishore N, Daniel E L, et al. 2012. Evaluation of fluorescent *Pseudomonas* spp. with single and multiple PGPR traits for plant growth promotion of sorghum in combination with AM fungi. Plant Grow Regul, 67(2): 133-140.

Kumar R, Lakshmi V. 2006. Two new glycosides from the soft coral *Sinularia firma*. Chem Pharm Bull (Tokyo), 54(12): 1650-1652.

Kumara RP, Saitoh S, Aoyama H, et al. 2015. Predominant expression and activity of vacuolar H (+)-ATPases in the mixed segment of the wood-feeding termite *Nasutitermes takasagoensis*. J Insect Physiol, 78: 1-8.

Kuwahara H, Yuki M, Izawa K, et al. 2017. Genome of 'Ca. Desulfovibrio trichonymphae', an H2-oxidizing bacterium in a tripartite symbiotic system within a protist cell in the termite gut. ISME J, 11(3): 766-776.

Lacey N, Ní Raghallaigh S, Powell FC. 2011. Demodex mites—commensals. parasites or mutualistic organisms. Dermatology, 222(2): 128-130.

Lahrmann U, Dinga Y, Banharab A, et al. 2013. Host-related metabolic cues affect colonization strategies of a root endophyte. PNAS, 110(34): 13965-13970.

Lai Y, Di NA, Nakatsuji T, et al. 2009. Commensal bacteria regulate Toll-like receptor 3-dependent inflammation after skin injury. Nat Med., 15(12): 1377-1382.

Lamdan NL, Shalaby S, Ziv T, et al. 2015. Secretome of *Trichoderma* interacting with maize roots: role in induced systemic resistance. Molecular and Cellular Proteomics, 14: 1054-1063.

Lang C, Menzel F. 2011. *Lasius niger* ants discriminate aphids based on their cuticular hydrocarbons. Anim Behav, 82: 1245-1254.

Lax P, Becerra AG, Soteras F, et al. 2011. Effect of the arbuscular mycorrhizal fungus *Glomus intraradices*, on the false root-knot nematode *Nacobbus aberrans*, in tomato plants. Biol Fertil Soils, 47(5): 591-597.

Lee BD, Dutta S, Ryu H, et al. 2015. Induction of systemic resistance in *Panax ginseng*, against *Phytophthora cactorum*, by native *Bacillus amyloliquefaciens*, HK34. J Ginseng Res, 39(3): 213-220.

Lee CC, Lee CY. 2015. A laboratory maintenance regime for a fungus-growing termite *Macrotermes gilvus* (Blattodea : Termitidae). J Econ Entomol, 108(3): 1243-1250.

Leuchtmann A, Bacon CW, Schardl CL, et al. 2014. Nomenclatural realignment of *Neotyphodium* species with genus *Epichloë*. Mycologia, 106(2): 202-215.

Li CJ, Nan ZB, Paul VH, et al. 2004. A new Neotyphodium species symbiotic with drunken horse grass (*Achnatherum inebrians*) in China. Mycotaxon, 90(1): 141-147.

Li H, Wang C, Li XL, et al. 2013. Inoculating maize fields with earthworms (*Aporrectodea trapezoides*) and an arbuscular mycorrhizal fungus (*Rhizophagus intraradices*) improves mycorrhizal community structure and increases plant nutrient uptake. Biol Fertility Soils, 49(8): 1167-1178.

Li Y, Chen YL, Li M, et al. 2012. Effects of arbuscular mycorrhizal fungal communities on soil quality and growth of cucumber seedlings in a greenhouse soil of continuously planting cucumber. Pedosphere, 221: 79-87.

Li Y, Simmons DR, Bateman CC, et al. 2015. New fungus-insect symbiosis : culturing, molecular, and histological methods determine saprophytic polyporales mutualists of ambrosiodmus ambrosia beetles. PLoS One, 10 (9): e0137689.

Lian B, Dong YR, Hou WG, et al. 2007. Ectomycorrhizal fungi in Jiangsu Province, China Pedosphere, 17(1): 30-35.

Liang YT, van Nostrand JD, Deng Y, et al. 2011. Functional gene diversity of soil microbial communities from five oil-contaminated fields in China. The ISME J, 5(3): 403-413.

Lida N, Dzutsev A, Stewart CA, et al. 2013. Commensal bacteria control cancer response to therapy by modulating the tumor microenvironment. Science, 342(6161): 967-970.

Lim AN, De La Guerra JA, Blumstein DT. 2016. Sea anemones modify their hiding time based on their commensal damselfish. Royal Soc Open Sci, 3(8): 160-169.

Liu JW, Novero M, Charnikhova T, et al. 2013. Carotenoid cleavage dioxygenase 7 modulates plant growth, reproduction, senescence, and determinate nodulation in the model legume *Lotus japonicus*. J Exp Bot, 64(7): 1967-1981.

Liu RJ, Dai M, Wu X, et al. 2012a. Suppression of the root -knot nematode (*Meloidogyne incognita*) on tomato by dual inoculation with AM fungi and plant growth -promoting rhizobacteria. Mycorrhiza, 22: 289-296.

Liu RJ, Li Y, Diao ZK, et al. 2013. Effects of soil depth and season variation on community structure of arbuscular mycorrhizal fungi in greenhouse soils planted with watermelon. Pedosphere, 233: 350-358.

Liu TY, Li YJ, Liu XX, et al. 2012b. *Rhizobium cauense* sp. nov., isolated from root nodules of the herbaceous legume *Kummerowia stipulacea* grown in campus lawn soil. System and Appl Microbiol, 35(7): 415-420.

Liu W, Kohlen W, Lillo A, et al. 2011. Strigolactone biosynthesis in *Medicago truncatula* and rice requires the symbiotic GRAS-type transcription factors NSP1 and NSP2. Plant Cell, 23(10): 3853.

Liu YJ, He L, An LZ, et al. 2009. Arbuscular mycorrhizal dynamics in a chronosequence of *Caragana korshinskii* plantations. FEMS Microbiol Ecol, 67: 81-92.

Long SR. 2015. Symbiosis: Receptive to infection. Nature, 523: 298-299.

López-Chávez MY, Guillén-Navarro K, Bertolini V, et al. 2016. Proteomic and morphometric study of the *in vitro* interaction between *Oncidium sphacelatum* Lindl. (Orchidaceae) and *Thanatephorus* sp. RG26 (Ceratobasidiaceae). Mycorrhiza, 26(5): 353-365.

Luciana CV, Layara AB. 2017. Technological microbiology: development and applications. Front. Microbiol., doi: 10. 3389/fmicb. 2017. 00827.

Lücking R, Hodkinson BP, Leavitt SD. 2017. The 2016 classification of lichenized fungi in the Ascomycota and Basidiomycota – Approaching one thousand genera. Bryologist, 119(4): 361-416.

Lundberg DS, Lebeis SL, Paredes SH, et al. 2012. Defining the core *Arabidopsis thaliana* root microbiome. Nature, 488(7409): 86-90.

Magen E, Delgado JS. 2014. Helicobacter pylori and skin autoimmune diseases. World J Gastroenterol, 20(6): 1510-1516.

Maillet F, Poinsot V, Andre O, et al. 2011. Fungal lipochitooligosaccharide symbiotic signals in arbuscular mycorrhiza. Nature, 469: 58-63.

Małagocka J, Grell MN, Lange L, et al. 2015. Transcriptome of an entomophthoralean fungus (*Pandora formicae*) shows molecular machinery adjusted for successful host exploitation and transmission. J Invertebr Pathol, 128: 47-56.

Malkki H. 2017. Parkinson disease: Could gut microbiota influence severity of Parkinson disease. Nat Rev Neurol, 13(2): 66-67.

Márquez LM, Redman RS, Rodriguez RJ, et al. 2007. A virus in a fungus in a plant: three-way symbiosis required for thermal tolerance. Science, 315: 513.

Marquis M, Del TI, Pelini SL. 2014. Insect mutualisms buffer warming effects on multiple trophic levels. Ecol, 95(1): 9-13.

Martin BD, Schwab E. 2013. Current usage of symbiosis and associated terminology. Intern J Biol, 5(1): 32-45.

Massenssini AM, Bonduki VHA, Tótola MR, et al. 2014. Arbuscular mycorrhizal associations and occurrence of dark septate endophytes in the roots of Brazilian weed plants. Mycorrhiza, 24: 153-159.

Mastouri F, Björkman T, Harman GE. 2012. *Trichoderma harzianum* enhances antioxidant defense of tomato seedlings and resistance to water deficit. MPMI, 25(9): 1264-1271.

McFall-Ngai MJ. 2014. The importance of microbes in animal development: lessons from the squid-vibrio symbiosis. Ann Rev Microbiol, 68: 177-194.

Mehboob I, Naveed M, Zahir ZA, et al. 2013. Potential of rhizosphere bacteria for improving *Rhizobium*-Legume symbiosis. In: Arora NK. Plant Microbe Symbiosis: Fundamentals and Advances. India: Springer, 305-349.

Mehdiabadi NJ, Mueller UG, Brady SG, et al. 2012. Symbiont fidelity and the origin of species in fungus-growing ants Nat Commun, 3: 840.

Meirelles LA, Solomon SE, Bacci MJ, et al. 2015. Shared Escovopsis parasites between leaf-cutting and non-leaf-cutting ants in the higher attine fungus-growing ant symbiosis. Royal Society Open Science, 2(9): 150-257.

Meng L, Zhang A, Wang F, et al. 2015. Arbuscular mycorrhizal fungi and rhizobium facilitate nitrogen uptake and transfer in soybean/maize intercropping system. Front Plant Sci, 6: 339.

Meshram V, Kapoor N, Saxena S, 2013. *Muscodor kashayum* sp. nov. – a new volatile anti-microbial producing endophytic fungus. Mycol, 4(4): 196-204.

Meshram V, Saxena S, Kapoor N, 2014. *Muscodor strobelii*, a new endophytic species from South India. Mycol, 128(1): 93-104.

Miller RM, Kling M. 2000. The importance of integration and scale in the arbuscular mycorrhizal symbiosis. Plant and Soil, 226(2): 295-309.

Milto AMD, Rouquette MJr, Mueller UG, et al. 2017. Effects of substrate, ant and fungal species on plant fiber degradation in a fungus-gardening ant symbiosis. J Insect Physiol, 98: 301-308.

Miyata K, Kozaki T, Kouzai Y, et al. 2014. The bifunctional plant receptor, OsCERK1, regulates both chitin-triggered immunity and arbuscular mycorrhizal symbiosis in rice. Plant & Cell Physiol, 55(11): 1864-1872.

Moe AM, Weiblen GD. 2012. Pollinator-mediated reproductive isolation among dioecious fig species (Ficus, Moraceae). Evolution, 66(12): 3710-3721.

Morales MA. 2011. Model selection analysis of temporal variation in benefit for an ant-tended treehopper. Ecol, 92(3): 709-719.

Mosher JJ, Bowman B, Bernberg EL, et al. 2014. Improved performance of the PacBio SMRT technology for 16S rDNA sequencing. J Microbiol Meth, 104: 59-60.

Mouchka ME, Hewson I, Harvell CD. 2010. Coral associated bacterial assemblages : Current knowledge and the potential for climate-driven impacts. Integrative and Comparative Biol, 50: 662-674.

Mukherjee K, Ane J. 2011. Germinating spore exudates from arbuscular mycorrhizal fungi : molecular and developmental responses in plants and their regulation by ethylene. Mol Plant Microbe Interact, 24: 260-270.

Munir RI, Spicer V, Krokhin OV, et al. 2016. Transcriptomic and proteomic analyses of core metabolism in *Clostridium termitidis* CT1112 during growth on α-cellulose, xylan, cellobiose and xylose. BMC Microbiol, 16: 1-21.

Muthukumar T, Prabha K. 2013. Arbuscular mycorrhizal and septate endophyte fungal associations in lycophytes and ferns of south India. Symbiosis, 59(1): 15-33.

Muthukumar T, Senthilkumar M, Rajangam M, et al. 2006. Arbuscular mycorrhizal morphology and dark septate fungal associations in medicinal and aromatic plants of Western Ghats, Southern India. Mycorrhiza, 17(1): 11-24.

Muthukumar T, Sathiyaraj G, Priyadharsini P, et al. 2014. Arbuscular mycorrhizal and dark septate endophyte fungal associations in ferns and lycophytes of Palni Hills, Western Ghats, Southern India. Brazilian J Bot, 37(4): 561-581.

Nagahashi G, Douds Jr DD, 2011. The effects of hydroxy fatty acids on the hyphal branching of germinated spores of AM fungi. Fungal Biol, 115(4-5): 351-358.

Nagpal R, Tsuji H, Takahashi T, et al. 2016. Sensitive quantitative analysis of the meconium bacterial microbiota in healthy term infants born vaginally or by cesarean section. Gut, 65(2): 330-339.

Nardone G, Compare D. 2015. The human gastric microbiota : Is it time to rethink the pathogenesis of stomach diseases. United Europ Gastroenterol J, 3(3): 255-260.

Narisawa K, Hambleton S, Currah RS, 2007. Heteroconium chaetospira, a dark septate root endophyte allied to the Herpotrichiellaceae (Chaetothyriales) obtained from some forest soil samples in Canada using bait plants. Mycoscience, 48(5): 274-281.

Narisawa K, Usuki F, Hashiba T. 2004. Control of verticillium yellows in Chinese cabbage by the dark septate endophytic fungus LtVB3. Phytopath, 94(5): 412-418.

Nelson MC, Graf J. 2012. Bacterial symbioses of the medicinal leech Hirudo verbana. Gut Microbes, 3(4): 322-331.

Newsham KK. 2011. Structural changes to a mycothallus along a latitudinal transect through the maritime and sub-Antarctic. Mycorrhiza, 21(3): 231-236.

Nicholson JK, Connelly J, Lindon JC, et al. 2002. Metabonomics : Aplatform for studying drug toxicity and gene function. Nature Rev Drug Discov, 1(2): 153-161.

Nigmatullina LR, Lavina AM, Vershinina ZR, et al. 2015. Role of bacterial adhesin RAPA1 in formation of efficient symbiosis of *Rhizobium leguminosarum* with bean plants. Microbiol, 84(6): 804-810.

Nimnoi P, Pongsil PN, Lumyong S, 2014. Co-inoculation of soybean (*Glycine max*) with actinomycetes and *Bradyrhizobium japonicum* enhances plant growth, nitrogenase activity and plant nutrition. J Plant Nutr, 37(3): 432-446.

Nishida T, Katayama N, Izumi N, et al. 2010. Arbuscular mycorrhizal fungi species-specifically affect induced plant responses to a spider mite. Popul Ecol, 52(4): 507-515.

Nitz I, Berkefeld H, Puzio P S, et al. 2001. Pyk10, a seedling and root specific gene and promoter from *Arabidopsis thaliana*. Plant Science, 161(2): 337-346.

Noble EE, Hsu TM, Jones RB, et al. 2017. Early-life sugar consumption affects the rat microbiome independently of obesity. J Nutr, 147(1): 20-28.

Nodas, Iida T, Kitade O, et al. 2005. Endosymbiotic bacteroidales bacteria of the flagellated protist *Pseudotrichonympha* grassii in the gut of the termite *Coptotermes formosanus*. Appl Environ Microbiol, 71(12): 8811-8817.

Nogueira A, Rey PJ, Alcántara JM, et al. 2015. Geographic mosaic of plant evolution : extrafloral nectary variation mediated by ant and herbivore assemblages. PLoS One, 10(4): e0123806.

Norman VC, Butterfield T, Drijfhout F, et al. 2017. Alarm pheromone composition and behavioral activity in fungus-growing ants. J Chem Ecol, 43(3): 225-235.

Novas MV, Iannone LJ, Godeas AM, et al. 2011. Evidence for leaf endophyte regulation of root symbionts : effect of *Neotyphodium* endophytes on the pre-infective state of mycorrhizal fungi. Symbiosis, 55(1): 19-28.

Nurdebyandaru N, Mubarik NR, Prawasti TS. 2010. Chitinolytic bacteria isolated from chili rhizosphere : chitinase characterization and application as biocontrol for *Aphis gossypii*. Microbiol Indonesia, 4(3): 103-107.

Oberhofer M, Leuchtmann A. 2012. Genetic diversity in epichloid endophytes of *Hordelymus europaeus*, suggests repeated host jumps and interspecific hybridizations. Mol Ecol, 21(11): 2713-2726.

Oehl F, Sieverding E, Palenzuela J, et al. 2011. Advances in Glomeromycota taxonomy and classification. Ima Fungus the Global Mycol J, 2(2): 191-199.

Olah B，Brière C，Bécard G，et al. 2005. Nod factors and a diffusible factor from arbuscular mycorrhizal fungi stimulate lateral root formation in *Medicago truncatula* via the DMI1/DMI2 signalling pathway. Plant J，44：195-207.

Oldroyd GE. 2013. Speak，friend，and enter：signalling systems that promote beneficial symbiotic associations in plants. Nat Rev Microbiol，11(4)：252-263.

Oliver KM，Degnan PH，Burke GR，et al. 2010. Facultative symbionts in aphids and the horizontal transfer of ecologically important traits. Ann. Rev. Entomol，55：247-266.

Olsson PA，Thingstrub I，Jakobsen I，et al. 1999. Estimation of the biomass of arbuscular mycorrhizal fungi in a linseed field. Soil Biol Biochem，31：1879-1887.

Openbiome Inc. 2017. Basic Science Research with OpenBiome. https：//www. openbiome. org/basic-science-research/. [2017-7-13].

Öpik M，Zobel M，Cantero JJ，et al. 2013. Global sampling of plant roots expands the described molecular diversity of arbuscular mycorrhizal fungi. Mycorrhiza，23：411-430.

Ormeño-Orrillo E，Martinez-Romero E. 2013. Phenotypic tests in *Rhizobium* species description：an opinion and (a sympatric speciation) hypothesis. Syst Appl Microbiol，36(3)：145-147.

Ossler JN，Zielinski CA，Heath KD. 2015. Tripartite mutualism：facilitation or trade-offs between rhizobial and mycorrhizal symbionts of legume hosts. Amer J Bot，102(8)：1332-1341.

Ownley BH，Gwinn KD，Vega FE，2010. Endophytic fungal entomopathogens with activity against plant pathogens：ecology and evolution. Biocontrol，55(1)：113-128.

Pagnocca FC，Rodrigues A，Nagamoto NS，et al. 2008. Yeasts and filamentous fungi carried by the gynes of leaf-cutting ants. Antonie Van Leeuwenhoek，94(4)：517-526.

Pan JB，Liu Y J，He XH，et al. 2013. Arbuscular mycorrhizal and dark septate endophytic fungi at 5,500m on a glacier forefront in the Qinghai -Tibet Plateau，China Symbiosis，60(12)：101-105.

Park YS，Dutta S，Ann M，et al. 2015. Promotion of plant growth by *Pseudomonas fluorescens* strain SS101 via novel volatile organic compounds. Biochem Biophysi Res Communi，461(2)：361-365.

Pathak K V，Keharia H. 2013. Characterization of fungal antagonistic bacilli isolated from aerial roots of banyan (*Ficus benghalensis*) using intact - cell MALDI - TOF mass spectrometry (ICMS). J Appl Microbiol，114(5)：1300-1310.

Paul V，Dunlap MT，Sonoka W，et al. 2014. Inception of bioluminescent symbiosis in early developmental stages of the deep-sea fish *Coelorinchus kishinouyei* (Gadiformes：Macrouridae). Ichthyol Res，61：59-67.

Pelin A，Pombert J，Salvioli A，et al. 2012. The mitochondrial genome of the arbuscular mycorrhizal fungus *Gigaspora margarita* reveals two unsuspected trans -splicing events of group I introns. New Phytol，194：836-845.

Perotto S，Rodda M，Benetti A，et al. 2014. Gene expression in mycorrhizal orchid protocorms suggests a friendly plant-fungus relationship. Planta，239(6)：1337-1349.

Perry RJ，Peng L，Barry NA，et al. 2016. Acetate mediates a microbiome-brain- β cell axis promoting metabolic syndrome. Nature，534(7606)：213-217.

Petersen JM，Zielinski FU，Pape T，et al，2011. Hydrogen is an energy source for hydrothermal vent symbioses. Nature，476：176-180.

Pisapia C，Burn D，Yoosuf R，et al. 2016. Coral recovery in the central Maldives archipelago since the last major mass-bleaching, in 1998. Sci. Rep. , 6: 34720.

Plett M, Kohler A, Martin F. 2012. De-Constructing a mutualist : how the molecular blueprints of model symbiotic fungi are changing our understanding of mutualism. The Mycota, 9: 93-117.

Plovier H, Everard A, Druart C, et al. 2017. A purified membrane protein from *Akkermansia muciniphila* or the pasteurized bacterium improves metabolism in obese and diabetic mice. Nat Med, 23(1): 107-113.

Poulsen KH, Nagy R, Gao LL, et al. 2005. Physiological and molecular evidence for Pi uptake via the symbiotic pathway in a reduced mycorrhizal colonization mutant in tomato associated with a compatible fungus. New Phytol, 168(2): 445-454.

Poulsen M. 2015. Towards an integrated understanding of the consequences of fungus domestication on the fungus-growing termite gut microbiota. Environ Microbiol, 17(8): 2562-2572.

Powers JS, Treseder KK, Lerdau MT. 2005. Fine roots, arbuscular mycorrhizal hyphae and soil nutrients in four neotropical rain forests : patterns across large geographic distances. New Phytol, 165(3): 913-921.

Pringle EG, Moreau CS. 2017. Community analysis of microbial sharing and specialization in a Costa Rican ant-plant-hemipteran symbiosis. Proc Biol Sci, 284(1850). pii : 2016. 2770.

Proctor LM, Sechi S, DiGiacomo ND. 2014. The integrative human microbiome project : dynamic analysis of microbiome-host omics profiles during periods of human health and disease. Cell Host Microbe, 16(3): 276-289.

Pueppke SG, Broughton WJ. 1999. *Rhizobium* sp. strain NGR234 and R. fredii USDA257 share exceptionally broad, nested host ranges. MPMI, 12(4): 293-318.

Rachel NC, Georg KG, Jesus MLJ, et al. 2015. Diet dominates host genotype in shaping the murine gut microbiota. Cell Host Microbe, 17(1): 72-84.

Ramsey JS, Macdonald SJ, Jander G, et al. 2010. Genomic evidence for complementary purine metabolism in the pea aphid, *Acyrthosiphon pisum* and its symbiotic bacterium Buchnera aphidicola. Insect Mol Biol, 19: 241-248.

Recorbet G, Abdallah C, Renaut J, et al. 2013. Protein actors sustaining arbuscular mycorrhizal symbiosis : underground artists break the silence. New Phytol, 199(1): 26-40.

Redecker D, Schüssler A, Stockinger H, et al. 2013. An evidence-based consensus for the classification of arbuscular mycorrhizal fungi (Glomeromycota). Mycorrhiza, 23(7): 515-531.

Reinhold-Hurek B, Bünger W, Burbano C S, et al. 2015. Roots shaping their microbiome : Global hotspots for microbial activity. Ann Rev Phytopathol, 53(1): 403-424.

Ren C, Dai C. 2013. Nitric oxide and brassinosteroids mediated fungal endophyte-induced volatile oil production through protein phosphorylation pathways in *Atractylodes lancea* plantlets. J Integ Plant Biol, 55(11): 1136-1146.

Rhyne AL, Tlusty MF, Szczebak JT, et al. 2017. Expanding our understanding of the trade in marine aquarium animals. Peer J, doi : 10. 7717/peerj. 2949.

Ridaura VK, Faith JJ, Rey FE, et al. 2013. Gut microbiota from twins discordant for obesity modulate metabolism in mice. Science, 341(6150): doi : 10. 2307.

Ridgway R. 2011. Color Standards and Color Nomenclature. 2nd edition. New York : Columbia University Libraries : 2-43.

Rikkinen J, Oksanen I, Lohtander K. 2002. Lichen guilds share related cyanobacterial symbionts. Science, 297(5580): 357-357.

Ritson-Williams R, Paul VJ, Arnold SN, et al. 2010. Larval settlement preferences and post-settlement survival of the threatened Caribbean corals *Acropora palmata* and *A. cervicornis*. Coral Reefs, 29: 71-81.

Roda B, Mirasoli M, Zattoni A, et al. 2016. A new analytical platform based on field-flow fractionation and olfactory sensor to improve the detection of viable and non-viable bacteria in food. Anal Bioanal Chem, 408 (26): 7367-7377.

Rodgers-vieira EA, Zhang Z, Adrion AC, et al. 2015. Identification of anthraquinone-degrading bacteria in soil contaminated with polycyclic aromatic hydrocarbons. Appl Environ Microbiol, 81(11): 3775-3781.

Rodriguez RJ, Henson J, Van VE, et al. 2008. Stress tolerance in plants via habitat-adapted symbiosis. Int Soc Micro Ecol, 2: 404-416.

Römer D, Bollazzi M, Roces F. 2017. Carbon dioxide sensing in an obligate insect-fungus symbiosis: CO_2 preferences of leaf-cutting ants to rear their mutualistic fungus. PLoS One, 12(4): e0174597.

Ruth EL, Fredrik B, Peter T, et al. 2005. Obesity alters gut microbial ecology. PNAS, 102(31): 11070-11075.

Ruyter SC, A1-Babili S, Krol SVD. 2013. The biology of strigolactones. Trends in Plant Science, 18(2): 72-83.

Sagata K, Gibb H. 2016. The effect of temperature increases on an ant-hemiptera-plant interaction. PLoS One, 11(7): e0155131.

Saldajeno MGB, Ito M, Hyakumachi M, 2012. Interaction between the plant growth-promoting fungus *Phoma* sp. GS8-2 and the arbuscular mycorrhizal fungus *Glomus mosseae*: impact on biocontrol of soil-borne diseases, microbial population, and plant growth. Aust Plant Pathol, 41(3): 271-281.

Salem H, Bauer E, Kirsch R. 2017. Drastic Genome Reduction in an Herbivore's Pectinolytic Symbiont. Cell, https://doi.org/10.1016/j.cell.2017.10.029

Samolski I, Rincón AM, Pinzón LM, et al. 2012. The qid74 gene from Trichoderma harzianum has a role in root architecture and plant biofertilization. Microbiol, 158(1): 129-138.

Sampson TR, Debelius JW, Thron T, et al. 2016. Gut microbiota regulate motor deficits and neuroinfl ammation in a model of Parkinson's disease. Cell, 167(6): 1469-1480.

Santos CF, Absy ML. 2010. Pollinators of *Bertholletia excels* (Lecythidales: Lecythidaceae): interactions with stingless bees (Apidae: Meliponini) and trophic niche. Neotrop Entomol, 39(6): 854-861.

Sapountzis P, de Verges J, Rousk K, et al. 2016. Potential for nitrogen fixation in the fungus-growing termite symbiosis. Front Microbiol, 7: 1993.

Sasan RK, Bidochka MJ, 2012. The insect-pathogenic fungus *Metarhizium robertsii* (Clavicipitaceae) is also an endophyte that stimulates plant root development. Amer J Bot, 99(1): 101-107.

Sassone-Corsi M, Nuccio SP, Liu H, et al. 2016. Microcins mediate competition among Enterobacteriaceae in the in flamed gut. Nature, 540(7632): 280-283.

Sasvári Z, Hornok L, Posta K. 2011. The community structure of arbuscular mycorrhizal fungi in rootsof maize grown in a year mono culture. Biol Fertil Soils, 47: 167-176.

Saunders CW, Scheynius A, Heitman J. 2012. Malassezia fungi are specialized to live on skin and associated with dandruff, eczema, and other skin diseases. PLoS Pathog, 8(6): e1002701.

Savoie JM, Largeteau ML. 2010. Production of edible mushrooms in forests: trends in development of a mycosilviculture. Appl Microbiol Biotechnol, 89: 971-979.

Sawulski P, Boots B, Clipson N, et al. 2015. Differential degradation of polycyclic aromatic hydrocarbon mixtures by indigenous microbial assemblages in soil. Lett Appl Microbiol, 61(2): 199-207.

Saxena S, Meshram V, Kapoor N, 2014. *Muscodor darjeelingensis*, a new endophytic fungus of *Cinnamomum camphora* collected from Northeastern Himalayas. Sydowia, 66(1): 55-67.

Saxena S, Meshram V, Kapoor N, 2015. Muscodor tigerii sp. nov. - Volatile antibiotic producing endophytic fungus from the Northeastern Himalayas. Annals Microbiol, 65(1): 47-57.

Sayyed RZ, Patel PR, Shaikh SS. 2015. Plant growth promotion and root colonization by EPS producing *Enterobacter* sp. RZS5 under heavy metal contaminated soil. Indian J Exp Biol, 53(2): 116-123.

Schäfer P, Pfiffi S, Voll LM, et al. 2009. Manipulation of plant innate immunity and gibberellin as factor of compatibility in the mutualistic association of barley roots with *Piriformospora indica*. Plant J, 59: 461-474.

Schardl CL, Young CA, Hesse U, et al. 2013. Plant-symbiotic fungi as chemical engineers: multi-genome analysis of the clavicipitaceae reveals dynamics of alkaloid loci. PLoS Genet, 9(2): e1003323.

Scharmann M, Thornham DG, Grafe TU, et al. 2013. A novel type of nutritional ant-plant interaction: ant partners of carnivorous pitcher plants prevent nutrient export by dipteran pitcher infauna. PLoS One, 8(5): e63556.

Schei K, Avershina E, Øien T, et al. 2017. Early gut mycobiota and mother-offspring transfer. Microbiome, 5(1): 107.

Schmidt PA, Bálint M, Greshake B, et al. 2013. Illumina metabarcoding of a soil fungal community. Soil Biol Biochem, 65: 128-132.

Schnytaer Y. 2017. Crab teases anemone, anemone splits in two, crab and anemone live on. https://www.npr.org/sections/thetwo-way/2017/02/08/514132920/crab-teases-anemone-anemone-splits-in-two-crab-and-anemone-live-on [2017-7-1].

Schroeder JI, Delhaize E, Frommer W B, et al. 2013. Using membrane transporters to improve crops for sustainable food production. Nature, 497(7447): 60-66.

Schulz B, Haas S, Junker C, et al. 2015. Fungal endophytes are involved in multiple balanced antagonisms. Current Science, 109(1): 39-45.

Schüßler A. 2017. Species list. http://www.amf-phylogeny.com/, [2017.3.9].

Schwartzman JA, Ruby EG. 2016. A conserved chemical dialog of mutualism: lessons from squid and vibrio. Microbes Infect, 18(1): 1-10, 28.

Scott B, Becker Y, Becker M, et al. 2012. Morphogenesis, Growth and Development of the Grass Symbiont *Epichlöe festucae* In: Morphogenesis and Pathogenicity in Fungi. Berlin: Springer Berlin Heidelberg: 243-264.

Sędzielewska TK, Brachmann A. 2016. The effector candidate repertoire of the arbuscular mycorrhizal fungus *Rhizophagus clarus*. BMC Genomics, 17(1): 1-13.

Seifert KA, Gams W. 2011. The genera of Hyphomycetes - 2011 update. Persoonia, 27: 119-129.

Shah MA, Damase K. 2009. Arbuscular mycorrhizal status of some Kashmir Himalayan alian invasive plants. Mycorrhiza, 20: 67-72.

Shahollari B, Vadassery J, Varma A, et al. 2007. A leucine-rich repeat protein is required for growth promotion and enhanced seed production mediated by the endophytic fungus *Piriformospora indica* in *Arabidopsis thaliana*. Plant J., 50: 1-13.

Shao YQ, Chen BS, Sun C, et al., 2017.Symbiont-derived antimicrobials contribute to the control of the lepidopteran gut microbiota. Cell Chem Bio, 24: 66-75.

Sharma IP, Sharma AK. 2017. Physiological and biochemical changes in tomato cultivar PT-3 with dual inoculation of mycorrhiza and PGPR against root-knot nematode. Symbiosis, 71(3): 175-183.

Shelef O, Helman Y, Friedman ALL, et al. 2013. Tri-party underground symbiosis between a weevil, bacteria and a desert plant. PLoS One, 8(11): e76588.

Sherameti I, Venus Y, Drzewiecki C, et al. 2008. PYK10, a β-glucosidase located in the endoplasmatic reticulum, is crucial for the beneficial interaction between *Arabidopsis thaliana* and the endophytic fungus *Piriformospora indica*. Plant J Cell & Mol Biol, 54(3): 428-433.

Shiba T, Sugawara K, Arakawa A, 2011. Evaluating the fungal endophyte *Neotyphodium occultans* for resistance to the rice leaf bug, *Trigonotylus caelestialium*, in Italian ryegrass, *Lolium multiflorum*. Entomol. Exp Appl, 141: 45-51.

Shik JZ, Gomez EB, Kooij PW, et al. 2016. Nutrition mediates the expression of cultivar-farmer conflict in a fungus-growing ant. PNAS, 113(36): 10121-10126.

Shingleton A W, Stern D L. 2003. Molecular phylogenetic evidence for multiple gains or losses of ant mutualism within the aphid genus *Chaitophorus*. Mol Phylogenet Evol, 26(1): 26-35.

Shipman M. 2013. Spread of fungus farming beetles is bad news for trees. https: //www. google. com/amp/s/ phys. org/news/2011-07-fungus-farming-beetles-bad-n ews-trees. amp. [2017-7-9].

Shoresh M, Harman GE, Mastouri F. 2010. Induced systemic resistance and plant responses to fungal biocontrol agents. Ann Rev Phytopath, 48: 21-43.

Shoresh M, Harman GE. 2010. Differential expression of maize chitinases in the presence or absence of *Trichoderma harzianum* strain T22 and indications of a novel exoendo- heterodimeric chitinase activity. BMC Plant Biol, 10: 136.

Shrivastava G, Ownley BH, Augé RM. 2015. Colonization by arbuscular mycorrhizal and endophytic fungi enhanced terpene production in tomato plants and their defense against aherbivorous insect. Symbiosis, 65(2): 65-74.

Shutsrirung A, Chromkaew Y, Pathom-Aree W, et al. 2013. Diversityof endophytic actinomycetes in mandarin grown in Northern Thailand, their phytohormone production potential and plant growth promoting activity. Soil Sci Plant Nutri, 59(3): 322-330.

Silverside AJ. Photographs of Scottish and other British lichens. Lichens Lastdragon Org[2017-12-01].

Simpson A, Custovic A. 2005. Pets and the development of allergic sensitization. Curr. Allergy Asthma Rep, 5: 212-220.

Singh AK, Dhanjal S, Cameotra SS. 2014. Surfactin restores and enhances swarming motility under heavy metal stress. Colloids Surf B Biointerfaces, 116: 26-31.

Singh RK, Kumar DP, Solanki MK, et al. 2013. Optimization of media components for chitinase production by chickpea rhizosphere associated *Lysinibacillus fusiformis* B-CM18. J Basic Microbiol, 53(5): 451-460.

Sit CS, Ruzzini AC, Van Arnam EB, et al. 2015. Variable genetic architectures produce virtually identical molecules in bacterial symbionts of fungus-growing ants. PNAS, 112(43): 13150-13154.

Sivan A, Corrales L, Hubert N, et al. 2015. Commensal *Bifidobacterium promotes* antitumor immunity and facilitates anti-PD-L1 efficacy. Science, 350(6264): 1084-1089.

Smithsonian institution. 2017. Zooxanthellae and coral bleaching. https: //www. google. com/amp/ocean. si.

edu/slideshow/zooxanthellae-and-coral-bleaching[2017-7-2].

Songsasen N, Comizzoli P, Nagashima J, et al. 2012. The domestic dog and cat as models for understanding the regulation of ovarian follicle development *in vitro*. Reprod Domest Anim. Suppl, 6: 13-18.

Sorenson C. 2012. Specialized pollination syndromes. http: //www. sciencepartners. info/module-7-plants-pollinators/an-introduction-to-pollination/specialized-pollination-syndromes-coevolution/[2017-7-1].

Spadoni I, Zagato E, Bertocchi A, et al. 2015. A gut-vascular barrier controls the systemic dissemination of bacteria. Science, 350(6262): 830-834.

Spork AC. 2014. Lactobacillus rhamnosus (LGG®). https: //www. chr-hansen. com/en/ probiotic-supplements-and-infant-formula/documented-probiotics/our-probiotic-strains/lactobacillus-rhamnosus-gg-trademark-lgg? [2017-8-2].

Spribille T, Tuovinen V, Resl P, et al. 2016. Basidiomycete yeasts in the cortex of ascomycete macrolichens. Science, 353(6298): 488-492.

Stamoulis KA, Friedlander AM, Meyer CG, et al. 2017. Coral reef grazer-benthos dynamics complicated by invasive algae in a small marine reserve. Sci Rep, 7: 43819.

Stürmer S, Morton J, Walker C. 2013. An evidence-based consensus for the classification of arbuscular mycorrhizal fungi (*Glomeromycota*). Mycorrhiza, 23: 515-531.

Su L, Yang L, Huang S, et al. 2016. Comparative Gut microbiomes of four species representing the higher and the lower termites. J Insect Sci, 16(1): iew081.

Sun J, Miller JB, Granqvist E, et al. 2015 Activation of symbiosis signaling by arbuscular mycorrhizal fungi in legumes and rice. Plant Cell, 27(3): 823-838.

Sun X, Guo LD, Hyde KD. 2011. Community composition of endophytic fungi in Acer truncatum, and their role in decomposition. Fungal Diversity, 47(1): 85-95.

Suwannarach N, Bussaban B, Hyde KD, et al. 2010. *Muscodor cinnamomi*, a new endophytic species from Cinnamomum bejolghota. Mycotaxon, 114(1): 15-23.

Swan Environmental Pvt. Ltd 2015. Introducing a new and superior microbial identification system: Biolog http: //swanenviron.com/blogDesc.php?id=40 [2017-7-2]

Szymon Z, Janusz B, Waldemar B. 2012. Fungal root endophyte associations of medicinal plants. Nova Hedwigia, 94(94): 525-540.

Takeda N, Sato S, Asamizu E, et al. 2009. Apoplastic plant subtilases support arbuscular mycorrhiza development in *Lotus japonicus*. Plant J, 58(5): 766-777.

Takemoto D, Kamakura S, Saikia S, et al. 2011. Polarity proteins Bem1 and Cdc24 are components of the filamentous fungal nadph oxidase complex. PNAS, 108: 2861-2866.

Talaiekhozani A, Jafarzadeh N, Fulazzaky M A, et al. 2015, Kinetics of substrate utilization and bacterial growth of crude oil degraded by *Pseudomonas aeruginosa*. J Environ Health Sci and Engineer, 13(1): 235-243.

Tamura Y, Kobae Y, Mizuno T, et al. 2012. Identification and expression analysis of arbuscular mycorrhiza-inducible phosphate transporter genes of soybean. Biosci Biotechn & Biochem, 76(2): 309-313.

Tanaka A, Christensen MJ, Takemoto D, et al. 2006. Reactive oxygen species play a rol ein regulating a fungus, perennial ryegrass mutualistic interaction. Plant Cell, 18(4): 1052-1066.

Tanaka Y, Yano K. 2005. Nitrogen delivery to maize via mycorrhizal hyphae depends on the form of Nsupplied. Plant : Cell and Environ, 28(10): 1247-1254.

Tebben J, Tapiolas DM, Motti CA, et al. 2011. Induction of larval metamorphosis of the coral *Acropora millepora* by tetrabromopyrrole isolated from a *Pseudoalteromonas bacterium*. PLoS One, 6: e19082

Tedersoo L, Bahram M, Dickie IA. 2014. Does host plant richness explain diversity of ectomycorrhizal fungi? Reevaluation of Gao et al. (2013) data sets reveals sampling effects. Mol Ecol, 23(5): 992.

Therrien J, Mason CJ, Cale JA, et al. 2015. Bacteria influence mountain pine beetle brood development throush interaction with symbiotic and antagonistic fungi: implications for climate driven host range expansion. Oecologia, 179: 467-485.

Thornhill D J, Howells E J, Wham D C, et al. 2017. Population genetics of reef coral endosymbionts (Symbiodinium, Dinophyceae). Mol Ecol, 26(10): 2640-2659.

Thurber AR, Jones WJ, Schnabel K. 2011. Dancing for food in the deep sea: Bacterial farming by a new species of *Yeti crab*. PLoS One, 6(11): e26243.

Tian E, Nason JD, Machado CA, et al. 2015. Lack of genetic isolation by distance, similar genetic structuring but different demographic histories in a fig-pollinating wasp mutualism. Mol Ecol, 24(23): 5976-5991.

Tian H, Drijber RA, Li X, et al. 2013. Arbuscular mycorrhizal fungi differ in their ability to regulate the expression of phosphate transporters in maize (*Zea mays* L.). Mycorrhiza, 23(6): 507-514.

Toju H, Sato H, Tanabe A S, 2014. Diversity and spatial structure of belowground plant-fungal symbiosis in a mixed subtropical forest of ectomycorrhizal and arbuscular mycorrhizal plants. PLoS One, 9(1): 1-14.

Tomczak VV, Schweiger R, Müller C. 2016. Effects of arbuscular mycorrhiza on plant chemistry and the development and behavior of a generalist herbivore. J Chem Ecol, 42(12): 1247-1258.

Tsukagoshi H, Nakamura A, Ishida T, et al. 2014. The GH26 β-mannanase Rsman 26H from a symbiotic protist of the termite reticulitermes speratus is an endo-processive mannobiohydrolase: heterologous expression and characterization. Biochem Biophys Res Commun, 452(3): 520-525.

Uhlik O, Leewis MC, Strejcek M, et al. 2013. Stable isotope probing in the metagenomics era: a bridge towards improved bioremediation. Biotechnol Adv, 31(2): 154-165.

Unnikumar KR, Sree KS, Varma A. 2013. *Piriformospora indica*: a versatile root endophytic symbiont. Symbiosis, 60(3): 107-113.

Vadassery J, Ritter C, Venus Y, et al. 2008. The role of auxins and cytokinins in the mutualistic interaction between *Arabidopsis* and *Piriformospora indica*. MPMI, 21(10): 1371-1383.

Vadassery J, Tripathi S, Prasad R, et al. 2009. Monodehydroascorbate reductase and dehydroascorbate reductase are crucial for a mutualistic interaction between *Piriformospora indica* and *Arabidopsis*. J Plant Physiol, 166: 1263-1274.

Valadares RBS, Perotto S, Santos EC, et al. 2014. Proteome changes in *Oncidium sphacelatum* (Orchidaceae) at different trophic stages of symbiotic germination. Mycorrhiza, 24(5): 349-360.

van Kan JAL, Shaw MW, Grant-Downton RT, 2014. Botrytis species: relentless necrotrophic thugs or endophytes gone rogue? Mol Plant Pathol, 15(9): 957-961.

van Kuijk SJ, Sonnenberg AS, Baars JJ, et al. 2015. Fungal treated lignocellulosic biomass as ruminant feed ingredient: a review. Biotechnol Adv, 33(1): 191-202.

Vandenkoornhuyse P, Quaiser A, Duhamel M, et al. 2015. The importance of the microbiome of the plant holobiont. New Phytol, 206(4): 1196-1206.

Vázquez-de-Aldana BR, Zabalgogeazcoa I, García-Ciudad A, et al. 2013. An *Epichloë* endophyte affects the competitive ability of *Festuca rubra* against other grassland species. Plant and Soil, 362, 201-213.

Vera W, Anders E, Mim A B, et al. 2012. Reconstructing the origin and spread of horse domestication in the Eurasian steppe PNAS, 109(21): 8202-8206.

Verma S, Varma A, Rexer KH, et al. 1998. *Piriformospora indica*, gen. et sp. nov. a new root-colonizing fungus. Mycologia, 90(5): 896-903.

Vohník M, Albrechtová J. 2011. The co-occurrence and morphological continuum between ericoid mycorrhiza and dark septate endophytes in roots of six European *Rhododendron* species. Folia Geobot, 46: 373-386.

Volpe V, Dell'aglio E, Bonfante P. 2013a. The *Lotus japonicus* MAMI gene links root development, arbuscular mycorrhizal symbiosis and phosphate availability. Plant Signaling & Behavior, 8(3): e23414.

Volpe V, Dell'aglio E, Giovannetti M, et al. 2013b. An AM-induced, MYB-family gene of *Lotus japonicus* (LjMAMI) affects root growth in an AM-independent manner. Plant J, 73(3): 442-455.

Vos C, Geerinckx K, Mkandawire R, et al. 2012. Arbuscular mycorrhizal fungi affect both penetration and further life stage development of root-knot nematodes in tomato. Mycorrhiza, 22(2): 157-163.

Wachi N, Kusumi J, Tzeng H Y, et al. 2016. Genome-wide sequence data suggest the possibility of pollinator sharing by host shift in dioecious figs (Moraceae, Ficus). Mol Ecol, 25(22): 5732-5746.

Wahbi S, Sanguin H, Baudoin E, et al. 2016. Managing the soil mycorrhizal infectivity to improve the agronomic efficiency of key processes from natural ecosystems integrated in agricultural management systems. Plant : Soil and Microbes, 17-27.

Walsh MG, Willem de Smalen A, Mor SM. 2017. Wetlands, wild bovidae species richness and sheep density delineate risk of rift valley fever outbreaks in the african continent and arabian peninsula. PLoS Negl Trop Dis, 11(7): e0005756.

Wang E, Schornack S, Marsh J, et al. 2012. A common signaling process that promotes mycorrhizal and comycete colonization of plants. Current Biol Cb, 22(23): 2242-2246.

Wang FY, Shi ZY, Tong RJ, et al. 2011a. Dynamics of phoxim residues in green onion and soil as influenced by arbuscular mycorrhizal fungi. J Hazardous Materials, 185(1): 112-116.

Wang FY, Tong RJ, Shi ZY, et al. 2011b. Inoculations with arbuscular mycorrhizal fungi increase vegetable yields and decrease phoxim concentrations in carrot and green onion and their soil. PLoS One, 6(2): e16949.

Wang L, Feng Y, Tian J, et al. 2015a. Farming of a defensive fungal mutualist by an attelabid weevil. ISME J, 9(8): 1793-801.

Wang N, Wang NX, Niu LM, et al. 2014. Odorant-binding protein (OBP) genes affect host specificity in a fig-pollinator mutualistic system. Insect Mol Biol, 23(5): 621-631.

Wang WL, Xu SY, Ren ZG, et al. 2015b. Application of metagenomics in the human gut microbiome. World J Gastroenterol, 21(3): 803-814.

Wang YT, Huang YL, Qiu Q, et al. 2011c. Flooding greatly affects the diversity of arbuscular mycorrhizal fungi communities in the roots of wetland plants. PLoS One, 6(9): e24512.

Waqas M, Khan AL, Kamran M, et al. 2012. Endophytic fungi produce gibberellins and indoleacetic acid and promote host-plant growth during stress. Molecules, 17(9): 10754-10773.

Weitkunat K, Schumann S, Petzke KJ, et al. 2015. Effects of dietary inulin on bacterial growth, short-chain fatty acid production and hepatic lipid metabolism in gnotobiotic mice. J Nutri Biochem, 26(9): 929-937.

Willis A, Rodrigues BF, Harris P J. 2013. The ecology of arbuscular mycorrhizal fungi. Critical Reviews in Plant Sciences, 32: 1-20.

Woodward C, Hansen L, Beckwith F, et al. 2012. Symbiogenics : an epigenetic approach to mitigating impacts of climate change on plants. Hrot Sci, 47(6): 699-703.

Worchel E R, Giauque H E, Kivlin S N. 2013. Fungal symbionts alter plant drought response. Microbial Ecol, 65(3): 671-678.

Wu D, Zeng L, Lu Y, et al. 2014. Effects of *Solenopsis invicta* (Hymenoptera : Formicidae) and its interaction with aphids on the seed productions of mungbean and rapeseed plants. J Econ Entomol, 107(5): 1758-1764.

Wu N, Zhang YM, Downing A. 2009. Comparative study of nitrogenase activity in different types of biological soil crusts in the Gurbantunggut Desert, Northwestern China. J Arid Environ, 73(9): 828-833.

Wu S. 2010. Aphid genome unravelled. http : //www. news. leiden. edu/news/genome-of-aphid-unravelled. html. [2017-7-7].

Wyrebek M, Huber C, Sasan RK, et al. 2011. Three sympatrically occurring species of *Metarhizium* show plant rhizosphere specificity. Microbiol, 157: 2904-2911.

Xia C, Zhang X, Christensen M J, et al. 2015. Epichloe endophyte affects the ability of powdery mildew (*Blumeria graminis*) to colonise drunkenhorse grass (*Achnatherum inebrians*). Fungal Ecol, 16: 26-33.

Xiao JH, Yue Z, Jia LY, et al. 2013. Obligate mutualism within a host drives the extreme specialization of a fig wasp genome. Genome Biol, 14(12): R141.

Xu XH, Su ZZ, Wang C, et al. 2014. The rice endophyte *Harpophora oryzae* genome reveals evolution from a pathogen to a mutualistic endophyte. Sci Rep, 4: 5783.

Yadav MK, Aravindan S, Ghritlahre SK, et al. 2015. Induced systemic resistance and plant responses to fungal biocontrol agents. Pop Kheti, 3(2): 63-67.

Yan JF, Broughton SJ, Gange AC. 2015. Do endophytic fungi grow through their hosts systemically . Fungal Ecol, 13: 53-59.

Yan LL, Han NN, Zhang YQ, et al. 2010. Antimycin A18 produced by an endophytic *Streptomyces albidoflavus* isolated from a mangrove plant. J Antibiotics, 63(5): 259-261.

Yang HS, Zang YY, Yuan YG, et al. 2012. Selectivity by host plants affects the distribution of arbuscular mycorrhizal fungi : evidence from ITS rDNA sequence metadata. BMC Evol Biol, 12: 50.

Yang J, Yang Y, Wu WM, et al. 2014. Evidence of polyethylene biodegradation by bacterial strains from the guts of plastic-eating waxworms. Envir Sci Techno, 48: 13776-13784.

Yoshida S, Ohba A, Liang YM, et al. 2012. Specificity of Pseudomonas isolates on healthy and Fusarium head blight-infected spikelets of wheat heads. Microbial Ecol, 64(1): 214-225.

Yoshimura I, Kurokawa T, Kanda H. 1990. Tissue culture of some Antarktic lichens preserved in the refrigerator. Proc. Nipr Symposium on Polar Bio, 3: 224-228.

Yu N, Luo D, Zhang X, et al. 2014. A DELLA protein complex controls the arbuscular mycorrhizal symbiosis in plants. Cell Res, 24(1): 130.

Yuan XL, Xiao SH, Taylor TN. 2005. Lichen-like symbiosis 600 million years ago. Science, 308(5724): 1017-1020.

Yuan ZL, Su ZZ, Mao LJ, et al. 2011. Distinctive endophytic fungal assemblage in stems of wild rice (*Oryza granulata*) in China with special reference to two species of *Muscodor* (Xylariaceae). J Microbio, 49(1): 15-23.

Zavalloni C, Vicca S, Büscher M, et al. 2012 Exposure to warming and CO_2, enrichment promotes greater above-ground biomass, nitrogen, phosphorus and arbuscular mycorrhizal colonization in newly established grasslands. Plant Soil, 359(1-2): 121-136.

Zeder MA. 2015. Core questions in domestication research. PNAS, 112(11): 3191-3198.

Zhang CL, Wang GP, Mao LJ, et al. 2010a. *Muscodor fengyangensis* sp. nov. from southeast China : morphology, physiology and production of volatile compounds. Fungal Biol, 114: 797-808.

Zhang HH, Tang M, Chen H, et al. 2010b. Arbuscular mycorrhizas and dark septate endophytes colonization status in medinal plant *Lycium barbarium* L. in arid Northwestern China. Afri J Micorbiol Res, 4(18): 1914-1920.

Zhang N, Yang D, Wang D, et al. 2015a. Whole transcriptomic analysis of the plant-beneficial rhizobacterium *Bacillus amyloliquefaciens* SQR9 during enhanced biofilm formation regulated by maize root exudates. BMC Genomics, 16(1): 685.

Zhang X, Dong W, Sun J, et al. 2015b. The receptor kinase CERK1 has dual functions in symbiosis and immunity signalling. Plant J, 81(2): 258-267.

Zhang N, Zhang S, Borchert S, et al. 2011. High levels of a fungal superoxide dismutase and increased concentration of a PR-10 plant protein in associations between the endophytic fungus Neotyphodium lolii and ryegrass. MPMI, 24(8): 984-992.

Zhang YM, Tian CF, Sui XH, et al. 2012. Robust markers reflecting phylogeny and taxonomy of rhizobia. PLoS One, 7(9): e44936.

Zhao MM, Zhang G, Zhang DW, et al. 2013. ESTs analysis reveals putative genes involved in symbiotic seed germination in *Dendrobium officinale*. PLoS One, 8(8): e72705.

Zhou QW, Yang XW, Zhao BY, et al. 2012. Diversity of endophytic fungi from major locoweed in China. In : Nan ZB, Li CJ. Proceedings of the 8th International Symposium on Fungal Endophyte of Grasses. China : Lanzhou : 68-74.

Zhu DT, Wang XR, Ban FX, et al. 2017. Methods for the extraction of endosymbionts from the whitefly *Bemisia tabaci*. J. Vis. Exp., 19(124): doi : 10. 3791/55809.

Zilla MK, Qadri M, Pathania AS, et al.2013.Bioactive metabolites from an endophytic *Cryptosporiopsis* sp. inhabiting *Clidemia hirta*. Phytochem, 95: 291-297.

Züst T, Agrawal AA.2017.Plant chemical defense indirectly mediates aphid performance via interactions with tending ants. Ecol, 98(3): 601-607.